EUL VERLAG

SCHRIFTEN ZU KOOPERATIONS- UND MEDIENSYSTEMEN

Herausgegeben von Prof. Dr. Volker Wulf, Siegen, Prof. Dr. Jörg Haake, Hagen, Prof. Dr. Thomas Herrmann, Bochum, Prof. Dr. Helmut Krcmar, München, Prof. Dr. Johann Schlichter, München, Prof. Dr. Gerhard Schwabe, Zürich, und Prof. Dr.-Ing. Jürgen Ziegler, Duisburg

Band 25
Zoulfa El Jerroudi
Eine interaktive Vorgehensweise für den Vergleich und die Integration von Ontologien
Lohmar – Köln 2010 ♦ 200 S. ♦ € 49,- (D) ♦ ISBN 978-3-89936-916-8

Band 26
Carsten Ritterskamp
Informationstechnische Unterstützung der Handhabung von Unterbrechungen in der Multiprojekt-Wissensarbeit
Lohmar – Köln 2010 ♦ 296 S. ♦ € 59,- (D) ♦ ISBN 978-3-89936-941-0

Band 27
Christian Dörner
Tailoring Software Infrastructures – Integration of End-User Development and Service-Oriented Architectures
Lohmar – Köln 2010 ♦ 188 S. ♦ € 48,- (D) ♦ ISBN 978-3-89936-947-2

Band 28
Volker Renneberg
Adaptives, baukastenbasiertes Recommendersystem
Lohmar – Köln 2010 ♦ 360 S. ♦ € 64,- (D) ♦ ISBN 978-3-89936-961-8

Band 29
Michael Prilla
Wissensmanagement-Unterstützung für die Entwicklung und Nutzung von Prozessmodellen als wissensvermittelnde Artefakte
Lohmar – Köln 2010 ♦ 424 S. ♦ € 67,- (D) ♦ ISBN 978-3-89936-966-3

JOSEF EUL VERLAG

Wissensmanagement-Unterstützung für die Entwicklung und Nutzung von Prozessmodellen als wissensvermittelnde Artefakte

Dissertation

zur Erlangung des Grades eines Doktor-Ingenieurs
der Fakultät für Elektrotechnik und Informationstechnik
an der Ruhr-Universität Bochum

von

Michael Prilla

Bochum, 2010

Referenten: Prof. Dr.-Ing. Thomas Herrmann

Prof.Dr.-Ing. Helmut Balzert

Tag der mündlichen Prüfung: 30.06.2010

Schriften zu Kooperations- und Mediensystemen · Band 29

Herausgegeben von Prof. Dr. Volker Wulf, Siegen, Prof. Dr. Jörg Haake, Hagen, Prof. Dr. Thomas Herrmann, Bochum, Prof. Dr. Helmut Krcmar, München, Prof. Dr. Johann Schlichter, München, Prof. Dr. Gerhard Schwabe, Zürich, und Prof. Dr.-Ing. Jürgen Ziegler, Duisburg

Dr. Michael Prilla

Wissensmanagement-Unterstützung für die Entwicklung und Nutzung von Prozessmodellen als wissensvermittelnde Artefakte

Mit einem Geleitwort von Prof. Dr.-Ing. Thomas Herrmann, Ruhr-Universität Bochum

EUL VERLAG

Bibliografische Information der Deutschen Nationalbibliothek

Die Deutsche Nationalbibliothek verzeichnet diese Publikation in der Deutschen Nationalbibliografie; detaillierte bibliografische Daten sind im Internet über <http://dnb.d-nb.de> abrufbar.

Dissertation, Ruhr-Universität Bochum, 2010

ISBN 978-3-89936-966-3
1. Auflage September 2010

Umschlaggestaltung: Luzia Sassen

JOSEF EUL VERLAG GmbH
Brandsberg 6
53797 Lohmar
Tel.: 0 22 05 / 90 10 6-6
Fax: 0 22 05 / 90 10 6-88
E-Mail: info@eul-verlag.de
http://www.eul-verlag.de

Bei der Herstellung unserer Bücher möchten wir die Umwelt schonen. Dieses Buch ist daher auf säurefreiem, 100% chlorfrei gebleichtem, alterungsbeständigem Papier nach DIN 6738 gedruckt.

Geleitwort

Geschäftsprozessmodelle, mit denen man die Abläufe in Unternehmen dokumentiert und organisiert, sind arbeitsintensiv erzeugte Diagramme, in denen wichtiges Wissen verdichtet wird. Im Verlauf des Prozessmanagements eines Unternehmens entstehen schnell eine schwer überschaubare Zahl von Prozessdiagrammen und Dokumenten, die häufig aufeinander verweisen. Es gibt in der Regel mehrere Versionen eines Prozessmodells, sie ergänzen sich gegenseitig, vertiefen sich oder repräsentieren verschiedenen Sichten (etwa Back-Office vs. Front-Office). Damit die Wissensarbeit, die in diese Prozessmodelle investiert wurde, und das „Organizational Memory", das sie repräsentieren, nicht ungenutzt bleiben, ist es naheliegend, sie als Bestand einer betrieblichen Wissensmanagementlösung zu pflegen und zugänglich zu machen. Allerdings sind die gängigen Wissensmanagementsysteme und / oder die Art und Weise, wie man ihre Nutzung organisiert hat, nicht darauf orientiert, Prozessmodelle zu integrieren. Die Arbeit von Michael Prilla liefert wertvolle Ansätze, um dieses Defizite zu überwinden.

Die Arbeit betritt weitgehend Neuland, indem sie zwei Anwendungsbereiche der Informatik verknüpft: Wissensmanagement-Systeme und software-basierte Unterstützung von Prozessmodellierungsprojekten. Zwar gibt es den Bereich des prozess-orientierten Wissensmanagements, bei dem Text-Dokumente entlang einer Prozesskette geordnet und angeboten werden, aber die systematische Verarbeitung von Prozessdiagrammen als Inhalte eines Wissensmanagement-Systems ist bisher nur unzureichend erforscht und entwickelt.

In einer für eine Informatik-Arbeit außergewöhnlichen Breite erhebt Michael Prilla die empirische Realität des Umgangs mit Prozessmodellen in Unternehmen. Anhand mehrerer Intensivinterviews wird im Detail deutlich, dass die Wiederverwendung von Prozessmodellen sowie des in ihnen enthalten Wissens nur rudimentär und gelegentlich erfolgt oder in den üblichen Abläufen des Prozessmanagement nicht systematisch unterstützt wird. Prozessmodelle sind in Unternehmen schwer auffindbar und sind dann nicht zu Hand, wenn sie benötigt werden, etwa um neue Prozesse zu entwerfen oder um sich zu vergewissern, wie ein Prozess ablaufen sollte.

Die technische Lösung, die in der vorliegenden Arbeit verfolgt wird, basiert auf dem Ansatz des Social Taggings. Diese Strategie wird der hohen Dynamik gerecht, der die fachlichen Begriffe unterworfen sind, die man zur Beschreibung von Prozessen verwendet. Veränderungen am Markt, Innovation der Infrastruktur, Gesetzesnovellen etc. sind immer wieder Anlässe, aufgrund derer Begrifflichkeiten angepasst werden. Das Paradebeispiel ist gegeben, wenn zwei Unternehmen fusionieren und die Begriffsapparate mit hohem Aufwand abgeglichen werden müssen. Aufgrund dieser Dynamik erweist es sich als wenig sinnvoll, eine feste Begriffsstruktur zur Beschreibung und Einordnung von Prozessmodellen vorzugeben, wie dies z.B. mit dem Einsatz von Ontologien versucht wird. Im Unterschied zu Ontologien führt die Zuordnung von Tags, die frei gewählt werden können, implizit dazu, dass das jeweils aktuelle Begriffsvokabular zum einen das alte ersetzt, aber zum anderen durch sogenannte Co-Occurence von Tags auch nachvollziehbar wird, welche älteren Bezeichner mit den neueren in Verbindung stehen.

Mit dem Prototyp WiProM können die Tags nicht nur einem Prozessmodel als Ganzes, sondern auch einzelnen Elementen oder Teilen eines Prozessdiagramms zugeordnet, wodurch es möglich wird, Beziehungen zwischen Prozessmodellen abzubilden und Modellteile wiederzuverwenden. Allerdings setzt eine solche Nutzung voraus, dass die Prozessmodelle bereits mit Tags versehen sind – um hier den Einstieg zu erleichtern, schlägt die Arbeit einen Mechanismus vor, der die bereits in einem Modell enthaltenen Beschriftungen von Elementen als vorläufige Tags vorschlägt.

Die Arbeit verdeutlicht anhand der Entwicklung und Evaluation einer prototypischen Infrastruktur, wie sich das Zusammenspiel zwischen einem Prozessmodell-Editor und einer Wissensmanagement-Anwendung ausgestalten lässt. Es wird ein ganzheitlicher sozio-technischer Ansatz verfolgt, der sich nicht auf die Verwaltung von Prozessmodellen beschränkt, sondern darauf abzielt, Wissensarbeit im Unternehmen als Ganzes zu unterstützen. Prozessdiagramme werden also in Verbindung mit anderen Dokumenten gesehen, die z.B. die Modelle erläutern oder ihre Ausgestaltung unterstützen. Dabei wird der gesamte Kreislauf von der Wissensgewinnung, über die Wissensstrukturierung, -verteilung und -darstellung bis zur Wissensnutzung in Betracht gezogen (siehe Abbildung 82).

Der Ansatz weist über das Anwendungsgebiet der Prozessmodelle hinaus einen Weg auf, wie man Artefakte aller Art, die nicht hauptsächlich textbasiert sind, in eine sozio-technische Wissensmanagementlösung integrieren kann. Dazu gehören Videos, Audioaufzeichnungen, grafische Skizzen, Software-Programme etc. Auf Basis der vorgestellten Lösung wird es in Zukunft möglich sein, dass multi-mediales Material, das in der systematischen Wissensarbeit zum Teil nur eine marginale Rolle spielt, einen höheren Stellenwert einnimmt, etwa um Schulungen, Qualitätssicherung oder die schnellere Verbreitung von Erfahrungswissen zu unterstützen.

Thomas Herrmann
Bochum, im September 2010

Danksagung

Eine Dissertation ist eine komplexe Aufgabe, die nur in Interaktion mit verschiedenen Menschen gerlingen kann. Dementsprechend trugen viele Personen zum Erfolg meiner Arbeit bei. Ihnen allen gebührt mein herzlicher Dank.

Zunächst möchte ich mich bei Professor Dr.-Ing. Thomas Herrmann für die Gelegenheit zur Promotion und die Betreuung meiner Arbeit bedanken. Seine Impulse und die Diskussionen mit ihm haben die Arbeit befruchtet und ihre Qualität maßgeblich erhöht. Weiterhin möchte ich Professor Dr.-Ing. Helmut Balzert für die Begutachtung meiner Arbeit danken.

Dank gebührt auch meinen Kollegen am Lehrstuhl Informations- und Technikmanagement an der Ruhr-Universität Bochum, von deren Erfahrung und Offenheit für Diskussionen die Arbeit profitierte. Dank geht dabei besonders an Angela Carell, die mir in Fragen der qualitativen Forschung zur Seite stand, Alexander Nolte, von dessen Implementierungsarbeit die Arbeit ebenso profitiert hat wie von seiner Korrektur der finalen Version und an Gerd Bender, der bei der Gestaltung und Auswertung meiner Studie hilfreiche Anmerkungen machte.

Einigen Menschen gebührt besonderer Dank. Hervorheben muss ich Carsten Ritterskamp, bei dem eine Aufzählung einzelner Beiträge zu meiner Arbeit unmöglich ist. Für diese Beiträge und unsere enge und erkenntnisreiche Zusammenarbeit bin ich ihm sehr dankbar. Besonderer Dank geht auch an Thorsten Langer, ohne dessen Unterstützung und geduldige Beantwortung vieler Fragen meine Prototypen nicht gelungen wären. Dies gilt auch für Peter Schyma, dessen Unterstützung besonders in der Endphase dieser Arbeit von enormem Wert war. Danke.

Dank geht ebenso an die Personen, die Teil meiner Empirie waren: Dafür bedanke ich mich bei meinen Interviewpartnern und den Teilnehmern an der Evaluation meiner Prototypen. Zudem danke ich den Studenten, die während der Bearbeitung meiner Dissertation deren Konzepte umgesetzt und getestet haben. Ich bedanke mich bei den Mitgliedern des Studienprojekts „Kontextualisierung von Informationen durch Social Tagging", meinen Bachelor-Studenten Timo Mattner und Peter Senkowski sowie beim Kolumbus2-Team.

Der größte Dank geht an meine Familie. Meinen Eltern Monika und Johann Prilla danke ich für ihre bedingungslose Unterstützung und Förderung auf meinem bisherigen Weg. Bei meiner Schwester Stefanie Prilla bedanke ich mich für ihren moralischen Beistand. Meiner Freundin Ilona Kötting danke ich für die Begleitung während dieser Arbeit. Sie hat mir immer geglaubt, dass bessere Zeiten mit weniger Arbeit kommen, auch wenn dies sicher häufig nicht leicht war. Ohne ihren Rückhalt und ihr Verständnis gäbe es diese Arbeit nicht.

Michael Prilla
Dortmund, im August 2010

Inhaltsübersicht

Inhaltsverzeichnis

Abbildungsverzeichnis

Tabellenverzeichnis

Abkürzungsverzeichnis

API
Application Programming Interface
BPMN
Business Process Modeling Notation
bzw.
beziehungsweise
CASE
Computer Aided Software Engineering
CMS
Content-Management-System
COM/DCOM
(Distributed) Component Object Model
CORBA
Common Object Request Broker Architecture
CSCW
Computer Supported Cooperative Work
d.h.
das heißt
DMS
Dokumenten-Management-System
ebd.
ebenda
eEPK
(Erweiterte) Ereignisgesteuerte Prozessketten
ggf.
gegebenenfalls
GIM
Gruppenbezogenes Informationsmanagement
GMM
Gruppenbezogenes Modellmanagement
GPM
Geschäftsprozessmanagement
GPMS
Geschäftsprozessmanagement-System
GW
Groupware
HTTP
Hypertext Transfer Protocol
JAX-WS
Java API for XML Based Web Services
MDA
Model Driven Architecture
MPW
Management von Prozesswissen
PD
Participatory Design
PIM
Persönliches Informationsmanagement
PMM
Persönliches Modellmanagement
pWM
Prozessorientiertes Wissensmanagement
REST
Representational State Transfer
RMI
Remote Method Invocation
SeeMe
Sozio-technische semi-strukturierte Modellierungsmethode
sGPMS
Semantische Geschäftsprozessmanagement-Systeme
SOAP
Simple Object Access Protocol
SOM
SeeMe Object Model
STWT
Socio-Technical Walktrough
TAM
Technology Acceptance Model

UML
Unified Modeling Language
vgl.
vergleiche
WfMS
Workflow-Management-System
WiProM
Wissensmanagement für Prozess-Modelle
WMS
Wissensmanagementsystem
WSDL
Web Service Description Language
XML
Extensible Markup Language
Z.
Zeile im Interviewtranskript

„An investment in knowledge always pays the best interest" (Benjamin Franklin)

1 Einleitung

Kennt man den Begriff „Prozessmodell" und hört oder liest ihn, so denkt man unweigerlich an die verschiedenen Einsatzmöglichkeiten der grafischen Modellierung von Prozessen. Die Dokumentation vorhandener Prozesse, die Entwicklung neuer Prozesse, die Analyse interner und bei Kunden erhobener Prozesse, die Simulation von Prozessen oder die Zertifizierung von Prozessen sind hierzu nur einige Beispiele. Fragt man nach Gründen für Prozessmodellierung, so wird die Antwort Begriffe wie „Prozessorientierung", „Flexibilität", „Prozessverbesserung" oder „Transparenz" beinhalten. Dies hat einen einfachen Grund: Die Orientierung an Prozessen und ihre ständige Verbesserung sind für heutige Unternehmen operative und ökonomische Notwendigkeiten. Prozessmodelle enthalten hierzu notwendiges **organisationsrelevantes Wissen** zu Prozessen, ihren Zusammenhängen, Tätigkeiten von Akteuren sowie vielen weiteren Aspekten und machen es verfügbar.

Es ist aus den oben genannten Gründen bekannt, dass Prozessmodelle in vielen Unternehmen zu etablierten Werkzeugen für Experten wie Analysten, Entwickler und Prozessverantwortliche gehören. Dass sie jedoch auch für andere Akteure relevantes Wissen beinhalten und von diesen somit für die Bewahrung, die Vermittlung, den Transfer und die ständige Erweiterung von Wissen genutzt werden können, ist eine weniger bekannte und anerkannte Tatsache. Auch hierfür kann ein einfacher Grund gefunden werden: Wissen wird in vielen Unternehmen heute durch **Wissensmanagement** und **Wissensmanagementsysteme** verwaltet und verfügbar gemacht. Prozessmodelle haben jedoch trotz ihres für viele Akteure relevanten Inhalts im Wissensmanagement einen **geringen Stellenwert**. Daher werden sie meist nur innerhalb eines kleinen Kreises von Mitarbeitern ausgetauscht und sind bei vielen Mitarbeitern nicht bekannt.

Die geringe Bedeutung von Prozessmodellen im Wissensmanagement vieler Unternehmen und ihre daraus folgende geringe Verbreitung unter Mitarbeitern können auf die **unzureichende Unterstützung** für die Verwaltung, den Austausch und die (gemeinsame) Nutzung von Prozessmodellen in Wissensmanagementsystemen zurückgeführt werden – in der Praxis werden vorwiegend textuelle Inhalte zur Bewahrung und Vermittlung von Wissen verwendet, deren Nutzung entsprechend deutlich besser unterstützt wird. Daraus entsteht eine Situation, in der in Prozessmodellen dokumentiertes und durch ihre Nutzung besser vermittelbares Wissen viele Mitarbeiter nicht erreicht und nur bei wenigen Personen vorhanden ist. Die tägliche Arbeit dieser Mitarbeiter kann somit nicht durch dieses Wissen unterstützt werden, Unternehmen erhalten keine Rückmeldung zu dokumentierten Prozessen von ihren Mitarbeitern und **Wissen geht verloren**.

In dieser Arbeit wird aufgezeigt, dass die Situation der geringfügigen Nutzung von Prozessmodellen als wissensvermittelnde Artefakte für Unternehmen nachteilig ist, da so vorhandenes Wissen, das in diesen Modellen dokumentiert ist, und damit verbundene Potentiale des

Unternehmens nicht genutzt werden können. Daraus können Probleme wie redundante Arbeiten oder nicht optimale Bewältigung von Aufgaben entstehen. Eine Veränderung dieser Situation hin zur Nutzung von Modellen[1] für die genannten Zwecke beinhaltet dementsprechend viele Potentiale für Unternehmen. Die vorliegende Arbeit will durch die Integration von Modellen in Inhalte von Wissensmanagementsystemen einen Beitrag zu dieser Veränderung leisten. Dieser Ansatz soll Modelle für das Wissensmanagement eines Unternehmens und somit zur Aneignung von Wissen, zur Unterstützung von Aufgaben, zum Transfer von Wissen und zur Bewahrung von Wissen bspw. ausscheidender Mitarbeiter zur Verfügung stellen.

Die vorliegende Arbeit beschäftigt sich mit der Entwicklung eines Wissensmanagementsystems, das die Nutzung von Prozessmodellen als wissensvermittelnde Artefakte in Unternehmen fördert und etabliert. Als Zielgruppe der Arbeit wird dabei von Unternehmen ausgegangen, in denen die Nutzung von Prozessmodellen entweder etabliert oder im Aufbau ist und in denen ein oder mehrere Wissensmanagementsysteme verwendet werden. Annahmen zur Größe oder Branche der Unternehmen werden dabei nicht gemacht, da die beschriebene Zielgruppe eine Vielzahl großer und kleiner Unternehmen aus verschiedenen Branchen einschließt.

In den folgenden Abschnitten wird das in der vorliegenden Arbeit betrachtete und oben skizzierte Problemfeld erläutert und motiviert. Zudem werden die Ziele der Arbeit, ihr Forschungsansatz, dazu gehörige Forschungsfragen sowie Ausrichtung und wissenschaftlicher Beitrag der Arbeit beschrieben.

1.1 Thema der Arbeit: Prozessmodelle als wissensvermittelnde Artefakte im Wissensmanagement

Prozessmodelle werden bereits seit langem zur Analyse und Konzeption von Prozessen in Organisationen verwendet (vgl. Reijers et al. 2007, Wand und Weber 2002). Sie sind heute für Unternehmen und Wissenschaftler in Disziplinen wie Informatik, Betriebswirtschaft, Ingenieurs- und Naturwissenschaften ein wichtiges und etabliertes Arbeitsmittel, um Abläufe zu dokumentieren, anzupassen, zu analysieren und zu verbessern (vgl. Hädrich 2005, Herrmann et al. 1999a, Krogstie et al. 2006, Mendling et al. 2010, Reijers et al. 2007). Sie beschreiben somit Abläufe in Organisationen und verbinden einzelne Tätigkeiten dieser Abläufe, in ihnen verwendete oder produzierte Ressourcen sowie handelnde und betroffene Akteure eines Prozesses miteinander. Modelle dokumentieren somit für Organisationen relevantes organisatorisches und technisches Wissen. Folglich stellen sie in diesen Organisationen eine wertvolle Ressource für die Vermittlung, die Aneignung, den Transfer und die Bewahrung von Wissen dar. Gleichwohl sind Verbreitung und Nutzung von Prozessmodellen im Hinblick auf ihre Nutzung als wissensvermittelnde Artefakte in Unternehmen noch unzureichend: Modelle werden häufig nur von einem kleinen Kreis von Mitarbeitern genutzt und sind für viele Andere nicht verfügbar, da sie entweder gänzlich unbekannt sind oder diese Mitarbeiter nicht wis-

[1] Soweit nicht explizit von **allgemeinen Modellen** oder **speziellen Modellnotationen** die Rede ist, werden in der vorliegenden Arbeit die Begriffe **„Modell“** und **„Prozessmodell“** synonym verwendet (vgl. hierzu auch Abschnitt 3.2).

sen, wie sie auf Modelle zugreifen können (vgl. hierzu auch Abschnitt 1.2.1). Dies resultiert darin, dass das Potential der Verwendung von Modellen zur Vermittlung von Wissen in Unternehmen in der Praxis nicht ausreichend genutzt wird.

Wissensmanagement und die Nutzung von Wissensmanagementsystemen zu seiner technischen Unterstützung sind in heutigen Organisationen sehr verbreitet und anerkannt (vgl. Dalkir 2005, Lehner 2006). Es organisiert und unterstützt Prozesse des Wissensaustauschs, der Verbindung und Nutzung vorhandenen Wissens und der Entstehung neuen Wissens. Als Ziele des Wissensmanagements können unter anderem die Bewahrung von Wissen ausscheidender Mitarbeiter, die Vermeidung redundanter Tätigkeiten und die Nutzung der eigenen Wissensbasis als Ausgangspunkt des Ausbaus der Wettbewerbsfähigkeit genannt werden. Wissensmanagement ist daher sowohl in der Forschung als auch in seiner praktischen Anwendung ein aktuelles Thema. Dies zeigen Entwicklungen wie die Diskussion um persönliches und gruppenbezogenes Informationsmanagement (Erickson 2006), Studien zur Wertschöpfung durch Verwaltung der Informationen eines Unternehmens (bspw. Smolnik 2009) und Veröffentlichungen zur Nutzung von Wissensmanagement in Unternehmen (bspw. Herrmann et al. 2007b). Gleichwohl ist festzustellen, dass in der Praxis eingesetzte Wissensmanagementsysteme hauptsächlich textuell dokumentierte Inhalte unterstützen, die dementsprechend den Hauptanteil der Quellen für die Aneignung von Wissen darstellen (vgl. Kapitel 4 dieser Arbeit). Dies ist vor dem Hintergrund intensiver Arbeit auf diesem Gebiet erstaunlich und zugleich nachteilig, da so nicht-textuell dokumentierte Inhalte wie Prozessmodelle trotz ihres für ein Unternehmen wertvollen Inhalts vielen Mitarbeitern nicht zur Verfügung stehen und darin enthaltenes Wissen verloren geht.

Vorhandene Angaben zur Anzahl in Unternehmen vorhandener Modelle unterstreichen das oben beschriebene Problem, demonstrieren die Bandbreite in Modellen dokumentierten Wissens und zeigen das Potential, das sie für die Vermittlung und die Aneignung von Wissen darstellen. So werden in Schätzungen zur Anzahl in vielen Unternehmen vorhandener Modelle Größenordnungen von 1000 und mehr Modellen genannt (Murzek et al. 2006, S. 18; Weske 2007, S. 15). Smith und Fingar (2007) zählen darüber hinaus 94 mögliche Geschäftsprozesse eines Unternehmens auf (Smith und Fingar 2007, S. 53) und Mendling et al. (2010) nennen für das von ihnen untersuchte Unternehmen eine Anzahl von 604 Modellen, die allein für die Funktionen eines Produkts und somit nur für einen Teil der von Smith und Fingar (2007) genannten Prozesse verwendet werden. Diese Zahlen beziehen sich auf mittlere bis große Unternehmen, in kleineren prozessorientierten Unternehmen können weniger Modelle vorhanden sein. Sie zeigen dennoch, dass Modelle nicht nur zur vereinzelten Dokumentation von Informationen eingesetzt werden, sondern ein breites Spektrum organisationsrelevanten Wissens abdecken.

Die Bedeutung des Wissens über Prozesse und ihr Umfeld steigt für Unternehmen stetig. So wurde die Verbesserung von Prozessen eines Unternehmens in den vergangenen Jahren von Gartner durchgehend als **wichtigste Aufgabe** von Unternehmen identifiziert (vgl. McDonald und Nunno 2007, Aron 2008). Eine im Auftrag von IDS Scheer[2] durch die Unternehmensberatung PAC (Pierre Audoin Consultants[3]) durchgeführte Studie zeigt zudem, dass die Verbreitung von Wissen über Prozesse für eine Vielzahl von Unternehmen gleichzeitig ein **zentrales Anliegen** und ein in der Praxis **ungelöstes Problem** darstellt (IDS Scheer 2007). Dieselbe Studie zeigt, dass in Unternehmen nur kleine Gruppen von Mitarbeitern mit vorhandenen Prozessen und Modellen arbeiten (ebd.). Gleichzeitig konzentrieren sich vorhandene empirische Erkenntnisse zur Verwendung von Modellen hauptsächlich auf diese kleinen Gruppen, die durch Analysten, Modellierer und Entwickler ausgemacht werden. Für die Verwendung von Modellen durch andere Akteure einer Organisation und damit für ihre Nutzung zur Vermittlung von Wissen sind jedoch kaum Untersuchungen und Erkenntnisse bekannt (vgl. Mendling et al. 2010).

Parallel zur steigenden Nutzung von Prozessmodellen in Organisationen und der steigenden Bedeutung von Prozessen erhält Wissen, das für Unternehmen ohnehin ein zentrales Gut darstellt (vgl. Willke 2001, Davenport 2005), unter Schlagworten wie „Wissensgesellschaft", „Flexibilität" oder „Innovationsfähigkeit" für Unternehmen eine immer höhere Bedeutung (vgl. Herrmann et al. 2007b). Dies gilt im Besonderen für das Wissen über Prozesse, das aus Gründen wie der Transparenz von Abläufen eines Unternehmens, deren Flexibilisierung (vgl. Rosemann et al. 2008) und letztlich der Wettbewerbsfähigkeit eines Unternehmens bei vielen Mitarbeitern vorhanden sein muss (vgl. Allweyer 2005, Freund und Goetzer 2008, Weske 2007). Die Vernachlässigung der Nutzung von Modellen im betrieblichen Wissensmanagement eines Unternehmens konterkariert diese Notwendigkeit.

Aus den oben beschriebenen Gründen ist es als **Problem** zu bezeichnen, dass die mangelnde Verfügbarkeit von Modellen als wissensvermittelnde Artefakte und die fehlende Unterstützung ihrer Nutzung in Wissensmanagementsystemen in der Forschung trotz vorhandener Potentiale bisher **wenig beachtet** worden sind. Im Gegenteil wird in der Literatur zur Modellierung von Prozessen häufig davon ausgegangen, dass sich Nutzung von Modellen als wissensvermittelnde Artefakte in Organisationen von alleine einstellt, sobald Modelle erzeugt werden (vgl. Abschnitt 4.1). Ebenso wird der Frage nach Nutzung nicht-textueller Repräsentationsformen von Inhalten im Wissensmanagement nur wenig Beachtung geschenkt. So wird meist nur darauf hingewiesen, dass Wissensmanagementsysteme jegliche Art von Dateien zur Verfügung verwalten können (bspw. Lehner 2006). Empirische Beobachtungen der Nutzung von Prozessmodellen in der Praxis (vgl. Abschnitte 1.2.1 und 5.2), fehlende Unterstützung für nicht-textuelle Inhalte in Wissensmanagementsystemen (Abschnitt 4.2) und der Mangel an Erkenntnissen zur Förderung der Nutzung von Modellen (Mendling et al. 2010) zeigen jedoch, dass in den beschriebenen Mängeln eine **Forschungs- und Entwicklungslücke** zu sehen ist. Die Bearbeitung dieser Lücke ist Gegenstand der vorliegenden Arbeit.

[2] Weitere Informationen zu IDS Scheer unter http://www.ids-scheer.de/de/index_de.html.
[3] Weitere Informationen zu PAC unter https://www.pac-online.com/pac/pac/live/pac_germany/home/index.html.

1.2 Motivation der Arbeit: Ein Praxisbeispiel

Die **Praxisrelevanz** des in dieser Arbeit betrachteten Problems hat sich in empirischen Beobachtungen des Autors gezeigt und wird in anderen Arbeiten bestätigt. In diesem Abschnitt wird dies anhand eines **Praxisbeispiels** erläutert. Das Beispiel und die in ihm beobachteten Probleme mangelnder Nutzung von Modellen als wissensvermittelnde Artefakte werden im Folgenden als Motivation der vorliegenden Arbeit beschrieben und diskutiert. Die dargestellten Probleme stehen dabei exemplarisch für andere Unternehmen. Die Aufbaustruktur, Branche und Größe des Beispielunternehmens schränken die Gültigkeit dieser Probleme für andere Unternehmen in keiner Weise ein.

1.2.1 Praxisbeispiel zur Nutzung von Prozessmodellen in Unternehmen

In der Arbeitsgruppe Informations- und Technikmanagement des Instituts für Arbeitswissenschaft an der Ruhr-Universität Bochum, in der der Autor beschäftigt ist, werden kontinuierlich Forschungs- und Beratungsprojekte durchgeführt, in denen Prozessmodellierung zur Dokumentation, Analyse und Optimierung von Prozessen sowie zur Gestaltung von Informationssystemen verwendet werden (vgl. Herrmann 2009a). Im Forschungsprojekt MARIS[4] (vgl. Böhmann et al. 2010), in dem gemeinsam mit Unternehmen ein Konzept zur Internationalisierung ihrer Dienstleistungsprozesse entwickelt wurde, war der Autor federführend beteiligt. In diesem Projekt zeigten sich in drei im Rahmen des Projekts durchgeführten Fallstudien zahlreiche Probleme der Nutzung und nachhaltigen Verfügbarkeit von Modellen und somit des Wissens über Prozesse. Diese Probleme prägen die vorliegende Arbeit, zeigen deren **Praxisrelevanz** und sollen im Folgenden kurz erläutert werden.

In einer der Fallstudien des Projekts, die mit einem großen Dienstleister im Bereich des Facility Managements durchgeführt wurde, arbeitete der Autor gemeinsam mit dem Unternehmen an der Standardisierung vorhandener Dienstleistungsprozesse. Obwohl das Unternehmen in verschiedenen Ländern am Markt erfolgreich operierte, zeigte sich schnell, dass leitende Mitarbeiter **unterschiedliche** und meist **implizite Auffassungen** der vom Unternehmen durchgeführten **Prozesse** hatten. In Vorgesprächen mit dem Unternehmen hatte sich zwar herausgestellt, dass zu Zertifizierungszwecken eine umfangreiche Prozessdokumentation vorhanden war, in der Praxis war diese jedoch selbst leitenden Mitarbeitern nur vage bekannt und wurden von ihnen **nicht verwendet**. Aus diesem **Problem** resultierten verschiedene **negative Effekte**, die im Folgenden erläutert werden (vgl. Prilla et al. 2010b):

- Modelle zentraler Prozesse des Unternehmens konnten in der Dokumentation trotz aufwändiger Suche **nicht gefunden** werden und mussten unter hohem Zeitaufwand in mehreren Sitzungen **rekonstruiert** werden (vgl. Prilla et al. 2009).
- Prozesse des Managements von Dienstleistungen waren trotz Kommunikation untereinander und Bestrebungen zu ihrer Standardisierung bei vielen Projektmanagern nicht bekannt. Sie waren daher nicht miteinander abgeglichen und wiesen an verschiedenen Standorten

[4] Das Projekt MARIS wurde vom Bundesministerium für Bildung und Forschung gefördert. Informationen zum Projekt stehen unter http://www.imtm-iaw.rub.de/projekte/maris/index.html zur Verfügung.

große Unterschiede auf. Dies führte zu **Inkompatibilitäten** zwischen den Prozessen und **Konflikten** zwischen Mitarbeitern (vgl. ebd.).

- Für die Homogenisierung der Prozesse im In- und Ausland mussten **umfangreiche Maßnahmen** zur Diskussion und Anpassung der Prozesse durchgeführt werden, da die beteiligten Manager keine Kenntnis von Prozessdetails anderer Standorte hatten (vgl. Schermann et al. 2008).
- Operativen Mitarbeitern waren die Prozesse, in die sie eingebunden waren, **nicht bekannt**. Sie verstanden daher nicht, warum sie bspw. Dokumentationsarbeiten häufig **nachbessern** mussten, so dass es immer wieder zu Effizienz- und Qualitätsproblemen kam. Dem zuständigen Manager wurde erst bei Durchsicht im Prozess verwendeter Dokumente klar, dass diese Probleme an anderen Standorten bereits gelöst wurden (vgl. Prilla et al. 2009).
- Als Hauptprobleme der Standardisierung vorhandener Prozesse wurden nicht, wie vom Unternehmen zunächst angenommen, die Einhaltung von Standards, sondern deren mangelnde Passung auf verschiedene Standorte und fehlendes **Wissen zu Prozessen und** ihrer Durchführung identifiziert. So wurden Modelle in der Fallstudie zur Sicherstellung der Verfügbarkeit entsprechender Informationen häufig manuell mit vorhandenen Dokumenten verknüpft (vgl. Prilla et al. 2010a).
- Nach Abschluss der Prozessdokumentation und -optimierung traten Probleme hinsichtlich der **Verbreitung und Verfügbarkeit** entstandener Modelle auf. Auch die Integration von Modellen in Präsentationsfolien konnte dieses Problem nicht lösen (vgl. Prilla et al. 2010c).

Diese Beobachtungen sind **keine Einzelfälle**, sondern wiederholten sich in ähnlicher Form in weiteren Fallstudien des Projekts (vgl. ebd.) und sind auch in Berichten aus anderen Projekten bzw. Studien zu finden (bspw. Herrmann und Hoffmann 2005, Kunau et al. 2005b). Die zeigt, dass in den heute stark wissens- und prozessorientierten Unternehmen die mangelnde Verbreitung von Modellen und damit von Wissen über Prozesse Probleme erzeugen kann und daher vermieden werden muss.

In den beschriebenen Fallstudien wurden wie beschrieben neue Modelle erstellt und zur Dokumentation bzw. als Artefakt des Transfers und der Erzeugung von Wissen über Prozesse eingesetzt. Dieser Einsatz konnte die beschriebenen Probleme verringern, jedoch Probleme ihrer Verfügbarkeit für Mitarbeiter nicht lösen. Gleichwohl unterstreicht der beobachtete Nutzen des Einsatzes von Modellen die Forderung nach ihrer systematischen Nutzung für die Vermittlung von Wissen in Organisationen.

1.2.2 Diskussion: Probleme mangelnder Nutzung von Prozessmodellen

Obwohl in dem beschriebenen Praxisbeispiel aus Gründen der Projektkonfiguration keine Möglichkeit zur Entwicklung oder Erprobung eines Wissensmanagementsystems für die Unterstützung der Nutzung von Modellen als wissensvermittelnde Artefakte gegeben war, kann aus den beschriebenen Beobachtungen der Bedarf und die Motivation für die vertiefende Betrachtung von Unterstützungsmöglichkeiten der Nutzung von Modellen in Wissensmanagementsystemen abgeleitet werden. Insbesondere konnten aus den beobachteten negativen Effekten und ihrer Bestätigung in anderen Arbeiten Probleme der mangelnden Unterstützung von Modellen in Organisationen identifiziert werden. Diese zeigten sich auch in der im Rahmen der vorliegenden Arbeit durchgeführten empirischen Studie (vgl. Kapitel 5) und werden im Folgenden kurz zusammengefasst:

- **Wissensverlust:** Modelle und das in ihnen vorhandene Wissen werden nicht für die tägliche Arbeit verwendet. So geht vorhandenes Wissen verloren oder muss aufwändig extrahiert werden. Im Praxisbeispiel konnten so Prozesse anderer Standorte nicht auf das Wissen aus vorhandenen Prozessen aufgebaut werden. Auch nach der Erzeugung gemeinsamer Modelle als Dokumentation dieses Wissens gestaltete sich deren Verbreitung und Verfügbarkeit problematisch.
- **Zeitverlust und Aufwand:** Die Suche nach Prozessdokumentation gestaltet sich aufgrund der unzureichenden Verwaltung von Modellen häufig aufwändig, erfordert einen hohen Zeitaufwand oder gelingt nicht. Im Praxisbeispiel konnten die Mitarbeiter auch nach langer Suche vorhandene Prozessmodelle nicht finden, so dass diese vor der Bearbeitung von Prozessen rekonstruiert werden mussten. Hierzu waren mehrere gemeinsame und unternehmensinterne Sitzungen notwendig.
- **Redundanzen und Fehler:** Aus mangelnder Verfügbarkeit vorhandener Modelle entstehen häufig redundante oder falsche Prozesse, die weitere Probleme erzeugen. Im Praxisbeispiel unterschieden sich aus diesem Grund Prozesse verschiedener Standorte. Außerdem wurden Teile der Prozesse unzureichend unterstützt. Dies führte zu Konflikten und ineffizienten Prozessen.
- **Mangelndes Verständnis von Modellen:** Ohne Kontextinformationen bspw. aus Dokumenten sind Modelle nicht immer verständlich und der Transfer von Wissen mit ihnen gelingt nicht. Im Praxisbeispiel war einem Manager ohne zusätzliche Dokumente nicht klar, dass das Problem der Dokumentation in seinem Prozess bereits an anderer Stelle gelöst war. Zudem mussten in diesem Beispiel die gemeinsam mit dem Unternehmen rekonstruierten Prozessmodelle mit entsprechenden Dokumenten verknüpft werden, um ihr Verständnis nachhaltig zu sichern.
- **Unzureichende Qualität von Prozessen:** Die Bearbeitung von Prozessen wird unzureichend durch vorhandenes Wissen unterstützt. Dies hat negative Auswirkungen auf die Qualität und damit auf die Durchführung von Prozessen. Im Praxisbeispiel zeigte sich dies an der mangelnden Passung der Umsetzung von Standardprozessen an ihren Einsatzort sowie an den beschriebenen Qualitätsproblemen bei der Dokumentation.

Diese Probleme zeigen die Praxisrelevanz der vorliegenden Arbeit. Sie stellen jedoch nur einen Teil der in der vorliegenden Arbeit identifizierten Probleme (vgl. Kapitel 5), die durch die mangelnde Unterstützung der Nutzung von Modellen als wissensvermittelnde Artefakte in Unternehmen auftreten können, dar. Gleichwohl zeigen sie bereits, dass entstehende Probleme verschiedene Nutzergruppen, Tätigkeiten und Intentionen der Nutzung von Modellen umfassen. Solche Probleme sind typische Anwendungsfälle für das Wissensmanagement (vgl. Kapitel 2), ihre Lösung erfordert die gezielte Unterstützung der kooperativen Nutzung von Modellen als wissensvermittelnde Artefakte. Der in dieser Arbeit dazu verfolgte Ansatz der Integration von Modellen in Inhalte von Wissensmanagementsystemen und dessen Ziele werden im folgenden Abschnitt beschrieben.

1.3 Abgrenzung, Ziele und Lösungsansatz der Arbeit

Die in den vorangegangenen Abschnitten gegebene Beschreibung des in der vorliegenden Arbeit betrachteten Problemfelds macht deutlich, dass zur Unterstützung der Nutzung von Modellen als wissensvermittelnde Artefakte neue Lösungen gefunden werden müssen. Gleichzeitig müssen diese Lösungen jedoch von vorhandenen, auf andere Ziele ausgerichteten Ansätzen abgegrenzt werden.

1.3.1 Anwendungskontext und verwandte Arbeiten

Aus der in Abschnitt 1.2 gegebenen Beschreibung des hier betrachteten Problemfelds wird deutlich, dass der Mangel an Unterstützung für die Nutzung von Modellen zu Zwecken der Vermittlung und Aneignung von Wissen eine Vielzahl unterschiedlicher Probleme erzeugt. Über diesen Problembereich sind jedoch, wie in Abschnitt 1.1 beschrieben, kaum Erkenntnisse vorhanden. Daher kann für die Arbeit im Vorhinein keine Auswahl oder Fokussierung einzelner, besonders dringlich zu lösender Teilprobleme und keine Festlegung auf zu unterstützende Nutzergruppen vorgenommen werden. Die Aufgabe eines Forschungsvorhabens zur Unterstützung dieses Bereichs muss vielmehr sein, das Spektrum vorhandener Probleme und Anforderungen explorativ zu untersuchen, prototypische Lösungen für deren Unterstützung bereit zu stellen und so die vertiefende Betrachtung einzelner Probleme und Nutzergruppen zu ermöglichen.

Wie die Beschreibung des Problembereichs in den vorangegangenen Abschnitten zeigt, stellt die Nutzung von Modellen als **Inhalte** von Wissensmanagementsystemen und damit im organisationalen Wissensmanagement einen vielversprechenden Ansatz zur Lösung der beschriebenen Probleme dar. Dies wird in der Arbeit sowohl durch die Analyse entsprechender Literatur (vgl. Kapitel 4) als auch in einer empirischen Studie (vgl. Kapitel 5) deutlich. Als **Inhalte von Wissensmanagementsystemen** werden im Rahmen der Arbeit dabei solche Artefakte angesehen, die in diesen Systemen gespeichert, gefunden und zur Verfügung gestellt werden können. Da sich Wissensmanagement an die gesamte Organisation richtet, müssen Inhalte von Wissensmanagementsystemen zudem potentiell von allen Akteuren einer Organisation für den Austausch von organisationsrelevantem Wissen genutzt werden können. Diese Kriterien treffen auf Modelle nicht zu, da sie zwar in Wissensmanagementsystemen als Binärdateien gespeichert, jedoch von Nutzern meist nicht gefunden werden können. Zudem sind bisher keine Lösungen vorhanden, die ihre Verwendung zum Austausch von Wissen für alle Nutzer unterstützen (vgl. hierzu Abschnitt 4.2 und Kapitel 5).

So finden sich zwar im Kontext des Wissensmanagements oder der Verwaltung von Modellen verschiedene Ansätze und Lösungen der Nutzung von Prozessmodellen, diese beziehen sich jedoch auf eingegrenzte oder zum betrachteten Problem verwandte, jedoch unterschiedliche Anwendungsbereiche und verfolgen andere Ziele (vgl. Abschnitt 4.6 für einen ausführlichen

Vergleich dieser Ansätze mit den Anforderungen an die vorliegenden Arbeit). Hierzu sind neben anderen Ansätzen vor allem Wissensmanagementsysteme, die Prozessmodelle zur **Navigation und Strukturierung** ihrer Inhalte nutzen (vgl. Abschnitt 4.6.1), zu nennen. In diesen werden Modelle jedoch lediglich verwendet, um Wissen über die Struktur und die Inhalte eines Systems zu verwenden. Die Nutzung von Modellen als Inhalte des Wissensmanagements im obigen Sinn unterstützen diese Systeme jedoch nicht. Zudem müssen in diesem Kontext Geschäftsprozessmanagement-Systeme, in denen Modelle als Ausgangspunkt der **Automatisierung von Abläufen** dienen (vgl. Abschnitte 3.4 und 4.6.2), genannt werden. Diese wenden sich jedoch an einen kleinen Kreis von Experten und erfordern zudem die manuelle Verbindung von Modellen und anderen für das Wissensmanagement relevanten Inhalten. Sie sind daher für viele Nutzer zu aufwändig zu bedienen und können Modelle ebenfalls nicht als Inhalte des Wissensmanagements auf Ebene einer Organisation zur Verfügung stellen.

Der Vergleich mit vorhandenen Ansätzen und Systemen macht deutlich, dass Modelle in Organisationen mit solchen Systemen nicht als wissensvermittelnde Inhalte allen Mitarbeitern zur Verfügung gestellt werden können. Dies ist jedoch Teil des zu lösenden Problems: Modelle müssen **als Inhalte des Wissensmanagements** verwendet und ihre **Nutzung** in Unternehmen muss gefördert werden, wenn sie zur Vermittlung von Wissens genutzt werden sollen. Dies geht aus der Analyse relevanter Literatur (Kapitel 4) und der empirischen Studie der vorliegenden Arbeit (Kapitel 5) hervor.

Zur Erreichung dieser Ziele scheint es jedoch nicht sinnvoll, ein System zu erstellen oder ein vorhandenes System zu nutzen, das Modelle isoliert von anderen Dokumenten eines Unternehmens verwaltet (vgl. Abschnitte 4.3.3 und 4.6). Vielmehr sollten Modelle gemeinsam mit anderen Inhalten in Wissensmanagementsystemen verwaltet werden, um Mitarbeitern einer Organisation zur Verfügung zu stehen. Dies bestätigt sich auch in der empirischen Studie dieser Arbeit (vgl. Abschnitt 5.2.2). Zudem ist nicht unabhängig von Einsatzkontexten zu entscheiden, welche Mitarbeiter Modelle benötigen oder von ihrer Nutzung profitieren können. Daher sollten Modelle potentiell für alle Mitarbeiter einer Organisation zur Verfügung stehen, wie ebenso in der empirischen Studie bestätigt wird (vgl. Abschnitte 5.2.1 und 5.2.4). Diese Ziele unterscheiden die Arbeit von den genannten vorhandenen Ansätzen und erfordern somit einen **neuen Ansatz**.

1.3.2 Ziele und Lösungsansatz der Arbeit

Das in der vorliegenden Arbeit betrachtete **zentrale Problem** wurde in Abschnitt 1.1 als **mangelnde Unterstützung der Nutzung von Modellen als wissensvermittelnde Artefakte in Organisationen** identifiziert. Vor dem Hintergrund des beschriebenen Anwendungskontextes ist es daher das **Ziel** der vorliegenden Arbeit, Möglichkeiten der Nutzung von Prozessmodellen als Ressource der Verbreitung, der Aneignung und der Bewahrung von Wissen durch ihre Integration in Wissensmanagementsysteme zu identifizieren und umzusetzen. Dieses Ziel kann in zwei **Teilziele** untergliedert werden:

- Identifikation von Problemen, Potentialen und resultierenden Anforderungen der Nutzung von Prozessmodellen in Wissensmanagementsystemen.
- Umsetzung der identifizierten Anforderungen in einem prototypischen und bedarfsgerechten Wissensmanagementsystem.

Diese Ziele können als erreicht angesehen werden, wenn die Voraussetzungen für die Verfügbarkeit von Modellen als wissensvermittelnde Artefakte für alle Mitarbeiter einer Organisation, die Unterstützung ihrer Nutzung und ihre Etablierung als Wissens- und Informationsquelle gegeben sind. Zur **Umsetzung dieser Ziele** verwendet die Arbeit einen empirischen Zugang zum Problemfeld, um die Nutzung von Modellen in der Praxis zu erkunden sowie Probleme und Anforderungen zu identifizieren. Aus den daraus resultierenden Erkenntnissen wird ein Ansatz entwickelt, mit dem Modelle in Inhalte von Wissensmanagementsystemen integriert werden können, der ihre Nutzung in Organisationen adäquat und für alle Mitarbeiter unterstützt und in Modellen dokumentiertes Wissen zugänglich macht.

Der in der vorliegenden Arbeit verwendete **Lösungsansatz** basiert auf der **Integration von Modellen in Inhalte von Wissensmanagementsystemen** und der Entwicklung von Funktionen, die ihre Nutzung unterstützen (vgl. Kapitel 6 und 7). Als Basis für diese Integration dient der Mechanismus des **Social Taggings** (vgl. Abschnitt 2.5.3), der in der Arbeit als Ergebnis des Vergleichs verschiedener Möglichkeiten zur Beschreibung von Inhalten ausgewählt wird (vgl. Abschnitte 2.5 und 6.2). Mit Social Tagging werden Modelle und andere Inhalte semantisch beschrieben und auf diese Weise in Wissensmanagementsystemen verfügbar gemacht. Neben diesem Mechanismus werden weitere Funktionen entwickelt, mit denen Modellierungsanwendungen an Wissensmanagementsysteme angebunden werden, Modelle in Wissensmanagementsystemen verwaltet werden können und der Zugang zu Modellen als wissensvermittelnde Artefakte sichergestellt wird. Diese Funktionen werden aus empirischen Erkenntnissen hergeleitet und decken so vorhandene Anforderungen an die Unterstützung der Nutzung von Modellen ab. Das Ergebnis dieser Entwicklung ist der **Prototyp** eines Wissensmanagementsystems, der textuelle Inhalte und Modelle gleichermaßen verwalten kann und mit dem die Nutzung von Modellen als wissensvermittelnde Artefakte in Unternehmen ermöglicht wird.

1.4 Fragestellungen und Forschungsansatz

Die vorliegende Arbeit wird durch verschiedene, aufeinander aufbauende Forschungsfragen geleitet, deren Beantwortung zur Erreichung der im vorangegangenen Abschnitt beschriebenen Ziele notwendig ist. Aus diesen Fragen ergibt sich ein phasenorientierter Forschungsansatz, der im Folgenden beschrieben wird.

1.4.1 Forschungsfragen

Ziele dieser Arbeit sind die Identifikation von Anforderungen an die Unterstützung der Nutzung von Modellen als wissensvermittelnde Artefakte und die Umsetzung eines Wissensmanagementsystems, mit dem die Nutzung von Modellen zu diesem Zweck gefördert und etabliert werden kann. Dementsprechend wird die Arbeit durch eine **übergeordnete Fragestellung** (vgl. Abbildung 1 auf Seite 12) zur Realisierung dieser Ziele geleitet.

Forschungsfrage 1 Wie kann die Nutzung von Prozessmodellen als wissensvermittelnde Artefakte in Organisationen durch die Unterstützung eines Wissensmanagementsystems gefördert und etabliert werden?

Entsprechend der in Abschnitt 1.3.2 beschriebenen Teilziele muss zur Beantwortung dieser Frage einerseits der betrachtete Problembereich hinsichtlich vorhandener Schwierigkeiten und Potentiale der Nutzung von Modellen analysiert werden. Andererseits müssen die dabei identifizierten Anforderungen in einem Wissensmanagementsystem umgesetzt werden. Forschungsfrage 1 teilt sich daher in **zwei Fragen**, die einerseits die Ebene der Anforderungen an die Unterstützung des Problembereichs (Forschungsfrage 1a) und anderseits die Ebene der Umsetzung und entsprechenden Gestaltung eines Wissensmanagementsystems auf Basis dieser Anforderungen (Forschungsfrage 1b) abdecken.

Forschungsfrage 1a Welche Anforderungen müssen bei der Integration von Modellen in Inhalte des Wissensmanagements von Organisationen abgedeckt werden?

Forschungsfrage 1b Wie muss ein Wissensmanagementsystem gestaltet werden, um Modelle in Organisationen allen Nutzern zur Verfügung zu stellen und ihre Nutzung zu unterstützen?

Die beschriebenen Fragen können nicht in einem Schritt beantwortet werden, vielmehr muss der Problemraum exploriert und systematisch erkundet werden. Sie werden daher durch **weitere Forschungsfragen** ergänzt, die den in der Arbeit verfolgten Forschungsprozess leiten (vgl. Abschnitt 1.4.2).

In einem ersten Schritt ist dabei anhand von bestehenden Erkenntnissen zu erörtern, welchen Nutzen Modelle für das Wissensmanagement haben können und welche Probleme bei ihrer Integration in Inhalte von Wissensmanagementsystemen zu überwinden sind. Dazu ergeben sich zwei Fragestellungen.

Forschungsfrage 2 Welchen Nutzen haben Prozessmodelle für das Wissensmanagement von Organisationen und welche Anforderungen sind zu erfüllen, um diesen Nutzen in Wissensmanagementsystemen umzusetzen?

Forschungsfrage 3 Welche Probleme der Integration von Modellen in Inhalte von Wissensmanagementsystemen gibt es und welche Anforderungen müssen zur Überwindung dieser Probleme umgesetzt werden?

Für das betrachtete Problemfeld sind nicht nur der Nutzen von Modellen für das Wissensmanagement und die zu ihrer Integration zu überwindende Probleme, sondern auch ihre Verwendung in der Praxis relevant. Daher muss analysiert werden, welche Prozesse der Nutzung von Modellen in der Praxis besser unterstützt werden müssen. Für die dabei identifizierten Prozesse ist zudem zu ermitteln, wie sie in der Praxis unterstützt werden können. Daraus ergibt sich eine weitere Forschungsfrage.

Forschungsfrage 4 Welche Prozesse der Nutzung von Modellen müssen in der Praxis unterstützt werden und welche Anforderungen sind zu erfüllen, um sie zu unterstützen?

Für die Umsetzung eines Systems zur Unterstützung von Modellen in Unternehmen sind die erhobenen Anforderungen umzusetzen. Hierfür ist zu erörtern, welche Funktionen in einem solchen System vorhanden sein müssen, und welche nicht-funktionalen Aspekte wie bspw. Gestaltungselemente berücksichtigt werden müssen (vgl. Rupp und Sophisten 2007, S. 255ff.). Daraus ergeben sich zwei Fragestellungen für die Umsetzung.

Forschungsfrage 5 Welche Funktionen muss ein Wissensmanagementsystem zur Verfügung stellen, um identifizierte Anforderungen zur Unterstützung der Nutzung von Modellen in Organisationen abzudecken?

Forschungsfrage 6 Welche nicht-funktionalen Aspekte müssen bei der Gestaltung eines Wissensmanagementsystems berücksichtigt werden, um identifizierte Anforderungen zur Unterstützung der Nutzung von Modellen in Organisationen abzudecken?

Für die genannten Forschungsfragen ist zu bemerken, dass sie **zueinander in Beziehung** stehen und die Beantwortung der Fragen 2 bis 6 zur Beantwortung von Forschungsfrage 1 führt (vgl. Abbildung 1). So decken Forschungsfrage 2 bis Forschungsfrage 4 die Anforderungsebene des betrachteten Problems ab und sind daher Forschungsfrage 1a zuzuordnen. Analog können Forschungsfrage 5 und Forschungsfrage 6, die Funktionen und Gestaltung eines unterstützenden Systems abdecken, Forschungsfrage 1b zugeordnet werden.

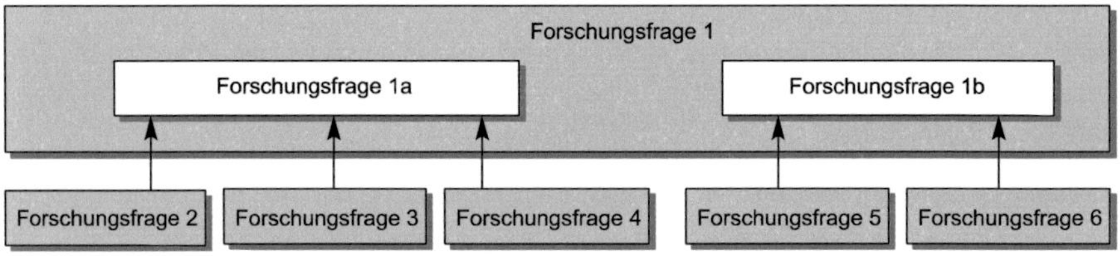

Abbildung 1: Zusammenhang der Forschungsfragen dieser Arbeit.

Die Beantwortung dieser Fragen erfordert einen Forschungsansatz, der von der Analyse vorhandener Potentiale und Schwierigkeiten der Nutzung von Prozessmodellen als wissensvermittelnde Artefakte aus vorhandenen Quellen über die empirische Exploration dieses Problems Anforderungen an ein technisches System erhebt und dieses entsprechend umsetzt. Daraus resultiert ein phasenorientierter Ansatz unter Verwendung verschiedener Methoden, der im folgenden Abschnitt beschrieben wird.

1.4.2 Forschungsansatz

Für das in der vorliegenden Arbeit betrachtete Problem sind über Grundlagen hinaus kaum spezifische Erkenntnisse vorhanden, an denen sich die Arbeit orientieren kann. Folglich ist ihr Forschungsansatz **qualitativ** und **explorativ** ausgerichtet. Zudem beinhaltet er verschiedene Phasen, in denen der Problemraum schrittweise erkundet und Lösungen entwickelt werden (vgl. Abbildung 2 auf Seite 14).

Die Wahl eines **qualitativen Ansatzes** zur Beantwortung der übergeordneten Forschungsfrage 1 und ihrer Teilfragen (vgl. Abschnitt 1.4.1) ist darin begründet, dass die vorliegende Arbeit die *„Erschließung eines bislang wenig erforschten Wirklichkeitsbereichs"* (Flick et al. 2000, S. 25) zum Ziel hat und daher quantitative Methoden nicht verwendbar sind. Ihre **explorative Ausrichtung** ist notwendig, da weder zur Förderung der aktiven Nutzung von Modellen als wissensvermittelnde Artefakte durch alle Mitglieder einer Organisation noch zur Integration von Modellen in Inhalte von Wissensmanagementsystemen ausreichende Erkenntnisse vorhanden sind, um ein Forschungsvorhaben daran zu orientieren. Dies hat zur Folge, dass für dieses Problem relevante Erkenntnisse erst identifiziert und systematisiert werden müssen (vgl. Bortz und Döring 1995, S. 330f.). Daher ist zunächst eine Erkundung des Problemraums zur Identifikation vorhandener Unterstützungsbedarfe und zur Ausbildung eines Verständnisses vorhandener Teilprobleme notwendig.

Qualitative Forschung *„greift auf die (methodisch kontrollierte) subjektive Wahrnehmung des Forschers als Bestandteil der Erkenntnis zurück"* (Flick et al. 2000, S. 25). Ihre Ergebnisse können daher nicht als generalisierbar gelten, sie geben vielmehr dem Forscher die Möglichkeit, Neues durch Interpretation des gewonnenen Materials zu entdecken. In dieser Ausrichtung qualitativer Forschung und ihrer Methoden lassen sich Parallelen zu Methoden der Software-Entwicklung erkennen: Aus Sicht der qualitativen Forschung werden Erhebungsergebnisse als Mittel zur Entwicklung von Erkenntnissen aus erhobenen Daten verwendet (Bortz und Döring 1995, S. 49f.), in der Software-Entwicklung werden sie als Basis zur Entwicklung von Anforderungen genutzt (Sommerville 2007, S. 184ff.). Ebenso können erhobene Daten in beiden Bereichen nur Anhaltspunkte, aber keine Gewissheit über Lösungen für Probleme hervorbringen und müssen daher mit dem Ziel der Erzeugung einer Lösung interpretiert werden. Dieser **duale Charakter** wird in der vorliegenden Arbeit aufgegriffen, indem Ergebnisse einzelner Methoden sowohl als Erkenntnisse zum Problembereich aufgefasst und analysiert als auch in Anforderungen an dessen organisatorische und technische Unterstützung überführt werden. Das Ergebnis dieses Vorgehens sind Erkenntnisse zur Unterstützung des betrachteten Problembereichs, aus denen direkt Anforderungen an die Umsetzung eines Wissensmanagementsystems folgen.

In den Phasen des Forschungsansatzes (vgl. Abbildung 2 auf Seite 14) wird der untersuchte Problemraum zur Identifikation von Problemen und ihren Lösungen systematisch exploriert. Der Ansatz nutzt Erkenntnisse zur kooperativen Nutzung von Wissensartefakten sowie zur Modellierung von Prozessen (vgl. Kapitel 2 und 3) und verwendet sie als Grundlagen für den Forschungsprozess. Die zu Beginn des Prozesses durchgeführte Analyse des Problemraums beinhaltet sowohl die **Analyse von Problemen und Potentialen** (Phase 1) aus vorhandener

Literatur als auch durch eine **empirische Studie** (Phase 2) zur Nutzung von Modellen in der Praxis. Die **Ergebnisse der Analyse** beschreiben das betrachtete Problem in Handlungsfeldern und Anwendungsfällen und werden in **Anforderungen** an die Umsetzung eines Wissensmanagementsystems zur Unterstützung der Nutzung von Modellen in Organisationen verdichtet. Diese Anforderungen werden in einer ersten Version des **Prototyps** eines Wissensmanagementsystems umgesetzt (Phase 3) und gemeinsam mit potentiellen Nutzern **evaluiert und weiterentwickelt** (Phase 4). Ziel dieses Ansatzes ist es, den Raum zu bearbeitender Probleme in jeder Phase weiter zu konkretisieren und so zur Umsetzung eines Systems zu gelangen, das vorhandene Probleme des betrachteten Bereichs lösen kann. Hierzu werden Methoden der Anforderungsanalyse und der qualitativen Forschung miteinander kombiniert.

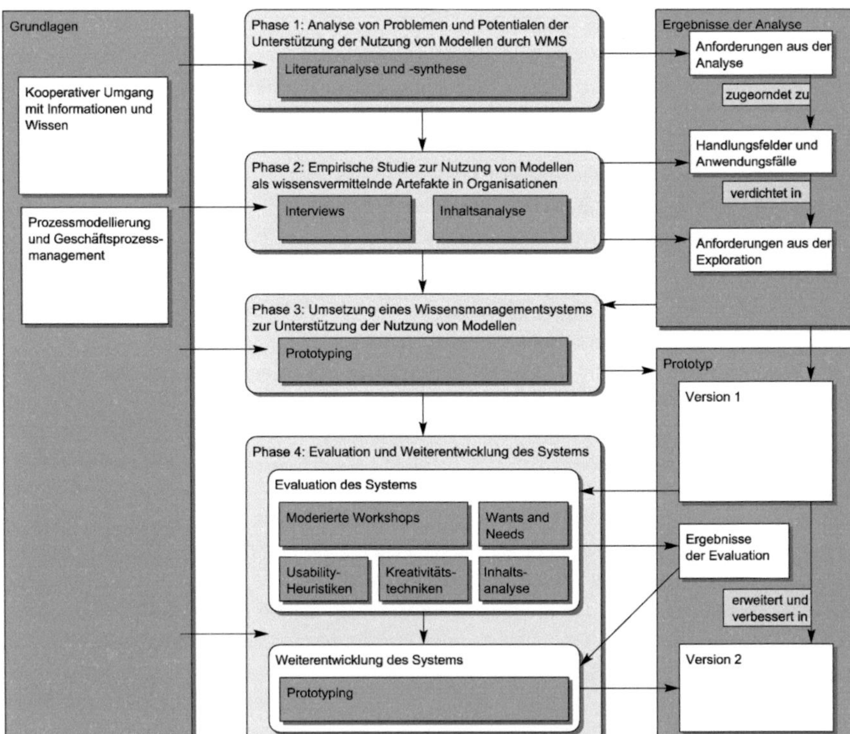

Abbildung 2: Überblick über Phasen, Methoden und Ergebnisse des Forschungsansatzes.

Die erste Phase des in Abbildung 2 dargestellten Forschungsansatzes besteht aus einer intensiven **Literaturanalyse** (vgl. Kapitel 4) zur Bearbeitung von Forschungsfrage 2 und Forschungsfrage 3. In dieser Analyse werden die für die Arbeit relevanten Grundlagen mit weiterführenden Ergebnissen kombiniert werden. Daraus werden Potentiale und Probleme der Nutzung von Modellen in Wissensmanagementsystemen identifiziert sowie erste Anforderungen an deren Umsetzung abgeleitet. Die Analyse vorhandener Literatur kann als Grundlage jedes Forschungsvorhabens bezeichnet werden, da sie den Forscher mit dem notwendigen Hintergrundwissen über Forschungsgegenstand und -ziel versorgt und es ihm ermöglicht, den Inhalt seines Vorhabens durch Identifikation von Lücken in vorhandenen Arbeiten abzugrenzen und zu konkretisieren (Bortz und Döring 1995, S. 46ff.). Sie kann jedoch die Betrachtung des Forschungsgegenstands im Feld nicht vollständig ersetzten. Dies gilt insbesondere für Forschung zur technischen Unterstützung der Zusammenarbeit von Menschen, die einen Forschungsansatz erfordert, der einen direkten Zugang zu den Bedarfen potentieller Nutzer von Anwendungen ermöglicht (Grudin 1988, S. 87). Die Ergebnisse der Literaturanalyse wurden daher in der Arbeit als Grundlage für weitere Aktivitäten verwendet, in der folgenden Phase der empirischen Studie vertieft und den in dieser Phase identifizierten Anforderungen zugeordnet (vgl. Kapitel 5).

Phase 2 des Forschungsansatzes besteht aus der Durchführung einer **empirischen Studie** zur Beantwortung von Forschungsfrage 4 (vgl. Kapitel 5). In dieser Studie wurden **Interviews** mit Praktikern zur empirischen Exploration des Problembereichs mit dem Ziel durchgeführt, Erkenntnisse zu Unterstützungsbedarfen des Umgangs mit Modellen in der Praxis zu sammeln. Interviews sind für explorative Ansätze der empirischen Erhebung besonders geeignet, da sie es ermöglichen, mit verschiedenen Partnern eine Bandbreite von Fragen zur Erkundung des Forschungsgegenstands zu besprechen und dabei gleichzeitig die Möglichkeit geben, einzelne Aspekte zu vertiefen sowie Handlungsmotive und -bedeutungen zu erfassen (vgl. Hopf 2000). Sie ermöglichen es so, Probleme zu verstehen und hinsichtlich ihrer Unterstützung zu analysieren. Aus den verschiedenen verfügbaren Interviewtechniken (vgl. Bortz und Döring 1995, S. 217ff.; Hopf 2000) wurde für die Arbeit das explorative Interview ausgewählt, da es Möglichkeiten der strukturierten Bearbeitung von Themen mit der für die Exploration notwendigen Flexibilität verbindet (Hopf 2000, S. 351ff.). Es wurde durch einen semi-strukturierten Leitfaden unterstützt. Die Interviews wurden aufgezeichnet und transkribiert, um das Material auf dieser Basis auswerten zu können (vgl. Bortz und Döring 1995, S. 285ff.).

Für die Auswertung des in den Interviews gewonnenen Materials wurde ein Verfahren der **qualitativen Inhaltsanalyse** verwendet, dass an die **Grounded Theory** von Glaser und Strauss (1968) angelehnt ist. Inhaltsanalyse besteht nach dieser Theorie aus der schrittweisen Erschließung in Interviews gewonnenen Materials durch offenes, axiales und selektives Kodieren (vgl. Böhm 2000, Strauss und Corbin 1998). Offenes Kodieren bezieht sich auf die frühen Phasen der Analyse und beinhaltet mehrere Durchsichten des Materials und die Beschreibung des Inhalts von Textstellen mit Kategorien. Durch axiales Kodieren werden diese Kategorien verfeinert und bspw. mit Unterkategorien in Verbindung gesetzt. Selektives Kodieren identifiziert zentrale Kategorien. Aus diesem Prozess entsteht ein Kategoriensystem, das den Inhalt des erhobenen Materials beschreibt und systematisch erschließbar macht. Er hilft dabei, die Auswertung empirischen Materials trotz Vorwissens des Forschers, das sich bspw. in der Struktur eines Interviewleitfadens ausdrückt, möglichst offen anzugehen, keine Details zu übersehen und steigert so Reliabilität und Validität der Ergebnisse (vgl. Bortz und Döring 1995, S. 308f.). Mit Ausnahme der offenen Kodierung wurde das gesamte Verfahren unter Verwendung von MaxQDA[5], einer Anwendung zur Unterstützung qualitativer Inhaltsanalyse, durchgeführt (vgl. zur computerunterstützen Inhaltsanalyse auch Kelle (2000)).

Der abschließende Teil des Forschungsansatzes wird durch die Phasen 3 und 4 gebildet (vgl. Kapitel 6 und 7), in denen der **Prototyp** einer Wissensmanagementumgebung auf Basis der in den Phasen 1 und 2 erhobenen Anforderungen entwickelt und evaluiert wird (vgl. Abbildung 2). Sie dienen der Beantwortung von Forschungsfrage 5 und Forschungsfrage 6. Prototypen können als Dokumentation von Anforderungen (Rupp und Sophisten 2007, S. 67) und als Möglichkeit, *„relevante Anforderungen und Entwicklungsprobleme zu klären"* (Balzert 1998, S. 115) verstanden werden. Sie dienen zudem in der Diskussion über ein System als Bindeglied zwischen Forschern bzw. Entwicklern einerseits und potentiellen Benutzern andererseits (ebd., S. 115; Beaudouin-Lafon und Mackay 2003, S. 1029). In der Arbeit wurden Prototypen in verschiedener Form verwendet. So dienten sie als Wegwerf-Prototypen (vgl. Sommerville 2007, S. 99) und somit als Gegenstand von Machbarkeitsstudien für die Umsetzung bestimmter Aspekte des zu realisierenden Systems (vgl. Abschnitt 6.3.3). Zudem wurden sie zur Umsetzung von Anforderungen und deren Überprüfung als Pilotsystem (vgl. Balzert 1998, S. 115) in der Evaluation eingesetzt: Der in Abbildung 2 dargestellte erste Prototyp aus Phase 3 bildete bspw. für die in ihm enthaltenen und bislang in dieser Form nicht vorhandenen Funktionen und Konzepte eine Verständnis- und Arbeitsgrundlage für die Evaluation (Phase 4). Auf dieser Basis konnten Rückmeldungen, Ideen zur Weiterentwicklung und Kritik am entwickelten System aufgenommen und zur Generierung weiterer Erkenntnisse sowie zur Entwicklung der zweiten Version des Prototyps verwendet werden.

Die mit Phase 4 bezweckte **Weiterentwicklung und Evaluation** des Prototyps (vgl. Kapitel 7) wurde in Form einer Serie **moderierter Workshops** durchgeführt. Diese eignen sich besonders für die in dieser Phase notwendige partizipative Gestaltung, Weiterentwicklung und Evaluation (vgl. hierzu auch Abschnitte 2.1.1 und 2.2.4) von Anwendungen, da sie Rückmeldungen und Ideen mehrerer potentieller Nutzer zu einem System mit der Möglichkeit der Diskussion über das System verbinden. Gegenstand dieser Workshops war der in Abbildung 2 verzeichnete erste Prototyp. Ziel war es dabei nicht, den Prototyp auf korrekte Funktionalität zu testen. Vielmehr sollte der Funktionsumfang hinsichtlich vorhandener Anforderungen von Nutzern überprüft und Erkenntnisse über seine Akzeptanz bei den Teilnehmern gewonnen werden. Daraus wird deutlich, dass es sich bei der Evaluation um einen **formativen**, also gestaltenden Ansatz handelt.

In den Workshops zur Evaluation des Prototyps wurde die von Courage und Baxter (2004) beschriebene Methode der **Wants and Needs Analysis** verwendet. In dieser Methode werden Nutzer zu bestimmten Aufgaben eines Systems ohne jegliche Einschränkung gebeten, ihre Wünsche und Ideen zur Unterstützung dieser Aufgabe in einem aus ihrer Sicht idealen System zu äußern. Diese Beiträge werden gesammelt und kategorisiert. Das Ergebnis dieser Analyse zeigt **Weiterentwicklungsbedarfe** einer Anwendung auf und lässt Rückschlüsse auf **notwendige Änderungen** sowie deren **Akzeptanz** zu (vgl. Courage und Baxter 2004, S. 372ff.).

[5] MaxQDA ist ein etabliertes Werkzeug zur Unterstützung der qualitativen Inhaltsanalyse und wird durch die VERBI GmbH vertrieben. Weitere Informationen finden sich unter http://www.maxqda.de/.

Die so erreichte Sammlung von Funktionen ermöglicht es zudem, Rückschlüsse auf notwendige Unterstützungsmaßnahmen des betrachteten Problems zu ziehen. Diese Methode wurde durch **Kreativitätstechniken** wie Brainstormings (vgl. Balzert 1998, S. 174; Boos 2007) und die heuristische Evaluation der Gebrauchstauglichkeit des Systems (vgl. Cockton et al. 2003, Nielsen und Mack 1994) unterstützt. Die aus dem Einsatz aller Methoden entstandenen Materialien wurden mit dem oben beschriebenen Verfahren der Inhaltsanalyse ausgewertet.

Die beschriebenen Phasen der Forschung zur vorliegenden Arbeit wurden durch eine **kontinuierliche Analyse von Anforderungen** an das im Rahmen dieser Arbeit zu realisierende System begleitet und die Ergebnisse der verschiedenen Phasen wurden kontinuierlich in **Anforderungen** verdichtet (vgl. Kapitel 4 und 5). Anforderungen werden dabei als *„qualitative und quantitative Eigenschaften eines Produkts"* (Balzert 2001) verstanden. Sie können auf verschiedenen Konkretionsebenen beschrieben werden, eine gängige Aufteilung unterscheidet hierbei die Ebenen 0 bis 4 (Rupp und Sophisten 2007, S. 423ff.):

- **Spezifikationsebene 0** beschreibt die Ziele sowie den Umfang und die Merkmale eines Systems und geht dabei nicht auf konkrete Ausprägungen ein.
- **Spezifikationsebene 1** beinhaltet Vorgänge, die ein System unterstützen soll. Hier werden Anwendungsfälle und daraus entstehende Anforderungen beschrieben.
- **Spezifikationsebene 2** umfasst Anforderungen an Funktionen eines Systems, die von Anwendern gestellt werden und beschreibt daher Funktionen zu den in Ebene 1 beschriebenen Vorgängen.
- **Spezifikationsebene 3** verfeinert die in Ebene 2 gestellten Anforderungen an Funktionen um detaillierte Beschreibungen der Funktionen und weitere Feinspezifikationen.
- **Spezifikationsebene 4** stellt Anforderungen an die konkrete Architektur eines Systems oder dessen Konfigurationsmöglichkeiten, die zur Umsetzung der Funktionen notwendig sind.

Höhere Ebenen der Spezifikationen können in einem explorativen, problemidentifizierenden Ansatz nicht erreicht werden, daher sind die in dieser Arbeit identifizierten Anforderungen den Ebenen 0 bis 2 zuzuordnen. Eine weitere Unterscheidung, die sich auch in Forschungsfrage 5 und Forschungsfrage 6 niederschlägt, kann zwischen **funktionalen** und **nicht-funktionalen** Anforderungen getroffen werden. Dabei werden solche Anforderungen als nicht-funktional beschrieben, die Aspekte eines Systems wie dessen Qualität, Benutzbarkeit oder für die Umsetzung und Einführung des Systems durchzuführende Tätigkeiten beschreiben (vgl. Rupp und Sophisten 2007, S. 255ff.). Die in der Arbeit identifizierten Anforderungen sind sowohl funktionaler als auch nicht-funktionaler Form. Sie werden in der Arbeit entweder nach dem Muster der von Rupp und Sophisten (2007) beschriebenen *„Anforderungsschablone"* (Rupp und Sophisten 2007, S. 225ff.) festgehalten (vgl. Kapitel 4 und 5), um sie eindeutig und vergleichbar darzustellen (vgl. Balzert 2001, S. 110f.), oder direkt durch Weiterentwicklungen der in der Arbeit entwickelten Prototypen dokumentiert (vgl. Kapitel 7), um ihre Anschaulichkeit zu erhöhen (vgl. Rupp und Sophisten 2007, S. 67). Ihre Identifikation und Beschreibung erfolgt in der Arbeit direkt aus Ergebnissen der Phasen 1, 2 und 4 (vgl. Abbildung 2). Es findet sich daher kein dediziertes Kapitel zur Ableitung von Anforderungen.

1.5 Ausrichtung und Beitrag der Arbeit im Forschungskontext

Die Arbeit beinhaltet Beiträge zu verschiedenen Forschungsfeldern wie Geschäftsprozess-und Wissensmanagement sowie weiteren Gebieten. Dies ist in der interdisziplinären Ausrichtung der für die Arbeit relevanten Forschungsgebiete und in der Bearbeitung des betrachteten Problemfelds durch verschiedene Fachrichtungen der Informatik begründet. In der Folge wird daher zunächst die Ausrichtung der Arbeit präzisiert und danach werden Beiträge der Arbeit kurz skizziert.

Die vorliegende Arbeit und die in ihr bearbeiteten Themen von Modellierung und Wissensmanagement befinden sich in einem **interdisziplinären Feld** (vgl. Hoffmann et al. 2001), an dem neben der Informatik auch andere Disziplinen wie Betriebswirtschaft, Wirtschaftsinformatik, Psychologie und Sozialwissenschaft beteiligt sind. Die vorliegende Arbeit trägt dieser Beschaffenheit des Forschungsfelds Rechnung, indem sie Aspekte dieser Disziplinen in ihren Forschungsansatz explizit einbezieht, gleichwohl aber auf die Informatik fokussiert ist (siehe unten). Dies zeigt sich unter anderem an der Nutzung wahrnehmungspsychologischer Erkenntnisse zur Analyse des Potentials von Modellen im Wissensmanagement (vgl. Kapitel 4) oder an der Kombination sozialwissenschaftlich geprägter Erhebungsmethoden mit Vorgehensweisen aus der informatischen Anforderungsanalyse (vgl. Abschnitt 1.4.2 und Kapitel 5).

Diese Arbeit nimmt zur Umsetzung ihrer Ziele eine **sozio-technische Perspektive** ein (vgl. Abschnitt 2.1.1), in der Wissensmanagement als sozio-technisches System (Herrmann 2003) und Prozessmodelle als Darstellung von Abläufen in sozio-technischen Systemen (Kunau 2006) aufgefasst werden. Diese Perspektive, in der die Gestaltung technischer Systeme stets in Bezug auf Prozesse der sozialen Ebene und umgekehrt durchgeführt wird, hat sich bei der Gestaltung von Informationssystemen nicht nur als nützlich, sondern auch erfolgskritisch erwiesen (vgl. Herrmann 2009a). Die Arbeit basiert daher auf einer **sozio-technischen Anforderungsanalyse** (vgl. Jones und Maiden 2004, Mate und Silva 2004), in der Wechselwirkungen sozialer und technischer Ebenen explizit betrachtet werden. Ausprägungen dieser Perspektive können bspw. in der Berücksichtigung von Wechselwirkungen organisatorischer Prozesse und technischer Unterstützung in der empirischen Studie (vgl. Kapitel 5) oder in der partizipativen Gestaltung der Evaluation und Weiterentwicklung des in der Arbeit erstellten Prototyps (vgl. Kapitel 7) gefunden werden.

Der **Fokus der Arbeit** liegt im Bereich der angewandten **Informatik**. Dies zeigt sich daran, dass die für die vorliegende Arbeit zentralen Fachrichtungen des Geschäftsprozess- und Wissensmanagements sowie der computerunterstützen Kooperation von Menschen **feste Bestandteile der Forschung** in diesem Bereich sind. Entsprechend wurden einige in dieser Arbeit dargelegte Ergebnisse in vorläufiger Form bereits während der Bearbeitung anderen Forschern auf relevanten Gebieten wie Wissensmanagement (Prilla und Herrmann 2007), Kooperationsunterstützung bzw. Informationssystemen (Prilla 2008) und Geschäftsprozessmanagement (Prilla 2009, Bruno et al. 2010) vorgestellt und mit diesen zum Zweck ihrer Interpretation im Forschungskontext sowie ihrer Weiterentwicklung und Verfeinerung diskutiert. Darüber hinaus ist der Forschungsansatz der vorliegenden Arbeit auf die Identifikation von Anforderungen zur Gestaltung eines Systems zur Unterstützung der Nutzung von Modellen in Organisationen ausgerichtet. Die Arbeit beschreibt zudem vorrangig den Prozess der Entwicklung, Gestaltung und Evaluation des Prototyps eines Wissensmanagementsystems zur Umsetzung der erhobenen Anforderungen. Diese Orientierung ist typisch für Forschung und Entwicklung im Bereich der Informatik.

Analog zur Ausrichtung der Arbeit in verschiedenen Feldern der Informatik sind auch die **Beiträge** dieser Arbeit verschiedenen Forschungsrichtungen zuzuordnen. Sie beziehen sich auf den Diskurs und die Theoriebildung in oben genannten Gebieten, die Gestaltung von Prozessen und Interventionen in ihnen sowie auf ihre technische Unterstützung (vgl. Abschnitt 8.2). Darüber hinaus können die in der Arbeit entwickelten Prototypen durch ihre Evaluation von Forschern verschiedener Disziplinen als **Basis für die experimentelle Erprobung** der Nutzung von Modellen als Wissensartefakte und somit zur Vertiefung der Erkenntnisse der Arbeit verwendet werden.

Über Beiträge zur Forschung hinaus hat die Arbeit zudem **praxisrelevante Einflüsse** auf die Qualität von Wissensmanagement und auf Methoden der Modellierung. So kann durch die Verfügbarkeit von Prozessmodellen das Wissen über Prozesse bei Mitarbeitern verbessert und somit die Erzeugung neuen Wissens gefördert werden (vgl. Abschnitt 4.1). Weiterhin können vorhandene Methoden der Modellierung durch die Auszeichnung von Modellen mit Tags profitieren, indem Modelle mit anderen Inhalten einer Organisation verbunden oder dauerhaft verfügbar gemacht werden (vgl. Abschnitt 4.3).

Insgesamt kann aus den wissenschaftlichen und praktischen Beiträgen der vorliegenden Arbeit festgehalten werden, dass die Arbeit nicht nur eine vorhandene Forschungslücke bearbeitet, sondern vor dem Hintergrund der Bedeutung von Wissen und Prozessen für Unternehmen (vgl. Abschnitt 1.1) auch **ökonomische Potentiale** erschließt, indem sie Wissen in Form von Modellen nutzbar macht.

1.6 Aufbau der Arbeit

Im weiteren Verlauf der Arbeit wird die in diesem Kapitel skizzierte Problematik der mangelnden Nutzung von Modellen als wissensvermittelnde Artefakte sukzessive aufgearbeitet und analysiert. Dabei wird die in Abschnitt 1.3.2 kurz beschriebene Lösung aus verschiedenen Ergebnissen der in Abschnitt 1.4.2 beschriebenen Phasen des Forschungsansatzes hergeleitet. Dieser Abschnitt gibt einen Überblick über diese Beschreibung und den Aufbau der vorliegenden Arbeit.

In **Kapitel 2** wird zunächst mit der Beschreibung von Groupware, Wissensarbeit und Wissensmanagement ein Verständnis für die Arbeit notwendiger Grundlagen des kooperativen Umgangs mit Informationen und Wissen erzeugt. Dabei werden Aspekte, Probleme und entsprechende Maßnahmen der Kooperationsunterstützung dargestellt, die in der Arbeit zur Gestaltung des Forschungsprozesses, zur Analyse empirischer Beobachtungen, als Basis für die Interpretation von Problemen sowie für die Umsetzung der in der Arbeit erzeugten Prototypen genutzt werden. Da im Verlauf der Arbeit die Beschreibung von Modellen auf einer Meta-

Ebene als Voraussetzung für ihre Integration in Inhalte des Wissensmanagements identifiziert wird, werden in diesem Kapitel zudem mit Ontologien und Social Tagging zwei Möglichkeiten der semantischen Beschreibung gemeinsam genutzter Inhalte vorgestellt Diese Beschreibung wird als Grundlage zur Entscheidung für die Nutzung von Social Tagging im Rahmen dieser Arbeit verwendet.

Kapitel 3 ergänzt mit der Darstellung ausgewählter Aspekte zu Prozessmodellen, ihrer Nutzung in Organisationen und dem Management von Geschäftsprozessen die in Kapitel 2 beschriebenen Grundlagen. Das Kapitel erzeugt einen Kontext für das in der Arbeit betrachtete Problemfeld, indem es Modellierungsmethoden zur Darstellung von Prozessen, Unterschiede und Gemeinsamkeiten zwischen ihnen sowie Vorgehensweisen zu ihrer Verwendung vorstellt. Diese Grundlagen werden in der Arbeit zur Ableitung von Potentialen von Modellen für das Wissensmanagement sowie für die Konzeption der empirischen Studie, die Interpretation der in ihr gewonnenen Erkenntnisse und die Generalisierung (vgl. Abschnitt 8.3.2) der aus der Arbeit resultierenden Ergebnisse verwendet. Zudem wird die Arbeit durch die Beschreibung von Methoden und Zielen des Geschäftsprozessmanagements von diesem Ansatz abgegrenzt.

Kapitel 4 führt in einer Literaturanalyse die in den Kapiteln 2 und 3 beschriebenen Grundlagen mit im Kontext der Arbeit relevanten Forschungsergebnissen zusammen und entwickelt aus dieser Synthese Potentiale der Nutzung von Modellen zur Vermittlung von Wissen sowie erste Anforderungen zu deren Umsetzung. Dabei werden ein Verständnisrahmen für die Nutzung von Modellen als wissensvermittelnde Artefakte und Elemente eines Ordnungsrahmens zu ihrer diesbezüglichen Nutzung entwickelt. Zudem zeigt das Kapitel Gründe der bisherigen Vernachlässigung von Modellen in Wissensmanagementsystemen auf und analysiert diese hinsichtlich aus ihnen entstehender Anforderungen. Die aus der Analyse von Potentialen und Problemen gewonnenen Erkenntnisse bilden eine Basis für die empirische Studie dieser Arbeit und werden in einem Katalog grundlegender Anforderungen zusammengefasst. Anhand dieses Katalogs werden in Kapitel 4 zudem zur vorliegenden Arbeit verwandte Ansätze hinsichtlich ihrer Eignung zur Unterstützung von Zielen der Arbeit analysiert.

Die in **Kapitel 5** beschriebene explorative Studie zur praktischen Nutzung von Modellen als wissensvermittelnde Artefakte in Organisationen stellt den empirischen Kern der Arbeit dar. Sie basiert auf einer Serie von Interviews mit Praktikern, die Modelle in ihrer täglichen Arbeit und in Kooperation mit verschiedenen Nutzergruppen verwenden. Das Ergebnis dieser Studie stellt eine Einteilung der Nutzung von Modellen als wissensvermittelnde Artefakte und deren Unterstützung in Handlungsfelder und Anwendungsfälle dar. Aus diesem Ergebnis werden Anforderungen an die Umsetzung eines Wissensmanagementsystems extrahiert. Zudem werden die in der Literaturanalyse identifizierten Anforderungen durch die Studie in ihrer Praxisrelevanz bestätigt, detailliert und den identifizierten Anwendungsfällen zugeordnet. Somit entwickelt dieses Kapitel einen empirisch gestützten Handlungsrahmen für die Umsetzung eines Wissensmanagementsystems.

Kapitel 6 beschreibt mit der Umsetzung der aus Literaturanalyse und empirischer Studie gewonnenen Anforderungen in das WiProM[6]-System zur Unterstützung der Nutzung von Prozessmodellen als wissensvermittelnde Artefakte den zweiten Kernbereich der vorliegenden Arbeit. Als Fundament dieser Entwicklung beschreibt das Kapitel hierzu die Auswahl einer semantischen Technologie zur Beschreibung von Modellen in Wissensmanagementsystemen sowie ausgewählte Teile der Architektur des Systems und dessen zentraler Mechanismen. Darauf aufbauend werden entlang der in Kapitel 5 identifizierten Handlungsfelder und Anwendungsfälle die Funktionen des WiProM-Systems beschrieben, um die Umsetzung der in der Studie identifizierten Anforderungen aufzuzeigen.

In **Kapitel 7** wird die Evaluation des WiProM-Prototyps beschrieben. Dabei werden Ergebnisse zur Überprüfung des Funktionsumfangs, daraus entstehende Weiterentwicklungs- und Anpassungsbedarfe sowie Aspekte der Akzeptanz des Systems beschrieben. Als Reflexion der Evaluation beschreibt das Kapitel außerdem Erkenntnisse zur Gestaltung des Systems und zur Unterstützung des Problembereichs. Im Unterschied zur Vorgehensweise in den Kapiteln 4 bis 6 werden daraus resultierende Anforderungen direkt umgesetzt und in Form des weiterentwickelten Prototyps beschrieben.

Kapitel 8 fasst die Ergebnisse der Arbeit zusammen. Dabei werden zentrale und besondere Ergebnisse herausgestellt und hinsichtlich ihrer Eignung zur Erreichung der Ziele dieser Arbeit diskutiert. Weiterhin werden der Innovationsgehalt der Arbeit und Möglichkeiten der Nutzung ihrer Ergebnisse beschrieben. Das Kapitel schließt mit einer Analyse resultierender Forschungs- und Entwicklungsbedarfe, einer Diskussion der Generalisierbarkeit erzielter Ergebnisse und einem Fazit.

1.7 Gestaltung der Arbeit

In der vorliegenden Arbeit wird für die bessere Lesbarkeit durchgängig die männliche Form der dritten Person Singular verwendet. Dies bedeutet keinerlei Wertung: Wenn bspw. von einem Nutzer oder einem Modellierer die Rede ist, so sind gleichzeitig Nutzerinnen und Modelliererinnen gemeint.

Zudem werden in dieser Arbeit englische Begriffe und Bezeichnungen verwendet, wenn es im Deutschen keine dem englischen Begriff äquivalente Übersetzung gibt oder der englische Begriff einen Fachbegriff darstellt. Beispiele für den ersten Fall sind Begriffe wie „Social Tagging“, „Tag“ (vgl. hierzu auch Abschnitt 2.5.3) oder „Recommender-System“. Ein Beispiel für einen englischen Fachbegriff ist die Bezeichnung „Groupware“ als Überbegriff für kooperationsunterstützende Systeme.

Zur Visualisierung von Zusammenhängen kommen in der vorliegenden Arbeit verschiedene Modellierungsmethoden und -notationen zum Einsatz. Ihre Auswahl erfolgt dabei anhand ihrer Eignung für die abzubildenden Zusammenhänge. Für Abläufe und Strukturen entwickelter Software wird die UML als Standardwerkzeug der Software-Entwicklung gemäß der Be-

[6] WiProM steht für **Wi**ssensmanagement für **Pro**zess-**M**odelle (vgl. Kapitel 6).

schreibung von Jeckle et al. (2004) verwendet, zur Darstellung von Datenstrukturen wird sie durch Entity-Relationship-Diagramme ergänzt. Für die in der Arbeit dargestellten Prozesse und Anwendungsfälle werden SeeMe-Modelle verwendet (vgl. Anhang E). SeeMe bietet hier einen Vorteil, da diese Notation speziell für die Darstellung technisch unterstützter Arbeitsprozesse entwickelt wurde. Sie kann so Wechselwirkungen zwischen technischen und sozialen Bestandteilen eines Prozesses darstellen und stellt zudem verschiedene Elemente zur Darstellung von Vagheiten in Arbeitsprozessen zur Verfügung. Zudem können mit SeeMe sowohl Interaktionen mit einem System als auch Aktivitäten ohne Nutzung eines technischen Systems im selben Modell dargestellt und so die Einbettung solcher Systeme in Arbeitsprozesse aufgezeigt werden.

„Der Fortschritt lebt vom Austausch des Wissens"
(Albert Einstein)

2 Kooperativer Umgang mit Informationen und Wissen

Für die Gestaltung von Wissensmanagement und Wissensmanagementsystemen sind Forschungsergebnisse aus verschiedenen Bereichen vorhanden, auf die weitere Vorhaben aufbauen können. So sind die Zusammenarbeit mehrerer Akteure an gemeinsamen Inhalten und deren Unterstützung durch Informationssysteme Gegenstand verschiedener Forschungsrichtungen. Mit der Forschung zu **Groupware** hat sich hierzu ein Gebiet etabliert, aus dem Erkenntnisse zur Gestaltung von Informationssystemen zur Unterstützung der Zusammenarbeit von Menschen resultieren. Als Zielgruppe dieser Forschung werden – neben anderen Gruppen – immer häufiger **Wissensarbeiter** genannt, die in Organisationen Wissen nutzen und neues Wissen produzieren. Diese Akteure weisen spezielle Eigenschaften und Bedarfe auf, die zu ihrer Unterstützung beachtet werden müssen. Mit dem **Wissensmanagement** hat sich hierzu ein Bereich etabliert, in dem unter anderem Erkenntnisse aus der Groupware-Forschung genutzt werden, um Wissensarbeiter zu unterstützen.

In diesem Kapitel werden mit den genannten Bereichen **Grundlagen** für das Verständnis, die Analyse und die Gestaltung des kooperativen Umgangs mehrerer Akteure mit Informationen und Wissen und somit für die vorliegende Arbeit dargestellt. Diese dienen im weiteren Verlauf der **Identifikation und Interpretation** von Potentialen und Problemen der Nutzung von Modellen im Wissensmanagement, der **Einschätzung** in der Praxis vorfindlicher Probleme und der **Gestaltung** eines Wissensmanagementsystems zur Umsetzung der Ziele dieser Arbeit.

Im Folgenden werden zunächst Grundlagen und Grundbegriffe des kooperativen Umgangs mit Informationen und Wissen wie sozio-technische Systeme, Gruppen, Kommunikation, Kooperation und Koordination sowie die Unterscheidung von Daten, Informationen und Wissen eingeführt (Abschnitt 2.1). Danach werden ausgewählte Erkenntnisse zur Gestaltung von Groupware als Unterstützung kooperativer Prozesse erörtert (Abschnitt 2.2). In der Folge werden in Abschnitt 2.3 Eigenschaften, Bedarfe und Unterstützungsmöglichkeiten von Wissensarbeitern vorgestellt. Abschnitt 2.4 beschreibt Erkenntnisse zu Hintergründen und der Gestaltung von Wissensmanagement. Weiterhin werden Mechanismen zur semantischen Beschreibung von Inhalten (Abschnitt 2.5) vorgestellt, die in der vorliegenden Arbeit als Basistechnologie verwendet werden.

2.1 Grundlagen und Grundbegriffe

In diesem Abschnitt wird das in dieser Arbeit als Grundlage verwendete Konzept soziotechnischer Systeme beschrieben. Zudem werden Begriffe wie Kommunikation, Kooperation und Koordination sowie Daten, Informationen und Wissen zur Vorbereitung ihrer Verwendung in der Arbeit erläutert.

2.1.1 Sozio-technische Systeme als Ordnungsrahmen

Die informationstechnisch unterstützte Zusammenarbeit von Menschen wird in dieser Arbeit als sozio-technisches System betrachtet. Zur Erläuterung dieser Auffassung und ihrer Auswirkungen auf die Gestaltung von Informationssystemen werden im Folgenden Grundbegriffe der Theorie sozio-technischer Systeme und ihre Anwendung in der Gestaltung von Informationssystemen beschrieben.

2.1.1.1 *Systeme*

Systeme können als *„Ganzheit miteinander verknüpfter Elemente“* (Ropohl 2009, S. 75) verstanden werden, diese Verknüpfungen erzeugen dabei **Systemeigenschaften**. Systeme grenzen sich zu ihrer Identifikation von ihrer **Umgebung** ab und können aus **Subsystemen** bestehen, die miteinander gekoppelt sein können. **Kopplung** bedeutet, dass *„der Output des einen Subsystems zum Input des anderen Subsystems wird“* (Ropohl 2009, S. 80). Ein System weist darüber hinaus Ein- und Ausgangsgrößen auf, zwischen denen es eine Verbindung gibt, die als das **Verhalten** des Systems beschrieben und durch die bereits genannten Systemeigenschaften bestimmt wird.

2.1.1.2 *Technische Systeme*

Technische Systeme sind die im informatischen Kontext wohl gebräuchlichste Ausprägung des Systembegriffs. Sie können durch Eigenschaften wie Steuerung von außen und Determinismus hinsichtlich Zustandsübergängen beschrieben werden (Herrmann et al. 2004, S. 119). **Steuerung von außen** bedeutet hierbei, dass die Eigenschaften eines technischen Systems durch andere technische Systeme oder Menschen beeinflusst und erzeugt werden. Bei informationstechnischen Systemen entspricht dies ihrer Programmierung. Aus diesem Grund ist auch ihr **Verhalten deterministisch**: Bei bekannten Eingangsgrößen lässt sich stets vorhersagen, welche Ausgaben technische Systeme erzeugen. Beispiele für technische Systeme im Kontext dieser Arbeit sind Computer oder Modellierungswerkzeuge.

2.1.1.3 *Soziale Systeme*

Ein soziales System kann nach Luhmann (1993) als komplexes **Geflecht von Kommunikationen** definiert werden, das sich nach kommunikativ festgelegten Regeln ständig selbst erneuert (vgl. Herrmann 2009a, S. 338). Dieser Prozess der Selbsterneuerung wird auch als **Autopoiese** bezeichnet (vgl. Maturana 1999). Soziale Systeme zeichnen sich zudem durch ein Sinnsystem, Selbstreferenz und Autonomie aus. Ein **Sinnsystem** bezeichnet für die Kommunikation eines sozialen Systems einen *„sinnhaften Rahmen“* (Loser 2005, S. 65) und äußert sich bspw. in systemspezifischer Sprache. Es geht aus den Kommunikationsprozessen eines Systems hervor und kann daher als **emergent**, also nicht geplant oder konstruiert angesehen werden. Außerdem befindet es sich durch die Autopoiese des Systems in einem ständigen Veränderungsprozess. Mit **Selbstreferenz** ist gemeint, dass die Entscheidung, welche Bestandteile ein System hat, lediglich vom System selbst getroffen werden kann. Hierzu verwenden soziale Systeme eine **Selbstbeschreibung** (Herrmann et al. 2004 nach Luhmann 1993). Soziale Systeme sind zudem **autonom**, reagieren also lediglich auf Basis ihrer internen

Struktur auf Reize aus der Umgebung (Herrmann et al. 2004 nach Varela 1981) und handeln daher im Gegensatz zu technischen Systemen nicht deterministisch. Diese Eigenschaft wird auch als **Kontingenz** bezeichnet (Herrmann et al. 2004, S. 121). Ein Beispiel für ein soziales System ist eine Abteilung einer Organisation.

2.1.1.4 *Sozio-technische Systeme*

Als sozio-technische Systeme werden solche Systeme bezeichnet, in denen sowohl **technische als auch soziale Subsysteme** vorhanden sind (Herrmann et al. 2004, S. 120). Für diese muss gelten, dass soziale und technische Subsysteme füreinander unverzichtbar sind, sich wechselseitig prägen und beide Typen von Subsystemen in der Selbstbeschreibung des Systems vorhanden sind (Herrmann 2003, S. 62). **Unverzichtbarkeit** bedeutet, dass sowohl soziale als auch technische Subsysteme für Verhalten, Interaktionen und Autopoiese des Systems notwendig sind. **Wechselseitige** Prägung meint, dass Kommunikationen des sozialen Systems das technische System prägen, welches wiederum die Kommunikationen des sozialen Systems prägt. Als Beispiele sozio-technischer Systeme können Groupware (vgl. Abschnitt 2.2) und somit auch Wissensmanagementsysteme (Abschnitt 2.4) in ihrer Nutzung durch Menschen genannt werden[7] (Herrmann et al. 2004, S. 119; Gross und Koch 2007, S. 15f.).

2.1.1.5 *Implikationen: Gestaltung und Unterstützung sozio-technischer Systeme*

Für sozio-technische Systeme gelten viele Eigenschaften sozialer Systeme: Sie sind autopoietischen Vorgängen unterworfen, selbstreferentiell, kontingent, autonom und entwickeln ein eigenes Sinnsystem. Daraus lassen sich für die Gestaltung von Informationssystemen Konsequenzen ableiten.

Zunächst geht aus der oben gegebenen Beschreibung hervor, dass die **Gestaltung** von Informationstechnologie zur Unterstützung von Kooperation **nicht technikzentriert** ablaufen darf, sondern als Gestaltung sozio-technischer Systeme aufgefasst werden muss (ebd., S. 15f.; Sommerville 2007, S. 52). Sie muss die Wechselwirkungen technischer und sozialer Subsysteme beachten und diese miteinander in Einklang bringen (Gross und Koch 2007). Sie sollte zudem kommunikativ erfolgen (Loser 2005, S. 69), hierzu haben sich moderierte Workshop-Methoden als hilfreich erwiesen (Herrmann 2009a).

Zudem kann aufgrund der oben genannten Eigenschaften bezweifelt werden, ob sich sozio-technische Systeme durch eingebrachte, formalisierte Vorgaben deterministisch **beeinflussen** oder gar **strukturieren** lassen. Als Beispiele für entsprechende Vorgaben können die Debatten zur Planbarkeit kooperativer Prozesse (vgl. Suchman 1987, Schmidt 1997) oder zur Anwendbarkeit von Kategorisierungsmechanismen (vgl. Suchman 1994, Winograd 1994, Bowker und Star 2000) dienen (vgl. Herrmann et al. 2004, Herrmann 2009a). Versteht man sozio-technische Systeme als autonom, kontingent und selbstreferentiell, so wird klar, dass sie sich nicht von extern strukturieren lassen. Es ist daher festzuhalten, dass die Gestaltung von

[7] Es ist darauf hinzuweisen, dass Groupware und Wissensmanagementsysteme als Anwendungsprogramme selbstverständlich technische Systeme darstellen. Ihre Nutzung in Organisationen erzeugt jedoch sozio-technische Systeme.

Prozessen sozio-technischer Systeme **in** diesen Systemen stattfinden muss und sowohl Vereinbarungen als auch Freiheitsgrade benötigt (vgl. Herrmann 2009a, S. 338).

Diese Erkenntnisse werden im weiteren Verlauf als **Leitlinie** der Auseinandersetzung mit dem in dieser Arbeit betrachteten Problemfeld und der Gestaltung eines informationstechnischen Systems zu dessen Unterstützung verwendet.

2.1.2 Kommunikation, Koordination und Kooperation in Gruppen

Die Auseinandersetzung mit der Unterstützung der Zusammenarbeit von Menschen erfordert das Verständnis von Konzepten wie Gruppen, Kommunikation, Koordination und Kooperation. Im Folgenden werden diese Begriffe und ihre Verwendung in der vorliegenden Arbeit präzisiert.

Für das Verständnis von **Gruppen** haben sich die Ansätze von McGrath (1984) sowie Schmidt und Bannon (1992) durchgesetzt. Diese beschreiben in Übereinstimmung mit anderen Ansätzen (vgl. Gross und Koch 2007) Gruppen als zusammen agierende soziale Systeme (vgl. Abschnitt 2.1.1.3), deren Mitglieder durch verschiedene, komplexe Relationen miteinander verbunden sind und die sich nach außen über ihre Interaktionen abgrenzen (McGrath 1984, S. 15). Mitglieder einer Gruppe teilen gemeinsame Werte und identifizieren sich mit gemeinsamen Aufgaben oder Zielen (Schmidt und Bannon 1992, S. 15).

Unter **Kommunikation** wird *„wechselseitige Verständigung"* durch Mitteilungen verstanden, *„die nur gelingen kann, wenn der Kontext nachvollziehbar ist, auf den die Mitteilungen und Daten bezogen sind"* (Herrmann und Kienle 2004, S. 52). Der Kontext einer Mitteilung ist dabei in den inneren, nur durch den mitteilenden Kommunikationspartner erfahrbaren Kontext und den äußeren, von den Kommunikationspartnern geteilten Kontext aufgeteilt. Für die Verständigung der Partner – auch unter Nutzung von Groupware – ist daher das jeweilige Partnerbild als Vorstellung über den inneren Kontext des Partners unerlässlich (Herrmann 2001, S. 17). Dieses Verständnis von Kommunikation grenzt sich explizit von technisch geprägten Modellen der Kommunikation, in denen sie als Kodierung und Dekodierung von Daten beschrieben wird, wie dem von Shannon und Weaver (1949) ab.

Koordination wird von Malone und Crowston (1990) als *„the act of managing interdependencies between activities performed to achieve a shared goal"* (Malone und Crowston 1990, S. 361) definiert. Um diese Abhängigkeiten organisieren zu können, müssen sie bekannt sein, Ressourcen einzelnen Aktivitäten zugeordnet und zeitliche Abfolgen sowie Zuständigkeiten für Aktivitäten festgelegt werden (Malone und Crowston 1990, S. 363f.). Vor diesem Hintergrund kann Koordination als Schlüssel für die erfolgreiche Zusammenarbeit bezeichnet werden (Dourish und Bellotti 1992, S. 107).

Mit dem Begriff **Kooperation** werden Prozesse bezeichnet, in denen mehrere Akteure voneinander abhängig sind und daher zusammenarbeiten (Schmidt 1991, S. 2). Merkmale solcher Prozesse sind gleiche, aber **individuell verfolgte** Ziele der Akteure, die Notwendigkeit expliziter Koordination etwa zur Aufteilung von Arbeitsschritten, gemeinsames Material und Vertrauen zwischen den Akteuren (Herrmann 2001, S. 24f.). **Kollaboration** unterscheidet sich dabei von Kooperation insofern, dass in kollaborativen Prozessen alle Teilnehmer das **gleiche Ziel** haben und ihre Arbeitsschritte nicht untereinander explizit aufteilen (Dillenbourg 1999, S. 7). Die Unterscheidung dieser Begriffe ist jedoch nicht trennscharf, daher werden sie in vielen Publikationen und auch in dieser Arbeit **synonym** verwendet, wenn die Zusammenarbeit von Menschen beschrieben wird.

Für das Verständnis der für die Unterstützung von Arbeit in Gruppen auftretenden Bedarfe ist es notwendig zu erkennen, dass Kooperation, Koordination und Kommunikation nicht drei isoliert zu unterstützende Aufgaben sind, sondern voneinander abhängen. So muss Kooperation wie oben beschrieben koordiniert werden und für diese Aufgabe ist Kommunikation notwendig. Ebenso muss Kommunikation koordiniert werden (Herrmann 2001, S. 25). Die Unterstützung dieser Aufgaben und ihrer Abhängigkeiten ist das Ziel von Groupware (vgl. Gross und Koch 2007, S. 4ff. und Abschnitt 2.2). Dieses Verständnis ist zudem für die in dieser Arbeit durchgeführte Analyse der Nutzung von Modellen in Organisationen notwendig. So stellte sich bspw. in der empirischen Studie der Arbeit heraus, dass Modelle in der Praxis als Artefakte der Koordination verwendet werden (vgl. Abschnitt 5.2.3). Die Unterstützung dieser Nutzung von Modellen benötigt ein Grundverständnis der in diesem Abschnitt beschriebenen Begriffe.

2.1.3 Daten, Informationen und Wissen

Für eine Betrachtung der für diese Arbeit zentralen Konzepte von Wissensarbeit und Wissensmanagement ist ein Verständnis des zentralen Begriffs von Wissen und seiner Unterscheidung zu häufig synonym verwendeten Begriffen wie Daten und Informationen notwendig. Diese Diskussion wird jedoch kontrovers geführt und soll hier nicht aufgearbeitet werden. Stattdessen wird in der Folge das im Rahmen dieser Arbeit verfolgte Verständnis dieser Begriffe dargestellt. Dieses basiert auf der Betrachtung verschiedener Ansätze zur Differenzierung dieser Begriffe (vgl. Dalkir 2005, Davenport und Prusak 1998, Herrmann und Kienle 2004, Lehner 2006, Probst et al. 1998, Willke 2001):

Definition 1 **Daten** sind wahrnehmbare, codierte und verarbeitbare Zeichenträger.

Definition 2 **Informationen** sind Daten im Kontext und entstehen aus der Interpretation von Daten anhand von Relevanzkriterien. Sie sind daher systemrelativ.

Definition 3 **Wissen** wird aus Informationen und individuellen Erfahrungen durch Verknüpfung konstruiert und befähigt zum Handeln.

Nach diesen Definitionen bildet sich Wissen aus Daten und Informationen durch fortschreitende Kontextualisierung (vgl. ebd.). Für die vorliegende Arbeit geht daraus hervor, dass Wissen zwar aus Informationen und Artefakten abgeleitet und durch sie vermittelt, nicht aber durch ein Artefakt vollständig dargestellt werden kann. Zudem ist Wissen ein Phänomen, dass nicht extern konstruiert werden kann: „*knowledge resists engineering*" (Davenport et al. 1997, S. 14). Ein weiterer, wichtiger Aspekt von Wissen ist, dass es eine „*Ressource ohne Grenznutzen*" darstellt (Willke 2001, S. 65). Der Zugewinn an Wissen hat also unabhängig von der Menge bereits vorhandenen Wissens eines Akteurs stets einen konstanten Nutzen, wohingegen der zusätzliche Nutzen bspw. bei materiellen Gütern mit der Menge nachlässt.

2.2 Kooperationsunterstützung: CSCW und Groupware

Bereits seit den 80er Jahren besteht in der Forschung und praktischen Anwendung von Groupware ein als Computer Supported Cooperative Work (CSCW) bezeichneter eigener Forschungszweig zur informationstechnischen Unterstützung der Zusammenarbeit von Menschen. Die Ergebnisse der Forschung zu CSCW stellen hinsichtlich Funktionen und Gestaltung **Grundlagen** für die Anwendung von Wissensmanagementsystemen als Unterstützung des kooperativen Umgangs mit Wissen dar. Ihre Kenntnis ist somit für diese Arbeit notwendig. Daher wird im Folgenden eine Auswahl für die vorliegende Arbeit relevanter Aspekte von CSCW und Groupware beschrieben.

2.2.1 Begriffsbestimmung: CSCW und Groupware

Die in Abschnitt 2.1.2 beschriebenen Konzepte von Gruppen, Kommunikation, Koordination, Kooperation und Kollaboration können als Basis und Ziele von Groupware angesehen werden (Borghoff und Schlichter 2000, S. 125). Bei der Definition der Begriffe Groupware und CSCW wird in der Literatur in verschiedenen Ansätzen (vgl. Ellis et al. 1991, Johansen 1988, Lynch et al. 1990, Wilson 1991, Winograd 1989) hauptsächlich zwischen CSCW als Forschungsdisziplin bzw. Aufgabenbeschreibung und Groupware als Begriff für Systeme zur Unterstützung gemeinsamer Arbeit unterschieden (vgl. Borghoff und Schlichter 2000, Gross und Koch 2007). Ausgehend von dieser Unterscheidung wird mit CSCW in dieser Arbeit ein disziplinäres Verständnis verbunden:

Definition 4 **CSCW** untersucht die Bedarfe, das Potential und den Mehrwert der Unterstützung von Arbeit in Gruppen durch informationstechnische Anwendungen.

Im Unterschied zu dieser Definition wird in dieser Arbeit unter Groupware ein Sammelbegriff für informationstechnische Anwendungen zur Unterstützung der Arbeit in Gruppen verstanden:

Definition 5 **Groupware** bezeichnet informationstechnische Anwendungen und Systeme, mit denen Kommunikation, Kooperation und Koordination von Gruppen unterstützt werden. Die Begriffe CSCW-System oder -Anwendung können zu Groupware synonym verwendet werden.

2.2.2 Gemeinsame Sprache und Artefakte in der Kooperation von Akteuren

Die Zusammenarbeit von Menschen und deren Unterstützung durch Groupware basiert auf gemeinsamer Sprache und gemeinsamen Artefakten. Diese Dimensionen dienen der Herstellung eines **common grounds** (Clark und Brennan 1991), also einer gemeinsamen Grundlage für die Zusammenarbeit. Sie sind Grundlagen für die Betrachtung des kooperativen Umgangs mit Informationen und Wissen.

2.2.2.1 *Gemeinsame Sprache und das „vocabulary problem"*

Als wesentlicher Bestandteil des Gelingens von Kommunikation und der mit ihr verbundenen Aufgaben von Kooperation und Koordination (vgl. Abschnitt 2.1.2) wird in der CSCW-Literatur eine gemeinsame Sprache von Akteuren genannt. Menschen handeln durch Sprache (Winograd 1988, S. 624) und brauchen hierfür ein gemeinsames Bezugssystem (Herrmann und Kienle 2004, S. 53). Eine solche Sprache erzeugt eine Basis für gemeinsame Aktivitäten (Clark 1996, S. 29) und ist ein wichtiges Element sozialer Systeme (vgl. Abschnitt 2.1.1).

Trotz weitgehender Verwendung einer gemeinsamen Sprache nutzen Akteure aus Gründen disziplinärer (Borchers 2001) oder individueller Unterschiede (Grudin 2006) häufig verschiedene Begriffe. Dies wird oft als Problem der Zusammenarbeit beschrieben (Maicher und Schwotzer 2005), kann jedoch auch vorteilhaft sein (vgl. Abschnitt 2.2.2.2). Als Erklärung für die unterschiedliche Nutzung von Sprache kann das von Furnas et al. (1987) beschriebene ***„vocabulary problem"*** dienen, nach dem verschiedene Akteure auch unabhängig von ihrem disziplinären Hintergrund oder anderen Faktoren für dasselbe Artefakt oder denselben Sinnzusammenhang unterschiedliche Begriffe verwenden. Shaw und Gaines (1989) erklären dies damit, dass bei Akteuren individuell verschiedene Konzept- und Begriffssysteme vorhanden sind, die einen dauerhaft unterschiedlichen Umgang mit Begriffen bedingen. Dies kann zu Missverständnissen führen, häufig beschränken sich Unterschiede jedoch auf die individuelle Auswahl synonymer Begriffe, die von Anderen verstanden werden können.

Die partielle Abwesenheit gemeinsamer Sprache sollte nicht zu der Folgerung führen, dass Sprache durch organisatorische Regelungen vorgeschrieben und durch Groupware verstetigt werden muss. Vielmehr ist diese Vorgehensweise in sozio-technischen Systemen nicht zu empfehlen (vgl. Bowker und Star 2000, Carasik und Grantham 1988, Macgregor und McCulloch 2006). Dies wird auch vor dem Hintergrund sozialer Systeme und der stetigen Veränderung ihres Sprach- und Sinnsystems (vgl. Abschnitt 2.1.1.3) deutlich. Groupware sollte daher interindividuelle und zwischen verschiedenen Gruppen bestehende Varianzen in der Sprache sowie die Veränderlichkeit verwendeter Vokabulare berücksichtigen und erlauben. Gleichzeitig müssen jedoch Voraussetzungen für ein gemeinsames Verständnis geschaffen werden. Ebenso bedeuten die beschriebenen Probleme nicht, dass sich in Gruppen niemals eindeutige und miteinander geteilte Vokabulare entwickeln können. Vielmehr bestehen einige Bereiche wie bspw. die Medizin, in denen solche Vokabulare vorhanden sind (vgl. Abschnitt 2.5.2.5).

2.2.2.2 *Gemeinsame Artefakte und Boundary Objects*

Die Zusammenarbeit mehrerer Akteure und die Gestaltung von Groupware-Systemen sind durch die Verwendung gemeinsamer Artefakte geprägt. Hierzu können einerseits allen Kooperierenden zugängliche physische oder digitale Werkzeuge wie Whiteboards oder Aufgabenlisten genannt werden, die ihnen die gemeinsame Arbeit erleichtern (vgl. Gross und Koch 2007, S. 97ff.). Andererseits können solche Artefakte auch in Form gemeinsamen Materials von den kooperierenden Akteuren genutzt werden, um ihre Kommunikation bspw. durch Visualisierungen zu kontextualisieren oder durch Verschriftlichung zu verstetigen (Schwabe

2001). Die Nutzung gemeinsamen Materials hängt eng mit der Nutzung gemeinsamer Sprache (vgl. Abschnitt 2.2.2.1) zusammen, da gemeinsames Material durch diese Sprache beschrieben wird, um von anderen Akteuren erkannt und gefunden zu werden (Grudin 2006). Es ergibt somit ein zirkuläres Verhältnis zwischen gemeinsamen Artefakten und gemeinsamer Sprache (Malone und Crowston 1990, S. 364).

Gemeinsame Artefakte weisen häufig den Charakter von **Boundary Objects** (Star 1989) auf. Dieses sind *„objects which are both plastic enough to adapt to local needs and the constraints of the several parties employing them, yet robust enough to maintain a common identity across sites."* (Star und Griesemer 1989, S. 393). Mit anderen Worten sind Boundary Objects also solche gemeinsam nutzbaren Artefakte, mit denen unterschiedliche Gruppen jeweils eigene Perspektiven und Begriffe verbinden und die daher die Zusammenarbeit und den Austausch zwischen diesen Gruppen erleichtern. Typische Beispiele für Boundary Objects sind Prototypen als Mittler zwischen Entwicklern und Nutzern (Subrahmanian et al. 2003, vgl. Abschnitt 1.4) sowie Modelle gemeinsamer Arbeitsprozesse als Verbindung von Gruppen unterschiedlicher Beteiligter (vgl. Kunau 2006).

Gemeinsame Artefakte können die Zusammenarbeit innerhalb einer Gruppe sowie den Austausch zwischen verschiedenen Gruppen erleichtern. Boundary Objects als Ausprägung solcher Artefakte weisen auf Perspektiven verschiedener Gruppen hin. Hier ist die unterschiedliche Nutzung von Sprache vorteilhaft, da sich durch gruppenspezifischen Sprachgebrauch Perspektiven erkennen lassen.

2.2.3 Applikationen und Funktionen im Kontext von Groupware und CSCW

Groupware deckt ein breites Spektrum an Anwendungsbereichen ab. In diesem Abschnitt wird ein kurzer Überblick über diese Bereiche gegeben, da ihre Kenntnis für die Interpretation in dieser Arbeit empirisch identifizierter Probleme und die Gestaltung eines Systems zu ihrer Lösung notwendig ist. Der Fokus liegt dabei auf für den Kontext dieser Arbeit relevanten Anwendungen von Groupware. Umfangreichere Darstellungen von Funktionen in Groupware werden bspw. durch Borghoff und Schlichter (2000) oder Gross und Koch (2007) gegeben.

2.2.3.1 *Typische Vertreter von Groupware und ihre Differenzierung*

Die Anwendungsbereiche von Groupware lassen sich entlang des **3K-Modells** (**K**ommunikation, **K**oordination, **K**ooperation) von Teufel et al. (1995) unterscheiden (vgl. Borghoff und Schlichter 2000, S. 125; Gross und Koch 2007, S. 53), in dem sie bezüglich des Grads ihrer Unterstützung für Kommunikation, Kooperation und Koordination eingeteilt werden. In der Literatur finden sich zur Unterstützung dieser Aspekte verschiedene Ausprägungen von Groupware (bspw. Borghoff und Schlichter 2000, Gross und Koch 2007). Typische Vertreter für die Unterstützung von Kommunikation sind hierbei E-Mail, Instant Messaging, Chat oder Videokonferenzen. Für kooperative Aufgaben werden gemeinsame Arbeitsbereiche, Gruppeneditoren für die gemeinsame Bearbeitung von Artefakten oder virtuelle Teamräume eingesetzt. Vertreter der Koordinationsunterstützung sind Workflow-Management-Systeme, Zugriffskontrollsysteme für gemeinsame Artefakte oder geteilte Kalender. In Groupware werden diese Anwendungen häufig nicht isoliert, sondern gemeinsam verwendet.

Neben der Differenzierung von Groupware anhand des 3K-Modells wird diese häufig auch entlang der Dimensionen ihrer Unterstützung zeitlich synchroner oder asynchroner Arbeit sowie der Verteilung kooperierender Akteure auf den gleichen oder verschiedene Orte unterschieden (vgl. Grudin 1994, S. 25; Johansen 1988, S. 44). Die Kenntnis beider Klassifizierungsansätze bildet die Basis für die Auswahl von Unterstützungsmechanismen und ist daher auch für die Gestaltung von Wissensmanagement relevant (vgl. Lehner 2006, S. 224ff.).

2.2.3.2 *Charakteristische Funktionen von CSCW-Systemen*

In der CSCW-Forschung lassen sich einige Konzepte finden, die für die Unterstützung von Gruppen notwendig und daher für Groupware charakteristisch sind. In der Folge werden als Auswahl aus diesen Konzepten charakteristische Funktionen und Konzepte vorgestellt, die für den weiteren Verlauf dieser Arbeit relevant sind.

Mit dem Konzept der **Gewärtigkeit** oder **Awareness** wird die Wahrnehmung von Aktionen in einem Groupware-System unterstützt, damit Akteure darauf reagieren können (vgl. Dourish und Bellotti 1992, Hoffmann 2004, Prinz 2001). Gewärtigkeit unterstützt somit für Akteure das Verständnis für Aktionen Anderer und erzeugt so einen Kontext für eigene Handlungen (Dourish und Bellotti 1992, S. 107). Es kann dabei zwischen aufgabenbezogener Gewärtigkeit, also der Kenntnis über Aktivitäten in einem gemeinsamen Kooperationsprozess oder an einem gemeinsamen Artefakt, und sozialer Gewärtigkeit, d.h. der Kenntnis über die Anwesenheit Anderer und ihre Aktionen in einem Groupware-System, unterschieden werden (Prinz 2001, S. 336f.). Entsprechende Informationen werden durch Gewärtigkeits-Dienste aus Daten eines Systems gewonnen und durch Gewärtigkeits-Anzeigen oder Benachrichtigungen dargestellt (Hoffmann 2004, S. 17). Gewärtigkeit ist dabei als zentrales Konzept zu verstehen, da Groupware-Systeme erst durch Kenntnis des Zustands eines kooperativen Prozesses nutzbar werden (Prinz 2001, S. 335).

Um Nutzern Inhalte vorzuschlagen, die für ihre Arbeit relevant sind oder die sie interessieren könnten, werden in Groupware so genannte **Recommender-Systeme** (Resnick und Varian 1997) eingesetzt, die häufig auf Mechanismen des **Kollaborativen Filterns** basieren (Koch 2001). Hierbei wird zwischen dem Auffinden von Personen mit ähnlichen Interessen und der Identifikation von Artefakten bestimmten Inhalts unterschieden (Koch 2001, S. 352). Ersteres wird häufig durch Nutzerprofile oder die Analyse sozialer Netzwerke (Gross und Koch 2007, S. 125ff.) erreicht. Um relevante Ressourcen zu finden, werden meist Vorschläge und Kategorisierungen anderer Nutzer für Inhalte analysiert (Koch 2001). Häufig werden Recommender-Systeme auch durch automatische Filtermechanismen ergänzt oder ersetzt, die durch eine Analyse vorhandenen Materials relevante Inhalte aufspüren (Dalkir 2005, S. 237ff., Koch 2001). Filtermechanismen können zudem eingesetzt werden, um aus der Menge an potentiell verfügbaren Informationen und der durch sie drohenden Informationsüberflutung (Probst et al. 1998) individuell relevante Informationen zu identifizieren (Fischer 2008).

2.2.3.3 *Anwendungen des Web 2.0 als neue Vertreter der Kooperationsunterstützung*

Neben den oben beschriebenen klassischen und in der Forschung häufig betrachteten Vertretern der Kooperationsunterstützung sind in den vergangenen Jahren mit dem so genannten Web 2.0 (O'Reilly 2005) neue Anwendungen in diesem Bereich bekannt geworden. Unter diesen Anwendungen sind **Wikis** (Leuf und Cunningham 2001), **Blogs** (Blood 2004), **Sozialen Netzwerken** (bspw. McAfee 2006) und Anwendungen des **Social Taggings** (vgl. Abschnitt 2.5.3) die bekanntesten Beispiele. Allen Vertretern des Web 2.0 ist dabei gemein, dass sie sich durch einen Ansatz der Orientierung zu einem spielerischen und auf die Vorteile ihrer Nutzer ausgerichteten Ansatz von herkömmlicher Groupware absetzen (Prilla und Ritterskamp 2010). Neben anderen Faktoren führt dies dazu, dass Nutzer von Anwendungen des Web 2.0 in der Regel eine hohe Motivation zu ihrer Nutzung, der damit verbundenen Verwendung ihrer Inhalte sowie zu deren Pflege aufweisen (vgl. Ames und Naaman 2007, Forte und Bruckman 2005, Kittur et al. 2007, Nardi et al. 2004, Nov 2007).

Aus den oben genannten Gründen wird Anwendungen des Web 2.0 auch im Unternehmenseinsatz ein hohes Potential zur Unterstützung von Kooperation, Kommunikation und Koordination zugemessen (vgl. Back et al. 2008, McAfee 2006). Insbesondere die Kombination in Unternehmen vorhandener Werkzeuge zur Unterstützung von Kooperation und Funktionen aus dem Web 2.0 wird dabei als aussichtsreich gesehen (vgl. Millen et al. 2006, Prilla und Ritterskamp 2010). Dies hat eine besondere Relevanz für die vorliegende Arbeit, da sie zur Lösung identifizierter Probleme mit Social Tagging einen Mechanismus des Web 2.0 verwendet und dessen oben beschriebene Vorteile nutzt (vgl. hierzu Abschnitt 2.5.3 sowie Kapitel 6 und 7).

2.2.4 Sozio-technische und partizipative Gestaltung von Groupware

Die Gestaltung von Groupware benötigt die Orientierung an sozio-technischen und partizipativen Vorgehensweisen. Dies ist aus bereits früh in diesem Kontext erkannten **Problemen** bekannt. Erklärungen für solche Probleme können in Ansätzen der Forschung zu **Technikakzeptanz** gefunden werden. Für eine vollständige Erklärung müssen zudem Ergebnisse aus den Bereichen der **Adoption** in sozio-technischen Systemen sowie der Nützlichkeit und Gebrauchstauglichkeit von Informationssystemen beachtet werden. Aus der Berücksichtigung dieser Aspekte ergeben sich Implikationen für die Gestaltung von Groupware, die in der vorliegenden Arbeit als **Leitlinie** verwendet werden.

2.2.4.1 *Probleme kollaborativer Systeme*

Ein häufig genanntes Problem von Groupware-Systemen ist ihre **geringe Nutzung**. Dies ist oft auf eine technikzentrierte Entwicklung solcher Systeme nach der Maxime *„If we build it, they will come"* (Markus und Keil 1994, S. 11) zurückzuführen. Eine solche Herangehensweise erzeugt meist einen gegenteiligen Aspekt: Nutzer bleiben aus und das System erzeugt nicht den intendierten Mehrwert (Davenport und Prusak 1998, S. 173). Dies liegt meist daran, dass in der Entwicklung eines Systems die Bedürfnisse von Nutzern nicht ausreichend berücksichtigt wurden und der intendierte Mehrwert ihnen daher nicht vermittelt werden kann (Markus und Keil 1994). Die Beantwortung der Frage potentieller Nutzer, welchen Mehrwert das System für sie bietet, wird daher als erfolgskritisch angesehen (Efimova 2004, S. 1). Zudem ist nach dem Konzept der *„legitimate peripheral participation"* (Lave und Wenger 1991) die geringe Beteiligung Einzelner zu Beginn ihrer Nutzung eines Systems nicht zwingend negativ zu beurteilen. Im Gegenteil kann diese nach Lave und Wenger (1991) auch dazu führen, dass neue Nutzer Verhaltensweisen Anderer lernen und so zu einer intensiveren Beteiligung an einem System motiviert werden.

Das Problem mangelnder Nutzung von Groupware hängt häufig auch mit dem zu Beginn der Nutzung von Groupware-Systemen auftretenden **Kaltstartproblem** zusammen (vgl. DePaula und Fischer 2004, Hoppe et al. 2005, Maltz und Ehrlich 1995). Dieses Problem bezeichnet den Zustand eines Systems, in dem die geringe Anzahl von Nutzern oder Artefakten in einem System dessen Mehrwert nicht sichtbar werden lässt. Wenn bspw. ein System zur Bereitstellung von Informationen nur wenige Inhalte hat, so finden seine Nutzer kaum relevante Inhalte und der Wert des Systems ist für sie gering. Als Maßnahmen zur Vermeidung dieses Problems werden Bewertungsverfahren für Inhalte und potentiell ähnliche Nutzer (Koch 2001) oder die als **Seeding** (Fischer et al. 1994) bezeichnete Strategie der initialen Ausstattung eines Systems mit Inhalten (vgl. DePaula und Fischer 2004) genannt.

Mangelnde Nutzung von Groupware-Systemen kann auch daran liegen, dass Nutzer in ihrer Verwendung einen zu **hohen Aufwand** bei **zu geringem eigenen Nutzen** sehen, was Grudin (1988) mit *„disparity between who does the work and who gets the benefit"* (Grudin 1988, S. 86) bezeichnet. Systeme, die von Nutzern angenommen werden sollen, müssen daher auch an deren Nutzungsprozesse angepasst werden. Insbesondere muss der Mehrwert für jeden Nutzer bei gleichzeitiger Reduktion des Aufwands der Benutzung **transparent** sein.

Die beschriebenen Probleme machen deutlich, dass die Entwicklung kooperativer Anwendungen eng an die Akzeptanz von Informationssystemen gekoppelt ist. Ein Überblick über dazu vorliegende Erkenntnisse wird im folgenden Abschnitt gegeben.

2.2.4.2 *Technikakzeptanz und Adoption*

Technikakzeptanz bezeichnet *„einen Prozess der passiven bzw. aktiven Einwilligung in die Einführung und den Betrieb eines technischen Systems"* (Hoffmann 2004, S. 36). Aus der Literatur lassen sich die Arbeiten von Davis et al. (1989) sowie DeLone und McLean (1992) hierzu als einflussreichste Erkenntnisse identifizieren. Das von Davis et al. (1989) vorgeschlagene *„Technology Acceptance Model"* (TAM) geht dabei davon aus, dass die von Nutzern wahrgenommenen Faktoren der **Nützlichkeit** (*„perceived usefulness"*) und der **Leichtigkeit der Nutzung** (*„perceived ease of use"*) die Einstellung zu einem System und damit die Absicht eines Akteurs, das System zu nutzen, maßgeblich beeinflussen. DeLone und McLean (1992) gehen davon aus, dass die **Qualität** eines Systems und dessen **Inhalte** die Nutzung eines Systems und damit die Zufriedenheit von Benutzern mit diesem System beeinflussen (DeLone und McLean 1992, S. 87). Problematisch ist an diesen Ansätzen jedoch, dass sie zwar Auskunft über die Zusammenhänge verschiedener Faktoren der Technikakzeptanz geben, jedoch für die akzeptanzförderliche Gestaltung von Systemen wenige Anhaltspunkte liefern.

Eine Sichtweise, die stärker auf die Gestaltungsperspektive und die Einbeziehung von Nutzern ausgerichtet ist, kann in Arbeiten zur **Adoption** von Informationssystemen gefunden werden. Unter Adoption wird in Anlehnung an Hoffmann (2004) in dieser Arbeit ein Prozess verstanden, der zur dauerhaften Aufnahme von Informationssystemen und ihrer Nutzung in individuelle oder soziale Verhaltensmuster führt (Hoffmann 2004, S. 37). Der zur Adoption notwendige Prozess der ***„appropriation“***, also **Aneignung** von Informationstechnologie (vgl. Pipek 2005) benötigt hierbei in erster Linie Kommunikation zur Entscheidung über die Nutzung des Systems (Loser 2005, S. 6). Er beinhaltet notwendigerweise **Adaptionen** sowohl des Verhaltens der Organisation bzw. des sozialen Systems als auch des Informationssystems, die in gegenseitiger Wechselwirkung stehen (vgl. Abschnitt 2.1.1). Adaptionen sind gleichzeitig ein Zeichen für vollzogene Prozesse der Adoption: Organisatorische Vereinbarungen zur Nutzung und geäußerte Anforderungen können als Hinweise auf die Adoption des Systems gewertet werden (Loser 2005, S. 6ff.).

Sowohl aus Sicht der Technikakzeptanz als auch für die Adoption von technischen Systemen in sozio-technischen Systemen sind die Aspekte von **Gebrauchstauglichkeit** oder **Usability** sowie der **Nützlichkeit** von Informationssystemen zentral. Dies zeigt ihre Rolle für Akzeptanz und Adoption. Während mit Nützlichkeit der von Nutzern wahrgenommene Mehrwert gemeint ist, bezeichnet Gebrauchstauglichkeit bzw. Benutzbarkeit ein *„Maß der Effektivität, Effizienz und Zufriedenheit, mit der Benutzer mit diesem System vorgegebene Ziele erreichen können“* (Dahm 2006, S. 133).

2.2.4.3 *Gestaltung kollaborativer Systeme*

Gestaltung und Einsatz von Groupware sind als sozio-technische Aufgabe zu verstehen, in der Wechselwirkungen zwischen kooperierenden Akteuren und zur Unterstützung verwendeter technischer Systeme berücksichtigt werden müssen (Grudin 1994, S. 19; Herrmann et al. 2003a, S. 349ff.). Bei der Gestaltung kommt es dabei besonders auf die Berücksichtigung von Benutzerzielen (Harnischfeger et al. 1999) und die Anpassung an den Kontext des Einsatzes von Groupware an (Gross und Koch 2007, S. 32f.).

Bei der Gestaltung von Groupware handelt es sich daher nicht allein um die Gestaltung technischer, sondern vielmehr auch um die Gestaltung sozio-technischer Systeme (vgl. Abschnitt 2.1.1). Dies erfordert eine Perspektive **sozio-technischer Systemgestaltung** (vgl. Abschnitt 2.1.1.5), in der organisatorische Strukturen und technische Unterstützung gemeinsam gestaltet werden (Herrmann 2009a). Hierfür müssen Bedürfnisse und Erwartungen von Nutzern mit den verschiedenen dafür zur Verfügung stehenden empirischen Methoden wie Interviews, Beobachtungstechniken und Experimenten erhoben werden. Zudem muss die Erprobung einer IT-Anwendung in ihre Gestaltung integriert werden, um Eindrücke und Erwartungen von Nutzern zu integrieren und ein von ihnen akzeptiertes System zu erstellen. Hierzu bieten sich Prototypen (vgl. Abschnitt 1.4.2) zur Erprobung eines Systems und der Einstellung von Nutzern gegenüber diesem System an (Herrmann et al. 1999b). Durch ein solches Vorgehen können die in Abschnitt 2.2.4.1 geschilderten Probleme vermieden werden. Zudem fördert es durch kommunikative Auseinandersetzung mit einem System dessen Akzeptanz. Für die Umsetzung sozio-technischer Systemgestaltung haben sich Ansätze des **Participatory Designs** (PD, vgl. Kensing et al. 1998), in denen Nutzer aktiv in die Systemgestaltung einbezogen werden, als hilfreich erwiesen (vgl. Herrmann 2009a, S. 337). Die Gestaltung der im Rahmen dieser Arbeit entwickelten Prototypen wurde daher an solche Vorgehensweisen angelehnt.

2.2.5 Zusammenfassung

Die Kenntnis von Aspekten der Gestaltung von Unterstützung für Kommunikation, Koordination und Kooperation ist als Basis für die Umsetzung von Wissensmanagementsystemen anzusehen. In diesem Abschnitt wurden daher für diese Arbeit relevante Aspekte der Unterstützung von Zusammenarbeit durch Groupware beschrieben. Hierzu wurden insbesondere gemeinsame Sprache und gemeinsame Artefakte als Basis der Zusammenarbeit dargestellt. Für die Verwendung einer gemeinsamen Sprache wurde das „vocabulary problem" vorgestellt, um aufzuzeigen, dass Sprache Kooperierenden nicht von außen vorgegeben werden kann. Darüber hinaus wurden Boundary Objects als spezielle Form kooperationsförderlicher gemeinsamer Artefakte beschrieben sowie typische und für die vorliegende Arbeit relevante Ausprägungen von Groupware vorgestellt.

Ein Fokus der Beschreibungen in diesem Abschnitt lag auf dem Aspekt der Gestaltung kooperativer Systeme. Hierfür wurden mit mangelnder Nutzung, unklarem Mehrwert der Nutzung, Problemen des Kaltstarts von Anwendungen und der Diskrepanz zwischen Aufwand und Nutzen typische Probleme von Groupware beschrieben, die bei Vorhaben der Umsetzung kooperationsförderlicher Systeme oftmals auftreten. Als Ordnungsrahmen für die mit diesen Problemen verbundene Akzeptanz von Groupware wurden Technologieakzeptanz-Modelle, Merkmale und Zusammenhänge von Adoption, Aneignung und Adaption von Groupware sowie Gebrauchstauglichkeit und Nützlichkeit als Basis der vorgenannten Modelle beschrieben. Zur Lösung dieser Probleme und als Grundsatz der Gestaltung von Groupware wurden die Orientierung an sozio-technischer Systemgestaltung und die durch sie implizierte partizipative Gestaltung erläutert. Diese Beschreibungen bilden die **Grundlagen für die Gestaltung** des in dieser Arbeit umzusetzenden Systems.

2.3 Wissensarbeiter als Zielgruppe des Wissensmanagements

Mit der Verschiebung wertschöpfender Tätigkeit von manueller oder auf erlernten Fähigkeiten basierender Arbeit hin zu wissensintensiven Aufgaben hat sich **Wissensarbeit** (Davenport 2005) als Arbeitsform verbreitet und nimmt einen immer größeren Teil der Arbeitstätigkeiten in den Industriestaaten ein (Fuchs-Kittowski 2007, S. 34f.). **Wissensarbeiter** werden daher als zentrale Akteure aktueller und zukünftiger Wertschöpfung bezeichnet (Drucker 1997, S. 20). Das Verständnis von Wissensarbeit ist eng mit dem Thema des **Wissensmanagements** verbunden (Willke 1998, S. 162), da letzteres die Unterstützung von Wissensarbeit zum Ziel hat (Davenport 2005, S. 90f.). In der Folge werden daher Eigenschaften von Wissensarbeit und Wissensarbeitern sowie daraus entstehenden Implikationen für ihre Unterstützung als Grundlagen dieser Arbeit beschrieben.

2.3.1 Begriffsbestimmung: Wissensarbeit

Der Begriff der Wissensarbeit oder **wissensintensiven** Arbeit wird häufig in Abgrenzung zu körperlicher Arbeit verwendet, um jegliche von Wissen abhängende Arbeit zu beschreiben. Er muss jedoch nach Willke (2001) auch von **wissensbasierender** Arbeit insofern abgegrenzt werden, als dass es bei dieser um die Anwendung in Ausbildungsprozessen erworbener Expertise geht. In der Wissensarbeit hingegen kann relevantes Wissen nicht einmalig erworben werden, sondern wird als ständig zu erneuernde und für die eigene Arbeit notwendige Ressource betrachtet (Willke 2001, S. 20f.).

Die Betrachtung des Ansatzes von Willke (2001) zur Beschreibung von Wissensarbeit sowie weiterer definitorischer Ansätze (Bernardi et al. 2006, Davenport 2005, Fuchs-Kittowski 2007) ermöglicht eine nähere Bestimmung des Begriffs. So werden die hauptsächlichen Tätigkeiten von Wissensarbeitern als Erzeugung, Verbreitung und Anwendung von Wissen (Davenport 2005, S. 10) beschrieben, die diese zur eigenverantwortlichen Lösung von Problemen (Bernardi et al. 2006, S. 28) unter Einsatz ihrer intellektuellen Fähigkeiten durchführen (Fuchs-Kittowski 2007, S. 36f.). Im Rahmen dieser Arbeit wird daher folgende Definition von Wissensarbeit verwendet:

Definition 6 Unter dem Begriff der **Wissensarbeit** werden Tätigkeiten hoher Eigenverantwortlichkeit zusammengefasst, in denen fortwährend vorhandenes Wissen aufgenommen und überarbeitet sowie neues Wissen erzeugt, weitergegeben und zur Lösung von Problemen verwendet wird. Diese werden auch als **wissensintensive** Arbeit bezeichnet.

Ein Verständnis von Wissensarbeit und den mit ihr assoziierten Charakteristika ist für die vorliegende Arbeit zentral, da im weiteren Verlauf die Nutzung und die Erzeugung von Prozessmodellen als wissensintensive Arbeitstätigkeiten identifiziert werden (vgl. Abschnitt 4.5).

2.3.2 Charakteristika von Wissensarbeit

Die oben gegebene Definition macht deutlich, dass Wissensarbeit eine Form hauptsächlich intellektueller Arbeit mit immateriellen Gütern wie dem auf verschiedene Wissensarbeiter verteilten Wissen (Roumois 2007, S. 179) darstellt. Für diese Form der Arbeit ist die **Zusammenarbeit** mehrerer Wissensarbeiter in lose gekoppelten **Netzwerken**, in denen ein Austausch bedarfsorientiert stattfindet und die bei Bedarf ausgebaut werden, charakteristisch (Davenport 2005, Efimova 2004, Thomas et al. 2001). Für Organisationen entsteht daraus ein Mehrwert, wenn Voraussetzungen zur Unterstützung dieser Netzwerke geschaffen werden, so dass Wissensarbeiter sich austauschen und gemeinsam neues Wissen erzeugen können (Willke 1998, S. 167).

Wissensarbeit ist oft mit der Lösung so genannter **„wicked problems“** (vgl. Rittel und Webber 1973) beschäftigt (Roumois 2007, S. 179). Solchen Problemen ist gemein, dass zu ihrer

Lösung benötigtes Wissen zu Beginn des Problemlösungsprozesses nicht identifiziert werden kann und keine vorgefertigten Herangehensweisen zu ihrer Lösung verwendet werden können (vgl. Rittel und Webber 1973). Wissensarbeit erfordert daher das spontane und schwer planbare Auffinden und Anwenden situativ relevanten Wissens (Kidd 1994, S. 188) zur **Lösung von Problemen**. Prozesse der Wissensarbeit sind daher oftmals hochgradig **unstrukturiert** (Davenport 2005, S. 61ff.).

Wissensarbeit ist nicht auf einen kleinen Kreis intellektuell besonders fähiger Personen beschränkt, vielmehr findet auf verschiedenen **Ebenen** statt. Davenport (2005) unterscheidet dabei zwischen individueller und kollektiver Arbeit sowie Routinetätigkeiten und spontanen, durch Interpretation geprägten Tätigkeiten. Eine Gemeinsamkeit dieser Tätigkeiten ist der **geringe Grad an Formalisierbarkeit** (Davenport 2005, S. 17; Kidd 1994), der für ihre Unterstützung eine besondere Herausforderung darstellt (Bondarenko und Janssen 2005).

2.3.3 Charakteristika von Wissensarbeitern

Ein wesentliches Charakteristikum von Wissensarbeitern ist ihr Bedarf nach **Autonomie** (Davenport 2005, Kidd 1994), der sich auf Ebenen wie **Vorgehensweisen**, **Sprache**, verwendeten **Werkzeugen** und der **Abneigung gegenüber formalisierten Prozessen** (Davenport 2005, S. 63) äußert.

Die Vorgehensweisen von Wissensarbeitern unterscheiden sich hinsichtlich der Beschaffung von Wissen und der Lösung von Problemen so stark voneinander, dass sie nicht vorgegeben werden können (Davenport 2005, S. 53ff.). Dies drückt sich auch darin aus, dass Wissensarbeiter oftmals vom offiziellen Sprachgebrauch einer Organisation abweichende Begriffe verwenden (McDermid 2003, S. 59). Gleichwohl ist es für sie trotz individueller Strategien wichtig, dass sie den **Kontext ihrer Arbeit**, also bspw. organisationsweite Strategien und Prozesse, kennen und mit ihrer Arbeit in Verbindung setzen können (Davenport 2005, S. 208).

Wissensarbeiter zeichnen sich weiterhin durch ein hohes Maß an **intrinsischer Motivation** und persönlichem Engagement für ihre Arbeit aus. Dies geht darauf zurück, dass sie in der Regel solche Tätigkeiten ausführen, die sie als **persönlich interessant und sinnvoll** erachten (ebd., S. 208). Diese Motivation bewirkt bei ihnen auch eine hohe Bereitschaft zur **Bereitstellung ihres Wissens** (Kidd 1994), falls sie darin einen Mehrwert für die Organisation erkennen (Davenport 2005, S. 208). Durch ihren Einsatz in verschiedenen Projekten und Kontexten (Persing 1999), ihren dadurch begrenzten zeitlichen Spielraum und unzureichende technische Unterstützung wird diese Bereitstellung jedoch häufig verhindert (Davenport 2005, S. 62f.). Zudem notieren zwar viele Wissensarbeiter ihre Gedanken und andere Informationen, verfolgen damit jedoch hauptsächlich individuelle Ziele (Kidd 1994, S. 187). Daraus resultiert häufig eine **individuelle Organisation** ihres Wissensraums, die weder mit den Strukturen Anderer kompatibel noch für Andere zugänglich ist (Bernardi et al. 2006, S. 40).

Die Nutzung informationstechnischer Werkzeuge durch Wissensarbeiter ist ebenfalls individuell unterschiedlich (Kidd 1994, Willke 1998). Im Vordergrund steht dabei für alle Wissensarbeiter die **Unterstützung für die Lösung von Problemen** (vgl. Abschnitt 2.3.2), mit denen sie betraut sind (Davenport 2005, S. 163; Staab und Schnurr 1999). Für den Einsatz und die Akzeptanz von Werkzeugen hat es sich daher als vorteilhaft erwiesen, den für Wissensarbeiter aus der Nutzung von Werkzeugen resultierenden Mehrwert zu betonen (Oren 2006, S. 3).

Die Behandlung von Wissen als Ressource ist bei Wissensarbeitern stets kontextabhängig. Außerhalb eines konkreten Problemkontexts ordnen sie Dokumenten oftmals keinen inhaltlichen Zweck zu (Oren 2006). Es fällt ihnen daher schwer, Ressourcen für sich oder Andere eindeutig thematisch zu beschreiben oder zu **kategorisieren** (Kidd 1994, Oren 2006). Dies führt in Ergänzung zur oben erwähnten individuellen Organisation dazu, dass Ablagestrukturen und individuelle Kategorisierungen von Wissensarbeitern oftmals für Außenstehende schwer verständlich und nicht in Einklang mit denen Anderer zu bringen sind (Bondarenko und Janssen 2005, S. 124). Zur Suche nach Informationen verwenden sie vornehmlich ihren eigenen Kontext (Kidd 1994) oder nutzen dazu ihr persönliches Netzwerk (Davenport 2005).

2.3.4 Unterstützung von Wissensarbeit

Vor dem Hintergrund der Bedeutung von Wissensarbeitern für die Wertschöpfung ist es eines der heute vordringlichen Ziele, ihre Arbeit durch geeignete **organisatorische und technische Unterstützung** zu unterstützen (Willke 1998, Bernardi et al. 2006). Dabei müssen die oben beschriebenen Aspekte wie Arbeit in Netzwerken, Autonomie, individuelle Organisation und die Notwendigkeit des Austauschs bzw. der Bereitstellung individuellen Wissens beachtet werden. Der Schlüssel zur Umsetzung dieser Aspekte ist die **Einbettung** dieser Unterstützung **in die Arbeitsabläufe** von Wissensarbeitern (Davenport 2005, S. 10).

Der informationstechnischen Unterstützung von Wissensarbeit stehen der Wunsch nach Autonomie von Wissensarbeitern und deren Zeitdruck gegenüber. Sie reagieren daher zurückhaltend oder ablehnend, wenn sie neue Werkzeuge verwenden sollen (Davenport 2005, S. 133ff.) oder haben keine Zeit, sich in diese einzuarbeiten (Staab und Schnurr 1999). Eine Lösung hierzu stellt auf organisatorischer Ebene die Vermittlung des Mehrwerts eines Werkzeugs für Wissensarbeiter dar (vgl. Abschnitt 2.3.3). Technische Lösungen können von der Integration unterstützender Funktionen in bereits vorhandene und durch Wissensarbeiter genutzte Werkzeuge profitieren, da diese so ihre Autonomie behalten und gleichzeitig schnell auf Erweiterungen der ihnen zur Verfügung stehenden Werkzeugunterstützung zugreifen können.

Ein weiteres Problem der Unterstützung von Wissensarbeitern ist die Diskrepanz zwischen gelebter individueller Organisation und der Notwendigkeit zur Bereitstellung von Informationen. Die Auflösung individueller Strukturen und ihre Angleichung an organisationsweite Vorgaben stellen vor dem Hintergrund ihrer autonomen Arbeitsweise keine Lösung dar (Kidd 1994, S. 90, vgl. Abschnitt 2.3.3). Eine technische Lösung muss daher **persönliches** Informationsmanagement mit **organisationsweitem** Informationsmanagement koppeln (vgl. Abschnitt 2.4.6.2) und dafür sorgen, dass individuelle Ablagestrukturen und Kategorien beibehalten werden können (vgl. Bernardi et al. 2006).

Weitere Probleme bestehen in der Unterstützung der Kooperation von Wissensarbeitern in Netzwerken mit ihren oft komplexen Kooperationsstrukturen. Insbesondere müssen hier bestehende Netzwerke erhalten und ausgebaut werden sowie ein Austausch von Informationen **über die Grenzen einzelner Netzwerke hinweg** mit dem Ziel der Verfügbarkeit von Informationen für **alle Akteure** in einer Organisation unterstützt werden.

2.3.5 Zusammenfassung

Die ständige Zahl der als Wissensarbeiter zu charakterisierenden Personen und damit die Bedeutung von Wissensarbeit für Organisationen macht es notwendig, ihre Eigenschaften und Bedarfe bei der Gestaltung kooperativer Systeme zu berücksichtigen. In diesem Abschnitt wurden daher ausgewählte Eigenschaften von Wissensarbeit und Wissensarbeitern mit dem Ziel der Herausbildung von Charakteristika für ihre Unterstützung beschrieben.

Wissensarbeit wurde in diesem Abschnitt als fortwährende Weiterentwicklung vorhandenen Wissens beschrieben, die hauptsächlich in Netzwerken stattfindet. Zudem konnte Wissensarbeit als in Unternehmen weit verbreitete Form der Arbeit identifiziert werden, die sich durch wenig strukturierbare Arbeitsabläufe und den Bedarf nach kontextualisiertem Wissen zur Lösung von Problemen auszeichnet. Als Gegenstand der Wissensarbeit wurden „wicked problems“ eingeführt, um die mangelnde Planbarkeit von Informationsbedarfen in dieser Form der Arbeit aufzuzeigen.

Wissensarbeiter wurden als weitgehend autonom agierende Mitarbeiter eines Unternehmens charakterisiert, deren Autonomie sich in vornehmlich individueller Organisation ihrer Arbeit und Informationsquellen sowie in der ausschließlichen Nutzung persönlich als sinnvoll erachteter Werkzeuge ausdrückt. Als Spezifikum von Wissensarbeitern wurde darüber hinaus beschrieben, dass sie Informationen nur im Kontext von Problemen und dann häufig in ihrer eigenen Sprache kategorisieren. Es konnte zudem festgestellt werden, dass ihnen trotz intrinsischer Motivation und persönlichem Engagement häufig die Zeit oder die Unterstützung fehlt, um Anderen ihr Wissen zur Verfügung zu stellen. Für die technische Unterstützung von Wissensarbeitern konnte festgestellt werden, dass Werkzeuge und deren Nutzung in ihre Arbeitsabläufe integriert werden müssen und ihre Abneigung gegen neue Werkzeuge durch Integration in von ihnen bereits genutzte Werkzeuge überwunden werden kann.

2.4 Wissensmanagement

Die vorliegende Arbeit beschäftigt sich mit der Integration von Prozessmodellen in Inhalte des Wissensmanagements und dabei besonders mit ihrer Nutzung in Wissensmanagementsystemen. Nachdem in den vorangegangenen Abschnitten mit Groupware und Wissensarbeit Grundlagen und die Zielgruppe des Wissensmanagements vorgestellt wurden, beschreibt dieser Abschnitt für die Arbeit relevante Aspekte des Wissensmanagements und insbesondere deren technische Unterstützung.

2.4.1 Begriffsbestimmung: Wissensmanagement und Wissensmanagementsysteme

Das im Rahmen dieser Arbeit verwendete Verständnis von Wissensmanagement geht auf verschiedene definitorische Ansätze zurück (Alavi und Leidner 2001, Dalkir 2005, Grudin 2006, Herrmann et al. 2001, Krcmar 2005, Lehner 2006, Willke 2001). Es ist an die von Herrmann et al. (2001) gegebene Definition von Wissensmanagement angelehnt und bezieht dabei technische Unterstützung explizit ein:

Definition 7 Unter **Wissensmanagement** wird die Gesamtheit aller Planungen, Maßnahmen und technischen Unterstützungsmöglichkeiten, mit Hilfe derer das Wissen und die Erfahrung einzelner Beschäftigter gesammelt, miteinander verbunden und weiterentwickelt werden sollen, verstanden.

Wissensmanagement muss nach dieser Definition als sozio-technisches System (Herrmann 2003, vgl. Abschnitt 2.1.1) bzw. sozio-technische Aufgabe sozialer Interaktionen und technischer Unterstützung verstanden werden. Zu seiner Umsetzung müssen technische Komponenten auf den Bedarf der Kommunikation im Wissensmanagement angepasst werden. Gleichzeitig beeinflussen eingesetzte Wissensmanagementsysteme diese Kommunikation. Wissensmanagement ist zwar auch ohne technischen Anteil als rein organisatorische Aufgabe denkbar (vgl. Willke 2001), in der Praxis werden heute jedoch meist technische Systeme dazu verwendet. Wissensmanagementsysteme sind somit als technische Anteile dieses Systems zu verstehen:

Definition 8 **Wissensmanagementsysteme (WMS)** sind informationstechnische Werkzeuge, mit denen die zur Erreichung von Aufgaben und Zielen des Wissensmanagements notwendigen Aufgaben unterstützt, umgesetzt und ermöglicht werden.

Es ist anzumerken, dass es sich nach dieser Definition bei WMS nicht um eine singuläre oder geschlossene Anwendung handeln muss, sondern vielmehr auch mehrere miteinander verbundene technische Werkzeuge zur Unterstützung des Wissensmanagements ein WMS darstellen können.

2.4.2 Differenzierung von Wissen

Wissen kann hinsichtlich verschiedener Kriterien differenziert werden (vgl. Dalkir 2005, Ein-Dor 2006, Lehner 2006, Nonaka und Takeuchi 1991, Nonaka und Peltokorpi 2006, Polanyi 1958, Remus 2002, Roumois 2007, Willke 2001). Häufig genannte Ausprägungen von Wissen sind in Abbildung 3 dargestellt[8]. Die Abbildung verdeutlicht zudem, dass mehrere Möglichkeiten der Beschreibung von Wissen gleichzeitig möglich sind.

[8] Die in Abbildung 3 gegenüberliegend dargestellten Ausprägungen von Wissen stellen nicht durchgehend Gegensätze dar, sondern repräsentieren ausgewählte Merkmale von Wissen. So sind bspw. Meta- und Prozesswissen keine Gegenteile.

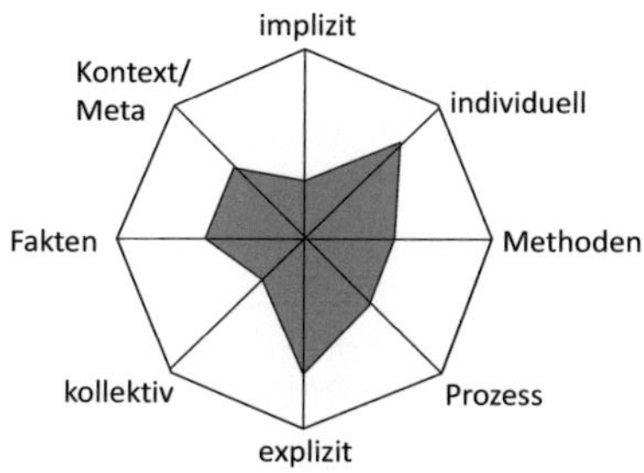

Abbildung 3: Arten von Wissen, angelehnt an Ein-Dor (2006).

Die wohl bekannteste Unterscheidung ist die oftmals auf Nonaka und Takeuchi (1991) zurückgeführte, jedoch eigentlich von Polanyi (1958) stammende Differenzierung von **implizitem** (*„tacit"*) und **explizitem** (*„explicit"*) Wissen[9]. Mit implizitem Wissen bezeichnen Nonaka und Takeuchi (1991) solches Wissen, dass sehr individuell ist und nur schwer formalisiert werden kann. Dazu gehören auch **mentale Modelle** (vgl. Abschnitt 4.3.1) von Menschen (Nonaka 1994, S. 16). Explizites Wissen ist formal, dokumentiert und meist systematisch aufbereitet. Es kann daher Anderen zur Verfügung gestellt werden. Dalkir (2005) beschreibt implizites Wissen und dessen Überführung in explizite Darstellungen als individuelle Fähigkeit: *„(...) ‚tacitness' is a property of the knower: what is easily articulated by one person may be very difficult to externalize by another"* (Dalkir 2005, S. 8). Bei der Unterstützung der Bereitstellung expliziten Wissens sind solche individuellen Differenzen zu berücksichtigen. Die von Nonaka und Takeuchi (1991) beschriebene Unterscheidung von explizitem und implizitem Wissen stellt in vielen Arbeiten zum Wissensmanagement einen Ordnungsrahmen für Prozesse des Wissensaustauschs dar und wird auch in der vorliegenden Arbeit als zentrale Differenzierung genutzt.

von \ *zu*	Implizites Wissen	Explizites Wissen
Implizites Wissen	**Sozialisation**	**Externalisierung**
Explizites Wissen	**Internalisierung**	**Kombination**

Abbildung 4: Übergänge zwischen implizitem und explizitem Wissen nach Nonaka (1994).

Nonaka (1994) erläutert Prozesse des Übergangs zwischen implizitem und explizitem Wissen durch die in Abbildung 4 dargestellte Differenzierung. Dabei beschreibt er den Übergang von

[9] Es ist nach Wilson (2002) darauf hinzuweisen, dass Nonaka und Takeuchi (1991) bei der Übernahme der Begriffe eine Verschiebung in deren Bedeutung vorgenommen haben. So bezeichnet Polanyi (1958) mit „tacit" eigentlich verstecktes bzw. stilles Wissen, das unterbewusst vorhanden ist und daher gar nicht erst geäußert werden kann.

implizitem Wissen zu implizitem Wissen als **Sozialisation**, die etwa durch Beobachtung möglich ist. Der Übergang von implizitem Wissen zu explizitem Wissen wird als **Externalisierung** bezeichnet, die bspw. durch Dokumentation von Wissen erreicht werden kann. Der Übergang von explizitem zu implizitem Wissen wird als **Internalisierung**, also Aneignung von Wissen beschrieben. Die Überführung expliziten Wissens aus einer Darstellungsform in die andere wird als **Kombination** bezeichnet. Dabei fördert besonders die Kombination verschiedener Darstellungen expliziten Wissens die Gewinnung neuen Wissens (Nonaka 1994, S. 19). Wissensmanagement und Wissensmanagementsysteme haben zum Ziele, möglichst alle dieser Übergänge zu unterstützen (vgl. Abschnitte 2.4.3 und 2.4.5.2)

Eine weitere für das Wissensmanagement zentrale Unterscheidung besteht zwischen **individuellem** und **kollektivem** Wissen (Willke 1998, S. 166). So wird häufig davon ausgegangen, dass Wissen auf einzelne Personen konzentriert ist (bspw. Davenport und Prusak 1998, S. 5). Dennoch besteht Wissen auch auf der Ebene sozialer Systeme, etwa in Regelsystemen wie sozialen Konventionen oder Abläufen und ihren – bspw. durch Prozessmodelle umgesetzten – Kodifizierungen (Willke 2001, S. 16). Es kann von individuellem zu kollektivem Wissen werden, wenn etwa die Erfahrungen eines Individuums Abläufe in einer Organisation ändern und somit das Wissen auf die Organisation transferieren (Nonaka und Takeuchi 1991, S. 97). So entsteht über die oben beschriebenen Stufen von Externalisierung, Kombination, Internalisierung und Sozialisation in einer „Wissensspirale" organisationales Wissen (*„Spiral of Organizational Knowledge Creation"*, Nonaka 1994, S. 20).

In der Literatur werden zudem verschiedene exponierte Arten von Wissen beschrieben. So nennt Remus (2002) **Prozesswissen** als entscheidenden Faktor des Wissensmanagements. Prozesswissen bezeichnet er als duales *„Wissen über den Prozess und Wissen im Prozess"* (Remus 2002, S. 149), das durch Modellierung transparent gemacht werden kann (vgl. hierzu die Abschnitte 3 und 4.1). Prozesswissen wird häufig dem deklarativen Wissen entgegen gesetzt, das Kenntnisse über Sachverhalte beschreibt (Willke 2001, S. 12). Ebenso ist **Metawissen** zu nennen, das als *„Wissen über Wissen"* (Herrmann et al. 2003b, S. 94) beschrieben wird und einen entscheidenden Einfluss auf die Verwendung von Wissen hat. Metawissen bezieht sich unter anderem auf die Relevanz von Inhalten für die eigene Arbeit (**inhaltsbezogenes** Metawissen), auf Wissen über andere Nutzer eines WMS (**kooperationsbezogenes** Metawissen) und auf die Struktur von Inhalten in Wissensmanagementsystemen (**strukturierungsbezogenes** Metawissen, vgl. für alle Arten des Metawissens Herrmann et al. 2003b, S. 80ff.). Eine weitere Unterscheidung besteht in der Differenzierung nach **Anwendungsbereichen** wie Fakten- und Methodenwissen (Wiig 1993, vgl. Dalkir 2005, S. 61ff.).

Die hier vorgenommene Differenzierung dient in der vorliegenden Arbeit unter anderem zur Beschreibung des in Prozessmodellen dokumentierten oder aus Prozessmodellen ableitbaren Wissens. So werden Prozessmodelle in Kapitel 4 hinsichtlich ihres Beitrages zu den in Abbildung 4 dargestellten Übergängen und der in ihnen enthaltenen Wissensarten analysiert (vgl. Abschnitte 4.1.2 und 4.1.3).

2.4.3 Ziele des Wissensmanagements

Die Ziele von Wissensmanagement können aus einer Perspektive der Kooperationsunterstützung mit **Erzeugung, Austausch und Verfügbarkeit von Wissen** umschrieben werden (vgl. Dalkir 2005, Grudin 2006, Lehner 2006). Die Erzeugung von Wissen geschieht dabei durch Rekombination und Rekontextualisierung vorhandenen Wissens (Nonaka 1994, S. 19; vgl. Abschnitt 2.4.2). Der stetigen Erzeugung von Wissen und damit der Aktualisierung der Inhalte von WMS kommt eine zentrale Bedeutung zu, da ohne sie ein WMS und seine Inhalte schnell in eine *„Todesspirale"* (Probst et al. 1998, S. 309f.) aus sinkender Qualität von Inhalten, sinkendem Vertrauen gegenüber diesen Inhalten, einem daraus resultierenden Rückgang der Nutzung des Systems und damit verringerter Aktualisierung der Inhalte bis hin zur Stilllegung des Systems geraten.

Für den Austausch von neuem Wissen, das zunächst stets implizit vorhanden ist, muss zudem die Kommunikation über Wissen unterstützt werden (Herrmann et al. 2003b, S. 74). Diese Kommunikation und die dauerhafte Verfügbarkeit von Wissen sollen sicherstellen, dass Wissensarbeiter die für ihre Belange notwendigen Informationen finden und zu Wissen transferieren können (vgl. Abschnitt 2.3). Hierfür sind **Transparenz,** Kommunikation und Abstimmung von **Kooperationsprozessen** sowie die Etablierung von Kontakten zwischen Nutzern notwendig (Herrmann und Hoffmann 2005, S. 26; McDermid 2003, S. 70; Vanhoenacker et al. 1999, S. 232).

Aus einer kognitionstheoretischen bzw. sozialwissenschaftlichen Perspektive sind die oben genannten Ziele durch **Wissensaneignung** bzw. **Wissenserwerb** (Probst et al. 1998, S. 52) zu ergänzen. Mit Wissensaneignung ist dabei der Prozess des **Lernens** eng verbunden: *„Lernen ist der Prozess, Wissen das Ergebnis"* (Willke 2001, S. 39). Lernen kann dabei vereinfachend und analog zu Abschnitt 2.1.3 als Prozess der Informationsverarbeitung beschrieben werden, aus dem Wissen entsteht (vgl. Lehner 2006, S. 109). Die Aneignung von Wissen ist also eng mit den in Abschnitt 2.4.2 beschriebenen Phasen der Sozialisierung und Internalisierung verbunden (vgl. Willke 2001, S. 14f.).

Aus ökonomischer Sicht erfüllt Wissensmanagement vornehmlich Ziele wie **Zeit- und Kostenreduktion** sowie **Bewahrung von Wissen**. So fehlt es häufig an Transparenz und Gewärtigkeit zu vorhandenen Wissen einer Organisation (Kyng 1991, S. 67; Remus 2002, S. 147). Wissensmanagement soll Wissensbestände daher transparent machen (Probst et al. 1998, S. 101f.) und damit verhindern, *„das Rad immer wieder neu zu erfinden"* (Herrmann et al. 2001, S. 13). Dadurch sollen Kosten und Aufwand bei der Suche nach Informationen reduziert werden (Dalkir 2005, S. 111). Zudem ist Wissen längst als Wert eines Unternehmens identifiziert worden (Davenport und Prusak 1998, S. 12) und seine Bewahrung ist vor dem Hintergrund von Mitarbeiterfluktuation und dem Ausscheiden älterer Mitarbeiter zur Erhaltung der Wettbewerbsfähigkeit unerlässlich.

Ein aus allen genannten Perspektiven aktuell in den Vordergrund rückendes Ziel von Wissensmanagement ist die Unterstützung der **Innovationsfähigkeit** von Organisationen (vgl. Herrmann 2009b, Lehner 2006). Dies wird bereits aus dem in Abschnitt 2.3.3 beschriebenen

Bedarf von Wissensarbeitern nach Informationen zur Problemlösung deutlich: Soll Wissensmanagement diese Akteure bei der Erzeugung innovativer Lösungen unterstützen, muss es sowohl problemrelevante als auch neue, weiterführende Informationen bereitstellen. Dabei spielen für den Aufbau von Innovationskompetenz die oben beschriebenen Prozesse der Erzeugung von Wissen, der Verfügbarkeit von Wissen und der Kommunikation zwischen Akteuren eine entscheidende Rolle (Willke 2001, S. 90).

2.4.4 Zyklen, Handlungsfelder und technische Funktionen des Wissensmanagements

Wissensmanagement ist als **zyklische Aufgabe** zu verstehen, in der verschiedene Teilaufgaben zur Erreichung der in Abschnitt 2.4.3 beschriebenen Ziele enthalten sind. Dies spiegelt sich in der Literatur in unterschiedlichen Modellen wider. Darunter finden sich das Spiralmodell von Nonaka und Takeuchi (1991), die Konzeption von Wissensmanagement als Geschäftsprozess von Willke (2001) oder der weit verbreitete Wissensmanagementzyklus von Probst et al. (1998). Eine Übersicht über ähnliche Zyklen des Wissensmanagements findet sich bei Dalkir (2005).

Abbildung 5 zeigt den Wissensmanagementzyklus von Herrmann et al. (2001), der im Rahmen dieser Arbeit Verwendung findet. Er enthält die wesentlichen **Handlungsfelder** bzw. **Aufgaben** des Wissensmanagements und ist besonders auf Wissensmanagementsysteme ausgerichtet (Diefenbruch und Herrmann 2002, S. 2). Dieser Zyklus zeigt insgesamt fünf Handlungsfelder als Einsatzgebiete von WMS (Herrmann et al. 2001, S. 49ff.). Die Kenntnis dieser Handlungsfelder ist für die vorliegende Arbeit zentral, da es für die Nutzung von Prozessmodellen im Wissensmanagement notwendig ist, Funktionen zu deren Umsetzung für jedes Handlungsfeld zu identifizieren und umzusetzen (vgl. Abschnitt 8.4.1). In der Folge sollen diese Handlungsfelder in Anlehnung an Herrmann et al. (2001) zusammen mit typischen Funktionen von Wissensmanagementsystemen erläutert werden.

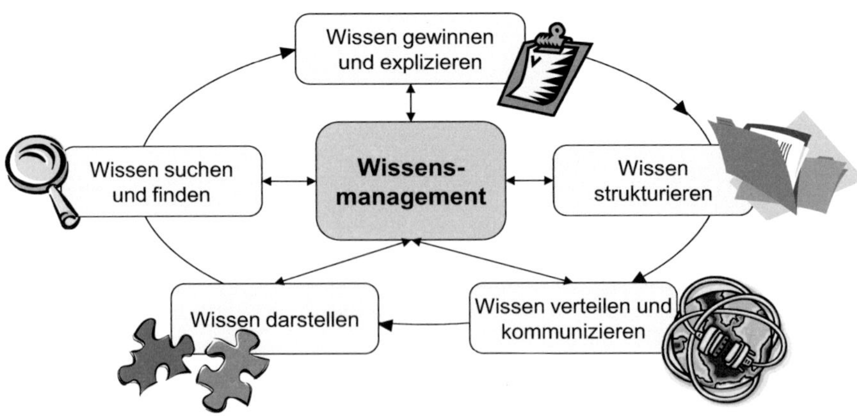

Abbildung 5: Wissensmanagementzyklus nach Herrmann et al. (2001).

Das Handlungsfeld **Wissen gewinnen und explizieren** hat zur Aufgabe, neues Wissen aus seiner zunächst impliziten Form (vgl. Abschnitt 2.4.2) in eine von Wissensmanagementsystemen fassbare Form zu überführen. Auf sozialer Ebene kommen hierzu verschiedene Erhebungsmethoden wie Interviews und Beobachtungen in Frage, deren Ergebnisse in verschiedenen Formen wie Transkripten, Stories, Modellen oder Taxonomien **kodifiziert** werden (Dalkir 2005, S. 85ff.). Ebenso kann implizites Wissen über Wissenskarten **referenziert** (Lehner 2006, S. 190ff.) oder durch Vermittlung von Gesprächspartnern unter diesen **ausgetauscht** werden (vgl. Abschnitt 2.4.5.2). Technische Unterstützung findet diese Aufgabe in Editoren zur Kodifizierung von Wissen und gemeinsamen Arbeitsbereichen, zudem werden Mechanismen zur Identifikation von Gesprächspartnern verwendet (vgl. Abschnitt 2.4.5.2).

Im Handlungsfeld **Wissen strukturieren** werden gewonnene Inhalte beschrieben und in Strukturen von WMS eingeordnet. Für solche Strukturen werden verschiedene Herangehensweisen wie die Orientierung an Prozessen einer Organisation genannt, die in Abschnitt 2.4.5.2 beschrieben werden. Technisch bieten sich verschiedene Hilfsmittel wie Ordnerstrukturen, Links zwischen Inhalten, Metadaten oder semantische Beschreibungen der Inhalte an (vgl. zu Vor- und Nachteilen verschiedener Strukturierungsmöglichkeiten Abschnitt 2.5.1).

Um **Wissen verteilen und kommunizieren** zu können, muss analysiert werden, welche Benutzer an welchen Inhalten interessiert sind. Auf sozialer Ebene können sich Akteure hierbei an Bedarfen Anderer orientieren, die sie aus der Kommunikation mit diesen wahrgenommen haben. Zudem werden für die Verteilung Komponenten wie Gewärtigkeits-Dienste oder Recommender-Systeme verwendet (vgl. Abschnitt 2.2.3.2). Für die Verteilung von Wissen kann zwischen benutzerinitiierten Funktionen („Pull") oder automatisierter Verteilung („Push") unterschieden werden (Lehner 2006, S. 249).

Im Handlungsfeld **Wissen darstellen** werden Inhalte von Wissensmanagementsystemen an den Bedarf von Nutzern angepasst und diesen präsentiert. Hierzu werden Personalisierungsmechanismen verwendet, mit denen die Kommunikation impliziten Wissens zwischen Nutzern gefördert und der Transfer zwischen diesen Nutzern ermöglicht wird. Weiterhin werden häufig aus vorhandenen Daten generierte **Visualisierungen** wie Netze oder Karten (Lehner 2006, S. 250ff.) verwendet. Wissen darstellen ist jedoch nicht nur ein Vorgang der Visualisierung, vielmehr werden zur Repräsentation von Wissen bspw. semantische Technologien (vgl. Abschnitt 2.5) verwendet (Lehner 2006).

Um **Wissen suchen und finden** zu können, bilden die in der Strukturierungsphase genutzten Mechanismen eine wichtige Voraussetzung. Auf Basis dieser Strukturen können Suchmechanismen, Agentensysteme und Techniken des Information Retrievals wie Text-Mining eingesetzt werden (Lehner 2006, S. 240-242, 265, 273ff.). Anforderungen an Suchfunktionen sind eine hohe Genauigkeit (*„precision"*), d.h. eine hohe Anzahl für den Suchenden relevanter Inhalte unter den Suchergebnissen, und eine hohe Trefferquote (*„recall"*), also das Auffinden möglichst aller für einen Suchenden relevanten Inhalte (Morville 2005, S. 49f.).

2.4.5 Ebenen der Gestaltung von Wissensmanagement

Wissensmanagement als sozio-technische Aufgabe muss organisatorische Aspekte wie Prozesse und Aufbauorganisation eines Unternehmens ebenso betrachten wie technische Unterstützungsmöglichkeiten (vgl. Abschnitt 2.2.4). In diesem Abschnitt werden entsprechende Ansätze zur Gestaltung von Wissensmanagement, die im weiteren Verlauf der Arbeit eine Rolle spielen, kurz beschrieben und ihre Auswirkungen auf das Wissensmanagement erläutert.

2.4.5.1 *Komplementäre Ansätze der Organisation: Bottom-Up und Top-Down*

Die Organisation von Wissensmanagement ist durch die beiden komplementären Beteiligungsansätze **Bottom-Up** und **Top-Down** geprägt (Nonaka 1994, Davenport et al. 1997). Unter Bottom-Up ist dabei ein kollaborativer Ansatz des Wissensmanagements zu verstehen, in dem alle Nutzer eines Wissensmanagementsystems Inhalte einstellen dürfen. Er setzt auf dezentrale Steuerung sowie eine dadurch erzeugte aktuelle Datenbasis und wird daher auch als **Collaboration**-Ansatz bezeichnet (Diefenbruch und Herrmann 2002). Im Gegensatz dazu werden die Inhalte im hierarchischen Top-Down-Ansatz von einer ausgewählten Gruppe von Mitarbeitern kontrolliert und gepflegt. Hier wird Wert auf hohe Qualität der Inhalte gelegt, weswegen dieser Ansatz auch als **Publishing** bekannt ist (ebd.). Abbildung 6 verdeutlicht beide Ansätze.

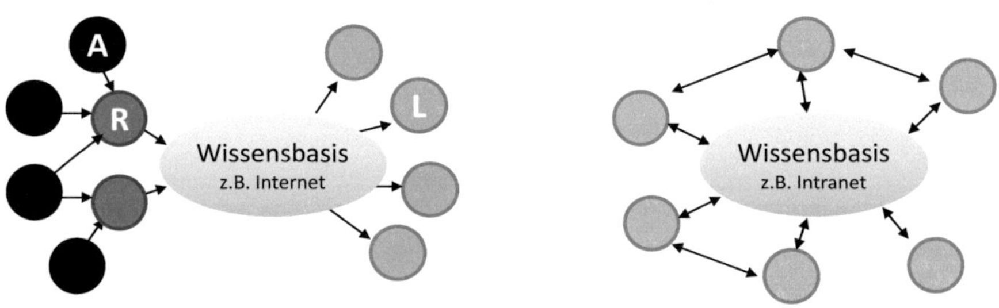

Abbildung 6: Komplementäre Ansätze des Wissensmanagements: Publishing (links) und Collaboration (rechts) nach Diefenbruch und Herrmann (2002).

Der Nutzungsprozess eines nach dem Top-Down-Prinzip aufgebauten WMS kann aus Abbildung 6 entnommen werden: Autoren (A) von Inhalten leiten diese weiter an Redakteure (R), die wiederum Inhalte für Leser (L) zur Verfügung stellen. Dieser Ansatz vermeidet Redundanzen bei Inhalten und inkonsistente Strukturen (Herrmann et al. 2003a). In Bottom-Up-Ansätzen sind alle Nutzer gleichzeitig Autoren, Redakteure und Leser des WMS. Sie werden verwendet, um die Kommunikation und Kooperation unter Nutzern zu unterstützen (Diefenbruch und Herrmann 2002), führen dabei jedoch häufig zu wenig trennscharfen Strukturen. Dies kann jedoch aus Sicht des Wissensmanagements positiv sein, da Überlappungen und Redundanz auch die Kommunikation von Beteiligten fördern (Nonaka und Takeuchi 1991, S. 102).

Ein Vergleich beider Ansätze kann nicht ohne die Betrachtung der in einer Organisation vorliegenden Unternehmenskultur und zu lösender Probleme vorgenommen werden: Ist ein Unternehmen stark hierarchisch organisiert, so ist ein Bottom-Up-Ansatz unpassend, umgekehrt kann ein Top-Down-Ansatz bei flachen Hierarchien zu Problemen führen (vgl. Davenport et al. 1997). Es kann außerdem festgehalten werden, dass Top-Down-Ansätze eher in statischen Umgebungen mit kleinen Wissensmengen und Bottom-Up-Ansätze eher in dynamischen Umgebungen mit großen Mengen an Wissen angebracht sind (Alavi und Leidner 2001). Zudem haben Wissensmanagementsysteme nach Top-Down-Ansatz den Nachteil, dass sie vorwiegend explizites Wissen beinhalten, wohingegen durch Kommunikationen in Bottom-Up-Ansätzen auch implizites Wissen repräsentiert wird (Nonaka 1994). Gleichwohl ist die Entscheidung für oder gegen einen dieser Ansätze nicht immer möglich, in der Praxis wird daher häufig ein gemischter Ansatz verwendet (vgl. Nonaka 1994, S. 29ff.; Probst et al. 1998, S. 87).

2.4.5.2 *Aufbaustrukturen und Strategien des Wissensmanagements*

Mögliche Determinanten der Strukturierung von Wissensmanagementsystemen und ihren Inhalten sind Aufbau-, Ablauforganisation oder Projekte eines Unternehmens. Die **Orientierung an Aufbaustrukturen** eines Unternehmen wie Organisationseinheiten und Hierarchien hat sich jedoch hinsichtlich des Aufwands zur Kommunikation in resultierenden Strukturen als nachteilig erwiesen (Maier 2007, S. 158f.). Daher hat sich weitgehend die Orientierung an der Ablauforganisation unter dem Schlagwort des **prozessorientierten Wissensmanagements** (Hoffmann et al. 2002, Maier und Remus 2001, vgl. Abschnitt 4.6.1) durchgesetzt, da es durch Orientierung an den Geschäftsprozessen eines Unternehmens positiven Einfluss auf die Wertschöpfung hat (Diefenbruch und Herrmann 2002). Eine Alternative zu diesen Organisationsformen bietet die **projektorientierte** Strukturierung von Inhalten (vgl. Herrmann et al. 2003a, S. 353).

In der Frage nach geeigneten Strategien für das Wissensmanagement wird zudem zwischen der Sicht auf **Wissen als Produkt oder als Prozess** unterschieden (vgl. Abecker 2004, S. 31; Lehner 2006, S. 36f.). Die Auffassung von Wissen als Produkt ist **dokumentenorientiert** und versteht Wissensmanagement als Aufgabe der Verwaltung und Strukturierung von Inhalten. Zu ihrer Unterstützung wird eine Strategie der **Kodifizierung** von Wissen verfolgt. Die Sicht auf Wissen als Prozess stellt **Kommunikationsprozesse** in den Vordergrund, die durch technische Unterstützung gefördert werden. Für ihre Unterstützung vermitteln Wissensmanagementsysteme gemäß der Strategie der **Personalisierung** Kommunikationspartner und unterstützen deren Austausch (Hansen et al. 1999). Diese auch als **erste und zweite Generation** des Wissensmanagements bezeichnete Unterscheidung (Herrmann et al. 2007b, S. 18ff.; Reichling 2008, S. 22ff.) wird jedoch im Rahmen dieser Arbeit in Übereinstimmung mit Abecker (2004) nicht als Dichotomie, sondern vielmehr als zwei in gegenseitiger Ergänzung stehende Perspektiven aufgefasst: Letztlich muss ein WMS sowohl reichhaltige Dokumentenstrukturen für die Identifikation relevanter Inhalte bieten als auch Kommunikationsprozesse unterstützen, aus denen wiederum diese Strukturen erwachsen können. Dies zeigt sich auch für das im Rahmen dieser Arbeit entwickelte WMS, in dem dokumentenorientierte und personalisierte Unterstützungsfunktionen häufig miteinander kombiniert werden.

2.4.5.3 *Technik: Basisanwendungen und Wissensmanagementsysteme*

Die technische Umsetzung und Unterstützung von Wissensmanagement kann durch eine Reihe von Basisanwendungen, unter denen auch Groupware-Systeme (vgl. Abschnitt 2.2) sind, realisiert werden (vgl. bspw. Dalkir 2005, Lehner 2006, Roumois 2007). In der Folge wird eine Auswahl solcher Anwendungen inklusive prägnanter Funktionen beschrieben (vgl. Lehner 2006, S. 222ff.):

- **Content-Management-Systeme** (CMS) integrieren die Verwaltung und Aufbereitung von Inhalten etwa für das Intranet eines Unternehmens. Sie sind insbesondere für die Umsetzung des Publishings (vgl. Abschnitt 2.4.5.1) hilfreich.
- **Dokumenten-Management-Systeme** (DMS) verwalten elektronische Dokumente entlang ihres Lebenszyklus von der Erzeugung über die Nutzung bis zur Archivierung und Versionierung. Im Wissensmanagement können sie zur Umsetzung eines dokumentenzentrierten Ansatzes (vgl. Abschnitt 2.4.5.2) verwendet werden.
- **Groupware** (GW) unterstützt die Kooperation von Nutzern im Wissensmanagement (vgl. Abschnitt 2.2) und ist besonders für Bottom-Up-Ansätze und Personalisierungsstrategien hilfreich.
- **Workflow-Management-Systeme** (WfMS) dienen zur Planung, Durchführung und Steuerung von Prozessen. Sie können für prozessorientierte Strategien verwendet werden.

Keine der genannten Basisanwendungen kann das Wissensmanagement alleine unterstützen, vielmehr müssen bspw. zur gleichzeitigen Unterstützung eines dokumentenorientierten und eines nach dem Prinzip des Bottom-Up gestalteten Ansatzes Funktionen von DMS und Groupware miteinander kombiniert werden. Als **Wissensmanagementsysteme** (vgl. Definition 8) sind daher solche Systeme zu verstehen, die diese Kombination umsetzen (Lehner 2006, S. 254).

2.4.6 Anwendungsbereiche des Wissensmanagements

Die praktischen Anwendungsbereiche von Wissensmanagement und zugehörige Ausprägungen von WMS sind vielfältig und häufig schwer zu erkennen. Dieser Abschnitt erläutert eine Auswahl solcher Ausprägungen, die im weiteren Verlauf als Basis für die Gestaltung unterstützender Funktionen der Nutzung von Modellen in WMS herangezogen werden.

2.4.6.1 *Expertenverzeichnisse und Skill-Management*

Wissen ist in Unternehmen auf verschiedene Mitarbeiter verteilt. Dieses Wissen muss im Sinne eines Managements von Expertise (Willke 2001), also in der Auffassung von Wissen als Prozess und gemäß der in Abschnitt 2.4.5.2 beschriebenen Personalisierungsstrategie, verwaltet werden. Dafür können Organisationen **Expertenverzeichnisse** verwenden, die Nutzern helfen, andere Nutzer anhand deren Expertise zu finden (Gross und Koch 2007, S. 125). Bei der Anwendung von Expertenverzeichnissen ist jedoch zu berücksichtigen, dass Benutzer einerseits mitunter nicht als Experten erkannt werden wollen und anderseits eine sinnvolle Verteilung der Empfehlungen für Experten erfolgen muss, damit diese nicht durch Anfragen überlastet werden (Reichling 2008, S. 40ff.).

2.4.6.2 *Persönliches und gruppenbezogenes Informationsmanagement*

Ein weiterer Anwendungsbereich des Wissensmanagements findet sich im Übergang von **persönlichem** (PIM) zu **gruppenbezogenem** (GIM) Informationsmanagement (*„personal and group information management"*, Erickson 2006). Persönliches Informationsmanagement geht zurück auf Bush (1945), dessen Vision eines „Memex" zur Verwaltung persönlicher Informationen heute in Form von elektronischen Kalendern und Desktop-Suchmaschinen verwirklicht ist. Die Herausforderung des GIM ist, die durch PIM erzeugten Inhalte einzelner Akteure auch anderen Nutzern zugänglich zu machen. Beispiele für GIM finden sich in Gruppenkalendern, die Einträge Einzelner integrieren oder in gemeinsam bearbeiteten Artefakten, die mehreren Nutzern zur Verfügung stehen (Erickson 2006).

2.4.6.3 *Wissensmanagement und Web 2.0*

Die bereits im Bereich der Groupware beschriebenen Anwendungen des Web 2.0 (vgl. Abschnitt 2.2.3.3) können auch das Wissensmanagement in Organisationen unterstützen. So können bspw. Wikis sowohl für das individuelle (Oren et al. 2006) als auch für das organisationsweite (Kittur et al. 2007) Wissensmanagement verwendet werden und Blogs unterstützen sowohl Wissensarbeit (Efimova 2004) als auch Wissensmanagement (Cayzer 2004). Besonders relevant für die vorliegende Arbeit ist die Betrachtung von Anwendungen des Social Taggings, die als kollaborative Wissensmanagement-Systeme nach dem Prinzip des Bottom-Up (vgl. Abschnitt 2.4.5.1) bezeichnet werden (Schmitz et al. 2006, vgl. hierzu auch Abschnitt 2.5.3.8). Vorteile der Nutzung von Tags werden dabei in der kollektiven Strukturierung von Wissen (Macgregor und McCulloch 2006) und der leichten Auffindbarkeit relevanter Inhalte (Wu et al. 2006) in entsprechenden Anwendungen gesehen.

Die Betrachtung von Anwendungen des Web 2.0 zeigt, dass die mit ihnen verbundenen Merkmale (vgl. Abschnitt 2.2.3.3) einen positiven Einfluss auf das Wissensmanagement haben können. Sie unterstreichen damit die Anwendbarkeit von Tagging als Vertreter des Web 2.0 zur Unterstützung der Ziele der vorliegenden Arbeit (vgl. Abschnitte 2.5.3 und 6.2).

2.4.6.4 *Expertensysteme*

Unter **Expertensystemen** werden Anwendungen verstanden, die ihre Benutzer bei Diagnosen, Schlussfolgerungen oder Entscheidungen unterstützen (Balzert 2001, S. 707ff.; Probst et al. 1998, S. 245f.). Sie verwenden meist Ansätze der künstlichen Intelligenz, um durch Anwendung von Regeln, mit denen sie Inhalte analysieren und verknüpfen, logische Schlüsse zu ziehen (Lehner 2006, S. 238f.). Wissen wird in solchen Systemen meist stark formalisiert dargestellt. Anwendungsbereiche von Expertensystemen finden sich etwa in der medizinischen Diagnostik oder der Meteorologie.

2.4.7 Motivation und Partizipation im Wissensmanagement

Für die Nutzung von Wissensmanagementsystemen sind im Wesentlichen dieselben Probleme zu beachten, die auch für die Nutzung und Einführung von Groupware in Organisationen gelten (vgl. Abschnitt 2.2.4.1). Diese äußern sich in der Regel in geringer Beteiligung potentieller Nutzer und somit in ausbleibenden Inhalten eines Wissensmanagementsystems. Darüber hinaus sind weitere, wissensmanagementspezifische Schwierigkeiten der Nutzung bekannt, deren Kenntnis für die Gestaltung von WMS und die Interpretation praktischer Probleme des Wissensmanagements unerlässlich ist.

Nutzer geben häufig einen **Mangel an Zeit** für ihre geringe Nutzung von Wissensmanagementsystemen an. Dies liegt meist daran, dass Aufgaben des Wissensmanagements nicht in ihre tägliche Arbeit integriert sind, sondern sie diese als zusätzliche Arbeit empfinden (Herbst 2000, King 2006). Hier ist eine Parallele zu Unterstützungsbedarfen von Wissensarbeitern festzustellen (vgl. Abschnitt 2.3.4). Wissensmanagementaktivitäten müssen daher so gestaltet sein, dass sie **in die Arbeitsabläufe von Mitarbeitern integriert** und daher ein Teil der täglichen Arbeit sind (Diefenbruch und Herrmann 2002). Zudem sollten der **Aufwand zur Nutzung** eines Wissensmanagementsystems (Bondarenko und Janssen 2005) und zur Beschreibung seiner Inhalte (vgl. Abschnitt 2.5) so **gering** wie möglich gehalten werden (Grudin 2006).

Ein oft genanntes Problem ist, dass Nutzer **Angst vor Machtverlust** durch Weitergabe persönlichen Wissens haben. Sie befürchten, durch Weitergabe dieses Wissens im Unternehmen entbehrlich zu werden (Herbst 2000, King 2006). Dieses Problem kann durch die Kommunikation des Mehrwerts der Bereitstellung von Wissen oder Vereinbarungen zur Zusammenarbeit (Herrmann und Kienle 2004), in denen bspw. festgelegt werden kann, dass das Teilen von Wissen belohnt wird (King 2006), gelöst werden. Weit häufiger hängt die mangelnde Nutzung von WMS mit Bedenken, dass das eigene Wissen für andere nicht wichtig sein könnte, zusammen. Die Vermittlung von **Metawissen** (vgl. Abschnitt 2.4.2) über die **Selbstwirksamkeit** des Einzelnen, also den Wert seines Wissens für Andere, stellt hier eine geeignete Gegenmaßnahme dar (Herrmann und Kienle 2004).

2.4.8 Zusammenfassung

In diesem Abschnitt wurden Eigenschaften und Voraussetzungen des Wissensmanagements untersucht und beschrieben. Ziel war es, die zur Gestaltung eines Wissensmanagementsystems für die Nutzung von Prozessmodellen notwendigen Voraussetzungen zu erläutern. Der Fokus des Kapitels wurde daher bewusst auf die Gestaltung von WMS und den darauf wirkenden Einfluss sozialer Systeme gelegt. Hierzu wurde eine Definition von Wissensmanagement als sozio-technisches System gewählt, um die Verzahnung sozialer bzw. organisatorischer Prozesse und technischer Lösungen wie WMS aufzuzeigen. Als Voraussetzungen für das Verständnis und die Gestaltung von WMS wurden typische Differenzierungen von Wissen sowie Prozesse des Übergangs expliziten und impliziten Wissens vorgestellt.

Die Ziele des Wissensmanagements wurden aus verschiedenen Perspektiven als Unterstützung der Erzeugung von Wissen, des Austauschs, der Verfügbarkeit und Aneignung sowie von Kosten- und Zeitersparnis, Bewahrung vorhandenen Wissens und Innovationsfähigkeit in Unternehmen beschrieben. Hierzu wurden die in einem Zyklus angeordneten Handlungsfelder des Wissensmanagements mit zugehörigen Funktionen von WMS beschrieben. Als für den weiteren Verlauf wichtige Ausprägungen von WMS Expertenverzeichnisse, persönliches und gruppenbezogenes Informationsmanagement, Vertreter des Web 2.0 und Expertensysteme beschrieben.

Zudem wurde im zurückliegenden Abschnitt herausgestellt, dass die Gestaltung eines WMS als Gestaltung eines sozio-technischen Systems zu verstehen ist. Als Merkmale dieser Gestaltung wurden Ansätze wie Bottom-Up und Top-Down sowie die Orientierung an Dokumenten und Personalisierungsstrategien erläutert. Zudem wurden mit Zeitmangel, Aufwand zur Nutzung, Angst vor Machtverlust und mangelndem Bewusstsein für Selbstwirksamkeit typische Probleme der Akzeptanz von WMS beschrieben. Zur Lösung dieser Probleme und als Anforderung an die Gestaltung von WMS wurden Maßnahmen wie Integration in Arbeitsabläufe von Nutzern, Vereinbarungen zur Förderung des Wissensaustauschs und die Vermittlung von Metawissen beschrieben. Als wichtigste Erkenntnis daraus ist festzuhalten, das WMS nicht technikgetrieben, sondern entlang der organisatorischen Aufgaben, die sie unterstützen sollen, entwickelt werden müssen.

2.5 Semantische Beschreibung von Inhalten in Wissensmanagementsystemen

Die Beschreibung von Inhalten ist ein wesentlicher Bestandteil für ihre Verwaltung in WMS und ihre Verwendung durch Nutzer, da sie Einfluss auf die in Abschnitt 2.4.4 dargestellten Handlungsfelder des Wissensmanagements hat: Sie unterstützt die Explikation von Wissen, ermöglicht dessen Strukturierung und Verteilung, unterstützt Mechanismen der Personalisierung und fördert die Suche nach Inhalten (vgl. Herrmann et al. 2001, Hinrichs et al. 2005, Oren 2006, Staab 2002). Semantische Beschreibungen haben sich in diesem Zusammenhang als vorteilhaft herausgestellt, da sie die Systematisierung von Inhalten ermöglichen und ihnen eine Bedeutung zuweisen (Herrmann und Kienle 2004, S. 52; Stumme 2002).

Überdies werden semantische Beschreibungen in dieser Arbeit als Voraussetzung für die Integration von Prozessmodellen in Inhalte von WMS identifiziert. Ihr Verständnis ist somit für die vorliegende Arbeit zentral. In Folgenden werden daher mit Ontologien und Social Tagging zwei Mechanismen der semantischen Beschreibung von Inhalten beschrieben. Dabei werden für beide Mechanismen solche Charakteristika herausgestellt, die einen Vergleich zwischen ihnen verwendet werden können. Da aus diesem Vergleich die Auswahl von Tagging als in dieser Arbeit genutzter Mechanismus zur Beschreibung von Inhalten hervorgeht, werden für diesen Mechanismus zusätzliche Aspekte beschrieben, die für dessen Nutzung im Rahmen dieser Arbeit hilfreich sind.

2.5.1 Fokussierung auf Ontologien und Social Tagging

Die Beschreibung und Strukturierung von Inhalten kann neben der Verwendung von Ontologien auch durch verschiedene andere Ansätze realisiert werden. Dieser Abschnitt konzentriert sich jedoch auf die Beschreibung von Ontologien und Social Tagging, da andere Methoden Nachteile aufweisen, die sie im Kontext dieser Arbeit weniger geeignet erscheinen lassen. Dies wird im Folgenden begründet.

Ordnerstrukturen (Jones et al. 2005), die das Standardwerkzeug für die Verwaltung von Inhalten in Dateisystemen darstellen, erfordern von Benutzern eine eindeutige und hierarchische Zuordnung von Inhalten zu durch Ordner repräsentierten Themen, die für Wissensarbeiter einen **Nachteil** bedeutet (Schwarz 2005, S. 1; vgl. Abschnitt 2.3.3). Sie erweisen sich zudem beim Austausch von Inhalten zwischen Anwendungen, die unterschiedliche Inhaltshierarchien verwenden (Jones et al. 2005, S. 1505), und für die gemeinsame Nutzung von Inhalten unter Beibehaltung individueller Strukturdeterminanten (Dourish 2000, S. 2; siehe hierzu auch Abschnitt 2.3.4) als **problematisch**.

Für strukturierte **Metadaten** (Kashyap und Sheth 1996) kann festgestellt werden, dass sie in der Praxis hauptsächlich triviale Inhalte wie Autoren, Daten und Überschriften von Dokumenten aufweisen, die mit einfachen Analysen auch durch ein Informationssystem extrahiert werden können. Inhaltliche Beschreibungen von Dokumenten werden hingegen eher selten angegeben (Heath et al. 2005). Ihre praktische Tauglichkeit zur Beschreibung von Inhalten kann daher als gering eingeschätzt werden.

Verfahren der **Inhaltsanalyse** wie Latent Semantic Indexing (Deerwester et al. 1990) basieren auf der Interpretation eines Dokuments und der darauf folgenden Zuweisung von Deskriptoren zu diesem Dokument. Solche Verfahren sind daher nur dann anwendbar, wenn für alle Inhaltsformen eines Systems entsprechende und ähnlich fortgeschrittene Mechanismen zur Analyse vorhanden sind. Für Modelle ist dies, wie in Abschnitt 4.2.2 ab Seite 98 gezeigt wird, nicht ausreichend der Fall.

Weitere Ansätze wie **Kategoriensysteme** (Bowker und Star 2000), **Topic Maps** (Pepper 2000) oder **Schlagworte** (Gomez und Lochbaum 1984) können Ontologien und Social Tagging zugeordnet werden. So sind Kategoriensysteme und Topic Maps entsprechend der Beschreibung in Abschnitt 2.5.2.2 als Ontologien zu begreifen. Dies gilt ebenfalls für hierarchisch organisierte Schlagworte. Sind diese jedoch frei wählbar, so können sie als Bestandteil des Social Taggings angesehen werden (vgl. Abschnitt 2.5.3.1).

Die Beschreibungen der genannten Verfahren zeigen, dass sie für die Beschreibung von Inhalten in WMS zwar einsetzbar sind, jedoch verschiedene Nachteile aufweisen. Ontologien und Social Tagging weisen diese Nachteile nicht auf und werden daher in diesem Abschnitt vertiefend betrachtet.

2.5.2 Ontologien und Taxonomien

Das Konzept der Ontologie ist in der Informationsverarbeitung bereits seit längerem bekannt und etabliert, erste Ansätze wurden in den 80er Jahren bekannt (Studer et al. 1998). Ontologien dienen der semantischen Beschreibung von Themengebieten mit eindeutigen Bezeichnern und werden insbesondere in der künstlichen Intelligenz, im Wissensmanagement, in Expertensystemen (Gomez-Perez et al. 2004 und Abschnitt 2.4.6.4) sowie für die Idee des Semantic Web (Berners-Lee et al. 2001) genutzt. Sie beschreiben hierzu formale Konzepte und Zusammenhänge realweltlicher Sachverhalte und dokumentieren Verbindungen zwischen ihnen.

Das Konzept von Ontologien und seine Bedeutung in der Informationsverarbeitung wird in der Literatur auf Arbeiten von Neches et al. (1991) und Gruber (1993) zurückgeführt (Gomez-Perez et al. 2004, Maedche 2002, Studer et al. 1998). Mittlerweile haben sich Ontologien für viele Themengebiete etabliert, unter denen Disziplinen wie Medizin, Biologie oder Geowissenschaften (Horrocks 2008, Motta et al. 1999) zu finden sind. Ontologien können daher als etablierte Werkzeuge der semantischen Beschreibung von Inhalten charakterisiert werden. In diesem Abschnitt werden sie charakterisiert.

2.5.2.1 *Begriffsbestimmung: Ontologien und Taxonomien*

Unter einer **Ontologie** kann *„an explicit specification of a conceptualization"* verstanden werden (Gruber 1993, S. 199). Diese häufig genannte, jedoch sehr abstrakte Definition von Ontologien wird durch definitorische Ansätze verschiedener Autoren erweitert oder ergänzt (bspw. Guarino 1998, Jasper und Uschold 1999, Maedche 2002, Neches et al. 1991, Studer et al. 1998, Swartout et al. 1997). In allen Ansätzen wird eine Ontologie dabei als ein hierarchisches, kontrolliertes Vokabular von Begriffen beschrieben, dass auch als **Taxonomie** bezeichnet wird. Für die Definition einer Ontologie ist daher zunächst die Definition einer Taxonomie notwendig, deren Verständnis in dieser Arbeit an Chuang und Chien (2005) sowie Lehner (2006) angelehnt wird:

Definition 9 Eine **Taxonomie** legt hierarchische Beziehungen zwischen Konzepten und den sie beschreibenden Begriffen fest.

Neben der Verwendung von Taxonomien finden sich bei den oben genannten Autoren weitere charakteristische Merkmale einer Ontologie:

- **Formale Konzeptualisierung realweltlicher Phänomene:** Ontologien bilden einen Ausschnitt aus realen Themengebieten in einer formalen Darstellung ab, die maschinenlesbar ist.
- **Regeln für und Verbindungen von Konzepten:** Zur Beschreibung von Konzepten können diese durch Verbindungen untereinander oder weitere Regeln spezifiziert werden.
- **Spezifikation gemeinsamen Verständnisses:** Eine Ontologie legt mit ihren Konzepte das gemeinsame Verständnis einer Gruppe zu einem Thema fest.
- **Auszeichnung von Inhalten:** Mit Elementen einer Ontologie können Inhalte beschrieben und strukturiert werden.

Aus diesen Charakteristika wird deutlich, dass es sich bei Ontologien um eine **Spezifikation** von Bedeutung handelt, die durch **Konstruktion** entsteht. Zusammengenommen führen die Merkmale zum in dieser Arbeit verwendeten Verständnis von Ontologien:

Definition 10	Eine **Ontologie** beschreibt eine formale, maschinenlesbare Konzeptualisierung, die durch Konstruktion Konzepte realweltlicher Phänomene erzeugt und auf Begriffe abbildet, diese untereinander verbindet und ein mehreren Akteuren gemeinsames Verständnis formalisiert. Sie kann durch eine Taxonomie von Konzepten sowie Relationen und Bedingungen zwischen den Konzepten zur Beschreibung von Inhalten eines Themengebiets verwendet werden.

2.5.2.2 *Taxonomie für Ontologien*

Für das Verständnis von Ontologien und durch sie umgesetzte Konzepte ist es notwendig, näher auf den Aufbau von Ontologien und ihre möglichen Ausprägungen einzugehen. In der Folge werden daher typische Elemente und Aspekte von Ontologien beschrieben.

Ontologien setzen sich aus mehreren Komponenten zusammen, deren Kenntnis für die Einordnung von Ontologien als Mittel der Beschreibung von Inhalten notwendig ist (vgl. Gomez-Perez et al. 2004, Chandrasekaran et al. 1999). **Konzepte** dienen als Basiselemente einer Ontologie und beschreiben realweltliche Phänomene. Durch Zuordnung eines Konzepts zu einem Artefakt entsteht eine **Instanz** des Konzepts. Zwischen ihnen besteht eine **Taxonomie** (siehe Definition 9). Sie werden zudem durch weitere **Eigenschaften** in Form von Parametern beschrieben, die ein Konzept und seine Ausprägungen spezifizieren. Zwischen Konzepten bestehen weitere, nicht durch die Taxonomie spezifizierte **Relationen**, mit denen Zusammenhänge zwischen Konzepten ausgedrückt werden können. Zudem besteht die Möglichkeit, für eine Ontologie **Axiome** festzulegen, in denen die Bedeutung eines Konzepts oder der Zusammenhänge verschiedener Konzepte festgelegt werden können (vgl. Gruber 1993). Axiome drücken somit **Bedingungen** aus, die für die Korrektheit einer Ontologie erfüllt sein müssen. Für Eigenschaften, Relationen und Axiome gilt, dass diese an Unterkonzepte entlang der taxonomischen Hierarchie **vererbt** werden. Zur Differenzierung von Ontologien muss festgehalten werden, dass Axiome entgegen häufiger Auffassung kein zwingender Bestandteil von Ontologien sind:

> *"In the simplest case, an ontology describes a hierarchy of concepts related by subsumption relationships; in more sophisticated cases, suitable axioms are added in order to express other relationships between concepts and to constrain their intended interpretation" (Guarino 1998, S. 4).*

Diese daraus resultierende Notwendigkeit einer Differenzierung von Ontologien wird durch die Unterscheidung zwischen **leichtgewichtigen Ontologien** ohne Axiome (*„lightweight ontologies“*, Blumauer und Pellegrini 2006, S. 16; Gomez-Perez et al. 2004, S. 8) und **schwergewichtigen Ontologien** mit axiomatischen Bedingungen (*„heavyweight“*, ebd., S. 8) vorgenommen.

Leichtgewichtige Ontologien sind Konstrukte auf der Ebene von Taxonomien mit zusätzlichen Eigenschaften, die ein vorhandenes Begriffssystem zur Beschreibung von Inhalten und somit die Konzeptualisierung eines Themenbereichs darstellen (Edgington et al. 2004, Jasper und Uschold 1999, Lassila und McGuinness 2001). Sie werden von einigen Autoren als wenig hilfreich eingeschätzt, da sie die Bedeutung der in ihnen enthaltenen Konzepte nicht ausreichend spezifizieren (Gangemi et al. 2002) und daher für die Repräsentation von Wissen nicht brauchbar seien (Uschold und Gruninger 2004). Andere sehen im Fehlen von Axiomen auch Vorteile für die Verständlichkeit von Konzepten und die Ergänzung von Ontologien (Cuel und Cristiani 2005). Unabhängig von dieser Einschätzung können aus dieser Differenzierung heraus verschiedene ontologische Konstrukte wie Thesauri oder Topic Maps gemeinsam mit Taxonomien und Ontologien in einem Kontinuum der *„semantischen Reichhaltigkeit"* (Blumauer und Pellegrini 2006, S. 15) angeordnet werden (vgl. Abbildung 7).

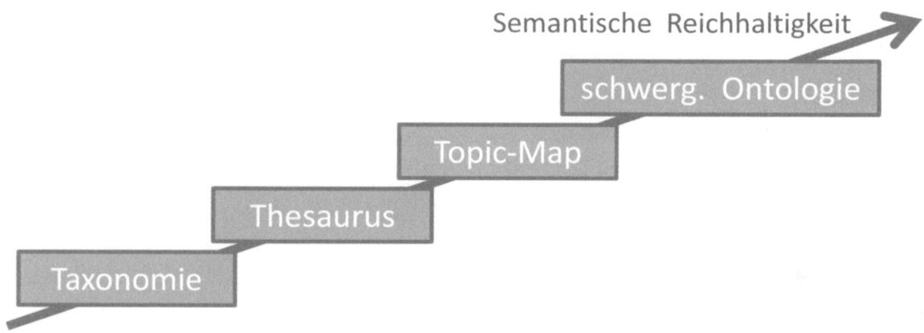

Abbildung 7: Semantische Treppe nach Blumauer und Pellegrini (2006).

Ein weiteres Differenzierungsmerkmal für Ontologien ist die Form ihrer Darstellung, die von einer **natürlich-sprachlichen** bis hin zu einer **stark formalen** Beschreibung von Ontologien reichen kann (Gomez-Perez et al. 2004, Uschold und Gruninger 1996). Sie gliedert sich in die vier Ebenen **hochgradig informaler**, **semi-informaler**, **semi-formaler** und **strikt formaler** Darstellungen. Um der Voraussetzung der Maschinenlesbarkeit zu genügen und zwischen verschiedenen Anwendungen austauschbar zu sein, muss für Ontologien mindestens eine semi-formale Darstellung verwendet werden, die sich einer künstlichen, formalen Sprache bedient (vgl. Gruber 1993, Studer et al. 1998).

2.5.2.3 *Nutzung und Zwecke von Ontologien*

Ontologien sollen sowohl für Menschen als auch für Informationssysteme verwendbar sein (vgl. Jasper und Uschold 1999, Maedche 2002). Es zeigt sich jedoch, dass sie in der Praxis vornehmlich zur Organisation von Inhalten in Informationssystemen verwendet werden (Mika 2005, S. 534) und Nutzer Schwierigkeiten bei ihrer Verwendung haben (Hepp 2007, van Damme et al. 2007). Dies liegt vor allem an dem mit Ontologien verbundenen **hohen Lern- und Nutzungsaufwand**, der durch die Verwendung für Menschen schwer verständlicher formaler Darstellungen (Hepp 2007, S. 93) und Probleme bei der Auswahl geeigneter Konzepte aus Ontologien zur Beschreibung von Inhalten (Gruber 2007, S. 2) verursacht wird.

Häufig übersteigt der Aufwand zur Verwendung einer Ontologie daher ihren Nutzen (Grudin 2006, S. 9). Zwar zeigen einige Arbeiten, dass die Verwendung von Ontologien durch Nutzer möglich ist (Schreiber et al. 2001, Zhdanova et al. 2005), berichten jedoch gleichzeitig auch von Verständnisproblemen mit der Folge falscher Verwendung von Elementen aus einer Ontologie (Zhdanova et al. 2005, S. 77) und mangelnder Passung der darin vorgesehenen Konzepte auf die Beschreibung von Inhalten (Schreiber et al. 2001, S. 72f.).

Die mit Ontologien verfolgten **Zwecke** reichen von der Darstellung von Wissen („*knowledge representation*“) bis zu dessen Konstruktion („*knowledge engineering*“, Studer et al. 1998, S. 185). Sie können dazu verwendet werden, die **Kommunikation zwischen Akteuren** durch ein gemeinsames und formal definiertes Vokabular unterstützen (Mika und Akkermans 2005) und eine gemeinsame Sprache zwischen Akteuren (vgl. Abschnitt 2.2.2.1) herstellen. Hierzu ist es ausreichend, leichtgewichtige Ontologien zu verwenden (ebd.), da lediglich ein eindeutig definiertes Vokabular zur Verfügung stehen muss (Jasper und Uschold 1999). Zur Kommunikation verwendete Ontologien müssen in ihrer Größe begrenzt werden, um den zum Verständnis der darin enthaltenen Konzepte notwendigen Aufwand gering zu halten (Haase et al. 2005, Hepp 2007).

Zudem definieren Ontologien einen für den Austausch von Wissen zwischen Akteuren notwendigen Begriffs- und Verständnisrahmen, der eine **gemeinsame Nutzung von Inhalten** (vgl. Abschnitt 2.2.2.2) ermöglicht (Maedche 2002) und in dem Inhalte nach Themengebieten strukturiert und abgelegt werden können (Staab und Maedche 2001). Sie unterstützen so die **Suche nach Inhalten**, da sie es Nutzern ermöglichen, nach Konzepten zu suchen, so den Suchraum präzisieren (Berners-Lee et al. 2001) und dadurch Genauigkeit und Trefferquote (vgl. Abschnitt 2.4.4) von Suchanfragen erhöhen (Jasper und Uschold 1999, S. 5f.). Ontologien können zudem textuelle, grafische oder anders dargestellte Inhalte gleichermaßen beschreiben und mittels semantischer Beschreibung die Unterschiede zwischen solchen Darstellungsformen für Aufgaben der Suche oder Strukturierung verringern (Horrocks 2008). Diese Vorteile ermöglichen auch den **Austausch von Daten** zwischen Anwendungen ohne menschliche Interaktion (Gangemi et al. 2002), indem sie Strukturen einer Anwendung durch eine andere Anwendung interpretierbar machen (Jasper und Uschold 1999) und so die semantische **Interoperabilität** von Informationssystemen ermöglichen (Galinski 2006).

Die Maschinenlesbarkeit von Konzepten und ihren Zusammenhängen sowie die damit verbundenen Möglichkeiten der Interpretation von Daten ermöglichen es, aus semantisch beschriebenen Inhalten **Schlussfolgerungen abzuleiten** (Gruber 1993). Dies ist insbesondere für spezielle Anwendungen wie Expertensysteme (vgl. Abschnitt 2.4.6.3) hilfreich, in denen Ontologien automatische Deduktionen ermöglichen (Guarino et al. 2009). Diese Möglichkeit kann als wichtigste Eigenschaft von Ontologien bezeichnet werden (Horrocks 2008). Dabei ist jedoch zu beachten, dass Lösungen zur Ableitung von Schlussfolgerungen hauptsächlich für textuelle Inhalte vorhanden sind. Für grafische Darstellungen sind sie jedoch noch Gegenstand der Forschung (Dasiopoulou et al. 2007).

Aus den Beschreibungen zu Nutzung und Zwecken von Ontologien ist festzuhalten, dass sich trotz der Vorteile von Ontologien für ihre praktische Nutzung durch Menschen **und** Informationssysteme ein **Widerspruch** ergibt: Während die Formalisierung von Ontologien bei ihrer Verwendung durch Menschen Probleme verursachen, benötigen Informationssysteme eine formale Definition mit einem hohen Grad an Korrektheit, um bspw. Schlussfolgerungen ableiten zu können.

2.5.2.4 *Erzeugung und Bearbeitung von Taxonomien und Ontologien*

Ontologien sind stets das Produkt eines Konstruktionsprozesses (vgl. Abschnitt 2.5.2.1) und müssen an ihren jeweiligen Einsatzzweck angepasst werden (Studer et al. 1998). Ihre Erzeugung und Wartung sind daher zentrale Aufgaben, die entsprechend umfangreich in der Literatur dokumentiert sind.

Für den **Aufbau von Ontologien** werden **manuelle Verfahren** beschrieben, die entweder in einem Top-Down-Ansatz durch Experten für einen Themenbereich (vgl. Domingue et al. 2001, Uschold und Gruninger 1996) oder in einem Bottom-Up-Ansatz durch eine Gruppe potentieller Nutzer (vgl. Mika und Akkermans 2005, Motta et al. 1999) durchgeführt werden. Top-Down-Ansätze werden als einfacher und schneller gegenüber der gemeinsamen Erzeugung von Ontologien angesehen (ebd.). In Bottom-Up-Ansätzen definieren Nutzer gemeinsam eine Ontologie (vgl. Gruber 1993, Guarino 1998). Die dabei auftretende Notwendigkeit zur Einigung auf Konzepte und Zusammenhänge (Mika und Akkermans 2005) resultiert häufig in einem *„minimal ontology commitment“* (Gomez-Perez et al. 2004, S. 38), also einer geringen Größe der resultierenden Ontologie als Kompromiss der erzeugenden Gruppe. Sie kann dazu führen, dass die entstandene Ontologie zu abstrakt oder zu klein ist, um Nutzen zu erzeugen (Studer et al. 1998, Hepp 2007). Gleichwohl wird die Beteiligung von Nutzern an der Erzeugung von Ontologien als notwendig für ihre Nutzbarkeit angesehen (Domingue et al. 2001, Haase et al. 2005), da in zentral erzeugten Kategorisierungen häufig die Ansichten und Begriffe weniger Experten dominieren (vgl. Bowker und Star 2000) und so entgegen vorhandener Erkenntnisse (vgl. Abschnitt 2.2.2.1) Nutzern eine Sprache vorgegeben wird. Für den manuellen Aufbau von Ontologien kann daher ein **Spannungsverhältnis** zwischen Top-Down-Ansätzen und ihren Vorteilen einerseits und Bottom-Up-Verfahren und der durch sie erreichbaren Akzeptanz und Nutzbarkeit von Ontologien andererseits festgehalten werden.

Automatische Ansätze der Erzeugung von Ontologien, die auch als *„Ontology Learning“* (Maedche 2002) bezeichnet werden, erzeugen Ontologien ohne menschliche Intervention. Dabei stützt sich die Analyse vorwiegend auf Textkorpora, aus denen mit Methoden wie Text-Mining Ontologien extrahiert werden (vgl. Maedche und Staab 2001, Spasic et al. 2005). Die Vorteile automatischer Verfahren liegen in der Geschwindigkeit und dem geringen Aufwand, mit denen sie im Vergleich zu menschlichen Akteuren umfangreiche Ontologien erzeugen können (vgl. Gomez-Perez et al. 2004, Maedche 2002). Nachteilig ist jedoch, dass so ihre Passung auf den Sprachgebrauch von Nutzern nicht gewährleistet werden kann.

Die **Weiterentwicklung und Aktualisierung** von Ontologien ist komplex und aufwändig. Sie wird daher als Problem der praktischen Nutzung von Ontologien angesehen (Stojanovic et al. 2002). Änderungen in durch Ontologien abgebildeten Themengebieten treten in der Praxis häufig auf, es ist daher für den Nutzen einer Ontologie notwendig, sie möglichst schnell anpassen zu können (Haase und Stojanovic 2005). Zwar bestehen für diese Aufgabe verschiedene Ansätze (vgl. Maedche et al. 2003, Noy und Klein 2004), die Geschwindigkeit, mit der sich Ontologien in der Praxis anpassen lassen, fällt jedoch häufig hinter die Geschwindigkeit der Veränderung eines Themengebiets zurück (Hepp 2007, S. 92). Es ist daher festzuhalten, dass die Veränderung vorhandener Ontologien zwar möglich ist, hierzu jedoch **Spannungsverhältnisse** zwischen Aufwand und Geschwindigkeit der Anpassung einerseits sowie Aktualisierung und Nutzbarkeit andererseits bestehen.

Für den Aufbau und die Erweiterung von Ontologien ist deren **Evaluation** eine zentrale Aufgabe (vgl. Doerr et al. 2003, Guarino 1998). Aufgaben der Evaluation betreffen nach Fox und Gruninger (1997) die Vollständigkeit einer Ontologie für ein Thema, ihre Generalisierbarkeit in Bezug auf den Einsatz in verschiedenen Domänen, ihre Effizienz für das Bilden von Schlussfolgerungen, ihre Reduktion auf notwendige Elemente und ihre **Verständlichkeit** durch Nutzer (Fox und Gruninger 1997, S. 5f.). In der Praxis bezieht sich die Evaluation hauptsächlich auf formale Aspekte und es fehlen praxistaugliche Ansätze zur Beurteilung der Verständlichkeit (Brank et al. 2005, Hepp 2007, S. 93).

Für die Erzeugung und Wartung von Ontologien kann festgehalten werden, dass sie mit hohem Aufwand verbunden sind. Daher sind Ontologien häufig nicht aktuell, wenn sie gleichzeitig den Anspruch formaler Korrektheit verfolgen. Für den Einsatz von Ontologien sind daher die Vorteile des gemeinsamen Vokabulars für Menschen und die Maschinenlesbarkeit ihrer Struktur nur schwer zu verbinden, so dass der Einsatz von Ontologien stets eines dieser Ziele primär verfolgen muss.

2.5.2.5 *Einfluss der Domäne auf die Nutzung von Ontologien in der Praxis*

Vor dem Hintergrund der in den Abschnitten 2.5.2.3 und 2.5.2.4 beschriebenen Probleme der Verwendung von Ontologien stellt sich die Frage, unter welchen Umständen sie zur Verwaltung von Inhalten durch Informationssysteme **und** der Nutzung durch Menschen einsetzbar sind. Häufig genannte Domänen ihres Einsatzes wie Naturwissenschaften und Medizin (bspw. Horrocks 2008, Jasper und Uschold 1999) sowie Informationstechnik und Datenverarbeitung (bspw. Gomez-Perez et al. 2004, Gruber und Olsen 1994) lassen darauf schließen, dass die Eigenschaften eines Themengebiets einen Einfluss auf ihren Einsatz haben.

Um die Einflüsse von Themengebieten auf die Anwendbarkeit von Ontologien zu ergründen, bietet sich die Analyse vorhandener Verzeichnisse von Ontologien hinsichtlich der in ihnen genannten Themengebiete an. Tabelle 1 zeigt eine entsprechende Analyse des Verzeichnisses der University of Stanford (Protégé 2009), in dem zu jeder Ontologie auch deren Themengebiet[10] beschrieben ist.

[10] In der Tabelle finden sich zudem die Kategorien „Übergeordnete Ontologien" und „Demonstration", der Ontologien zugeordnet werden, die aus Lehrbüchern oder anderen Veranschaulichungsmaterialien entnommen

Tabelle 1: Themenbereiche von Ontologien aus dem Verzeichnis der University of Stanford (ebd.).

Domäne / Themenbereich	Anzahl
Informationstechnik / Datenverarbeitung	24
Naturwissenschaften (Biologie, Biochemie)	16
Medizin	12
Geowissenschaften (Geographie, Geologie)	9
Ökonomie (Organisations- und Wirtschaftslehre)	7
Ingenieurswissenschaften	5
Geisteswissenschaften und Bildungswesen	5
Weitere Themen (Politik, Presse, …)	14
Übergeordnete Ontologien	8
Demonstration	4

Tabelle 1 zeigt, dass von den insgesamt 104 bei Protégé (2009) aufgeführten Ontologien die **Hälfte** bereits durch die ersten drei Kategorien Informationstechnik, Naturwissenschaften und Medizin sowie **75 Prozent** der vorfindlichen Ontologien durch die ersten sieben Kategorien ausgemacht werden. Diesen Kategorien ist – evtl. mit Ausnahme der Geisteswissenschaften – gemein, dass sie sich aus disziplinären Gründen eines formalen und festgelegten Vokabulars bedienen. Weitere Themen wie Politik oder Presse verwenden zwar auch charakteristische Begriffe, sind jedoch nicht so stark formalisiert wie die vorgenannten. Dies lässt die Folgerung zu, dass Ontologien vor allem für Gebiete mit festem Vokabular vorteilig sind. Gleichwohl stellt diese Analyse **keinen Nachweis** für die Folgerung dar, da sie nur auf öffentlich verfügbaren Ontologien arbeitet und daher evtl. vorhandene Ontologien für Gebiete mit flexibleren Vokabularen außer Acht lässt.

2.5.2.6 *Anwendungsmöglichkeiten für Wissensmanagement und Modellierung*

Ontologien werden verwendet, um die Verwaltung von **Modellen**, die Suche nach ihnen und die Ausführung dargestellter Prozesse zu unterstützen (vgl. Abschnitt 4.6). Zudem soll die Nutzung von Ontologien bewirken, dass Nutzer Bezeichner von Modellen besser verstehen können, indem diese aus Ontologien entnommen werden (de Bruijn et al. 2005, Thomas und Fellmann 2006). Ebenso sind Ansätze vorhanden, die semantisch angereicherte Modelle hinsichtlich ihrer Vollständigkeit überprüfen (Ahlemann et al. 2006, Thomas und Fellmann 2007), Modelle zum Vergleich untereinander in Ontologie-Instanzen transformieren (Cardoso und Sheth 2003, Ehrig et al. 2007) oder durch semantische Anreicherung in andere Notationen zu überführen (Abramowicz et al. 2007, Kappel et al. 2006). Es finden sich jedoch auch Hinweise darauf, dass die Nutzung von Ontologien für Modelle noch nicht ausgereift ist. So sprechen Kappel et al. (2006) von einem zu hohen Aufwand der Nutzung von Ontologien in der Modellierung und Ahlemann et al. (2006) bezweifeln, dass momentan hierfür vorhandene Ansätze qualitativ ausreichend und problemangemessen sind.

sind. Keine dieser Kategorien kann einem bestimmten Themenbereich der praktischen Anwendung zugeordnet werden.

Die Verwendung von Ontologien im **Wissensmanagement** wird von vielen Autoren als Kernanwendungsgebiet von Ontologien angesehen (bspw. Ehrig et al. 2003, Mika und Akkermans 2005). So werden Ontologien als Formalisierung und ihre Erzeugung bzw. Anpassung als Konstruktion von Wissen beschrieben (vgl. ebd., Stojanovic et al. 2002, Studer et al. 1998). Trotz dieser Einschätzung sind nur wenige Arbeiten zur Evaluation von Ontologien in WMS bekannt (Ehrig et al. 2003, Motta et al. 1999), die zudem wenig aussagekräftige Ergebnisse hervorbringen. Außerdem äußern einzelne Autoren wegen des entstehenden Aufwands zur Nutzung von Ontologien Zweifel an ihrer Verwendbarkeit in WMS (vgl. Stojanovic et al. 2002; Mika und Akkermans 2005). Das Verständnis von Ontologien als Konstruktion von Wissen steht darüber hinaus im Widerspruch zur verbreiteten Auffassung von Wissen als kontextualisiertes und nicht extern konstruierbares Phänomen (vgl. Abschnitt 2.1.3 und Definition 3 auf Seite 27).

2.5.2.7 *Zusammenfassung: Stärken und Schwächen*

In der in diesem Abschnitt gegebenen Beschreibung von Ontologien wurden sowohl Stärken als auch Schwächen von Ontologien identifiziert. Dies schließt entsprechend des Verständnisses von Ontologien aus Definition 10 Konstrukte wie Taxonomie und Thesauri als leichtgewichtige Ontologien ein (vgl. Abschnitt 2.5.2.2). Um eine Bewertungsgrundlage für den Vergleich mit anderen Mechanismen zu schaffen, werden diese Stärken und Schwächen in der Folge zusammenfasst.

Die Vorteile von Ontologien liegen in ihrer formalen Darstellung, der daraus resultierenden Disambiguierung von Sprache sowie der Interpretierbarkeit von Inhalten durch Informationssysteme:

> *„The main advantage comparing to key-word based indexing/searching is that an ontology is a formalised, common and shared description of a domain. Therefore, it provides a set of assumptions about intending meaning of used terms, e.g. when one searches for a knowledge source that is about the animal 'jaguar' then it is avoided to retrieve a source that describes the 'jaguar' car.“* (Stojanovic et al. 2002).

Weitere Vorteile von Ontologien können wie folgt zusammengefasst werden:

- **Kontrolliertes und geteiltes Vokabular:** Die Nutzung von Ontologien erlaubt Kommunikation und Inhaltsbeschreibung in einem gemeinsam verwendeten Bezugssystem (vgl. Abschnitt 2.5.2.1).
- **Aushandlung des Vokabulars:** Der Aufbau von Ontologien im Bottom-Up-Verfahren soll ein Einverständnis von Nutzern mit der resultierenden Ontologie ermöglichen (vgl. Abschnitt 2.5.2.4).
- **Verbreitung von Expertenwissen:** Der Aufbau von Ontologien im Top-Down-Verfahren durch Experten soll das Wissen dieser Experten für Nutzer verfügbar machen (vgl. Abschnitt 2.5.2.4).

- **Verwaltung von Inhalten:** Ontologien geben einen Rahmen zur Erzeugung geteilter Inhaltsstrukturen und ermöglichen so die gemeinsame Nutzung von Inhalten (vgl. Abschnitt 2.5.2.3).

Diese Vorteile sind nicht nur einzeln wirksam, vielmehr wird der Vorteil von Ontologien in der Kombination dieser Vorteile und insbesondere in der gleichzeitigen Unterstützung ihrer Nutzung durch Menschen und Informationssysteme gesehen (Guarino et al. 2009). Gleichwohl zeigt sich, dass Ontologien auch Schwächen und ungelöste Probleme aufweisen:

> *"However, there are several crucial problems, which should be resolved in order to realise this 'KM dream'. We mention only a few: how to define an ontology, how to support semantic annotation of the heterogeneous (audio, video) knowledge sources, how to define a query language on the metadata level. But from the point of view of a KM system the most important question arises: is the metadata assigned to a knowledge source valid, i.e. up-to-date?"* (Stojanovic et al. 2002, S. 67f.).

Die beiden Hauptkritikpunkte an Ontologien sind der **hohe Aufwand ihrer Verwendung durch Menschen** (vgl. Abschnitt 2.5.2.3) sowie ihrer **Erzeugung und Wartung** (vgl. Abschnitt 2.5.2.4). Der Aufwand ihrer Nutzung kann somit den persönlichen Mehrwert übersteigen (vgl. hierzu die in den Abschnitt 2.2.4 und 2.4.7 dargestellten Probleme). Darüber hinaus besteht die Gefahr, dass sie nicht aktuell sind. Über diese Probleme hinaus lassen sich weitere Nachteile von Ontologien identifizieren:

- **Einseitiges Verständnis von Ontologien:** Zentral erzeugte Ontologien propagieren oft das Verständnis von Experten, das nicht zu dem von Nutzern passt (vgl. Abschnitt 2.5.2.4).
- **Domänenabhängigkeit:** Die Nutzung von Ontologien scheint für bestimmte Domänen mit bereits vorhandenem, festen Vokabular besser geeignet zu sein (vgl. Abschnitt 2.5.2.5).
- **Konzentration auf Nutzer oder Informationssysteme:** Gegensätze der Verwendung von Ontologien durch Nutzer und Informationssysteme zeigen, dass eine Ontologie stets entweder Nutzer oder Informationssysteme bevorzugt bedienen muss (vgl. Abschnitt 2.5.2.4).

Zusammenfassend kann festgehalten werden, dass Ontologien zwar für die Verarbeitung von Inhalten **Vorteile** erzeugen, für ihre Nutzung jedoch **vorhandene Probleme** gelöst werden müssen. Die Frage nach der **Eignung von Ontologien** für die Verwaltung von Inhalten kann demnach nur situationsbezogen und unter Abwägung von Vor- und Nachteilen beantwortet werden.

2.5.3 Social Tagging

Unter dem Begriff des **Social Tagging**[11] ist in den letzten Jahren eine Klasse von Anwendungen bekannt geworden, mit denen Nutzer im Internet kollaborativ Inhalte austauschen und klassifizieren. Tagging kann als Form der Zuordnung von Metadaten zu Ressourcen angesehen werden, bei der frei wählbare Begriffe ohne Hierarchien und Schemata verwendet werden. Vorhandene Studien zur Nutzung von Tagging in diesen Anwendungen zeigen, dass dieser Mechanismus eine gute Möglichkeit der semantischen Beschreibung von Inhalten bietet. In der Folge werden daher Social Tagging, seine Eigenschaften und seine Eignung zur Beschreibung von Inhalten erläutert und diskutiert.

2.5.3.1 *Begriffsbestimmung: Social Tagging*

Trotz der kurzen Zeit, in der Anwendungen des Taggings bekannt sind, finden sich zahlreiche Arbeiten zu diesem Bereich und in ihnen viele definitorische Ansätze für Tagging (bspw. Golder und Huberman 2006, Guy und Tonkin 2006, Hammond et al. 2005, Herzog et al. 2007, Marlow et al. 2006, Santos-Neto et al. 2007, Schmitz et al. 2006, Tonkin 2006b, Voss 2007). Aus einer Analyse dieser Ansätze lassen sich Kriterien extrahieren, die Tagging als Konzept beschreiben:

- Nutzung von **Begriffen ohne jegliche Restriktion** (Hammond et al. 2005, Marlow et al. 2006, Schmitz et al. 2006, Tonkin 2006b).
- Eignung für **alle digital erfassbaren Ressourcen** (Guy und Tonkin 2006, Marlow et al. 2006, Schmitz et al. 2006).
- Ausbildung eines flachen, **nicht hierarchischen Kategoriensystems** aus Tags (Golder und Huberman 2006, Guy und Tonkin 2006, Hammond et al. 2005).
- Ausbildung eines **Netzwerks von Beziehungen** zwischen Nutzern, Ressourcen und Tags (Santos-Neto et al. 2007, Schmitz et al. 2006, Voss 2007).
- **Bottom-Up-Ansatz** der Vergabe von Tags durch alle Nutzer statt durch Experten (Herzog et al. 2007, Voss 2007).

Die Kriterien zeigen, dass Tagging mehr ist als die Zuordnung von Begriffen zu Inhalten. Dies zeigt sich auch an der Graphenstruktur von Tagging (Abbildung 8): Formal wird Tagging als tripartiter und ungerichteter Graph aus den disjunkten Knotenmengen von Nutzern, Ressourcen und Tags verstanden (vgl. Lambiotte und Ausloos 2005, Santos-Neto et al. 2007, Schmitz et al. 2006). Kanten zwischen Knoten drücken die Verwendung eines Tags (T) durch Nutzer (U), die Zuordnung eines Tags zu einer Ressource (R) sowie die Autorenschaft an einer Ressource aus (vgl. Abbildung 8). Diese Graphenstruktur erlaubt eine Analyse der Nutzung von Tagging-Mechanismen, mit der bspw. Inhalte gesucht und gefunden (vgl. Fu 2008,

[11] Tagging wird häufig als Vergabe von „Schlagworten" oder „Stichworten" übersetzt, dies trifft jedoch das Konzept des Taggings nicht (vgl. Abschnitt 2.5.3.2). Der Begriff hat sich daher auch in deutschsprachigen Publikationen durchgesetzt, in denen von „Tags", „Tagging" oder „Taggen" die Rede ist (bspw. Schmitz et al. (2006)). Die vorliegende Arbeit schließt sich dieser Begriffswahl an und verwendet „Tagging" und seine Derivate als Fachbegriffe.

Schmitz et al. 2006) oder Interessen von Nutzern identifiziert werden können (vgl. Farrell et al. 2007, Wu et al. 2006 und Abschnitte 2.5.3.6 und 2.5.3.7).

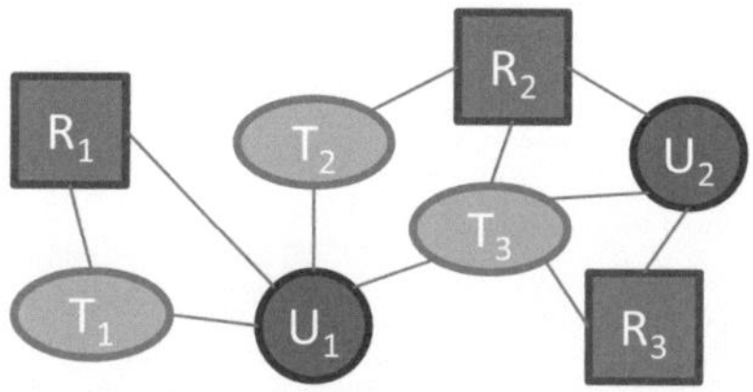

Abbildung 8: Social Tagging als tripartiter, ungerichteter Graph aus Nutzern (U), Ressourcen (R) und Tags (T). Eigene Darstellung nach Lambiotte und Ausloos (2005), Santos-Neto et al. (2007) und Schmitz et al. (2006).

Die Verbindung der genannten Kriterien mit der formalen Darstellung von Tagging führen zur in dieser Arbeit verwendeten Definition von Tagging, die einen Gegenentwurf zu den in Abschnitt 2.5.2 beschriebenen Ontologien darstellt:

Definition 11 **Tagging** erlaubt es allen Nutzern, digital erfassbare Inhalte mit frei wählbaren Begriffen, den **Tags**, zu beschreiben. Die daraus entstehende flache Struktur von Beschreibungen wird als Graph aus den Mengen der Nutzer, Tags und Ressourcen aufgefasst.

Die Nutzung von Tags ist nicht immer sozial oder kollaborativ, also auf eine Gruppe bezogen (Golder und Huberman 2006, S. 198). Vielmehr sind auch Anwendungen des Taggings bekannt, in denen Tags nur für das PIM verwendet werden (vgl. Schmitz et al. 2006). Für die Definition von Social Tagging muss daher gefordert werden, dass Tags eines Nutzers auch von anderen Nutzern wahrgenommen werden können (vgl. Golder und Huberman 2006, Hammond et al. 2005, Lambiotte und Ausloos 2005, Marlow et al. 2006, Schmitz et al. 2006, Voss 2007). Erst dieser Zusatz macht Tagging zu einem Mechanismus, mit dem Inhalte gemeinsam genutzt werden können. Dies führt zu der in dieser Arbeit genutzten Definition von **Social** Tagging:

Definition 12 Mit **Social** Tagging oder **kollaborativem** Tagging wird die Nutzung von Tagging bezeichnet, in der Tags an einer Ressource sowohl ihrem Autor als auch anderen Nutzern zur Verfügung stehen.

Häufig wird statt Social Tagging der Begriff einer **„Folksonomy"** verwendet. Dieser beschreibt nach Mathes (2004) und Schmitz et al. (2006) die aus der kollaborativen Nutzung von Tags hervorgehende Ordnung von Ressourcen und Nutzern, die in Systemen des Social Taggings entsteht. Im weiteren Verlauf wird der Begriff der Folksonomy synonym zu Anwendungen des Social Taggings und deren Struktur verwendet.

2.5.3.2 *Taxonomie für Tagging-Mechanismen*

Tagging-Mechanismen können bezüglich ihrer Ausgestaltung anhand verschiedener Kriterien differenziert werden. Dieser Abschnitt beschreibt mit Rechten zur Vergabe von Tags, ihrer Aggregation und der Unterstützung bei der Vergabe von Tags relevante Kriterien zur Nutzung von Social Tagging.

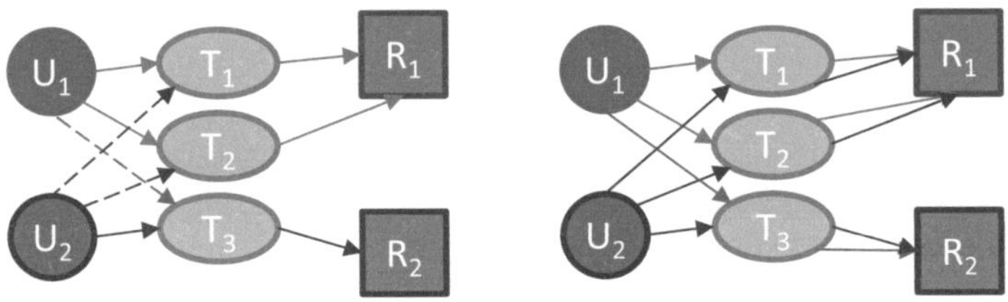

Abbildung 9: Schmale (links) und breite (rechts) Folksonomies. Zugriffe von Nutzern auf Tags und Ressourcen werden durch farblich kodierte Linien, schreibender Zugriff auf Tags für Ressourcen durch eine durchgezogene, lesender Zugriff durch eine gestrichelte Linie dargestellt.

Hinsichtlich der Rechte und Möglichkeiten zur Vergabe von Tags werden **schmale und breite** Folksonomies unterschieden (Vander Wal 2005, vgl. Cattuto et al. 2006, van Damme et al. 2007). Unter schmalen Folksonomies werden Mechanismen verstanden, in denen Nutzer zwar alle Tags sehen, aber nur Urheber einer Ressource dieser auch Tags zuordnen dürfen. Abbildung 9 zeigt hierzu auf der linken Seite, wie ein Nutzer (U_2) nur die von ihm erzeugte Ressource (R_2) mit einem Tag versehen darf und die Tags an den Ressourcen des anderen Nutzers (U_1) lediglich sieht. In breiten Folksonomies hingegen bestehen dazu keine Restriktionen (Abbildung 9, rechte Seite). Gleichwohl können sowohl in breiten als auch in schmalen Folksonomies Benutzerrechte so gesetzt werden, dass Tags privat genutzt werden können (Sen et al. 2006). In breiten Folksonomies sind entsprechend mehr Tags vorhanden als in schmalen. Zudem erlauben breite Mechanismen Tags mehrerer Nutzer an einer Ressource und ermöglichen so deren multiperspektivische Beschreibung (Cattuto et al. 2006, S. 35).

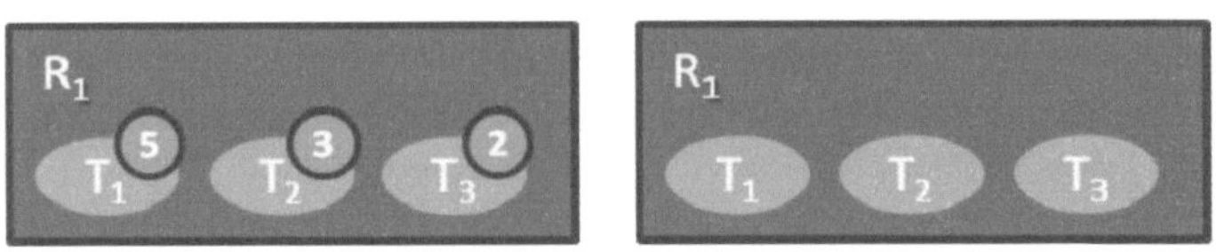

Abbildung 10: Bag- (links) und Set-Ansatz (rechts) der Aggregation von Tags an Ressourcen.

Eine weitere Unterscheidung besteht in der **Aggregation** von Tags (Cattuto et al. 2006, Marlow et al. 2006, Voss 2007). So verwenden einige Mechanismen einen so genannten **Bag-Ansatz**, in dem für jedes vergebene Tag festgehalten wird, wie oft es von verschiedenen Nutzern an einer Ressource vergeben wurde. Andere Mechanismen nutzen einen **Set-Ansatz**, in dem Tags an einer Ressource ohne die Anzahl ihrer Vergaben verwaltet werden. Abbildung

10 zeigt den Unterschied dieser Ansätze. Der Bag-Ansatz kann als vorteilhaft gesehen werden, da er über die Anzahl der Vergaben eines Tags Rückschlüsse auf den Inhalt einer Ressource zulässt (Cattuto et al. 2006, S. 35) und Veränderungen in der Beschreibung von Ressourcen transparent macht (Marlow et al. 2006, S. 34).

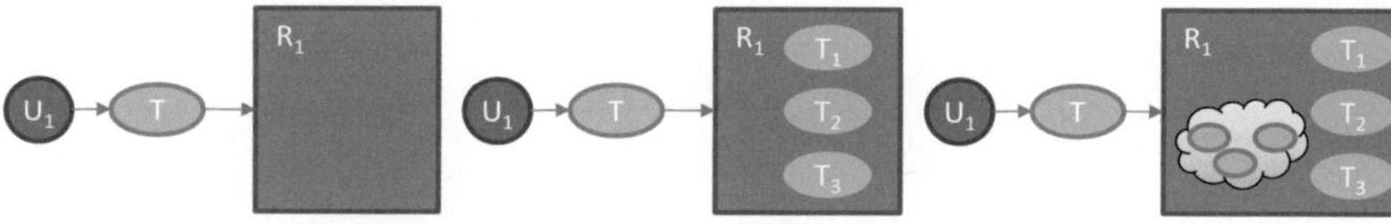

Abbildung 11: Blindes (links), sehendes (Mitte) und Tagging mit Vorschlägen (rechts).

Tagging-Anwendungen lassen sich weiterhin anhand der **Unterstützung von Nutzern bei der Vergabe von Tags** unterscheiden (Marlow et al. 2006, Sen et al. 2006). Marlow et al. (2006) beschreiben drei Grundmodelle hierfür (Abbildung 11). Im so genannten **blinden Tagging** können Nutzer vorhandene Tags an einer Ressource nicht sehen. Das Modell des **sehenden Taggings** zeigt Benutzern hingegen bereits vorhandene Tags an einer Ressource, so dass sie sich ggf. daran orientieren können. In einem dritten Modell werden Benutzern **Vorschläge für Tags** angeboten. Zu Vor- und Nachteilen dieser Ansätze kann festgehalten werden, dass vom blinden Tagging hin zu Vorschlägen für Tags die Konvergenz von Tags in einer Anwendung zunimmt (ebd.), da Nutzer sich an vorhandenen Tags orientieren und diese häufig übernehmen (Sen et al. 2006).

Die dargestellten Unterscheidungsmerkmale und ihre Kombination ergeben verschiedene Einsatzmöglichkeiten für Tagging-Mechanismen, die von Top-Down-Mechanismen des Taggings ohne Unterstützung bis zu Bottom-Up-Ansätzen mit Vorschlägen reichen. Die beschriebene Taxonomie bietet für den Einsatz von Tagging Kriterien, die mit Anforderungen verglichen und auf deren Basis Mechanismen – auch in dieser Arbeit (vgl. Abschnitt 6.3.4) – zielgerichtet eingesetzt werden können.

2.5.3.3 *Individueller und kollektiver Nutzen als Motivation zur Nutzung von Tags*

Im Zusammenhang mit den verschiedenen Funktionen und Zwecken, die Tags bei der Beschreibung von Ressourcen erfüllen können, stellt sich die Frage, welchen Mehrwert sich Nutzer von der Verwendung von Social Tagging **versprechen** und welchen Nutzen sie **tatsächlich erfahren**. Wie sich zeigt, liegt genau darin eine der Stärken des Social Taggings.

Die hauptsächliche Motivation zur Nutzung von Social Tagging ist in der Verbindung von persönlichem und kollektivem Mehrwert zu sehen. Dies zeigen verschiedene Studien zur Nutzung von Social Tagging (vgl. Ames und Naaman 2007, Chi und Mytkowicz 2008, Golder und Huberman 2006, Hammond et al. 2005, Marlow et al. 2006, Paolillo und Penumarthy 2007, Sen et al. 2006, Zollers 2007). Dazu nennen Marlow et al. (2006) verschiedene Motivationsfaktoren, die von anderen Autoren bestätigt werden (Marlow et al. 2006, S. 35f.):

- **Wiederauffindbarkeit eigener Ressourcen:** Die Beschreibung mit Tags ermöglicht es, Inhalte wiederzufinden und erzeugt so individuellen Mehrwert (vgl. Cattuto et al. 2007, Chi und Mytkowicz 2008).
- **Beitragen und Teilen von Ressourcen:** Nutzer wollen in Folksonomies häufig für sie interessante oder relevante Inhalte mit Anderen teilen (vgl. Hammond et al. 2005, Sen et al. 2006).
- **Hinweise auf Inhalte:** Häufig werden Tags so ausgewählt und vergeben, dass andere auf die mit ihnen ausgezeichneten Ressourcen aufmerksam werden (vgl. Zollers 2007).
- **Spiel und Wettkampf:** Der Umgang mit Tags ist oft spielerisch oder wird als Wettkampf um die Sichtbarkeit von Tags für Andere interpretiert (vgl. dazu auch von Ahn und Dabbish 2004).
- **Selbstdarstellung und Meinungsäußerung:** Um Einstellungen zu Themen und Ressourcen zu dokumentieren, werden häufig entsprechende Tags verwendet (vgl. Zollers 2007).
- **Kommunikation und Kontakte:** Nutzer verwenden häufig Tags anderer Nutzer oder Gruppen, um mit diesen in Kontakt zu kommen (Ames und Naaman 2007, Paolillo und Penumarthy 2007).

Die Motivation von Nutzern besteht in der Regel nicht aus einem, sondern aus einer Kombination mehrerer dieser Faktoren (Marlow et al. 2006, S. 35; Sen et al. 2006, S. 181f.). Anwendungen des Taggings scheinen mit diesen Faktoren **typische Probleme von Groupware und WMS** wie das Ungleichgewicht zwischen Aufwand und Nutzen oder fehlende Anreize zur Beteiligung (vgl. Abschnitt 2.2.4 und 2.4.7) zu lösen, indem sie individuellen mit kollektivem Mehrwert verbinden (Tonkin 2006b).

2.5.3.4 *Nutzung und Zwecke von Tagging*

Für die Verwendung von Tags zur Verwaltung von Inhalten werden verschiedene Zwecke beschriebenen (vgl. Brooks und Montanez 2006, Golder und Huberman 2006, Guy und Tonkin 2006, Marlow et al. 2006, Mathes 2004, Sen et al. 2006, Xu et al. 2006). Aus diesen Ansätzen lassen sich vier hauptsächlich genannte Zwecke von Tagging identifizieren, die im Folgenden angelehnt an Marlow et al. (2006) und Xu et al. (2006) beschrieben werden:

- **Identifikation des Inhaltes einer Ressource:** Die Mehrzahl aller Tags wird genutzt, um den Inhalt einer Ressource zu beschreiben. Dabei werden bspw. inhaltliche Themen (Trant 2006) oder Ausprägungen wie Farben (Aurnhammer et al. 2006) einer Ressource beschreiben.
- **Identifikation der Art einer Ressource:** Oft werden Ressourcen hinsichtlich ihrer Beschaffenheit, also bspw. ihres Dokumententyps, beschrieben (Guy und Tonkin 2006).
- **Verfeinern vorhandener Beschreibungen:** Viele Tags werden als Ergänzung zu anderen Tags verwendet, darunter sind Tags für Zahlen (Mathes 2004), oder Orte (Guy und Tonkin 2006).
- **Organisation von Inhalten und Aufgaben:** Zur eigenen oder gruppeninternen Organisation des Umgangs mit Inhalten werden Tags zur persönlichen Sortierung von Inhalten oder zur Erinnerung an Aufgaben verwendet (Marlow et al. 2006).

Diese Differenzierung zeigt die Bandbreite der Nutzung von Tags zur Verwaltung von Inhalten. Tags ermöglichen es, die Kontexte verschiedener Nutzer parallel an Inhalten darzustellen (Farrell et al. 2007). Diese Kontextualisierung macht es für Benutzer einfacher, Inhalte zu finden. Tagging kann somit für **Aufgaben des Wissensmanagements** wie Strukturieren oder Suchen von Wissen (vgl. Abschnitt 2.4.4) als **geeignet** befunden werden (vgl. Abschnitt 2.5.3.8).

2.5.3.5 *Eigenschaften von Tagging-Mechanismen*

In verschiedenen Studien und Analysen haben sich für Social Tagging charakteristische Eigenschaften gezeigt, deren Kenntnis zur Einschätzung dieses Konzepts notwendig ist. Im Folgenden wird eine Auswahl für diese Arbeit relevanter Eigenschaften vorgestellt.

Einer der Hauptfaktoren für die Popularität von Anwendungen des Social Taggings ist der **geringe Nutzungs- und Lernaufwand** ihrer Verwendung, der aus der unbeschränkten Vergabe von Tags entsteht (Brooks und Montanez 2006, Cattuto et al. 2006, Golder und Huberman 2006, Grudin 2006, Herzog et al. 2007, Tonkin 2006a). Die Vergabe von Tags wird als *„easy, enjoyable and quick to complete"* sowie als *„an activity with low cognitive cost"* beschrieben (Tonkin 2006b, S. 2). Es kann festgestellt werden, dass Tagging einen Mechanismus bereit stellt, der intuitiv nutzbar ist und den Mustern menschlicher Sprache stark ähnelt (Cattuto et al. 2006). Dieser Faktor wird gegenüber anderen Möglichkeiten der semantischen Beschreibung von Inhalten als Vorteil des Taggings gesehen (vgl. Grudin 2006):

> *„The popularity of social tagging systems, perhaps, can be attributed to the benefits users perceive in the ease of encoding content and at a later date, recalling that very same content"* (Chi und Mytkowicz 2008, S. 82).

Auf den ersten Blick scheint es dennoch, dass die unbeschränkte und nicht redaktionell begleitete Vergabe von Tags in einem chaotischen und unbenutzbaren Zustand resultiert, in dem Beschreibungen schnell unbrauchbar werden. Für Folksonomies kann jedoch die **Emergenz von Begriffssystemen** nachgewiesen werden, in der aus der Vergabe von Tags Vokabulare entstehen, die stabil sind, eine nicht-triviale Ordnung aufweisen und konvergieren (Cattuto et al. 2006, Golder und Huberman 2006). Grund für diese Konvergenz sind implizite und explizite Vorgänge der Koordination von Nutzern wie die Aushandlung gemeinsam genutzter Begriffe (Mathes 2004) und die Beeinflussung der Vergabe von Tags durch bereits vorhandene Begriffe (Sen et al. 2006). In einigen Studien zeigt sich sogar, dass die Beschreibung von Tags der Beschreibung durch strukturiertere Vorgehensweisen überlegen sein kann (bspw. Noll und Meinel 2007). Es kann daher festgehalten werden, dass Social Tagging trotz der Freiheiten, die es Nutzern gewährt, qualitativ hochwertige semantische Beschreibungen von Inhalten erzeugen kann.

Für das in Folksonomies vorfindliche Vokabular können zudem **hohe Flexibilität und gute Anpassungsfähigkeit** an den aktuellen Sprachgebrauch von Nutzern nachgewiesen werden (vgl. Dix et al. 2006, Herzog et al. 2007). So unterliegen verwendete Tags, ihre Verteilung und somit die Verbindungen zwischen Nutzern, Ressourcen und Tags (vgl. Abschnitt 2.5.3.1) über die Zeit stetigen Veränderungen (Dix et al. 2006), ohne dabei jedoch an Stabilität zu verlieren (Cattuto et al. 2007). Dies gilt bspw. auch für die Integration von Neologismen, die in formaleren Ansätze nur schwer aufgenommen werden können (vgl. Kolbitsch 2007, Mathes 2004). Für Social Tagging bedeutet dies, dass ein Begriffssystem **durch seine Nutzer** aktuell gehalten wird (Herzog et al. 2007). Die Entwicklung des Vokabulars von Folksonomies gleicht sich daher schnell Entwicklungen gesprochener Sprache an (Cattuto et al. 2007, S. 1461).

In Anwendungen von Social Tagging sind Beziehungen im Graph zwischen Nutzern, Tags und Ressourcen (vgl. Abbildung 8 auf Seite 63) in Form von **Power Laws** (Zipf 1949) verteilt, deren Charakteristik von Anderson (2006) auch als **„Long Tail"** beschrieben wird. Dies bedeutet, dass viele Tags auf wenige, jedoch populäre Ressourcen entfallen und sich in der Verteilung Nischen mit unpopulären, aber für einige Nutzer hochrelevanten Inhalten bilden (Golder und Huberman 2006, Noll und Meinel 2007, Santos-Neto et al. 2007). Diese Verteilung kann als *„standard signature of self-organization and of human activity"* (Cattuto et al. 2007, S. 1462) aufgefasst werden. Ein Vorteil dieser Verteilung ist die **Auffindbarkeit** wenig populärer und daher normalerweise schwer zu findender Inhalte (Wu et al. 2006).

Die Beschreibung von Inhalten mit Tags ermöglicht deren **Suche** in vergleichbarer Qualität zu herkömmlichen Suchmechanismen (vgl. Abel et al. 2009, Morrison 2008), wenngleich sie auch gegenüber Suchmaschinen in der Bewertung von Genauigkeit und Trefferquote (vgl. Abschnitt 2.4.4) leichte Nachteile aufweisen (ebd.). Diese Ergebnisse können durch Maßnahmen wie die Bildung von Tag-Clustern (vgl. Abschnitt 2.5.3.6) jedoch verbessert werden (Abbasi und Staab 2009, Begelman et al. 2006, Grahl et al. 2007). Das **Spezifikum** der Suche mit Tags ist jedoch die Unterstützung einer **explorativen Suche nach Inhalten**, die auch als assoziative Suche bezeichnet wird (*„associative browsing"*, Joseph et al. 2006, S. 1). Sie ermöglicht es Nutzern, Inhalte aufzufinden, von deren Existenz sie im Vorhinein nicht wussten und nach denen sie entsprechend nicht gezielt gesucht hätten (Mathes 2004). Dies wird durch die Anzeige zu einem Tag verwandter Tags erreicht, so dass Nutzer zu einem Suchvorgang stets verwandte Ressource finden und sich im Suchraum orientieren können (Joseph et al. 2006). Joseph et al. (2006) zeigen darüber hinaus, dass die explorative Suche mit Tags anderen Suchmechanismen ebenbürtig ist.

Die guten Eigenschaften von Tags für die Suche von Inhalten können damit erklärt werden, dass **Tags und Suchbegriffe**, die Nutzer in eine Suchmaschine eingeben, einander stark ähneln (vgl. Chi und Mytkowicz 2007). Die Vergabe von Tags zum Zweck des Wiederauffindens von Inhalten kann daher als Vorbereitung der Suche interpretiert werden, in der Nutzer Charakteristika angeben, mit denen sie bestimmte Inhalte später wiederfinden wollen (Golder und Huberman 2006, S. 199).

Tags ermöglichen zudem die Darstellung von **Perspektiven** an Inhalten, die aus verschiedenen individuellen Beschreibungen entstehen (Sen et al. 2006). Sie resultieren in der Möglichkeit der Reflexion individueller Perspektiven anhand von Anderen vergebener Tags an Inhalten (Campbell 2006). Dies ermöglicht es Nutzern, sich mit Anderen über eigene Perspektiven auszutauschen (Mathes 2004) und die Perspektiven Anderer auf Inhalte besser zu verstehen

(Golder und Huberman 2006, S. 200). Tagging stellt daher einen Mechanismus dar, in dem Nutzer Zusammenhänge entdecken, nachverfolgen und diskutieren können. Daraus kann abgeleitet werden, dass Tagging im Wissensmanagement Prozesse der Kombination und Internalisierung von Wissen (vgl. Abschnitt 2.4.2) und die Nutzung von Boundary Objects (vgl. Abschnitt 2.2.2.2) fördern kann.

Ein weiterer Aspekt der Unterstützung von Communities und der Darstellung von Perspektiven ist die Eigenschaft von Tags als zu Inhalten **quer liegende Strukturmerkmale**. So kann ein Tag an mehreren Ressourcen ein Strukturmerkmal beschreiben, das diesen Ressourcen gemein ist. Dieses Tag kann dann als Basis für eine Datenstruktur genutzt werden, die diese Ressourcen zusammenfasst (Bloehdorn et al. 2006). Somit kann der Graph aus Nutzern, Ressourcen und Tags (vgl. Abschnitt 2.5.3.1) als multidimensionales Dateisystem interpretiert werden, das Ressourcen entsprechend an ihnen vergebener Tags zusammenfasst und zur Verfügung stellt (ebd.). Dies stellt für die Strukturierung von WMS und der darin vorgehaltenen Inhalte ein großes Potential dar, da so mehrere Strukturen in einem System parallel abgebildet werden können (vgl. Abschnitt 2.4.4).

Abbildung 12: Tag-Cloud des Autors bei bibsonomy.org.

Ein Charakteristikum von Anwendungen des Social Tagging sind die so genannten **Tag-Clouds**[12], in denen die populärsten, neuesten oder ähnlichsten Tags in unterschiedlicher Sortierung angezeigt werden können. Abbildung 12 zeigt als Beispiel die Tag-Cloud des Autors bei Bibsonomy[13]. Tag-Clouds sind interaktiv nutzbar: Durch die Selektion eines dargestellten Tags gelangt ein Nutzer zu den durch dieses Tag beschriebenen Inhalten. Dies unterstützt die oben beschriebene Möglichkeit der explorativen Suche nach Inhalten. Tag-Clouds setzen Tags außerdem in ein Navigationsinstrument um, das eine visuelle Zusammenfassung von Inhalten einer Anwendung darstellt und leichter zu bedienen ist als eine Stichwortsuche (Sinclair und Cardew-Hall 2008). Sie dienen Nutzern so als Orientierung in Inhalten (Noll und Meinel 2007), bilden eine Übersicht über Interessen und Perspektiven anderer Nutzer (Rivadeneira et al. 2007) und erleichtern die Interaktion mit dem System (Campbell 2006).

[12] Obwohl in der Literatur deutsche Übersetzungen wie „Wort-Wolke" (bspw. Blumauer und Fundneider (2006)) zu finden sind, wird hier der Fachbegriff „Tag-Cloud" verwendet, der sich auch in vielen Publikationen aus dem deutschen Sprachraum als feststehender Begriff etabliert hat.

[13] In Bibsonomy werden wissenschaftliche Publikationen in Bibtex-Darstellung mit Tags verwaltet. Das System findet sich unter http://www.bibsonomy.org/.

Sie übernehmen daher zumindest in Teilen die Funktion einer sozio-technischen **Selbstbeschreibung** und explizieren diese (vgl. Held und Cress 2009, Abschnitt 2.1.1). Das Beispiel aus Abbildung 12 zeigt für die Literatur des Autors zentrale Themen, ermöglicht die Navigation darin und illustriert so den Einsatz von Tag-Clouds.

2.5.3.6 *Erzeugung und Bewahrung semantischer Qualität in Folksonomies*

Die freie Wahl von Begriffen im Social Tagging erleichtert vor dem Hintergrund der in Abschnitt 2.2.2.1 beschrieben Diversität natürlicher Sprache Nutzern die Beschreibung von Ressourcen. Sie erzeugt jedoch auch Probleme wie Synonymie durch Verwendung mehrerer Begriffe für einen Sachverhalt, Homonymie durch das Auftreten verschiedener, nicht verwandter Bedeutungen eines Begriffs oder Polysemie durch die Verwendung eines Begriffs mit mehreren, miteinander inhaltlich verwandten Bedeutungen (vgl. Golder und Huberman 2006, van Damme et al. 2007). Dies erschwert die Navigation und Suche in Inhalten. Besonders problematisch ist dies für kleine Nutzergruppen, in denen weniger Tags vorhanden sind und Nutzer daher unter Umständen disjunkte Begriffssysteme verwenden (Herzog et al. 2007). Zur Nutzung von Tags für bspw. Suchanfragen (vgl. Abschnitt 2.5.3.5) sind daher Maßnahmen zur Steigerung der semantischen Qualität resultierender Vokabulare notwendig (vgl. Morville 2005, Campbell 2006).

Ein häufig genannter Ansatz ist die **Anreicherung von Tags** durch Elemente formaler semantischer Konstrukte wie Ontologien (vgl. Dix et al. 2006, Herzog et al. 2007). Dabei werden Tags durch Analyseverfahren mit Elementen aus Ontologien verbunden, um die Suche in Inhalten zu verbessern (ebd.), die Nutzung von Tags in Kleingruppen zu unterstützen (ebd.) und mögliche Kontexte eines Tags anzuzeigen (Dix et al. 2006). Problematisch an diesen Ansätzen ist, dass zugeordnete Elemente aus Ontologien nicht immer den von einem Nutzer intendierten Sinn eines Tags treffen (Au Yeung et al. 2009). Zudem gelten für die Nutzung formaler semantischer Konstrukte die bereits in Abschnitt 2.5.2.7 beschriebenen Nachteile mangelnder Aktualität und hohen Aufwands zur Nutzung. Andere Ansätze wie die **manuelle Verbindung von Tags** durch Nutzer (vgl. Begelman et al. 2006, Tonkin 2006a, Tummarello und Morbidoni 2007) sind aufwändig und werden daher von Nutzern selten verwendet (Tonkin 2006a).

Eine als wirksam nachgewiesene und wenig aufwändige Herangehensweise zur Aufwertung der semantischen Qualität von Tags ist die Erzeugung von **Clustern**, die Tags hinsichtlich ihrer inhaltlichen Nähe zusammenfassen (vgl. Grahl et al. 2007, Heymann und Garcia-Molina 2006, Specia und Motta 2007). Zur Identifikation der Ähnlichkeit und damit der inhaltlichen Nähe zweier Tags wird neben komplexen Ähnlichkeitsmaßen (Brooks und Montanez 2006, S. 628; Heymann und Garcia-Molina 2006) auch das gemeinsame Auftreten – die so genannte **Co-Occurence** (Begelman et al. 2006, Grahl et al. 2007, S. 358) – zweier Tags an gleichen Ressourcen als Maß der Ähnlichkeit dieser Tags verwendet. In der vorliegenden Arbeit wird die Co-Occurence verwendet, da sie einen Wert darstellt, der direkt aus den Zuordnungen von Tags durch Nutzer gewonnen wird, der sich zudem bewährt hat und für den Algorithmen zur Berechnung und weiteren Verwendung von Ähnlichkeiten vorhanden sind (vgl. Grahl et al. 2007).

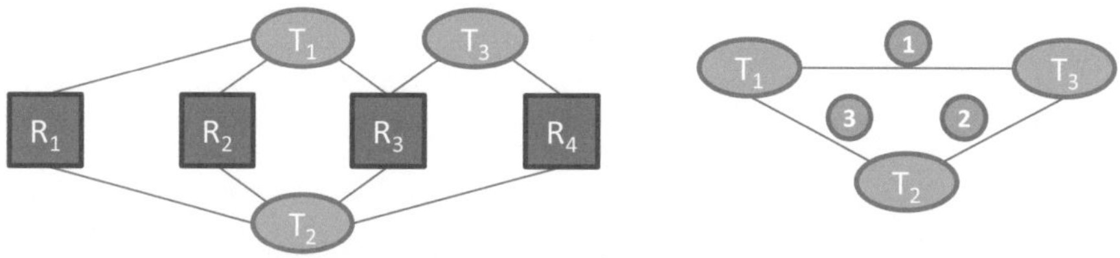

Abbildung 13: Co-Occurence von Tags an Ressourcen (links) und Co-Occurence-Graph für Tags (rechts).

Abbildung 13 zeigt in einem gewichteten und aus dem in Abschnitt 2.5.3.1 beschriebenen Graph abgeleiteten Graph (Abbildung 8) die Co-Occurence von Tags auf. So treten im links dargestellten Graph T_1 und T_2 durch ihre Zuordnung an R_1, R_2 und R_3 drei Mal gemeinsam auf und erhalten daher im rechts dargestellten Graph der Co-Occurence die Kantenbewertung 3. T_2 und T_3 werden durch Zuordnung an R_3 und R_4 zwei Mal gemeinsam verwendet und T_1 und T_3 haben durch ihre Zuordnung an R_3 eine Co-Occurence von 1. Die Bildung von Clustern operiert meist auf solchen Graphen (Au Yeung et al. 2009) und verwendet die Co-Occurence sowie die Länge des Pfads zwischen zwei Tags als Konfigurationsparameter (vgl. Abschnitt 6.4.1.4)

Evaluationen der Nutzung von Tag-Clustern zeigen, dass sie **Tags kontextualisieren** (ebd.), die **Suche** in Folksonomies unterstützen (Abbasi und Staab 2009, Begelman et al. 2006, Grahl et al. 2007) und die **Navigation** in Inhalten erleichtern (ebd.). Ihre Eignung zur Steigerung der semantischen Qualität von Tags zeigt sich auch darin, dass Ansätze vorhanden sind, in denen aus Clustern Ontologien abgeleitet werden (vgl. Specia und Motta 2007, van Damme et al. 2007). Tag-Cluster stellen daher eine Lösung der zu Beginn dieses Abschnitts beschriebenen Probleme dar.

Neben den oben beschriebenen Vorteilen der Bildung von Clustern aus Tags zeigt eine vom Autor dieser Arbeit betreute Bachelor-Arbeit (Mattner 2008), dass die Verwendung von Clustern die Nutzung von Tags auch in kleinen Nutzergruppen, die für das Wissensmanagement oder Netzwerke von Wissensarbeitern typisch sind, ermöglicht. Mattner (2008) untersucht hierzu die Generierung von Vorschlägen für Tags (vgl. Abschnitte 2.5.3.2 und 2.5.3.7) für eine Gruppe von vier Personen, die verschiedene Artefakte in einem vorhandenen Tagging-System mit Tags versehen haben. Diese Untersuchung zeigt, dass die aus Clustern, die aus den Tags und Artefakten der untersuchten Kleingruppe gebildeten wurden, generierten Vorschläge von vier Personen zu ca. 50% angenommen werden, während die aus den Daten aller Nutzer dieses Systems gebildeten Vorschläge zu ca. 70% angenommen werden (Mattner 2008, S. 38). Diese Differenz von 20% zeigt bei einem Unterschied von vier Nutzern zu über einer Million Nutzer des verwendeten Systems[14], dass der Unterschied zwischen ihrer Nutzung in einer kleinen Gruppe und in einer sehr großen Gruppen nicht gravierend ist und Tags

[14] Bei dem von Mattner (2008) untersuchten System handelt es sich um del.icio.us, einem System zur Archivierung von Internetadressen. Nach eigenen Angaben hatte dieses System bereits 2006 über eine Million Nutzer (http://blog.delicious.com/blog/2006/09/million.html).

somit auch bei ihrer Nutzung durch Kleingruppen Mehrwert erzeugen. Insgesamt weist die Arbeit von Mattner (2008) diesen Zusammenhang zwar nicht abschließend nach, erhärtet jedoch die Aussage, dass Tags auch in kleinen Gruppen einen Mehrwert erzeugen können, wenn Cluster verwendet werden.

Zusammenfassend kann festgehalten werden, dass Cluster eine aussichtsreiche Möglichkeit zur Erzeugung und Steigerung semantischer Qualität in Folksonomies bieten. Sie stellen für Nutzer keinen Aufwand dar, lösen die mit Tags verbundenen Probleme und werden daher auch für den in dieser Arbeit implementierten Tagging-Mechanismus genutzt (vgl. Abschnitt 6.4.1.4).

2.5.3.7 *Initialisierung und Unterstützung der Nutzung von Tags*

Ein Problem der Verwaltung von Inhalten mit Tags besteht darin, dass zu Beginn ihrer Nutzung in einem System dessen Inhalte noch nicht mit Tags versehen sind. Dies führt dazu, dass viele Ressourcen existieren, die nicht mit Tags versehen sind und daher nicht aufgefunden werden können. Ebenso möchten Nutzer häufig zusätzlich zu den Tags, die sie direkt mit einer Ressource assoziieren, weitere Tags verwenden, um die Wiederauffindbarkeit der Ressource für sich und Andere sicherzustellen (vgl. Abschnitte 2.5.3.3 und 2.5.3.4). Um diesen Kaltstartproblemen (vgl. Abschnitt 2.2.4.1) zu begegnen und zudem die in Abschnitt 2.5.3.5 beschriebene Konvergenz von Tags zu fördern, können Vorschläge für Tags (vgl. Abschnitt 2.5.3.2) verwendet werden.

Verfahren zur **Generierung von Vorschlägen für Tags** sollen Nutzer dabei unterstützen, persönlich und kollektiv sinnvolle Tags zu finden. Sie stellen damit ein Recommender-System für Folksonomies dar (Jäschke et al. 2009, vgl. Abschnitt 2.2.3.2). Die Generierung von Vorschlägen basiert darauf, dass sich Nutzer in ihrem Tagging-Verhalten durch Tags anderer Nutzer beeinflussen lassen (vgl. Sen et al. 2006). Für die Generierung werden häufig die in Abschnitt 2.5.3.6 beschriebenen Tag-Cluster verwendet (Begelman et al. 2006, Xu et al. 2006), da gemeinsam an einer Ressource vergebene Tags gute Kandidaten für Vorschläge darstellen (Sigurbjörnsson und van Zwol 2008, S. 327). Die Generierung von Vorschlägen aus Tag-Clustern ist nahe liegend: Mit Clustern steht eine konzeptionelle Aufteilung einer Folksonomy zur Verfügung, aus der Beziehungen von Tags untereinander sowie zwischen Tags und Ressourcen abgeleitet werden können. Entsprechend erreichen solche Ansätze unabhängig von verwendeten Inhaltstypen gute Ergebnisse (vgl. Sigurbjörnsson und van Zwol 2008, Xu et al. 2006).

Über die Generierung von Vorschlägen hinaus schlagen einige Autoren Mechanismen vor, in denen vorgeschlagene Tags **automatisch** zu Ressourcen zugeordnet werden (vgl. Brooks und Montanez 2006, Heymann et al. 2008, Mishne 2006). Ein solcher Mechanismus kann **Kaltstartprobleme** ohne menschliche Intervention verringern, indem er die in Abschnitt 2.2.4.1 beschriebene Strategie des Seedings (Fischer et al. 1994) eines Systems mit Tags umsetzt. Darüber hinaus kann die automatische Erzeugung von Tags die Suche nach Inhalten unterstützen, in dem sie für diese Inhalte Tags generiert (Chirita et al. 2007), Nutzer auf relevante Inhalte und Tags aufmerksam macht (Basile et al. 2007) oder die Einordnung von Inhalten bzw. die Zuordnung von Tags unterstützt (Brooks und Montanez 2006). Die Generierung von Tags ist von besonderer Bedeutung für die vorliegende Arbeit, da sie in dieser sowohl in Mechanismen für Vorschläge zu Tags und Ablageorten für Inhalte (vgl. Abschnitte 6.4.1.3 und 6.4.4.2) als auch zur initialen Nutzung von Tags an solchen Inhalten von WMS, die noch nicht mit Tags ausgezeichnet wurden, verwendet wird (vgl. Abschnitt 7.4.3.2).

2.5.3.8 *Anwendungsmöglichkeiten für Wissensmanagement und Modellierung*

Angesichts der kurzen Zeit, in der Anwendungen des Social Taggings bekannt sind, finden sich wenige praktische Umsetzungen im Kontext der Modellierung oder des Wissensmanagements. Gleichwohl sind Beiträge vorhanden, mit denen die Tauglichkeit von Social Tagging in solchen Kontexten gezeigt werden kann.

Social Tagging wird häufig im Kontext des **Wissensmanagements** diskutiert. So wird die Vergabe von Tags zu Ressourcen als Austausch von Wissen (Fu 2008, S. 229) und ihre Nutzung als Möglichkeit der Aneignung von Wissen beschrieben (Fu 2008, S. 230). Der Graph aus Nutzern, Ressourcen und Tags (vgl. Abschnitt 2.5.3.1) kann zudem als explizierte Wissensstruktur verstanden werden (Held und Cress 2009, S. 258). In Systemen, die Social Tagging einsetzen, lassen sich darüber hinaus Vorgänge und Tätigkeiten des Wissensaustauschs (vgl. Abschnitt 2.4.4) nachweisen (Golder und Huberman 2006). Schmitz et al. (2006) bezeichnen Folksonomies daher als *„kollaboratives Wissensmanagement"* (Schmitz et al. 2006, S. 279) und beschreiben verschiedene Anwendungen des Wissensmanagements, die durch die Nutzung von Tags möglich werden. Im Unternehmenskontext konnte zudem gezeigt werden, dass Social Tagging sowohl für **dokumentenzentrierte** Ansätze (vgl. Abschnitt 2.4.5.2) als auch für **Personalisierungsstrategien** des Wissensmanagements (vgl. Farrell et al. 2007, Millen et al. 2006) anwendbar ist. Es kann daher festgehalten werden, dass die Bandbreite der Einsatzmöglichkeiten von Social Tagging im Wissensmanagement von der Unterstützung und Anreicherung vorhandener Strukturen in WMS (vgl. Prilla und Ritterskamp 2010) bis hin zur eigenständigen Alternative der Organisation von Wissen (vgl. Grudin 2006) reicht.

Der Nutzen von Tags in der **Modellierung** zeigt sich indirekt an ihrer Popularität zur Verwaltung von **grafischen Inhalten**. So kann für diese Nutzung von Tags festgestellt werden, dass sie durch Nutzer verwendet werden, um unterschiedliche Aspekte von Bildern und in ihnen dargestellten Zusammenhänge zu beschreiben (Mathes 2004, S. 4). Dabei zeigt sich eine hohe Detaillierung in Beschreibungen (Jorgensen 2007), die auf weitere, ähnliche Inhalte verweisen (Trant 2006). Die Nutzung von Tags für Modelle wird bislang jedoch nur als Konzept diskutiert. So schlagen Fengel et al. (2008) Tags als Lösung zur Verbindung von Modellen untereinander vor. Reich (2008) nennt Tagging als Möglichkeit der Verwaltung von Modellen und weist ihre Eignung hierfür nach. Er bezieht sich dabei jedoch in erster Linie auf die Integration von Wissensbeständen und Mitarbeiterprofilen in Workflows. Aus diesen Konzepten kann jedoch zumindest festgehalten werden, dass Tags auch für die Verwaltung von Modellen geeignet sind.

2.5.3.9 *Zusammenfassung: Stärken und Schwächen von Tagging*

Social Tagging wird häufig als leichtgewichtiger, einfach zu nutzender und dennoch für die Beschreibung von Inhalten wertvoller Mechanismus dargestellt. Für eine Bewertung von Tagging jenseits solcher häufig subjektiven Beschreibungen ist eine Auseinandersetzung mit den Schwächen und Stärken dieses Ansatzes notwendig, die im Folgenden beschrieben wird.

Eine der meistgenannten Stärken von Tagging ist der geringe **Aufwand** zur Nutzung von Tags (vgl. Abschnitt 2.5.3.5). Der Verzicht auf jegliche Beschränkung hinsichtlich der Auswahl eines Tags erleichtert es Benutzern, spontane Assoziationen zu einer Ressource zuzuordnen und dabei eigene Begriffe zu verwenden. Gleichzeitig kann diese Freiheit jedoch auch eine Schwäche bedeuten: Ohne Beschränkungen für mögliche Tags entstehen **Probleme wie Synonymie, Homonymie und Polysemie** (vgl. Abschnitt 2.5.3.6), die für die Nutzung von Tags ein Problem bedeuten. Die semantische Qualität von Tagging kann daher zunächst als gering bezeichnet werden. Durch die Verwendung von **Clustern** lässt sich dieses Problem jedoch lösen (vgl. Abschnitt 2.5.3.6).

Social Tagging erzeugt Begriffssysteme, die eng an den Wandel der Sprache von Nutzern gekoppelt sind und kann daher als **flexible Methode** der Beschreibung von Inhalten bezeichnet werden. Nachteil dieser Herangehensweise ist jedoch, dass im Gegensatz zu anderen Mechanismen keinerlei **Kontrollmöglichkeiten** für das so entstehende Vokabular vorhanden sind und seine **Qualität** somit **gering** sein könnte. Verschiedene Studien zeigen jedoch, dass Vokabulare in Folksonomies **konvergieren** und von Nutzern angenommen werden (vgl. Abschnitt 2.5.3.5).

Ein weiterer Vorteil von Tagging-Systemen liegt in der **Kombination von individuellem und kollektivem Nutzen** (vgl. Abschnitt 2.5.3.3). Die Vergabe eines Tags erzeugt für Nutzer einen unmittelbaren Mehrwert, da sie weitere Ressourcen, die durch das gleiche Tag ausgezeichnet sind, für den Nutzer erschließt und damit den ihm zugänglichen Informationsraum erweitert. Zudem kommt die Tag-Vergabe auch anderen Nutzern zugute, die so Inhalte besser finden können. **Problematisch** daran ist, dass Nutzer vor diesem Motivationshintergrund nur solche Tags verwenden könnten, die für sie selbst hilfreich sind, und andere Tags vernachlässigen würden. Abschnitt 2.5.3.4 zeigt jedoch, dass dies nicht der Fall ist, sondern **inhaltsbeschreibende Tags** den Großteil der Tags einer Folksonomy stellen.

Tags weisen eine **Nähe zu menschlicher Sprache** auf. Ihre Nutzung erfordert daher nur einen **geringen Lernaufwand**. Durch die daraus resultierende schwache Strukturierung und geringe Formalisierung von Tags und ihren Zusammenhängen wird jedoch die **Maschinenlesbarkeit** von Tags und der durch sie vorgenommenen Beschreibung von Inhalten erschwert. Dies kann als Schwäche des Taggings bzw. als Nachteil gegenüber bspw. Ontologien ausgelegt werden. Gleichwohl zeigen vorhandene Mechanismen, dass aus der Analyse der Nutzung von Tags selbst formale Konstrukte wie leichtgewichtige **Ontologien abgeleitet** werden können (vgl. Abschnitt 2.5.3.6).

Trotz positiver Forschungsergebnisse wird mit dem Einsatz von Social Tagging im Unternehmenskontext häufig eine Unsicherheit verbunden. Ein hierfür oft verwendetes Argument ist, dass vorhandene Arbeiten auf Folksonomies mit einer **großen Anzahl von Nutzern**, die miteinander Inhalte austauschen und Tags vergeben, basieren. Es wird daher in Frage gestellt, ob Social Tagging auch in **kleineren Nutzergruppen** Mehrwert erzeugen kann. Es zeigt sich jedoch, dass unter Einsatz von Cluster-Mechanismen Tagging auch in Kleingruppen vorteilhaft sein kann (vgl. Abschnitt 2.5.3.6). Es kann daher argumentiert werden, dass Tagging somit auch für den Unternehmenseinsatz einen brauchbaren und nützlichen Mechanismus darstellt.

2.5.4 Zusammenfassung: Vergleich von Ontologien und Social Tagging

Der Vergleich von Ontologien und Social Tagging hinsichtlich ihrer Passung auf die Verwaltung von Inhalten kann nicht ohne den Bezug auf ein konkretes Einsatzszenario erfolgen. Gleichwohl können Qualitäten und Probleme beider Ansätze einander gegenübergestellt werden, um einen Bewertungsrahmen für diesen Vergleich zu schaffen. Eine solche Gegenüberstellung wird in diesem Abschnitt vorgenommen. Dabei wird für Ontologien vom Kontinuum der semantischen Treppe (Abbildung 7 auf Seite 55) zwischen leicht- und schwergewichtigen Ontologien ausgegangen. Ebenso wird bei der Bewertung von Social Tagging von der Nutzung von Clustern ausgegangen – im Fall unterschiedlicher Bewertungen für Teile des Kontinuums von Ontologien oder der Nutzung von Tags mit und ohne Cluster wird dies kenntlich gemacht.

Die Kriterien des Vergleichs von Ontologien und Social Tagging können in Teilen aus den in dieser Arbeit gegebenen Beschreibungen zu Groupware (Abschnitt 2.2) und Wissensmanagement (Abschnitt 2.4) entnommen werden. Weitere Kriterien können aus der Beschreibung von Ontologien und Social Tagging in diesem Abschnitt sowie aus Kriterien der Qualität semantischer Beschreibungen (vgl. Burton-Jones et al. 2005) abgeleitet werden. Für den Vergleich werden sie in fünf Kategorien eingeordnet (vgl. Tabelle 2):

- **Semantische Auszeichnung:** Ein zentrales Kriterium für Mechanismen zur Beschreibung von Inhalten in WMS ist deren **semantische Qualität**, die sich in Verständnis, Kontextualisierung und Konsistenz von Begriffen äußert (vgl. Burton-Jones et al. 2005, S. 89). Zudem werden in dieser Kategorie der Grad der **Formalisierung** als Maß der Maschinenlesbarkeit und die mit einem Mechanismus realisierbaren **Inhaltsstrukturen** (vgl. Abschnitt 2.4.4) bewertet.
- **Erzeugung und Wartung des Vokabulars:** Die Passung der Beschreibung von Inhalten auf die von Nutzern verwendete Sprache ist ein zentrales Kriterium der Zusammenarbeit (vgl. Abschnitt 2.2.2.1). Daher wird in dieser Kategorie bewertet, wie ein **Vokabular** für diese Beschreibung an Veränderungen angepasst werden kann. Zudem wird die **Stabilität** des Vokabulars als Voraussetzung seiner Nutzbarkeit und eines geringen Lernaufwands während seiner Nutzung bewertet.
- **Aufwand und Nutzen:** In technischen Systemen zur Unterstützung der Kooperation muss eine Balance zwischen Aufwand und Nutzen vorhanden sein (vgl. Abschnitte 2.2.4 und

2.4.7). In dieser Kategorie werden daher der mit dem jeweiligen Mechanismus verbundene **Aufwand**, die **Passung** des Mechanismus auf die Sprache von Nutzern und der zur Verfügung stehende **Umfang von Begriffen** als Maß seines Nutzens (vgl. ebd., S. 89) untersucht.

- **Suche nach Inhalten:** Suchen und Finden von Inhalten sind zentrale Aufgaben im Zyklus des Wissensmanagements (vgl. Abschnitt 2.4.4). In dieser Kategorie werden daher Möglichkeiten der Verwendung des jeweiligen Mechanismus zur **Suche von Inhalten** sowie die hierzu relevanten Bewertungsmaße von **Genauigkeit** und **Trefferquote** (vgl. Abschnitt 2.4.4) bewertet.
- **Eignung für Wissensmanagement und Modellierung:** Die Eignung eines Beschreibungsmechanismus für verschiedene Inhaltstypen sowie für den Einsatz in WMS oder bei der Modellierung ist für die vorliegende Arbeit zentral und muss daher ebenfalls in einen Vergleich eingehen.

Tabelle 2 zeigt das Ergebnis der Gegenüberstellung von Ontologien und Social Tagging anhand der oben beschrieben Kriterien. Als nachteilig zu beurteilende Bewertungen sind hervorgehoben.

Tabelle 2: Gegenüberstellung von Ontologien und Social Tagging.

Kriterium	Ontologien	Social Tagging
Semantische Auszeichnung		
Semantische Qualität	Sehr hoch (schwergewichtig), hoch / mittel (leichtgewichtig)	**Gering** (reines Tagging), hoch (Tagging mit Clustern)
Formalisierung	Hoch	**Mittel** (Verarbeitung zu Ontologien)
Strukturierung Inhalte	Entlang Ontologie-Struktur	Multidimensional
Erzeugung und Wartung des Vokabulars		
Ansatz	Top-Down, (Bottom-Up)	Bottom-Up, (Top-Down)
Erzeugung	**Konstruktion**, Aushandlung	Kollaboration, Emergenz
Anpassbarkeit	**Gering**, hoher Aufwand	Hoch
Stabilität Vokabular	Hoch, kontrolliert	Konvergent, nicht kontrolliert
Aufwand und Nutzen		
Lern- und Nutzungsaufwand	**Hoch**	Gering
Passung Sprache	**Gering** (zentral erzeugt), hoch (kooperativ erzeugt)	Hoch
Umfang	Hoch (zentral erzeugt), **gering** (kooperativ erzeugt)	Hoch (keine Beschränkung)
Suche nach Inhalten		
Verwendung zur Suche	Suche auf Konzepten	Suche mit Tags und Clustern, explorative Suche
Genauigkeit	Sehr hoch	Hoch
Trefferquote	Sehr hoch	Hoch

Kriterium	Ontologien	Social Tagging
Eignung für Wissensmanagement und Modellierung		
Beschreibung Inhalte	Alle digital erfassbaren Inhalte	Alle digital erfassbaren Inhalte
Eignung für WMS	Anwendungen in verschiedenen Bereichen vorhanden	Wenige Anwendungen vorhanden, Potentiale nachgewiesen
Eignung für Modelle	Anwendungen zur Auszeichnung vorhanden	Potential der Auszeichnung konzeptionell nachgewiesen

In der Gegenüberstellung fällt auf, dass Ontologien und Social Tagging in verschiedenen Kategorien wechselseitige Vor- und Nachteile aufweisen. Dabei stehen Ansätze des Social Taggings ohne Unterstützung in der semantischen Auszeichnung zurück, können jedoch durch Bildung von Clustern diesen Nachteil wettmachen. Gleichwohl bleibt ein Nachteil bei ihrer Formalisierbarkeit bestehen, da aus ihnen lediglich leichtgewichtige Ontologien gewonnen werden können (vgl. Abschnitt 2.5.3.6). Ontologien hingegen weisen Nachteile bezüglich der Erzeugung und Wartung des Vokabulars (vgl. Abschnitt 2.5.2.4) und im Verhältnis von Aufwand und Nutzen (vgl. Abschnitt 2.5.2.3) auf.

Aus dem Vergleich kann zudem abgeleitet werden, dass sowohl Ontologien als auch Social Tagging geeignet sind, um Inhalte auszuzeichnen und zu verwalten. Beide Mechanismen wurden außerdem für die Nutzung in Kontexten des Wissensmanagements und der Modellierung als geeignet befunden (vgl. Abschnitte 2.5.2.6 und 2.5.3.8). Der Nachteil weniger vorhandener Anwendungen von Social Tagging in diesem Bereich erklärt sich durch die kurze Zeit, in der dieser Mechanismus bisher Beachtung gefunden hat. Er wird zudem durch verschiedene Arbeiten relativiert, in denen das Potential des Einsatzes von Tagging für Wissensmanagement und Modelle nachgewiesen wird.

Für den Einsatz von Ontologien oder Social Tagging stellt sich jedoch die Frage, wann die jeweiligen Nachteile beider Mechanismen durch die von ihnen erzeugten Vorteile aufgewogen werden. Hierzu kann aus der Gegenüberstellung festgehalten werden, dass **Ontologien** in Einsatzszenarien **zu bevorzugen** sind, in denen fixe Strukturen entweder notwendig oder bereits vorhanden sind, hohe formale Korrektheit bspw. für die Ableitung von Schlussfolgerungen wichtig ist, der Aufwand zu ihrer Anpassung durch geringe Veränderlichkeit des abgebildeten Themengebiets begrenzt ist und die Aneignung ihrer Strukturen für Nutzer einen Mehrwert darstellt, der den entstehenden Aufwand rechtfertigt (vgl. Abschnitt 2.5.2.5). Die **Verwendung von Social Tagging** mit unterstützenden Maßnahmen wie der Bildung von Clustern hingegen kann für Zwecke empfohlen werden, in denen Vorteile wie die Flexibilität des Vokabulars, der geringe Aufwand für Nutzer und die Passung auf deren Sprache geringe Einbußen hinsichtlich Formalisierung und semantischer Qualität rechtfertigen.

2.6 Zusammenfassung

Das zurückliegende Kapitel bietet einen umfassenden Überblick über die aus Sicht des kooperativen Umgangs mehrerer Akteure mit Informationen und Wissen für die vorliegende Arbeit relevanten Grundlagen. Hierzu wurden Erkenntnisse zu Groupware und CSCW, Wissensarbeit, Wissensmanagement und der semantischen Beschreibung von Inhalten beschrieben. Diese Konzepte stellen eine Voraussetzung für die Bearbeitung der vorliegenden Arbeit dar: Sie helfen, Probleme der Nutzung von Modellen zu erkennen und richtig zu interpretieren, zeigen bekannte und bewährte Lösungen auf und stellen so eine bedarfsgerechte und fundierte Umsetzung der Unterstützung identifizierter Probleme sicher. Zudem ermöglichen sie die Identifikation und qualifizierte Einschätzung von Lücken der Unterstützung und weisen so auf die Notwendigkeit neuer Lösungen hin.

In den Grundlagen zu den vorgenannten Feldern wurden für den weiteren Verlauf der Arbeit zentrale Konstrukte wie Probleme der Verwendung einer gemeinsamen Sprache bei der Kooperation, die Bedeutung individuell sinnvoll empfundener Kontexte für Wissensarbeiter, Prozesse des Übergangs impliziten und expliziten Wissens und viele weitere Aspekte vorgestellt. Der Fokus des Kapitels lag neben der Vermittlung dieser Erkenntnisse auf der Gestaltung von Groupware und Wissensmanagementsystemen sowie auf der Unterstützung von Wissensarbeitern. Die dabei erläuterten Probleme, Lösungsmaßnahmen und Vorgehensweisen bilden einen Rahmen für die vorliegende Arbeit, der neben der Identifikation und Unterstützung von Problemen auch die Umsetzung eines nutzbaren, nützlichen und akzeptierten Wissensmanagementsystems ermöglicht. Sie werden daher auch im Forschungs- und Entwicklungsansatz der vorliegenden Arbeit berücksichtigt (vgl. Abschnitt 1.4.2 ab Seite 13).

Ein weiterer Beitrag des zurückliegenden Kapitels liegt in der Beschreibung von Ontologien und Social Tagging als für die Arbeit relevanter Mechanismen der semantischen Beschreibung von Inhalten eines WMS. Diese Beschreibung und der Vergleich der genannten Mechanismen werden im weiteren Verlauf verwendet, um einen Mechanismus zur Beschreibung von Modellen in WMS auszuwählen und zu gestalten.

Die im zurückliegenden Kapitel beschriebenen Grundlagen unterstützen die Gestaltung eines WMS zur Förderung der Nutzung von Modellen als wissensvermittelnde Artefakte. Es sind jedoch neben diesen Grundlagen auch Kenntnisse zu Prozessmodellen und ihrer Nutzung notwendig, um ein solches System erstellen zu können. Diese Kenntnisse werden im folgenden Kapitel beschrieben.

„It's a bunch of shapes connected by lines"
(Scott Adams in Dilbert)[15]

3 Prozessmodellierung und Geschäftsprozessmanagement

Die vorliegende Arbeit beschäftigt sich mit dem Problem der mangelnden Nutzung von Prozessmodellen als wissensvermittelnde Artefakte im Wissensmanagement. Um dieses Problem bearbeiten zu können, sind grundlegende Kenntnisse der Prozessmodellierung, der Nutzung von Modellen in Organisationen und des Geschäftsprozessmanagements als gängige Praxis der Verwaltung von Modellen notwendig. Diese Grundlagen werden im Folgenden beschrieben. Sie werden im weiteren Verlauf unter Anderem genutzt, um Probleme und Potentiale der Nutzung von Modellen im Wissensmanagement abzuleiten, Ergebnisse aus der im Rahmen der Arbeit durchgeführten empirischen Untersuchung zu interpretieren und Fragen zur Generalisierung der Ergebnisse dieser Arbeit zu beantworten.

In diesem Kapitel werden in den Abschnitten 3.1 und 3.2 zunächst zentrale Begriffe und Konzepte wie allgemeine Modelle, Prozesse, Prozessmodelle sowie Modellierungsmethoden und -notationen erläutert. Abschnitt 3.3 beschreibt Aspekte der Anwendung von Modellen in Organisationen und in Abschnitt 3.4 werden Charakteristika und Vorgehensweisen des Geschäftsprozessmanagements beschrieben und mit dem Wissensmanagement verglichen.

3.1 Allgemeiner Modellbegriff

Der Begriff des Modells wird in der vorliegenden Arbeit im Sinne der **Abbildung** eines Objektsystems[16], das die Interpretation eines realweltlichen Ausschnitts darstellt, auf ein Modellsystem, welches zur Darstellung des Objektsystems verwendet wird, verstanden (vgl. Rosemann 1996, S. 17). Der Begriff grenzt sich somit explizit von anderen homonymen Verwendungen wie **Vorgehensmodellen** aus der Software-Entwicklung, **physischen Modellen** der Architektur oder betriebswirtschaftlichen **Geschäftsmodellen** ab.

Definitorische Ansätze für den Modellbegriff im oben genannten Sinn finden sich bei vielen verschiedenen Autoren (vgl. Allweyer 2005, Becker und Vossen 1996, Bézivin 2005, Herrmann et al. 1999a, Krogstie et al. 2006, Rosemann 1996, Scheer et al. 2003, Specker 2003, Stachowiak 1973, Vom Brocke 2003). Aus einer Analyse dieser Definitionen können verschiedene Merkmale von Modellen festgehalten werden, die das in dieser Arbeit verwendete Verständnis von Modellen prägen:

- **Abbildung und Deskription:** Modelle bilden Sachverhalte und Artefakte aus der Realität ab und beschreiben sie.
- **Abstraktion und Verkürzung:** Modelle stellen eine Abstraktion realweltlicher Sachverhalte dar. Sie bilden daher in der Regel nicht alle Details des Gegenstandsbereichs ab.

---
[15] http://dilbert.com/strips/comic/2000-02-27/
[16] Hier auch als Gegenstandsbereich bezeichnet.

- **Komplexitätsreduktion:** Modelle werden verwendet, um Sachverhalte vereinfachend bzw. deren Komplexität systematisch und verständlich darzustellen.
- **Zweckbindung:** Modelle verfolgen in der Abbildung einen Zweck, der die gewählte Abstraktion beeinflusst.
- **Planung und Virtualität:** Modelle werden nicht nur genutzt, um vorhandene Sachverhalte abzubilden. Vielmehr sind sie auch ein Mittel, um geplante Abläufe und Strukturen zu visualisieren.
- **Subjektivität:** Modelle bilden Ausschnitte aus der Realität nicht objektiv ab, da die an der Modellierung beteiligten Personen immer (bewusst oder unbewusst) Einfluss auf die Abbildung nehmen.
- **Konstruierende Wirkung:** Durch Modelle wird das Verhalten und die Anordnung von Sachverhalten nicht nur abgebildet, sondern auch beeinflusst.

Für die Darstellung von Modellen haben sich **grafische Repräsentationen** gegenüber textuellen oder tabellarischen Möglichkeiten wegen ihrer Anschaulichkeit und Übersichtlichkeit durchgesetzt (Allweyer 2005, S. 130ff., Specker 2003, S. 28). Zusätzlich zu den vorgenannten Charakteristika wird hier daher von Modellen als grafische Darstellungen ausgegangen:

Definition 13 Ein **allgemeines Modell** ist eine komplexitätsreduzierende, **grafische** Abbildung als Abstraktion eines bereits existierenden (IST) oder zum Zeitpunkt der Abbildung (noch) virtuellen Ausschnitts (SOLL) aus der Realität. Es wird zu einem bestimmten Zweck von einem oder mehreren Modellierern konstruiert und beinhaltet deren subjektive Perspektive. Modelle können sowohl deskriptiv als auch konstruierend sein.

Die oben gegebene Definition trifft keine Annahmen zur Größe eines Modells und seiner Zusammensetzung. Es muss jedoch für die weitere Verwendung des Begriffs berücksichtigt werden, dass Modelle aus verschiedenen **Teilen** aufgebaut sein können. Solche auch als *„Teilabläufe"* (Bertram 1996, S. 82) oder *„group of connected process elements"* (Ma und Leymann 2008, S. 2) beschriebenen Teile werden im weiteren Verlauf als **Teilmodell** oder **Gruppe** bezeichnet:

Definition 14 Ein **Teilmodell** bzw. eine **Gruppe** in einem Modell ist ein nicht-leerer Ausschnitt aus einem Modell und stellt für sich selbst wieder ein Modell dar.

Ebenso wie zur Größe eines Modells können anhand der Definition allgemeiner Modelle keine Einschränkungen zu in einem Modell dargestellten Inhalten gemacht werden. In der vorliegenden Arbeit wird mit Prozessmodellen jedoch eine spezielle Ausprägung allgemeiner Modelle betrachtet. Diese werden in der Folge näher spezifiziert.

3.2 Prozessmodelle

Neben anderen Gegenstandsbereichen wie Organisations- oder Datenstrukturen haben sich Modelle insbesondere in der Darstellung von Prozessen bewährt und etabliert. Prozessmodelle weisen spezielle Charakteristika auf, die in diesem Abschnitt beschrieben werden.

3.2.1 Begriffsklärung

Um sich den Charakteristika von Prozessmodellen zu nähern, ist es zunächst notwendig, den Begriff des Prozesses näher zu spezifizieren. Hierzu finden sich verschiedene definitorische Ansätze (vgl. Allweyer 2005, Hammer und Champy 1994, Hoffmann et al. 2002, Rosenkranz 2006, Scheer 1998, Specker 2003). Nach einer Analyse dieser Definitionen wird hier ein Verständnis von Prozessen verwendet, das durch die Definitionen von Hoffmann et al. (2002) und Hammer und Champy (1994) geprägt ist und auch in Notationen für Prozessmodelle widergespiegelt wird:

Definition 15 Unter einem **Prozess** wird ein Bündel von Aktivitäten verstanden, das Teile eines sozio-technischen Systems nutzt und verändert, in einer (partiellen) Reihenfolge steht und an dessen Ende ein Ergebnis von Wert erzeugt wird. In einem Prozess führen Akteure Tätigkeiten aus und verwenden oder verändern dabei Ressourcen.

Entsprechend der Definition zum Begriff allgemeiner Modelle (Definition 13) lässt sich also der Begriff des Prozessmodells wie folgt beschreiben:

Definition 16 Ein **Prozessmodell** ist ein allgemeines Modell eines bestehenden oder geplanten Prozesses.

Analog zur Definition allgemeiner Modelle macht die oben gegebene Definition keinerlei Einschränkungen hinsichtlich der Anzahl von Bestandteilen eines Prozessmodells. So kann ein Prozessmodell ebenso aus mehreren miteinander verbundenen Teilmodellen bestehen[17].

Für den weiteren Verlauf ist zu beachten, dass in dieser Arbeit die Begriffe **„Modell“** und **„Prozessmodell“** synonym verwendet werden. Insofern nicht explizit von **allgemeinen** Modellen oder **speziellen Modelltypen** die Rede ist, sind mit **„Modellen“** immer Prozessmodelle gemäß Definition 16 gemeint.

3.2.2 Modellierungsmethoden und -notationen für Prozesse

Zur Verwendung von Prozessmodellen stehen verschiedene Modellierungsmethoden und -notationen zur Verfügung. Für das Verständnis der Nutzung von Modellen ist es wichtig, zwischen den Begriffen einer Modellierungs**methode** und einer Modellierungs**notation** zu unterscheiden.

[17] Auf eine Definition von Teil-Prozessmodellen wird hier verzichtet.

3.2.2.1 *Grundbegriffe*

Zur Konstruktion konkreter Modelltypen wird eine typspezifische Modellierungsnotation benötigt. Diese stellt die Elemente eines Modells und damit dessen **Syntax** zur Verfügung. Darüber hinaus definiert sie dessen **Semantik** durch Regeln zur Bedeutung dieser Elemente und ihrer Kombination in einem Modell. Diese Regeln sind insbesondere wichtig, um die Konsistenz der Modellierung zu wahren und einheitliche Modelle zu erzeugen (Allweyer 2005). Analog zu den oben gegebenen Definitionen von Modellen und Prozessmodellen werden Elemente und ihre Verbindungen in einer Notation als grafische Elemente angenommen. Eine Notation kann mehrere Modelltypen beinhalten, wie bspw. die UML (Jeckle et al. 2004) zeigt. Andere Notation zur Prozessmodellierung wie BPMN (White und Miers 2008) oder SeeMe (Herrmann 2006) beschreiben nur einen Modelltyp. Ist in der Folge von einer Modellierungsnotation die Rede, so ist folgender Begriff gemeint:

Definition 17 Eine **Modellierungsnotation** beschreibt mit grafischen Elementen zur Konstruktion von Modelltypen sowie Regeln zu ihrer Kombination und Interpretation Syntax und Semantik eines Modelltyps.

Eine Modellierungsmethode liefert *„Konzepte zur Darstellung von Phänomenen der Realität“* (Herrmann et al. 1999a, S. 59) und geht damit über die Bereitstellung von Syntax und Semantik hinaus. Aus Methoden wie ARIS (Scheer 1998) wird deutlich, dass auch eine Mocdellierungsmethode verschiedene Modelltypen enthalten kann, die miteinander verbunden sind und aufeinander aufbauen. Ist im weiteren Verlauf von einer Modellierungsmethode die Rede, so ist folgender Begriff gemeint:

Definition 18 Eine **Modellierungsmethode** ist ein Rahmenwerk, das Verfahren und Konzepte zur Abbildung eines Gegenstandsbereichs zur Verfügung stellt. Sie kann einen oder mehrere Modelltypen beinhalten.

Für den weiteren Verlauf soll zudem festgehalten werden, dass die Grundelemente von Modellen Elemente und Relationen sind.

Definition 19 **Elemente** sind die kleinste Einheit in einem (allgemeinen) Modell und können Attribute wie Namen enthalten. In Elementen können weitere Elemente enthalten sein. Elemente werden durch **Relationen** oder andere syntaktische Konstrukte verbunden.

Die in Definition 19 genannten Attribute spezifizieren oder typisieren Elemente eines Modells. Attribute können vorgegebene Werte einer Domäne (Karsai et al. 2004) oder frei wählbare Paare von Attributname und -wert sein (Herrmann 2006). Ein Beispiel zur Typisierung findet sich in den Stereotypen der UML, in der besondere Typen von Elementen wie bspw. Schnittstellen ausgezeichnet werden können. Als Beispiel frei wählbarer Attribute können Namen von Elementen genannt werden. Allen Typen von Attributen ist gemein, dass sie **Teil einer Modellierungsnotation** sind.

Definition 20 Unter **Attributen** werden zusätzliche Informationen zur Spezifikation oder Typisierung von Elementen eines Modells verstanden, die Teil einer Modellierungsnotation sind und deren Verwendung in der Notation beschrieben wird.

Diese Definition unterscheidet Attribute als Teile einer Notation und somit sinnverändernde Konstrukte intentional von Meta-Ebenen der Beschreibung von Modellen, die etwa durch **Kommentare** an Elementen eines Modells verwendet werden können und das Modell oder seine Teile damit beschreiben, nicht aber dessen Semantik ändern. Diese Unterscheidung ist für die vorliegende Arbeit notwendig, um zwischen Erweiterungen von Notationen und Beschreibungen auf einer Meta-Ebene zu unterscheiden (bspw. Abschnitt 7.4.2.1).

3.2.2.2 *Methoden und Notationen für die Prozessmodellierung*

Zur Darstellung von Prozessen sind verschiedene Notationen vorhanden. Darunter befinden sich neben den (erweiterten) ereignisgesteuerten Prozessketten (eEPK) aus ARIS (Allweyer 2005, Scheer 1998), Aktivitätsdiagramme aus der UML (Jeckle et al. 2004, Oestereich 2001), die Business Process Modeling Notation (BPMN, White und Miers 2008) sowie die in dieser Arbeit verwendete Notation SeeMe (Herrmann 2006, vgl. Anhang E). Tabelle 3 zeigt diese Notationen anhand eines Beispiels aus dem in Abschnitt 1.2.1 geschilderten Praxisfall.

Bei der Betrachtung der Beispiele aus Tabelle 3 fällt auf, dass trotz wahrnehmbarer Unterschiede bspw. bezüglich vorhandener Start- und Endelemente oder Konventionen zur Richtung der Modellierung alle Notationen Elemente wie Akteure, Tätigkeiten, Ressourcen und Verbindungen zwischen den Elementen enthalten (vgl. Allweyer 2005; Herrmann 2006; Jeckle et al. 2004, Oestereich 2001, Scheer 1998; White und Miers 2008). Diese Elemente entsprechen den grundlegenden Bestandteilen der Koordination (Malone und Crowston 1990, S. 365; vgl. Abschnitt 2.1.2) und bilden damit die Grundlage für die Darstellung von Prozessen. Für die oben genannten Notationen fasst Tabelle 4 diese Elemente unter Nennung ihrer Bezeichnung in der jeweiligen Notation zusammen[18].

[18] Die genannten Notationen enthalten darüber hinaus weitere gemeinsame Elemente, die beispielsweise Ereignisse, Bedingungen oder logische Verknüpfungen im Prozessablauf darstellen. Auf eine weitere Diskussion dieser Elemente wird jedoch hier verzichtet, da sie für die weitere Arbeit nicht wesentlich sind.

Tabelle 3: Beispiele für Prozessmodelle, dargestellt in ereignisgesteuerten Prozessketten aus ARIS (oben links), einem Aktivitätsdiagramm der UML (oben rechts) sowie Modellen in SeeMe (unten links) und der BPMN (unten rechts).

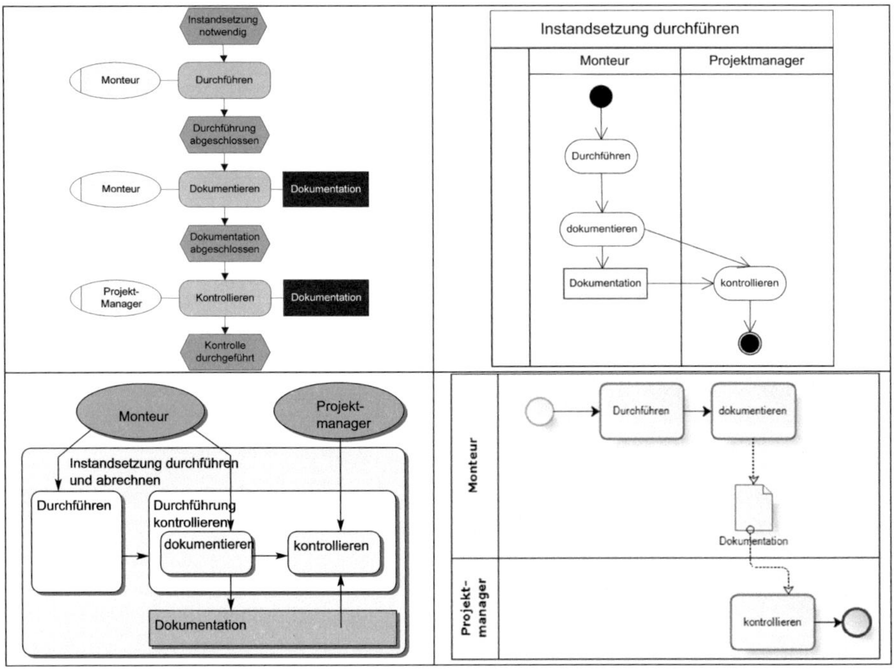

Der Vergleich in Tabelle 4 zeigt die Ähnlichkeit von Notationen zur Darstellung von Prozessen und damit ihre grundsätzliche Strukturgleichheit. Dies ist eine zentrale Beobachtung, da im weiteren Verlauf der Arbeit für die Umsetzung einer prototypischen Lösung eine Notation zur Prozessmodellierung ausgewählt wird. Die prinzipielle Vergleichbarkeit vorhandener Notationen der Prozessmodellierung gewährleistet, dass diese Wahl keine Ergebnisse hervorbringt, die nur auf eine Notation anzuwenden und die für Prozessmodelle in anderen Notationen nicht brauchbar sind. Im Gegenteil dazu kann davon ausgegangen werden, dass ein Großteil der unter Verwendung von Modellen einer Notation der Prozessmodellierung erzielten Ergebnisse auch für andere Notationen anwendbar ist.

Tabelle 4: Basiselemente von Notationen für Prozessmodelle, basierend auf Herrmann (2006), Jeckle et al. (2004), Scheer (1998), White und Miers (2008).

Notation	Akteure	Tätigkeiten	Ressourcen	Verbindungen
eEPK (ARIS)	Organisationseinheit, Stelle, Mitarbeiter	Funktionen	Informations- bzw. Datenobjekt	Abhängigkeit
UML (Aktivitätsdiagramm)	Verantwortlichkeitsbereich[19]	Aktionen	Objekt	Kante, Kontroll- und Objektfluss
BPMN	Pool	Aktivität (Task, Subprocess)	Artefakt (Artifact)	Connecting Objects
SeeMe	Rollen	Aktivitäten	Entitäten	Relationen

3.2.2.3 *Modellierungswerkzeuge*

Die Modellierung von Prozessen wird in der Regel durch spezielle Werkzeuge unterstützt. Hierzu können methoden- oder notationsspezifische Werkzeuge, mit denen die Nutzung einer bestimmten Methode oder Notation möglich ist, und generische Werkzeuge, in denen verschiedene Methoden genutzt werden können, unterschieden werden. Ein Beispiel eines notationsspezifischen Werkzeugs ist der in dieser Arbeit verwendete SeeMe-Editor (vgl. Abschnitt 6.3.2). Als generisches Werkzeug kann bspw. Microsoft Visio genannt werden, das Modelle aus ARIS, der UML und anderen Notationen erzeugen kann. Zudem sind Modellierungswerkzeuge häufig in Werkzeuge des „Computer Aided Software Engineering" (CASE, vgl. Balzert 2001, S. 39; Sommerville 2007, S. 38) integriert.

3.3 Prozessmodellierung in Organisationen

Für die Nutzung von Prozessmodellen sind verschiedene Vorgehensweisen vorhanden. Diese sind von Faktoren wie Zeit oder der Verfügbarkeit benötigter Ressourcen und Ansprechpartner abhängig. Zudem ist die Nutzung von Prozessmodellen sowohl in der Praxis als auch in der Forschung nicht unumstritten. Im Folgenden werden Vorgehensweisen der Erzeugung von Prozessmodellen, Aspekte ihrer Akzeptanz und Probleme ihrer Nutzung beschrieben.

3.3.1 Vorgehensweise für die Modellierung von Prozessen

Die Modellierung von Prozessen in Organisationen bedarf sowohl einer sorgfältigen **Planung** als auch einer systematischen Vorgehensweise. Hierzu sind verschiedene Vorgehensmodelle bekannt, die weitgehend ähnliche Herangehensweisen an die Prozessmodellierung beschreiben (vgl. Freund und Goetzer 2008, Remus 2002, Specker 2003, Vom Brocke 2003). In diesen Vorgehensmodellen wird Prozessmodellierung als Ausführung von Phasen der Vorberei-

[19] Aktivitätsdiagramme können „in Verantwortungsbereiche unterteilt werden" (Oestereich (2001)), ein vollständiger Ersatz für das Rollenkonzept (wie in der BPMN) ist dies jedoch nicht. In der UML ist generell auch die explizite Repräsentation von Akteuren vorgesehen, hier für können Anwendungsfalldiagramme oder Kollaborationsdiagramme (Oestereich (2001)) verwendet werden.

tung und Selektion zu modellierender Prozesse, der IST[20]-Modellierung und Analyse von Prozessen sowie der SOLL-Modellierung und Verbesserung von Prozessen beschrieben. Diese Phasen dürfen jedoch nicht als unidirektional oder streng sequentiell begriffen werden, vielmehr werden insbesondere die Phasen von IST- und SOLL-Modellierung häufig iterativ durchlaufen.

Für die Modellierung von IST- und die Gestaltung von SOLL-Prozessen werden **Informationen** zu Rahmenbedingungen des jeweiligen Prozesses benötigt (Specker 2003, S. 192). Zur Integration solcher Informationen in Modelle werden verschiedene Vorgehensweisen vorgeschlagen (vgl. Freund und Goetzer 2008, Herrmann 2009a, Specker 2003):

- **Modellierung durch Dokumentenanalyse:** Aus der Analyse vorhandener Dokumente eines Unternehmens wie Organisationshandbücher oder Projektdokumentationen können IST-Modelle erstellt werden (bspw. Freund und Goetzer 2008, S. 32f.).
- **Modellierung nach Interviews:** Um vor der IST-Modellierung Erkenntnisse über vorhandene Prozesse zu erlangen, können Interviews mit Mitarbeitern durchgeführt und für die Modellierung von IST-Prozessen verwendet werden (bspw. Specker 2003, S. 192).
- **Modellierung in Workshops:** IST- und SOLL-Modellierung können in Workshops mit verschiedenen Mitarbeitern durch gemeinsame und moderierte Konstruktion von Modellen durchgeführt werden (bspw. Herrmann 2009a, S. 343).

In der Praxis werden häufig Mischformen dieser Vorgehensweisen verwendet, in denen etwa die Modellierung in Workshops durch die Erhebung in Interviews vorbereitet wird (Herrmann et al. 2007a, S. 238). Die Auswahl einer Vorgehensweise ist zudem stets abhängig von verfügbaren Informationsquellen (Freund und Goetzer 2008, S. 32).

3.3.2 Adoption und Akzeptanz von Prozessmodellen

Modelle werden von Mitarbeitern einer Organisation oft nicht in dem Maße akzeptiert, das für ihre Nutzung notwendig ist. Als Grund hierfür werden meist unzureichende Kenntnisse von Notationen genannt, die zu Problemen der Lesbarkeit von Modellen führen (bspw. Mendling et al. 2009, S. 6). Als Maßnahme gegen dieses Problem können Schulungen häufig bereits nach kurzer Dauer ein Verständnis von Notationen ermöglichen (vgl. Loser 2005). Ebenso werden Konventionen zur Gestaltung von Modellen (vgl. Mendling et al. 2009, S. 6f.) eingesetzt. Ein weiterer Grund für Probleme der Akzeptanz von Modellen ist die mangelnde Integration von Mitarbeitern in die Erzeugung von Modellen und die daraus resultierende Skepsis hinsichtlich Modellen als Arbeitsgegenstand (vgl. Loser 2005, S. 232). Eine intensivere Mitwirkung an der Nutzung von Modellen bspw. durch Modellierung in Workshops (vgl. Abschnitt 3.3.1) kann diese Probleme verringern (vgl. ebd., S. 232; Specker 2003, S. 184).

[20] Der Unterschied von IST- und SOLL-Modellierung ist Bestandteil des in dieser Arbeit verwendeten Verständnisses von allgemeinen Modellen (siehe Definition 13 auf Seite 80).

3.3.3 Grenzen der Nutzung von Prozessmodellen

Die Nutzung von Modellen zur Darstellung von Prozessen und ihrer Umsetzung in Informationssystemen wird häufig kritisiert (Herrmann et al. 2004, S. 120). Gegenstand dieser Kritik ist meist die Frage, inwiefern Modelle als Abbildung kooperativer Arbeit verwendet werden können. So wird eingewandt, dass Modelle häufig idealisierte Prozesse darstellen (Schmidt 1997), immer das Verständnis eines Prozesses aus Sicht des Modellierers repräsentieren (Suchman 1995) und daher nicht als direkte Basis für die Einschreibung von Prozessen in Informationssysteme verwendet werden sollten (Robinson und Bannon 1991, S. 220ff.). Um diesem Problem entgegen zu treten, müssen Prozessbeteiligte in die Gestaltung von Prozessmodellen einbezogen werden (Loser und Herrmann 2002, vgl. Abschnitt 3.3.1). Gleichwohl ist auch bei solchen Modellen kritisch abzuwägen, ob sie als Vorlage bzw. Determinante für die Arbeit von Prozessbeteiligten oder als Orientierung in Arbeitsprozessen dienen können (Schmidt 1997, Hädrich 2005).

Vor dem Hintergrund der Beschaffenheit sozio-technischer Systeme (vgl. Abschnitt 2.1.1) nimmt diese Arbeit die Position von Modellen als nicht-determinierende Beschreibung von Prozessen ein. Die Integration von Modellen in Inhalte von Wissensmanagementsystemen wird daher nicht als spezifizierende, sondern als informierende und wissensvermittelnde Aufgabe verstanden. Dies bedeutet insbesondere, dass sie die Weiterentwicklung von Modellen unterstützen und die Beteiligung von Nutzern daran fördern soll. Dies ist bspw. im Geschäftsprozessmanagement, das im folgenden Abschnitt beschrieben wird, nicht in ausreichendem Maß der Fall.

3.4 Geschäftsprozessmanagement

Mit dem Bereich des Geschäftsprozessmanagements (GPM) hat sich aus Forschungsrichtungen wie der Geschäftsprozessoptimierung (vgl. Hammer und Champy 1994) und des Workflow-Managements (vgl. Herrmann und Hoffmann 2005) ein eigenständiger Forschungsbereich herausgebildet (vgl. Ko et al. 2009), der sich auch mit der Verwaltung von Modellen beschäftigt und daher für die vorliegende Arbeit relevant ist. Dieser Bereich weist einige Parallelen, jedoch auch deutliche Unterschiede zu dem in Kapitel 2 beschriebenen kooperativen Umgang mit Informationen und Wissen auf. Im Folgenden wird GPM daher charakterisiert und mit Vorgehensweisen des Wissensmanagements verglichen.

3.4.1 Ziele und Gegenstand des Geschäftsprozessmanagements

Gegenstand des GPM sind Geschäftsprozesse, die hinsichtlich Faktoren wie gewählter Abstraktion sowie Ein- und Ausgaben eine Spezialisierung des allgemeinen Prozessbegriffs aus Definition 15 darstellen. So wird in Anlehnung an vorhandene definitorische Ansätze (vgl. Allweyer 2005, S. 4; Balzert 1998, S. 694; Freund und Goetzer 2008, S. 3; Rosenkranz 2006, S. 3; Smith und Fingar 2007, S. 47) der Begriff des Geschäftsprozesses wie folgt in der vorliegenden Arbeit verwendet:

Definition 21 Ein **Geschäftsprozess** ist ein Prozess, der Aufgaben einer Organisation zur Erzeugung eines Werts für deren Kunden beschreibt.

Aus dieser Definition wird bereits deutlich, dass Geschäftsprozesse nicht alle Prozesse eines Unternehmens abdecken. Außerdem deutet die Definition die für Geschäftsprozesse typische hohe Abstraktion an. So sind in einem Geschäftsprozess in der Regel nicht alle Tätigkeiten einzelner Mitarbeiter aufgeführt, sondern er enthält lediglich einen Überblick über diese und am Prozess beteiligte Organisationseinheiten eines Unternehmens.

Entsprechend des Ziels eines Geschäftsprozesses, einen Wert für Kunden darzustellen, und der hierzu notwendigen Abstraktion zielt das Geschäftsprozessmanagement nicht auf Verbesserungen einzelner Arbeitsschritte, sondern auf die dauerhafte Nutzung und Qualität von Geschäftsprozessen (vgl. van der Aalst et al. 2003, Smith und Fingar 2007). Aus verschiedenen Ansätzen der Definition von Geschäftsprozessmanagement (vgl. van der Aalst et al. 2003, S. 4; Allweyer 2005, S. 12; Freund und Goetzer 2008, S. 4; Hepp et al. 2005, S. 535; Smith und Fingar 2007, S. 116f.; Wetzstein et al. 2007, S. 1) kann das in dieser Arbeit genutzte Verständnis von Geschäftsprozessmanagement abgeleitet werden:

Definition 22 **Geschäftsprozessmanagement (GPM)** beschäftigt sich mit der Modellierung, der Ausführung und der Überwachung von Geschäftsprozessen. Es ermöglicht Organisationen die kontinuierliche Kontrolle über wertschöpfende Prozesse und deren Weiterentwicklung.

Zur Unterstützung des Geschäftsprozessmanagements werden häufig entsprechende Informationssysteme eingesetzt, die in Abschnitt 4.6.2 diskutiert werden. Zum besseren Verständnis des GPM werden in der Folge dessen charakteristische Vorgehensweisen und Prinzipien beschrieben.

3.4.2 Vorgehensweisen und Prinzipien des Geschäftsprozessmanagements

Geschäftsprozessmanagement kann als *„top-down methodology designed to organize, manage, analyze, and reengineer the processes running in an organization“* (ebd., S. 1) *„from a business expert's view“* (Hepp et al. 2005, S. 535) beschrieben werden. Diese Charakterisierung zeigt, dass im GPM wenige Experten Prozesse analysieren, spezifizieren und verwalten und viele Akteure eines Unternehmens diese ausführen. Zudem zeigt sie entsprechend Definition 22, dass GPM vornehmlich auf die Ausführung und Überwachung von Prozessen in Unternehmen zielt.

Die Organisationsform des GPM drückt sich auch in Vorgehensweisen zur Erhebung, Ausführung und Verbesserung von Geschäftsprozessen aus. So beschreiben van der Aalst et al. (2003) einen Kreislauf des Geschäftsprozessmanagements, der in vielen weiteren Arbeiten bestätigt wird (bspw. Allweyer 2005, Wetzstein et al. 2007) und als Standard des GPM gelten kann (vgl. Ko et al. 2009). Dieser in Abbildung 14 dargestellte Kreislauf zeigt den Fokus des GPM auf die Konfiguration von Informationssystemen zur Ausführung von Prozessen.

Entsprechend wird im GPM der in Abschnitt 2.4.5.1 für das Wissensmanagement beschriebene Top-Down-Ansatz verwendet, der den Vorteil hat, eine hohe Qualität seiner Inhalte zu gewährleisten. Gleichzeitig beschränkt er jedoch im Fall des GPM das Wissen über Prozesse auf einen kleinen Teil der Akteure einer Organisation und stellt vielen anderen Akteuren Modelle dieser Prozesse nicht zur Verfügung. Dies bedingt häufig, dass Prozessbeteiligte im Geschäftsprozessmanagement die Quellen für Wissen über Prozesse darstellen, danach in die Gestaltung von Prozessen jedoch nicht mehr eingreifen können. Nach der Überarbeitung oder Neugestaltung der Prozesse sind sie lediglich für ihre Ausführung zuständig (McDermid 2003, S. 58f.). Anders als im Wissensmanagement, das Informationen und Wissen an alle Akteure eines Unternehmens verteilen will, ist Wissen über Prozesse im GPM daher nur bei wenigen Akteuren vollständig und bei den meisten Akteuren einer Organisation lediglich als Ausschnitt vorhanden (Allweyer 2005, S. 9). Darin liegt einer der Gründe der eingangs dieser Arbeit beschriebenen geringen Nutzung von Prozessmodellen (vgl. Abschnitt 1.1).

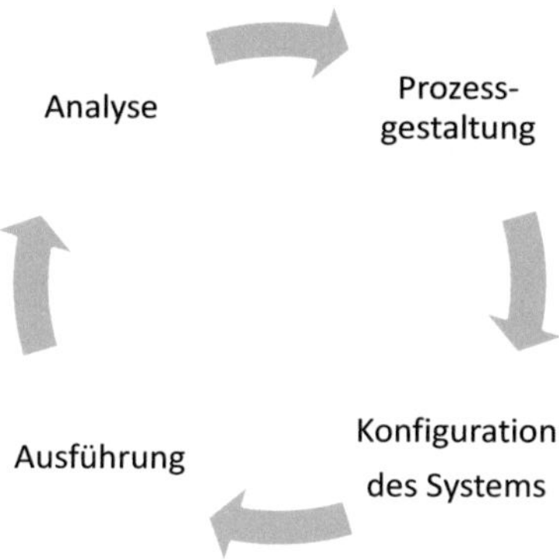

Abbildung 14: Kreislauf des Geschäftsprozessmanagements nach van der Aalst et al. (2003).

3.4.3 Unterschiede zum Wissensmanagement und der Nutzung von Modellen als wissensvermittelnde Artefakte

GPM unterscheidet sich in der Verteilung von **Wissen über Prozesse**, in dessen Anwendung in Organisationen und in der Beteiligung von Nutzern deutlich vom Wissensmanagement. So bleibt ein Großteil des Wissens über Prozesse bei wenigen Akteuren einer Organisation. Seine Anwendung durch andere Akteure geschieht nur indirekt: Mitarbeiter erfahren Inhalte eines Prozesses zwar durch neue und veränderte Abläufe ihrer täglichen Arbeit, es ist ihnen jedoch nicht möglich, diese Veränderungen nachzuvollziehen, ihren Kontext zu erfahren oder sie zu beeinflussen. Dies liegt daran, dass sie sich nur eingeschränkt an der Bearbeitung von Prozessen beteiligen können.

Im Geschäftsprozessmanagement werden **Modelle** daher nur von einem kleinen Teil einer Organisation verwendet. Zudem werden sie vornehmlich verwendet, um Prozesse zu spezifizieren, zu verwalten und zu überwachen. Modelle als dokumentiertes Wissen über Prozesse werden im GPM daher nicht in einem Maß zur Verfügung gestellt, dass Wissensarbeitern die für sie notwendige Orientierung im Kontext ihrer Tätigkeiten ermöglicht (vgl. Abschnitt 2.3.3) oder die Internalisierung vorhandenen und die Erzeugung neuen Wissens erlaubt (vgl. Abschnitt 2.4.2). Dies bedeutet jedoch nicht, dass GPM als problematisch zu beurteilen ist, da es mit der Ausführung und Überwachung von Prozessen und deren Unterstützung durch Informationssysteme seine Hauptaufgabe erfüllt. Vielmehr zeigt es, dass die Verbreitung von in Modellen dokumentiertem Wissen nicht durch das GPM gewährleistet werden kann und daher andere Lösungen benötigt werden (vgl. hierzu auch Abschnitt 4.6 ab Seite 111).

3.5 Zusammenfassung

Prozessmodelle und ihre Nutzung als wissensvermittelnde Artefakte sind Gegenstand der vorliegenden Arbeit. Die im zurückliegenden Kapitel beschriebenen Grundlagen und Vorgehensweisen der Nutzung und Verwaltung von Modellen in Organisationen stellen daher eine Basis für den weiteren Ablauf der Arbeit dar. Ihre Kenntnis ermöglicht im Verlauf der Arbeit die Analyse vorhandener Potentiale von Modellen als wissensvermittelnde Artefakte, das Verständnis von Problemen ihrer Nutzung in der Praxis sowie die Umsetzungen von Lösungen für diese Probleme.

Neben der Eingrenzung und Präzisierung zentraler Begriffe wurden hierzu im zurückliegenden Kapitel Techniken und Vorgehensweisen der Nutzung von Modellen in Organisationen vorgestellt. Dabei wurde herausgearbeitet, dass Notationen zur Modellierung von Prozessen auf ein inhaltlich ähnliches Reservoir an Elementen zur Darstellung von Prozessen zurückgreifen und somit in dieser Arbeit erzeugte Lösungen auch für in anderen Notationen dargestellte Prozessmodelle verwendet werden können. Weiterhin wurden verschiedene Vorgehensweisen zur Nutzung von Prozessmodellen in Unternehmen vorgestellt. Ebenso wurden Prozessmodelle als Möglichkeit der gemeinsamen Gestaltung von Abläufen beschreiben. Zusätzlich wurden dabei potentiell auftretende Probleme und Grenzen erörtert.

Als wichtige Voraussetzung für die inhaltliche Einordnung der vorliegenden Arbeit und die Beurteilung der bearbeiteten Forschungslücke wurde zudem mit dem Geschäftsprozessmanagement ein Anwendungsbereich beschrieben, der heute als Standard für die Verwaltung und Nutzung von Modellen in Organisationen gilt. Ein Vergleich mit dem im vorangegangenen Kapitel beschriebenen Wissensmanagement und der Verwendung von Modellen als wissensvermittelnde Artefakte zeigte Unterschiede zwischen diesen Bereichen auf. Diese sind für den weiteren Verlauf der Arbeit von Bedeutung, da sie die bestehende Lücke der Nutzung von Modellen als wissensvermittelnde Artefakte aufzeigen.

In den folgenden Kapiteln werden die in diesem und im vorherigen Kapitel beschriebenen Grundlagen verwendet, um Probleme und Potentiale als Gegenstand der Bearbeitung dieser Lücke abzuleiten und empirisch identifizierte Probleme zu interpretieren.

„Why a Diagram is (Sometimes) Worth Ten Thousand Words" (Jill H. Larkin und Herbert Simon)

4 Analyse: Probleme und Potentiale der Nutzung von Prozessmodellen in Wissensmanagementsystemen

In diesem Kapitel werden die in den vorangegangenen Kapiteln beschriebenen Grundlagen und Erkenntnisse zum kooperativen Umgang mit Informationen und Wissen sowie zur Nutzung von Modellen und ihrer Verwaltung mit weiterführenden und für die vorliegende Arbeit relevanten Forschungsergebnissen verbunden. Auf dieser Basis wird die Nutzung von Prozessmodellen[21] als wissensvermittelnde Artefakte in Organisationen analysiert. Ergebnisse dieser Analyse sind sowohl Erkenntnisse zu Gründen der Vernachlässigung von Modellen in WMS als auch Potentiale und Anforderungen ihrer Nutzung in diesen Systemen. Aus diesen Ergebnissen werden Anforderungen an die Gestaltung eines WMS, das Modelle zu Zwecken der Aneignung und des Transfers von Wissen verwaltet, abgeleitet. Dieser Abschnitt beantwortet somit zwei Forschungsfragen dieser Arbeit:

> **Forschungsfrage 2:** Welchen Nutzen haben Prozessmodelle für das Wissensmanagement von Organisationen und welche Anforderungen sind zu erfüllen, um diesen Nutzen in Wissensmanagementsystemen umzusetzen?
>
> **Forschungsfrage 3:** Welche Probleme der Integration von Modellen in Inhalte von Wissensmanagementsystemen gibt es und welche Anforderungen müssen zur Überwindung dieser Probleme umgesetzt werden?

Im Folgenden wird zur Beantwortung dieser Fragen zunächst eine Analyse von Inhalten und Verwendungszwecken von Prozessmodellen, deren Bezug auf die Erzeugung und Aneignung von Wissen und damit das Potential von Prozessmodellen als wissensvermittelnde Inhalte beschrieben (Abschnitt 4.1). In Abschnitt 4.2 werden Gründe der vorwiegenden Nutzung textueller Inhalte in WMS und Schwierigkeiten der Integration von Modellen in Inhalte von WMS analysiert. Abschnitt 4.3 beschreibt Unterschiede von Modellen und textuellen Inhalten hinsichtlich der Vermittlung von Wissen und zeigt den Mehrwert der gemeinsamen Nutzung beider Inhaltstypen in WMS auf. In der Folge wird mit der Möglichkeit der Darstellung von Perspektiven auf Prozesse (Abschnitt 4.4) ein für Modelle spezifischer Nutzen für das Wissensmanagement beschrieben. Abschnitt 4.5 identifiziert die Nutzung und Erzeugung von Modellen als Wissensarbeit. Aus allen vorgenannten Erkenntnissen werden in diesem Kapitel grundlegende Anforderungen an die Umsetzung eines Wissensmanagementsystems zur Unterstützung der Nutzung von Modellen als wissensvermittelnde Artefakte abgeleitet. In Abschnitt 4.6 werden vorhandene Lösungen zur Verwaltung von Modellen hinsichtlich dieser Anforderungen analysiert und mit diesen verglichen.

---

[21] Analog zum Hinweis in Abschnitt 3.2 sei hier zur Erinnerung darauf verwiesen, dass in der vorliegenden Arbeit die Begriffe **„Modell"** und **„Prozessmodell"** synonym verwendet werden. Es ist daher mit „Modell" immer ein „Prozessmodell" gemeint, wenn nicht explizit von einem **„allgemeinen Modell"** die Rede ist.

4.1 Prozessmodelle als wissensvermittelnde Artefakte

Das Potential der Integration von Modellen in Inhalte des Wissensmanagements ergibt sich daraus, dass in Modellen für Organisationen wertvolles Wissen dargestellt wird. Im Folgenden wird daher der Charakter von Modellen als Artefakte der Wissensvermittlung (vgl. Prilla und Herrmann 2007, S. 16ff.) herausgearbeitet und diskutiert.

4.1.1 Organisationsrelevante Inhalte von Prozessmodellen

Modelle enthalten nach Angaben verschiedener Autoren Informationen, die sie transportieren und die für die Aneignung von Wissen (vgl. Abschnitt 2.4.3) von Belang sind. Tabelle 5 gibt einen Überblick über in der Literatur genannte Arten solcher Informationen.

Tabelle 5: In Modellen dokumentierte und aus ihnen erschließbare Informationen.

Art der Information	Autoren/Quellen
Ablauf- und Prozessinformationen	Amaravadi und Lee 2005, S. 69ff.; Habermann et al. 2002, S. 291; Jahnke et al. 2008, S. 381; Krogstie et al. 2006, S. 92; Remus 2002, S. 149
Organisations- und Kooperationsstrukturen	Amaravadi und Lee 2005, S. 69ff.; Habermann et al. 2002, S. 291; Krogstie et al. 2006; Motschnig-Pitrik et al. 2005, S. 119; Specker 2003, S. 59ff.
Zur Kooperation genutzte Ressourcen und IT	Gronau und Weber 2004, S. 424; Jahnke et al. 2008, S. 371; Motschnig-Pitrik et al. 2005, S. 119; Specker 2003, S. 377
An Abläufen beteiligte Akteure und Rollen	Allweyer 2005, S. 28ff.; Krogstie et al. 2005, S. 208; Remus 2002, S. 149ff.
Anforderungen und Rationale von Abläufen	Allweyer 2005, S. 29; Herrmann und Loser 1999, S. 314; Moody 1996, S. 227; Ramesh 2002, S. 50; Vara et al. 2008, S. 166
Domänenspezifische Informationen	Fettke und Loos 2002, S. 3ff.; Vara et al. 2008, S. 166
Organisationsaufbau	Brücher und Endl 2003, S. 145; Remus 2002, S. 149ff.; Specker 2003, S. 374ff.
Leistungsindikatoren für Abläufe	Allweyer 2005, S. 28; Amaravadi und Lee 2005, S. 71; Remus 2002, S. 149ff.

Die Darstellung in Tabelle 5 zeigt die Vielfalt in Modellen vorhandener Informationen und die Rolle, die Modelle daher im Wissensmanagement spielen könnten. Neben den verschiedenen Arten von Informationen in Modellen lassen sich aus der Literatur aber auch Hinweise auf ihre Nutzung als wissensvermittelnde Artefakte identifizieren. So beschreiben Keane et al. (2007) Modelle als Möglichkeit des Transfers sowohl expliziten als auch impliziten Wissens. Darüber hinaus werden Modelle als Möglichkeit der Kommunikation von organisatorischen Zusammenhängen (vgl. Herrmann und Loser 1999, Moody 1996, Motschnig-Pitrik et al. 2005) sowie als Bezugspunkt gemeinsamer und individueller Reflexion bezeichnet (Loser 2005, S. 148). Sie können daher als Möglichkeit **sozio-technischer Selbstbeschreibung**

(Herrmann et al. 2007a, Kunau 2006, vgl. Abschnitt 2.1.1) aufgefasst werden. Insgesamt unterstreicht die Betrachtung ihrer Inhalte daher, dass Modelle verschiedene für eine Organisation relevante Arten von Informationen und Aufgaben des Wissensmanagements enthalten.

4.1.2 Verwendungszwecke von Prozessmodellen und -modellierung

„Modelle (...) werden immer zu einem bestimmten Zweck erstellt (...)" (Kunau et al. 2005b, S. 150). Diese Aussage zeigt, dass mit Modellen stets ein **primärer** Nutzungszweck verfolgt wird. Tabelle 6 zeigt eine Auswahl[22] in der Literatur hierzu vorfindlicher Nutzungszwecke.

Tabelle 6: Verwendungszwecke der Modellierung nach Primär- und Sekundärzwecken.

Verwendungszweck	Autoren/Quellen
Primärzwecke	
Dokumentation von Prozessen	Becker et al. 2004, S. 155; Davies et al. 2004, S. 669; Kunau et al. 2005b, S. 150
Analyse von Prozessen	Allweyer 2005, S. 231ff.; Balzert 1998, S. 722ff.; Kunau et al. 2005b, S. 150; Markovic 2008, S. 189; Rosenkranz 2006, S. 17; Specker 2003, S. 32f.; Wand und Weber 2002, S. 363
Gestaltung und Optimierung von Prozessen	Balzert 1998, S. 722ff.; Becker et al. 2004, S. 155; Davies et al. 2004, S. 669; Freund und Goetzer 2008; Kunau et al. 2005b, S. 150; Markovic 2008, S. 189; Rosenkranz 2006, S. 16f.
Kommunikation über Prozesse zur Analyse und Gestaltung	Herrmann et al. 1999a, S. 60; Markovic 2008, S. 189; Wand und Weber 2002, S. 363
Spezifikation von Software	Becker et al. 2004, S. 155; Davies et al. 2004, S. 669; Freund und Goetzer 2008, S. 193; Jeckle et al. 2004, S. 10; Patig 2008, S. 49
Begleitung der Software-Entwicklung und Code-Generierung	Allweyer 2005, S. 366ff.; Davies et al. 2004, S. 669; Gruhn et al. 2006a, S. 35f.; Jeckle et al. 2004, S. 10; Patig 2008, S. 49
Anforderungsanalyse und -dokumentation	Insfran et al. 2002, S. 659; Jeckle et al. 2004, S. 179; Markovic 2008, S. 189; Specker 2003, S. 28; Wand und Weber 2002, S. 363
Zertifizierung	Allweyer 2005, S. 279ff.; Becker et al. 2004, S. 155; Davies et al. 2004, S. 669
Simulation	Allweyer 2005, S. 30f.; Becker et al. 2004, S. 155; Rosenkranz 2006, S. 17
Ausführung von Prozessen (GPM)	Allweyer 2005, S. 30f.; Becker et al. 2004, S. 155; Markovic 2008, S. 189
Sekundärzwecke	
Standardisierung von Abläufen	Amaravadi und Lee 2005, S. 65; Freund und Goetzer 2008, S. 193; Kunau et al. 2005b, S. 150; Smith und Fingar 2007, S. 215

[22] Vor dem Hintergrund der Vielzahl potentieller Anwendungen von Modellen kann die Darstellung in Tabelle 6 nicht vollständig sein. Sie repräsentiert dennoch eine breite Auswahl von Zwecken der Modellierung.

Verwendungszweck	Autoren/Quellen
Kommunikation und Weitergabe von Prozessen	Amaravadi und Lee 2005, S. 65; Davies et al. 2004, S. 677; Specker 2003, S. 28
Schulung von Mitarbeitern	Allweyer 2005, S. 30f.; Amaravadi und Lee 2005, S. 65; Davies et al. 2004, S. 676
Change Management / Organisationsentwicklung	Allweyer 2005, S. 301ff.; Becker et al. 2004, S. 155; Davies et al. 2004, S. 676; Freund und Goetzer 2008, S. 193
Personalentwicklung	Davies et al. 2004, S. 676
Transparenz organisatorischer Prozesse	Freund und Goetzer 2008, S. 193; Rosenkranz 2006, S. 17; Specker 2003, S. 28

Tabelle 6 ist nach Primär- und Sekundärzwecken sortiert. Als **Primärzwecke** von Prozessmodellen werden dabei solche Nutzungszwecke bezeichnet, die direkt mit Modellen verbunden werden und aus denen ihre Nutzung vornehmlich motiviert ist. Darunter fallen die in Tabelle 6 dargestellten Zwecke der Gestaltung von Prozessen, der Zertifizierung oder der Spezifikation von Software. In Abgrenzung dazu werden mit **Sekundärzwecken** solche Zwecke bezeichnet, die Modelle für Organisationen **zusätzlich** zu ihrer eigentlichen, im Rahmen eines Primärzwecks verfolgten Aufgabe haben sollen. Beispiele solcher Zwecke finden sich in der Nutzung von Modellen zur Standardisierung, für die Transparenz von Abläufen oder zur Schulung von Mitarbeitern. Sekundärzwecke nutzen bereits **vorhandene Modelle**, um durch ihre Verteilung und Verwendung einen Mehrwert in Organisationen zu erreichen.

Die Trennung von Primär- und Sekundärzwecken zeigt auf, welchen Wert Modelle, die zu Primärzwecken erzeugt werden, durch ihre weitere Verwendung für Organisationen haben könnten. Dennoch konzentriert sich die Nutzung von Modellen in der Praxis meist auf Primärzwecke und es fehlt häufig an adäquater Unterstützung von Sekundärzwecken. Beobachtungen aus Praxisfällen (vgl. Abschnitt 1.2.1) stützen diese These. Die Umsetzung von Sekundärzwecken kann daher als Ziel dieser Arbeit bezeichnet werden, hierzu müssen jedoch auch Verbesserungen der Unterstützung von Primärzwecken beachtet werden, um bspw. die Verfügbarkeit von Modellen zu sichern. Dafür ist neben der in diesem Kapitel durchgeführten Analyse empirisch zu erheben, welche Probleme der Unterstützung in der Praxis auftreten (vgl. Kapitel 5).

Darüber hinaus lässt sich bezüglich der in Abschnitt 2.4.2 gegebenen Differenzierung von Wissen aus den zu Sekundärzwecken in Tabelle 6 angegebenen Verwendungsmöglichkeiten von Modellen festhalten, dass mit ihnen **Prozesswissen** (Standardisierung von Abläufen, Kommunikation und Weitergabe von Prozessen), aber auch **Metawissen** (Transparenz organisatorischer Prozesse, Schulung von Mitarbeitern) sowie **individuelles und kollektives Wissen** (Organisationsentwicklung, Transparenz organisatorischer Prozesse) dokumentiert und weitergegeben werden kann.

4.1.3 Analyse: Das Potential von Prozessmodellen für das Wissensmanagement

Eine Konkretisierung des Potentials und der Möglichkeiten der Verwendung von Modellen im Wissensmanagement kann anhand der Einordnung von Modellen in die in Abbildung 4 auf Seite 41 gegebene Beschreibung der Übergänge zwischen implizitem und explizitem Wissen von Nonaka (1994) durchgeführt werden. Sie basiert auf der Analyse der Modellen zugeschriebenen Eigenschaften aus den Abschnitten 4.1.1 und 4.1.2. Eine solche Einordnung ist nach Kenntnis des Autors bisher nicht vorhanden. Zwar finden sich bei Krogstie et al. (2005) und Remus (2002) ähnliche Einordnungen, diese beziehen sich jedoch auf Qualitätskriterien zur Erstellung von Modellen sowie die Strukturierung von Abläufen des Wissensmanagements durch Modelle. Abbildung 15 zeigt eine Einordnung mit Bezug auf das Potential von Modellen im Wissensmanagement (vgl. Prilla 2009).

Das Potential von Modellen zur **Externalisierung** geht aus den in Abschnitt 4.1.2 beschriebenen Nutzungszwecken wie Analyse und Gestaltung von Prozessen hervor und ist zugleich das intuitivste Potential von Modellen im Wissensmanagement. Modellierung kann in diesem Zusammenhang als Externalisierung von Wissen, das zu den in Abschnitt 4.1.2 genannten

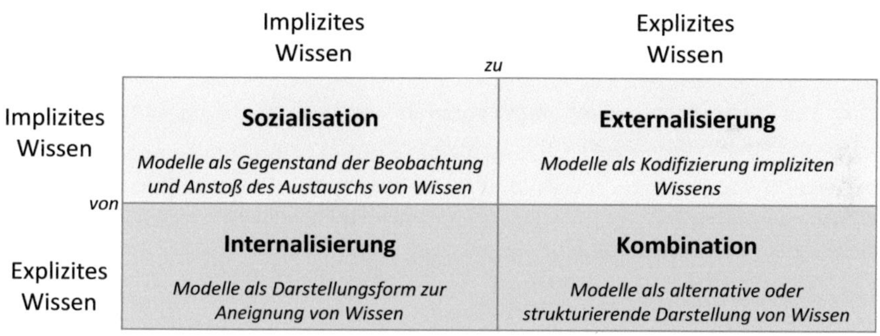

Abbildung 15: Potential von Modellen im Wissensmanagement, angelehnt an Nonaka (1994).

Zwecken benötigt wird und die in Abschnitt 4.1.1 dargestellten Inhalte enthält, verstanden werden. Modelle bringen dabei für die Externalisierung ein besonderes Potential ein, da sie besonders gut geeignet sind, implizites Wissen zu externalisieren (Tiwana und Ramesh 2001, Lu et al. 2006, vgl. Abschnitt 4.3).

Für die **Kombination** bereits explizierten Wissens bieten Modelle eine zu textuellen Inhalten alternative oder strukturierende Darstellung für das Wissensmanagement (vgl. Abschnitte 4.2, 4.3 und 4.6.1). So können textuell vorhandene Inhalte in Modelle überführt werden, ebenso ist ein umgekehrter Prozess möglich. Aus dieser Möglichkeit ergeben sich viele Vorteile, die durch die Verbindung von Modellen und Texten ähnlichen Inhalts in WMS genutzt werden können (vgl. Abschnitt 4.3).

Modelle können als Darstellungsform zur Aneignung und somit zur **Internalisierung** expliziten Wissens verwendet werden. Dies zeigen die verschiedenen Nutzungszwecke und Inhalte von Modellen (vgl. Abschnitte 4.1.1 und 4.1.2). Insbesondere lassen sich mit ihnen Informationen über Abläufe oder Kooperationsstrukturen vermitteln (vgl. Tabelle 5). Abschnitt 4.3 erläutert als einen der Schwerpunkte der vorliegenden Arbeit die besondere Eignung von Modellen für die Internalisierung von Wissen.

Die Verbindung von Modellen und Prozessen der **Sozialisation** scheint zunächst fraglich, da es sich um den Transfer impliziten, also nicht dokumentierten Wissens handelt. Remus (2002) schreibt ihnen jedoch einen kommunikationsanregenden Charakter zu, der auch als *„driver of tacit knowledge"* (Keane et al. 2007, S. 136) beschrieben wird. Grafische Darstellungen werden zudem als *„Referenzierung impliziten Wissens"* (Lehner 2006, S. 255) beschrieben. Modelle können nach diesen Aussagen als Gegenstand der Beobachtung sowie als Anstoß des Austauschs impliziten Wissens verstanden werden. Dies zeigen auch Arbeiten, in denen sich die Referenzierung impliziten Wissens in Modellen als vorteilhaft für ihre Nutzung erwiesen hat (bspw. Herrmann und Loser 1999). Trotz dieser Hinweise wird die Rolle von Modellen in Prozessen der Sozialisation hier unter Vorbehalt dargestellt.

Insgesamt zeigt die Analyse, welches Potential Modelle als Artefakte zur Vermittlung von Wissen haben: Sie erweisen sich für alle Prozesse des Übergangs impliziten und expliziten Wissens als nützlich und können diese daher auch im Wissensmanagement fördern.

4.1.4 Die Diskrepanz zwischen Potentialen und Unterstützung von Modellen im Wissensmanagement

Mangelnde Transparenz von Arbeits- oder Organisationsprozessen sowie Schwierigkeiten bei der Kommunikation und Abstimmung von Abläufen sind typische Probleme in Organisationen, die durch den Einsatz von WMS gelöst werden sollen (vgl. Abschnitt 2.4.3). Insbesondere vor dem Hintergrund des Bedarfs von Wissensarbeitern, ihre Arbeit in den Kontext der Organisation einzuordnen und die Tätigkeiten Anderer einschätzen zu können (vgl. Abschnitte 2.3.2 und 2.3.3), werden Maßnahmen zur Lösung dieser Probleme benötigt. Die in diesem Abschnitt beschriebenen Inhalte, Nutzungszwecke und Potentiale von Modellen zeigen, dass Modelle hierfür relevantes Wissen bereitstellen können und ideale Artefakte zur Vermittlung dieses Wissens darstellen. Zudem können Modelle als Selbstbeschreibung (vgl. Abschnitt 2.1.1) eines sozio-technischen Systems (Herrmann et al. 2007a, Kunau 2006) notwendige Informationen zur Weiterentwicklung dieses Systems liefern und damit entlang der in Abschnitt 2.4.2 geschilderten Wissensspirale die Generierung neuen organisatorischen Wissens fördern.

Die Voraussetzung zur Umsetzung der oben beschriebenen Potentiale ist die organisationsweite Verfügbarkeit von Modellen (vgl. Prilla 2009). Sind Modelle in Organisationen nicht für alle Mitarbeiter verfügbar, ist die Nutzung von Modellen zur Vermittlung von Wissen stets auf Situationen wie Workshops (vgl. Abschnitt 3.3) beschränkt. Gemessen an den beschriebenen Potentialen ist die Verfügbarkeit von Modellen daher als unzureichend zu bezeichnen: In Organisationen verwenden nur wenige Akteure Modelle dauerhaft (Wand und

Weber 2002, S. 364) und häufig werden Modelle jenseits ihres Primärzwecks nicht eingesetzt oder verbleiben als archivierte und ungenutzte ***„Schrankware"*** (Freund und Goetzer 2008, S. 149). Diese Probleme werden jedoch in der Literatur nur wenig beachtet, die Beiträge von Freund und Goetzer (2008) sowie Wand und Weber (2002) sind mit Ausnahme der in Abschnitt 1.2 genannten Quellen nach Kenntnis des Autors die einzigen Arbeiten mit Hinweisen auf diese Probleme. Gleichwohl erzeugen die Probleme eine Lücke: Durch mangelnde Verfügbarkeit von Modellen kann das in ihnen explizierte Wissen nicht gefunden und folglich auch nicht verwendet werden. Dies zeigt, dass das Potential von Modellen zur Verbreitung und Aneignung von Wissen bisher unzureichend unterstützt wird (siehe dazu auch die Abschnitte 4.2, 4.3 und 4.6). Als erster und zentraler Schritt zur Lösung dieses Problems muss daher die organisationsweite Verfügbarkeit von Modellen als Inhalte des Wissensmanagements als Anforderung festgehalten werden.

> **Anforderung 1** Um das Potential von Modellen als wissensvermittelnde Artefakte nutzen zu können, muss ein Wissensmanagementsystem Modelle als Inhalte des Wissensmanagements verwalten und organisationsweit zur Verfügung stellen können.

4.2 Ungleichgewichtung von Inhalten in Wissensmanagementsystemen

Vor dem Hintergrund der Erkenntnisse aus Abschnitt 4.1 ist zu fragen, warum Modelle in WMS kaum eine Rolle spielen, wenn für Inhalte von WMS in der Literatur neben textuellen Darstellungen auch Grafiken, Modelle, Audio- und Videodateien genannt werden (vgl. Dalkir 2005, Lehner 2006). Die Betrachtung tatsächlich genutzter Inhalte zeigt, dass sie in der Praxis hauptsächlich textueller Natur sind. Dieser Abschnitt beschreibt das Problem textueller Dominanz in WMS und erläutert die Schwierigkeiten, die bei der Integration von Inhalten wie Modelle auftreten.

4.2.1 Textuelle Dominanz von Inhalten in Wissensmanagementsystemen

Betrachtet man die Literatur hinsichtlich der Nutzung von Inhalten in WMS, so ergibt sich eine Tendenz zu **Text als vornehmlicher Darstellungsform von Inhalten**. Dies kann einerseits indirekt aus in WMS vorhandenen Mechanismen zum Umgang mit Inhalten und andererseits direkt aus Aussagen einiger Arbeiten abgeleitet werden. Hierzu werden auf der Ebene technischer Unterstützung des Wissensmanagements häufig textbasierte Funktionen wie Text-Mining verwendet. Spezielle Methoden zur Verarbeitung grafischer Inhalte im Wissensmanagement werden in der Literatur jedoch nicht genannt (vgl. Abschnitt 4.2.2) und müssen häufig durch manuelle, aufwändige Strategien wie Katalogisierung ersetzt werden (vgl. Hinrichs et al. 2005, S. 373). Dieser Hinweis auf die textuelle Dominanz in WMS wird durch Aussagen erhärtet, in denen Text explizit als vorrangiges Format zur Darstellung von Inhalten beschrieben (Ciravegna 2001, S. 88) und davon ausgegangen wird, dass 80 bis 85 Prozent der Inhalte in WMS textueller Natur sind (Uren et al. 2006, S. 14).

Die daraus resultierende Situation ist paradox, da sich in der Literatur keine Aussagen finden, die textuellen Inhalten eine bessere Eignung für das Wissensmanagement als anderen Inhaltstypen zuschreiben. Sie ist zugleich problematisch, da bspw. mit Modellen in Organisationen nicht-textuelle Inhalte vorhanden sind, die für das Wissensmanagement wertvoll wären (Hinrichs et al. 2005, vgl. Abschnitt 4.1) und die Kommunikation zwischen verschiedenen Gruppen von Nutzern fördern könnten (Novak 2007, vgl. Abschnitt 2.2.2.2). Tiwana und Ramesh (2001) fordern daher, dass in WMS neben explizitem, erfassbarem Wissen auch Möglichkeiten der Vermittlung impliziten Wissens vorhanden sein müssen. Sie führen aus, dass hierzu nicht-textuelle Darstellungen wie Grafiken und Modelle Möglichkeiten bieten, informale Vorgänge festzuhalten und auszutauschen (Tiwana und Ramesh 2001, S. 32ff.). Solche Inhalte werden jedoch durch WMS nicht ausreichend erfasst und sind daher nur schwer aufzufinden (Probst et al. 1998, S. 307). Dies verhindert ihre Nutzung in Organisationen.

4.2.2 Verarbeitung von Modellen und Text durch Informationssysteme

Die Dominanz textueller Inhalte in WMS kann auf Probleme der Unterstützung grafischer Inhalte wie bspw. Modelle durch Informationssysteme zurückgeführt werden. Für diese Unterstützung besteht zum derzeitigen Stand der Forschung ein Unterschied der Nutzung grafischer und textueller Informationen: Während Techniken aus dem Bereich des Information Retrievals wie Suchmaschinen (vgl. Abschnitt 2.4.4) für Texte in Wissensmanagementsystemen etabliert sind, fehlt es an entsprechenden Mechanismen zur Verarbeitung und Erfassung grafischer Inhalte. Dies ist ein entscheidendes Defizit der Integration nicht-textueller Inhalte in WMS, da diese Inhalte so nicht zur Geltung kommen:

> *„Whether a diagram (or any other representation) is worth 10,000 words depends on what productions are available for searching the data structure, for recognizing relevant information and for drawing inferences from that information."*
> (Larkin und Simon 1987, S. 68)

Für menschliche Akteure sind grafische Informationen im Sinne der Aussage von Larkin und Simon (1987) interpretierbar (vgl. Abschnitt 4.3.2), für Informationssysteme jedoch nicht. Dieser auch als Semantische Lücke (*„semantic gap"*, Smeulders et al. 2000, S. 1352) zwischen grafischen und textuellen Beschreibungen bezeichnete Unterschied wird als zentrales Problem der grafischen Informationsverarbeitung angesehen (Jorgensen 2007, Smeulders et al. 2000). Er bezeichnet den Unterschied zwischen der informationstechnisch unterstützten **Extraktion** und der menschlichen **Interpretation** von Inhalten:

> *„The semantic gap is the lack of coincidence between the information that one can extract from the visual data and the interpretation that the same data have for a user in a given situation."*[23] (Smeulders et al. 2000, S. 1352)

Gleichwohl sind Ansätze und Verfahren vorhanden, mit denen auch grafische Darstellungen interpretiert und Teile aus ihnen erkannt werden können (vgl. Srihari et al. 2000). Mit solchen Verfahren können grafische Darstellungen jedoch nur miteinander verglichen, nicht aber im Sinne menschlicher Kognition erkannt oder interpretiert werden. Zudem benötigen diese Ver-

[23] Mit dem Teilsatz *„that one can extract"* beziehen sich Smeulders et al. (2000) auf den Entwurf von Algorithmen zur Analyse grafischer Inhalte.

fahren zusätzliche Informationen wie Texte in Form von bspw. Bildunterschriften, die jedoch nicht immer den Inhalt eines mit ihnen assoziierten Bilds wiedergeben (vgl. ebd., von Ahn und Dabbish 2004). Dennoch werden auch heute noch auf diese Weise unterstützte Verfahren verwendet (vgl. Datta et al. 2008).

Die oben dargestellten Aussagen gelten für rein grafische Darstellungen wie Bilder. Modelle fallen in die Kategorie multimodaler („*multimodal*“, vgl. Srihari et al. 2000, S. 245) Inhalte, da sie textuelle Informationen bspw. in Bezeichnern ihrer Elemente mit grafischen Inhalten verbinden. Für die Verwaltung und Inhaltsextraktion von Modellen müssen daher diese Informationsebenen kombiniert werden. Hierfür gibt es Ansätze, in denen vornehmlich die textuellen Bestandteile von Modellen ausgewertet werden (vgl. Koschmider et al. 2008 und Abschnitt 4.6.2). Häufig handelt es sich dabei jedoch um in der Entwicklung befindliche Prototypen oder um Lösungen mit hohem Aufwand für Suche oder Verwaltung (vgl. Abschnitt 4.6). Auch Verfahren der Transformation und Inhaltsextraktion von Modellen bspw. aus dem Bereich der „Model Driven Architecture” (MDA, vgl. Gruhn et al. 2006b) können hier nicht eingesetzt werden, da sie zwar Modelle in formale Texte überführen können, hierzu jedoch eine entsprechend formale Modellierung notwendig ist und sie zudem die Transformation lediglich anhand hierfür domänenspezifisch definierter Regeln und Schablonen durchführen (vgl. Gruhn et al. 2006b, S. 149ff.). Sie bieten daher keine echte Inhaltsanalyse. In WMS wird daher mangels anderer Unterstützung der Analyse des Inhalts von Modellen häufig der **Dateiname** eines Modells als Äquivalent zur Bildunterschrift von Grafiken zum einzigen Anhaltspunkt ihrer Verwaltung. Dies zeigt sich auch in der empirischen Studie der vorliegenden Arbeit (Kapitel 5).

Diese Aussagen können durch praktische Beispiele der Suche nach Modellen in Wissensmanagementsystemen unterlegt werden. So zeigt Abbildung 16 die Suche nach Inhalten der Arbeitsgruppe, in der der Autor beschäftigt ist, im Wissensmanagementsystem BSCW[24]. Diese Suche wurde zugleich in Namen von Dateien, ihrer Beschreibung und in ihrem Inhalt mit dem Suchbegriff „bibliothek“ ausgeführt. Auf der linken Seite zeigt die Abbildung Ergebnisse dieser Suche, unter denen auch in der (nicht in der Abbildung dargestellten) weiteren Liste kein Modell zu finden ist. Als Kontrast zeigt die rechte Seite der Abbildung eine Liste vorhandener Modelle, die zum Suchwort passen, von der Suche jedoch nicht gefunden wurden[25]. Dies zeigt, dass Modelle von Nutzern eines WMS häufig nur dann gefunden werden können, wenn die verwendeten Suchbegriffe in ihrem Dateinamen vorkommen. Obwohl dieses Beispiel vergleichsweise einfach ist, verdeutlicht es das beschriebene Problem der Suche nach Modellen in WMS[26].

[24] BCSW ist eine ursprünglich als Dokumentenmanagement-System und heute als Groupware- und Wissensmanagementplattform vertriebene Anwendung von OrbiTeam. Weitere Informationen zu BSCW finden sich unter http://www.bscw.de/wissensmanagement.html.

[25] Ähnliche Beispiele können auch mit anderen WMS und ihren Inhalten erzeugt werden.

[26] Es sollte beachtet werden, dass zwar einige der in Abbildung 16 links dargestellten Suchergebnisse den Begriff „bibliothek“ im Namen enthalten, bspw. der letzte Eintrag der Liste aber nicht. Dies zeigt, dass WMS für Texte weitaus bessere Suchmöglichkeiten vorsehen als bspw. für Modelle.

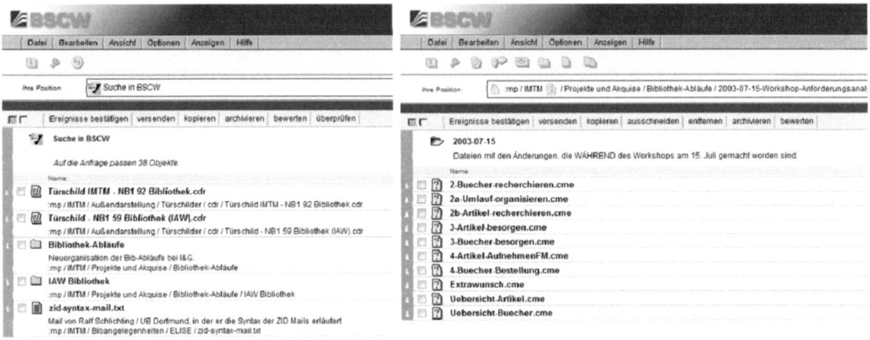

Abbildung 16: Darstellung der Suche nach Modellen mit dem Suchbegriff „bibliothek" im Wissensmanagementsystem BSCW (links) und Darstellung zu dem Suchbegriff passender, aber nicht gefundener Modelle im selben System (rechts).

Zusammenfassend kann festgehalten werden, dass hinsichtlich der informationstechnischen Erfassung und Verwaltung von Inhalten aus Modellen und Texten ein Problem für die Verarbeitung von Modellen zu sehen ist, das noch nicht gelöst ist. Problematisch wird dies, wenn Modelle in WMS gefunden werden sollen. Können sie nicht oder nur auf Basis des ihnen zugewiesenen Dateinamens durch die Suche eines WMS erfasst werden, ist das Suchen und Finden von Modellen als Inhalte nur eingeschränkt möglich. Somit kann der in Abschnitt 2.4.4 dargestellte Wissensmanagementzyklus für Modelle nicht umgesetzt werden. In der Konsequenz bedeutet dies, dass Modelle nicht zur Erzeugung neuen Wissens verwendet werden können und somit eine **marginale Bedeutung** für das Wissensmanagement haben.

4.2.3 Resultierende Anforderungen

Die vornehmliche Nutzung von Texten als Inhalte von WMS und die dargestellten Unterschiede der Verarbeitung von Modellen und Texten durch Informationssysteme stellen für die Integration von Modellen in Inhalte von WMS ein Problem dar, das die Umsetzung der in Abschnitt 4.1 beschriebenen Potentiale verhindert. Die in Abschnitt 4.2.2 beschriebene Semantische Lücke als Auslöser dieses Problems zeigt, dass zum gegenwärtigen Stand der Forschung keine zu Mechanismen wie Text-Mining äquivalenten Funktionen für Modelle vorhanden sind. Um das Problem der Integration von Modellen in Inhalte von WMS zu lösen, müssen sie einem WMS auf einem anderen Weg zugänglich gemacht werden. Hierzu haben sich semantische Beschreibungen von Inhalten bewährt (Horrocks 2008). Um Modelle und Texte gleichermaßen zu verwalten, müssen solche Beschreibungen in WMS sowohl für textuelle Inhalte als auch für Modelle verfügbar sein. Aufgrund der Erkenntnisse zur Werkzeugnutzung von Wissensarbeitern sollte die Beschreibung von Modellen nicht nur in WMS möglich sein, sondern auch in Modellierungswerkzeugen, um sie in den Kontext täglicher Arbeit zu integrieren (vgl. Abschnitt 2.3). Daraus resultieren weitere grundlegende Anforderungen:

Anforderung 2 Um die strukturelle Heterogenität von Modellen und Texten auszugleichen und so Inhalte von Modellen zu explizieren, muss ein Wissensmanagementsystem eine Meta-Ebene der Beschreibung von Modellen und Texten bereitstellen.

Anforderung 3 Um die Nutzung von Modellen in Wissensmanagementsystemen zu ermöglichen, muss ein Prozessmodellierungswerkzeug es Nutzern ermöglichen, Modelle auf einer Meta-Ebene zu beschreiben.

4.3 Mehrwert durch Verbindung von Prozessmodellen und textuellen Inhalten

Vor dem Hintergrund der beschriebenen Potentiale von Modellen im Wissensmanagement stellt sich die Frage, warum Modelle gegenüber textuellen Darstellungen einen Mehrwert erzeugen können. Sind sie lediglich eine alternative und optisch attraktivere Darstellungsform oder stellt ihre Integration einen Mehrwert für das Wissensmanagement dar? Anders formuliert ist zu ergründen, warum Texte und ihre partielle Ergänzung durch grafische Darstellungen bspw. in zusammengesetzten Dokumenten (vgl. Völkel 2007) für Aufgaben des Wissensmanagements (vgl. Abschnitt 2.4.4) nicht ausreichen. Dieser Abschnitt gibt durch eine Analyse relevanter Forschungsergebnisse eine Antwort darauf.

4.3.1 Kompatibilität mit mentalen Modellen von Nutzern

Ein wesentlicher Faktor der Nutzung von Inhaltstypen wie Prozessmodellen und Texten ist deren Kompatibilität mit bei Individuen vorfindlichen **mentalen Modellen** (Larkin und Simon 1987, Scaife und Rogers 1996). Der Begriff des mentalen Modells (Johnson-Laird 1980) bezeichnet Vorstellungen und Annahmen eines Individuums über ein System, die für das Verständnis und den Umgang mit dem System von zentraler Bedeutung sind (vgl. Herrmann et al. 2002, Loser et al. 2010). Mentale Modelle sind zentrale Elemente der Internalisierung und Externalisierung von Wissen (vgl. Abschnitt 2.4.2), da sie das Verständnis des Systems und Annahmen über dessen Verhalten ermöglichen:

> *„A mental model is the representation of a limited area of reality in a format which permits the internal simulation of external processes, so that conclusions can be drawn and predictions made.“* (Molitor et al. 1989, S. 10)

Mentale Modelle sind bei verschiedenen Individuen unterschiedlich ausgeprägt und basieren auf unterschiedlichen kognitiven Repräsentationen (Neuwirth und Kaufer 1989, S. 326). Sie bestehen in der Regel aus verbalen und bildlichen Vorstellungen der Realität (Johnson-Laird 1980, S. 100). Für viele Menschen überwiegen dabei grafische Vorstellungen von Zusammenhängen (Molitor et al. 1989, S. 10; Seel und Strittmatter 1989, S. 38). Grafische Modelle können in diesem Zusammenhang als für die **Ausbildung** mentaler Modelle vorteilhafte Darstellungsformen bezeichnet werden, da sie gegenüber der Nutzung textueller Darstellungen exaktere Vorstellungen hervorrufen, die zudem länger in Erinnerung bleiben (Winn 1989, S. 135). Darüber hinaus können sie für die Ausbildung und Angleichung kollektiven Wissens eine **Mittlerfunktion** zwischen individuellen mentalen Modellen und der in diesen projizierten Realitäten übernehmen und somit die Integration mentaler Modelle verschiedener Akteure unterstützen (vgl. Herrmann et al. 2002, Loser et al. 2010).

Unabhängig von individuellen Unterschieden ist es für die Nutzung externer Repräsentationsformen bei der Vermittlung von Wissen daher wichtig, Darstellungen zu verwenden, die mit den mentalen Modellen von Rezipienten **kompatibel** sind (Larkin und Simon 1987, Scaife und Rogers 1996). Durch die Verwendung inkompatibler externer Darstellungsformen können solchen Akteuren Nachteile entstehen, deren mentale Modelle keine **Passung** zur angebotenen Repräsentation aufweisen (Neuwirth und Kaufer 1989, S. 326). Daraus folgt, dass weder Modelle noch textuelle Darstellungen vornehmlich zur Vermittlung von Wissen verwendet, sondern Inhalte idealerweise in beiden Formen angeboten werden sollten.

4.3.2 Rezipierbarkeit von Modellen und Texten durch Menschen

Die Form der Darstellung von Inhalten beeinflusst die **Verarbeitung der darin enthaltenen Informationen** durch Menschen. Dies bedingt, dass sie je nach Darstellung Inhalte unterschiedlich leicht durch Menschen aufgenommen und verstanden werden können. Gründe hierfür liegen in Unterschieden verschiedener Repräsentationsformen hinsichtlich ihrer **Struktur** bzw. ihres **Aufbaus** sowie in der in ihnen verwendeten **Syntax** und **Symbolik**.

Für den Aufbau von Modellen und Texten ist festzustellen, dass Texte meist linear strukturiert sind (vgl. Völkel 2007, S. 210). Sie werden daher sequentiell wahrgenommen (Engels und Heckel 2000, S. 373). Modelle hingegen haben durch die Verbindung von Elementen untereinander einen zweidimensionalen Aufbau, in dem Elemente durch Relationen horizontal, vertikal und diagonal miteinander verbunden werden. In dieser Struktur kann trotz potentiell vorhandener Startelemente kein Startpunkt für Betrachter vorgegeben werden (vgl. Larkin und Simon 1987, S. 66). Sie werden daher als Einheit (*„at a glance"*, Engels und Heckel 2000, S. 373) wahrgenommen.

Unterschiede in der Wahrnehmung von Modellen und Texten liegen nicht nur in ihrer Struktur, sondern auch in der von ihnen verwendeten Symbolik: In Modellen verwendete grafische Elemente sind für Menschen leichter und schneller zu verstehen (Dori 2008, S. 48). Die Verwendung ikonografischer Darstellungen macht Modelle häufig gegenüber textuellen Darstellungen intuitiver:

> *"Textual languages are symbolic in spirit, and their basic syntactic expressions are put together in linear character sequences. In contrast, the basic expressions in iconic languages are small pictorial signs that visually depict elements. An iconic language can be more intuitive than a textual language (...)"* (Harel und Rumpe 2004, S. 65)

Aus den dargestellten Unterschieden lassen sich Vorteile von Modellen bei der Informationsverarbeitung identifizieren. So erleichtern Modelle das Verständnis von Zusammenhängen (Stenning und Oberlander 1995) sowie zeitlicher und räumlicher Strukturen (Dori 2008, S. 48). Zudem können sie Informationen kompakter darstellen und sind daher besser zu verstehen (Moody 1996, S. 227 nach Page-Jones 1980). Verallgemeinert bedeutet dies, dass Modelle in vielen Situationen gegenüber textuellen Darstellungen den Vorteil besserer Verständlichkeit haben und somit Informationen einer größeren Nutzergruppe zugänglich machen können (vgl. Edgington et al. 2004, S. 88).

4.3.3 Gegenseitige Ergänzung von Modellen und Texten

Die Abschnitte 4.3.1 und 4.3.2 geben bereits Hinweise auf die Notwendigkeit der gemeinsamen Nutzung von Modellen und Texten zur Verteilung und Aneignung von Wissen bzw. darauf, dass weder Modelle noch Texte für diese Aufgaben bevorzugt genutzt werden sollten. Erkenntnisse verschiedener Autoren zeigen darüber hinaus, dass Modelle und textuelle Darstellungen für die Darstellung und Vermittlung von Wissen **wechselseitige Vorteile** aufweisen. Moody (1996) beschreibt hierzu, dass Modelle zwar generell leicht zu rezipieren sind, die Komplexität großer Modelle ihr Verständnis jedoch erschwert. Die Größe ist hingegen bei Texten aufgrund ihrer linearen Struktur kein Problem für ihr Verständnis (ebd.). Außerdem weisen grafische Darstellungen eine gegenüber Texten wesentlich höhere Bandbreite der Interpretation durch verschiedene Nutzer auf (Smeulders et al. 2000). Dies ist auch in der Modellen inhärenten Subjektivität begründet (vgl. Abschnitt 3.1). Ihr Verständnis benötigt daher weitere, oftmals textuell dargestellte Inhalte und umgekehrt (vgl. Nilakanta et al. 1990, von Ahn und Dabbish 2004). Diese Erkenntnisse werden durch Arbeiten bestätigt, in denen die duale Nutzung von textuellen Inhalten und Modellen als optimale Strategie der Verteilung und Aneignung von Wissen ausgewiesen wird (vgl. Dori 2008, Mayer 2003). Eine solche duale Nutzung entspricht der Kombination verschiedener expliziter Formen von Wissen, die nach Nonaka (1994) für die Entstehung neuen Wissens besonders förderlich ist (vgl. Abschnitt 2.4.2). Daraus folgt, dass Modelle und Texte in WMS gemeinsam und in gegenseitiger Ergänzung genutzt werden sollten.

4.3.4 Kriterien eines Ordnungsrahmens der Verwendung von Modellen oder Texten im Wissensmanagement

In den vorangegangenen Abschnitten wurden Unterschiede in der Verwendbarkeit von Modellen und Texten zur Vermittlung von Wissen herausgearbeitet. Wie aber ist entscheidbar, ob für die Vermittlung von Wissen Modelle oder Texte eingesetzt werden sollten oder vorhanden sein müssen? Dieser Abschnitt stellt zu dieser Frage Elemente eines möglichen Ordnungsrahmens vor.

Allgemein wird davon ausgegangen, dass zwischen Modellen und Texten für die Darstellung von Inhalten frei gewählt werden kann. Gleichwohl bestehen zwischen diesen Repräsentationen Unterschiede in ihrer **Gleichwertigkeit bei der Darstellung und Verarbeitung von Informationen**. Diese Unterschiede werden von Larkin und Simon (1987) beschrieben:

> *"Two representations are **informationally equivalent** if all of the information in the one is also inferable from the other, and vice versa. Each could be constructed from the information in the other. Two representations are **computationally equivalent** if they are informationally equivalent and, in addition, any inference that can be drawn easily and quickly from the information given explicitly in the one can also be drawn easily and quickly from the information given explicitly in the other, and vice versa."* (Larkin und Simon 1987, S. 67; Hervorhebungen durch den Autor)

Aus dieser Differenzierung geht hervor, dass nicht alle Inhalte gleichwertig in Modellen und Texten **dargestellt** werden können. Dadurch wird die Nutzung von Darstellungsformen für die Vermittlung von Wissen **fallbezogen** eingeschränkt (Dori 2008, S. 48). Darüber zeigt die Differenzierung, dass sich Modelle und Texte in ihrer Gleichwertigkeit bezüglich der **Verarbeitung** von Informationen unterscheiden, wenn nicht jede Folgerung, die aus der Darstellung in einem Modell gebildet werden kann, auch aus einer inhaltlich gleichwertigen textuellen Repräsentation hervorgeht und umgekehrt. Dies hat unmittelbaren Einfluss auf Prozesse der Internalisierung von Wissen, die bei der Wahl einer ungeeigneteren Darstellungsform erschwert werden (Neuwirth und Kaufer 1989, S. 326).

Die Gleichwertigkeit von Darstellungen muss jedoch individuell betrachtet werden (Anderson 1978). So zeigt sich, dass die Eignung einer Darstellung trotz ihrer Gleichwertigkeit nach Larkin und Simon (1987) von verschiedenen Nutzern unterschiedlich bewertet wird und daher auch von der individuellen Präferenz und Rezeptionsfähigkeit eines Nutzers abhängt (Neuwirth und Kaufer 1989, S. 326f.). Für den Einsatz von Modellen oder Texten im Wissensmanagement sind daher auch **individuelle Präferenzen** zu berücksichtigen, da die Wahl einer für einen Nutzer ungeeigneten Darstellungsform dessen Aneignung von Wissen erschweren kann (Neuwirth und Kaufer 1989, S. 327).

Die Wahl einer Darstellungsform ist über die bereits dargestellten Aspekte hinaus abhängig von der **Intention**, die mit der die Bereitstellung einer Information verbunden wird. Diese übt damit auch einen Einfluss auf die Aneignung von Wissen aus:

> *„ (...) variation in features of representational tools used by learners working in small groups can have a significant effect on the learners' knowledge building discourse and on learning outcomes."* (Suthers 2000, S. 2)

Der nach Suthers (2000) entscheidende Unterschied zwischen Darstellungsformen ist, dass verschiedene Formen die **Aufmerksamkeit** von Betrachtern auf unterschiedliche Aufgaben und Bereiche **fokussieren** (vgl. hierzu auch Utgoff 1987). Grafische Darstellungen haben sich dabei als besonders förderlich für die Kombination einzelner Inhalte zu einem Gesamtbild, die Ableitung von Schlussfolgerungen und die Ausbildung eines gemeinsamen Verständnisses erwiesen. Textuelle Darstellungen weisen Vorteile hinsichtlich der Menge an erzeugtem Material und der Gründlichkeit der Überarbeitung dieses Materials auf (Suthers und Hundhausen 2002, S. 480). Festzuhalten ist daher, dass für die Wahl einer Darstellungsform auch die damit intendierte Fokussierung beachtet werden muss.

Zusammenfassend lässt sich festhalten, dass Vor- und Nachteile der Nutzung von Darstellungsformen wie Modelle oder Texte nicht per se vorhanden sind, sondern von verschiedenen Faktoren abhängen, die für die Wahl von Modellen oder Texten berücksichtigt werden müssen:

- **Gleichwertigkeit der Darstellung:** Repräsentationsformen unterscheiden sich in ihrer Eignung zur Darstellung und Verarbeitung von Informationen.
- **Rezeption und individuelle Präferenzen:** Die Eignung von Darstellungsformen ist stets von den Präferenzen ihrer Nutzer abhängig.
- **Fokussierung:** Darstellungsformen weisen unterschiedliche Qualitäten der Fokussierung auf Aufgaben und Bereiche der Nutzung des Dargestellten auf.

4.3.5 Resultierende Anforderungen

Die in diesem Abschnitt dargestellten Unterschiede zwischen Darstellungen von Inhalten durch Modelle und Texte zeigen, dass beide Repräsentationsformen für die Vermittlung von Wissen eingesetzt werden müssen – die vorrangige Verwendung textueller Inhalte (vgl. Abschnitt 4.2.1) ist somit eine **Einschränkung für die Vermittlung von Wissen**. Modelle und Texte müssen daher als zentrale Voraussetzung für die Umsetzung der in der vorliegenden Arbeit verfolgten Ziele durch ein Wissensmanagementsystem **auf gleicher Ebene** verwaltet und Nutzern zur Verfügung gestellt werden. Mit gleicher Ebene ist dabei gemeint, dass beide Inhaltstypen in WMS zur Verfügung stehen, keiner der beiden Typen von technischen Mechanismen wie der Suche nach Inhalten besser erfasst werden kann und alle wissensmanagementspezifischen Funktionen, die für einen der beiden Inhaltstypen vorhanden sind, auch für den jeweils anderen Inhaltstyp zur Verfügung stehen.

> **Anforderung 4** Ein Wissensmanagementsystem muss Modelle und Texte als gleichwertige Inhalte verwalten und Nutzern zur Verfügung stellen können.

Es zeigt sich zudem, dass weder Modelle noch Texte generell zu bevorzugen sind. Vielmehr zeigt der Ordnungsrahmen aus Abschnitt 4.3.4, dass die Beurteilung einer Repräsentationsform sowohl von objektiven als auch von subjektiven Kriterien wie ihrer Kompatibilität mit mentalen Modellen (Abschnitt 4.3.1) abhängt. Hinsichtlich dieser Erkenntnis sollte ein WMS die Wahl der Darstellungsform Nutzern überlassen und Alternativen anbieten.

> **Anforderung 5** Um für die Darstellung von Inhalten objektiv und subjektiv optimale Repräsentationsformen bereitzustellen, muss ein Wissensmanagementsystem zu textuell dargestellten Inhalten Darstellungen ähnlicher Inhalte in Modellform anbieten können und umgekehrt.

Eine weitere Erkenntnis aus den Unterschieden zwischen Texten und Modellen für die Vermittlung von Wissen ist deren gegenseitige Ergänzung für die Aufnahme von Inhalten, die sich in gegenseitiger Verstärkung, in der Nutzung von Texten als Mittel zur Reduktion der Komplexität großer Modelle sowie in der Kontextualisierung von Modellen durch ergänzenden Text und umgekehrt ausdrückt (vgl. Abschnitt 4.3.3). In WMS sollten daher Texte und Modelle miteinander kombiniert werden können.

Anforderung 6 Um den Mehrwert der gegenseitigen Ergänzung von Modellen und Texten zur Vermittlung von Wissen nutzen zu können, muss ein Wissensmanagementsystem Modelle und Texte miteinander verbinden können.

4.4 Prozessmodelle für die Vermittlung von Perspektiven auf Prozesse

Prozessmodelle beinhalten unterschiedliche **inhaltliche** und **zielgruppenspezifische Perspektiven** auf Abläufe, darin benötigte Ressourcen und beteiligte Akteure. Diese und ihr Wert für das Wissensmanagement werden im Folgenden beschrieben.

4.4.1 Inhaltliche Perspektiven in Prozessmodellen

Prozessmodelle können verschiedene Sichten auf den von ihnen abgebildeten Gegenstandsbereich beinhalten. Hierzu werden in der Literatur verschiedene Differenzierungen inhaltlicher Sichten beschrieben (vgl. Allweyer 2005, Rosemann 1996, Specker 2003). Aus ihnen lassen sich die im Folgenden dargestellten Sichten extrahieren:

- **Prozesssicht:** Die Prozesssicht beinhaltet das *„Systemverhalten"* (Rosemann 1996, S. 27) unter *„dem Gesichtspunkt der sachlogischen und zeitlichen Abfolge"* (Specker 2003, S. 35) und entspricht dem Ablauf eines Prozesses.
- **Funktionssicht:** In der Funktionssicht werden in einem sozio-technischen System vorhandene Funktionen mit ihrer *„logischen ‚Hülle'"* (Rosemann 1996, S. 25) aus Vor- und Nachbedingungen sowie ihren Einzelfunktionen (Allweyer 2005, S. 140) ohne zeitliche Abfolge beschrieben.
- **Organisationssicht:** In der Organisationssicht werden an Prozessen beteiligte Organisationseinheiten und die Aufbauorganisation (Rosemann 1996, S. 26f.) sowie von ihnen verwendete Ressourcen wie Maschinen oder Werke (Allweyer 2005, S. 143) dargestellt.
- **Objektsicht:** Die Objektsicht zeigt *„Bearbeitungselemente"* (Specker 2003, S. 35) eines Systems als *„Zusammenführung (...) von Daten und Funktionen zu Objekten"* (Rosemann 1996, S. 28).
- **Datensicht:** In der Datensicht werden die technische *„Systemstruktur"* und ihre Elemente *„zueinander in Beziehung gesetzt"* (Rosemann 1996, S. 23). Hierzu gehören alle im Prozess benötigten Daten und Informationen inklusive der Ereignisse im Prozess (Allweyer 2005, S. 143).

Die Zuordnung zu einer dieser Sichten kann nicht immer trennscharf erfolgen. Häufig können Bestandteile eines Modells je nach Betrachtungsweise zu unterschiedlichen Sichten zugeordnet werden (vgl. Allweyer 2005, S. 142). Gleichwohl kann für viele Bestandteile eines Prozesses eine solche Entscheidung getroffen werden. Insgesamt zeigt die Vielfalt inhaltlicher Perspektiven in Modellen, dass Modelle spezifische Sichten auf Inhalte und damit kontextualisiertes Wissen vermitteln können.

4.4.2 Zielgruppenspezifische Perspektiven in Prozessmodellen

Neben inhaltlichen Aspekten ist die Darstellung von **Perspektiven** in Modellen auch für verschiedene **Nutzergruppen** relevant. So hat sich gezeigt, dass für verschiedene Gruppen unterschiedliche Perspektiven auf in Modellen dargestellte Prozesse benötigt werden (Recker et al. 2007), um *„das Handeln von Subjekten, die sich in ihren Relevanzstrukturen und Konzeptionalisierungen unterscheiden, im Rahmen gemeinsamer Gestaltungsziele zu koordinieren"* (Becker et al. 2001, S. 4). Als Beispiel hierfür werden häufig Nutzer eines informationstechnischen Systems, dessen Entwickler und Manager genannt: Nutzer benötigen die für sie **persönlich relevanten** Teile eines Prozesses ohne technische Details, Manager häufig eine **abstrakte Übersicht** über einen Prozess. Entwickler benötigen detaillierte Ablaufmodelle und technische Details, um ein System implementieren zu können (vgl. Becker et al. 2003, S. 45). Obwohl also alle dieser Gruppen ein Interesse an demselben Prozess haben, benötigen sie verschiedene Darstellungen und Ausschnitte des Prozesses. Die Berücksichtigung verschiedener Perspektiven und deren Bereitstellung für Nutzergruppen wird daher auch als wichtiges Kriterium für die **Akzeptanz von Modellen** bezeichnet (Becker et al. 2001). Hierin liegen Chancen der Nutzung von Modellen im Wissensmanagement: Einerseits kann der Mehrwert ihrer Nutzung durch das Angebot gruppenspezifischer Perspektiven aufgezeigt werden, andererseits können Modelle durch solche Perspektiven zur gezielten Vermittlung relevanten Wissens an Zielgruppen genutzt werden.

4.4.3 Ansätze des Managements von Perspektiven

Zur Verbindung von Perspektiven sind mit der multiperspektiven Modellierung (ebd., Becker et al. 2003) und der Integration mehrerer Perspektiven in einem Modell (Herrmann 2009a, Vom Brocke und Buddendick 2004) verschiedene Lösungsalternativen vorhanden, mit denen die Nutzung unterschiedlicher inhaltlicher und zielgruppenspezifischer Perspektiven unterstützt wird.

Multiperspektive Modellierung hat die *„Entwicklung und Bereitstellung perspektivenspezifischer Modelle"* (Becker et al. 2003, S. 46) zum Ziel. Perspektiven können hierzu einerseits in unterschiedlichen Modellen und Notationen dargestellt und durch ein Meta-Modell miteinander verbunden werden, wie dies bspw. in ARIS der Fall ist (Becker et al. 2001). Nachteil dieses Verfahrens ist jedoch der damit verbundene Aufwand für Pflege und Synchronisierung der Modelle (Becker et al. 2003). Andererseits können Perspektiven aus einem Basismodell durch Auswahl für eine Perspektive relevanter Elemente generiert werden (Becker et al. 2001). Perspektivenspezifische Modelle werden dann aus einem konfigurierten Basismodell erzeugt. Dieses Verfahren erfordert jedoch eine komplexe Konfiguration von Basismodellen und entsprechende Vorkenntnisse seitens eines Nutzers.

Die **Integration verschiedener Perspektiven in einem Modell** hat zum Ziel, durch Kooperation verschiedener an einem Prozess direkt oder indirekt beteiligter Akteure eine Gesamtsicht auf ein Modell zu gewinnen, in der alle aus Sicht der einzelnen Akteure relevanten Aspekte enthalten sind (vgl. Herrmann 2009a). Sie kann durch moderierte Gruppensitzungen (vgl. Abschnitt 3.3.1), in denen Prozesse gemeinsam modelliert werden, erreicht werden. Ein Beispiel für eine solche Methode stellt der Socio-Technical Walkthrough (STWT, vgl. ebd.) dar. Alternativ dazu kann Perspektivintegration durch gemeinsame Modellierung von Akteuren in einem Netzwerk erreicht werden (Vom Brocke und Buddendick 2004). Vorteil beider Herangehensweise ist der durch die Integration verschiedener Perspektiven in einem Modell erzeugt Konsens bezüglich des Prozesses. Nachteilig ist jedoch, dass nach erfolgter Integration einzelne Perspektiven nur schwer nachvollzogen werden können.

Hinsichtlich der Nutzung vorhandener Perspektiven in Modellen ist unklar, wie deren **Verfügbarkeit** in der multiperspektiven Modellierung gewährleistet und ihre **Identifikation** nach Integration verschiedener Perspektiven in einem Modell ermöglicht werden kann. So zeigen Becker et al. (2003) zwar Möglichkeiten der Konfiguration von Basismodellen und der Generierung von Perspektiven, diese werden in der Regel jedoch durch einen Intermediär für eine feste Anzahl im Vorhinein bestimmter Perspektiven durchgeführt (vgl. Beverungen et al. 2008). Dies stellt daher keine Lösung für die Verfügbarkeit nutzerspezifischer Perspektiven in WMS dar. Ebenso sind einzelne Perspektiven nach ihrer Integration in ein Modell nicht mehr nachvollziehbar und können lediglich durch Markierungen oder durch Ein- und Ausblendungen festgehalten werden. Eine Lösung zur nachträglichen Filterung eines Modells nach diesen Perspektiven ist jedoch nicht vorhanden.

4.4.4 Resultierende Anforderungen

Die Abschnitte 4.4.1 und 4.4.2 zeigen, dass sowohl **fachliche Perspektiven** als auch **nutzerspezifische Perspektiven** in einem Modell vorhanden sind. Modelle sind somit als potentielle **Boundary Objects** zu bezeichnen (vgl. Davies et al. 2004, Dourish 2001, Herrmann und Hoffmann 2005, Kunau et al. 2005a und Abschnitt 2.2.2.2). Die Möglichkeit der Verfügbarkeit von Perspektiven in einem Modell kann daher entsprechend der in den Abschnitten 2.3 und 2.4.3 beschriebenen Bedarfe nach Orientierung von Wissensarbeitern, der Einordnung ihrer Tätigkeiten in organisatorische Prozesse und der Aneignung und Weiterentwicklung von Wissen einen Mehrwert für das Wissensmanagement erzeugen. Will bspw. ein Manager wissen, welche Ressourcen ein bestimmter Mitarbeiter in einem Prozess benötigt, so kann er hierzu dessen Perspektive auf das Modell inklusive der Daten- und Funktionssicht nutzen. So können Modelle verschiedene Gruppen in einer Organisation dabei unterstützen, ihre inhaltlichen Perspektiven miteinander zu vergleichen, die Blickwinkel anderer Gruppen zu verstehen und ihre Zusammenarbeit zu verbessern. Im Mangel entsprechender Unterstützung hierfür ist daher eine Lücke zu sehen (vgl. Wand und Weber 2002, S. 372f.), die im Rahmen dieser Arbeit geschlossen werden soll. Voraussetzung dafür ist jedoch, dass Perspektiven nicht nur durch einen Modellierer vorgegeben werden (vgl. Abschnitt 4.4.3), sondern auch individuell erzeugt und abgerufen werden können (vgl. Abschnitt 4.4.2). Zudem müssen sie für Nutzer durch entsprechende Beschreibungen erkennbar sein.

> **Anforderung 7** Um die Potentiale von Perspektiven in Modellen zu nutzen, muss ein Wissensmanagementsystem Beschreibungen von Perspektiven darstellen, Perspektiven für Nutzer verfügbar machen und Nutzern die Erzeugung von Perspektiven ermöglichen.

4.5 Modellierung und Modellnutzung als wissensintensive Aufgaben

Modellierung und Modellnutzung müssen als Wissensarbeit (vgl. Abschnitt 2.3) verstanden werden (Prilla 2008). In diesem Abschnitt werden dazu Charakteristika der Erzeugung und Nutzung von Modellen beschrieben und ihre Eigenschaft als wissensintensive Tätigkeiten aufgezeigt.

4.5.1 Modellierung als wissensintensive Aufgabe

Die Aufgabe der Modellierung wird häufig als komplex charakterisiert (vgl. Davies et al. 2004, Fettke et al. 2005, Génova et al. 2005). Gründe hierfür liegen nicht allein in notwendigen Kenntnissen von Notationen oder Vorgehensweisen (vgl. Abschnitt 3.3.2). Vielmehr können sie auch darin gefunden werden, dass ein Modellierer zur Erfüllung dieser Aufgabe eine Vielzahl verschiedener Informationen zunächst beschaffen (Remus 2002, S. 241) und dann in ein Modell integrieren muss (Markovic 2008, S. 189; vgl. auch Abschnitt 3.3). Diese **Beschaffung von Informationen** wird durch die Notwendigkeit, Wissen über den zu modellierenden Prozess und dessen Rahmenbedingungen zu erlangen, bedingt (vgl. Herrmann 2009a, Remus 2002). Sie kann durch die **Recherche** in verfügbareren Dokumenten erfolgen (Freund und Goetzer 2008, S. 32f.; vgl. Abschnitt 3.3.1). Häufig ist das benötigte Wissen jedoch nur implizit vorhanden (Kowalkiewicz et al. 2008, S. 179), so dass die **Erhebung** von Informationen bei anderen Personen (Remus 2002, S. 257) notwendig wird. Das auf diese Weise gewonnene Wissen muss ein Modellierer nun systematisieren, internalisieren und schließlich in der Erzeugung eines Modells wieder externalisieren. Dieser Prozess erzeugt neues Wissen, ist jedoch aufwändig. Die daraus häufig resultierende Verkürzung der Erhebung von Informationen (Smith und Fingar 2007, S. 86f.) zieht die in Abschnitt 3.3.3 beschriebenen Probleme der Anwendbarkeit von Modellen nach sich.

Vor dem Hintergrund der oben gegebenen Aufgabenbeschreibung eines Modellierers wird deutlich, dass es sich bei dieser Tätigkeit um Wissensarbeit handelt. Charakteristika wie die kontextabhängige Suche nach Informationen, die Notwendigkeit der Interaktion mit anderen Personen zur Gewinnung von Wissen, die mangelnde Antizipierbarkeit benötigter Informationen und die Erzeugung neuen Wissens als Kombination vorhandenen Wissens zeigen dies. Modellierung muss daher neben anderen Maßnahmen wie der Vermittlung von Modellierungskenntnissen entsprechend der Bedarfe von Wissensarbeitern unterstützt werden. Dies bedeutet auch, dass der Aufwand für die Recherche nach Informationen verringert werden muss, um Probleme in der Anwendbarkeit von Modellen zu verringern.

4.5.2 Modellnutzung als wissensintensive Aufgabe

Das **Verständnis** von Modellen durch Nutzer ist eine Voraussetzung für ihre Verbreitung (van der Aalst et al. 2003, S. 6). Probleme des Verständnisses und damit der Nutzung von Modellen werden häufig auf die hohe Komplexität von Modellen (vgl. Kunau 2006, Reijers et al. 2007) oder mangelnde Kenntnis von Notationen (Mendling und Strembeck 2008) reduziert (vgl. Abschnitt 3.3.2). Obwohl beide Faktoren zu beachten sind, ist auch die pragmatische Ebene der Modellnutzung und die damit verbundene Notwendigkeit der Verfügbarkeit von **Domänenwissen** zu berücksichtigen (Aranda et al. 2007, Pfeifer 2000).

Die Nutzung von Modellen hängt von einer Vielzahl nicht in Modellen vorhandener, aber zu ihrer Interpretation wichtiger Faktoren ab. Der Grund hierfür kann in der für Prozessmodelle typischen und notwendigen Abstraktion dargestellter Prozesse gefunden werden (Pfeifer 2000, S. 230, vgl. Definition 13 auf Seite 80). Nutzer benötigen daher zur Interpretation und Aneignung ihres Inhalts häufig Zusatzinformationen wie textuelle Beschreibungen zur Kontextualisierung eines Vorgangs (Allweyer 2005, S. 138; vgl. Abschnitt 4.3.3). Es ist jedoch nur schwer vorherzusehen, welche Informationen ein Nutzer benötigt, daher sollten alle zu einem Modell potentiell hilfreichen Inhalte gemeinsam mit diesem zur Verfügung stehen (Moody 1996, S. 233) bzw. anhand dieses Modells erschließbar sein (Pfeifer 2000, S. 230).

Ein weiterer Faktor für das Verständnis von Modellen sind die zur **Benennung** von Modellen und deren Elementen verwendeten **Begriffe**. Diese unterliegen stets der Interpretation ihrer Bedeutung (vgl. Abschnitt 2.2.2.1). Häufig sind daher Ansätze zu finden, in denen das Vokabular zur Benennung von Modellen und Elementen festgelegt wird (vgl. Freund und Goetzer 2008, S. 154; Malone et al. 1999, S. 427ff.; Mendling et al. 2010, S. 31ff.; Pfeifer 2000, S. 230ff.; Abschnitt 4.6.2). Vorgegebene Begriffssysteme sind für Nutzer jedoch schwer verwendbar (vgl. Abschnitt 2.2.2.1) und erschweren die Interpretation von Modellen (Robinson und Bannon 1991, S. 229).

Die dargestellten Probleme und Voraussetzungen der Nutzung von Modellen zeigen Parallelen zu den in Abschnitt 2.3 beschriebenen Charakteristika von Wissensarbeit: Zur Herausbildung neuen Wissens durch die Interpretation und Nutzung von Modellen werden verschiedene Quellen herangezogen, die kontextbezogen und daher nicht antizipierbar sind. Begriffe sind zudem für Nutzer häufig nur im Kontext verständlich. Neben der Erzeugung von Modellen muss daher auch deren Nutzung als wissensintensive Tätigkeit aufgefasst und unterstützt werden.

4.5.3 Resultierende Anforderungen

Aus der Analyse von Modellierung und Modellnutzung kann festgehalten werden, dass beide Aufgaben als Wissensarbeit betrachtet werden müssen (vgl. Prilla 2008). Dieses Charakteristikum ist jedoch hinsichtlich seiner Unterstützung bisher kaum beachtet worden. So ist kein Konzept vorhanden, das die Unterstützung von Modellierern und Modellnutzern mit relevantem Wissen umsetzt. Vorhandene Ansätze unterstützen einzelne Facetten dieses Aspekts, liefern entsprechend nur Teillösungen oder umgehen das Problem durch manuelle Versorgung mit Informationen (vgl. Abschnitt 4.6). Hier ist eine weitere Lücke zu identifizieren (vgl. Wand und Weber 2002, S. 372), die als **systematische Unterstützung der Beschaffung kontextueller Informationen** zu Modellen beschrieben werden kann.

> **Anforderung 8** Um die Verfügbarkeit von Informationen für die Modellierung und die Nutzung von Modellen zu gewährleisten, muss ein Wissensmanagementsystem Nutzern zu einem Modell oder dessen Teilen relevante Informationen anbieten können.

Aus der Ähnlichkeit der Probleme und Notwendigkeiten von Modellierung und Modellnutzung wird deutlich, dass die Unterstützung der Modellnutzung von der Verfügbarkeit für die Modellierung erhobener Informationen profitieren kann. Für Modellierer sollte es daher möglich sein, bei der Modellierung explizite Hinweise auf verwendete Informationen im Modell zu hinterlassen.

> **Anforderung 9** Um die Nutzung von Modellen zu unterstützen, muss ein Modellierungswerkzeug Modellierern die Möglichkeit geben, verwendete Informationen explizit mit einem Modell zu verbinden und so für Nutzer verwendbar zu machen.

Über die Bereitstellung von Kontextinformationen hinaus zeigen Probleme des Verständnisses von Modellen, dass die Kontextualisierung von Begriffen zur Benennung von Modellen und ihren Elementen notwendig ist. Die in Anforderung 2 und Anforderung 3 geforderte Beschreibung auf einer Meta-Ebene stellt hierzu eine gute Möglichkeit dar. In Ergänzung zu diesen Anforderungen sollte eine solche Beschreibung daher auch Elemente von Modellen anzuwenden sein.

> **Anforderung 10** Um die Kontextualisierung von Modellen zu unterstützen, müssen für Namen von Elementen alternative Bezeichner durch Beschreibungen auf einer Meta-Ebene angegeben werden können. Dies gilt für Wissensmanagementsysteme und Modellierungswerkzeuge.

4.6 Analyse und Vergleich verwandter Arbeiten und Ansätze

Die Analyse von Problemen und Potentialen in diesem Kapitel resultiert entsprechend der in Abschnitt 1.3.2 formulierten Ziele in Anforderungen an die Integration von Modellen in Inhalte von WMS und an die Erweiterung von Prozessmodellierungswerkzeugen. Für die Nutzung von Modellen in Organisationen sind bereits Ansätze aus den Bereichen des Wissensmanagements, der Verwaltung von Modellen, des Geschäftsprozessmanagements, der Modellierungsunterstützung und aus anderen, verwandten Bereichen vorhanden. Es ist daher zu prüfen, ob diese Ansätze und für sie vorhandene Informationssysteme den in diesem Abschnitt identifizierten Anforderungen und den in Kapitel 2 beschriebenen Voraussetzungen für den kollaborativen Umgang mit Wissen genügen und daher zur Umsetzung der Ziele der vorliegenden Arbeit genutzt werden können. Wie die im Folgenden dargestellte Analyse zeigt, ist dies nicht der Fall.

4.6.1 Modelle im Wissensmanagement

Die Nutzung von Modellen ist in WMS generell möglich. Gleichwohl sind aktuelle WMS stark auf textuelle Inhalte ausgelegt (vgl. Abschnitt 4.2.1). Mit prozessorientiertem Wissensmanagement und dem Management von Prozesswissen finden sich jedoch auch Ansätze, in denen die Nutzung von Modellen eine explizite Rolle spielt. Diese werden im Folgenden dargestellt und diskutiert.

Das **prozessorientierte Wissensmanagement** (pWM) legt die Auffassung von Wissen als Prozess (vgl. Abschnitt 2.4.5.2) zu Grunde und hat zum Ziel, Wissen für alle Mitglieder einer Organisation entlang von Geschäftsprozessen zu strukturieren (Bahrs et al. 2005, Papavassiliou et al. 2002, Strohmaier und Tochtermann 2005). Mit diesem Ansatz sollen Prozesse der Erzeugung, Aneignung, Organisation, Verteilung und Anwendung von Wissen unterstützt werden (Maier und Remus 2001). Prozessmodelle kommen im prozessorientierten Wissensmanagement als Hilfsmittel zur Analyse zu unterstützender Wissensbereiche (Hädrich 2005), zur Strukturierung von Inhalten (Abecker 2004, Loucopoulos und Kavakli 1999), zur Unterstützung der Navigation und Orientierung in der Struktur des WMS (Hoffmann et al. 2002, Schmidt 1997) oder zur Visualisierung von Zusammenhängen (Allweyer 1998, Hoffmann et al. 2002) zum Einsatz. Ihre Verknüpfung mit Inhalten erfolgt entweder manuell oder durch Analyse und Visualisierung von Vorgängen im WMS (ebd.). Sie dienen somit als Werkzeug zur Konfiguration oder als Orientierung in WMS und vermitteln daher lediglich Wissen über die Struktur eines WMS. Besondere Maßnahmen oder Funktionen zu ihrer Integration als wissensvermittelnde **Inhalte** eines WMS finden sich darüber hinaus jedoch nicht.

Ein weiterer Ansatz, in dem Modelle eine Rolle im Wissensmanagement spielen, ist das **Management von Prozesswissen** (MPW, vgl. zu Prozesswissen Abschnitt 2.4.2). Die Anwendungen dieses Ansatzes sind vielfältig: Dokumentiertes Prozesswissen kann in Form von Rationalen der Gestaltung zu Prozessmodellen zugeordnet (Balabko et al. 2005), als Kontext der Verwendung von Modellen über den Verlauf eines Entwicklungsprozesses gesammelt (Ramesh 2002), zur Verbindung verschiedener Prozessmodelle untereinander genutzt (Huth et al. 2003) oder als allgemeine Auskunft über Unternehmensabläufe und deren Inhalte zur Verfügung gestellt (Habermann et al. 2002) werden. Modelle werden entweder direkt als Visualisierung genutzt oder, wie bei der Zuordnung von Rationalen zu Modellen, indirekt als Objekt, mit dem Informationen verknüpft werden, verwendet. Allerdings stellen auch Systeme für das Management von Prozesswissen keine Explikation der Inhalte von Modellen zur Verfügung. Sie verwenden zudem Modelle als primäre Inhalte. Texte können zu diesen nur manuell zugeordnet werden, diese Systeme kehren daher die Dominanz textueller Inhalte in WMS um.

Es ist zusammenfassend festzuhalten, dass vorhandene Ansätze des Wissensmanagements insbesondere bei der Verwaltung von Modellen und Texten auf gleicher Ebene, aber auch in anderen Bereichen nicht zur Umsetzung der in diesem Abschnitt identifizierten Anforderungen geeignet sind.

4.6.2 Verwaltung von Modellen

Die hohe Anzahl in Organisationen vorhandener Modelle (vgl. Abschnitt 1.1) und die Bedeutung von Prozessen für viele Unternehmen haben verschiedene Ansätze wie die Katalogisierung von Modellen, Modellrepositories und Geschäftsprozessmanagementsysteme hervorgebracht, die im Folgenden beschrieben und diskutiert werden.

Eine frühe, aber in der Praxis noch häufig verwendete (Fettke et al. 2005) Variante der Verwaltung von Modellen besteht in ihrer **Katalogisierung**. Ein häufig genanntes Beispiel für diese Vorgehensweise ist das „MIT Process Handbook“ (Malone et al. 1999), in dem Prozessmodelle entlang einer Hierarchie angeordnet werden, um sie auffindbar zu machen. Weitere Ansätze finden sich in Katalogen von Referenzmodellen als Schablonen für neue Prozesse (Fettke und Loos 2002, Fettke et al. 2005), der Kategorisierung von Teilmodellen zu deren Wiederverwendung (Lang et al. 1996) oder der Organisation von Modellen in einem Musterkatalog (Jung und Sprenger 2006). Eine fortgeschrittene Form stellt das so genannte „Process Warehouse" dar (Scheer 1999, S. 74ff.). In allen Ansätzen werden Modelle – meist durch Experten – manuell in Kategorien eingeteilt und miteinander verbunden.

Eine Variante zur Katalogisierung stellen so genannte **Modellrepositories** dar. In ihnen werden Modelle meist in Form von XML-Dateien (Choi et al. 2007) oder Ontologie-Beschreibungen (Kappel et al. 2006) abgelegt und können von dort abgerufen werden. Für ihre Nutzung in solchen Repositories werden Modelle häufig formalisiert (Koschmider et al. 2008, Lu et al. 2006) und mit semantischen Konstrukten angereichert (Groener und Staab 2009, Markovic 2008). Nachteilig sind jedoch die komplexe Anfragesprache für solche Repositories (vgl. Choi et al. 2007, S. 309ff.), die Notwendigkeit der meist manuellen Anreicherung von Modellen zu ihrer Formalisierung (Kappel et al. 2006, S. 26) und die formalisierte Darstellung von Modellen, die eine Durchsicht solcher Repositories für Nutzer ohne Vorkenntnisse erschwert.

Eine heute zur Verwaltung von Prozessmodellen (vgl. Abschnitt 3.4) etablierte Möglichkeit der Verwaltung von Modellen stellen **Geschäftsprozessmanagement-Systeme** (GPMS) dar, die auch als Teile von CASE-Werkzeugen (vgl. Abschnitt 3.2.2.3) eingesetzt werden. Sie unterstützen neben den Zielen des GPM (vgl. Abschnitt 3.4) auch die Verwaltung der zur Beschreibung von Prozessen genutzten Modelle (Hepp und Roman 2007). Diese Verwaltung ist jedoch meist zentral gesteuert (Wetzstein et al. 2007, S. 1) und auf die Ausführbarkeit von Modellen ausgerichtet (Ko et al. 2009, S. 5ff.). In GPMS können textuelle Inhalte lediglich manuell zu Modellen zugeordnet werden (vgl. Vom Brocke und Thomas 2006). Außerdem werden verwendete Modelle häufig nur in Form von Grafikformaten zur Verfügung gestellt (Freund und Goetzer 2008, S. 158ff.).

Neuere GPMS verwenden **semantische Beschreibungen** in Modellen, um den Grad der Strukturierung verwalteter Prozesse und deren Wiederverwendung zu erhöhen sowie eine bessere Erfassung von Prozessen zu ermöglichen (Hepp et al. 2005, S. 535, Wetzstein et al. 2007, S. 5). Diese Systeme werden auch als semantische Geschäftsprozessmanagement-Systeme (sGPMS) bezeichnet. Zur Unterstützung von sGPMS sind verschiedene Erweiterungen von Modellierungsnotationen vorhanden, mit denen die Zuordnung semantischer Beschreibungen zu Modellen und deren Elementen unterstützt werden kann (bspw. Abramowicz et al. 2007, Thomas und Fellmann 2007, vgl. Abschnitt 2.5.2.6). Für deren Verwendung jedoch gilt das bereits in Abschnitt 2.5.2 für Ontologien vorgebrachte Argument der aufwändigen Nutzung (vgl. Kappel et al. 2006, S. 26).

Als Zielsetzung von GPMS kann die **Automatisierung und Optimierung von Prozessen** (Schmidt et al. 2007, Smith und Fingar 2007, S. 141) unter minimaler menschlicher Intervention (Hepp et al. 2005, S. 535) bezeichnet werden. Modelle können in diesem Zusammenhang als Mittel zum Primärzweck der Prozessgestaltung (vgl. Abschnitt 4.1.2) verstanden werden (Hepp und Roman 2007, S. 423). Die Zielgruppe von GPMS besteht, wie der in Abbildung 14 auf Seite 89 dargestellte Kreislauf des Geschäftsprozessmanagements andeutet, aus Managern (Hepp et al. 2005, S. 535), Experten für Geschäftsprozesse (Hepp et al. 2005, S. 538), Analysten (Wetzstein et al. 2007, S. 6) und IT-Entwicklern (Wetzstein et al. 2007, S. 1). Zudem setzen sie auf die Formalisierung von Prozessen und entsprechende Datenformate (Ko et al. 2009). Die Kommunikation über Prozesse wird jedoch nachrangig behandelt (McDermid 2003). GPMS unterstützen daher in der Praxis die Transparenz von Prozessen nicht ausreichend (vgl. Binner 2009).

Zusammenfassend zeigt die Betrachtung vorhandener Ansätze zur Verwaltung von Modellen, dass diese Modelle als primäre Inhalte verwenden und Text lediglich manuell zu diesen aggregiert werden kann. Zudem sind sie häufig auf Modellierer zugeschnitten und können daher die in dieser Arbeit betrachteten Probleme nicht lösen.

4.6.3 Modelle im Web 2.0

Ein aktueller Ansatz der Verwaltung von Modellen besteht in der **Nutzung von Wikis** (vgl. Abschnitt 2.2.3.3). Dabei werden meist semantische Wiki-Technologien verwendet, die ihre Inhalte durch Ontologien strukturieren (vgl. Auer et al. 2006, Hepp et al. 2006). Resultierende Ansätze werden verwendet, um Suchanfragen an ein Wiki zu visualisieren und so Zusammenhänge von Inhalten des Wikis zu explizieren (Dengler et al. 2009), Elemente eines Modells durch Texte in einem Wikis zu kontextualisieren (Holzweißig 2009, Rospocher et al. 2009) sowie Prozesse und ihre Parameter an Nutzer zu verteilen (Holzweißig 2009). Diese Ansätze stellen jedoch entweder reine Visualisierungsmechanismen für textuelle Inhalte dar (vgl. Dengler et al. 2009), verbinden Modelle nicht mit anderen Inhalten (vgl. ebd., Holzweißig 2009) oder benötigen hierzu die manuelle Ergänzungen von Inhalten (ebd., Rospocher et al. 2009).

Weitere Ansätze nutzen andere Mechanismen des Web 2.0 wie **soziale Netzwerke** oder **Social Tagging** zur Verwaltung von Modellen (Web 2.0). Unter diesen Ansätzen findet sich die Nutzung sozialer Netzwerke zur Verbindung von Modellen anhand der Verbindung von deren Autoren (Koschmider et al. 2008) und zur Veröffentlichung von Prozessmodellen wissenschaftlicher Experimente auf Portalen (de Roure et al. 2008). Eine weitere, zum Ansatz dieser Arbeit analoge Idee besteht in der Auszeichnung von Modellen durch Tags (Fengel et al. 2008, Reich 2008, vgl. Abschnitt 2.5.3.8). Während die Nutzung sozialer Netzwerke bereits in Anwendungen erprobt wurde, befinden sich die genannten Ansätze zum Tagging von Modellen – im Unterschied zur vorliegenden Arbeit – in einem sehr frühen Stadium und können daher in der Bewertung lediglich als erste Ideen und Konzepte aufgefasst werden. Zudem benötigt die Analyse sozialer Netzwerke vorhandene Profil- und Kooperationsdaten, die lediglich bei Modellierern durch deren aktive Arbeit mit Modellen vorliegen und kann daher nicht als Unterstützung aller Mitglieder einer Organisation eingesetzt werden.

Insgesamt zeigen Ansätze der Nutzung von Techniken des Web 2.0 großes Potential zur Unterstützung des Umgangs mit Modellen. Sie bearbeiten jedoch häufig nur Teilprobleme des in dieser Arbeit betrachteten Problemraums oder sind noch in Entwicklung und stellen demzufolge keine ausreichende Umsetzung der in diesem Kapitel identifizierten Anforderungen auf.

4.6.4 Unterstützung der Modellierung

Der wissensintensive Charakter von Modellierung und Modellnutzung macht die Unterstützung dieser Aufgaben notwendig. Ansätze dieser Unterstützung sind vielfältig und müssen ebenfalls als mögliche Basistechnologien der Ziele dieser Arbeit in Betracht gezogen werden. Sie beziehen sich jedoch meist auf die Unterstützung von Modellierern oder die Wiederverwendung von Modellen, wie im Folgenden herausgearbeitet wird.

Verschiedene Modellierungswerkzeuge unterstützen Modellierer darin, eigene Modelle zu **strukturieren und wiederzufinden** und stellen somit Werkzeuge des persönlichen Informations- bzw. Modellmanagements (PMM) dar (vgl. Abschnitt 2.4.6.2). So stellen Werkzeuge wie bspw. das ARIS Toolset[27] (vgl. Seidlmeier 2006) oder der Agresso Business Modeller[28] (vormals Nautilus, vgl. Allweyer 2005, S. 216f.) ihren Benutzern Strukturierungsmöglichkeiten für die Anordnung eigener Modelle zur Verfügung. Diese sind jedoch lediglich für den Modellierer selbst nutzbar und können nicht mit anderen geteilt werden. Eine Abhilfe wollen hier webbasierte Editoren zur Modellierung (vgl. Nolte und Prilla 2009, Thomas und Scheer 2006) leisten, in denen gemeinsam an der Weiterentwicklung von Modellen gearbeitet und mit denen ein Modell über Hyperlinks mit anderen Quellen verbunden werden kann. Es fehlen jedoch Strategien des Übergangs von persönlichem zu gruppenbezogenem Management von Modellen (GMM), da Modellierer entweder lokal mit ihrem Modellierungswerkzeug oder mit einem webbasierten Editor arbeiten. Dies erfordert einen manuellen Transfer individuell erzeugter Modelle in den Gruppeneditor und umgekehrt.

Zur Reduktion von Zeit- und Kostenaufwänden und der Vermeidung redundanter Arbeiten werden Modellierungsaufgaben durch die **Wiederverwendung** von Modellen unterstützt. In der Literatur werden dazu verschiedene Ansätze beschrieben. Diese bestehen in Pull-Strategien (vgl. Abschnitt 2.4.4) der **Abfrage vorhandener Modelle** während der Modellierung (Choi et al. 2007, Kappel et al. 2006, Ma et al. 2007) oder in Push-Mechanismen, die Modellierern als Basis eines neuen oder als Ergänzung eines bereits begonnenen Modells **geeignete Modelle vorschlagen** (Ehrig et al. 2007, Wetzstein et al. 2007). Diese Methoden sind jedoch vornehmlich auf die Unterstützung von Modellierern und die Entwicklung von Modellen ausgerichtet.

Prozesse und zugehörige Modelle sind häufigen Änderungen unterworfen (Feldkamp et al. 2007, S. 48). Modellierer werden daher in Ergänzung der bereits genannten Ansätze zur Verwaltung von Modellen durch Möglichkeiten des **Versionsmanagements** von Modellen unterstützt. Dieses ermöglicht die gemeinsame, meist asynchrone Bearbeitung von Modellen. Hierzu vorhandene Lösungen reichen von der Identifikation und Anzeige von Änderungen an ei-

[27] Das ARIS Toolset wird von IDS Scheer vertrieben, weitere Informationen finden sich unter http://www.ids-scheer.com/.

[28] Der Agresso Business Modeller wird von der Agresso GmbH vertrieben, weitere Informationen unter http://www.agresso.de/.

nem Modell (Zhao und Liu 2007) über die Auswertung von Modellen und Elementen hinsichtlich Änderungen ihrer Aktualität (Wenzel und Kelter 2008) bis hin zur Verschmelzung zweier geänderter Versionen eines Originalmodells (Selonen 2007). Diese Ansätze verstehen sich jedoch als Komponenten umfassender Systeme und sind daher nur in Verbindung mit diesen wirksam.

Zusammenfassend kann festgehalten werden, dass Ansätze der Modellierungsunterstützung sich vornehmlich an Modellierer richten und versuchen, diese durch Bereitstellung geeigneter Modelle zu unterstützen. Obwohl dies ein Erfolg versprechender Ansatz ist, ist der Fokus entsprechender Anwendungen für die in dieser Arbeit verfolgten Ziele zu eng.

4.6.5 Vergleich mit verwandten Ansätzen: Notwendigkeit der Anpassung von Wissensmanagementsystemen

Es stellt sich die Frage, ob trotz der in den vorangegangenen Abschnitten festgestellten Probleme einer der beschriebenen Ansätze die in den Abschnitten 4.1 bis 4.5 beschriebenen Anforderungen an die Nutzung von Modellen als wissensvermittelnde Artefakte umsetzen kann bzw. welche Hinweise und Funktionen vorhandene Ansätze zur Umsetzung einzelner Anforderungen bieten. Zur Klärung dieser Frage werden die beschriebenen Ansätze im Folgenden analysiert und bewertet[29]. Die Kriterien für diese Analyse entstammen den in diesem Kapitel identifizierten Anforderungen und werden durch die in den Abschnitten 2.2.4 und 2.4.7 identifizierte Notwendigkeit nach geringem Aufwand zur Nutzung ergänzt. Sie beschreiben Mindestvoraussetzungen einer Lösung:

- **Zielgruppe:** Eine Lösung muss alle Mitglieder einer Organisation erreichen (Anforderung 1).
- **Nutzung von Modellen:** Modelle müssen als Inhalte genutzt und zur Verfügung gestellt werden können (Anforderung 4).
- **Modelle und andere Inhalte:** Modelle müssen mit anderen Inhalten (auch automatisch) verbunden werden können (Anforderung 6 und Anforderung 8).
- **Rückschlüsse auf Modellinhalte:** Der Inhalt von Modellen muss für ihre Verwaltung und Nutzung expliziert werden (Anforderung 5 und Anforderung 7).
- **Aufwand:** Der Aufwand zur Nutzung einer Lösung muss gering sein (Abschnitte 2.2.4 und 2.4.7).

Das Ergebnis der Analyse unter Nutzung der genannten Kriterien ist in Tabelle 7 dargestellt. Als problematisch zu beurteilende Aspekte sind dabei hervorgehoben.

[29] Das Versionsmanagement für Modelle ist als Ergänzung zu Lösungen der Verwaltung von Modellen nicht Bestandteil dieser Analyse.

Tabelle 7: Vergleich vorhandener Ansätze der Verwaltung von Modellen anhand vorhandener Kriterien und Anforderungen.

Ansatz	Zielgruppe	Nutzung von Modellen	Modelle und andere Inhal-	Rückschlüsse auf Modellin-	Aufwand
pWM	Organisation	**Analyse, Struktur, Navigation**	Modelle als **Struktur** für Inhalte	**Nicht berücksichtigt** (Modelle kein Inhalt)	Mittel (manuelle Eingliederung)
MPW	Organisation	**Visualisierung, Primärinhalt**	**Manuelle** Ergänzung	Über Zusatzinformationen	Mittel (Verknüpfung)
Kataloge	**Modellierer**	Inhalt des Katalogs	**Nicht berücksichtigt**	**Nur über Struktur des Katalogs**	**Hoch** (Top-Down Strukturierung und Einordnung)
Repositories	**Modellierer**	Inhalt	**Nicht berücksichtigt**	**Keine direkte Einsicht**, nur Suche	Gering (Verwaltung), **hoch** (Suche)
GPMS	**Management, Analysten, Entwickler**	**Ergänzung zu Prozessen**	**Manuelle** Ergänzung	Durch Struktur und Beschreibung	**Hoch** (Top-Down Strukturierung, Suche)
sGPMS	**Wie GPMS**	**Wie GPMS**	**Manuelle** oder semantische Ergänzung	Durch Struktur, Beschreibung und Auszeichnung	Mittel (Strukturierung und Semantik), **hoch** (Auszeichnung)
Wiki	Organisation	**Visualisierung**, Inhalte (je nach Ansatz)	**Manuelle** Ergänzung von Einträgen	Durch Wiki-Seiten	**Hoch** (Auszeichnung durch Ontologie)
Web 2.0	**Modellierer** (Netzwerke) und Nutzer	Inhalt	**Nicht vorhanden** (Netzwerke)	Durch Netzwerk bzw. Tags	Gering (Analyse und Auszeichnung)
GMM	**Modellierer**	Inhalt	**Manuelle** Ergänzung	Wie GPMS	Mittel bis **hoch** (Synchronisierung)
Wiederverwendung	**Modellierer**	Inhalt	**Nicht berücksichtigt**	Durch Vorschlag und Anzeige	Gering (generierte Vorschläge)

Die Ergebnisse der Analyse in Tabelle 7 zeigen, dass keiner der vorhandenen Ansätze den gestellten Anforderungen in Gänze genügt:

- Weder das prozessorientierte Wissensmanagement noch das Management von Prozesswissen stellen die Verfügbarkeit von Modellen und Texten auf gleicher Ebene sicher. Vielmehr nutzen diese Ansätze Modelle entweder als Primärinhalte oder als Strukturierung und Visualisierung.

- Kataloge und Repositories für Prozessmodelle richten sich in erster Linie an Modellierer, zudem sind die Strukturierung von Katalogen und die Suche in Repositories zu aufwändig.
- Systeme des GPM richten sich ebenfalls an andere Zielgruppen, können zudem andere Inhaltstypen nur durch manuelle Ergänzung aufnehmen und erfordern gute Kenntnisse zur Nutzung komplexer Suchmechanismen, die nicht bei allen Nutzern in einer Organisation vorausgesetzt werden können. Die Verwendung semantischer Auszeichnung in sGPMS erfordert einen hohen Aufwand (vgl. Abschnitt 2.5.2.7).
- Ansätze zur Nutzung von Wikis sind auf die Ergänzung textueller Inhalte in Wikis angewiesen und lösen zudem nur Teilprobleme.
- Für die Nutzung anderer Mechanismen des Web 2.0 gilt, dass sich die Auswertung sozialer Netzwerke bisher nur an Modellierer richtet und Arbeiten zum Tagging von Modellen nur auf Ebene von Konzepten vorhanden sind.
- Für Mechanismen des gruppenorientierten Modellmanagements und zur Wiederverwendung kann ebenfalls eine zu enge Zielgruppe sowie der Mangel an Berücksichtigung anderer Inhaltstypen festgehalten werden.

Für die verglichenen Systeme wird deutlich, dass sie Modelle nicht im benötigten Ausmaß organisationsweit zur Verfügung stellen und ihre Nutzung daher nicht ausreichend unterstützten können. Gleichzeitig lassen sich aus der Analyse Hinweise ableiten, wie eine solche Lösung gestaltet werden muss. So zeigt sich, dass unter allen betrachteten Ansätzen lediglich die auf WMS und Wikis basierenden Konzepte die organisationsweite Verfügbarkeit ermöglichen. Dies unterstreicht die Notwendigkeit des in der vorliegenden Arbeit verfolgten Ansatzes der Integration von Modellen in WMS (Anforderung 1). Zudem wird durch Ansätze wie sGPMS deutlich, dass die Verfügbarkeit von Inhalten zu Modellen erst durch zusätzliche Beschreibungen und Strukturierungen ermöglicht wird (Anforderung 8). Dies zeigt die Zentralität der Anforderungen zur Beschreibung von Modellen und ihren Teilen auf einer Meta-Ebene (Anforderung 2, Anforderung 3, Anforderung 10) für die Gleichbehandlung von Modellen und Texten (Anforderung 4).

Die Erkenntnis, dass vorhandene Ansätze das Problem organisationsweiter Verfügbarkeit von Modellen und der Unterstützung ihrer Nutzung nicht lösen können, zeigt die Notwendigkeit einer neuen Lösung und bestätigt aus Sicht vorhandener technischer Unterstützung die hier bearbeitete Forschungslücke. Zudem wird deutlich, dass die Nutzung von Modelle als Inhalte von WMS und die Beschreibung auf einer Meta-Ebene zentrale Aspekte der Umsetzung einer entsprechenden Lösung sind.

4.7 Zusammenfassung und Diskussion

Die Beobachtungen zu Problemen der Nutzung und Unterstützung von Prozessmodellen in WMS und zu den Potentialen von Modellen als Artefakte des Wissensmanagements in den Abschnitten 4.1 bis 4.5 unterstreichen die in der vorliegenden Arbeit betrachtete Forschungslücke (vgl. Abschnitt 1.1). Sie zeigen zudem die Notwendigkeit der Nutzung von Prozessmodellen im Wissensmanagement aus zwei Perspektiven. Erstens geht durch die bisher unzureichende Nutzung von Prozessmodellen für Zwecke des Wissensmanagements Wissen verloren oder wird nur von wenigen Akteuren in Organisationen genutzt. Zweitens wird die Vermittlung von Wissen durch die vornehmliche Nutzung textueller Inhalte nicht ausreichend unterstützt und kann durch den Einsatz von Prozessmodellen gefördert werden. Zudem wurden im zurückliegenden Kapitel Gründe der marginalen Bedeutung von Modellen im Wissensmanagement und Anforderungen an eine Lösung dieses Problems erarbeitet. Mit den **Ergebnissen** aus der in diesem Abschnitt beschriebenen Analyse und den daraus identifizierten Anforderungen können die in diesem Kapitel bearbeiteten **Forschungsfragen** beantwortet werden:

- **Mangel an Unterstützung von Modellen in WMS und die Semantische Lücke.** Modelle werden als Inhalte in WMS häufig vernachlässigt oder unzureichend unterstützt (Abschnitt 4.2). Dies äußert sich darin, dass der Hauptteil von Inhalten eines WMS aus textuellen Daten besteht (Abschnitt 4.2.1) und Prozessmodelle in Suchfunktionen solcher Systeme nur eingeschränkt erfasst werden können (Abschnitt 4.2.2). Als Grund hierfür wurde die Semantische Lücke zwischen der Interpretation grafischer Inhalte durch Menschen und der automatisierten Informationsextraktion aus solchen Inhalten identifiziert (Abschnitt 4.2.2). Diese Lücke zeigt, dass zur Integration von Modellen in WMS die Beschreibung von Inhalten gegenwärtig mehr Erfolg verspricht als die Entwicklung von Mechanismen der Analyse von Modellen und ihren Inhalten (Abschnitt 4.2.3).
- **Potentiale der Nutzung von Modellen für die Aneignung von Wissen.** Modelle weisen verschiedene Potentiale der Nutzung als wissensvermittelnde Artefakte auf (Abschnitt 4.1). So zeigt Abschnitt 4.1, dass Modelle für Einsatzzwecke wie die Vermittlung und Angleichung mentaler Modelle oder das Verstehen von Zusammenhängen gegenüber textuellen Inhalten **Vorteile** aufweisen (Abschnitt 4.3). Somit wird deutlich, dass Modelle für verschiedene Zwecke der Wissensvermittlung ideale Artefakte darstellen und Organisationen durch ihre Nutzung als Inhalte des Wissensmanagements profitieren können. Gleichwohl zeigen die in Abschnitt 4.3.4 beschriebenen Elemente eines Ordnungsrahmens zur Nutzung von Modellen und Texten im Wissensmanagement, dass ihre Eignung zur Vermittlung von Wissen nicht nur von objektiven, sondern auch von subjektiven Kriterien wie persönlichen Präferenzen abhängt.
- **Gemeinsame Nutzung von Modellen und Texten als Mehrwert für das Wissensmanagement.** In Abschnitt 4.3.3 konnte festgestellt werden, dass trotz Unterschieden zwischen Modellen und Texten ihre gemeinsame Nutzung für die Aneignung und den Transfer von Wissen ideal ist. Diese Erkenntnis und die damit verbundene Forderung nach Umsetzung in WMS gehen über die Unterstützung der Nutzung von Modellen als wissensvermittelnde Artefakte hinaus. Ihre Umsetzung ist jedoch notwendig, um Modelle nicht isoliert, sondern auf gleicher Ebene wie andere Inhalte von Wissensmanagementsystemen und somit organisationsweit unterstützen zu können. So wird nicht nur die Nutzung bisher marginal behandelter Inhalte wie Modelle gefördert, sondern auch die Nutzung textueller Inhalte.
- **Modelle als Medien, Ergebnisse und Auslöser von Wissensübergangsprozessen.** Anhand der Analyse in Modellen vorhandenen Wissens und Potentialen der Vermittlung dieses Wissens zeigt sich, dass Modelle an den für das Wissensmanagement relevanten Wis-

sensübergangsprozessen beteiligt sind bzw. diese fördern können (vgl. Abschnitt 4.1.3 und Abbildung 15). Zudem zeigt sich als **neue Erkenntnis**, dass Modellen das Potential zugeschrieben werden kann, in Prozessen der **Sozialisation** den Transfer impliziten Wissens unterstützen oder auslösen zu können (vgl. Abschnitt 4.1.3).

- **Darstellung von Perspektiven in Modellen.** In Modellen sind verschiedene inhaltliche und zielgruppenspezifische Perspektiven eines Prozesses vorhanden (vgl. Abschnitt 4.4). Diese Perspektiven zeigen das Potential der Nutzung von Modellen als Boundary Objects im Wissensmanagement, mit denen verschiedene Nutzergruppen einander näher und in den Diskurs miteinander gebracht werden können (vgl. Abschnitt 2.2.2.2). Prozessmodelle, die entsprechende Perspektiven enthalten, können daher das Verständnis organisatorischer Zusammenhänge und die Kommunikation darüber erleichtern.
- **Unterstützung wissensintensiver Tätigkeiten.** Der Bedarf an Informationen für die Erzeugung und Nutzung von Modellen zeigt den Charakter dieser Tätigkeiten als wissensintensive Arbeit (Abschnitt 4.5). So werden zur Erzeugung eines Modells verschiedene, nicht antizipierbare Informationen genutzt und in Form des Modells zu neuem Wissen kombiniert (Abschnitt 4.5.1). Ebenso werden zur Nutzung von Modellen verschiedene, kontext- und nutzerspezifische Informationen benötigt, um aus einem Modell Wissen abzuleiten (Abschnitt 4.5.2). Daher benötigen sowohl Modellierer als auch Modellnutzer Zusatzinformationen für die Nutzung von Modellen.

Aus diesen Erkenntnissen ergibt sich eine paradoxe Situation: Obwohl viele Potentiale von Prozessmodellen als wissensvermittelnde Artefakte identifiziert werden können, werden sie in Organisationen häufig – wenn überhaupt – nur wenig genutzt und unterstützt. Die in Tabelle 8 zusammengefassten Anforderungen beschreiben die hierzu umzusetzende Unterstützung. Innerhalb dieser Anforderungen stellen Anforderung 1 bis Anforderung 4 Voraussetzungen für die Umsetzung der in dieser Arbeit verfolgten Ziele dar. Die weiteren Anforderungen fügen auf diesen Voraussetzungen aufbauende, spezifischere Notwendigkeiten der Unterstützung hinzu. Entsprechend sind die grundlegenden Anforderungen auf Spezifikationsebene 0 beschrieben (vgl. Abschnitt 1.4), wohingegen die folgenden Anforderungen bereits konkretere Hinweise auf Funktionen eines WMS beinhalten.

Der im zurückliegenden Kapitel beschriebene **Vergleich vorhandener Ansätze** mit den in Tabelle 8 dargestellten Anforderungen zeigt, dass vorhandene Ansätze zur Umsetzung dieser Anforderungen **nicht geeignet sind** (vgl. Abschnitt 4.6). Dies zeigt einen **Mangel an technischer Unterstützung** auf, der Ziele und Ausrichtung der vorliegenden Arbeit auch auf Ebene der Technik bestätigt.

Tabelle 8: Anforderungen aus der Analyse des Potentials für die Integration von Modellen in WMS.

Nummer	Anforderung
Anforderung 1	Um das Potential von Modellen als wissensvermittelnde Artefakte nutzen zu können, muss ein Wissensmanagementsystem Modelle als Inhalte des Wissensmanagements verwalten und organisationsweit zur Verfügung stellen können.
Anforderung 2	Um die strukturelle Heterogenität von Modellen und Texten auszugleichen und so Inhalte von Modellen zu explizieren, muss ein Wissensmanagementsystem eine Meta-Ebene der Beschreibung von Modellen und Texten bereitstellen.
Anforderung 3	Um die Nutzung von Modellen in Wissensmanagementsystemen zu ermöglichen, muss ein Prozessmodellierungswerkzeug es Nutzern ermöglichen, Modelle auf einer Meta-Ebene zu beschreiben.
Anforderung 4	Ein Wissensmanagementsystem muss Modelle und Texte als gleichwertige Inhalte verwalten und Nutzern zur Verfügung stellen können.
Anforderung 5	Um für die Darstellung von Inhalten objektiv und subjektiv optimale Repräsentationsformen bereitzustellen, muss ein Wissensmanagementsystem zu textuell dargestellten Inhalten Darstellungen ähnlicher Inhalte in Modellform anbieten können und umgekehrt.
Anforderung 6	Um den Mehrwert der gegenseitigen Ergänzung von Modellen und Texten zur Vermittlung von Wissen nutzen zu können, muss ein Wissensmanagementsystem Modelle und Texte miteinander verbinden können.
Anforderung 7	Um die Potentiale von Perspektiven in Modellen zu nutzen, muss ein Wissensmanagementsystem Beschreibungen von Perspektiven darstellen, Perspektiven für Nutzer verfügbar machen und Nutzern die Erzeugung von Perspektiven ermöglichen.
Anforderung 8	Um die Verfügbarkeit von Informationen für die Modellierung und die Nutzung von Modellen zu gewährleisten, muss ein Wissensmanagementsystem Nutzern zu einem Modell oder dessen Teilen relevante Informationen anbieten können.
Anforderung 9	Um die Nutzung von Modellen zu unterstützen, muss ein Modellierungswerkzeug Modellierern die Möglichkeit geben, verwendete Informationen explizit mit einem Modell zu verbinden und so für Nutzer verwendbar zu machen.
Anforderung 10	Um die Kontextualisierung von Modellen zu unterstützen, müssen für Namen von Elementen alternative Bezeichner durch Beschreibungen auf einer Meta-Ebene angegeben werden können.

Zusammenfassend kann festgehalten werden, dass die in diesem Kapitel vorgenommene Analyse Probleme und Potentiale der organisationsweiten Nutzung von Modellen aufzeigt. Zudem konnten aus der Analyse Anforderungen an die Umsetzung entsprechender Unterstützung abgeleitet werden, die durch vorhandene Ansätze nicht erfüllt werden. Gleichwohl sind diese Anforderungen weder empirisch erhoben noch für die Identifikation neu zu erstellender Funktionen eines resultierenden Systems ausreichend konkret. In der im folgenden Kapitel beschriebenen empirischen Studie zeigen sich diese Anforderungen auch durch Beobachtungen in der Praxis und können durch diese Beobachtungen konkretisiert werden. Sie werden daher im Rahmen der Auswertung dieser Studie den empirisch hergeleiteten Handlungsfeldern der Unterstützung zugeordnet und mit konkreteren Anforderungen verbunden.

„A record, if it is to be useful to science, must be continuously extended, it must be stored, and above all it must be consulted“ (Vannevar Bush)

5 Explorative Studie: Anforderungen an die Nutzung von Prozessmodellen in der Praxis

In diesem Kapitel wird die im Rahmen der vorliegenden Arbeit durchgeführte empirische Studie zur Nutzung von Prozessmodellen als wissensvermittelnde Artefakte in der Praxis beschrieben. Die in Kapitel 4 beschriebenen Anforderungen stellen einen ersten und richtungsweisenden Schritt der Identifikation solcher Anforderungen dar. Anforderungen an die Unterstützung der Kooperation von Menschen können jedoch nicht nur aus vorhandenen Arbeiten abgeleitet werden, sondern erfordern einen empirischen Zugang zu potentiellen Nutzern, ihrer Arbeit und somit zum betrachteten Problembereich (Grudin 1988, S. 87, vgl. Abschnitt 1.4.2). Die im vorangegangenen Kapitel identifizierten Anforderungen können daher bei einer empirischen Untersuchung als Orientierungsrahmen dienen, ihre Relevanz für die Praxis muss jedoch überprüft werden. Zudem müssen sie ergänzt und verfeinert werden, um eine Lösung zur Unterstützung der Nutzung von Modellen durch ein WMS entwickeln zu können.

Zur Nutzung von Modellen in Organisationen sind lediglich Studien vorhanden, die sich auf primäre Zwecke der Nutzung von Modellen konzentrieren (Mendling et al. 2010). Für ihre Verwendung zu sekundären Zwecken und als wissensvermittelnde Artefakte kann daher nicht auf vorhandene Erkenntnisse zurückgegriffen werden. Somit fehlt es an Wissen, wie diese Verwendung von Modellen unterstützt werden kann. Die in diesem Kapitel beschriebene explorative Studie identifiziert hierzu Handlungsfelder und zugehörige Anwendungsfälle der Nutzung von Modellen in Organisationen. Diese Handlungsfelder ermöglichen es, ein Verständnis für die Unterstützung der praktischen Nutzung von Modellen zu gewinnen und **Anforderungen** an deren Umsetzung abzuleiten.

So konnten als Ergebnis der Studie die Anforderungen aus der Analyse in Kapitel 4 hinsichtlich ihrer Praxisrelevanz überprüft und den identifizierten Handlungsfeldern zugeordnet werden. Zudem wurden weitere Anforderungen identifiziert, die einerseits vorhandene Anforderungen konkretisieren und andererseits neue, in der Studie identifizierte Notwendigkeiten der Unterstützung beschreiben. Ohne den empirischen Zugang zum Problemfeld wären diese Erkenntnisse verborgen geblieben. Die Studie beantwortet somit Forschungsfrage 4:

> **Forschungsfrage 4:** Welche Prozesse der Nutzung von Modellen müssen in der Praxis unterstützt werden und welche Anforderungen sind zu erfüllen, um sie zu unterstützen?

In der Folge werden die bei der Bearbeitung dieser Frage entstandenen Beobachtungen und Erkenntnisse beschrieben und in Form von Anforderungen zur Gestaltung einer Lösung für die organisationsweite Verfügbarkeit und Unterstützung von Prozessmodellen in WMS verdichtet. Dabei werden sieben Handlungsfelder und in ihnen 14 Anwendungsfälle darin identifizierter Probleme beschrieben. Im weiteren Verlauf dieses Kapitels wird zunächst in Abschnitt 5.1 die Durchführung der empirischen Studie erläutert. Danach werden in Abschnitt

5.2 identifizierte Handlungsfelder und Anwendungsfälle sowie daraus resultierende Anforderungen beschrieben. Dabei gemachte Beobachtungen werden durch verschiedene Zitate der Interviewpartner illustriert. Diese Zitate werden unter Angabe des Interviewpartners und der Zeile im Transkript angegeben. Abschließend werden in Abschnitt 5.3 wichtige Erkenntnisse aus der Studie zusammengefasst und diskutiert.

5.1 Durchführung der Studie

In der empirischen Studie wurden Interviews mit sechs Praktikern aus verschiedenen Branchen durchgeführt. Die Interviews hatten einen Umfang von 60 bis 90 Minuten und basierten auf einem Leitfaden, der auch die in Kapitel 4 beschriebenen Anforderungen berücksichtigte. Er beinhaltete Fragen zur Erfahrung der Interviewpartner mit der Nutzung von Prozessmodellen, zur Informationsbeschaffung für deren Bearbeitung, zum Austausch von Prozessmodellen, zu ihrer Nutzung und zu vorhandener technischer und organisatorischer Unterstützung für diese Aufgaben. Er wurde im Sinne eines semi-strukturierten Leitfadens in den Interviews als Grobstruktur verwendet, je nach Partner wurden Fragen vertieft oder ausgelassen[30]. Zudem wurde der Leitfaden nach den ersten drei Interviews erweitert, um Erkenntnisse dieser Interviews aufzunehmen. Weitere Inhalte und der Aufbau der Interviews können aus den in Anhang C enthaltenen Leitfäden entnommen werden.

Als Interviewpartner wurden Personen ausgewählt, die einen Überblick über die Nutzung von Prozessmodellen durch verschiedene Nutzergruppen in ihren Unternehmen und entsprechende Erfahrungen mit diesem Umgang haben. Sie erzeugen und nutzen Modelle zu verschiedenen Zwecken von der Analyse interner Prozesse bis zur Spezifikation von Software. Sie sind typische Wissensarbeiter, die eine hohe Bereitschaft zur Bereitstellung ihres Wissens haben (vgl. Abschnitt 2.3.3). Da ihnen für die Auswertung der Interviews Anonymität zugesagt wurde, werden sie in der Folge als I1 bis I6 bezeichnet. Tabelle 9 zeigt die Partner und ihre Tätigkeit in der Reihenfolge, in der sie interviewt wurden.

Tabelle 9: Beschreibung der Interviewpartner aus der empirischen Studie.

Partner	Größe des Unternehmens	Branche	Position	Methoden/ Notationen	Erfahrung mit Modellen
I1	2500 MA	Technischer Support	Projektmanager	Flowcharts, SeeMe	9 Jahre
I2	1000 MA	Energieversorgung	Prozessanalystin	BPMN, UML	10 Jahre
I3[31]	500 MA (1), 150 MA (2)	IT-Beratung (1, 2)	Projektleiter	UML	16 Jahre

[30] Bereiche oder Fragen daraus wurden ausgelassen, um spekulative Aussagen zur diesem Bereich zu vermeiden, wenn ein Partner nach eigener Aussage zu einem Themenbereich wenig Erfahrungen oder Erkenntnisse hatte.

[31] I3 war zum Zeitpunkt des Interviews seit einigen Monaten bei einem neuen Unternehmen, das hier mit (1) bezeichnet wird. Seine Aussagen beziehen sich jedoch auch auf die Nutzung von Modellen im Unternehmen, indem er davor tätig war (2).

Partner	Größe des Unternehmens	Branche	Position	Methoden/ Notationen	Erfahrung mit Modellen
I4	500 MA	IT-Beratung	Anforderungsanalyst	BPMN	3 Jahre
I5	1300 MA	IT-Dienstleistung	Koordinator Entwicklung	UML	15 Jahre
I6	1300 MA	IT-Dienstleistung	Anforderungsanalyst	UML	20 Jahre

Die Interviewpartner wurden aus verschiedenen Branchen rekrutiert, um die Studie nicht nur auf die IT-Branche zu fokussieren, in der Modelle verbreiteter sind als in anderen Branchen. Die in Tabelle 9 dargestellten Unternehmensgrößen zeigen, dass die Auswahl der Partner mittlere bis größere Unternehmen repräsentiert. Die Ergebnisse der Studie gelten daher vor allem für solche Unternehmensgrößen, können jedoch wegen der internen Strukturierung der Unternehmen von bspw. I2 oder I5/I6 in operativ abgeschlossene Standorte auch auf kleine Unternehmen bezogen werden.

Um Variationen der Nutzung innerhalb von Unternehmen aufzunehmen, wurden auch Partner aus gleichen Unternehmen befragt. Ebenso wurden Partner unterschiedlichen Alters von ca. 35 bis ca. 55 Jahren befragt, um die Ergebnisse der Studie zu verbreitern. Hinsichtlich der Stichprobengröße ist anzumerken, dass sie vor dem Hintergrund des qualitativ-explorativen Charakters der Studie ausreichend ist, zumal den Interviews mit I5 und I6 gegenüber den bereits durchgeführten Interviews nur wenige neue Erkenntnisse zu entnehmen waren. Die Befragung weiterer Partner versprach daher wenig zusätzlichen Erkenntnisgewinn.

Für die Auswertung der Interviews wurden diese entsprechend der Beschreibung in Abschnitt 1.4.2 aufgezeichnet, transkribiert und in mehreren Durchgängen kodiert und analysiert. Aus dieser Analyse entstand ein Kategoriensystem mit insgesamt 102 Kategorien, aus denen sieben **Handlungsfelder** und 14 ihnen zugeordnete **Anwendungsfälle** der Nutzung von Modellen identifiziert werden konnten (vgl. Tabelle 10). Das gesamte Kategoriensystem ist in Anhang C.2 dargestellt.

5.2 Handlungsfelder und Anforderungen der Nutzung von Prozessmodellen in der Praxis

In den Unternehmen der Interviewpartner werden Modelle in verschiedenen Einsatzszenarien verwendet. Die in Kapitel 4 identifizierten Potentiale der Nutzung von Modellen finden sich darin wieder. Zudem lassen sich weitere Probleme der Nutzung von Modellen identifizieren. Es zeigt sich, dass Modelle für die Befragten wichtige Bestandteile der Bewahrung und Vermittlung von Wissen sind: *„es dokumentiert Informationen, die sonst (...) einfach verloren gehen“* (I2, Z. 116). Zudem nutzen sie Modelle, um den Austausch von Wissen zwischen Mitarbeitern zu fördern: *„(...) dass die durch diese Modelle eigentlich so eine gemeinsame Basis bekommen, über die sie kommunizieren können. So gemeinsames Verständnis, dass der Eine den Anderen besser versteht“* (I4, Z. 46). Dieser Absicht stehen jedoch Probleme mangelnder Unterstützung entgegen: *„Aber praktisch werden sie gar nicht genutzt. Dass es auch wirklich genutzt wird, das meine ich mit interaktiv. Dass man auch praktisch immer wieder darauf zugreifen kann (...)"* (I1, Z. 252).

Um vorhandene Probleme der Nutzung von Modellen als wissensvermittelnde Artefakte systematisch herleiten zu können, werden diese in der Folge entlang der identifizierten Handlungsfelder beschrieben und in Tabelle 10 zusammengefasst. Zudem werden die in der Literaturanalyse (vgl. Kapitel 4) identifizierten Anforderungen den Handlungsfeldern und Anwendungsfällen **zugeordnet**. Dabei wird zwischen Anforderungen aus der Analyse, deren **Umsetzung** in einem oder mehreren Anwendungsfällen notwendig ist, und solchen Anforderungen, die **Voraussetzungen** für Anwendungsfälle darstellen, unterschieden. Sie werden nur im ersten Fall Anwendungsfällen zugeordnet. Zudem werden für die Handlungsfelder Kurzfassungen der Anforderungen angegeben. Verzeichnisse aller Anforderungen sowie deren Kurz- und Langfassungen sind in Anhang B aufgeführt.

Tabelle 10: Handlungsfelder (HF) und Anwendungsfälle (AF) aus der empirischen Studie.

HF	Handlungsfeld	AF	Anwendungsfall
HF 1	Modelle verwalten	AF 1.1	Modelle suchen
		AF 1.2	Modelle benennen und beschreiben
HF 2	Modelle austauschen	AF 2.1	Modelle zur Verfügung stellen
		AF 2.2	Modelle mit anderen Inhalten verbinden
		AF 2.3	Nutzer erreichen und informieren
HF 3	Modelle zur Kommunikation und Koordination nutzen[32]	AF 3.1	Modelle zur Kommunikation und Koordination nutzen
HF 4	Modellnutzung erleichtern und ausweiten	AF 4.1	Nutzerkreis von Modellen ausweiten
		AF 4.2	Akzeptanz von Modellen erhöhen
		AF 4.3	Verfügbarkeit von Werkzeugen sicherstellen
		AF 4.4	Modellnutzung zielgruppenspezifisch unterstützen
HF 5	Modellierung unterstützen	AF 5.1	Bei der Modellierung Informationen beschaffen
		AF 5.2	Modelle wiederverwenden
HF 6	Modellverständnis sichern	AF 6.1	Modellverständnis sichern
HF 7	Modellqualität sichern	AF 7.1	Modellqualität sichern

Für die in der Studie identifizierten Handlungsfelder und Anwendungsfelder ist entweder primär die technische Unterstützung organisatorischer Prozesse oder die Gestaltung neuer Prozesse und deren Umsetzung in WMS notwendig. Entsprechend müssen die aus der Studie resultierenden Anforderungen immer in Bezug auf die Ebene organisatorischer Prozesse be-

[32] Die Handlungsfelder HF 3, 6 und 7 enthalten jeweils nur einen Anwendungsfall.

trachtet werden. In der folgenden Beschreibung der Handlungsfelder werden daher die Anwendungsfälle und in ihnen auftretende Probleme daher als **sozio-technische Anwendungsfälle** beschrieben, in denen organisatorische Prozesse und Probleme der technischen Unterstützung verbunden werden. Hierfür werden entsprechend der Beschreibung in Abschnitt 1.7 **SeeMe-Modelle** eingesetzt.

Die aus der Studie abgeleiteten Anforderungen lassen sich in **zwei Gruppen** einteilen. So findet sich eine Gruppe von Anforderungen, in der speziell die Verwendung von Modellen als Inhaltstyp zur Vermittlung und Aneignung von Wissen und deren Unterstützung beschrieben wird. Die andere Gruppe von Anforderungen beschreibt Funktionen oder Prozesse, die unabhängig von ihrer Bedeutung für die Nutzung von Modellen auch für WMS im Allgemeinen sinnvolle Ergänzungen darstellen. Somit handelt es sich bei der ersten Gruppe um **modellspezifische Anforderungen** und bei der zweiten Gruppe **für WMS generell gültige Anforderungen**. Die erste Gruppe bezieht sich somit auf Funktionen und Maßnahmen zur Unterstützung von Prozessmodellen in WMS, während die zweite das Portfolio des Wissensmanagements auch im Allgemeinen erweitert und für Prozessmodelle nutzbar macht.

Die Einteilung in die oben beschriebenen Gruppen stellt gegenüber Kapitel 4, in dem aus einer Literaturanalyse gezielt und daher ausschließlich modellspezifische Anforderungen abgeleitet wurden, einen Unterschied dar. Um die Gruppen in der folgenden Beschreibung zu unterscheiden, werden Anforderungen der zweiten Gruppe im Folgenden mit einem Symbol (*) versehen. Beinhaltet eine Anforderung eine Kombination aus modellspezifischen und allgemeingültigen Anforderungen, so wird das Symbol in Klammern gesetzt. Diese Unterscheidung der Anforderungen drückt **keinerlei Wertung hinsichtlich ihrer Bedeutung** für die Ziele der vorliegende Arbeit aus – es sind nicht nur modellspezifische Anforderungen, von denen die Unterstützung der Nutzung von Modellen als wissensvermittelnde Artefakte in WMS abhängt. Vielmehr sind Anforderungen beider Gruppen für diese Unterstützung entscheidend, wie ihre folgende Beschreibung zeigen wird.

5.2.1 Modelle verwalten

Das Handlungsfeld „Modelle verwalten" ist in die Anwendungsfälle des Suchens und des Beschreibens von Modellen aufgeteilt. Im ersten Anwendungsfall (Abschnitt 5.2.1.1) beschreiben die Befragten die Suche nach Modellen als zentrales Problem ihrer Nutzung. Im zweiten Anwendungsfall nennen sie Beschreibungen von Modellen als Hilfsmittel für deren Auffindbarkeit (Abschnitt 5.2.1.2). Abbildung 17 zeigt in beiden Anwendungsfällen vorhandene Probleme.

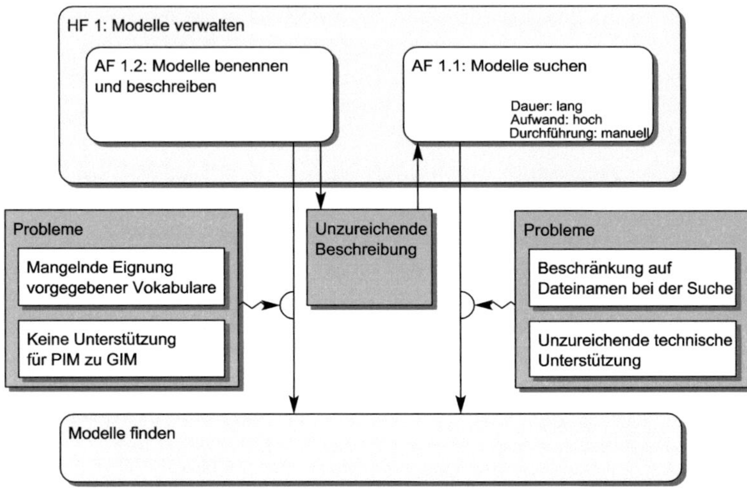

Abbildung 17: Anwendungsfälle und Probleme des Handlungsfelds „Modelle verwalten".

Die aus den in Abbildung 17 dargestellten Anwendungsfällen und Problemen resultierenden Anforderungen werden in Tabelle 11 zusammengefasst. Diese Tabelle enthält zudem Anforderungen aus der Literaturanalyse (Kapitel 4), die den Anwendungsfällen des hier beschriebenen Handlungsfelds zugeordnet wurden[33] (vgl. die Übersicht der Anforderungen in Anhang B ab Seite 327).

Tabelle 11: Handlungsfeld „Modelle verwalten"

Anwendungsfall	Anforderungen (Literaturanalyse / empirische Studie)
Modelle suchen	**Anforderung 1:** Modelle in WMS organisationsweit zur Verfügung stellen (Seite 97). **Anforderung 4:** Modelle und Texte im WMS als gleichwertige Inhalte behandeln (Seite 105).
	Anforderung 11: Nach Modellen und ihren Inhalten suchen (Seite 130).
Modelle benennen und beschreiben	**Anforderung 2:** Modelle und Texte im WMS auf einer Meta-Ebene beschreiben (Seite 101). **Anforderung 3:** Modelle in Modellierungswerkzeugen auf einer Meta-Ebene beschreiben (Seite 101). **Anforderung 10:** Namen von Elementen durch Meta-Ebene kontextualisieren (Seite 111).
	Anforderung 12: Zur Beschreibung von Modellen einen flexiblen Mechanismus nutzen* (Seite 132). **Anforderung 13:** Persönliche Strukturen der Beschreibung in die gemeinsame Ablage übernehmen* (Seite 132).

[33] Diese Zuordnung wird entsprechend der Beschreibung in Abschnitt 5.1 für alle aus der empirischen Studie abgeleiteten Handlungsfelder und Anwendungsfälle durchgeführt.

5.2.1.1 *Modelle suchen*

Aus den Angaben der Interviewpartner kann die Suche von Modellen als zentrales Problem identifiziert werden. So zeigt sich in der Praxis der Interviewpartner, die mehrheitlich keine speziellen Werkzeuge zur Verwaltung von Modellen verwenden, das in Abschnitt 4.2.2 beschriebene Problem der Reduktion der Inhalte eines Modells auf seinen **Dateinamen** bei der Suche nach Inhalten:

> *„Frage: Wie finden sie dann Modelle?*
> *Antwort: Weil der Plain Text des Visio-Flowcharts in der Betreffzeile ist." (I1, Z. 149-150)*

Dies erschwert die Verwendung von Modellen, da die Suche und somit die Verwaltung von Modellen unzureichend unterstützt werden (vgl. Abschnitt 2.4.4). Dies resultiert darin, dass Modelle **nicht gefunden werden können**: *„man ist ja grundsätzlich in dieser Situation*[34] *und das ist der eigentliche Alptraum"* (I1, Z. 146). Die Verwaltung von Modellen wird zudem **unzureichend technisch unterstützt**: *„(...)wir haben kein Dokumentenmanagementsystem für Modelle, dass man jetzt suchen könnte oder auch sporadisch durchgucken könnte, das gibt es so nicht"* (I3, Z. 101). Daher müssen Modelle oft **manuell und iterativ durchsucht** werden: *„richtig suchen im Sinne von ich gehe jetzt jedes Modell durch" (I3, Z. 95).* Das Problem betrifft dabei nicht nur Modellierer, sondern **alle Nutzer**:

> *„Da stellen wir fest, dass immer wieder Supportanfragen kommen, die (...) aus einer Nutzung der Software resultieren, die nicht dem entspricht, wie wir sie uns ursprünglich in dem Prozess vorgestellt hätten. Und da würde es einfach helfen, zunächst mal dem Supporter am Telefon,* der *könnte dann nachgucken wie war das eigentlich gedacht" (I2, Z. 110).*

Die Verwendung spezieller Werkzeuge erleichtert die Suche zwar, kann sie jedoch nicht zufriedenstellend realisieren: *„Man kann wie im Explorer Tastatureingaben machen und dann nach bestimmten Begriffen suchen. Das geht einigermaßen"* (I5, Z. 70). Trotz solcher Werkzeuge benötigen Nutzer bei der Suche nach Modellen oft Unterstützung: *„Gelegentlich kommt aber schon ein Kollege zu mir und sagt: ich find hier ein Modul*[35] *nicht, was mache ich falsch? Ich helfe ihm dann suchen. Weil ich vielleicht manchmal nochmal von einem anderen Blickwinkel drauf gucke"* (I5, Z. 70).

Unter den beschriebenen Umständen ist der Erfolg eines Suchvorgangs von Kontextwissen zum Ablageort eines Modells abhängig: *„da habe ich eine relativ konkrete Vorstellung wo könnte was liegen, da gibt es schon einen relativ eingegrenzten Bereich. Wenn ich da dann nichts finde lasse ich es bleiben"* (I3, Z. 95). Oftmals ist die Suche jedoch zu **aufwändig**, so dass ein neues Modell erstellt wird: *„Ich persönlich bin schneller, wenn ich es von Anfang an neu male"* (I1, Z. 106). In der Folge entstehen jedoch Redundanzen, so dass eine schnelle

[34] Mit *„dieser Situation"* bezieht sich I2 auf die im Interview vorangegangene Frage nach seiner Vorgehensweise bei der Suche nach Modellen.

[35] In dem Projekt, in dem I5 beschäftigt ist, werden Modelle pro Modul der zu entwickelnden Software erzeugt.

Suche als **zentraler Verbesserungsbedarf** genannt wird: *„Das ist für mich ganz klar der schnellere Zugriff auf diese Modelle."* (I2, Z. 16).

Diese Aussagen zeigen, dass in den Organisationen der Interviewpartner vorhandene Mechanismen keine ausreichende Suche nach Modellen ermöglichen und dass daraus Probleme der Verwaltung von Modellen im Sinne des Wissensmanagements entstehen. Auch spezielle Werkzeuge lösen dieses Problem nicht, so dass sogar die Kooperation von Modellierern untereinander durch Probleme der Suche beeinträchtigt wird. Die zeigt, dass in der Praxis Modelle in WMS nicht auf gleicher Ebene wie Texte verwendet werden und bekräftigt somit Anforderung 4. Ebenso wird deutlich, dass Modelle zur Unterstützung ihrer Nutzung organisationsweit zur Verfügung stehen müssen (Anforderung 1). Beide der genannten Anforderungen werden daher diesem Anwendungsfall zugeordnet (vgl. Tabelle 11).

Aus den beschriebenen Aussagen ist abzulesen, dass der **Kern** der in den genannten Anforderungen beschriebenen Verwaltung von Modellen in ihrer Verfügbarkeit und daher in der **Suche nach Modellen** liegt. Es muss daher in Erweiterung dieser Anforderungen gefordert werden, dass in WMS vorhandene Suchmechanismen auch Modelle berücksichtigen (vgl. Abschnitt 2.4.4). Das von I2 gegebene Beispiel der Suche eines Mitarbeiters nach Inhalten von Modellen zeigt zudem, dass diese Suche für alle Mitarbeiter zur Verfügung stehen und auch Inhalte von Modellen erfassen muss.

> **Anforderung 11** Um Modelle in Organisationen nutzen zu können, muss ein Wissensmanagementsystem einen Suchmechanismus bereitstellen, der ebenso wie nach anderen Inhalten auch nach Modellen und in ihren Inhalten suchen kann.

5.2.1.2 *Modelle benennen und beschreiben*

Auf Nachfragen, wie sie die Verwaltung von Modellen angesichts nicht ausreichender Suchmechanismen unterstützen, nennen die Befragten verschiedene Strategien der manuellen Verwaltung und Beschreibung von Modellen. Diese Strategien verbessern zwar die Auffindbarkeit von Modellen, sind ihrer Ansicht nach jedoch nicht zufriedenstellend.

Die Interviewpartner verwenden teilweise **Top-Down-Ansätze** (vgl. Abschnitt 2.4.5.1), mit denen sie eine *„Buchhaltung"* (I6, Z.83) für Modelle realisieren. Diese werden jedoch als **unzureichend** eingeschätzt: *„(...) wenn ein neues Modell angelegt wird, das macht dann diese Abteilung, legt das an und vergibt einen Namen dafür. (...) Die*[36] *waren total komplex, als Außenstehender kann man eigentlich nicht durchsteigen (...) Ich hab da mal reingeguckt, das sind dann irgendwelche Buchstabenkürzel, die den Leuten dann irgendwas sagen"* (I4, Z. 105-107). Ebenso müssen **festgelegte Vokabulare und Konventionen** für die Beschreibung als problematisch beurteilt werden, da sie oft nicht bekannt oder verständlich sind: *„Wir haben ne offizielle Nomenklatur. Ich habe keine Ahnung wie die ist"* (I1, Z. 92); *„Es wird unheimlich intellektuell in einem Fach-Chinesisch abgelegt. Und wenn ich diese Begrifflichkeiten nicht kenne, dann finde ich es auch nicht"* (I1, Z. 156). Zudem sind solche Konventionen

[36] Die Namen der Modelle (Anmerkung des Autors).

oft veraltet: *„(...) die müssten eigentlich auch ständig weiter geschrieben werden, das wird nicht immer so perfekt gemacht“* (I5, Z. 68).

Probleme der Beschreibung von Modellen existieren vor allem auf der Ebene der organisationsweiten Verwaltung von Modellen. Für ihr **persönliches Informationsmanagement** (vgl. Abschnitt 2.4.6.2) berichten die Befragten von funktionierenden Strategien der Ablage, in denen sie Modelle bspw. nach deren *„Schlüsselnachricht“* (I1, Z. 92), nach beschriebenen IT-Systemen, nach Geschäftsprozessen oder nach Projekten ablegen. Sie geben an, dass sie durch Vorgaben zur **Ablage auf Gruppen- und Organisationsebene** vor Probleme gestellt werden, da diese nicht mit ihren individuellen Strategien kompatibel sind: *„Das kreuzt sich halt auch immer wieder“* (I2, Z. 63).

Trotz der beschriebenen Probleme erklären die Befragten, dass eine Beschreibung von Modellen wichtig ist, um deren Inhalt zu explizieren: *„Modelle auf Meta-Ebene beschreiben, was die jetzt beschreiben“* (I3, Z. 79). Als Lösungen schlagen sie **leichtgewichtige** Mechanismen zur Beschreibung vor: *„Modelle mit bestimmten Tags*[37] *zu versehen und dann nach diesen Tags zu suchen (...) wäre sicherlich noch eine weitere Möglichkeit. Das ist aber nur so eine Idee, im Bereich Modelle habe ich das aber noch nicht gesehen.“* (I4, Z. 164).

Die Aussagen der Interviewpartner zeigen, dass mangels geeigneter Suchmechanismen für Modelle deren **Beschreibung** durch Nutzer ein gangbarer und in den Unternehmen der Partner **etablierter Weg** zur Verwaltung von Modellen ist. Dies zeigt die Praxisrelevanz der in Anforderung 2 und Anforderung 3 dargestellten Beschreibung von Modellen auf einer Meta-Ebene. Es zeigt zudem, dass diese Beschreibung auch für die Suche nach Modellen (Anforderung 11) verwendet werden kann. Zudem wird die praktische Anwendung der in Anforderung 10 beschriebenen Notwendigkeit der Meta-Beschreibung von Modellelementen deutlich. Diese drei Anforderungen werden daher dem Anwendungsfall „Modelle benennen und beschreiben“ zugeordnet (vgl. Tabelle 11).

Weiterhin zeigt sich für Konventionen und Vorgaben, dass diese in der Praxis keine Lösungen darstellen. Sie sind oft nicht bekannt, werden nicht verstanden, veralten zu schnell und ihre Nutzung erfordert zu viel Aufwand. Dies ist einerseits auf das in Abschnitt 2.2.2.1 beschriebene „vocabulary problem“, nach dem eine gemeinsame Sprache nicht vorgegeben werden kann, und anderseits auf die individuell geprägte Nutzung von Sprache bei Wissensarbeitern zurückzuführen (vgl. Abschnitt 2.3.3). Beschreibungen von Modellen sollten daher die Sprache aller Nutzer verwenden, dies ist hinsichtlich vorhandener Unterschiede nur durch Flexibilität in der Wahl von Begriffen möglich. Hierfür muss nach Angaben der Interviewpartner ein leicht benutzbarer Mechanismus gewählt werden, der Freiheiten in der Benennung zulässt. Es ist dabei anzunehmen, dass dieser Anforderung auch für die Beschreibung anderer Inhalte anzuwenden ist. Sie wird daher als potentiell **allgemeingültige Anforderung** markiert.

[37] Es ist zu betonen, dass I4 im Interview nicht explizit nach Tags gefragt oder auf die Möglichkeit ihrer Nutzung hingewiesen wurde, sondern diese als eigene Idee zur Verwaltung von Modellen einbrachte.

Anforderung 12 Für die Beschreibung von Modellen mit Metadaten sollte ein Wissensmanagementsystem einen leicht verwendbaren Mechanismus anbieten, der Freiheiten bei der Begriffswahl und die Verwendung verschiedener Begriffe zulässt.*

Darüber hinaus wird aus der Beobachtung des geringen Nutzens von Konventionen und der individuellen Vielfalt an Strategien zur Benennung deutlich, dass Vorgaben zur Benennung in der Praxis problematisch sind, da Nutzer Modelle nach individuellen Vorlieben benennen. Eine geeignete Vorgehensweise zur Beschreibung von Modellen muss daher zur Verbindung von persönlichem und gruppenbezogenem Informationsmanagement individuelle Benennungen mit der Beschreibung auf Gruppenebene kombinieren (vgl. Abschnitt 2.4.6.2). Analog zu Anforderung 12 kann auch diese Anforderung auf allgemeine Inhalte angewendet werden und wird entsprechend markiert.

Anforderung 13 Ein Wissensmanagementsystem sollte Nutzern die Möglichkeit bieten, eigene Strukturen und Beschreibungen von Modellen in seine Inhalte zu übernehmen, ohne dass diese an Vorgaben angepasst werden müssen.*

5.2.2 Modelle austauschen

Das Handlungsfeld des **Austauschs von Modellen** beinhaltet die Anwendungsfälle der Verfügbarkeit von Modellen (5.2.2.1), der Verbindung von Modellen mit anderen Inhalten (5.2.2.2) und der Bestimmung und Benachrichtigung potentieller Nutzer von Modellen (5.2.2.3). Die in diesen Anwendungsfällen beobachteten Probleme werden in Tabelle 12 dargestellt. Aus ihnen entstehen Anforderungen an die Unterstützung des Austauschs von Modellen, die in Tabelle 12 zusammengefasst werden.

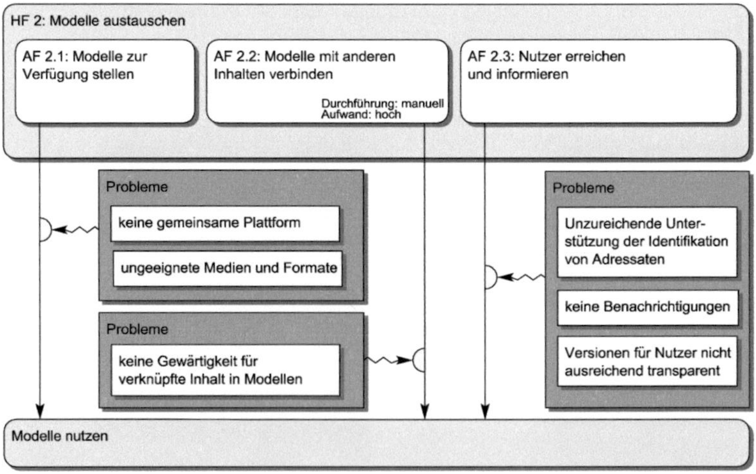

Abbildung 18: Anwendungsfälle und Probleme des Handlungsfelds „Modelle austauschen“

Tabelle 12: Aufgaben und Anforderungen des Handlungsfelds „Modelle austauschen".

Anwendungsfall	Anforderungen (Literaturanalyse / empirische Studie)
Modelle zur Verfügung stellen	**Anforderung 1:** Modelle in WMS organisationsweit zur Verfügung stel-
	Anforderung 14: Anbindung von Modellierungswerkzeugen an ein WMS (Seite 134). **Anforderung 15:** Verfügbarkeit von Modell- und Grafikformaten (Seite 135).
Modelle mit anderen Inhalten verbinden	**Anforderung 4:** Modelle und Texte im WMS als gleichwertige Inhalte behandeln (Seite 105). **Anforderung 6:** Modelle und Texte im WMS verbinden (Seite 106).
	Anforderung 16: Verknüpfungen in Modellen im WMS verfügbar machen (Seite 136). **Anforderung 17:** Inhalte ohne manuelle Verbindung verknüpfen* (Seite 136).
Nutzer erreichen und informieren	-
	Anforderung 18: Identifikation von Adressaten unterstützen* (Seite 137). **Anforderung 19:** Versionen beschreiben und nachvollziehbar machen*

5.2.2.1 *Modelle zur Verfügung stellen*

Ein zentrales Problem des Austauschs von Modellen ist laut der Befragten der **Mangel einer zentralen Austauschplattform für Modelle.** Um Modelle auszutauschen, ist es ihrer Ansicht nach wichtig, *„dass publik ist, was wo gespeichert ist"* (I4, Z. 225). Modelle sind jedoch bei den Interviewpartnern meist lokal abgespeichert: *„Im normalen Leben ist es so, dass wir die auf C:\Eigene Dateien haben"* (I3, Z. 79). Der Austausch wird über verfügbare **Medien und Kanäle** durchgeführt. So werden Modelle *„in Form von Papier in Aktenordnern mit der restlichen Dokumentation weiter gegeben"* (I6, Z. 43) oder auf Datenträgern ausgetauscht: *„In dem Falle wird das einfach nur sein, dass ich ein pdf-Dokument aushändige, das auf CD brenne"* (I1, Z. 108). Alternativ erfolgt der Austausch über E-Mail: *„Das wird über den klassischen Weg gemacht, über Email"* (I5, Z. 84). Die daraus entstehende Situation ist nachteilig, da in E-Mails versandte Modelle häufig nicht mehr genutzt werden: *„(...) dann ist es irgendwo dokumentiert, irgendwo in ner Email, weil man das irgendwem mal mitgeteilt hat und dann hängt das in so einem Sent-Folder rum"* (I1, Z.33). Zur Verbesserung dieser Situation wünschen sich die Interviewpartner, dass **Modelle im Intranet einer Organisation** verfügbar sind: *„Wunschvorstellung ist natürlich (...), dass ich das interaktiv in diesem Intranet hinterlegen kann, wo ich über Hyperlinks auf diese Informationen schnell hinzu springen kann"* (I1, Z. 108). Sie weisen zudem darauf hin, dass eine solche Lösung einfach zu bedienen sein muss: *„ich würde versuchen auf etwas zurückzugreifen, das in der täglichen Nutzung eine niedrige Hemmschwelle hat"* (I2, Z. 118).

Ein weiteres Problem des Austauschs von Modellen ist das dazu genutzte **Format**. Die Interviewpartner berichten davon, dass Modelle häufig in **Grafikformate** konvertiert und in dieser Form ausgetauscht werden: *„da war die Regel dann so, dass das Modell praktisch grafisch* *exportiert wurde im Bitmap-Format, um das dann darzustellen (...)"* (I4, Z. 44). Der Grund hierfür liegt im Fehlen geeigneter Programme zum Öffnen von Modellen bei Nutzern: *„Entweder hat jemand ne Lizenz und greift direkt darauf zu oder es wird grafisch exportiert"* (I4, Z. 44). Dies stellt nach ihrer Aussage eine Hürde für die Verbreitung von Modellen in Organisationen dar und verhindert zudem die weitere Verwendung von Modellen im Zyklus des Wissensmanagements (vgl. Abschnitt 2.4.4):

> *„In den Dokumenten, in denen das ausgetauscht wird, also in PDFs, da kann er*[38] *das eigentlich nur ausschneiden und muss das dann neu modellieren (...). Er kann das dann nicht so leicht wieder verwenden, das Problem hat er dann definitiv" (I3, Z. 55).*

Abhilfe könnte nach Meinung der Interviewpartner hier ein System zur organisationsweiten Verwaltung von Modellen schaffen: *„Ich fänd ja schon so eine Kollaborationsumgebung für Modelle schon ganz spannend (...), wo alle ihre Modelle ablegen würden. So ein Dokumentenmanagementsystem für UML-Modelle"* (I3, Z. 77).

Die Aussagen der Befragten zeigen deutlich, dass bei ihnen der **Bedarf nach Austausch** von Modellen vorhanden ist, jedoch **unzureichend unterstützt** wird. Modelle können daher nicht wie andere Inhalte als Gegenstand der gemeinsamen Entwicklung von Wissen ausgetauscht werden: Textuelle Dokumente, die in Unternehmen wiederverwendet werden sollen, würden sicher nicht in Form grafischer Exporte verbreitet oder, statt sie zentral zu hinterlegen, lediglich per E-Mail versendet werden. Modelle können so nicht ausreichend als gemeinsame Artefakte der Kooperation genutzt werden (vgl. Abschnitt 2.2.2.2). Dies zeigt die Relevanz von Anforderung 1, nach der Modelle in WMS organisationsweit zur Verfügung stehen müssen. WMS müssen für den Austausch von Modellen dementsprechend eine zentrale Austauschplattform für Modelle darstellen. Anforderung 1 wird daher dem Anwendungsfall „Modelle zur Verfügung stellen" zugeordnet (vgl. Tabelle 12). Die Hinweise auf vergessene Modelle in E-Mail-Ordnern (I1), einfache Bedienung (I2) und Toolanbindung (I4) zeigen, dass eine solche Plattform größeren Nutzen stiftet, wenn sie **in die Arbeit von Nutzern eingebunden** ist, so der Austausch vereinfacht wird und Modelle nachhaltig verfügbar sind. Für die Unterstützung bedeutet dies, dass sie direkt **an vorhandene Werkzeuge angebunden** sein muss (vgl. Abschnitt 2.3).

> **Anforderung 14** Um durch ein WMS als zentrale Plattform den Austausch von Modellen fördern zu können, müssen Modellierungswerkzeuge an ein WMS angebunden werden können und aus diesem Modelle öffnen sowie in diesem Modelle ablegen können.

Weiterhin wird der Austausch von Modellen durch die Nutzung von Grafikformaten für diesen Austausch gehemmt, so dass Modelle zwar betrachtet, aber nicht bearbeitet werden können. Die Verwendung dieser Grafikformate drängt Mitarbeiter, die Modelle bearbeiten können oder wollen, in die Rolle von Betrachtern. Um dieses Problem zu lösen und gleichzeitig

[38] Mit *„er"* ist hier der Kunde gemeint, der die Prozessdokumentation erhält.

auch solchen Akteuren, die nur lesenden Zugriff auf Modelle benötigen, Modelle zur Verfügung stellen zu können, müssen Wissensmanagementsysteme für den Abruf von Modellen sowohl in entsprechenden Werkzeugen nutzbare Modellformate als auch Grafikformate zur Verfügung stellen.

> **Anforderung 15** Ein Wissensmanagementsystem muss für ein Modell sowohl in Modellierungswerkzeugen bearbeitbare Formate als auch ohne solche Werkzeuge darstellbare Grafikformate zur Ansicht des Modells anbieten können.

5.2.2.2 *Modelle mit anderen Inhalten verbinden*

Die Interviewpartner berichten, dass Modelle meist gemeinsam mit anderen Dokumenten oder Modellen ausgetauscht werden, um sie zu kontextualisieren. Hierzu werden unterschiedliche Inhalte wie bspw. textuelle Beschreibungen der dargestellten Prozesse hinterlegt, *„also im Endeffekt die Artefakte und Aspekte, die ein Add-On an Information zu (...) einem Modell liefern"* (I3, Z.59). Hierdurch entsteht jedoch häufig ein Problem der Synchronisierung von textueller Beschreibung und Modell, in dessen Verlauf meist eine der beiden Darstellungen veraltet (I6, Z. 60, 78-80). Vor dem Hintergrund vorhandener Unterschiede bei Darstellbarkeit und Verarbeitung von Informationen in Modellen bzw. Texten (vgl. Abschnitt 4.3.4) ist jedoch ohnehin fraglich, ob diese Vorgehensweise ratsam ist.

Wichtiger als die Erzeugung zusätzlicher textueller Beschreibungen ist den Partnern die Verbindung von Modellen mit anderen, bereits bestehenden Inhalten. Da ihnen häufig keine Plattform für diese Verbindung zur Verfügung steht (vgl. Abschnitt 5.2.2.1), greifen sie auf andere Möglichkeiten wie im Unternehmen gängige Formate zurück: *„wir nutzen da ehrlich gesagt selten die Diagramme, sondern (...) Powerpoint-Präsentationen"* (I2, Z.8). Häufig verwenden sie auch Möglichkeiten der Verknüpfung von Modellen und Texten in Modellierungswerkzeugen zu diesem Zweck: *„Damit unsere Use Cases nicht so isoliert in nem dicken Buch rumstehen (...) nutzen wir Geschäftsprozessmodelle, und hängen da sozusagen Verweise auf die Use Cases rein"* (I2, Z.4). Die **Nutzung weiterführender Inhalte** ist dann nur von einem Modell aus möglich: *„Aber was in den Modellen steht, also die Verbindung zu anderen Objekten, sollte eigentlich sichtbar sein nachher in jedem Modell, wenn man das Modell betrachtet"* (I4, Z. 91). Zudem wird die manuelle Erzeugung als zu aufwändig empfunden: *„Dann wäre es für mich sehr wünschenswert, wenn die Verlinkung leichter wäre, also die Verlinkung zwischen weiterführenden Texten (...), zu den Diagrammen"* (I2, Z. 16). Dies führt dazu, dass Modelle häufig nur in Präsenzsituationen miteinander verbunden werden: *„Wir legen die, also das ist ganz klar nicht technisch realisiert. Wir legen sie nebeneinander, also ich mit meinen Kollegen (...)"* (I2, Z. 49).

Problematisch ist zudem, dass Modelle bei einigen Interviewpartnern in anderen Systemen als textuelle Inhalte vorgehalten werden: *„Da gab es ein separates Verzeichnis, in dem die ganzen Dokumentationen abgelegt wurden"* (I4, Z. 124). Hier zeigt sich in der Praxis die bspw. für GPMS in Abschnitt 4.6 gemachte Beobachtung, dass so die Verbindung beider Inhaltstypen erschwert wird. In der Folge entsteht eine **Konzentration auf primäre Inhalte** wie Modelle und Verbindungen zu weiteren Inhalten oder umgekehrt: *„innerhalb dieser Strukturie-*

rung kann man einzelne Textelemente oder Textdokumente dahinter legen, in der man durchaus Visio-Zeichnungen oder beliebige Zeichnungen hinterlegen kann, in Form von WinWord-Dokumenten" (I5, Z. 14).

Die bei den Befragten vorgefundenen Strategien der Verknüpfung von Modellen mit anderen Inhalten und deren technische Unterstützung können – gemessen an der Absicht, Zusammenhänge herzustellen – als **unzureichend** und **nachteilig** beurteilt werden: Die Verwendung von Formaten, in denen Modelle als Abbildung eingefügt werden, erzeugt Probleme der Gewärtigkeit (vgl. Abschnitt 2.2.3) für verbundene Inhalte. Die Nutzung unterschiedlicher Systeme **erschwert** den Austausch von Inhalten. Die Verknüpfung weiterführender Inhalte innerhalb von Modellen macht deren Verfügbarkeit außerhalb von Modellierungswerkzeugen **intransparent** und die manuelle Verknüpfung ist zu **aufwändig**, um dauerhaft zu einer Nutzung zu motivieren (vgl. Abschnitte 2.2.4 und 2.4.7). Dies zeigt die in Anforderung 4 beschriebene Notwendigkeit der Verwaltung von Modellen und Texten in **einem** System in der Praxis. Zudem wird die Relevanz der in Anforderung 6 beschriebenen Verknüpfung von Modellen und Texten in WMS deutlich. Beide Anforderungen werden daher dem hier beschriebenen Anwendungsfall zugeordnet (vgl. Tabelle 12).

Über diese Anforderungen hinaus muss die **Gewärtigkeit** (vgl. Abschnitt 2.4.3) für verknüpfte Dateien in Modellen unterstützt werden. Diese dürfen nicht nur innerhalb eines Modells erkennbar sein. Vielmehr muss gewährleistet werden, dass sie auch in einem WMS für Nutzer transparent sind. Diese Verknüpfungen sollten daher von einem WMS erkannt und dargestellt werden.

> **Anforderung 16** Um auf mit einem Modell verbundene Inhalte hinzuweisen, muss ein Wissensmanagementsystem in einem Modell verknüpfte Dateien erkennen und diese Dateien Nutzern zur Verfügung stellen.

Darüber hinaus muss eine Lösung zur Reduktion des Aufwands der Verbindung von Modellen und anderen Inhalten gefunden werden. Eine solche Lösung erleichtert zudem die Kombination expliziten Wissens (vgl. Abschnitt 2.4.2). Hierzu muss ein WMS Verbindungen zwischen ähnlichen Inhalten automatisch herstellen können. Die daraus resultierende Anforderung gilt auch für andere Inhalte.

> **Anforderung 17** Um textuelle Dokumente und Modelle gemeinsam nutzen zu können, muss ein Wissensmanagementsystem Verbindungen zwischen ähnlichen Inhalten herstellen, ohne dass ein Nutzer sie manuell und explizit verknüpfen oder kopieren muss.*

5.2.2.3 *Nutzer erreichen und informieren*

Ein weiteres Problem der gemeinsamen Nutzung von Modellen liegt in der **Bestimmung des Adressatenkreises** für Modelle und der **Benachrichtigung** entsprechender Nutzer über Veränderungen an Modellen. Auffällig ist hierbei, dass der Kreis potentieller Adressaten von Modellen **nicht immer im Vorhinein zu bestimmen** ist: *„Ich kann nicht sehen oder feststellen, ob die Mitarbeiter, die den Prozess kennen müssen, den wahrgenommen haben"* (I1, Z.

204). Modelle werden daher meist mit der Bitte um Weiterleitung an andere Mitarbeiter an solche Adressaten versendet, die dem Modellierer **persönlich bekannt** sind: *„Dass eben die Anforderungsdokumente an die Teamleiter der einzelnen Fachverfahren versendet werden und die sich das dann anschauen“* (I5, Z. 84). Häufig resultieren daraus Probleme der **Gewärtigkeit** (vgl. Abschnitt 2.2.3): *„die ändern dann was – völlig legitim – in ihren Abläufen und wir kriegen das dann nicht unbedingt mit, ändern was in unseren Dokumenten. Und dann hat der eine Misstrauen gegen die Dokumente vom anderen“* (I2, Z. 38).

Neben der Adressierung ist für die Benachrichtigung von Nutzern auch **Gewärtigkeit hinsichtlich der Version** von Modellen notwendig. So werden häufig Versionen eines Modells parallel genutzt:

> *„Wir haben immer einen Stand, auf dem Entwickler arbeiten. Die entwickeln grad ein Release, sag ich mal, 1.9. Wir analysieren aber schon an Release 2.0 (...) Dann packen wir natürlich existierende Dokumente an und sei es nur für eine neue Anforderung, die wir anhängen. Da muss aber für die Entwickler klar sein, dass das was sie im Moment entwickeln, ist 1.9 und auf dem Stand müssen sie auch entwickeln“* (I2, Z. 78).

Ist für Nutzer nicht erkennbar, welche Version eines Modells ihnen vorliegt, so verringert dies die Motivation der Nutzung: *„(...) wenn man auf Kopien arbeitet, dann fragt man sich: Toll, jetzt bastelst Du auf irgendwelchen Informationen drauf rum und machst da irgendwas mit und hat das überhaupt Bestand?“* (I5, Z.124).

Die beschriebenen Probleme erschweren den Austausch von Modellen, da die in ihnen vorhandenen Informationen nicht alle relevanten Nutzer erreichen. Dies zeigt, dass nicht nur die Verwaltung von Modellen, sondern auch die Identifikation möglicher Adressaten für Modelle unterstützt werden muss, um sie als wissensvermittelnde Artefakte zu verwenden. Außerdem muss Gewärtigkeit für Änderungen oder neue Modelle durch Benachrichtigungen hergestellt werden. Es ist dabei anzumerken, dass eine solche Unterstützung auch für andere Inhaltstypen hilfreich sein kann. Die entsprechende Anforderung wird daher als für WMS allgemein gültig markiert.

> **Anforderung 18** Um Modelle in einer Organisation verbreiten zu können, muss ein Wissensmanagementsystem Nutzer dabei unterstützen, geeignete Adressaten für Modelle zu finden, und alle Adressaten eines Modells über Veränderungen an diesem Modell benachrichtigen können.*

Um Versionen für Inhaltstypen wie Modelle nutzen zu können, kann die in Basistechnologien wie DMS (vgl. Abschnitt 2.4.5.3) vorhandene Archivierung von Inhalten verwendet oder ggf. an die Nutzung von Modellen angepasst werden. Nach den beschriebenen Beobachtungen sind jedoch die Gewärtigkeit für Versionen und deren Beschreibung für die Nutzung von Modellen wichtiger als ein umfassender und auf Modelle angepasster Mechanismus der Versionierung, dessen modellspezifische Realisierung zudem aktuell noch Gegenstand von Forschungsaktivitäten ist (vgl. Abschnitt 4.6). Als dringendste Unterstützung müssen daher

Beschreibungen für Versionen von Modellen vorhanden sein. Dabei kann auch die Beschreibung von Versionen bspw. textueller Inhalte sinnvoll sein. Die folgende Anforderung ist daher ebenfalls als für WMS im Allgemeinen anwendbare Anforderung aufzufassen.

Anforderung 19 Um Gewärtigkeit für verschiedene Versionen von Modellen zu unterstützen, muss ein Wissensmanagementsystem Versionen von Modellen zur Verfügung stellen und durch Beschreibungen kontextualisieren können.*

5.2.3 Modelle zur Kommunikation und Koordination nutzen

11Das Handlungsfeld **Modelle zur Kommunikation mit Anderen nutzen** zeigt, dass Modelle als gemeinsame Arbeits- und Kommunikationsgrundlage sowohl zur Vermittlung von Sachverhalten als auch in der Rolle von Boundary Objects (vgl. Abschnitt 2.2.2.2) verwendet werden. Die hierzu notwendige Kommunikation wird jedoch nicht ausreichend technisch unterstützt. Zudem muss die Identifikation von Ansprechpartnern zu Modellen unterstützt werden (vgl. Abbildung 19).

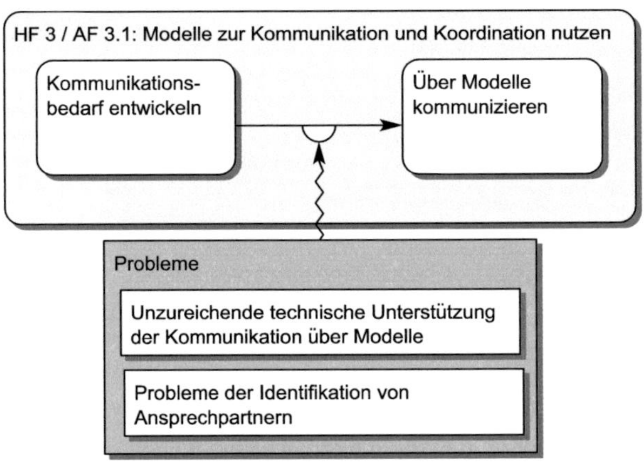

Abbildung 19: Probleme des Handlungsfelds „Modelle zur Kommunikation und Koordination nutzen".

Resultierende Anforderungen (vgl. Tabelle 13) daraus beziehen sich auf die Unterstützung von Kommunikation an Modellen und die Identifikation von Kommunikationspartnern.

Tabelle 13: Handlungsfeld „Modelle zur Kommunikation und Koordination nutzen".

Anwendungsfall	Anforderungen (Literaturanalyse / empirische Studie)
Modelle zur Kommunikation und Koordination nutzen	- **Anforderung 20:** Adressierte Kommunikation an Modellen (Seite 139). **Anforderung 21:** Ansprechpartner zu Modellen finden und hinterlegen(*) (Seite 140).

Die Interviewpartner geben an, dass Modelle in ihren Unternehmen **zur Vermittlung von Sachverhalten** genutzt werden: *„man benutzt Modelle aus meiner Erfahrung (...) als Kommunikationsgrundlage, um mit anderen Menschen über Abläufe zu sprechen“* (I3, Z. 43). Dabei ist die Verfügbarkeit von Modellen und anderen kontextualisierenden Inhalten (vgl. Abschnitt Modelle mit anderen Inhalten verbinden) Voraussetzung, muss jedoch durch persönliche Kommunikation wie *„Geschichten“* (I6, Z. 10) zu Modellen ergänzt werden, da ergänzende Dokumente häufig nicht ausreichen: *„Ich glaube nicht, dass egal wie gut ich das dokumentiere, die Entwickler nicht doch auf mich zukommen (...) das ist viel zu mühsam, das zu lesen (...)“* (I2, Z.106). Die Kommunikation über Modelle wird dabei sowohl durch Modellierer als auch durch Nutzer initiiert. Modellierer sprechen dabei meist mit Akteuren, mit denen sie einen Prozess erhoben haben: *„dass man dann ad-hoc noch mal den Menschen anruft, mit dem man den Workshop gemacht hat“* (I1, Z.43). Nutzer beziehen sich kommunikativ auf Modelle, um Veränderungen oder Erweiterungen vorzuschlagen: *„Und sagt dann eben: da habe ich diesen Verbesserungsvorschlag oder die Zusatzinformation“* (I1, Z. 84).

In der Zusammenarbeit von Akteuren stellen Modelle innerhalb von Projektteams, aber auch zwischen verschiedenen Abteilungen die Grundlage gemeinsamer Arbeit und Koordination dar. Sie werden als **Koordinationsartefakte in Teams** (vgl. Abschnitt 2.2.2.2) verwendet, mit denen sich Mitglieder hinsichtlich ihrer Gesamtaufgabe untereinander abstimmen: *„Wir versuchen, dass sie nicht zu weit auseinander laufen (...). Damit wir da nicht eine zu große Lücke haben, kommunizieren wir immer wieder (...)“* (I2, Z. 49). Zudem werden Modelle als Basis für die **Kooperation zwischen Abteilungen** verwendet: *„Dann hat man eine gemeinsame Basis, mit der UML einen gemeinsamen Standard, um da halt fachabteilungsübergreifend zu kommunizieren“* (I4, Z. 46).

Für die Nutzung von Modellen zur Kommunikation und Koordination findet sich mit Ausnahme der als **Voraussetzung** zu betrachtenden organisationsweiten Verfügbarkeit von Modellen (Anforderung 1) keine Anforderung aus Kapitel 4. Dieses Handlungsfeld stellt daher eine Erweiterung des dort identifizierten Anforderungsspektrums dar. Für die Nutzung von Modellen zeigt sich, dass sie entsprechend der in Abschnitt 2.2.2.2 gegebenen Beschreibung der Nutzung gemeinsamer Artefakte zur Kooperation und Koordination verwendet werden. Die Kommunikation über Modelle und die Nutzung von Modellen als kommunikationsunterstützendes Artefakt sind jedoch **von persönlicher Kontaktaufnahme und Präsenzsituationen abhängig**. Dies limitiert die kooperationsförderliche Nutzung von Prozessmodellen auf solche Situationen. Diese Nutzung muss daher entsprechend der in Abschnitt 2.4.5.2 beschriebenen Personalisierungsstrategie des Wissensmanagements unterstützt werden. Dies erfordert einen Mechanismus, der die gezielte Kommunikation an Modellen ermöglicht.

> **Anforderung 20** Ein Wissensmanagementsystem muss es Nutzern ermöglichen, Kommunikationsbeiträge direkt auf ein Modell zu beziehen und mit anderen Nutzern durch solche Beiträge Kontakt aufzunehmen.

Darüber hinaus zeigen die Aussagen der Interviewpartner, dass sie die Kommunikation mit Anderen meist auf Basis persönlicher Bekanntschaft initiieren. Dies schließt jedoch solche potentiellen Kommunikationspartner aus, die ein Akteur nicht persönlich kennt, weil sie bspw. nicht an der Erzeugung eines Modells beteiligt waren. Gleichwohl sind für Wissensarbeit weder notwendige Informationen noch Kommunikationspartner vorhersagbar, vielmehr bauen Wissensarbeiter ihre Netzwerke bedarfsbezogen aus und vertrauen nicht ausschließlich auf vorhandene Kontakte (vgl. Abschnitt 2.3). Daher sollten in Erweiterung von Anforderung 18 in einem WMS solche Akteure, die potentielle Gesprächspartner zu einem Modell sind, aus dem Kontext eines Modells identifizierbar sein. Damit auch andere Nutzer Fragen zu Modellen stellen können, sollten Ansprechpartner zudem wie in Expertenverzeichnissen (vgl. Abschnitt 2.4.6.1) direkt zu Modellen hinterlegt werden können.

> **Anforderung 21** Um Kommunikation zum Inhalt eines Modells zu ermöglichen, sollte es ein Wissensmanagementsystem seinen Nutzern ermöglichen, Ansprechpartner zu Modellen zu identifizieren und explizit an diesen Modellen kenntlich zu machen.**(*)**

Für Anforderung 21 ist festzuhalten, dass sie auch für andere Inhalte eines WMS sinnvoll ist, wenngleich sie einen für den jeweiligen Inhaltstyp spezifischen Mechanismus voraussetzt.

5.2.4 Modellnutzung erleichtern und ausweiten

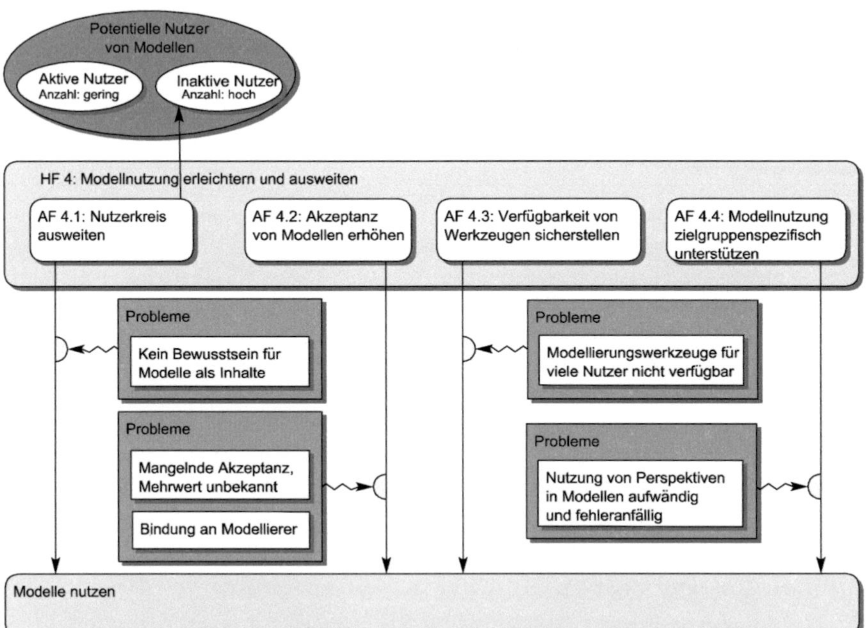

Abbildung 20: Anwendungsfälle und Probleme des Handlungsfelds „Modellnutzung erleichtern und ausweiten".

Die Befragten beschreiben häufig, dass die Nutzung von Modellen in ihren Unternehmen erleichtert und ausgeweitet werden muss. Daraus kann abgeleitet werden, dass in diesen Unternehmen das **Potential der Verwendung von Modellen** jenseits primärer Zwecke der Nutzung (vgl. Abschnitt 4.1.2) entweder nicht erkannt oder nicht konsequent genutzt wird. Dies äußert sich, wie Abbildung 20 zeigt, in einem kleinen Nutzerkreis (5.2.4.1), geringer Akzeptanz von Modellen bei vielen Mitarbeitern (5.2.4.2), mangelnder Verfügbarkeit von Werkzeugen (5.2.4.3) zur Nutzung von Modellen sowie Problemen der zielgruppenspezifischen Anpassung und Nutzung von Modellen (5.2.4.4).

Die Anforderungen dieses Handlungsfelds beziehen sich nicht nur auf technische Unterstützungsmerkmale, sondern **auch auf organisatorische Prozesse** (siehe Tabelle 14). Dies wird durch eine Kategorie, in der ein **„O“** vor der Nummer der Anforderung angegeben wird, kenntlich gemacht.

Tabelle 14: Handlungsfeld „Modellnutzung erleichtern und ausweiten“.

Anwendungsfall	Anforderungen (Literaturanalyse / empirische Studie)
Nutzerkreis von Modellen ausweiten	**Anforderung 5:** Zu textuellen Inhalten Modelle im WMS anbieten (Seite
	Anforderung O1: Verfügbarkeit und Nutzen von Modellen kommunizieren(*) (Seite 143). **Anforderung 22:** In WMS auf Modelle aufmerksam machen(*) (Seite 143). **Anforderung 23:** Vorschläge für Tags bei der Ablage von Modellen* (Seite 144). **Anforderung 24:** Vorschläge geeigneter Ablageorte für Modelle* (Seite 144).
Akzeptanz von Modellen erhöhen	-
	Anforderung O2: Mehrwert von Modellen in Veranstaltungen aufzeigen* (Seite 146). **Anforderung 25:** Für Personen relevante Modelle anzeigen* (Seite 146). **Anforderung O3:** Veränderte Rolle von Modellierern (Seite 147). **Anforderung 26:** Unterstützung der Rolle von Modellierern in WMS (Seite 147).
Verfügbarkeit von Werkzeugen sicherstellen	-
	Anforderung 27: Integration eines Modellierungswerkzeugs in WMS (Seite 147).
Modellnutzung zielgruppenspezifisch unterstützen	**Anforderung 7:** Perspektiven eines Modells im WMS darstellen (Seite 108).
	Anforderung 28: Zuordnung von Perspektiven zu Nutzergruppen (Seite 148). **Anforderung 29:** Darstellung von Perspektiven im Modellierungswerkzeug (Seite 148).

5.2.4.1 *Nutzerkreis von Modellen ausweiten*

Modelle werden in den Unternehmen der Befragten nur durch eine **kleine Gruppe** von Mitarbeitern **aktiv genutzt**, den daraus entstehenden **Nutzerkreis** empfinden alle Befragen *„kleiner als wünschenswert“* (I2, Z. 16) und daher **unzureichend**:

> *„Ich find es oft so, dass die Diagramme nicht greifbar genug sind. Sie verschwinden dann so in den Tiefen der IT. Und wenn Du nicht eh ein ITler bist und sozusagen es eh gewohnt bist mit solchen Dingen zu arbeiten, dann erscheinen die auch nicht auf Deinem Bildschirm, sie kommen einfach nicht mehr" (I2, Z. 151).*

Die Aussage von I2 zeigt stellvertretend für andere Äußerungen, dass in den Unternehmen der Interviewpartner häufig **kein Bewusstsein für die Verfügbarkeit von Modellen** vorhanden ist. Daher ist die **Weitergabe** von Modellen für deren Nutzung **nicht ausreichend**: *„Mit Nutzern, also jetzt wieder in Richtung Niederlassungen, habe ich es leider noch nicht erlebt, dass diese Modelle eigenständig weiter genutzt werden"* (I2, Z. 100). Selbst Kunden, die Prozessanalysen und damit die Dokumentation von Prozessen in Auftrag geben, lassen laut Interviewpartnern Modelle häufig *„im Schrank"* (I6, Z. 43) stehen. Ihre weitere **Nutzung** ist dann **fraglich**: *„Kein Gefühl dafür. Ablage P, Leitz-Ordner, oder er zeigt sie intern"* (I3, Z. 49). Die gilt auch für die unternehmensinterne Nutzung von Modellen: *„Es ist einfach noch nicht so verbreitet, zumindest hier im Unternehmen. Es arbeiten noch nicht so viele Leute mit Modellen"* (I4, Z. 219). Die Interviewpartner sind mit dieser Situation unzufrieden, und sie wünschen sich, dass Modelle jenseits ihrer Primärzwecke (vgl. Abschnitt 4.1.2) weiter genutzt werden: *„dass man nicht so tote Dokumente hat und die verschimmeln dann. Und nur für ISO-Audits werden sie dann rausgekramt"* (I1, Z. 252).

Abbildung 21: Grade der Nutzung von Modellen in Unternehmen.

Aus den Aussagen der Interviewpartner zur praktischen Nutzung von Modellen können unterschiedliche **Grade der Nutzung** von Modellen und zugehörige **Gruppen von aktiven, bedingt aktiven und inaktiven Nutzern** abgeleitet werden, die in Abbildung 21 dargestellt sind. Als aktive **Nutzer** werden von den Befragten Prozessanalysten, Software-Entwickler und Prozessverantwortliche aus dem Management genannt. Als inaktive Nutzer geben sie operative Mitarbeiter, neue und zu schulende Mitarbeiter, Prozessbeteiligte und Kunden an. Zwischen diesen Gruppen stehen mit Managern und Mitarbeitern aus dem Qualitätsmanagement, dem Marketing und Schulungsabteilungen bedingt aktive Nutzer, die Modelle nur gelegentlich oder für besondere Aufgaben nutzen. Die **Aktivierung** bedingt aktiver und inaktiver Nutzer durch Verfügbarkeit von Modellen für sekundäre Nutzungszwecke stellt ein Bedürfnis der Interviewpartner dar: *„Woran wir arbeiten und was wünschenswert ist, dass eben Modelle auch mehr danach genutzt werden, wenn die SW einmal implementiert ist“* (I2, Z. 114).

Die Einschränkung der Nutzung von Modellen auf einen kleinen Kreis steht den in Abschnitt 4 identifizierten Potentialen der Nutzung von Modellen entgegen. So erreichen die in Abschnitt 4.1 beschriebenen Inhalte und Nutzungszwecke von Modellen und somit das Potential von Modellen als wissensvermittelnde Artefakte die Gruppe inaktiver Nutzer gar nicht und die Gruppe bedingt aktiver Nutzer nur in Teilen. Vorhandenes Wissen wird daher **ungleich verteilt**.

Angesichts dieser ungleichen Verteilung muss die Möglichkeit der Nutzung von Modellen zur Aneignung von Wissen besser kommuniziert werden. Nutzer sind in WMS jedoch textuelle Inhalte gewöhnt (vgl. Abschnitt 4.2.1). Die in Anforderung 5 beschriebene Verfügbarkeit von Modellen zu textuellen Inhalten stellt daher eine Möglichkeit dar, Nutzer von textuellen Inhalten auf Modelle aufmerksam zu machen. Sie wird daher diesem Anwendungsfall zugeordnet (vgl. Tabelle 14). Außerdem sind die in der Analyse (vgl. Kapitel 4) beschriebenen Anforderungen zur organisationsweiten Verfügbarkeit von Modellen **Voraussetzungen** für eine Erweiterung des Nutzerkreises.

Wie die Erkenntnisse zur geringen Nutzerzahl zeigen, ist für ihre Steigerung **kein entsprechender organisatorischer Prozess vorhanden**. Zur Lösung dieses Problems sind daher auch auf organisatorischer Ebene Maßnahmen notwendig. Auf dieser Ebene muss über die in Abschnitt 2.4.4 beschriebenen Handlungsfelder des Wissensmanagements hinaus nicht nur die Verfügbarkeit von Wissen, sondern auch die Möglichkeit der Aneignung von Wissen durch Verwendung von Modellen an potentielle Nutzer kommuniziert werden. Dies ermöglicht zudem entsprechend des in Abschnitt 2.2.4.1 beschriebenen Konzepts der *„legitimate peripheral participation“* (Lave und Wenger 1991), dass vormals inaktive Nutzer den Wert von Modellen kennen lernen und so zu deren Verwendung motiviert werden. Ein WMS kann diese Kommunikationsaufgabe unterstützen, in dem es auf Modelle aufmerksam macht. Sowohl diese technische Unterstützung als auch die persönliche Kommunikation des Werts von Modellen können auch für andere Inhalte von WMS hilfreich sein.

> **Anforderung O1** Um inaktive Nutzer auf Modelle aufmerksam zu machen, muss die Verfügbarkeit von Wissen in Form von Modellen an diese kommuniziert werden.**(*)**

> **Anforderung 22** Um die Kommunikation der Verfügbarkeit von Wissen in Modellen zu unterstützen, muss ein Wissensmanagementsystem Nutzer auf relevante Modelle und ihre Inhalte aufmerksam machen können. **(*)**

Für die Aktivierung potentieller Nutzer muss zudem dafür gesorgt werden, dass sie in Inhalten, die für sie relevant sind (vgl. Abschnitt 2.3), auch Modelle vorfinden. Hierzu ist **strukturierungsbezogenes Metawissen** bei der Ablage von Modellen notwendig (vgl. Abschnitt

2.4.2). Dieses Metawissen kann analog zu Recommender-Systemen (vgl. Abschnitt 2.2.3) einerseits durch Vorschläge für die Beschreibung von Modellen (vgl. Abschnitt 5.2.1.2) und andererseits durch Vorschläge zu geeigneten Bereichen für die Ablage von Modellen vermittelt werden. Daraus ergeben sich zwei Anforderungen, die auch für andere Inhalte eines WMS und deren Ablage hilfreich sind.

> **Anforderung 23** Um die dynamische Zuordnung von Modellen zu relevanten Inhalten anderer Nutzer zu unterstützen, sollte ein Wissensmanagementsystem bei ihrer Ablage Vorschläge für Beschreibungen zu Modellen erzeugen und darstellen können.*

> **Anforderung 24** Um die statische Zuordnung von Modellen zu relevanten Inhalten anderer Nutzern zu unterstützen, sollte ein Wissensmanagementsystem Vorschläge für geeignete Bereiche zur Ablage von Modellen erzeugen und darstellen können. *

5.2.4.2 *Akzeptanz von Modellen erhöhen*

Ein weiteres Problem der Nutzung von Modellen und zugleich ein Grund für ihre geringe Nutzung kann in der **mangelnden Akzeptanz** von Modellen bei vielen Akteuren gefunden werden. So beschreiben die Interviewpartner, dass es fraglich ist, *„ob sich jemand auf Modelle einlässt"* (I6, Z. 60). Modelle werden darüber hinaus häufig zögerlich angenommen: *„in der Versicherung war die Akzeptanz nicht so da in den Abteilungen, es wurde erst mal ausprobiert, es wurde aber nicht voll akzeptiert. Und das hat sicher auch Auswirkungen darauf, wie das dann nachher im Ganzen im Unternehmen akzeptiert wird"* (I4, Z. 12). Die mangelnde Akzeptanz von Modellen als **Inhaltstyp** ist analog zur Kommunikation der Nutzbarkeit von Modellen als wissensvermittelnde Artefakte (Anforderung O1) als Spezifikum der Integration von Modellen in Inhalte des Wissensmanagement aufzufassen, da sie sich nicht auf die inhaltliche Ebene, auf der die Ablehnung der Inhalte eines Texts ebenso vorkommen kann, sondern auf den **Inhaltstyp Modell** generell bezieht.

Ein Grund hierfür kann **mangelndes Bewusstsein für Modelle als sinnvolle Informationsquelle** sein. So sind Modelle für viele Akteure nicht *„Teil des Tagesgeschäfts"* (I6, Z. 60), da sie sich des Werts von Modellen für ihre Arbeit nicht bewusst sind und den aus ihrer Nutzung resultierenden *„Gesamtgewinn"* (I4, Z. 183) nicht kennen. Daher muss nach Meinung der Befragten in ihren Unternehmen über die Verfügbarkeit von Modellen aufgeklärt werden: *„man muss einfach sowas unternehmensweit einführen, dass man transparent macht, dass wir sowas haben"* (I4, Z. 219). Häufig liegt mangelndes Bewusstsein für Modelle auch daran, dass Nutzern die Inhalte von Modellen nicht transparent sind: *„Und da ist es natürlich wichtig, es ist elementar, dass da sofort drin steht, um was es geht."* (I2, Z. 144). Aus weiteren Aussagen kann zudem entnommen werden, dass ein Bewusstsein für den Wert von Modellen nur entsteht, wenn diese eine Bedeutung für die eigene Arbeit haben: *„ich stelle fest, dass Modelle (...), dass das sehr akzeptiert ist in der Kommunikation zur IT"* (I2, Z. 110). Nach Ansicht der Befragten ist das daraus entstehende Problem schwerwiegender als das häufig genannte Problem der Vermittlung von Kenntnissen in Modellierungsnotationen (vgl. Abschnitt 3.3.2): *„Das ist einfacher dann der Fachabteilung UML beizubringen als jemandem,* *der sich fachlich nicht auskennt aber mit Tool, als dem das ganze Fachwissen beizubringen."* (I4, Z. 97).

Ein weiterer Grund für die mangelnde Akzeptanz von Modellen kann in der bei Nutzern gegenüber Modellen vorhandenen Einstellung gefunden werden. So wird von den Interviewpartnern berichtet, dass Nutzer Modelle häufig als **externes oder fremdes Artefakt** betrachten, das nicht für die aktive Nutzung durch sie vorgesehen ist: *„sie werden viel mehr als mein Artefakt betrachtet"* (I2, Z. 100). Dies verhindert auch die Möglichkeit, Modelle als Auslöser von Kommunikationen, also Austausch impliziten Wissens zu verwenden (vgl. Abschnitte 2.4.2 und 4.1): *„deswegen kommen eigentlich selten Leute auf uns zu und sagen: wir brauchen hier oder da noch eine Information"* (I2, Z.32). Es ist daher wichtig, Nutzer zur **aktiven** Verwendung von Modellen aufzufordern und diese zu erleichtern: *„Transparenz, dass das Tool vorhanden ist und dass man es nutzen soll, um zu modellieren. Und auch dass Modelle vorhanden sind und wie man die findet"* (I4, Z. 221).

Bei der Analyse der oben beschriebenen Probleme fällt auf, dass sich in Fällen, in denen die Befragten von Problemen mangelnder Akzeptanz für Modelle berichten, auch eine besondere **Haltung von Modellierern** zu von ihnen erzeugten Modellen zeigt. Die Nutzung von Modellen wird von ihnen in diesen Fällen **intensiv begleitet** und sie behalten stets die Kontrolle über Veränderungen von Modellen: *„(...) wir sind immer dabei, wenn die genutzt werden. Wir können also mitentscheiden was soll da mit rein oder nicht."* (I2, Z. 32). Sie fühlen sich zudem für ihre Modelle verantwortlich und **verfolgen** daher alle Änderungen an diesen Modellen: *„dass da nicht so viel Schindluder getrieben wird (...). Die stricken auch gerne mal ein paar zusätzliche Attribute da rein. (...). Also wir gucken da gerne drauf und achten darauf, dass das Design auch einigermaßen in Ordnung ist."* (I5, Z. 10). Dies ist jedoch nicht im negativen Sinne als Protektionismus oder Angst vor Machtverlust (vgl. Abschnitt 2.4.7) zu verstehen, sondern Ausdruck der Übernahme von Verantwortung für Modelle. Der Zusammenhang mit Problemen der Akzeptanz lässt jedoch darauf schließen, dass die **enge Bindung und Kontrolle** sowie die daraus entstehende Nutzung von Modellen im Top-Down-Prinzip (vgl. Abschnitt 2.4.5.1) eine **Akzeptanzbarriere** für die aktive Nutzung von Modellen darstellt, mit der die **Distanz** von Nutzern zu Modellen vergrößert wird. Es fällt zudem auf, dass Modellierer sich nicht für die Förderung der Nutzung von Modellen verantwortlich fühlen: *„meine Aufgabe ist eigentlich: Mach es und übergib es dann an die operativen Verantwortlichen, und da ist das dann aufgehangen"* (I1, Z. 198).

Aus den Beschreibungen zur Akzeptanz wird deutlich, dass die Nutzung des Inhaltstyps Modell im Wissensmanagement bei vielen Nutzern erst etabliert werden muss. Für diese Aufgabe können die in Kapitel 4 und den vorangegangenen Abschnitten beschriebenen Anforderungen zur Verfügbarkeit und Nutzung von Modellen in WMS lediglich Voraussetzungen darstellen. Die in Abschnitt 2.4.7 beschriebenen Maßnahmen zur Motivation der Nutzung von WMS durch die Vermittlung von Metawissen sind hierfür ebenso nicht ausreichend, da sie sich auf Wissen über Nutzer bzw. zur Qualität oder zur Struktur von Inhalten beziehen (vgl. auch Abschnitt 2.4.2). Zur Herstellung eines Bewusstseins für Modelle und die Akzeptanz ihrer Nutzung muss jedoch Metawissen über den Nutzen von Modellen als Inhaltstyp im Wissensmanagement vermittelt werden. Dieses Metawissen wird im Folgenden als **typbezogenes Metawissen** bezeichnet und erweitert bislang beschriebene Arten des für das Wissensmanagement relevanten Metawissens (vgl. Herrmann et al. 2003b und Abschnitt 2.4.2).

Definition 23 **Typbezogenes Metawissen** bezeichnet das Wissen über den Nutzen und die Eigenschaften von **Inhaltstypen** für Aufgaben des Wissensmanagements. Es vermittelt den Mehrwert der Nutzung eines Inhaltstyps an potentielle Nutzer.

Beispiele für typbezogenes Metawissen für Prozessmodelle können in den oben beschriebenen Nutzungen von Modellen als Artefakt der Kooperation (Abschnitt 5.2.3), in den objektiven und subjektiven Faktoren des in Abschnitt 4.3.4 beschriebenen Ordnungsrahmens für den Einsatz von Modellen und Texten in WMS oder in den Vorteilen von Modellen zur Vermittlung von Zusammenhängen (Abschnitt 4.3.2) gefunden werden. In der Praxis muss dieses Wissen zur Lösung von Problemen der Akzeptanz von Modellen vermittelt werden. Hierzu sind zusätzlich zur Bereitstellung von Modellen in WMS Maßnahmen wie bspw. Informationsveranstaltungen notwendig. Hier lassen sich Parallelen zur Unterstützung von Wissensarbeitern erkennen, die Methoden nur dann einsetzen, wenn sie darin einen **Mehrwert** für ihre Aufgabe erkennen (vgl. Abschnitt 2.3).

Aus den Aussagen der Interviewpartner ist zudem zu entnehmen, dass Nutzern zur Vermeidung von **Kaltstartproblemen** (vgl. Abschnitt 2.2.4) nach der Durchführung von Informationsveranstaltungen auch für sie relevante Modelle zur Verfügung stehen müssen, um ihren Nutzen auch praktisch zu demonstrieren. Die Vermittlung typbezogenen Metawissens muss daher durch die Verfügbarkeit relevanter Modelle und Hinweise auf solche Modelle unterstützt werden. Die daraus entstehenden Anforderungen können auch für die Gewärtigkeit anderen Inhaltstypen gegenüber hilfreich sein und werden daher als für WMS allgemein geltend markiert.

> **Anforderung O2** Um Mitarbeitern den Mehrwert der Nutzung von Modellen zu vermitteln, muss in Informationsveranstaltungen oder Schulungen typbezogenes Metawissen zum Mehrwert von Modellen vermittelt werden.*
>
> **Anforderung 25** Um die Arbeit mit Modellen nach der Vermittlung ihres Mehrwerts zu unterstützen, muss ein Wissensmanagementsystem Teilnehmern für sie relevante Modelle anzeigen können und auf deren Verfügbarkeit hinweisen. *

Aus dem Zusammenhang zwischen mangelnder Akzeptanz, enger Bindung von Modellen an Modellierer und fehlender Verantwortlichkeiten für die Verbreitung von Modellen entsteht eine problematische Situation. In dieser Situation halten viele Nutzer Modelle für Artefakte von Modellierern und verwenden sie daher nicht. Gleichzeitig fühlen sich Modellierer für die Förderung der Nutzung von Modellen nicht verantwortlich. Diese Situation weist Ähnlichkeiten zu der in Abschnitt 2.4.3 beschriebenen Todesspirale des Wissensmanagements von Probst et al. (1998) auf und muss daher vermieden werden. Organisatorisch müssen hierzu Vereinbarungen getroffen werden, mit denen die enge Kopplung von Modellen an Modellierer in Teilen aufgelöst und gleichzeitig die Verantwortung zur Förderung der Nutzung von

Modellen auf Modellierer übertragen werden kann. Die daraus resultierende Rolle muss in WMS unterstützt werden.

> **Anforderung O3** Um die Akzeptanz von Modellen zu fördern, müssen Modellierer die Verantwortung für die Verfügbarkeit ihrer Modelle tragen, deren Bearbeitung jedoch auch Nutzern ermöglichen.

> **Anforderung 26** Um die Akzeptanz von Modellen zu fördern, müssen Wissensmanagementsysteme die in Anforderung O3 beschriebene Rolle von Modellierern unterstützen.

5.2.4.3 *Verfügbarkeit von Werkzeugen sicherstellen*

Als weiteren Grund der geringen Nutzung von Modellen nennen die Befragten den **Aufwand für den Zugriff** auf ein Modell. Hierfür werden **Werkzeuge** benötigt, die nicht jedem zur Verfügung stehen: *„Die haben einfach noch nicht diese Software, um Modelle zu nutzen"* (I4, Z. 219). Somit können nur solche Mitarbeiter, *„die dieses Tool bei sich installiert haben und auch regelmäßig damit umgehen"* (I2, Z. 16) Modelle verwenden, wenn sie nicht auf Modelle in Grafikformaten zurückgreifen wollen (vgl. Abschnitt 5.2.2.1). Der Ausbau der Verfügbarkeit von Modellierungswerkzeugen ist jedoch schwer umzusetzen, da hierfür häufig die rechtlichen bzw. finanziellen Voraussetzungen nicht gegeben sind: *„Im Moment habe ich das Problem, dass wir zu wenig Lizenzen haben, dann hat z.B. ein Kollege, dem man das Modell zeigen möchte, keine Lizenz dafür"* (I4, Z. 93). Für viele Nutzer ist die Verwendung eines umfassenden Modellierungswerkzeugs jedoch auch nicht notwendig. Nach Meinung der Interviewpartner müssen Unternehmen daher *„Möglichkeit schaffen, Modelle für jeden sichtbar zu machen über kostenlose Viewer oder so"* (I4, Z. 93).

Die Bedeutung, die Modellierungswerkzeugen durch die Befragten zugemessen wird, zeigt die Relevanz der in Anforderung 14 beschriebenen Anbindung von Modellierungswerkzeugen an WMS und der in Anforderung 15 geforderten Verfügbarkeit von Grafik- und Modellformaten. Gleichwohl zeigt sich auch, dass für die Nutzung von Modellformaten die Verfügbarkeit geeigneter Werkzeuge entscheidend ist. Über den Vorschlag von I4 hinaus, der die Nutzung von webbasierten Werkzeugen **zur Betrachtung** von Modellen anregt, zeigen sowohl seine als auch die Aussagen anderer Interviewpartner jedoch, dass die Betrachtung von Modellen nicht ausreicht und auch Werkzeuge zur **Veränderung** von Modellen zur Verfügung stehen müssen. Da diese Werkzeuge aus den oben genannten Gründen nicht allen Mitarbeitern persönlich zur Verfügung stehen können, kann eine Lösung darin bestehen, in WMS ein integriertes Modellierungswerkzeug zur Verfügung zu stellen.

> **Anforderung 27** Ein Wissensmanagementsystem sollte Nutzern die Möglichkeit bieten, ein Modell mit einem im System verfügbaren Modellierungswerkzeug zu öffnen und zu bearbeiten.

5.2.4.4 *Modellnutzung zielgruppenspezifisch unterstützen*

Neben der Ausweitung des Nutzerkreises von Modellen nennen die Interviewpartner die **zielgruppenspezifische Unterstützung der Modellnutzung** als weitere Maßnahme der Förderung des Umgangs mit Modellen. Sie geben an, dass Modelle häufig für verschiedene Gruppen angepasst werden müssen:

> *„Es ist in der Tat dieses Zielgruppenspezifische. Wir haben nicht umsonst diese drei Typen von Modellen. Das eine richtet sich halt (...) sehr an die Organisation. [Das andere]*[39] *entsteht aus der Notwendigkeit heraus, Anforderungen für unsere SW-Entwicklung zu schreiben. Das ist von der Zielgruppe SW-Entwickler her ne andere" (I2, Z. 38).*

Die Befragten verwenden, wie die Aussage von I2 exemplarisch zeigt, für **jede Zielgruppe ein eigenes, angepasstes Modell**. Die Notwendigkeit der Nutzung verschiedener Modelle entsteht dabei vornehmlich für die Kommunikation über einen Prozess mit verschiedenen Gruppen. Hierzu müssen Modelle, die bspw. mit einem Nutzer besprochen wurden, für Entwickler angepasst werden, weil *„(...) Entwickler auch eine ganz andere Sicht auf Inhalte haben"* (I6, Z. 27). In solchen Modellen dargestellte Inhalte können wiederum für Gespräche mit Kunden hinderlich sein: *„ich würde mich mit dem Kunden nicht über Implementierungsdetails unterhalten, das sind Details und Entwurfsentscheidungen"* (I3, Z. 45). Da so pro Nutzergruppe ein eigenes Modell entsteht, müssen Änderungen des abgebildeten Prozesses laut Aussage der Befragten in allen Modellen **manuell** durchgeführt werden.

Die Angaben der Befragten zu zielgruppenspezifischen Perspektiven zeigen, dass deren Erzeugung ein etablierter Prozess ist, der jedoch durch die manuelle Anpassung mehrerer Modelle einen hohen Aufwand erfordert. Dies unterstreicht die in Kapitel 4.4 beschriebenen Anforderungen zu Perspektiven auf Modelle in WMS. Um in WMS jedoch nutzerspezifische Perspektiven von Modellen anzubieten, sind diese Anforderungen nicht ausreichend. Vielmehr zeigen die Beschreibungen, dass ein WMS individuelle Perspektiven (vgl. Abschnitt 2.4.5.2) anbieten und Nutzern zuordnen sollte.

> **Anforderung 28** Um individuell relevante Perspektiven anbieten zu können, sollte ein Wissensmanagementsystem die Möglichkeit bieten, Nutzern geeignete Perspektiven zuzuordnen.

Die Beschreibungen der Interviewpartner zeigen darüber hinaus, dass die Nutzung eines eigenen Modells pro Perspektive zeitaufwändig und fehlerträchtig ist. Für ein Modellierungswerkzeug muss daher gefordert werden, dass es Perspektiven in einem Modell darstellen kann und im Unterschied zu vorhandenen Lösungen (vgl. Abschnitt 4.4.3) einen von Nutzern verwendbaren Mechanismus zur Beschreibung, Unterscheidung und Darstellung von Perspektiven anbietet.

> **Anforderung 29** Um Perspektiven nutzbar zu machen, muss ein Modellierungswerkzeug Funktionen anbieten, mit denen Perspektiven in einem Modell durch Nutzer beschrieben, unterschieden und dargestellt werden können.

[39] Zusammenfassung durch den Autor.

5.2.5 Modellierung unterstützen

Das Handlungsfeld „Modellierung unterstützen" zeigt Anforderungen an die Unterstützung der Bearbeitung von Modellen auf. Dabei werden Anforderungen an die Unterstützung der Modellierung durch Informationsrecherche (5.2.5.1) und durch Wiederverwendung von Modellen (5.2.5.2) getrennt behandelt. In diesen Anwendungsfällen identifizierte Probleme werden in Abbildung 22 dargestellt.

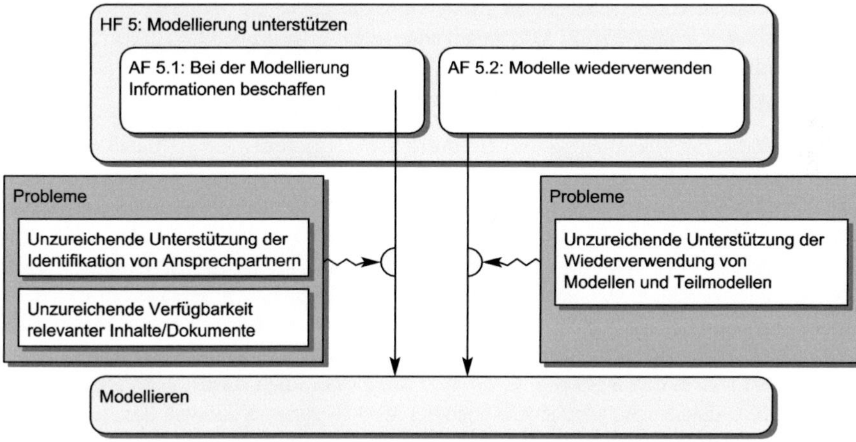

Abbildung 22: Anwendungsfälle und Probleme des Handlungsfelds „Modellierung unterstützen".

Die aus diesen Problemen entstehenden Anforderungen sind in Tabelle 15 dargestellt.

Tabelle 15: Handlungsfeld „Modellierung unterstützen".

Anwendungsfall	Anforderungen (Literaturanalyse / empirische Studie)
Bei der Modellierung Informationen beschaffen	**Anforderung 8:** Ähnliche Inhalte zu Modellen bereitstellen (Seite 110).
	Anforderung 30: Bei der Modellierung Ansprechpartner zu Modellen finden (Seite 151). **Anforderung 31:** Bei der Modellierung auf Informationen eines WMS zugreifen (Seite 151)
Modelle wiederverwenden	**Anforderung 32:** Bei der Modellierung ähnliche Modelle finden (Seite 152).

5.2.5.1 *Bei der Modellierung Informationen beschaffen*

Die Aussagen zur Informationsbeschaffung bei der Modellierung entsprechen zu großen Teilen der Beschreibung in Abschnitt 4.5.1. Es lassen sich zudem auch neue Erkenntnisse finden. Als **Quellen** für **Informationen**, die für die Modellierung benötigt werden, nennen die Befragten Personen oder Dokumente: *„In der Regel macht man Interviews mit Personen aus* *verschiedenen Abteilungen. Oder man schaut, was für Dokumente vorhanden sind. Interviews und Dokumente sind die Hauptquellen"* (I4, Z. 60). Die **Identifikation geeigneter Gesprächspartner** gestaltet sich jedoch häufig problematisch: *„das ist wirklich da auch vorgekommen, dass wir gewusst haben wir brauchen die Leute und wir haben die nicht bekommen"* (I4, Z. 71). Zudem werden für die Modellierung häufig Experten mit bestimmtem inhaltlichem Wissen benötigt: *„Rücksprache mit eher technisch versierten Leuten, deren Feedback hilft dann, solche Fragen zu klären"* (I3, Z. 37). Informationen von Gesprächspartnern werden häufig **durch eine Recherche in Dokumenten ergänzt**: *„in Workshops wird oftmals einem nicht alles erzählt"* (I1, Z. 53). Andere Interviewpartner nennen **Dokumente als wichtigste Voraussetzung** für die Modellierung: *„das Wichtigste ist die fachliche Beschreibung, dass die halt ausreichend und verständlich vorhanden ist."* (I4, Z. 56).

In der Literatur zur Modellierung werden häufig Vorgehensweisen der Informationsbeschaffung genannt, mit denen vor Beginn der Modellierung alle notwendigen Informationen eingeholt werden sollen. Hierzu ergibt die Analyse von Aussagen der Interviewpartner einen **neuen Aspekt**. So geben diese an, dass die Informationsbeschaffung in der Regel nicht mit Beginn der Modellierung abgeschlossen werden kann, sondern auch **während und nach** der Fertigstellung eines Modells von Bedeutung ist. So wird von Situationen berichtet, in denen der Modellierungsprozess nur mit Hilfe weiterer Informationen fortgesetzt werden kann: *„während man den Prozess aufzeichnet (...), dass man dann ad-hoc noch mal den Menschen anruft, mit dem man den Workshop gemacht hat"* (I1, Z. 43). Ebenso wird der Vergleich eines Modells mit vorhandenen Dokumenten **nach** der Modellierung als sinnvoll beschrieben: *„Es ist einfacher, frisch selber aufzuzeichnen und das dann zu vergleichen. Um zu sagen, oh, bei mir ist ein Fehler oder bei dem vorgegebenen Prozess ist ein Fehler."* (I1, Z. 47). Die Beschaffung von Informationen wird von den Interviewpartner zudem als **zeitkritisch** beschrieben: *„An den Stellen, wo mir eine Information fehlt, frage ich aus Zeit- und Effektivitätsgründen lieber nach als dass ich (...) suche, weil das dauert sehr lange (I3, Z. 39)"*. Sie wünschen sich daher die direkte Verfügbarkeit von Informationen für Modellierungsaufgaben: *„Das wäre eine hilfreiche Sache, wenn man ein Modell hat und sucht da konkret zu dem Modell noch mal weitere Texte"* (I5, Z. 150).

Die beschriebenen Aussagen zeigen, dass für die Modellierung häufig weitere Informationen benötigt werden. Der Aufwand zur Suche nach Quellen wie Dokumenten oder Personen für diese Informationen wird jedoch als hoch beschrieben. Dies zeigt die Praxisrelevanz der in Anforderung 8 beschriebenen Identifikation zu einem Modell relevanter Inhalte in WMS, die daher diesem Anwendungsfall zugeordnet wird (vgl. Tabelle 15). Der Bezug dieser Anforderungen auf Tätigkeiten vor, während und nach der Modellierung erfordert jedoch in Erweiterung zu Anforderung 8 die **Verfügbarkeit zu einem Modell relevanter Inhalte in einem Modellierungswerkzeug**, um die Recherche nach ihnen in Arbeitsprozesse von Modellierern zu integrieren (vgl. Abschnitt 2.3) und Wechsel zwischen Modellierungswerkzeug und WMS unnötig zu machen. Analog zur Verwaltung von Modellen (vgl. Abschnitt 5.2.1) müssen Inhalte auch für Teile von Modellen verfügbar sein.

> **Anforderung 30** Um die Beschaffung von Informationen für die Modellierung zu unterstützen, muss ein Modellierungswerkzeug Nutzern die Möglichkeit bieten, zu Modellen oder Teilen relevante Inhalte zu finden.

Es wird weiterhin deutlich, dass der in Anforderung 8 beschriebene **dokumentenzentrierte Ansatz** (vgl. Abschnitt 2.4.5.2) für die Unterstützung der Modellierung nicht ausreicht und durch eine **Personalisierungsstrategie** ergänzt werden muss, mit der Ansprechpartner wie Prozessbeteiligte oder Experten gefunden werden können, um Fragen zu Modellen zu beantworten. Für diese Aufgabe ist es analog zu Anforderung 30 ebenfalls notwendig, sich auf Teile eines Modells beziehen zu können.

> **Anforderung 31** Um die Beschaffung von Informationen für die Modellierung zu unterstützen, muss ein Modellierungswerkzeug Nutzern die Möglichkeit bieten, zu Modellen oder Teilen von ihnen Ansprechpartner zu finden.

5.2.5.2 *Modelle wiederverwenden*

Als weitere Notwendigkeit der Unterstützung von Modellierungsaufgaben nennen die Befragten die **Wiederverwendung von Modellen**. Hierzu beschreiben sie unterschiedliche Vorgehensweisen. Zum einen wird die direkte Wiederverwendung von Modellen genannt, bei der die Befragten auch Teile von Modellen nutzen: *„Habe manchmal Modelle, die ähnliche Inhalte beschrieben. Dann ändere ich schon mal Namen, schneide was aus oder so"* (I3, Z. 93). Eine weitere Form ist die Wiederverwendung von Modellen als Referenz: *„Wenn ein Prozess sich in anderen Prozessen als ein Teilprozess immer wieder wiederholt, dann kann man den auch referenzieren, das unterstützen die Tools dann in der Regel auch. Dann setzt man eine Referenz, bevor man das komplett neu modelliert."* (I4, Z. 66). Zudem lassen sich die Interviewpartner auch von anderen vorhandenen Modellen inspirieren: *„eher so als Wissens- und Informationsbasis, um auf dieser Basis leichter in die Erstellung eines Modelles einsteigen zu können"* (I3, Z. 93). Probleme der Wiederverwendung resultieren vor allem aus dem Mangel geeigneter Suchmechanismen (vgl. Abschnitt 5.2.1.1). Häufig sind die Befragten dann auf Hinweise anderer Mitarbeiter angewiesen, um ein zur Wiederverwendung geeignetes Modell zu finden: *„weil wir in der Abteilungsbesprechung darüber reden (...). Und dann sagt Person B: Übrigens, das klingt so wie das, was ich damals gemacht habe, guck es Dir mal an, vielleicht kannst Du es gebrauchen"* (I2, Z. 126). Sie geben außerdem an, dass sie Modelle zunächst genau betrachten müssen, um über ihre Wiederverwendbarkeit entscheiden zu können: *„diese Ähnlichkeiten, (...) das ist ja oft ganz komisch wie die liegen, als man vermuten würde. Ich überlege gerade: liegt das an der Ähnlichkeit der Struktur eines Diagramms oder eines Klassendiagramms oder eines Prozesses?"* (I2, Z. 128).

Die Aussagen zur Wiederverwendung und darunter besonders die zuletzt genannte Aussage von I2 zeigen, dass nicht allein optische, sondern auch kontextuelle Ähnlichkeiten von Modellen für die Wiederverwendung ausschlaggebend sind. Dies zeigt, dass **logische Vergleiche** von Modellen, wie sie in Abschnitt 4.6.4 beschrieben werden, nicht ausreichen. Vielmehr sind auch Beschreibungen von Modellen auf einer Meta-Ebene notwendig, um Ähnlichkeiten zwischen Modellen feststellen zu können. Andererseits zeigen die verschiedenen genannten Arten der Wiederverwendung, dass es zu ihrer Unterstützung vorranging darauf ankommt, einem

Modellierer ähnliche Modelle zur Verfügung zu stellen statt eine bestimmte Art der Wiederverwendung zu fördern. Daher muss für die Wiederverwendung in Erweiterung von Anforderung 30 sichergestellt werden, dass Modellierern neben beliebigen relevanten Inhalten auch ähnliche Modelle zur Verfügung gestellt werden. Diese Modelle sollten in einem Modellierungswerkzeug angezeigt werden, damit ein Modellierer sie betrachten, beurteilen und ggf. durch eine Referenz oder die Kopie des Modells oder Teilen davon wiederverwenden kann.

> **Anforderung 32** Um die Wiederverwendung von Modellen zu unterstützen, muss ein Modellierungswerkzeug Nutzern die Möglichkeit bieten, zu einem Modell ähnliche Modelle finden zu können.

5.2.6 Modellverständnis sichern

Allen Interviewpartnern ist es laut ihren Aussagen wichtig, das **Verständnis von Modellen** nach ihrer Erzeugung zu sichern. Sie **antizipieren** hierfür mögliche Probleme und fühlen sich **verantwortlich** für das Verständnis ihrer Modelle. Für die Verständnissicherung beschreiben sie mit der Kommunikation über Modelle, zusätzlichen textuellen Beschreibungen, Rückfragen an und durch Nutzer und der Auswahl verständlicher Bezeichner für Modellelemente unterschiedliche Herangehensweisen. Diese werden jedoch unzureichend unterstützt, wie Abbildung 23 zeigt.

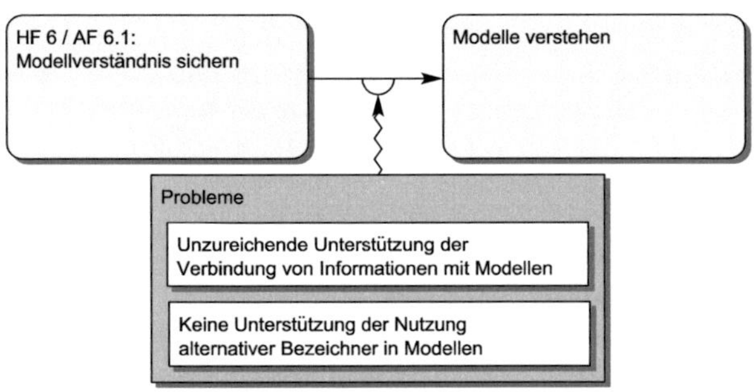

Abbildung 23: Probleme des Handlungsfelds und Anwendungsfalls „Modellverständnis sichern".

Aus diesen Problemen resultieren die in Tabelle 16 beschriebenen Anforderungen.

Tabelle 16: Handlungsfeld „Modellverständnis sichern".

Anwendungsfall	Anforderungen (Literaturanalyse / empirische Studie)
Modellverständnis sichern	**Anforderung 5:** Zu textuellen Inhalten Modelle im WMS anbieten (Seite 105). **Anforderung 9:** Zur Modellierung verwendete Inhalte zu Modellen zuordnen (Seite 111). **Anforderung 10:** Namen von Elementen durch Meta-Ebene kontextualisieren (Seite 111).
	Anforderung 33: Inhalte aus der Recherche mit Teilmodellen verbinden (Seite 154).

Die **persönliche Vermittlung** von Modellen verläuft ähnlich der Kommunikation über Modelle (vgl. Abschnitt 5.2.3). Modelle werden hierzu entweder *„vorgelesen“* (I6, Z. 11) oder ihr Verständnis wird mit Ansprechpartnern diskutiert: *„und das Modell hab ich dann entweder demjenigen noch mal vorgestellt und dem mein Verständnis erklärt. Und dann hat er mich korrigiert oder gesagt: Ja, haben Sie richtig verstanden.“* (I3, Z. 123). Dies ist nach Ansicht der Interviewpartner besonders wichtig, *„weil gerade Kommunikation unheimlich viele Missverständnisse impliziert und Du die nur ausräumst indem Du noch mal ein Feedback dazu einholst“* (I3, Z. 119). Ähnlich werden **Rückfragen durch Nutzer** zu Modellen gehandhabt, diese befürworten die Befragten aus ihrer Verantwortung für ein Modell heraus sogar: *„Eigentlich finde ich das auch schön, weil oft verbirgt sich hinter einer Frage auch ein ganz anderes Missverständnis“* (I5, Z. 42).

Laut der Interviewpartner sind Modelle ohne zusätzliche Informationen schwer verständlich und man kann daher *„ein nacktes Modell (...) niemandem schicken“* (I6, Z. 10). Daher verwenden sie zur Verständnissicherung oft **textuelle Zusatzinformationen zu Modellen**. Diese können als Kommentare zu Modellen oder Beschreibungen des im Modell dargestellten Prozesses zur Verfügung stehen: *„da werden auch Textdokumente daraus erstellt, die der Entwickler dann eben entsprechend durchliest und ein entsprechendes Design oder eine Implementierung dann vornimmt“* (I5, Z. 52). Zudem sind sie bemüht, die in der Recherche für die Modellierung verwendeten Informationen (vgl. Abschnitt 5.2.5.1) auch für die Verständnissicherung zur Verfügung zu stellen: *„Wenn nachher Konflikte auftreten oder das Modell ist nicht ganz stimmig, dann kann man nachvollziehen, was man als Basis genommen hat zur Modellierung“* (I4, Z. 83). Diese Maßnahme ist zudem auch für ihr persönliches Informationsmanagement relevant: *„Und dann geht es mir oft so, dass ich mich nach drei Monaten nicht mehr daran erinnern kann, warum haben wir uns denn jetzt für das Eine oder andere entschieden. Und da helfen mir Stichpunkte um mich daran zu erinnern.“* (I2, Z. 106).

Es zeigt sich weiterhin, dass die **Auswahl von Bezeichnern** wie Namen für Modellelemente einen Einfluss auf die Verständlichkeit eines Modells hat. Hierzu beschreiben die Befragten, dass es schwierig ist, sich auf Bezeichner zu einigen: *„wir haben auch hin und wieder Namen festgelegt für bestimmte Begriffe. Das gibt es. (...) Aber das ist flexibel, da gehen wir nicht nach einer Methode vor. Also da ist das abhängig davon, wer das jeweils gestaltet“* (I5, Z. 90). Andere Interviewpartner versuchen dies gar nicht und vergeben Namen frei: *„wenn man der Methodik einen Namen geben würde wäre das bestimmt ‚assoziativ‘“* (I1, Z. 94). Alle Interviewpartner räumen ein, dass das Ziel, für alle potentiellen Nutzer eines Modells verständliche Begriffe zu verwenden, schwer zu erreichen ist, *„da teilweise unter den Begriffen verschiedene Dinge verstanden werden“* (I6, Z. 18).

Das beschriebene Handlungsfeld bringt hinsichtlich der Kommunikationsunterstützung für die Arbeit mit Modellen und der Kontextualisierung von Bezeichnern keine neuen Anforderungen hervor. Diese Aufgaben werden bereits durch die Anforderungen zur Kommunikation (Anforderung 20, Anforderung 21) und zur Nutzung von Meta-Beschreibungen für Bezeichner (Anforderung 10) abgedeckt. Außerdem werden benötigte Mechanismen der Verbindung von Modellen mit anderen Inhalten bereits durch verschiedene Anforderungen beschrieben

(Anforderung 5, Anforderung 9, Anforderung 16, Anforderung 17). Dementsprechend werden die hierzu aus der Literaturanalyse stammenden Anforderungen 5, 9 und 10 dem Handlungsfeld zugeordnet (vgl. Tabelle 16).

Aus den Maßnahmen, die von den Befragten zur Verständnissicherung genannt werden, kann abgelesen werden, dass sie diese Aufgabe als Teil ihrer Arbeit und sogar ihrer Verantwortung sehen. Sie müssen daher hierfür nicht gesondert motiviert werden, sondern benötigen **Funktionen, die ihnen die Aufgaben erleichtern** (vgl. hierzu auch Abschnitt 2.3.3). Anforderung 9 beschreibt hierzu die Notwendigkeit der Zuordnung von Informationen aus der Recherche zu einem Modell. Die Aussagen der Befragten beziehen sich jedoch häufig auch auf Teile von Modellen. Daher sollte die Zuordnung von Informationen und Ansprechpartnern auch für Teilmodelle und Elemente eines Modells möglich sein.

> **Anforderung 33** Um Inhalte und Ansprechpartner zur Sicherung des Verständnisses eines Modells nutzen zu können, muss ein Modellierungswerkzeug es Nutzern ermöglichen, gefundene Inhalte mit Teilmodellen und Elementen von Modellen zu verbinden.

5.2.7 Modellqualität sichern

Die Sicherung der inhaltlichen Qualität eines Modells wird von den Befragten als Teil ihrer Arbeit angesehen. Sie bezeichnen es als *„unseriös"* (I3, Z. 119), ein Modell nicht hinsichtlich seiner Korrektheit und Qualität zu überprüfen, *„weil man damit sagt, (...) man stellt sein eigenes Verständnis über das dessen, der den Prozess eigentlich bearbeitet"* (I3, Z. 119). Die **Zustimmung Anderer** wird von ihnen daher als Merkmal der Qualität eines Modells gesehen: *„Die Qualität eines Modells zeichnet sich dadurch aus, dass mehrere Menschen über das Modell gesprochen haben, die mit dem Modell mittelbar oder unmittelbar zu tun haben"* (I3, Z. 117). Die Umsetzung der Qualitätssicherung ist jedoch problematisch, da die Identifikation fachkundiger Akteure für eine Überprüfung von Modellen und die Zuweisung eines Modells an diese Akteure nicht unterstützt werden (vgl. Abbildung 24)

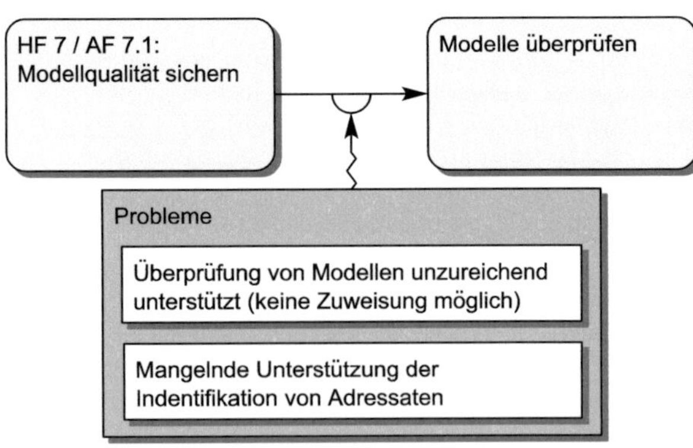

Abbildung 24: Probleme des Handlungsfelds und Anwendungsfalls „Modellqualität sichern".

Die daraus entstehende Anforderung ist in Tabelle 17 dargestellt.

Tabelle 17: Handlungsfeld „Modellqualität sichern".

Anwendungsfall	Anforderungen (Literaturanalyse / empirische Studie)
Modellqualität sichern	- **Anforderung 34:** Nutzern Modelle zur Überprüfung zuweisen (Seite 155).

Bei einigen Befragten ist die Zustimmung zu Modellen bzw. Prozessen **explizit und formal** im Qualitätsmanagement verankert: *„(...) der Direktor, der verantwortlich ist für diesen Prozess, muss in Ein-Jahres-Abständen glaube ich oder sogar Halb-Jahres-Abständen diesen Prozess immer wieder aufs Neue verifizieren"* (I1, Z. 27). Andere Interviewpartner berichten, dass die Qualitätssicherung im Rahmen der Kommunikation über Modelle (vgl. Abschnitt 5.2.3) oder der Verständnissicherung (vgl. Abschnitt 5.2.6) implizit und **im Dialog mit Anderen** durchgeführt wird: *„Dann fragt man eben nach bei den Menschen (...): hier fehlt eigentlich noch was, da ist der und der Bereich vielleicht ausgelassen worden. Und dann macht man das kooperativ (...)"* (I5, Z. 40). Dabei ist es wichtig, **mehrere Akteure** in den Prozess der Qualitätssicherung einzubinden: *„Und je mehr Du da integrierst - vielleicht nicht je mehr, wird nicht linear sein - aber schon so ne bestimmte Anzahl (...) an Leuten, die sich mit einem Modell auseinandergesetzt haben, (...) desto höher ist die Qualität"* (I3, Z. 117). Eine dritte Alternative, die von den Befragten genannt wird, besteht in der **Durchsicht eines Modells** durch andere Akteure: *„Wenn Du es richtig gut machen willst, dann modelliert einer, der andere reviewt es und danach fragst Du den Kunden, ob man es richtig verstanden hat"* (I3, Z. 15).

Die explizite und formale Zustimmung ist angesichts der Aussagen verschiedener Interviewpartner als zu statisch und formal für alle Aspekte der Qualitätssicherung eines Modells zu beurteilen. Sie wird daher nicht als Anforderung festgehalten. Die Interviewpartner berichten neben solchen formalen Vorgehensweisen der Qualitätssicherung auch von der Durchsicht durch andere Mitarbeiter. Für diese Durchsicht ist es in WMS notwendig, Modelle anderen Nutzern zur Überprüfung zuweisen zu können. Ein solcher Mechanismus kann die in Abschnitt 2.4.2 beschriebenen Prozesse der Revision von Wissen und der Erzeugung neuen Wissens (vgl. Abschnitte 2.4.2 und 2.4.3) fördern. Die Herausforderung dabei ist, solche Akteure zu identifizieren, bei denen die notwendigen Kenntnisse zur Durchsicht eines Modells vorhanden sind. Dieser Mechanismus kann auch die oben beschriebene formale Zustimmung zu Modellen abbilden, indem ein Modell bspw. lediglich solchen Akteuren zugewiesen wird, die hierfür formal vorgesehen sind. Daraus entsteht eine weitere Anforderung.

> **Anforderung 34** Um die Qualität von Modellen zu sichern, muss ein Wissensmanagementsystem Nutzern die Möglichkeit bieten, fachkundige Nutzer zur Durchsicht von Modellen zu identifizieren und ihnen ein Modell zur Durchsicht zuzuweisen.

Die ebenfalls von den Interviewpartnern genannte kommunikative Qualitätssicherung wird bereits durch Anforderungen im Handlungsfeld „Modelle zur Kommunikation und Koordination nutzen“ beschrieben (bspw. Anforderung 20).

5.3 Zusammenfassung und Diskussion

Die in diesem Kapitel beschriebene Studie der Nutzung von Modellen als wissensvermittelnde Artefakte in der Praxis bringt ein breites Spektrum von Anforderungen an deren Unterstützung hervor, das sich in sieben Handlungsfeldern äußert. Diese Handlungsfelder beschreiben über die Verwaltung von Modellen hinaus viele verschiedene Anwendungsfälle ihrer Nutzung als wissensvermittelnde Artefakte und zeigen so die Komplexität des in der vorliegenden Arbeit betrachteten Problemraums. Der Charakter von Modellen als „Schrankware“ (Freund und Goetzer 2008, S. 149; vgl. Abschnitt 4.1.4) kann dabei in verschiedenen Ausprägungen in den Aussagen aller Interviewpartner gefunden werden.

Die Auswertung der Studie zeigt, dass in den Unternehmen aller Befragten, obwohl sie eine entsprechende Größe und branchenbedingte Orientierung auf Prozesse aufweisen (vgl. Tabelle 9), viele **Probleme der Nutzung und Erzeugung von Modellen** vorhanden sind. Durch Analyse dieser Probleme trägt die Studie entscheidend zur Ergründung des in dieser Arbeit bearbeiteten Problemfelds bei, indem sie die **Praxisrelevanz** der Anforderungen aus Kapitel 4 zeigt, diese Anforderungen **Anwendungsfällen zuordnet** und über diese aus der Literatur extrahierbaren Anforderungen hinaus **neue Anforderungen** identifiziert. Dies ermöglicht für die Umsetzung eines WMS die Orientierung an den beschriebenen Anwendungsfällen, deren vollständige Unterstützung gleichzeitig die Erfüllung der mit ihnen assoziierten Anforderungen bedeutet. Dabei zeigt sich insbesondere, dass **zentrale technische Probleme** der Unterstützung in der Verfügbarkeit, der Verwaltung und der Suche von Modellen liegen. In diesen Bereichen beobachtete Probleme stellen die Bedeutung der Forderung nach Beschreibung von Modellen auf Meta-Ebene heraus, die zudem durch verschiedene Anforderungen (bspw. Anforderung 12) konkretisiert wird.

In der Studie werden sowohl modellspezifische als auch allgemein für WMS hilfreiche Anforderungen beschrieben (vgl. Abschnitt 5.1). Zwischen beiden Gruppen besteht jedoch hinsichtlich ihrer Bedeutung für die vorliegende Arbeit kein Unterschied. So sind bspw. Hinweise auf relevante Modelle (Anforderung 22) oder Vorschläge geeigneter Tags bei der Ablage von Modellen (Anforderung 23) Anforderungen, die auch die Nutzung anderer Inhaltstypen in WMS unterstützen können. Sie sind jedoch hinsichtlich ihres Beitrags zur Unterstützung der Nutzung von Modellen als wissensvermittelnde Artefakte nicht geringer oder höher einzuschätzen als andere, modellspezifische Anforderungen wie bspw. die Verfügbarkeit von Modell- und Grafikformaten in WMS (Anforderung 14). Unabhängig von dieser inhaltlichen Gleichgewichtung kann jedoch festgehalten werden, dass die in diesem Kapitel als für WMS im Allgemeinen hilfreich identifizierten Anforderungen über die Ziele der vorliegenden Arbeit hinaus einen **direkten Beitrag** zum funktionalen Portfolio von WMS und damit zum Gebiet des Wissensmanagements leisten.

Die Studie **erweitert das Verständnis des Problemfelds** gegenüber der Literaturanalyse. So wurden aus den gewonnenen Erkenntnissen mit „Modelle zur Kommunikation und Koordination nutzen“ (Abschnitt 5.2.3) und „Modellqualität sichern“ (Abschnitt 5.2.7) zwei Handlungsfelder identifiziert, die aus der Literaturanalyse nicht ersichtlich wurden. Darüber hinaus konnten mit „Nutzer erreichen und informieren“ (Abschnitt 5.2.2.3), „Akzeptanz von Modellen erhöhen“ (Abschnitt 5.2.4.2) und „Verfügbarkeit von Werkzeugen sicherstellen“ (Abschnitt 5.2.4.3) drei Anwendungsfälle erkannt werden, die ebenfalls nur aus der empirischen Studie hervorgehen. Dies erzeugt **neue Anforderungen** technischer und organisatorischer Natur, die für die umfassende Unterstützung der Verfügbarkeit von Modellen relevant sind, und erhöht so den Nutzen einer auf Basis dieser Anforderungen umgesetzten Lösung. Diese zusätzlichen Erkenntnisse konnten nur durch den empirischen Zugang zur Praxis der Modellnutzung identifiziert werden und zeigen somit die Notwendigkeit und den Wert der dargestellten Studie für das Ziel dieser Arbeit.

Neben der Ableitung des Katalogs von Handlungsfeldern, Anwendungsfällen und Anforderungen bringt die Studie in dieser Form erstmals so umfassend beschriebenes Bild der Nutzung von Modellen als wissensvermittelnde Artefakte durch verschiedene Nutzergruppen hervor. Der Neuigkeitswert dieser Beschreibung ist nicht nur an ihrem Umfang, sondern auch an einzelnen Erkenntnissen zu messen, die aus der Literatur nicht zu entnehmen sind. Dabei vorrangig zu nennende Bereiche werden im Folgenden kurz beschrieben.

- **Beschreibung von Modellen als notwendiger und akzeptierter Prozess.** Die Beschreibung von Modellen auf einer Meta-Ebene wurde als Voraussetzung für ihre Verwaltung in WMS identifiziert. Dabei ist empirisch auffällig, dass sie für Akteure in Organisationen keine neue Aufgabe darstellt, sondern von ihnen **bereits praktiziert** wird (vgl. Abschnitt 5.2.1). Dies bedeutet, dass die Nutzung einer entsprechenden technischen Umsetzung nicht zusätzlich motiviert werden muss (vgl. Abschnitt 2.3.3). Vielmehr konnte festgestellt werden, dass ein hierzu verwendeter Mechanismus eine flexible Begriffswahl erlauben muss und wenig Aufwand erzeugen darf.
- **Unterstützung der Nutzung von Modellen im Wissensmanagement: Dokumentenorientierung und Personalisierung.** Die Studie zeigt, dass Modelle nicht isoliert von anderen Inhalten genutzt werden können. So sollten sie bei ihrer Verwendung in WMS mit ähnlichen, kontextualisierenden Inhalten verbunden werden, um verschiedenen Nutzergruppen die Arbeit mit ihnen zu erleichtern. Dies kann als quer liegende Anforderung verschiedener Funktion bezeichnet werden (vgl. Abschnitte 5.2.1, 5.2.2, 5.2.4, 5.2.5, 5.2.6). Über diese Verbindung hinaus zeigt sich, dass zur Nutzung von Modellen für die Vermittlung von Wissen häufig eine Kombination aus **dokumentenorientiertem** Vorgehen und **Personalisierungsstrategien** des Wissensmanagements (vgl. 2.4.5.2) notwendig ist. So berichten die Partner häufig davon, dass sie Informationen aus Dokumenten mit Informationen aus Gesprächen kombinieren (vgl. Abschnitte 5.2.2, 5.2.5, 5.2.6).
- **Aufbereitung und Absicherung von Modellen: Perspektiven, Qualitäts- und Verständnissicherung.** Um das Potential von Modellen im Wissensmanagement zu nutzen, sind verschiedene Vorarbeiten notwendig. So sollten für den gezielten Einsatz von Model-

len **Perspektiven der dargestellten Prozesse** verfügbar sein, damit bspw. verschiedene Nutzergruppen einen für sie relevanten Prozessausschnitt betrachten können. Darüber hinaus müssen **Prozesse der Verständnis- und Qualitätssicherung** durch WMS unterstützt werden, da die Durchführung dieser Aufgaben bisher von Situationen wie Workshops oder persönlichen Gesprächen abhängig ist.

- **Voraussetzungen für den Austausch und die Nutzung von Modellen: Medien und Werkzeuge.** Im Vergleich zur Nutzung textueller Inhalte in Wissensmanagementsystemen sind in der Praxis verwendete bzw. verfügbare Medien und Werkzeuge für den Austausch von Modellen als **rückständig** zu bezeichnen. So zeigt sich, dass Modelle in der Praxis häufig über **ungeeignete Medien** und in **ungeeigneten Formaten** ausgetauscht werden (vgl. Abschnitt 5.2.2.1. Daher müssen **integrale Funktionen** des Austauschs und der gemeinsamen Nutzung von Modellen in der Praxis erst ermöglicht und etabliert werden. Darüber hinaus besteht ein weiteres Problem in der eingeschränkten **Verfügbarkeit von Modellierungswerkzeugen** (vgl. Abschnitt 5.2.4.3). Ohne solche Werkzeuge können Modelle jedoch nicht genutzt werden.
- **Spezifische Voraussetzungen der Nutzung von Modellen: Bewusstsein, Akzeptanz und typbezogenes Metawissen.** Eine zentrale Erkenntnis und Herausforderung der vorliegenden Arbeit besteht in der Identifikation und Beschreibung des Problems des **kleinen Nutzerkreises** von Modellen (vgl. Abbildung 21 auf Seite 115). So zeigte sich in der empirischen Studie, dass Modelle für viele Akteure einer Organisation einen **geringen Stellenwert** haben (vgl. Abschnitt 5.2.4.1), diese Akteure sich der Verfügbarkeit von Modellen **nicht bewusst** sind oder Modelle nicht **akzeptiert** werden (Abschnitt 5.2.4.2). Ein wesentliches und neues Ergebnis der Studie dazu ist, dass für die Nutzung von Modellen in WMS **typbezogenes Metawissen** (vgl. Definition 23) notwendig ist.
- **Wechselseitige Unterstützung sozialer und technischer Ebenen.** Eine wesentliche Erkenntnis ist, dass in der Praxis viele **organisatorische Prozesse** des Umgangs mit Modellen als wissensvermittelnde Artefakte **bereits etabliert** sind und als wichtige Aufgabe wahrgenommen werden (vgl. bspw. Abschnitte 5.2.1.2, 5.2.2, 5.2.3, 5.2.6). Diese Prozesse müssen daher nicht mehr zusätzlich motiviert, sondern vielmehr ausreichend technisch unterstützt werden. Für andere der beobachteten Probleme zeigt sich, dass **keine organisatorischen Prozesse** zu ihrer Lösung vorhanden sind. Für solche Probleme wurden daher organisatorische Anforderungen identifiziert (vgl. Abschnitt 5.2.4). Hierbei erwies sich die **Rolle von Modellierern** als besonders interessant: So zeigt sich, dass Modellierer Schlüsselfiguren zur Initialisierung des Austauschs von Modellen sind. Anderseits konnte festgestellt werden, dass die enge Bindung von Modellen an Modellierer ein Hindernis für die Akzeptanz von Modellen darstellt (vgl. Abschnitt 5.2.4.2). Dies erweitert vorhandene Erkenntnisse zur Nutzung von WMS: Nicht Machtverlust oder andere, bekannte Phänomene (vgl. Abschnitt 2.4.7) verhindern hier den Transfer von Wissen, sondern **falsch verstandene Verantwortung** von Modellierern. Eine Lösung dieses Problems muss daher auch die Rolle von Modellierern verändern.

Die Studie bringt neben den oben genannten Erkenntnissen weitere, in der Umsetzung besonders zu beachtende Aspekte hervor. Zum einen beziehen sich die identifizierten Anforderungen immer wieder auf **Teile und Elemente eines Modells** (bspw. Anforderung 11 und Anforderung 30). Dies zeigt, dass die Unterstützung der Nutzung von Modellen durch WMS nicht nur Modelle als Ganzes, sondern auch Inhalte von Modellen abdecken muss. Zum anderen wird deutlich, dass die Umsetzung technischer Unterstützung **nicht allein auf die Weiterentwicklung von WMS zu beschränken** ist. Vielmehr zeigen bspw. Anforderung 14 und Anforderung 32, dass sowohl für potentielle Nutzer als auch für Modellierer die **Kopplung von Modellierungswerkzeugen und WMS** Vorteile bringt und daher in die Umsetzung einbezogen werden muss. Diese Erkenntnis deutet darauf hin, dass weitere, in Anforderungen aus der Literaturanalyse und der empirischen Studie bisher für ein WMS geforderte Funktionen in ein Modellierungswerkzeug integriert werden sollten.

Neben der Identifikation von Anforderungen zeigt die Studie Hinweise auf die in Abschnitt 4.1 noch unter Vorbehalt geäußerte Eignung von **Modellen als Anreger für Prozesse der Sozialisation**. Beispiele für solche Hinweise können in der kommunikativen Vermittlung von Modellen gesehen werden, für die berichtet wird, dass zu Modellen „Geschichten" erzählt werden (vgl. Abschnitt 5.2.3) oder Modelle zur Verständnis- und Qualitätssicherung mit anderen Akteuren diskutiert werden müssen (vgl. Abschnitte 5.2.6 und 5.2.7). Obwohl mit der Studie hierfür kein Nachweis geführt werden kann, kann davon ausgegangen werden, dass durch die Nutzung von Modellen im Wissensmanagement auch Prozesse des Austauschs impliziten Wissens erleichtert und gefördert werden können. Dies zeigt sich auch an der Bedeutung der Vermittlung von Ansprechpartnern bzw. Adressaten für viele der identifizierten Handlungsfelder.

Zusammenfassend kann anhand der Ergebnisse aus der Studie festgehalten werden, dass sie zur Beantwortung der mit ihr verbundenen Forschungsfrage 4 mit den identifizierten Handlungsfeldern, Anwendungsfällen und daraus resultierenden Anforderungen einen **empirisch gestützten Handlungsrahmen für die Umsetzung** bereitstellt. Dieser Handlungsrahmen kann als Orientierung für die **Umsetzung** dienen, die im folgenden Kapitel beschrieben wird.

"The old way creates a tree. The new rakes leaves together." (David Weinberger)

6 Unterstützung der Nutzung von Prozessmodellen in Organisationen: Das WiProM-System

In diesem Kapitel wird der zur Umsetzung der in den Kapiteln 4 und 5 erhobenen Anforderungen entwickelte Prototyp des **WiProM-Systems** (**Wi**ssensmanagement für **Pro**zess-**M**odelle) beschrieben. Dieses System besteht aus einer Modellierungsanwendung und einem Wissensmanagementsystem, die miteinander verbunden sind und auf deren Basis Funktionen zur Unterstützung der Nutzung von Modellen als wissensvermittelnde Artefakte entwickelt wurden. Die Entwicklung des WiProM-System ist somit Teil der Beantwortung zweier Forschungsfragen:

> **Forschungsfrage 5:** Welche Funktionen muss ein Wissensmanagementsystem zur Verfügung stellen, um identifizierte Anforderungen zur Unterstützung der Nutzung von Modellen in Organisationen abzudecken?
>
> **Forschungsfrage 6:** Welche nicht-funktionalen Aspekte müssen bei der Gestaltung eines Wissensmanagementsystems berücksichtigt werden,

Das WiProM System setzt mit der Entwicklung eines Tagging-Mechanismus zur Beschreibung von Modellen und anderen Inhalten von WMS, der Kopplung von Modellierungsanwendungen und WMS sowie der Verwaltung von Modellen in WMS Basisanforderungen der Nutzung von Modellen in Organisationen um. Darüber hinaus beinhaltet es zahlreiche weitere Funktionen, mit denen die identifizierten Handlungsfelder aus Kapitel 5 unterstützt werden. Ergänzend werden für die ermittelten organisatorischen Anforderungen (vgl. Abschnitt 5.2.4) Maßnahmen entwickelt.

Das WiProM-System wird im Folgenden entlang der in Kapitel 5 identifizierten **Handlungsfelder und Anwendungsfälle** zur Unterstützung der Nutzung von Modellen in Organisationen beschrieben. Wie bei der Darstellung der Anwendungsfälle in der empirischen Studie (vgl. Abschnitt 5.2) werden diese auch im vorliegenden Kapitel als **sozio-technische Anwendungsfälle** unter Nutzung von SeeMe-Modellen beschrieben. Dies hat den Vorteil, dass Prozesse der organisatorischen Ebene ebenso dargestellt werden können wie technische Funktionen von WiProM.

Zur Veranschaulichung der resultierenden Funktionen wird im weiteren Verlauf ein **Modell als Beispiel** verwendet, dass die Bestellung und Archivierung von Literatur beschreibt und aus Prozessen der Arbeitsgruppe, in der der Autor beschäftigt ist, entnommen wurde (vgl. Abbildung 34 auf Seite 181). Dieses Beispiel wurde ebenso in der Evaluation des Systems eingesetzt (vgl. Kapitel 7).

Im Folgenden werden zunächst zentrale Anforderungen an das WiProM-System diskutiert (Abschnitt 6.1) und die aus ihnen resultierenden Gestaltungsentscheidungen beschrieben. Auf

Basis der Anforderungen zur Beschreibung von Modellen wird in Abschnitt 6.2 Social Tagging als semantische Technologie zur Beschreibung von Inhalten des WiProM-Systems ausgewählt. In der Folge wird in Abschnitt 6.3 die Auswahl des SeeMe-Editors und von Kolumbus 2 als Basisanwendungen für das System begründet. Zudem werden relevante Aspekte der Systemarchitektur von WiProM erläutert. Abschnitt 6.4 beschreibt entlang der in Kapitel 5 identifizierten Anwendungsfälle Funktionen von WiProM. Abschließend wird die Umsetzung des Systems zusammengefasst und diskutiert (Abschnitt 6.5).

6.1 Zentrale Anforderungen an das WiProM-System

Aus den verschiedenen an die Unterstützung der Nutzung von Modellen gestellten Anforderungen sind die in Abschnitt 4 identifizierten zentralen Anforderungen (Anforderung 1 bis Anforderung 4, vgl. Tabelle 8 auf Seite 121) hervorzuheben. Dies zeigt sich auch an ihrer in der empirischen Studie beobachteten Praxisrelevanz. Die Studie zeigt darüber hinaus bspw. mit der Verbindung von Modellierungsanwendungen und WMS weitere zentrale Anforderungen an die Umsetzung.

Als Voraussetzung für die Umsetzung muss die in Anforderung 1 und Anforderung 4 beschriebene **organisationsweite Verfügbarkeit von Modellen** auf gleicher Ebene mit textuellen Inhalten eines WMS genannt werden. Hierfür konnte in der empirischen Studie die in der Praxis fehlende Möglichkeit der **Suche nach Modellen** als zentrale Funktion identifiziert werden (vgl. Anforderung 11 aus Abschnitt 5.2.1.1). In der Umsetzung wurde daher Wert auf die Verfügbarkeit entsprechender Suchmechanismen gelegt (vgl. Abschnitt 6.4.1), die zudem im resultierenden System als Basis für andere, auf spezifische Anwendungsfälle ausgerichtete Funktionen verwendet werden (bspw. Abschnitt 6.4.5).

Weitere zentrale Anforderungen bestehen in der **Beschreibung von Modellen auf einer Meta-Ebene** sowohl in WMS (Anforderung 2) als auch in Modellierungswerkzeugen (Anforderung 3). Diese Anforderungen wurden in der empirischen Studie in ihrer Praxisrelevanz bestätigt und detailliert (bspw. Anforderung 12 und Anforderung 13). Entsprechend dieser Anforderungen wurden sowohl für das im WiProM-System verwendete WMS als auch für die genutzte Modellierungsanwendung Mechanismen zur Beschreibung von Modellen entwickelt (vgl. Abschnitte 6.2 und 6.3). Weitere Anforderungen und daraus resultierende Funktionen wie bspw. die Verbindung von Modellen und anderen Inhalten (vgl. bspw. Anforderung 5 oder Anforderung 17) wurden auf dieser Basis umgesetzt.

In der empirischen Studie zeigte sich, dass die Unterstützung der Nutzung von Modellen nicht allein durch ein WMS, sondern nur durch dessen **Verbindung mit einem Modellierungswerkzeug** zu realisieren ist (vgl. Anforderung 14, Anforderung 29 und Abschnitt 5.3). Der Kopplung dieser Anwendungen wurde bei der Entwicklung des WiProM-Systems entsprechende Bedeutung beigemessen. Es war bei der Gestaltung dieser Kopplung jedoch darauf zu achten, dass sie nicht nur die in WiProM prototypisch genutzten Basisanwendungen, sondern auch weitere Modellierungswerkzeuge und WMS verbinden kann. Daher wurde bei der Auswahl einer Technologie für die Kopplung (vgl. Abschnitt 6.3.3) Wert darauf gelegt, einen

Mechanismus zu wählen, der eine lose Kopplung von Anwendungen realisiert und die Erweiterung des WiProM-Systems um andere Anwendungen zulässt.

Außerdem wird durch die Studie deutlich, dass die in der Literaturanalyse (Kapitel 4) noch hauptsächlich **dokumentenorientierten Anforderungen** durch Anforderungen ergänzt wurden, die eine **Personalisierungsstrategie** des Wissensmanagements beschreiben (vgl. Abschnitt 5.3). In Funktionen des Systems wird daher intentional die Verfügbarkeit von Modellen immer mit Hinweisen auf Nutzer eines WMS verbunden (bspw. Abschnitte 6.4.2 und 6.4.5).

Die beschriebenen zentralen Anforderungen zeigen mit der Suche nach Modellen, ihrer Beschreibung auf einer Meta-Ebene, der Verbindung von Modellierungswerkzeugen und WMS sowie der Kombination dokumentenorientierter und personalisierter Strategien die in der Umsetzung vorrangig zu behandelnden Mechanismen des WiProM-Frameworks auf. Darüber hinaus entstehen aus diesen Anforderungen weitere Aufgaben, deren Erledigung der Umsetzung vorgelagert ist. So muss ein Mechanismus identifiziert werden, mit dem die Beschreibung von Modellen entsprechend hierfür vorhandener Anforderungen umgesetzt werden kann (vgl. Abschnitt 6.2). Ebenso muss eine Technologie ausgewählt werden, die den an die Kopplung der Anwendungen zu stellenden Bedingungen entspricht (vgl. Abschnitt 6.3.3). Außerdem müssen auf Ebene der Systemarchitektur die Voraussetzungen für die Beschreibung von Modellen, die Kopplung der Anwendungen und die Verwaltung von Modellen geschaffen werden (vgl. Abschnitte 6.3.3 und 6.3.4). Im Folgenden wird zunächst auf diese Aufgaben eingegangen, bevor die Umsetzung des WiProM-Systems auf funktionaler Ebene beschrieben wird.

6.2 Auswahl einer semantischen Technologie zur Beschreibung von Modellen und anderen Inhalten in Wissensmanagementsystemen

Die Beschreibung von Inhalten auf einer Meta-Ebene ist die Voraussetzung für die Realisierung der organisationsweiten Verfügbarkeit und Unterstützung der Nutzung von Modellen durch ein WMS (vgl. Abschnitt 6.1). Die Auswahl eines hierfür angemessenen und den vorhandenen Anforderungen entsprechenden Mechanismus ist daher für die Erreichung dieses Ziels erfolgsentscheidend. Als Basis für diese Auswahl wurden in Abschnitt 2.5 mit Ontologien und Social Tagging zwei Mechanismen zur semantischen Beschreibung dargestellt und verglichen. In diesem Vergleich konnte festgestellt werden, dass beide Mechanismen in der Lage sind, Inhalte in ausreichender Qualität zu beschreiben. Zudem wurde für Ontologien festgestellt, dass diese in Szenarien verwendet werden sollten, in denen eine hohe formale Korrektheit der Beschreibung notwendig ist, Veränderungen der Ontologie selten notwendig werden und der Aufwand ihrer Nutzung durch Mehrwert für Nutzer gerechtfertigt wird. Für Social Tagging konnte festgestellt werden, dass es zur Anwendung kommen sollte, wenn das verwendete Vokabular flexibel sein muss, Nutzer eigene Begriffe verwenden wollen oder müssen und die Beschreibung von Inhalten nur wenig Aufwand erzeugen darf. Diese Feststellungen werden für die hier beschriebene Auswahl eines Mechanismus als Basis verwendet und mit vorhandenen Anforderungen zur Beschreibung von Modellen verglichen, die in Tabelle 18 dargestellt sind.

Tabelle 18: Anforderungen zur Auswahl einer semantischen Technologie für das WiProM-System.

Nummer, Seite	Anforderung
Anforderung 2, Seite 101	Um die strukturelle Heterogenität von Modellen und Texten auszugleichen und so Inhalte von Modellen zu explizieren, muss ein Wissensmanagementsystem eine Meta-Ebene der Beschreibung von Modellen und Texten bereitstellen.
Anforderung 3, Seite 101	Um die Nutzung von Modellen in Wissensmanagementsystemen zu ermöglichen, muss ein Prozessmodellierungswerkzeug es Nutzern ermöglichen, Modelle auf einer Meta-Ebene zu beschreiben.
Anforderung 10, Seite 111	Um die Kontextualisierung von Modellen zu unterstützen, müssen für Namen von Elementen alternative Bezeichner durch Beschreibungen auf einer Meta-Ebene angegeben werden können. Dies gilt für Wissensmanagementsysteme und Modellierungswerkzeuge.
Anforderung 12, Seite 132	Für die Beschreibung von Modellen mit Metadaten sollte ein Wissensmanagementsystem einen leicht verwendbaren Mechanismus anbieten, der Freiheiten bei der Begriffswahl und die Verwendung verschiedener Begriffe zulässt.*[40]
Anforderung 13, Seite 132	Ein Wissensmanagementsystem sollte Nutzern die Möglichkeit bieten, eigene Strukturen und Beschreibungen von Modellen in seine Inhalte zu übernehmen, ohne dass diese an Vorgaben angepasst werden müssen.*
Anforderung 23, Seite 144	Um die dynamische Zuordnung von Modellen zu relevanten Inhalten anderer Nutzer zu unterstützen, sollte ein Wissensmanagementsystem bei ihrer Ablage Vorschläge für Beschreibungen zu Modellen erzeugen und darstellen können.*

Unter den in Tabelle 18 dargestellten Anforderungen sind Anforderung 12 und Anforderung 13 ausschlaggebend für die Entscheidung. Die in Anforderung 2, Anforderung 3 und Anforderung 10 geforderten Beschreibungen und Granularitätsebenen können durch beide Mechanismen geleistet werden (vgl. Abschnitt 2.5.4). Anforderung 23 beschreibt lediglich Vorschlägen zur Beschreibungen von Modellen. Diese können sowohl für Ontologien als auch für Tagging zur Verfügung gestellt werden.

Anforderung 12 beschreibt die Notwendigkeit einer flexiblen Beschreibung von Modellen. Diese geht daraus hervor, dass vorgegebene Beschreibungen in der Praxis als untauglich empfunden werden (vgl. Abschnitte 2.2.2.1 und 5.2.1.2). Anforderung 13 beschreibt die Verbindung persönlicher Beschreibungen und dafür genutzter Begriffe mit organisationsweit verfügbaren Beschreibungen. Diese Anforderung basiert darauf, dass Nutzer Beschreibungen häufig für ihr persönliches Informationsmanagement anlegen und von ihnen verwendete Begriffe

[40] Die Markierung einiger Anforderungen wird hier aus Kapitel 5 übernommen und weist darauf hin, dass die Anforderung nicht nur für Modelle, sondern auch für die Nutzung anderer Inhalte in WMS gilt.

von denen Anderer abweichen (vgl. Abschnitt 5.2.1.2). Sie deckt sich mit Beobachtungen zur Kategorisierung durch Wissensarbeiter (vgl. Abschnitt 2.3.3).

Für die Auswahl eines Mechanismus zur Beschreibung der Inhalte im WiProM-System folgt aus diesen Anforderungen, dass Ontologien als weniger geeignet eingestuft werden müssen, da sie ein Begriffssystem vorgeben und somit die Nutzung individuell gewählter Begriffe nicht zulassen. Die durch **Social Tagging** angebotenen Möglichkeiten der flexiblen Beschreibung und Verwendung eigener Begriffe hingegen entsprechen den oben genannten Anforderungen und bedingen daher die Entscheidung für diesen Mechanismus. Zudem ist der mit Tagging verbundene geringe Aufwand als Vorteil für die Akzeptanz durch Nutzer zu sehen (vgl. Abschnitte 2.2.4 und 2.4.7). In der Folge werden Anforderungen, die einen direkten oder indirekten Bezug auf die Beschreibung von Modellen und anderen Inhalten haben, daher durch einen Mechanismus des Social Taggings umgesetzt. Dieser wird entsprechend vorhandener Anforderungen umgesetzt.

6.3 Architektur des WiProM-Systems

In diesem Abschnitt wird die Architektur des WiProM-Systems beschrieben. Dieses System basiert auf vorhandenen Modellierungswerkzeugen und WMS und erweitert diese, um vorhandene und etablierte Funktionen dieser Anwendungen nutzen zu können (vgl. Abschnitte 2.2.3 und 2.4.4). In diesem Abschnitt wird nach einem kurzen Überblick über das System zunächst die Auswahl der für den Prototyp verwendeten Basisanwendungen beschrieben und begründet. In der Folge werden die Verbindung der Basisanwendungen durch Web-Services und die Architektur der für beide Anwendungen entwickelten Tagging-Mechanismen beschrieben. Diese Beschreibung wird durch die Darstellung der Verarbeitung von Modellen in WMS ergänzt. Die Beschreibung der Architektur beschränkt sich dabei auf solche Aspekte, die zentrale Merkmale des Systems darstellen oder für das Verständnis der im Folgenden beschriebenen Funktionen besonders wichtig sind.

6.3.1 Systemübersicht

Der Prototyp des WiProM-Systems basiert auf dem **SeeMe-Editor** (vgl. Herrmann 2006) als Modellierungswerkzeug und **Kolumbus 2** (vgl. Prilla und Ritterskamp 2006) als WMS (vgl. Abschnitt 6.3.1), die miteinander über Web-Services verbunden sind (vgl. Abschnitt 6.3.3). Für beide Anwendungen wurden Mechanismen zur Nutzung von Tags an Modellen entwickelt, die in Kolumbus 2 zudem für alle Inhalte des Systems verfügbar sind (vgl. Abschnitt 6.3.4).

In dem daraus entstehenden System, für das in Abbildung 25 ein Überblick dargestellt wird, nimmt der SeeMe-Editor mit seinen für die Arbeit entwickelten Erweiterungen `K2Webservice` (Abschnitt 6.3.3.3) und `Tagging` (Abschnitt 6.3.4.1) die Rolle eines Clients von Kolumbus 2 ein. So kann der Editor durch die Erweiterung `Tagging` Modelle mit Tags beschreiben (unterer Pfeil in Abbildung 25) und sie mittels `K2Webservice` mit Kolumbus 2 austauschen (oberer Pfeil von links nach rechts). Kolumbus 2 stellt entsprechend in WiProM einen Server dar, der über eine Web-Service-Schnittstelle seine Inhalte anderen Anwendungen wie dem SeeMe-Editor zur Verfügung stellen (oberer Pfeil) und Modelle mit einem hierfür entwickelten Parser (vgl. Abschnitt 6.3.4.3) analysieren kann (unterer Pfeil).

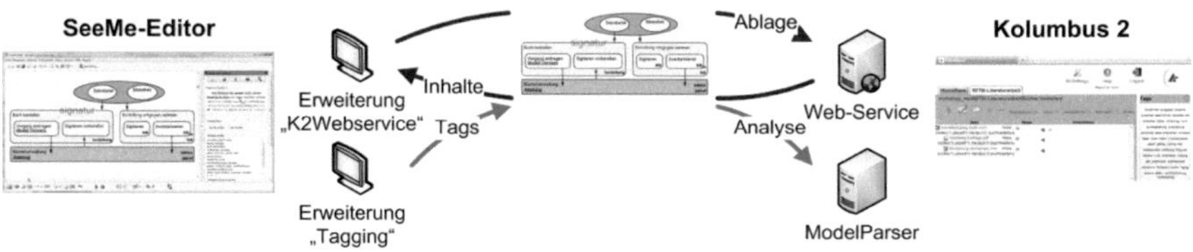

Abbildung 25: Das WiProM-System mit dem SeeMe-Editor und Kolumbus 2.

6.3.2 Auswahl von Basisanwendungen

Als Basisanwendungen für das umzusetzende WiProM-System kamen verschiedene Modellierungswerkzeuge und WMS in Frage. Aus diesen wurden für die Umsetzung als Modellierungswerkzeug der SeeMe-Editor (vgl. Herrmann 2006) und als WMS das webbasierte System Kolumbus 2 (vgl. Prilla und Ritterskamp 2006) ausgewählt. Im Folgenden soll diese Auswahl kurz begründet werden.

Der **SeeMe-Editor** (vgl. Abbildung 34) basiert auf Java und bietet durch seinen Aufbau, vorhandene Funktionen und unterstützte Austauschformate eine gute Basis für die Nutzung als Modellierungsanwendung im WiProM-System. Hauptvorteil ist das umfangreiche Erweiterungs-Konzept des Editors, mit dem beliebige funktionale Erweiterungen als Teile des Editors ergänzt werden können ohne hierfür einen Eingriff in den Kern der Anwendung vornehmen zu müssen. Dieses Konzept wird durch einen Erweiterungsmechanismus auf Ebene der Datenstruktur ergänzt, der deren Ergänzung ohne Veränderung an der eigentlichen Struktur ermöglicht und so mögliche Kompatibilitätsprobleme verhindert (siehe zur Anwendung beider Mechanismen auch Abschnitte 6.3.3 und 6.3.4). Darüber hinaus ist ein Konzept zur Nutzung externer Datenquellen vorhanden, das deren Anbindung an den Editor erleichtert. Der SeeMe-Editor verfügt zudem über die Möglichkeit, Modelle in Form von für deren Austausch üblicherweise verwendeten XML-Dateien (bspw. Freund und Goetzer 2008, S. 158) zu exportieren. Dieses Format ist zudem gut dokumentiert und leicht erweiterbar. Eine aus der Umsetzung des WiProM-System stammende Erweiterung dieses Formats für Tags an Modellen wird in Codebeispiel 2 auf Seite 175 dargestellt. Außerdem ist ein Mechanismus vorhanden, mit dem Elemente eines Modells ein- und ausgeblendet und die dabei erzeugten Sichten auf ein Modell gespeichert werden können. Dieser Mechanismus dient in WiProM als Basis für die Darstellung von Perspektiven (vgl. Abschnitt 6.4.4.6).

Kolumbus 2 (Abbildung 36) stellt ebenso wie der SeeMe-Editor eine auf Java basierende Anwendung dar. Seine Wahl als WMS des WiProM-Systems ist vornehmlich durch die in der Anwendung bereits vorhandenen Funktionen und Dienste begründet. So war zu Beginn der Umsetzung des WiProM-Systems in Kolumbus 2 bereits eine Web-Service-Schnittstelle vorhanden, die wegen ihrer Implementierung als Java Web-Service (vgl. Abschnitt 6.3.3.1) leicht für die Entwicklung neuer Funktionen und deren Anbindung an Client-Anwendungen erweitert werden konnte. Kolumbus 2 ist darüber hinaus modular aufgebaut (vgl. Abbildung 26 auf Seite 170), so dass Komponenten wie bspw. der Mechanismus zur Bildung von Clustern aus Tags (vgl. Abschnitt 6.4.1.4) oder der webbasierte Modellierungseditor (vgl. Abschnitt 6.4.4.5), die zur Umsetzung des WiProM-Systems entwickelt oder genutzt wurden, gut integriert werden können. Ein weiterer Vorteil ist der in Kolumbus 2 bereits zu Beginn der Umsetzung von WiProM vorhandene Mechanismus zur Verwendung von Metadaten (vgl. Prilla und Ritterskamp 2005), durch den eine Basis für die Umsetzung von Social Tagging vorhanden war. Die Inhaltsstruktur von Kolumbus 2 (vgl. Prilla und Ritterskamp 2006), in der textuelle Inhalte abschnittsweise vorgehalten werden, ermöglichte nach der Erweiterung von Kolumbus 2 um einen Mechanismus des Social Taggings auch die feingranulare Auszeichnung von Texten. Dies half, die in Anforderung 3 und Anforderung 10 beschriebene Verwaltung von Modellen und Texten auf einer Ebene zu realisieren. Zudem verfügt Kolumbus 2 über eine umfangreiche und leicht erweiterbare Verwaltung von Rollen und Rechten, die für Aspekte der Umsetzung wie bspw. der Rolle von Modellierern (vgl. Abschnitt 6.4.4.4), die Adressierung und Benachrichtigung von Nutzern (vgl. Abschnitte 6.4.3 und 6.4.4.3) und die Umsetzung von Zugriffsrechten für Tags (vgl. Abschnitt 6.4.1) vorteilhaft war.

Sowohl der SeeMe-Editor als auch Kolumbus 2 sind Anwendungen, die von der Arbeitsgruppe, in der der Autor tätig ist, entwickelt wurden. Die daraus resultierende Verfügbarkeit des Quellcodes beider Anwendungen kann als weiteres, wenn auch hinter den oben genannten Gründen zurück stehendes Argument für die Wahl genannt werden. Gleichwohl erleichterte die Vertrautheit des Autors mit beiden Anwendungen die Implementierung des WiProM-Systems. Zudem wurde durch die Nutzung dieser Anwendungen die Evaluation des WiProM-Systems (vgl. Abschnitt 7) erleichtert, da der Autor hierfür sowohl auf viele im realen Einsatz des SeeMe-Editors entstandene Modelle als auch auf mit beiden Werkzeugen vertraute Nutzer zurückgreifen konnte.

Weder Kolumbus 2 noch der SeeMe-Editor können als in Unternehmen weit verbreitete Werkzeuge bezeichnet werden. Hinsichtlich ihrer Auswahl für WiProM stellt sich daher die Frage, ob andere, bezüglich der oben genannten Kriterien weniger geeignete, aber in der Praxis weiter verbreitete Werkzeuge eine bessere Wahl für den WiProM-Prototyp darstellen würden, da sie durch ihre direkte Anwendbarkeit einen höheren Nutzen erzielen würden. Es ist dabei jedoch zu beachten, dass in der Praxis eine Vielzahl verschiedener WMS und Werkzeuge für die Prozessmodellierung eingesetzt werden, so dass kein klarer Standard festzuhalten ist. So besteht zwar nur eine begrenzte Auswahl an Modellierungsnotationen, zu ihrer Nutzung werden jedoch viele verschiedene Modellierungswerkzeuge verwendet. Eine ähnliche Situation kann für WMS festgestellt werden, hier ist die Varianz bei eingesetzten Systemen hinsichtlich vieler potentieller Basissysteme (vgl. Abschnitt 2.4.5.3) sogar als noch höher einzuschätzen. Diese Einschätzung bestätigte sich auch in der empirischen Studie der Arbeit, in der alle Unternehmen der Partner verschiedene Werkzeuge für Prozessmodellierung und Wissensmanagement verwendeten und sogar bei Partnern aus demselben Unternehmen unterschiedliche Werkzeuge in Gebrauch waren. Es kann daher festgehalten werden, dass die Wahl in der Praxis im Einsatz befindlicher Werkzeuge – und hierbei insbesondere die Kombination eines bestimmten Modellierungswerkzeug und eines bestimmten WMS – nur für einen Bruchteil von Unternehmen bessere oder unmittelbarer praktisch einsetzbare Ergebnisse erzeugen würde als die Umsetzung mit Kolumbus 2 und dem SeeMe-Editor. Hinzu kommt, dass in der Praxis eingesetzte Werkzeuge häufig keine für nutzende Unternehmen verfügbaren Schnittstellen anbieten oder dies mit weiteren Kosten verbunden ist. Eine umfassende Entwicklung von Prototypen, wie sie in diesem Kapitel beschrieben wird, wäre auf Basis solcher Werkzeuge nicht möglich gewesen.

6.3.3 Kopplung von Modellierungswerkzeug und Wissensmanagementsystem

Aus der Diskussion zentraler Anforderungen an das WiProM-System wird deutlich, dass bei seiner prototypischen Umsetzung eine lose Kopplung der ausgewählten Basisanwendungen erreicht werden muss, damit das System durch andere Anwendungen erweitert werden kann. Dies wurde bei der Auswahl der für die Kopplung genutzten Technologie und beim Entwurf dieser Kopplung berücksichtigt. Im Folgenden werden die zur Umsetzung der Kopplung ausgewählten Web-Services als Basistechnologie beschrieben, ihre Auswahl begründet und ihr Einsatz in beiden Anwendungen erläutert.

6.3.3.1 *Auswahl und Einsatz von Web-Services zur Kopplung*

Für die Kopplung von Anwendungen bieten sich verschiedene Technologien an. Unter diesen Technologien sind besonders die „Common Object Request Broker Architecture“[41] (CORBA), die „Remote Method Invocation“[42] (RMI) und das „Distributed Component Object Model“[43] (COM/DCOM) geeignet (vgl. Balzert 2001, S. 914ff.; Dostal et al. 2005, S. 37f.). Zudem können mit Web-Services (Dostal et al. 2005) und „Representational State Transfer“ (REST, Richardson und Ruby 2007) aktuelle Architekturen der Verbindung von Anwendungen verwendet werden.

Aus der oben genannten Auswahl kommen sowohl RMI als auch COM/DCOM für die Umsetzung nicht in Frage, da es sich bei beiden Ansätzen um plattformspezifische Technologien handelt. Zwar ist RMI ein Bestandteil der Programmiersprache Java, auf der auch die in Abschnitt 6.3.1 beschriebenen Basisanwendungen des WiProM-Systems basieren, die Wahl einer plattformabhängigen Technologie würde jedoch die Erweiterung des Systems durch Anbindung anderer Anwendungen limitieren. Des Weiteren wurde die Nutzung von CORBA als Basis-Architektur verworfen, da verfügbare Implementierungen Kompatibilitätsprobleme untereinander aufweisen und ihre Nutzung zudem sehr aufwändig ist (Dostal et al. 2005, S. 38). Die mit Web-Services und REST verbleibenden Architekturen erfüllen die Forderung nach loser Kopplung von Anwendungen und nach Plattformunabhängigkeit. Sie basieren zudem auf Standard-Transportprotokollen wie HTTP, die auch bei Sicherheitsbeschränkungen in Unternehmen problemlos genutzt werden können.

---

41 CORBA ist ein Architekturmodell der Object Management Group (OMG). Weitere Informationen finden sich unter http://www.corba.org/.

42 RMI ist Bestandteil der Java Standard Edition. Weitere Informationen können unter http://java.sun.com/javase/technologies/core/basic/rmi/index.jsp abgerufen werden.

43 COM/DCOM wurde von Microsoft entwickelt. Weitere Informationen finden sich unter http://www.microsoft.com/com/default.mspx.

Obwohl beide Architekturen sich sehr ähnlich sind, kann festgestellt werden, dass der Aufwand zur Entwicklung der Kopplung von Anwendungen auf Basis von REST gegenüber Web-Services höher ist und Web-Services in höheren Schichten der Verbindung bessere Voraussetzungen für Verlässlichkeit und Sicherheit bieten (Pautasso et al. 2008). Die Wahl für die Kopplung der Anwendungen in WiProM fiel daher auf Web-Services.

Web-Services können als internetbasierte Anwendungen bezeichnet werden, die eine Beschreibung der bei ihnen verfügbaren Dienste und Methoden publizieren und von anderen Anwendungen, die über eine Web-Service-Schnittstelle für den Zugriff verfügen, verwendet werden können (vgl. Dostal et al. 2005, S. 25ff.). Die Beschreibung der von einem Web-Service angebotenen Dienste wird dabei in Form einer in der „Web Service Description Language" (WSDL) formulierten XML-Datei zur Verfügung gestellt. Für die Übertragung von Nachrichten mit Web-Services wird meist das „Simple Object Access Protocol" (SOAP) genutzt, das eine plattformunabhängige Architektur für die Nachrichtenübermittlung festlegt, dabei keine Beschränkungen für den Inhalt dieser Nachricht macht und daher flexibel zu nutzen ist (vgl. Dostal et al. 2005, S. 45ff.). Neben ihren bereits beschriebenen Vorteilen ermöglichen Web-Services die leichte Erweiterung des WiProM-Systems durch weitere Modellierungsanwendungen, die an den Web-Service von Kolumbus 2 angebunden werden können.

Web-Services stellen ein Architekturmodell dar, für das in unterschiedlichen Programmiersprachen Implementierungen vorhanden sind. Für die Umsetzung des WiProM-Systems kommt mit der „Java API for XML-Based Web-Services" (JAX-WS) eine in Java enthaltene Implementierung zum Einsatz, die durch zahlreiche weitere Bibliotheken bspw. zur Erhöhung von Zuverlässigkeit und Sicherheit bei der Datenübertragung unterstützt wird[44]. Mit JAX-WS ist es für Entwickler besonders transparent, mit Web-Services zu arbeiten, da Dienste direkt aus dem Code einer Anwendung erzeugt werden können. Codebeispiel 1 zeigt hierfür ein Beispiel aus dem Code des WiProM-Systems. Es zeigt die durch die Annotation `@WebMethod` markierte Methode `getItem`, die für den Abruf von Inhalten auf interne Methoden von Kolumbus 2 zugreift (`k2app.getItem`). Aus der so annotierten Methode wird mit JAX-WS der Dienst eines Web-Services erzeugt.

```
@WebMethod
public Item getItem(@WebParam(name = "auth")
AuthenticationToken auth, long itemId)
throws AuthenticationExcep-
tion,AuthorizationException,ItemException {return ItemMap-
```

Codebeispiel 1: Annotationen in Quellcode zur Generierung von Web-Services mit JAX-WS.

Neben der Generierung eines Dienstes erzeugt JAX-WS aus annotierten Methoden zudem eine Beschreibung dieses Dienstes in WSDL sowie eine Klassenbibliothek, mit der Clients den Web-Services transparent und wie herkömmliche Klassenbibliotheken nutzen können.

[44] JAX-WS ist ebenso wie verschiedene andere Bibliotheken Teil der Unterstützung für Web-Services in Java, die unter http://java.sun.com/webservices/technologies/index.jsp#Core_Web_Services beschrieben wird.

Die Nutzung von JAX-WS ermöglicht so die schnelle und transparente Erzeugung von Web-Service-Methoden, erleichtert damit die Wartung des resultierenden Systems und ermöglicht dem Entwickler, sich auf die Umsetzung von Funktionen statt auf die Verbindung von Applikationen zu konzentrieren.

6.3.3.2 *Einsatz von Web-Services in WiProM: Zugriff auf Kolumbus 2*

Die Kopplung von Kolumbus 2 und dem SeeMe-Editor im Prototyp des WiProM-Systems wird, wie in Abschnitt 6.3.3.1 beschrieben, durch Java Web-Services realisiert. Die Entwicklung dieser Web-Services erfolgte nicht ausschließlich für diese Arbeit, vielmehr ist sie Ergebnis verschiedener Forschungsprojekte und -stränge, in denen Kolumbus 2 eingebunden war (vgl. Prilla und Ritterskamp 2010).

Für die vorliegende Arbeit wurden jedoch spezielle Methoden und ein daraus definiertes API für das WiProM-System entwickelt. Die Anbindung des SeeMe-Editors an den resultierenden Web-Service wurde zunächst im Rahmen einer durch den Autor betreuten Bachelor-Arbeit der Angewandten Informatik an der Ruhr-Universität Bochum (Senkowski 2007) in Form einer Machbarkeitsstudie durchgeführt. Die dabei entstandene und als Wegwerf-Prototyp (vgl. Abschnitt 1.4.2) konzipierte Anbindung wurde im Anschluss unter Nutzung der bei ihrer Umsetzung gewonnenen Erkenntnisse durch JAX-WS und die im Folgenden beschriebene Implementierung ersetzt.

Abbildung 26 zeigt eine vereinfachte Darstellung des Web-Service-Zugriffs auf Kolumbus 2. Für die Verbindung von Clients wie dem SeeMe-Editor mit Kolumbus 2 wird die Klasse `SeeMeWebService` verwendet. Sie enthält die in Codebeispiel 1 dargestellten Methoden des Web-Services von Kolumbus 2. Durch die in Abschnitt 6.3.3.1 beschriebene Transformation mit JAX-WS werden aus ihr der an Kolumbus 2 gebundene Web-Service und die beschriebene Bibliothek für den Zugriff auf diesen Web-Service generiert. Im Folgenden wird daher vereinfachend davon ausgegangen, dass bei Zugriffen auf den Web-Service die Klasse `SeeMeWebService` direkt genutzt wird. Abbildung 26 zeigt diesen Zugriff.

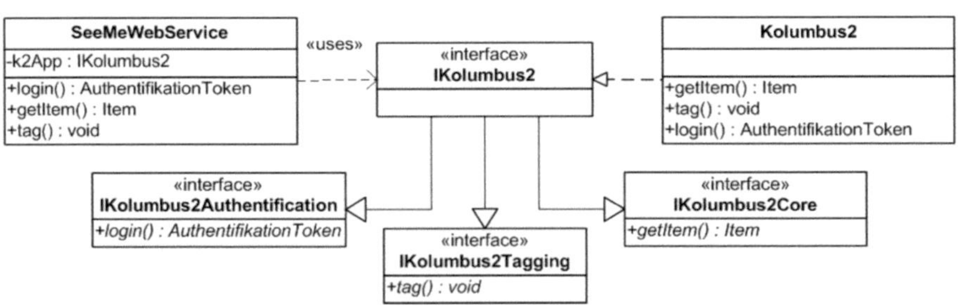

Abbildung 26: Web-Service-Zugriff auf Kolumbus 2 über die Schnittstelle IKolumbus2 (UML Klassendiagramm nach Jeckle et al. (2004)).

Wie Abbildung 26 zeigt, bietet `SeeMeWebService` verschiedene Methoden wie die in Codebeispiel 1 dargestellte Methode `getItem()` für den Abruf von Inhalten[45] aus Kolumbus 2 oder die Methode `tag()` zur Auszeichnung von Inhalten mit Tags an. Sie greift auf die Schnittstelle `IKolumbus2` zu. Methodenaufrufe werden so in Kolumbus 2 an die Klasse `Kolumbus2` als Implementierung dieser Schnittstelle delegiert. Diese Klasse ist für Aufrufe der Funktionen von Kolumbus 2 zentral, da sie die Schnittstellen zu den Komponenten von Kolumbus 2 beinhaltet und Methodenaufrufe an implementierende Komponenten weiterleitet. Abbildung 26 zeigt die so entstehenden Möglichkeiten des Zugriffs auf Kolumbus 2 und dessen Komponenten.

Durch die Verfügbarkeit der aus `SeeMeWebService` generierten Bibliothek (vgl. Abschnitt 6.3.3.1) stehen die in Web-Service-Methoden aus Kolumbus 2 verwendeten Objekte auch Clients wie dem SeeMe-Editor zur Verfügung. So ist bspw. die Klasse `Item`, die in Kolumbus 2 Inhalte kapselt, als Bestandteil der in Codebeispiel 1 dargestellten Methode ebenfalls in dieser Bibliothek vorhanden. Diese zeigt weitere Vorteile des Zugriffs auf einen Web-Service per JAX-WS, schränkt aber die Zugangsmöglichkeiten durch Implementierungen von Web-Services in anderen Sprachen und damit die Erweiterungsmöglichkeiten von WiProM in keiner Weise ein.

6.3.3.3 *Zugriff auf das WMS in WiProM: Erweiterungen des SeeMe-Editors*

Für die Anbindung des SeeMe-Editors an den Web-Service von Kolumbus 2 wurde das in Abschnitt 6.3.1 genannte Erweiterungs-Konzept des SeeMe-Editors genutzt. So wurden für den Zugriff auf den Web-Service von Kolumbus 2 die Erweiterung `K2Webservice` und für die Anbindung von Kolumbus 2 als Austauschplattform an den SeeMe-Editor die Erweiterung `K2Repository` umgesetzt (Abbildung 27, vgl. zur Nutzung dieser Anbindung Abschnitt 6.4.2.1). Zudem setzt die in Abschnitt 6.3.4.1 beschriebene Erweiterung `Tagging` die Auszeichnung von Modellen mit Tags um. Abbildung 27 gibt einen Überblick über diese Erweiterungen (gelb hinterlegt), von ihnen genutzter Klassen (grau hinterlegt) sowie zu ihren Zusammenhängen untereinander und mit dem Erweiterungsmechanismus des SeeMe-Editors.

Abbildung 27 zeigt, dass Erweiterungen des SeeMe-Editors von `SimplePlugInImpl` erben, die ihrerseits das Interface `PlugIn` implementiert. Sie ist die Basisklasse für Erweiterungen im SeeMe-Editor und ermöglicht es Erweiterungen, auf alle Funktionen des SeeMe-Editors zuzugreifen, indem sie die Nutzung der Schnittstelle `SeeMeContext` und der über diese Schnittstelle erreichbaren Klassen wie `SeeMeProjektManager` erlaubt. Erweiterungen haben somit insbesondere vollen Zugriff auf alle Bestandteile von Modellen und Elementen, die im SeeMe-Editor geöffnet sind.

Abbildung 27 zeigt zudem weitere Aspekte der Kopplung des SeeMe-Editors an Kolumbus 2. So stellt sie die von `K2Webservice` für die Kommunikation mit dem Web-Service von Kolumbus 2 genutzte Klasse `WebServiceConnector` dar, die auch zentrale Parameter wie Zugangsdaten verwaltet. `WebServiceConnector` realisiert den Zugriff auf den Web-Service

[45] Inhalte werden in Kolumbus 2 durch die Klasse `Item` repräsentiert.

und übernimmt die notwendige Konfiguration der verbundenen Instanz von Kolumbus 2. Sie kommuniziert mit `SeeMeWebService`, wie die im Folgenden dargestellten Sequenzdiagramme exemplarisch zeigen (vgl. Abbildung 29 und Abbildung 28). Ebenso stellt die Klasse `K2Repository` aus Sicht des SeeMe-Editors die Anbindung an Kolumbus 2 dar, verwendet hierzu jedoch ein aggregiertes Objekt der Klasse `K2SeeMeRespository`.

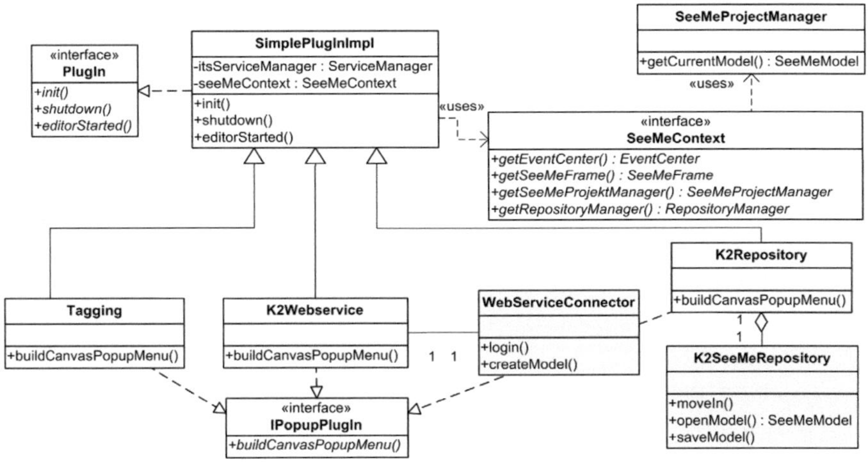

Abbildung 27: Erweiterungsmechanismus des SeeMe-Editors und für das WiProM-System entwickelte Erweiterungen (UML Klassendiagramm).

Abbildung 29 zeigt vereinfacht die Nutzung dieser Klassen anhand der in Abschnitt 6.4.5 beschriebenen Beschaffung kontextrelevanter Informationen für die Modellierung[46]. Diese Darstellung wird durch `K2Webservice` angestoßen (`getRelatedInformation()`) und von der Klasse `WebServiceConnector` bearbeitet. Diese bereitet zunächst eine entsprechende Suchanfrage (vgl. Abschnitt 6.4.1) vor (`prepareQuery()`) und fordert dann von `SeeMeWebservice` Inhalte aus Kolumbus 2 an, die zu dieser Anfrage passen (`getItems()`). Diese Inhalte stellt `WebServiceConnector` in dem hierfür verfügbaren `DownloadInformationDialogue` dar (`showInformation()`), der Nutzern die Auswahl von Inhalten ermöglicht. Die Inhalte werden auch in der hierfür entwickelten Oberfläche des SeeMe-Editors dargestellt (vgl. Abschnitt 6.4.5), dies ist in Abbildung 29 jedoch nicht dargestellt. Nach der Auswahl von Inhalten wird ihr Download im Dialog angefragt (`downloadInformation()`) und von `WebServiceConnector` durchgeführt (`getItem()`).

[46] Zur Vereinfachung und besseren Nachvollziehbarkeit wurde sowohl in Abbildung 29 als auch in Abbildung 28 bspw. auf die Darstellung der Signaturen von Methoden verzichtet.

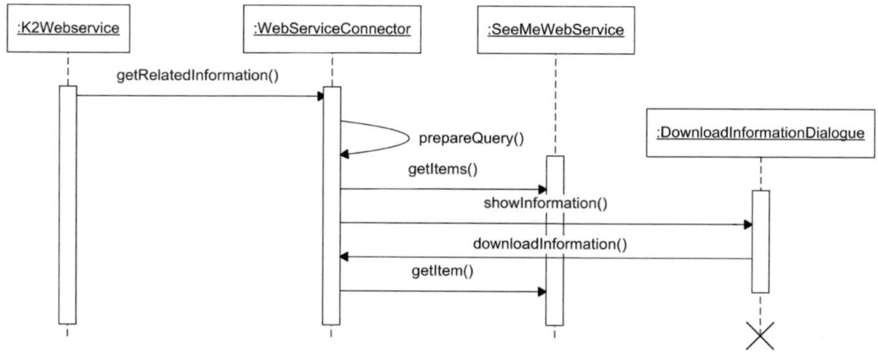

Abbildung 29: Kommunikation zwischen der Erweiterung K2Service und dem Web-Service von Kolumbus 2 zur Beschaffung von Informationen zu einem Modell (vereinfacht, UML Sequenzdiagramm).

Abbildung 29 zeigt den Mechanismus des Zugriffs auf Kolumbus 2, der stets durch die Kommunikation der Klassen `WebServiceConnector` und `SeeMeWebService` realisiert wird. Die dargestellte Sequenz wiederholt sich zudem in ähnlicher Form für weitere Funktionen, die aus dem SeeMe-Editor auf Kolumbus 2 zugreifen und steht daher stellvertretend für diese Funktionen.

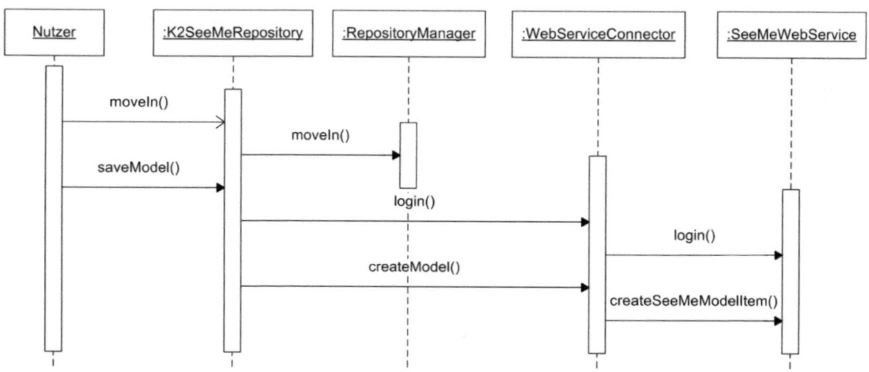

Abbildung 28: Anbindung von Kolumbus 2 als Dateiablage an den SeeMe-Editor (UML Sequenzdiagramm).

Ebenso unter Nutzung der in Abbildung 29 beschriebenen Klassen `WebServiceConnector` und `SeeMeWebService` erfolgt die Anbindung von Kolumbus 2 als Austauschplattform für Modelle an den SeeMe-Editor. Zur Initialisierung und Steuerung ihrer Kommunikation wird die Klasse `K2SeeMeRepository` eingesetzt, deren Nutzung anhand der Ablage eines neuen Modells in Kolumbus 2 (vgl. Abschnitt 6.4.2.1) in Abbildung 28 beschrieben wird. Die Abbildung zeigt, dass nach dem durch einen Nutzer initiierten Zugriff auf Kolumbus 2 im SeeMe-Editor (vgl. hierzu Abbildung 43, Nr. 2 auf Seite 191) die Klasse

`K2SeeMeRepository` im SeeMe-Editor bzw. bei dessen `RepositoryManager` über die Methode `moveIn()` als Dateiablage registriert wird und somit die Anbindung an das lokale Dateisystem eines Benutzers ersetzt. Dies bietet Nutzern entsprechend ihrer Rechte in Kolumbus 2 vollen Zugriff auf dort vorhandene Inhalte. Für diesen Zugriff meldet sich `K2SeeMeRepository` über die Klassen `WebServiceConnector` und `SeeMeWebService` beim Web-Service von Kolumbus 2 an (`login()`) und liest Inhalte aus Kolumbus 2 aus (nicht in Abbildung 28 dargestellt). Zur Ablage eines Modells weist sie den `WebServiceConnector` an, ein neues Modell in Kolumbus 2 anzulegen (`createModel()`). Dieser legt das Modell durch Aufruf der Methode `createSeeMeModelItem()` von `SeeMeWebService` in Kolumbus 2 ab. Diese Sequenz verläuft für das Öffnen von Inhalten aus Kolumbus 2 sowie für ähnliche, bspw. in Abschnitt 6.4.5 dargestellte Funktionen analog und steht somit stellvertretend für den Datenaustausch zwischen SeeMe-Editor und Kolumbus 2 in WiProM.

6.3.4 Integration von Social Tagging in die Basisanwendungen

Über die Verbindung des SeeMe-Editors mit Kolumbus 2 hinaus ist in WiProM die Verfügbarkeit eines Tagging-Mechanismus sowohl für beide Werkzeuge notwendig (Anforderung 2, Anforderung 3). Die Umsetzung dieser Mechanismen wird in diesem Abschnitt beschrieben. Um den Anforderungen der Verbreitung von Modellen in Organisationen gerecht zu werden und Nutzer von der Verfügbarkeit von Tags profitieren zu lassen, wurde der Mechanismus als breite Folksonomy umsetzt (vgl. Abschnitt 2.5.3.2). Außerdem wurden Funktionen des sehenden bzw. vorschlagenden Taggings und ein Bag-Modell (ebd.) zur quantitativen Repräsentation von Tags umgesetzt. Im Folgenden werden die aus der Umsetzung dieser Aspekte resultierenden Strukturen und Mechanismen, auf denen viele der in Abschnitt 6.4 dargestellten Funktionen basieren, beschrieben.

6.3.4.1 *Tagging im Modellierungswerkzeug*

Die Verwendung von Tags für Prozessmodelle in Modellierungswerkzeugen muss nach Anforderung 3 und Anforderung 10 für Modelle und ihre Teile möglich sein. Für die Integration eines Tagging-Mechanismus in den SeeMe-Editor mussten diese Voraussetzungen berücksichtigt werden.

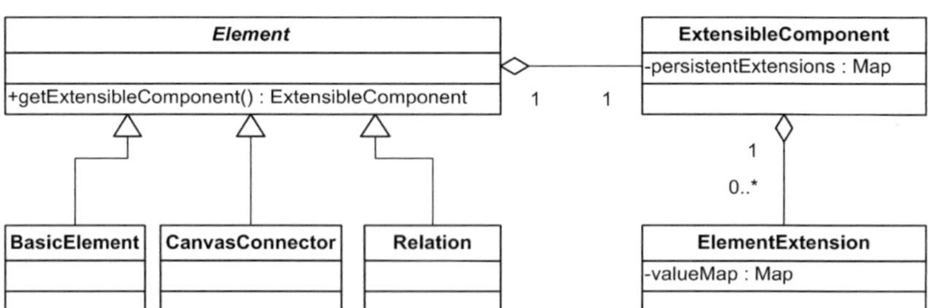

Abbildung 30: Erweiterungsmechanismus und Datenstruktur des SeeMe-Editors (UML Klassendiagramm).

Um die Auszeichnung von Modellen mit Tags im SeeMe-Editor zu ermöglichen, wurde die Erweiterung `Tagging` (vgl. Abbildung 27) für den SeeMe-Editor entwickelt (vgl. zu deren Nutzung Abschnitt 6.4.1). Um Tags in SeeMe-Modelle einfügen zu können, verwendet die Erweiterung den in Abschnitt 6.3.1 beschriebenen Mechanismus zur Erweiterung der Datenstruktur des SeeMe-Editors. Dieser stellt für Modelle und ihre Elemente generische Erweiterungsobjekte zur Verfügung, in denen beliebige Daten vorgehalten werden können. Abbildung 30 zeigt diese als `ExtensibleComponent` bezeichneten Erweiterungen, die für `Tagging` eine `ElementExtension` bereit halten.

Abbildung 30 zeigt links einen Auszug aus der Datenstruktur eines SeeMe-Modells, in der verschiedene Klassen die abstrakte Klasse `Element` als Repräsentation eines Modell-Elements erweitern. Darunter sind die Klasse `CanvasConnector`, die das umgebende Modell repräsentiert, sowie die Klassen `BasicElement` für Elemente eines SeeMe-Modells und `Relation` für Verbindungen von Elementen (vgl. zu Elementen und Relationen in SeeMe Anhang E). Jedes Object vom Typ `Element` ist mit einer `ExtensibleComponent` verbunden, in der beliebige Daten vorgehalten und bestimmten Erweiterungen des SeeMe-Editors zugeordnet werden können.

Die Erweiterung `Tagging` kann, wie in Abschnitt 6.3.3.3 beschrieben, auf alle Bestandteile eines im SeeMe-Editor geöffneten Modells zugreifen. Um ein Tag zu einem Element oder einem Modell hinzufügen zu können, kann sie daher auf die `ExtensibleComponent` des jeweiligen `Element`-Objekts zugreifen. Aus dieser kann sie die zu ihr gehörende `ElementExtension` verwenden, um darin Tags einzutragen, zu ändern oder vorhandene Tags auszulesen. Dieser generische Mechanismus ermöglicht es, Tags zu Modellen (`CanvasConnector`) und ihren Elementen (`BasicElement`) zuzuordnen und setzt somit Anforderung 3 und Anforderung 10 um, ohne den Kern der Datenstruktur eines SeeMe-Modells zu verändern.

```
<mBaseElement type="ENTITY"
somID="1b4d8a78-65d2-42e4-bf3c-433ebbd0fc14">
<mAttribute somID="b87618e1-1dad-4960-afb2-f9cba46b7f8d">
<name>som.NAME</name><value>Bücherverwaltung</value>
</mAttribute></mBaseElement>
(...)
<mExtensionComponent extensionID="plugins.Tagging"
element-ref="1b4d8a78-65d2-42e4-bf3c-433ebbd0fc14">
<elementExtension><name>FTAG</name><value>jabref bib-
tex</value>
</elementExtension></mExtensionComponent>
```

Codebeispiel 2: Darstellung von Tags als Ausschnitt der XML-(SOM-)Darstellung des SeeMe-Modells aus Abbildung 34.

Als **Austauschformat** für Modelle zwischen dem SeeMe-Editor und Kolumbus 2 dient das „SeeMe Object Model“ (SOM), eine XML-Repräsentation von SeeMe-Modellen (vgl. Abschnitt 6.3.1 und Codebeispiel 2). Die Nutzung von XML für den Datenaustausch ermöglicht die spätere Erweiterung des WiProM-Systems, da für weitere anzubindende Modelltypen lediglich die Verfügbarkeit eines XML-Formats für den Austausch gegeben sein muss (vgl. hierzu auch Abschnitt 6.3.4.3). Tags eines Modells werden in dessen SOM-Repräsentation entsprechend der Darstellung in Abbildung 30 durch einen für Erweiterungen der Datenstruktur vorgesehenen Abschnitt dargestellt (`mExtensionComponent`) und über eindeutige Bezeichner (`element-ref` und `somID`) mit den ausgezeichneten Elementen, Gruppen oder dem Modell verbunden. Codebeispiel 2 zeigt hierfür einen Ausschnitt des in Abbildung 34 auf Seite 181 dargestellten Modells.

Codebeispiel 2 zeigt für das SOM-Format die Darstellung eines SeeMe-Elements mit dem XML-Tag `mBaseElement`. Dieses enthält das Attribut `Bücherverwaltung` als seinen Namen. Zudem ist in diesem Format mit dem XML-Tag `mExtensionComponent` eine Erweiterung dieses Elements vorhanden, in der die Tags dargestellt sind. Über die Attribute `somID` für das Element und `element-ref` für die Erweiterung können diese Teile des SOM-Formats aufeinander bezogen werden. So verweist die Erweiterung eindeutig auf das Element `Bücherverwaltung`. Dieses Format enthält ebenso Erweiterungen für die in WiProM relevanten Daten eines Modells wie Verknüpfungen zu Dateien oder Perspektiven in Modellen (vgl. Abschnitte 6.4.2.3 und 6.4.4.6).

Die beschriebene Datenstruktur ermöglicht die Nutzung von Tags im SeeMe-Editor ohne Veränderung des Kerns der Datenstruktur von SeeMe-Modellen. Zudem bildet sie durch die Kodierung von Namen[47] und Tags in Elementen, Gruppen und Modellen mit Ausnahme von Nutzer-Knoten den in Abbildung 8 auf Seite 63 beschriebenen Graphs des Taggings in SeeMe-Modellen ab. Nutzer werden diesem Graph durch die Verbindung mit Kolumbus 2 hinzugefügt. So kann durch die Berücksichtigung verschiedener Nutzer bei der Vergabe von Tags in Kolumbus 2 eine breite Folksonomy und die Umsetzung eines Bag-Modells für jede Ebene eines Modells realisiert werden.

6.3.4.2 *Tagging im Wissensmanagementsystem*

Ein Wissensmanagementsystem zur Verwaltung von Modellen muss nach Anforderung 2 und der Auswahl von Social Tagging aus Abschnitt 6.2 in der Lage sein, seine Inhalte durch Tags zu beschreiben. Für die Umsetzung dieser Anforderungen wurde in Kolumbus 2 eine breite Folksonomy (vgl. Abschnitt 2.5.3.2) implementiert, da Tags nach verschiedenen Anforderungen wie bspw. Anforderung 12 oder Anforderung 13 für alle Nutzer verfügbar sein müssen.

Hierzu steht eine entsprechende Datenstruktur zur Verfügung, die Tags gemäß des in Abbildung 8 auf Seite 63 beschriebenen Graph des Social Taggings repräsentieren kann. Abbildung 31 zeigt diese Datenstruktur[48], in der die Tabelle `k2tagassignment` die Funktion des beschriebenen Graphs übernimmt. Sie verwaltet Zuordnungen vorhandener Tags (Tabelle `k2tag`) zu Ressourcen in Kolumbus 2 (Tabelle `taggedresource`) und ordnet dieser Zuwei-

[47] Namen von Elementen können in WiProM als Tags interpretiert werden (vgl. Abschnitt 6.4.1).
[48] In der Abbildung werden Fremdschlüssel durch eine rote Raute gekennzeichnet.

sung Nutzer zu, die das Tag an der Ressource vergeben haben (Tabelle `tagger`). Um zudem ein Bag-Modell des Taggings (vgl. Abschnitt 2.5.3.2) als Voraussetzung der Bildung von Clustern zu implementieren (vgl. Abschnitte 2.5.3.6 und 6.4.1), verfügt jede Repräsentation eines Tags über die Anzahl seiner Vergaben (`assignmentsCount`). Zudem kann für jede Zuweisung eines Tags festgelegt werden, ob sie öffentlich oder privat ist (Spalte `assignmentType` in Tabelle `k2tagassignment`). Dementsprechend wird die Anzahl privater Zuweisungen (`privateAssignmentsCount`) vorgehalten.

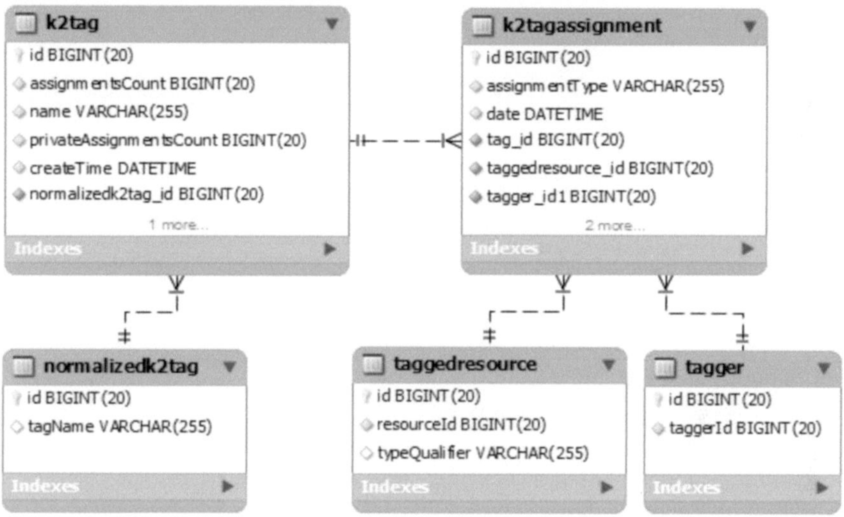

Abbildung 31: Datenstruktur für die Nutzung von Tags an Modellen und ihren Teilen in Kolumbus 2 (Entity-Relationship-Diagramm in Krähenfuss-Notation (Balzert 2001, S. 225f.)).

In dieser Datenstruktur können zudem auch **Teile** einer mit Tags ausgezeichneten Ressource und somit Tags an Modellelementen und Teilmodellen vorgehalten werden. So beinhaltet die Tabelle `taggedresource` eine Spalte `DTYPE`, in der angegeben wird, ob es sich bei einer in der Tabelle vermerkten Ressource um ein Item in Kolumbus 2 oder einen Teil davon handelt. Für ein mit Tags versehendes Element wird entsprechend in dieser Spalte vermerkt, dass es sich um einen Teil eines Modells handelt. Der Eintrag in der Spalte `compoundTaggedResource_id` verweist dann auf das Item in Kolumbus, zu dem der Teil gehört. Für ein Modellelement wird in dieser Spalte das entsprechende Modell-Item angegeben. So wird die Verwaltung von Tags an Modellen **und** ihren Teilen möglich.

6.3.4.3 *Verarbeitung von Modellen in Kolumbus 2*

Für die Verarbeitung von Modellen müssen nach Anforderung 2 und Anforderung 10 Tags eines Modells und seiner Teile in WMS berücksichtigt werden. Tags an und in einem Modell müssen daher in die in Abbildung 31 dargestellten Datenstruktur von Kolumbus 2 importiert werden. Hierzu wird ein Modell beim Einstellen in Kolumbus 2 durch einen entsprechenden Parser analysiert. Dazu steht in Kolumbus 2 die Schnittstelle `ModelParser` zur Verfügung, die im Prototyp des WiProM-Systems durch die Klasse `SeeMeModelParser` für SeeMe-Modelle implementiert wird (Abbildung 32). Sie definiert verschiedene Methoden zur Analyse eines Modells, die insbesondere die im Modell vorhandenen Tags zur weiteren Verarbeitung in Kolumbus 2 auslesen (siehe hierzu auch Abschnitt 6.4.1). Die Abbildung zeigt zudem für die Klasse `SeeMeModelParser` die Methoden `getSOM()` und `getSVG()`, da SeeMe-Modelle in einer XML-Datei übertragen werden können (vgl. Abschnitt 6.3.4.1), in der das Modellformat SOM und das Grafikformat SVG gemeinsam enthalten sind.

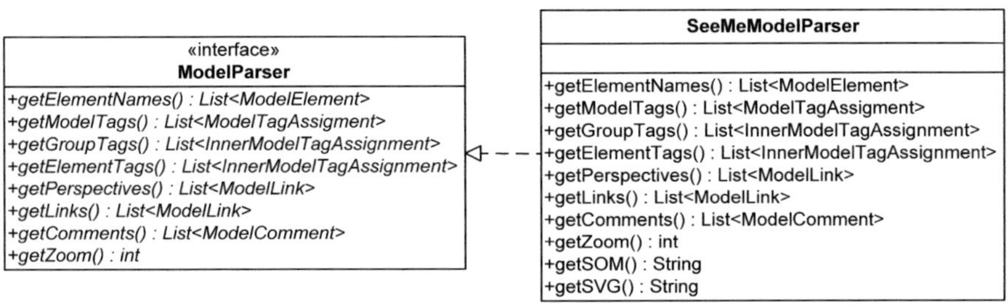

Abbildung 32: Die Schnittstelle `ModelParser` zur Analyse von XML-Darstellungen von Modellen in Kolumbus 2.

Um weitere Modelltypen in Kolumbus 2 verfügbar zu machen, kann die Schnittstelle durch Parser-Klassen für andere Formate implementiert werden. Ein Model, das zu Kolumbus 2 übertragen wird, kann dort hinsichtlich seines Typs analysiert und an den entsprechenden Parser weitergeleitet werden.

6.4 Funktionen des WiProM-Systems

Die in der Literaturanalyse und der empirischen Studie identifizierten Anforderungen erfordern neben den in den vorangegangenen Abschnitten beschriebenen Vorarbeiten die Entwicklung und Gestaltung verschiedener Funktionen zur Unterstützung von Modellen als wissensvermittelnde Artefakte. Aufbauend auf der Beschreibung der Architektur des WiProM-Systems werden in diesem Abschnitt Funktionen des Systems beschrieben. Die Beschreibung orientiert sich an den Handlungsfeldern und Anwendungsfällen aus Kapitel 5. Eine nach Funktionsbereichen sortierte Übersicht der Funktionen des Systems findet sich in Anhang B. Die Funktionen werden anhand eines **Beispielmodells** vorgestellt, dass aus der Arbeitsgruppe des Autors stammt und einen Prozess der Literaturbeschaffung darstellt, der die Bestellung und interne Bearbeitung von Büchern beschreibt. Anhand dieses Modells wird gezeigt, wie die Funktionen von WiProM die Nutzung von Prozessmodellen als wissensvermittelnde Artefakte unterstützen. Das Beispiel schränkt den Einsatzkontext des Systems in keiner Weise ein.

In der Beschreibung der Funktionen wird weitgehend von technischen Details der Implementierung abstrahiert, da diese in den vorangegangenen Abschnitten beschrieben wurden und in diesem Abschnitt der Bezug zu Anforderungen und ihrer Umsetzung im Vordergrund steht. Gleichwohl wird auf Implementierungsdetails eingegangen, wenn diese für den vorgenannten Zweck wichtig erscheinen. Für viele Funktionen gilt zudem, dass sie sowohl im Wissensmanagementsystem Kolumbus 2 als auch im SeeMe-Editor als Modellierungswerkzeug zur Verfügung stehen. Dies gilt bspw. für die Suche nach Modellen. Solche Funktionen werden im Folgenden je nach ihrem Anwendungszweck anhand ihrer Anbindung an den SeeMe-Editor oder ihrer Umsetzung in Kolumbus 2 beschrieben.

Die zur Unterstützung der jeweiligen Anwendungsfälle entwickelten Funktionen werden in den folgenden Abschnitten analog zur Vorgehensweise in Kapitel 5 als sozio-technische Anwendungsfälle in SeeMe dargestellt, um ihre Auswirkungen auf organisatorische Prozesse aufzuzeigen. So können organisatorische Veränderungen der Nutzung von Modellen, die in der empirischen Studie (Kapitel 5) identifiziert wurden, in die Darstellung der Anwendungsfälle integriert werden. Dabei werden Funktionen, die bereits in einem anderen Handlungsfeld vorgestellt wurden, bei ihrer wiederholten Verwendung in weiteren Handlungsfeldern nicht oder nicht mehr in allen Details dargestellt.

6.4.1 Unterstützung des Handlungsfelds „Modelle verwalten“

Für das Handlungsfeld „Modelle verwalten“ wurde in Kapitel 4 (Anforderung 2, Anforderung 3, Anforderung 10) und Kapitel 5 (Anforderung 12, Anforderung 13) die Beschreibung von Modellen auf einer Meta-Ebene als Voraussetzung für die Verwaltung von Modellen in WMS identifiziert. Entsprechend der Entscheidung für die Verwendung von Tags wurden daher die zum Anwendungsfall „Modelle benennen und beschreiben“ gehörigen Anforderungen (vgl. Tabelle 11 auf Seite 128) sowohl für Prozessmodellierungswerkzeuge (Anforderung 3) als für WMS (Anforderung 2) umgesetzt (vgl. Abschnitt 6.3.4). Auf dieser Basis wurden Funktionen zur Suche nach Modellen und der Bildung von Clustern für Tags umgesetzt. Diese Funktionen werden in Abbildung 33 dargestellt.

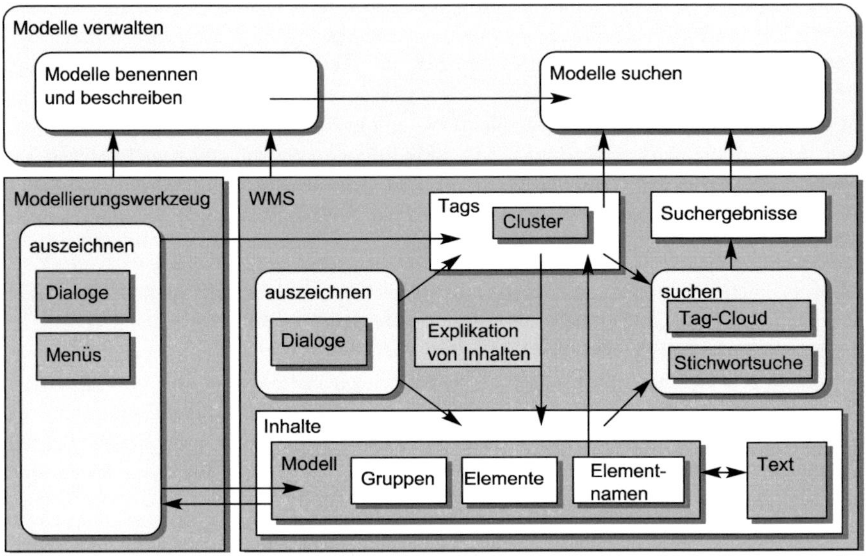

Abbildung 33: Unterstützung des Handlungsfelds „Modelle verwalten".

6.4.1.1 *Beschreibung von Modellen und ihren Bestandteilen mit Tags in Modellierungswerkzeugen*

Nach Anforderung 3 und Anforderung 10 muss die Auszeichnung von Modellen mit Tags sowohl für ein ganzes **Modell** als auch für **Elemente** und **Teilmodelle** möglich sein (siehe hierzu auch Abschnitt 6.4.4.5 ab Seite 211). Für den SeeMe-Editor wurde daher mit der Erweiterung `Auszeichnung` (vgl. Abschnitt 6.3.4.1) ein Mechanismus entwickelt, der Modelle, ihre Elemente und Teilmodelle mit Tags versehen kann. Abbildung 34 zeigt die Nutzung von Tags auf Ebene des gesamten Modells (Nr. 1)[49], von Teilmodellen (2) und von Elementen (3). Teilmodelle werden im SeeMe-Editor durch die in Abbildung 34 gezeigten grauen Rechtecke mit Beschriftung durch Tags dargestellt (2).

Um Nutzern das Tagging von Modellen zu erleichtern, sind die Funktionen zur Vergabe von Tags in verschiedenen **Dialogen und Menüs des SeeMe-Editors** verfügbar. Abbildung 34 zeigt die Verfügbarkeit der Funktionen für das Tagging über das Kontextmenü des SeeMe-Editors (4) und den Abruf von Tags eines Modells in einem dafür genutzten Dialog (1). Zudem sind Funktionen zur Eingabe von Tags in vorhandene Dialoge des SeeMe-Editors integriert. Abbildung 35 zeigt hierzu die Integration eines Eingabefelds für Tags in den Dialog zur Benennung von Elementen (1).

---

[49] In den Abbildungen zur Darstellung des WiProM-Systems werden spezielle Elemente durch Zahlen gekennzeichnet und mit diesen Zahlen im Text referenziert.

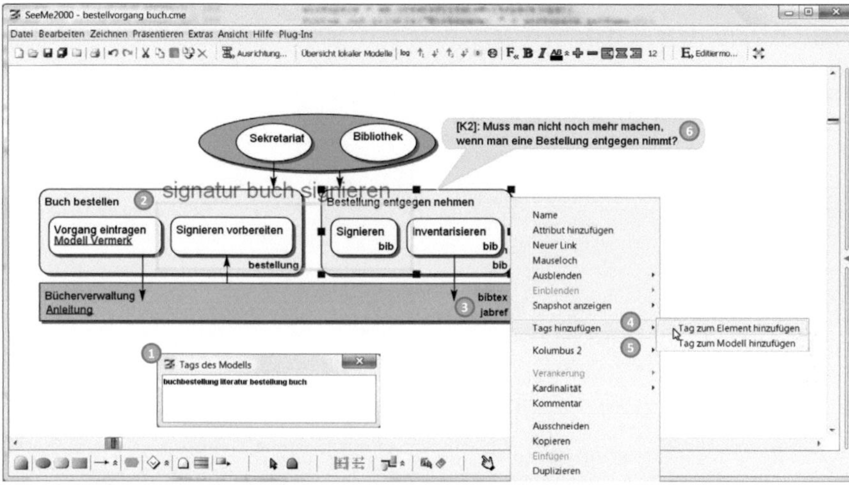

Abbildung 34: Tags in SeeMe-Modellen und Integration von Tagging-Funktionen in den SeeMe-Editor.

6.4.1.2 *Unterstützung der Nutzung von Tags*

Die Vergabe von Tags wird im SeeMe-Editor durch einen Mechanismus des sehenden Taggings mit der **Generierung von Vorschlägen** für Tags unterstützt (vgl. Abschnitte 2.5.3.2 und 6.3.4.1). Abbildung 35 zeigt, dass Nutzern hierfür vorhandene Tags der aktuellen Selektion im Modell (3), weitere im Modell vorhandene Tags (4) und aus Namen des Modells generierte Vorschläge (5) angeboten werden und zu den Tags der momentanen Auswahl im Modell hinzugefügt werden können. Außerdem wird die Eingabe von Tags durch die **automatische Vervollständigung** eingegebener Begriffe auf Basis bereits am Modell vergebener Tags unterstützt (2). Dies erleichtert Nutzern die Eingabe von Tags und führt dazu, dass sie sich an den Tags anderer Nutzer orientieren (vgl. Abschnitt 2.5.3.7). Zudem hilft die Vervollständigung dabei, Tippfehler zu vermeiden und steigert so die Qualität eines Tagging-Vokabulars (vgl. Abschnitt 2.5.3.6).

Die in Abbildung 35 (5) dargestellten **Vorschläge** für weitere, noch nicht im Modell vorhandene Tags werden aus einer **Analyse des SeeMe-Modells** generiert. Hierzu werden die Namen zentraler Elemente des Modells ermittelt. Als Maß für die Zentralität eines Elements werden die Anzahl der mit dem Element verbundenen Relationen und die Anzahl der in das Element eingebetteten Elemente verwendet. Zur Ermittlung zentraler Bezeichner werden die Namen von Elementen ausgelesen und die in ihnen vorhandenen Stoppworte wie „die“ oder „ein“ ausgefiltert. In der Folge werden die Namen anhand der Zentralität der Elemente, denen sie zugeordnet sind, bewertet. So erhält für das in Abbildung 34 dargestellte Modell der Name „Buch bestellen“ durch zwei in das entsprechende Element eingebettete Elemente den Wert 2, „Bücherverwaltung“ durch zwei auf sein Element zeigende Relationen ebenfalls den Wert 2

„Sekretariat“ wegen einer Relation den Wert 1. Anhand dieser Werte werden die Namen der Elemente sortiert und als Vorschläge präsentiert (Abbildung 35, Nr. 5).

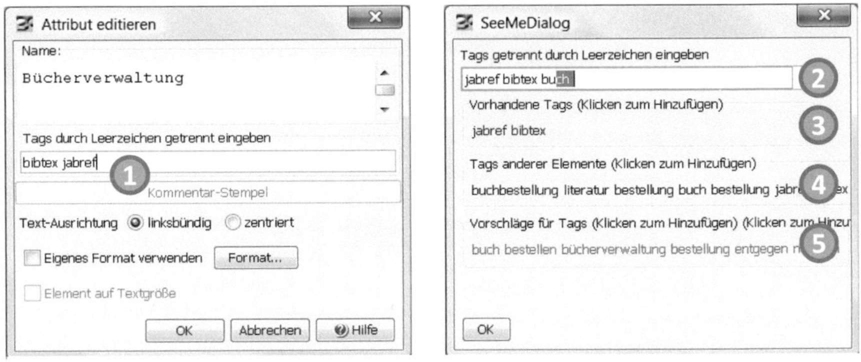

Abbildung 35: Integration von Tagging in Dialoge des SeeMe-Editors (links) und Unterstützung bei der Vergabe von Tags durch Vorschläge (rechts).

Es muss daraus hingweisen werden, dass es sich bei dem oben beschriebenen Vorgehen um eine einfache, in weiteren Vorhaben weiterzuentwickelnde Vorgehensweise zur Ableitung von Tags aus Modellen handelt. Sie ist jedoch für den hier verfolgten Zweck der Unterstützung für die Vergabe von Tags ausreichend. Zudem zeigt sie, dass in WiProM zur Ermittlung von Vorschlägen ebenso wie für andere Funktionen des Taggings die **Namen von Elementen eines Modells als Tags interpretiert** werden. Dies ist im Sinne von Anforderung 10, da so neben Tags an einem Element auch dessen Name zur Kontextualisierung verwendet werden kann.

Die in diesem Abschnitt beschriebenen Funktionen für Vorschläge resultieren nicht aus der Umsetzung von Anforderungen aus den Kapiteln 4 oder 5. Vielmehr handelt es sich um Mechanismen, die für die Nutzung von Social Tagging und die Unterstützung von Nutzern dabei üblich und notwendig sind (vgl. Abschnitt 2.5.3). Sie werden daher als **zusätzliche Funktionen** bereitgestellt. Insbesondere die Generierung von Vorschlägen für Tags aus Modellen kommt dabei auch in weiteren Funktionen wie der Unterstützung der Suche nach Modellen zum Einsatz (bspw. Abschnitt 7.4.3.2).

6.4.1.3 *Beschreibung von Inhalten in Wissensmanagementsystemen mit Tags*

Tags können in WiProM zur Verwaltung von Modellen und anderen Inhalten verwendet werden. Ihre Zuordnung ist entsprechend Anforderung 2 in Kolumbus 2 sowohl zu Modellen als auch für alle weiteren Inhaltstypen möglich (vgl. Abschnitt 6.3.4.2). Zur Unterscheidung dieser Inhaltstypen im weiteren Verlauf dieses Abschnitts zeigt Abbildung 37 die für sie in Kolumbus 2 verwendeten Icons.

Abbildung 37: Icons der Inhaltstypen von Kolumbus 2.

Die Vergabe von Tags ist in Kolumbus an Modellen (Anforderung 3), nicht aber an ihren Teilen (Anforderung 10) möglich. Sie wird jedoch durch die in Abschnitt 6.4.4.5 beschriebene Integration eines Modellierungswerkzeugs auch für Elemente ermöglicht. Möglichkeiten der Vergabe von Tags an Modellen und anderen Inhalten sind in Kolumbus 2 über das Kontextmenü des Systems (Abbildung 36) sowie über entsprechende Dialoge vorhanden (vgl. Abbildung 38). Ebenso wie im SeeMe-Editor werden in Dialogen Vorschläge für Tags angeboten, die aus vorhandenen Tags des Modells sowie aus weiteren im Kontext der Ablage des Modells vorhandenen Tags generiert werden (vgl. Abbildung 38). Auch in Kolumbus 2 können die Namen eines Modells und seiner Elemente als Tags interpretiert werden. Hierfür kann der beschriebene `SeeMeModelParser` (vgl. Abschnitt 6.3.4.2) neben eigentlichen Tags auch diese Namen aus Modellen extrahieren und nutzen.

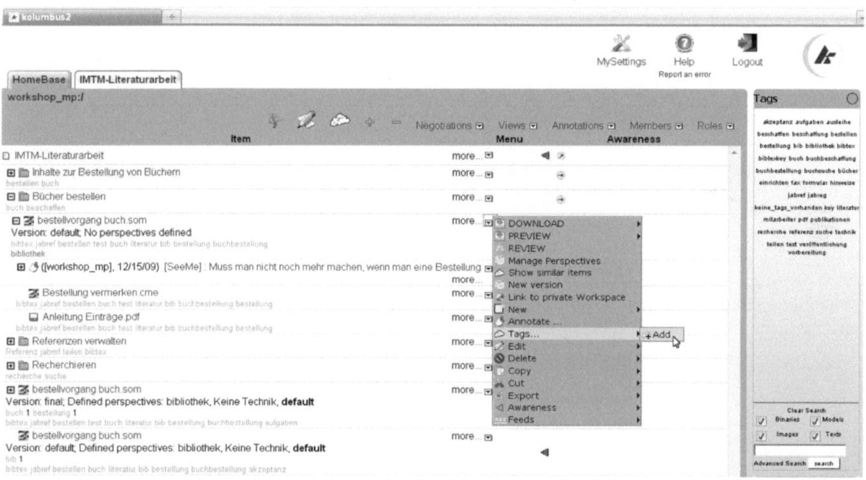

Abbildung 36: Modelle als Inhalte eines Wissensmanagementsystems am Beispiel von Kolumbus 2.

Die Darstellung von Tags an Modellen erfolgt in Kolumbus 2 zusammen mit der Anzeige von Inhalten (vgl. Abbildung 36). Damit wird über die Darstellung seines Dateinamens hinaus der **Inhalt eines Modells** durch angezeigte Tags **expliziert**. Für die Verwaltung von Modellen erzeugt dies eine **Vorschau** auf ihre Inhalte. Zudem erzeugen die Tags Gewärtigkeit für Modelle als Inhalte zur Aneignung von Wissen. So lassen erst Tags wie „buch“ oder „literatur“ an dem in Abbildung 36 dargestellten Modell „Bestellung vermerken.som“ darauf schließen, dass dieses Modell die Bestellung von Literatur beschreibt. Tags stehen in Kolumbus 2 entsprechend Anforderung 4 für alle Inhalte zur Verfügung.

Eine weitere Funktion der Nutzung von Tags zur Verwaltung von Modellen ist die **Vergabe von Zugriffsrechten** an Tags. Stellt ein Nutzer Inhalte in das System ein, so kann er zwischen privaten, nur für ihn sichtbaren Tags und öffentlichen, allen Nutzern zugänglichen Tags wählen. Die Schreibrechte für ein Tag verbleiben bei dem Nutzer. Abbildung 38 zeigt die Vergabe von privaten und öffentlichen Tags für Kolumbus 2 (1,5). Die analoge Eingabemöglichkeit im SeeMe-Editor wird in Abbildung 44 (Nr. 3 und 4) auf Seite 192 dargestellt. Die Vergabe von Zugriffsrechten folgt dabei aus keiner der in Kapitel 5 beschriebenen Anforderungen direkt. Sie stellt jedoch einen für WMS gebräuchlichen und in der Praxis notwendigen Mechanismus dar, der daher als gegenüber dem Katalog von Anforderungen **zusätzliche Funktion** implementiert wurde.

Abbildung 38 zeigt zudem, dass Nutzer in Kolumbus 2 durch **Vorschläge** geeigneter Tags (3), Tags anderer Nutzer (2) und im System populärer Tags (4) unterstützt werden. Die Zuordnung von Tags kann durch Eingabe in eines der beiden hierfür vorhandenen Felder (1) oder mittels Zuordnung vorgeschlagener Tags als öffentliches oder privates Tag (5) erfolgen. Insgesamt ist so ein Mechanismus vorhanden, der Nutzern die Zuordnung von Tags erleichtert und die Konvergenz von Tags unterstützt.

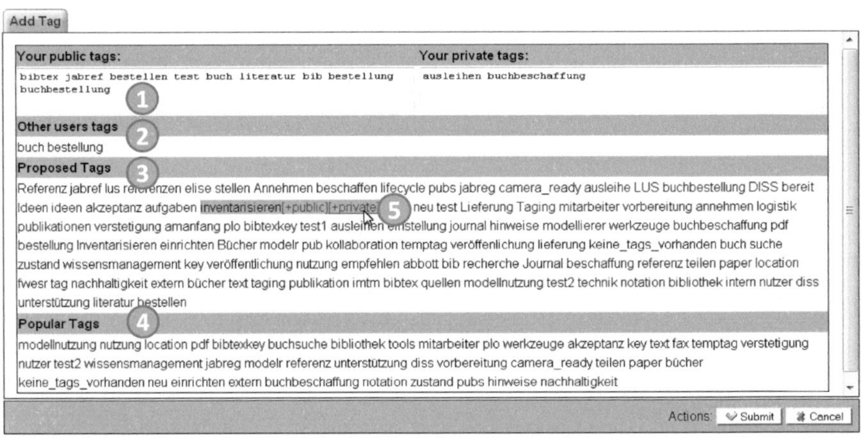

Abbildung 38: Eingabe von Tags an Inhalten in Kolumbus 2 mit Unterstützung durch Vorschläge.

6.4.1.4 *Tag-Cluster zur Unterstützung der Suche nach Modellen und anderen Inhalten*

Für die Verwaltung von Inhalten und deren Suche auf Basis von Tags werden in Kolumbus 2 Cluster aus Tags gebildet, die wie in Abschnitt 2.5.3.6 beschrieben die semantische Qualität der Beschreibung von Inhalten sowie Genauigkeit und Trefferquote (vgl. Abschnitt 2.4.4) einer Suche verbessern. Zudem ermöglichen sie die Nutzung von Tags in kleinen Nutzergruppen (vgl. Abschnitt 2.5.3.6). Cluster gewährleisten somit die Nützlichkeit der Suche von Modellen in WiProM (vgl. Abschnitt 6.4.1.5)

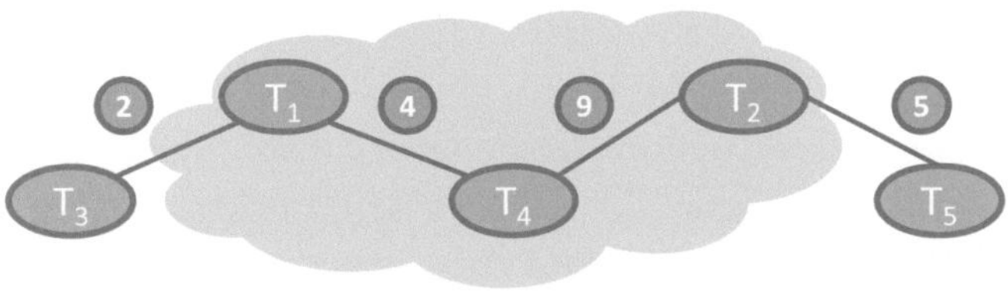

Abbildung 39: Erzeugung von Tag-Clustern mit DBSCAN (Schrittlänge 2, minimale Co-Occurence 4).

Der hierzu implementierte Mechanismus verwendet mit DBSCAN (vgl. Ester et al. 1996) einen Algorithmus (vgl. Abschnitt 2.5.3.6), der den Graph einer Folksonomy (vgl. Abschnitt 2.5.3.2) in den in Abbildung 13 auf Seite 71 dargestellten Co-Occurence[50]-Graph überführt. Auf Basis dieses Graphs berechnet DBSCAN dynamische Cluster, indem für ein Tag ein Minimum für die Co-Occurence sowie eine maximale Länge des Pfads zwischen zwei Tags eines Clusters angegeben wird. Nimmt man für das in Abbildung 39 dargestellte Beispiel das Tag T_1 als Ausgangspunkt eines zu bildenden Clusters, eine maximale Pfadlänge von 2 und einen minimalen Wert der Co-Occurence von 4, so ergibt sich ein Cluster aus den Tags T_1, T_4 und T_2. T_3 ist nicht Bestandteil des Clusters, da es lediglich zweimal gemeinsam mit T_1 vorkommt. T_5 kann trotz ausreichender Co-Occurence auf dem Pfad zu T_1 nicht in das Cluster aufgenommen werden, da es eine Pfadlänge von 3 zu T_1 aufweist und somit von diesem zu weit entfernt ist. Dieses Beispiel zeigt, dass in DBSCAN nur zwei Parameter zur Anpassung der Größe und Bildung von Clustern zu ändern sind. Dieser Algorithmus bietet daher neben der Erzeugung dynamischer Cluster auch gute Möglichkeiten zu ihrer Anpassung.

Die Nutzung von Clustern ermöglicht es, bei einer Suche nicht nur Inhalte eines WMS zu finden, die explizit mit Tags aus der Suchanfrage ausgezeichnet sind, sondern durch Nutzung von Tags aus Clustern auch Inhalte mit zur Suchanfrage **ähnlichen Tags** zu berücksichtigen. Dies hilft besonders in kleinen Nutzergruppen, in denen häufig wenige Tags vorhanden sind (vgl. Abschnitt 2.5.3.6). Für die Verwendung von Tags aus Clustern muss jedoch ermittelt werden, wie ähnlich sie zu Tags der Suchanfrage sind, um die Relevanz gefundener Inhalte für die Suchanfrage bestimmen zu können. Hierfür orientiert sich die in Kolumbus 2 implementierte Suche an vorhandenen Algorithmen (bspw. Au Yeung et al. 2009) und verwendet die in Abbildung 40 dargestellten Formeln.

[50] Mit der Co-Occurrence wird die Zahl gemeinsamer Vergaben zweier Tags an Ressourcen bezeichnet (vgl. 2.5.3.6).

$$(1)\ T(A_i, R_J) = \frac{|A_i(\mathrm{R_J})|}{|A_i(R_1,\ldots,R_N)|}$$

$$(2)\ S(A_i, A_n) = \min\left(\sum_P^1 (\frac{1}{|p|} \prod_n^i \frac{Co(A_j, A_{j+1})}{\max(Co(A_j, A_x))}, 1\right)$$

$$(3)\ W(A_1, \ldots, A_N) = \sum_N^1 T(A_i, R_J)\, S(A_i)$$

Abbildung 40: Formeln zur Suche mit Unterstützung durch Tag-Cluster.

Anhand dieser Formeln erfolgt die **Berechnung der Relevanz W einer Items R_J für eine Suchanfrage** (3) mit den Tags (A_1, …, A_N) auf Basis vorhandener Tag-Cluster in mehreren Schritten:

(1) Zunächst wird mit T das Verhältnis der Vergabe eines Tags A_i an der betrachteten Ressource R_J zur Gesamtanzahl der Vergaben von A_i an allen Ressourcen bestimmt, um eine Gewichtung der Vergabe zu erreichen (1). So wird ermittelt, welchen Anteil die Vergabe von A_i an R_J für die Folksonomy hat und welcher Wert dieser Vergabe im Vergleich zu anderen Ressourcen beigemessen werden muss. Diese Berechnung wird nicht nur für ein in der Suche verwendetes Tag A_i durchgeführt, sondern auch alle Tags A_n, die an R_J vergeben sind und dem Cluster von A_i zugeordnet sind.

(2) In einem zweiten Schritt wird die Ähnlichkeit S des Tags A_i zu allen der obigen A_n aus dem Cluster von A_i berechnet, um jedes A_n für die Suchanfrage gewichten zu können. Hierzu wird zunächst für alle auf dem Pfad zwischen A_i und A_n liegenden Tags A_j und A_{j+1} (vgl. Abbildung 39) das Produkt aus dem Verhältnis ihrer Co-Occurence zur maximalen Co-Occurence in der Folksonomy berechnet. Dieses Produkt wird für alle Pfade P zwischen A_i und A_n im Graph mit dem Inversen der Pfadlänge |p| multipliziert und aufaddiert. Dies bezieht die Länge und die Bewertung des Pfads zwischen A_i und A_n in die Bewertung ein. Die Ähnlichkeit S eines A_n mit dem in der Suchanfrage enthaltenen A_i ergibt sich aus der Summe der Bewertungen aller Pfade, die innerhalb eines Clusters von A_i zu A_n führen und kann den Wert 1 nicht übersteigen. So wird maximal die Identität zweier Tags berechnet. Das Ergebnis dieses zweiten Schritts sind Koeffizienten zur Gewichtung aller A_n aus dem Cluster von A_i als Suchbegriffe.

(3) Um in einem dritten Schritt einen Wert für die Suchanfrage mit den Tags (A_1, …, A_N) für eine gegebene Ressource R_J zu erhalten, werden für alle Kombinationen aus zu den Tags A_1 bis A_N in gleichen Clustern liegenden ähnlichen Tags die Gewichtung T (1) und die Ähnlichkeit S (2) multipliziert. Der Wert W der Suchanfrage wird als der höchste Wert des Produkts von T und S, der für Kombinationen der in der Suchanfrage vorhandenen und zu ihnen ähnlichen Tags ermittelt wurde, ausgegeben. Dieses Ergebnis wird als Bewertung der Relevanz einer Ressource R_J für die Suchanfrage verwendet.

Durch die beschriebene Vorgehensweise werden alle zu einem Tag ähnlichen Tags und somit auch die mit diesen Tags ausgezeichneten Inhalte in die Suche einbezogen. Dies erhöht die Trefferquote der Suche bei wenigen Inhalten im System, kann jedoch Probleme hinsichtlich der Genauigkeit erzeugen. Diesbezüglich sind daher ggf. Anpassungen in der Ähnlichkeitsbewertung vorzunehmen, wenn in einem WMS eine ausreichende Menge an Tags und Inhalten vorhanden ist. Zudem machen die Formeln durch Nutzung aller Tags eines Clusters die

Verwendung kleiner Cluster notwendig, um die Geschwindigkeit der Suche nicht einzuschränken. Die erwähnten Parameter der Schrittlänge und der minimalen Co-Occurence müssen daher im Verlauf der Nutzung von WiProM angepasst werden.

6.4.1.5 *Suche nach Modellen und anderen Inhalten mit Tags*

Die Vergabe von Tags an Modellen und anderen Inhalten und die im vorangegangenen Abschnitt beschrieben Cluster bilden die Basis für die Suche nach Modellen in WiProM. Diese Suche (Anforderung 11) ist die Voraussetzung sowohl für die Verfügbarkeit von Modellen (Anforderung 1) als auch für deren Verwaltung auf gleicher Ebene mit textuellen Inhalten (Anforderung 4). Sie wurde in Kolumbus 2 umgesetzt und steht im SeeMe-Editor über dessen Anbindung an Kolumbus 2 zur Verfügung (vgl. Abbildung 59 auf Seite 210). Abbildung 41 zeigt ein Beispiel für Suchergebnisse in Kolumbus 2, in denen Modelle und andere Inhalte enthalten sind. Für diese Ergebnisse werden genutzte Tags hervorgehoben, um Suchergebnisse für Nutzer zu kontextualisieren.

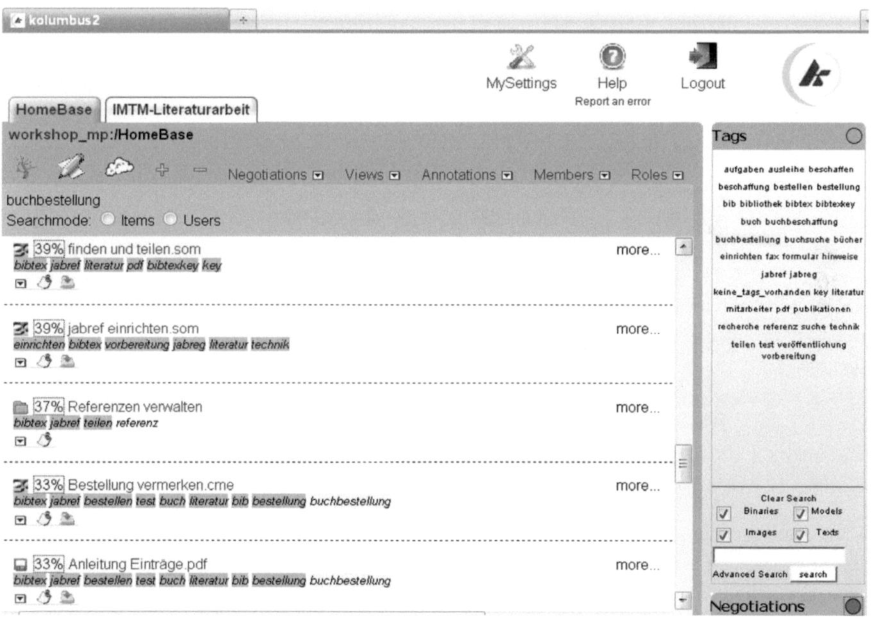

Abbildung 41: Modelle, Texte und andere Inhalte als Suchergebnisse in Kolumbus 2.

Die Nutzung von Tag-Clustern (vgl. Abschnitt 6.4.1.4) für diese Suche ermöglicht es, auch bei kleinen Mengen von Inhalten Suchergebnisse zu liefern. Sie bewirkt zudem, dass ein Nutzer zur Suche von Modellen nicht alle von Anderen zu deren Beschreibung verwendeten Begriffe angeben muss, sondern stets implizit mit alternativen Suchbegriffen sucht. Sie garantiert und verbessert somit die Umsetzung von Anforderung 1, Anforderung 4 und Anforderung 11. Die in Abbildung 41 dargestellten Suchergebnisse zeigen dies, da bspw. am Item „bestellvorgang buch.som", nicht nur der verwendete Suchbegriff „buchbestellung" (gelb hinterlegt), sondern auch häufig gemeinsam mit diesem verwendete Begriffe wie „bibtex", „jabref" und „literatur" (orange hinterlegt) bei der Bewertung der Ähnlichkeit berücksichtig werden.

Abbildung 41 zeigt Möglichkeiten zur Verwendung dieser Suche über ein Eingabefeld für Suchbegriffe und die Auswahl eines Tag aus der hierfür vorhandenen Tag-Cloud (vgl. zu Tag-Clouds Abschnitt 2.5.3.5). Die Eingabe von Suchbegriffen dient dabei der Suche nach Modellen, zu denen ein Nutzer entsprechende Suchbegriffe bereits kennt. Die Nutzung der Tag-Cloud und der in ihr enthaltenen Begriffe ermöglicht eine explorative Suche, mit der Nutzer zu verschiedenen Modellen und Themen navigieren und so Inhalte finden können, ohne dafür notwendige Suchbegriffe im Vorhinein kennen zu müssen (vgl. Abschnitt 2.5.3.5). So ist es zudem möglich, **ein bestimmtes Modell** zu finden als auch **alle Modelle zu einem Themenbereich** aufzurufen. Für beide Möglichkeiten der Suche wird in der Tag-Cloud der gewählte Suchbegriff hervorgehoben, um den Suchvorgang transparenter zu gestalten. Die Ergebnisse zeigen einen deutlichen Unterschied zu der in Abschnitt 4.2.2 beschriebenen textbasierten Suche in herkömmlichen WMS auf (vgl. dazu auch Abbildung 16 auf Seite 100).

In den Suchergebnissen wird die Häufigkeit, mit der Tags an einer Ressource vergeben wurden, berücksichtigt (vgl. Abbildung 40, Nr. 1). Dadurch wird bspw. dem Modell „Bestellung vermerken.cme" eine geringere Relevanz für die Abbildung 41 dargestellte Suchanfrage beigemessen als dem Modell „jabref einrichten.som", obwohl das besser bewertete Modell nur solche Tags aufweist, die aus dem Cluster des Tags „buchbestellung" stammen. Durch die Nutzung von Tags in der Suche werden Modelle und Texte nicht mehr inhaltlich unterschiedenen oder mit verschiedenen, auf einen speziellen Inhaltstyp ausgerichteten Indexierungs- oder Analysemechanismen für die Suche vorbereitet (vgl. Abschnitt 4.2.2). Im Gegenteil werden alle Inhalte von Kolumbus 2 auf Basis der an ihnen vergebenen Tags gesucht, so dass kein Unterschied zwischen Inhaltstypen entsteht. So zeigt Abbildung 41 sowohl Modelle als auch textuelle Inhalte als Suchergebnisse. Gleichwohl kann die Suche in der Oberfläche von Kolumbus 2 auf bestimmte Inhaltstypen wie bspw. Modelle eingeschränkt werden (vgl. Abbildung 41 unten rechts).

Die Suche nach Modellen nutzt die in Abbildung 31 auf Seite 182 dargestellte Datenstruktur und deren Möglichkeit, auch Tags für Elemente und Teilmodelle eines Modells zu verwalten. Dies ermöglicht die als Teil von Anforderung 11 beschriebene **Suche in den Inhalten von Modellen**. So wird bspw. das in Abbildung 41 dargestellte Item „Bestellung vermerken.cme" auch wegen der im Modell an Elementen vergebenen Tags „bib" und „buch" gefunden.

6.4.1.6 *Zusammenfassung*

Zusammenfassend kann festgehalten werden, dass die vorgestellten Funktionen zur Auszeichnung von Modellen mit Tags und der darauf basierenden Verwaltung und Suche von Modellen den an das Handlungsfeld „Modelle verwalten" gestellten Anforderungen genügen: Sie ermöglichen eine flexible Beschreibung von Modellen (Anforderung 2, Anforderung 3,

Anforderung 12) und ihren Bestandteilen (Anforderung 10), Nutzer können eigene Tags verwenden und diese werden den in Kolumbus zu einem Modell zugeordneten Tags hinzugefügt (Anforderung 13). Zudem stehen Modelle in Kolumbus 2 organisationsweit zu Verfügung (Anforderung 1), werden mit Texten auf einer Ebene verwendet (Anforderung 4) und von einer Suche erfasst (Anforderung 11). Tabelle 19 fasst dies zusammen.

Tabelle 19: Funktionen zur Umsetzung der Anforderungen an das Handlungsfeld „Modelle verwalten".

Anforderung	Kurzform der Anforderung	Funktion in WiProM	Verfügbar in
Anforderung 1	Modelle in WMS organisationsweit zur Verfügung stellen	Verwaltung von Modellen mit Tags	Kolumbus 2, (SeeMe-Editor)[51]
Anforderung 2	Modelle und Texte im WMS auf einer Meta-Ebene beschreiben	Auszeichnung von Modellen und Elementen	Kolumbus 2
Anforderung 3	Modelle in Modellierungswerkzeugen auf einer Meta-Ebene beschreiben	Auszeichnung von Modellen, Elementen und Teilmodellen	SeeMe-Editor
Anforderung 4	Modelle und Texte im WMS als gleichwertige Inhalte behandeln	Suche auf allen Inhalten, Tag-Cluster	Kolumbus 2, (SeeMe-Editor)
Anforderung 10	Namen von Elementen durch Meta-Ebene kontextualisieren	Auszeichnung von Elementen	(Kolumbus 2), SeeMe-Editor
Anforderung 11	Nach Modellen und ihren Inhalten suchen	Suche über Begriffe und Tag-Cloud	Kolumbus 2, (SeeMe-Editor)
Anforderung 12	Zur Beschreibung von Modellen einen flexiblen Mechanismus nutzen*	Nutzung von Tags und Vorschlägen	Kolumbus 2, SeeMe-Editor
Anforderung 13	Persönliche Strukturen der Beschreibung in die gemeinsame Ablage übernehmen*	Integration individueller öffentlicher Tags	Kolumbus 2, SeeMe-Editor

6.4.2 Unterstützung des Handlungsfelds „Modelle austauschen"

Im Handlungsfeld „Modelle austauschen" wurden die Anwendungsfälle „Modelle zur Verfügung stellen", „Modelle mit anderen Inhalten verbinden" und „Nutzer erreichen und informieren" identifiziert und hinsichtlich in der Praxis auftretender Probleme analysiert (vgl. 5.2.2 auf Seite 132). Zur Umsetzung resultierender Anforderungen wurde der im Prototyp des WiProM-Systems verwendete SeeMe-Editor an Kolumbus 2 angebunden, um dieses als Aus-

[51] Die Darstellung eines Systems in Klammern deutet an, dass die Funktion in diesem System entweder nur eingeschränkt bzw. indirekt vorhanden ist oder durch den Zugriff auf das jeweils andere System realisiert wird. So erfüllt der SeeMe-Editor Anforderung 1 nur eingeschränkt, da er zwar die Verfügbarkeit von Modellen in Kolumbus 2 unterstützt, nicht aber realisiert.

tauschplattform für Modelle verwenden zu können. In Kolumbus stehen dazu Modelle in Form von Grafikformaten und im SeeMe-Editor bearbeitbarer Dateien zur Verfügung und können auf Basis der an ihnen vergebenen Tags hinsichtlich ähnlicher Inhalte und relevanter Adressaten analysiert werden. Diese Funktionen, die in Abbildung 42 dargestellt sind, werden im Folgenden beschrieben.

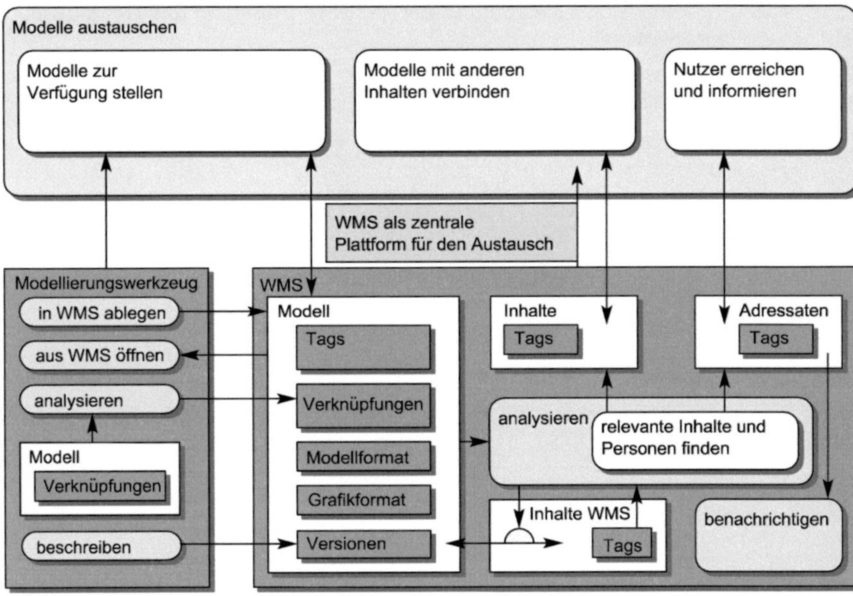

Abbildung 42: Unterstützung der Anwendungsfälle des Handlungsfelds „Modelle austauschen".

6.4.2.1 *Kopplung von Modellierungswerkzeugen mit Wissensmanagementsystemen als zentrale Ablageplattform für Modelle*

Für die Unterstützung des Anwendungsfalls „Modelle zur Verfügung stellen" sind die Anbindung von Modellierungswerkzeugen an ein WMS als zentrale Ablage von Modellen (Anforderung 14) und die Verfügbarkeit von Grafik- und Modellformaten eines Modells in einem WMS (Anforderung 15) umzusetzen. Die Anbindung des SeeMe-Editors als Modellierungsanwendung an das WMS Kolumbus 2 wird durch die Erweiterung `K2Repository` realisiert (vgl. Abschnitt 6.3.3.3). Die Erweiterung bindet den SeeMe-Editor an Kolumbus 2 als Austauschplattform für Modelle an und stellt dessen Inhalte für das Öffnen und Speichern von Modellen im SeeMe-Editor zur Verfügung. Abbildung 43 zeigt hierfür den Dialog zum Öffnen von Modellen aus Kolumbus 2.

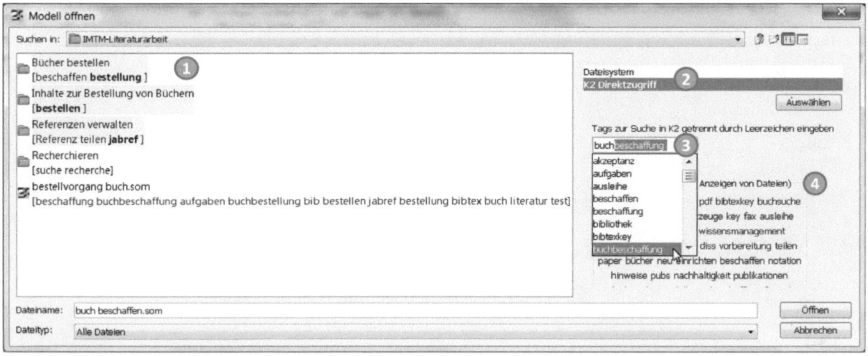

Abbildung 43: Öffnen von Modellen aus Kolumbus 2 im SeeMe-Editor durch Anbindung als Dateiablage.

Abbildung 43 zeigt die Integration von Inhaltsbereichen aus Kolumbus 2 in den Dateiauswahl-Dialog des SeeMe-Editors. In diesem werden Inhalte wie Ordner, Modelle und Textdateien aus Kolumbus mit den an ihnen vergebenen Tags angezeigt (1). Nutzer gelangen zu dieser Ansicht, wenn sie im SeeMe-Editor wie gewohnt Dateien öffnen oder speichern wollen und in dem dann erscheinenden Dateiauswahl-Dialog den Zugriff auf Kolumbus 2 auswählen (Nr. 2, vgl. auch Abbildung 28 auf Seite 173). In diesem Dialog können sie vom SeeMe-Editor aus in einer für sie gewohnten Ansicht Dateien auswählen und werden zudem durch die in Abschnitt 6.4.1 beschriebene Suche (3) unterstützt. Hierfür können sie entweder in einem Eingabefeld Suchbegriffe, die automatisch vervollständigt werden (vgl. Abschnitt 6.4.1.2) oder mit einer Tag-Cloud (4) Tags angeben, um in Kolumbus 2 zu suchen. Nach der Angabe von Suchbegriffen werden die Ergebnisse dieser Suche in der Dateiauswahl (1) angezeigt.

Ebenso wie die in Abbildung 42 als „aus WMS öffnen" bezeichnete Funktion wird auch das Speichern von Modellen als Funktion „in WMS ablegen" im SeeMe-Editor angeboten (vgl. Abbildung 44). Hierfür stehen in dem in Abbildung 44 dargestellten Dialog neben Vorschlägen für Tags (6) Eingabefelder für die Vergabe öffentlicher und privater Tags zur Verfügung (3, 4).

Über die Ablage vollständiger Modelle hinaus ist es für Nutzer auch möglich, Teilmodelle als eigenständige Modelldatei im WMS abzulegen. Dies geht über die in Anforderung 14 beschriebene Notwendigkeit des Austauschs von Modellen hinaus und ermöglicht es Nutzern, bestimmte Teile eines Modells gezielt mit anderen auszutauschen. Zur Verwendung dieser Funktion können Teilmodelle im SeeMe-Editor markiert und über das Kontextmenü (Abbildung 34 auf Seite 181, Nr. 5) in Kolumbus 2 abgelegt werden. Abbildung 44 zeigt für diese Funktion, dass ein Nutzer einen Teil des in Abbildung 34 dargestellten Modells ausgewählt hat und diese Auswahl in Kolumbus 2 ablegen möchte. Er erhält hierzu im Dialog zur Ablage dieses Teilmodells eine **Vorschau** auf das neue Modell (5). Diese dient der

Gewärtigkeit über die getroffene Auswahl, hilft bei der Vergabe von Tags und ist auch für die Ablage eines vollständigen Modells verfügbar.

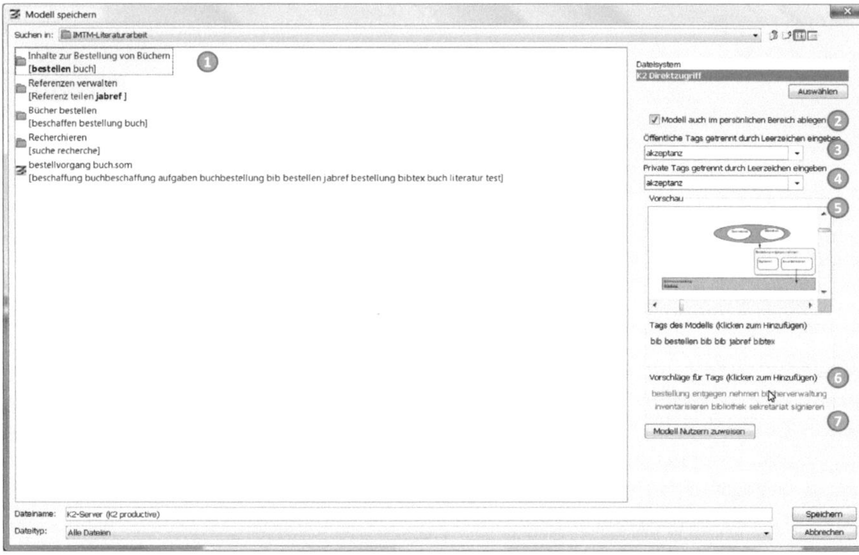

Abbildung 44: Ablegen eines Teilmodells mit Vorschaumechanismus und Vorschlägen für Tags und geeignete Ordner.

Um Redundanzen bei der Ablage von Modellen zu vermeiden, vergleicht WiProM bei der Ablage von Modellen, die bisher nicht in Kolumbus 2 vorhanden waren, das abzulegende Modell mit den in Kolumbus 2 vorhandenen Modellen. Hierzu werden der in Abschnitt 6.3.4.3 beschriebene Parser für SeeMe-Modelle, die in Codebeispiel 2 auf Seite 175 als `somID` dargestellten modellinternen Bezeichner und weitere Metadaten wie das Datum der letzten Veränderung eines Modells genutzt. Wird ein Modell in Kolumbus 2 gefunden, das dem abzulegenden Modell gleicht, so wird der Nutzer über ein separates Fenster darüber benachrichtigt. Zudem springt der Dateiauswahldialog, der in Abbildung 44 dargestellt ist, zu dem Inhaltsbereich von Kolumbus 2, in dem das gefundene Modell liegt. Analog zur Darstellung in Abbildung 44 (1) werden ähnliche Modelle zudem hervorgehoben. Dieser Mechanismus stellt jedoch einen sehr einfachen Vergleich von Modellen dar und kann daher in Weiterentwicklungen des Systems verbessert werden (vgl. hierzu auch Abschnitt 4.6.4).

6.4.2.2 *Austausch von Modellen in verschiedenen Formaten*

Für die in Anforderung 15 geforderte Verfügbarkeit von **Modellen in Grafik- und in Modellformaten** sind im Funktionsmenü von Kolumbus 2 zwei mit `Download` und `Preview` bezeichnete Optionen vorhanden (vgl. Abbildung 36 auf Seite 183). Mit diesen kann das Modell in einem bearbeitbaren Format (`Download`) bzw. in Form eines Grafikformats (`Preview`) heruntergeladen werden kann. Dies wird durch den in Abschnitt 6.3.4.3 beschriebenen

`SeeMeModelParser` umgesetzt, der beim Einstellen eines Modells aus dessen XML-Repräsentation beide Formate extrahiert. Zudem können Benutzer zu einem Modell eine eigene Grafikdatei als Vorschau hinzufügen (vgl. Abbildung 52).

6.4.2.3 *Verbindung von Modellen und anderen Inhalten*

Um den Anforderungen nach gemeinsamer Verwaltung von Modellen und Texten sowie deren Verknüpfung in einem WMS nachzukommen (Anforderung 6, Anforderung 16, Anforderung 17), stehen in Kolumbus 2 verschiedene Möglichkeiten zur Verfügung. So bietet Kolumbus 2 für alle Items Möglichkeiten der Erzeugung von Verknüpfungen zwischen Inhalten („Link“ in Abbildung 37) und erfüllt damit bereits die in Anforderung 6 geforderte Möglichkeit der expliziten Verknüpfung. Die in Abbildung 41 auf Seite 187 dargestellte Suche kann zudem als Beispiel für die Verbindung von Inhalten ohne explizite Verknüpfung genannt werden (Anforderung 17). Sie wird als unterstützende Funktion in verschiedenen anderen Anwendungsfällen benutzt, in denen Modelle und Texte gemeinsam genutzt werden. Abschnitt 6.4.5 zeigt ein Beispiel für eine solche Funktion (vgl. Abbildung 59 auf Seite 210). Auch im SeeMe-Editor können zudem beliebige Dateien mit Elementen eines Modells verknüpft werden (vgl. die in Abbildung 34 dargestellten Verknüpfungen).

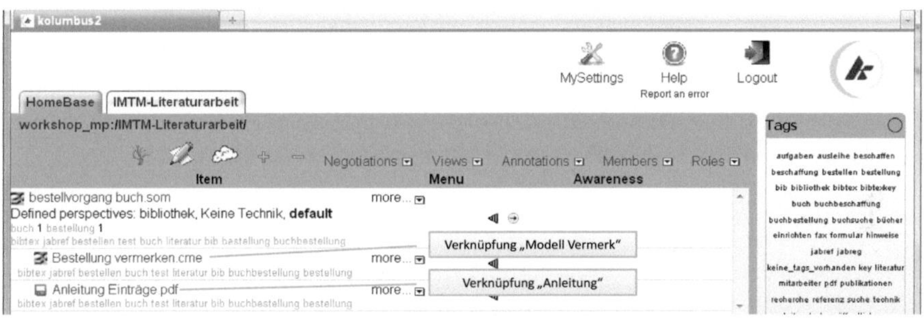

Abbildung 45: Verfügbarkeit verknüpfter Dateien aus einem Modell in Kolumbus 2.

Um die in einem SeeMe-Modell vorhandenen Verknüpfungen zu anderen Dateien für alle Nutzer transparent zu machen (Anforderung 16), werden Modelle, die aus dem SeeMe-Editor in Kolumbus 2 eingestellt werden sollen, auf vorhandene Verknüpfungen mit anderen Dateien im Modell überprüft. Falls solche Verknüpfungen vorhanden sind, werden verknüpfte Dateien ebenfalls in Kolumbus 2 eingestellt. So werden bei der Ablage des in Abbildung 34 (Seite 181) dargestellten Beispielmodells dessen Verknüpfungen „Modell Vermerk“ und „Anleitung“ identifiziert und mit dem Modell („bestellvorgang buch.som“) verknüpft (vgl. Abbildung 45). Die Dateien „Anleitung Einträge.pdf“ und „bestellung vermerken.som“ stehen so anderen Nutzern als Kontext des Modells zur Verfügung. Zudem werden Verknüpfungen, die vor dem Einstellen des Modells in Kolumbus 2 auf lokale Dateien eines Nutzers verwiesen, bei der Ablage modifiziert und verweisen danach auf Dateien im WMS. Sie können somit von allen Nutzern, die das Modell im SeeMe-Editor öffnen, abgerufen werden.

6.4.2.4 *Identifikation und Zuordnung von Adressaten zu Modellen*

Nach Anforderung 18 muss der Austausch von Modellen sowohl durch die Identifikation geeigneter Adressaten für ein Modell als auch durch deren Benachrichtigung bei Veränderungen an Modellen unterstützt werden. Die in Abschnitt 6.4.1.5 beschriebene Suche nach Modellen und anderen Inhalten kann hierzu auf Basis vergebener Tags auch **Nutzer suchen**. Hat ein Nutzer Tags vergeben, die denen eines Modells oder Teilmodells ähnlich sind, so wird der Nutzer von dieser Suche gefunden.

Auf Basis dieses Mechanismus wird in Kolumbus 2 und im SeeMe-Editor die Adressierung von Nutzern unterstützt, indem Vorschläge geeigneter Adressaten angezeigt werden. So können Nutzer bspw. bei der Ablage von Modellen in Kolumbus 2 in dem hierzu in Abschnitt 6.4.2 dargestellten Dialog im SeeMe-Editor auswählen, ob sie ein Modell direkt Nutzern zuordnen möchten (vgl. Abbildung 44, Nr. 7 auf Seite 192). Ein Beispiel für die Nutzung dieser Vorschläge in Kolumbus 2 findet sich in Abbildung 62 auf Seite 214. Werden Nutzer auf diese Weise adressiert, so werden sie in Kolumbus 2 über Veränderungen an Modellen benachrichtigt. Hierfür wird der Startbereich von Kolumbus 2 verwendet, der neben anderen Informationen auch Veränderungen an Modellen anzeigt (vgl. Abbildung 53, Nr. 3 sowie die Abschnitte 6.4.4.1 und 6.4.4.3).

6.4.2.5 *Beschreibung von Versionen*

Gemäß Anforderung 19 muss die Beschreibung von Versionen eines Modells unterstützt werden, um den Austausch von Modellen zu erleichtern (vgl. Abschnitt 5.2.2.3). In WiProM wird dies umgesetzt, indem Nutzer für ein Modell stets eine Versionsbeschreibung einstellen und auf verschiedene so erzeugte Versionen zugreifen können. Hierzu können Nutzer entweder freie Versionsnamen verwenden oder die aus den Versionen „current“, „development“, „planing“ und „final“ bestehenden Vorgaben des Systems nutzen[52] (vgl. Abbildung 46). Diese Funktion baut auf dem in Kolumbus 2 vorhandenen Versionierungsmechanismus auf, der vor seiner Erweiterungen lediglich die in solchen Systemen üblichen Versionsnummern und Zusatzinformationen wie das Datum zu einer Version speichern und anzeigen konnte. Abbildung 46 zeigt, wie die Versionierung von Modellen im SeeMe-Editor unterstützt wird. Versionen können dabei sowohl aus dem SeeMe-Editor als auch über die Oberfläche von Kolumbus 2 erzeugt werden.

Die in Abbildung 46 dargestellte Oberfläche zur Erzeugung von Versionen eines Modells (2, 3, 4) erweitert den in Abbildung 44 dargestellten Dialog. Sie wird angezeigt, wenn ein Modell aus dem SeeMe-Editor in Kolumbus 2 abgelegt werden soll. Nutzer können in dieser Oberfläche auswählen, ob sie ein Modell als Standard-Version ohne spezielle Beschreibung einfügen (2), einen der vorhandenen Versionsnamen verwenden (3) oder eine neue Version erzeugen möchten, bei der sie einen Namen frei wählen können (4). Wird, wie in Abbildung 46 darge-

[52] Diese Vorgaben wurden aus der empirischen Studie abgeleitet, in der die Befragten immer wieder von Modellen des aktuellen Prozesses, des von Entwicklern derzeit umgesetzten Prozesses und des momentan analysierten Prozesses sprachen. Diese Vorgaben können jedoch angepasst werden und stellen daher lediglich ein Beispiel für weitere Möglichkeiten dar.

stellt, die Auswahl eines vorhandenen Namens gewählt, so werden hierfür verfügbare Namen dargestellt (1).

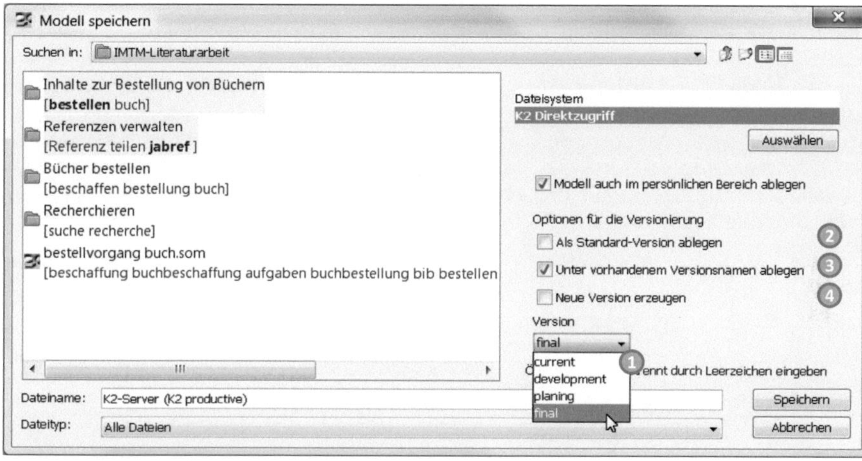

Abbildung 46: Erzeugung und Beschreibung von Versionen eines Modell im SeeMe-Editor.

In Kolumbus 2 können Versionen über den Eintrag „New Version" im Kontextmenü des Systems erzeugt werden (vgl. Abbildung 36 auf Seite 183). Zudem werden sie bei der Darstellung von Modellen angezeigt und Nutzer können auf alle vorhandenen Versionen zugreifen. Abbildung 47 zeigt die Darstellung der Versionen „final" (1) und „default" (2) für das Modell „bestellvorgang buch.som". Zudem zeigt die Abbildung, dass Nutzer über das Kontextmenü des Systems für Modelle vorhandene Versionen herunterladen können (3).

Abbildung 47: Anzeige von Versionen eines Modells in Kolumbus 2.

Die hier zur Unterstützung der Arbeit mit Versionen eines Modells beschriebenen Funktionen entsprechen der Beschreibung in Anforderung 19. Sie stellen zwar keinen fortgeschrittenen oder umfangreichen Versionierungsmechanismus dar, setzen aber die in der Anforderung geforderte Gewärtigkeit zu Versionen für potentielle Modellnutzer um.

6.4.2.6 *Zusammenfassung*

Die in diesem Abschnitt beschriebenen Funktionen zur Unterstützung des Handlungsfelds „Modelle austauschen" aus dem WiProM-System erfüllen die dem Handlungsfeld zugeordneten Anforderungen. So besteht durch die Anbindung des SeeMe-Editors an Kolumbus 2 die Möglichkeit, ein WMS als zentrale Austauschplattform für Modelle zur nutzen (Anforderung

14). Zudem stehen Modelle in Kolumbus 2 in Form von Grafik- und Modellformaten zur Verfügung (Anforderung 15) und können dort sowohl explizit als auch durch Analyse vorhandener Tags mit anderen Inhalten verbunden werden (Anforderung 6, Anforderung 17). Zudem stehen in Modellen verknüpfte Inhalte Nutzern zur Verfügung (Anforderung 16). Kolumbus 2 identifiziert darüber hinaus mögliche Adressaten zu Modellen, um den Austausch von Modellen über persönliche Netzwerke hinaus zu ermöglichen (Anforderung 18). Zudem besteht die Möglichkeit, Versionen eines Modells zu beschreiben, um sie für Nutzer transparent zu machen (Anforderung 19). Tabelle 20 fasst diese Funktionen zusammen.

Tabelle 20: Funktionen zur Umsetzung der Anforderungen an das Handlungsfeld „Modelle austauschen".

Anforderung	Kurzform der Anforderung	Funktion in WiProM	Verfügbar in
Anforderung 6	Modelle und Texte im WMS verbinden	Verbindung in Hierarchie und Verknüpfungen	Kolumbus 2, SeeMe-Editor
Anforderung 14	Anbindung von Modellierungswerkzeugen an ein WMS	Kopplung über Dateiauswahldialoge	-
Anforderung 15	Verfügbarkeit von Modell- und Grafikformaten	Optionen beim Herunterladen eines Modells	Kolumbus 2
Anforderung 16	Verknüpfungen in Modellen im WMS verfügbar machen	Identifikation von Verknüpfungen in Modellen	Kolumbus 2
Anforderung 17	Inhalte ohne manuelle Verbindung verknüpfen*	Suche und darauf basierende Funktionen	Kolumbus 2, SeeMe-Editor
Anforderung 18	Identifikation von Adressaten unterstützen*	Adressierung von Modellen und Benachrichtigung von Adressaten	Kolumbus 2, SeeMe-Editor
Anforderung 19	Versionen beschreiben und nachvollziehbar machen*	Definierbare Versionen	Kolumbus 2

6.4.3 Unterstützung des Handlungsfelds „Modelle zur Kommunikation und Koordination nutzen"

Zur Unterstützung der Nutzung von Modellen für Kommunikation und Koordination wurden in WiProM Funktionen zur adressierten Kommunikation an Modellen (Anforderung 20) sowie zur Identifikation und Verstetigung adäquater Kommunikationspartner an Modellen (Anforderung 21) umgesetzt (vgl. Tabelle 13 auf Seite 138). Abbildung 48 zeigt diese Funktionen im Zusammenspiel. Im Folgenden werden Funktionen zur adressierten Kommunikation an Modellen vorgestellt, für die Verstetigung geeigneter Kommunikationspartner zu Modellen wird auf die Abschnitte 6.4.5 und 6.4.6 verwiesen.

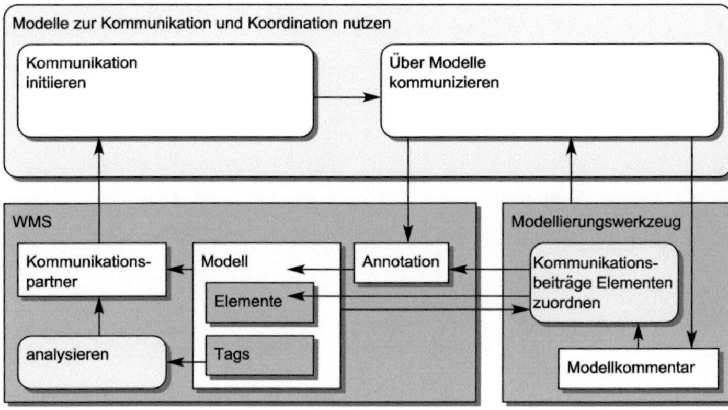

Abbildung 48: Unterstützung der Anwendungsfälle des Handlungsfelds „Modelle zur Kommunikation und Koordination nutzen".

6.4.3.1 *Adressierte Kommunikation an Modellen*

Für die Unterstützung der Kommunikation an Modellen (Anforderung 20) können Erkenntnisse aus der CSCW-Forschung und der Wissensarbeit verwendet werden (vgl. Abschnitte 2.2.3 und 2.3.3). So sind Wissensarbeiter als Nutzer von Wissensmanagementsystemen häufig an verschiedenen Orten und zu verschiedenen Zeiten mit bestimmten Inhalten beschäftigt. Zur Unterstützung der Kommunikation an Modellen ist daher ein asynchroner Kommunikationsmechanismus angemessen (vgl. Abschnitt 2.2.3.1). Für das WiProM-System bietet es sich daher an, den in Kolumbus 2 vorhandenen asynchronen Mechanismus von Annotationen an Inhalten (vgl. Abschnitt 6.3.2) zu verwenden und an Modell-Items anzupassen. Die für diese Annotationen in Kolumbus 2 verwendeten Dialoge wurden zur Umsetzung von Anforderung 21 um die Möglichkeit der Anzeige von **Vorschlägen geeigneter Adressaten** erweitert (vgl. hierzu Abbildung 62 auf Seite 214). Abbildung 49 zeigt ein Beispiel für die resultierende Kommunikation an Modellen mit diesen Annotationen, die in Kolumbus 2 über das in Abbildung 36 dargestellte Funktionsmenü genutzt werden können. Kommunikationsbeiträge können in Kolumbus 2 lediglich in Bezug auf ein Modell erstellt werden.

Die Kommunikation an Modellen muss nach Anforderung 20 auch auf Elemente eines Modells bezogen werden können. Hierfür werden in WiProM Kommentare an Modellen, die mit dem SeeMe-Editor erstellt werden können (vgl. die Darstellung eines Kommentars in Abbildung 34, Nr. 6), verwendet. Nutzer können hierzu in dem zum Erstellen neuer Kommentare verwendeten Dialog des SeeMe-Editors aus Kommentaren Kommunikationsbeiträge erzeugen („Als Kommunikationsbeitrag verwenden"). Diese Beiträge sind nach dem Einstellen eines Modells auch in Kolumbus 2 verfügbar. Um die **Identifikation geeigneter Adressaten** (Anforderung 21) zu ermöglichen, wurde der Dialog (Abbildung 50) um die Möglichkeit der **Adressierung von Kommentaren** erweitert („Adressaten aus der Liste auswählen"). Dazu stehen Nutzern in diesem Dialog Vorschläge geeigneter Ansprechpartner zur Verfügung. Abbildung 50 zeigt die Erzeugung des in Abbildung 34 auf Seite 181 dargestellten Kommentars.

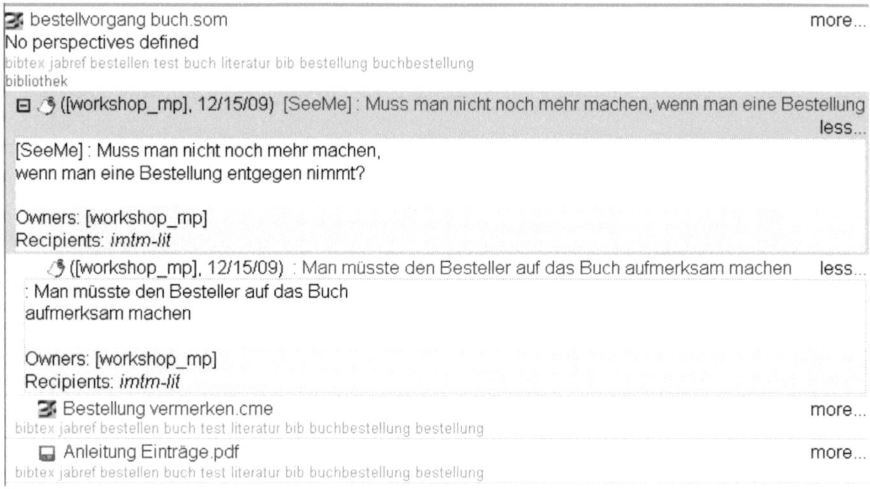

Abbildung 49: Unterstützung der Kommunikation an Modellen in Kolumbus 2.

Wird ein Kommentar im SeeMe-Editor als Kommunikationsbeitrag genutzt, erhält er in Kolumbus 2 das Präfix `[SeeMe]` (vgl. Abbildung 49). Analog werden als Kommunikationsbeiträge verwendete Kommentare im SeeMe-Editor mit dem Präfix `[K2]` angezeigt (vgl. Abbildung 34, Nr. 6). Die Diskussion von Modellen mit mehreren aufeinander bezogenen Beiträgen ist jedoch nur in Kolumbus 2 möglich, im SeeMe-Editor wird jeweils nur die erste Annotation bzw. der erste Kommentar einer solchen Diskussion angezeigt.

Die in Anforderung 21 zusätzlich geforderte dauerhafte Verbindung von Modellen und Ansprechpartnern wird in den Abschnitten 6.4.5 und 6.4.6 beschrieben.

Abbildung 50: Nutzung von Kommentaren zu einem Modell als Kommunikationsbeiträge und Vorschläge für geeignete Kommunikationspartner.

6.4.3.2 *Zusammenfassung*

Zusammenfassend kann festgehalten werden, dass die in diesem Abschnitt vorgestellten Funktionen die Anforderungen nach adressierter Kommunikation an Modellen (Anforderung 20) und Identifikation möglicher Ansprechpartner von Modellen (Anforderung 21) erfüllen. Die Möglichkeit, Kommunikationsbeiträge im SeeMe-Editor auch direkt Elementen zuordnen und sie nach Einstellen des Modells in Kolumbus 2 weiter verwenden zu können, übertrifft die in Anforderung 20 beschriebene Funktion zur Kommunikation an Modellen sogar.

Tabelle 21: Funktionen zur Umsetzung der Anforderungen an das Handlungsfeld „Modelle zur Kommunikation und Koordination nutzen“

Anforderung	Kurzform der Anforderung	Funktion in WiProM	Verfügbar in
Anforderung 20	Adressierte Kommunikation an Modellen	Annotationen zu Modellen	Kolumbus 2
		Kommentare als Kommunikationsbeiträge	SeeMe-Editor, (Kolumbus 2)
Anforderung 21	Ansprechpartner zu Modellen finden und hinterlegen(*)	Vorschläge in Dialogen, Verknüpfung von Ansprechpartnern (6.4.5 und 6.4.6)	SeeMe-Editor, (Kolumbus 2)

6.4.4 Unterstützung des Handlungsfelds „Modellnutzung erleichtern und ausweiten“

Das Handlungsfeld „Modellnutzung erleichtern und ausweiten“ stellt einen der Kernbereiche des WiProM-Systems dar, da es viele Anforderungen auf sich vereint und die Voraussetzungen für die Nutzung und Akzeptanz von Modellen herstellen muss (vgl. Tabelle 14 auf Seite 141). Es ist in die Anwendungsfälle „Nutzerkreis von Modellen ausweiten“, „Akzeptanz von Modellen erhöhen“, „Verfügbarkeit von Werkzeugen sicherstellen“ und „Modellnutzung zielgruppenspezifisch unterstützen“ aufgeteilt. Zu seiner Unterstützung wurden verschiedene Funktionen in WiProM umgesetzt Darunter finden sich ein spezieller Bereich für Hinweise auf neue und relevante Modelle in Kolumbus 2, Vorschläge für Tags und Ablageorte, die Integration eines Modellierungswerkzeugs in Kolumbus 2 und die Nutzung von Perspektiven an Modellen. Abbildung 51 zeigt diese Funktionen.

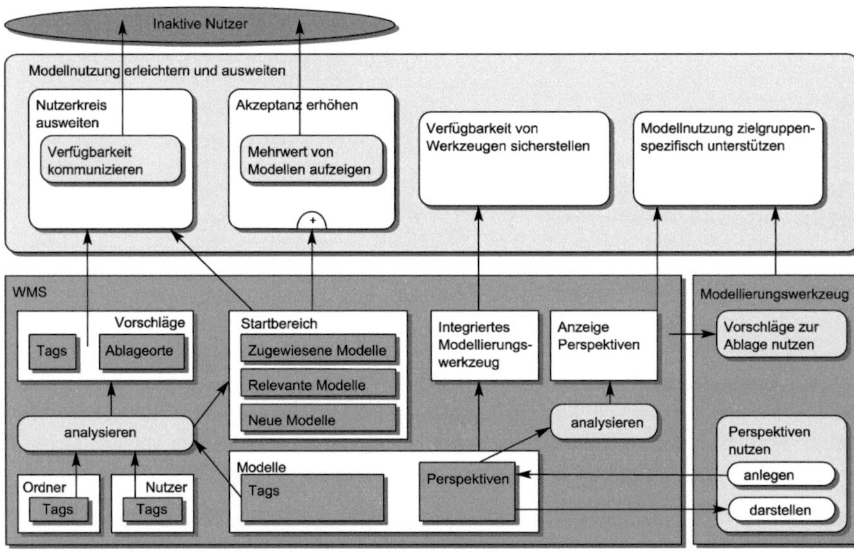

Abbildung 51: Unterstützung der Anwendungsfälle des Handlungsfelds „Modellnutzung erleichtern und ausweiten“.

Das Handlungsfeld stellt für die Umsetzung von Anforderungen eine Besonderheit dar, da es sowohl **technische** als auch **organisatorische Anforderungen** umfasst (vgl. Tabelle 14 auf Seite 141). In der Folge werden daher neben technischen Funktionen des WiProM-Systems auch organisatorische Maßnahmen beschrieben. Abbildung 51 ist hinsichtlich solcher Maßnahmen für den Anwendungsfall „Akzeptanz von Modellen erhöhen“ noch unvollständig (vgl. die Markierung in der Aktivität „Akzeptanz erhöhen“). Die hier zu ergänzenden organisatorischen Veränderungen und deren Unterstützung werden in Abbildung 54 auf Seite 204 dargestellt.

6.4.4.1 *Hinweise auf die Verfügbarkeit von Modellen*

Für den Anwendungsfall „Nutzerkreis von Modellen ausweiten“ werden Möglichkeiten benötigt, Nutzer, die aus WMS textuelle Inhalte gewohnt sind, auf verfügbare Modelle aufmerksam zu machen (Anforderung 22). Auf organisatorischer Ebene müssen hierzu Maßnahmen zur Kommunikation der Verfügbarkeit von Modellen durchgeführt werden (Anforderung O1). Dies kann durch persönliche Kommunikation oder Informationsveranstaltungen umgesetzt werden, muss aber in jedem auf organisatorischer Ebene unterstützt werden. Dies wird durch WiProM zusätzlich unterstützt, indem es bspw. zu textuellen Inhalten Modelle ermittelt (Anforderung 5). Ein Beispiel hierfür findet sich in der in Abschnitt 6.4.1 dargestellten Suche nach Inhalten, die Modelle in Suchergebnissen berücksichtigt (vgl. Abbildung 41). Darüber hinaus stellt der Startbereich von Kolumbus 2, der in Abschnitt 6.4.4.3 beschrieben wird, für jeden Nutzer eine personalisierte Ansicht neuer Modelle dar (Anforderung 22, vgl. Abbildung 53 auf Seite 203). Diese Funktionen flankieren die Kommunikation des Mehrwerts von Modellen, indem sie Nutzer auf vorhandene Modelle hinweisen.

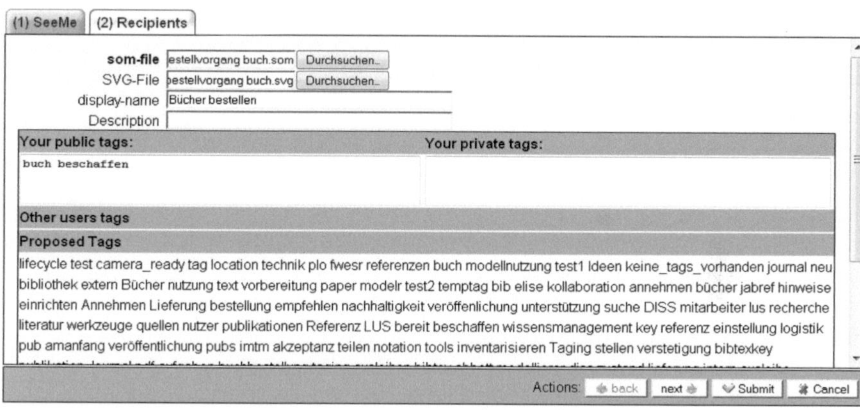

Abbildung 52: Hinzufügen eines Modells und Tags zu diesem Modell in Kolumbus 2.

6.4.4.2 *Unterstützung der Ablage zur Ausweitung des Nutzerkreises*

Für die in Anforderung 23 und Anforderung 24 beschriebene **Unterstützung der Ablage von Modellen** stehen in WiProM ebenfalls Funktionen bereit. So werden gemäß Anforderung 23 bei der Ablage von Modellen aus dem SeeMe-Editor in Kolumbus 2 Vorschläge für Tags angezeigt (siehe Abbildung 44 auf Seite 192, Nr. 6). Diese Vorschläge werden ebenso beim Einstellen von Modellen über die Oberfläche von Kolumbus 2 angeboten, wie Abbildung 52 zeigt.

Zusätzlich unterstützt WiProM die in Anforderung 24 beschriebene statische Zuordnung von Modellen zu für Nutzer relevanten Bereichen. Hierzu werden Ordner aus Kolumbus 2, deren

Tags ähnlich zu denen eines Modells sind, bei ihrer Darstellung im SeeMe-Editor hervorgehoben (vgl. Abbildung 44 auf Seite 192, Nr. 1). Dies zeigt Nutzern, in welchem Bereich zu einem Modell ähnliche Inhalte vorhanden sind und hilft ihnen so, geeignete Ablagebereiche zu identifizieren.

6.4.4.3 *Anzeige relevanter Modelle für Nutzer zur Kommunikation ihres Mehrwerts*

Im Anwendungsfall „Akzeptanz von Modellen erhöhen" sind ebenso wie im vorangegangenen Anwendungsfall Informationsveranstaltungen oder Schulungen notwendig, um den Mehrwert von Modellen aufzuzeigen (Anforderung O2). Damit diese und die in Abschnitt 6.4.4 dargestellten Maßnahmen der Bereitstellung von Modellen für Nutzer eine Wirkung zeigen, sollten Nutzer bei der Verwendung eines WMS auf für sie relevante Modelle hingewiesen werden (Anforderung 25). Zur Umsetzung dieser Anforderung wurde der Startbereich von Kolumbus 2, in den Nutzer unmittelbar nach ihrer Authentifizierung am System gelangen, erweitert (Abbildung 53). So können Nutzer, die auf der Suche nach Informationen zu bestimmten Gebieten oder Arbeitstätigkeiten sind und hierzu ein WMS wie Kolumbus 2 nutzen, prominent auf die Verfügbarkeit von Modellen hingewiesen werden. Diese Vorgehensweise hat gegenüber einer direkten Benachrichtigung von Nutzern bspw. per E-Mail Nachteile, da Nutzer sich zunächst an einem WMS wie Kolumbus 2 anmelden müssen, um die Hinweise zu erhalten. Sie hat jedoch den Vorteil, eine prominente Platzierung des Hinweises mit einer weniger aufdringlichen Gestaltung der Benachrichtigung zu kombinieren und so Nutzer nicht durch zusätzliche Nachrichten zu belasten.

Im beschriebenen Startbereich werden zur Vermeidung von Kaltstartproblemen nach Informationsveranstaltungen Hinweise auf für einen Nutzer relevante Modelle angezeigt (Nr. 1, Anforderung 25). Die Relevanz eines Modells wird dabei durch den Vergleich der Tags eines Nutzers mit Tags an Modellen bestimmt (vgl. Abbildung 51). Außerdem werden gemäß Anforderung 22 (vgl. Abschnitt 6.4.4.1) in diesem Bereich neue, einem Nutzer zugewiesene Modelle (2) sowie veränderte Modelle (3) angezeigt. Mit jeder Zuordnung eines Modells zu einem Nutzer wird diese Darstellung aktualisiert. Sie stellt somit gleichzeitig einen Gewärtigkeitsmechanismus für relevante, neue und geänderte Modelle und ein Recommender-System für Modelle dar (vgl. Abschnitt 2.2.3).

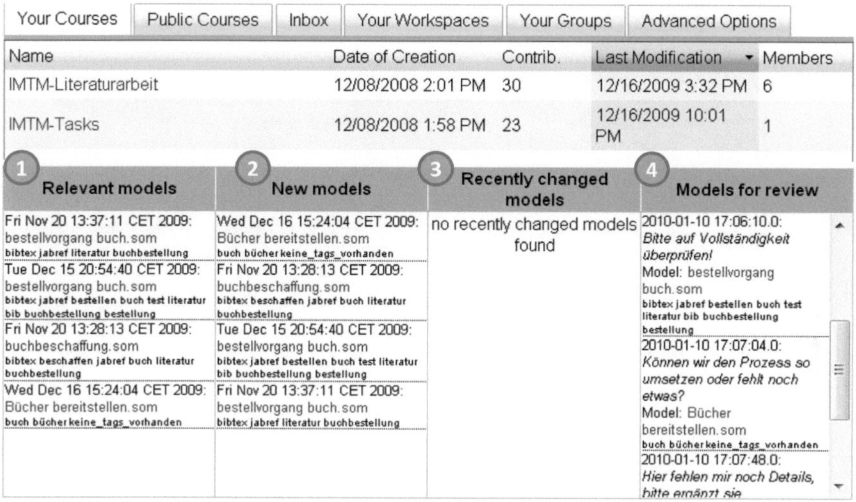

Abbildung 53: Startbereich von Kolumbus 2 mit Anzeige persönlich relevanter Modelle (1), neuer Modelle (2), kürzlich geänderter Modelle (3) und zur Durch-

6.4.4.4 *Veränderung der Rolle von Modellierern*

In der empirischen Studie konnte festgestellt werden, dass die Rolle von Modellieren Probleme hinsichtlich der Akzeptanz von Modellen verursacht: Modellierer sind zu eng mit Modellen verbunden und verhindern so deren Nutzung durch Andere. Gleichzeitig tragen sie kaum Verantwortung für die Verbreitung von Modellen und unterstützen so deren Verwendung über Präsenzveranstaltungen hinaus nicht. Zur Erhöhung der Akzeptanz von Modellen sind daher nach Anforderung O3 Veränderungen der Rolle von Modellierern notwendig. Hierfür müssen diese eine Rolle einnehmen, in der sie den Austausch von Modellen initiieren (vgl. Abschnitt 5.2.4.2) und Nutzern vorübergehende Veränderungen an Modellen ermöglichen. In dieser Rolle tragen sie mehr Verantwortung für die Ausweitung der Nutzung von Modellen. Endgültige Änderungen des Modells können zudem durch Kommunikation zwischen Nutzern und Modellierern abgestimmt werden. Abbildung 54 zeigt die organisatorischen Veränderungen durch die im weiteren Verlauf als **„Modellpate“** bezeichnete neue Rolle von Modellierern.

Die Rolle eines Modellpaten ist ein Beispiel für die in Abschnitt 2.4.7 beschriebenen **Vereinbarungen** zum Austausch von Wissen in Organisationen und somit zur Nutzung von Wissensmanagementsystemen. In WiProM wird die Rolle von Modellpaten gemäß Anforderung 26 durch die in Kolumbus 2 konfigurierbaren Benutzerrechte sowohl für Modellierer als auch für Modellnutzer unterstützt (vgl. Abbildung 54). Stellt ein Modellierer ein Modell in Kolumbus 2 ein, so werden alle Adressaten des Modells mit temporären Schreibrechten für das Modell ausgestattet. Die dadurch von Nutzern durchgeführten Veränderungen kann ein Modellierer bestätigen oder verwerfen. Als Unterstützung der Abstimmung über Änderungen dienen die in Abschnitt 6.4.3 beschriebenen Möglichkeiten der Kommunikation über Modelle.

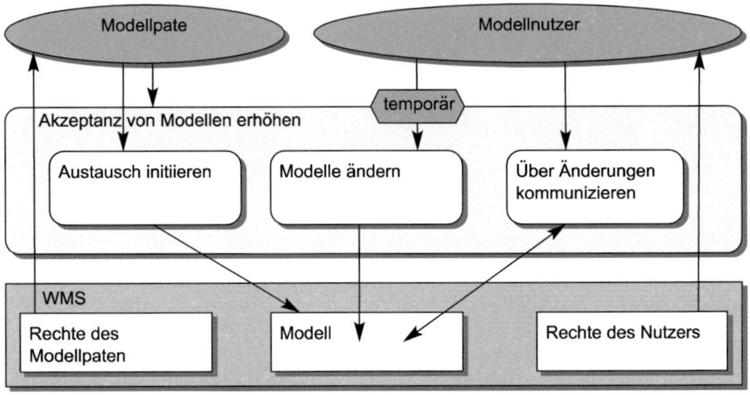

Abbildung 54: Rolle des Modellpaten zur Erhöhung der Akzeptanz von Modellen.

6.4.4.5 *Integration eines Modellierungswerkzeugs in Kolumbus 2*

Damit Nutzer von der Verwaltung von Modellen in WMS profitieren können, benötigen sie trotz der Verfügbarkeit von Grafikformaten für Modelle (vgl. Abschnitt 6.4.2.2) Zugriff auf Modellierungswerkzeuge (Anforderung 27). Hierzu wurde im Prototyp des WiProM-Systems ein webbasiertes Modellierungswerkzeug in Kolumbus 2 integriert. Abbildung 55 zeigt diese Integration. Dieses Werkzeug wurde im Rahmen einer durch den Autor dieser Arbeit betreuten Diplomarbeit entwickelt (Nolte 2008). Seine Integration in Kolumbus 2 ermöglicht die Verwendung grundlegender Modellierungsfunktionen in einem WMS (2), da es auf die Durchführung einfacher Änderungen an einem Modell durch Nutzer zugeschnitten ist (vgl. Nolte und Prilla 2009). In diesem Modellierungswerkzeug stehen Funktionen zur Nutzung von Elementen, Relationen und Kommentaren zur Verfügung (Abbildung 55, Nr. 2). Mit diesen Funktionen können zu jedem Element eines Modells Namen, Verknüpfungen und Tags (vgl. zum Tagging von Modellen Abschnitt 6.4.1.1) hinzugefügt werden (1). Änderungen an einem Modell über dieses Werkzeug werden durch den in 6.3.4.3 beschriebenen `SeeMeModelParser` ausgelesen und an Kolumbus 2 übermittelt.

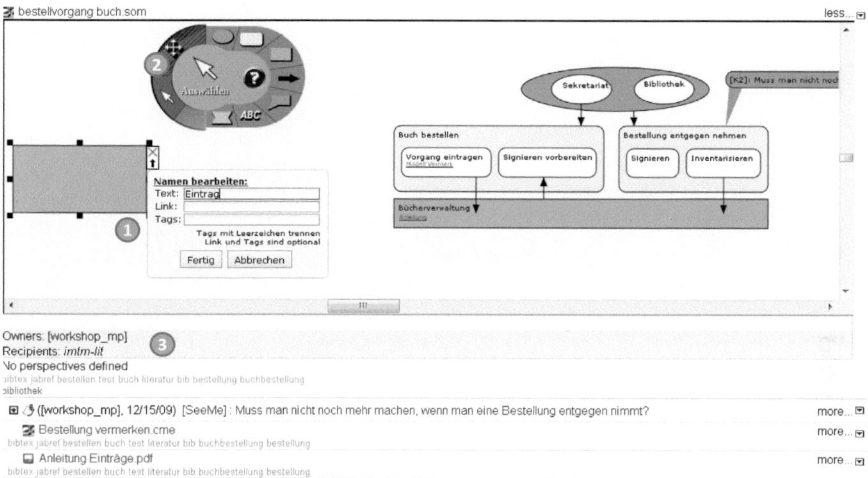

Abbildung 55: Integriertes Modellierungswerkzeug in Kolumbus 2.

6.4.4.6 *Darstellung und Nutzung von Perspektiven eines Modells*

Für den Anwendungsfall „Modellnutzung zielgruppenspezifisch unterstützen“ ist die Verwendung von Perspektiven in einem Modell notwendig (Anforderung 29). Zur Erzeugung solcher Perspektiven können Funktionen des SeeMe-Editors, die das Ein- und Ausblenden von Modellen sowie die Festlegung so genannter „Snapshots“ als Darstellung von Perspektiven mit ein- und ausgeblendeten Elemente ermöglichen, verwendet werden (vgl. Abschnitt 6.3.2). Um diese Perspektiven gemäß Anforderung 29 in einem Modell nachvollziehbar zu machen und sie direkt bei der Modellierung vermerken zu können, wurde dieser Mechanismus um die Verwendung von Tags erweitert. Perspektiven auf ein Modell können so durch die Nutzung in einem Modell vergebener Tags erzeugt werden. Die schließt die in Abschnitt 4.4 identifizierte Lücke des Umgangs mit Perspektiven in Modellen.

Abbildung 57 zeigt hierfür das in Abbildung 34 auf Seite 181 dargestellte Modell, in dem eine Perspektive dargestellt wird, die für die Rolle „Bibliothek“ relevant ist (3). Hierzu wurde im für WiProM erweiterten SeeMe-Editor mit dem in Abbildung 57 dargestellten Dialog ein Snapshot erzeugt (1), in dem alle Elemente, die in Abbildung 34 auf Seite 181 das Tag „bestellung“ beinhalten, ausgeblendet wurden (2). Perspektiven können über ihre Beschreibung durch Tags hinaus mit einem Namen versehen werden, um ihre Nutzung in WMS zu erleichtern. Die über diese Funktionen hinaus in WiProM ebenfalls mögliche Darstellung von Perspektiven im SeeMe-Editor und die Auszeichnung von Perspektiven mit Tags wurde im Rahmen der Evaluation des WiProM-Prototyps entwickelt und wird daher in Abschnitt 7.2.2.2 des folgenden Kapitels beschrieben.

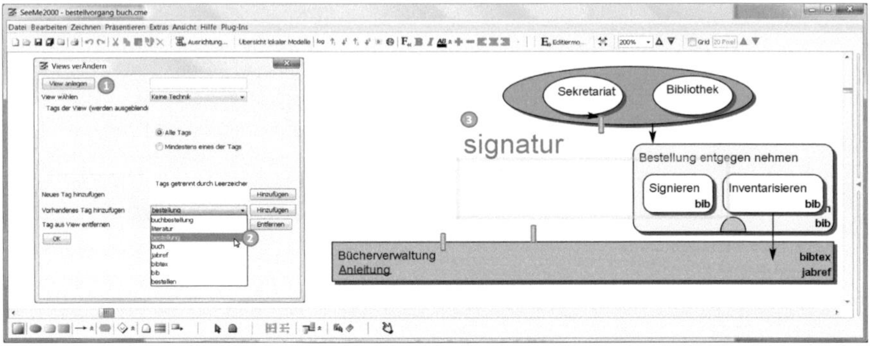

Abbildung 57: Darstellung von Perspektiven auf ein Modell mit Unterstützung durch Tags im SeeMe-Editor.

Um Perspektiven auch in Kolumbus 2 verfügbar zu machen (Anforderung 7), werden diese von dem in Abschnitt 6.3.4.2 beschriebenen `SeeMeModelParser` erkannt und an Kolumbus 2 weitergeleitet. In der Darstellung von Modellen in Kolumbus 2 werden diese, wie für das Modell „bestellvorgang buch.som" in Abbildung 36 (Seite 183) dargestellt ist, gemeinsam mit dem Namen und den Tags eines Modells angezeigt. Zudem können sie, wie in Anforderung 28 gefordert, Nutzern zugewiesen werden. Diese Zuweisung ist über den in Abbildung 36 auf Seite 183 dargestellten Eintrag „Manage Perspectives" im Kontextmenü von Kolumbus 2 verfügbar und kann mit dem in Abbildung 56 dargestellten Dialog durchgeführt werden. Dieser Dialog erlaubt es Modellierern, allen Nutzern mit Zugriff auf ein Modell eine darin enthaltene Perspektive zuzuweisen.

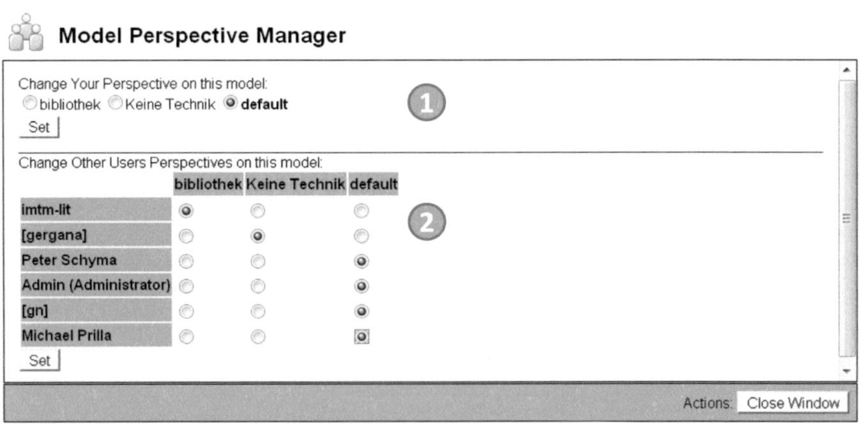

Abbildung 56: Dialog zur Zuweisung von Perspektiven eines Modells zu Nutzern in Kolumbus 2.

Darüber hinaus können alle Nutzer die ihnen zugewiesene Perspektive ändern. Abbildung 56 zeigt dies: Hier weist der Modellierer sich die Perspektive „default" zu (1), die alle Elemente des Modells enthält, wiederholt dies für andere Nutzer des Inhaltsbereichs und wählt für den Benutzer „imtm-lit" die Perspektive „bibliothek" und (2). Diese Perspektive entspricht der in Abbildung 57 dargestellten Sicht auf das Modell. Zugewiesene Perspektiven werden Nutzern in Kolumbus durch Hervorhebung angezeigt (vgl. die Darstellung der Perspektive „default" in Abbildung 45 auf Seite 193).

WiProM löst das Problem der Nutzung von Perspektiven nicht endgültig, bietet jedoch mit den oben beschriebenen Funktionen Lösungen an, die auf die identifizierten Anforderungen an die Nutzung von Perspektiven abgestimmt sind, Nutzer zumindest auf Perspektiven aufmerksam machen können und **über bisher vorhandene Ansätze hinausgehen** (vgl. hierzu Abschnitt 4.4).

6.4.4.7 *Zusammenfassung*

Die in diesem Abschnitt beschriebenen Funktionen decken die dem Handlungsfeld „Modellnutzung erleichtern und ausweiten" zugeordneten Anforderungen vollständig ab. Hierzu wurden sowohl organisatorische Prozesse, die durch Funktionen des Systems unterstützt werden, als auch Funktionen, die der geringen Nutzung von Modellen in Organisationen entgegen wirken sollen, beschrieben. So werden auf organisatorischer Ebene Veranstaltungen zur Kommunikation der Verfügbarkeit und des Mehrwerts von Modellen (Anforderung O1, Anforderung O2) sowie Vereinbarungen zu Änderungen der Rolle eines Modellierers (Anforderung O3) vorgeschlagen. Diese Maßnahmen werden durch die Funktionen des WiProM-Systems unterstützt (Anforderung 22, Anforderung 25, Anforderung 26). Auf funktionaler Ebene wurden Mechanismen für Vorschläge geeigneter Tags und Ablageorte (Anforderung 23, Anforderung 24), zur Verfügbarkeit von Modellierungswerkzeugen (Anforderung 27) sowie zur Nutzung von Perspektiven in Modellierungswerkzeugen (Anforderung 29), ihrer Darstellung in WMS (Anforderung 7) und ihrer Zuweisung zu Nutzern (Anforderung 28) umgesetzt. Tabelle 22 fasst Anforderungen und umgesetzte Funktionen zusammen.

Tabelle 22: Funktionen und organisatorische Maßnahmen zur Umsetzung der Anforderungen an das Handlungsfeld „Modellnutzung erleichtern und ausweiten".

Anforderung	Kurzform der Anforderung	Maßnahme oder Funktion in WiProM	Verfügbar in
Anforderung 5	Zu textuellen Inhalten Modelle im WMS anbieten	Suche (6.4.1.5) und Verknüpfung von Modellen (6.4.2.3)	Kolumbus 2, SeeMe-Editor
Anforderung 7	Perspektiven eines Modells im WMS darstellen	Darstellung in Inhalten	Kolumbus 2
Anforderung O1	Verfügbarkeit und Nutzen von Modellen kommunizieren(*)	Kommunikation oder Veranstaltungen	-

Anforderung	Kurzform der Anforderung	Maßnahme oder Funktion in WiProM	Verfügbar in
Anforderung 22	In WMS auf Modelle aufmerksam machen(*)	Startbereich	Kolumbus 2
Anforderung 23	Vorschläge für Tags bei der Ablage von Modellen*	Vorschläge in Dialogen	Kolumbus 2, SeeMe-Editor
Anforderung 24	Vorschläge geeigneter Ablageorte für Modelle*	Hervorhebung in Dialogen	SeeMe-Editor
Anforderung O2	Mehrwert von Modellen in Veranstaltungen aufzeigen*	Kommunikation oder Veranstaltungen	-
Anforderung 25	Für Personen relevante Modelle anzeigen*	Startbereich	Kolumbus 2
Anforderung O3	Veränderte Rolle von Modellierern	Organisatorische Vereinbarungen	-
Anforderung 26	Unterstützung der Rolle von Modellierern in WMS	Angepasste Rechte	Kolumbus 2, (SeeMe-Editor)
Anforderung 27	Integration eines Modellierungswerkzeugs in WMS	Modellierungswerkzeug in Kolumbus 2	Kolumbus 2
Anforderung 28	Zuordnung von Perspektiven zu Nutzergruppen	Zuordnung in Dialogen	Kolumbus 2
Anforderung 29	Darstellung von Perspektiven im Modellierungswerkzeug	Snapshots mit Tags	SeeMe-Editor

6.4.5 Unterstützung des Handlungsfelds „Modellierung unterstützen“

Zur Unterstützung der Modellierung müssen Informationen, die ein WMS zu einem Modell bereitstellen kann (vgl. Abschnitte 6.4.1 bis 6.4.3) in einem Modellierungswerkzeug zur Verfügung stehen. Für den Anwendungsfall „Bei der Modellierung Informationen beschaffen“ müssen zu einem Modell oder dessen Teilen sowohl potentielle Ansprechpartner (Anforderung 30) als auch ähnliche Inhalte (Anforderung 31) zur Verfügung gestellt werden. Für den Anwendungsfall „Modelle wiederverwenden“ müssen ähnliche Modelle für einen Modellierer verfügbar sein (Anforderung 32, vgl. Tabelle 15 auf Seite 149). Abbildung 58 zeigt die zur Umsetzung dieser Anforderungen implementierten Funktionen, in denen Inhalte aus Kolumbus 2 im SeeMe-Editor zur Verfügung gestellt werden.

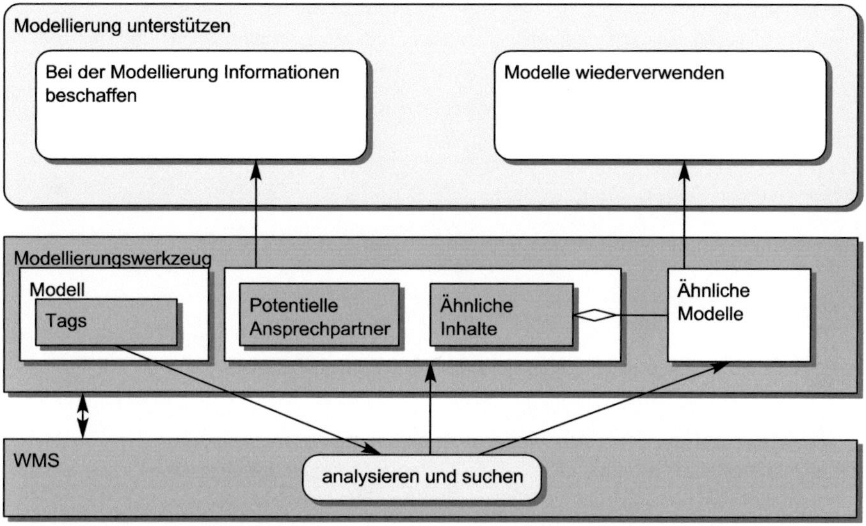

Abbildung 58: Unterstützung der Anwendungsfälle des Handlungsfelds „Modellierung unterstützen".

6.4.5.1 *Verfügbarkeit relevanter Inhalte, Ansprechpartner und Modelle*

Um in einem Modellierungswerkzeug ähnliche Inhalte bereitzustellen (Anforderung 31 und Anforderung 32), wird die in Kolumbus 2 vorhandene **Suchfunktion** verwendet (vgl. Abschnitt 6.4.1 auf Seite 179). Mit dieser Funktion können anhand von Tags eines Modells auch Ansprechpartner für Inhalte eines Modells (Anforderung 30) identifiziert und im Modellierungswerkzeug angezeigt werden (vgl. Abbildung 58). Um die beschriebenen Funktionen, die in Abbildung 58 vereinfacht als „analysieren und suchen" bezeichnet werden, und ihre Ergebnisse für Modellierer zugänglich zu machen, stehen sie wie in Abbildung 59 dargestellt im SeeMe-Editor zur Verfügung.

Abbildung 59 zeigt die zur Darstellung ähnlicher Inhalte (7) und relevanter Ansprechpartner (8) aus Kolumbus 2 entwickelte Oberfläche des SeeMe-Editors. Die Tags, mit denen die hierzu benötigten **Suchanfragen** für die in Abschnitt 6.4.1 beschriebene Suchfunktion gebildet werden, stammen aus der aktuellen Selektion von Elementen im Modell, die Anzeige von Ergebnissen wird entsprechend dieser Selektion laufend aktualisiert:

- **Ist kein Element selektiert, so werden zum gesamten Modell ähnliche Inhalte angezeigt.** So werden im Beispiel aus Abbildung 59, in dem keines der Modellelemente selektiert ist, alle Tags des Modells und seiner Elemente verwendet, um eine Suchanfrage an Kolumbus 2 zu stellen, die somit im Bezug auf das Modell **global** ist.
- **Sind ein oder mehrere Elemente selektiert, so wird nach ähnlichen Inhalten zu dieser Selektion gesucht.** Selektiert ein Nutzer bspw. in Abbildung 59 die Elemente „signieren"

und „Bücherverwaltung“, so wird eine Suchanfrage aus den Tags „bib“, „bibtex“ und „jabref“ dieser Elemente gebildet. Dies entspricht einer **lokalen** Suche, die sich auf Bestandteile des Modells bezieht.

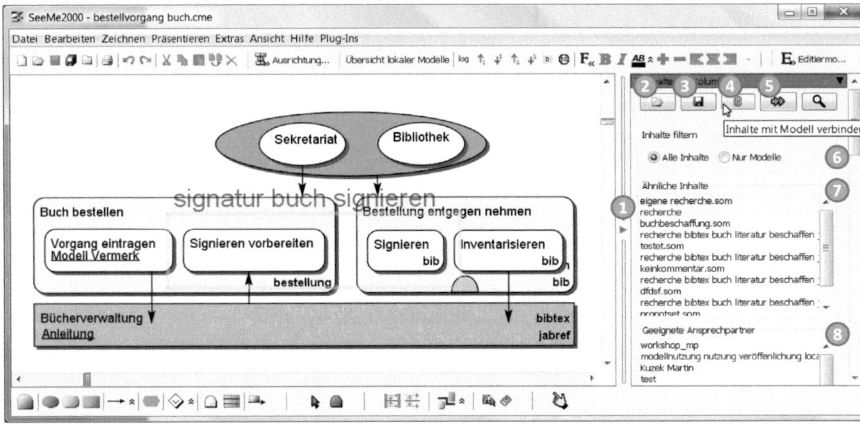

Abbildung 59: Anzeige ähnlicher Inhalte und möglicher Ansprechpartner zu einem Modell im SeeMe-Editor.

Somit erfüllt die in Abbildung 59 dargestellte Funktion Anforderung 30 und Anforderung 31 zum Abruf von Informationen und Ansprechpartnern zu Teilen eines Modells. Das zur Darstellung der Inhalte genutzte seitliche Fenster kann vom Modellierer zudem bei Bedarf ausgeblendet werden (1), damit dieser sich auf die Modellierung konzentrieren kann. Außerdem kann für die Wiederverwendung von Modellen (Anforderung 32) die Liste ähnlicher Inhalte durch einen Filter auf Modelle reduziert werden (6). Die dargestellten Inhalte lassen sich mit verschiedenen Bedienelementen des seitlichen Fensters direkt öffnen (2) oder lokal speichern (3).

Die Suche nach ähnlichen Inhalten zu einem Modell ist auch in Kolumbus 2 möglich (vgl. Abschnitt 6.4.1.5). Ebenso können in Kolumbus 2 zu einem Modell Ansprechpartner gesucht werden (vgl. Abschnitte 6.4.2 und 6.4.6).

6.4.5.2 *Zusammenfassung*

Durch die vorgestellten Funktionen werden alle an das Handlungsfeld „Modellierung unterstützen“ gestellten Anforderungen erfüllt. So werden die aus Kolumbus 2 zu einem Modell zur Verfügung gestellten Inhalte (Anforderung 8) im Modellierungswerkzeug angezeigt (Anforderung 31) und können zudem zur Unterstützung der Wiederverwendung auf Modelle reduziert werden (Anforderung 32). Zudem stehen im Modellierungswerkzeug Informationen zu potentiellen Ansprechpartnern für ein Modell zur Verfügung (Anforderung 30). Tabelle 23 fasst diese Funktionen zusammen.

Tabelle 23: Funktionen zur Umsetzung der Anforderungen an das Handlungsfeld „Modellierung unterstützen".

Anforderung	Kurzform der Anforderung	Funktion in WiProM	Verfügbar in
Anforderung 8	Ähnliche Inhalte zu Modellen bereitstellen	Suche nach ähnlichen Inhalten	Kolumbus 2, (SeeMe-Editor)
Anforderung 30	Bei der Modellierung Ansprechpartner zu Modellen finden	Anzeige in eigener Oberfläche	SeeMe-Editor
Anforderung 31	Bei der Modellierung auf Informationen eines WMS zugreifen	Anzeige in eigener Oberfläche	SeeMe-Editor
Anforderung 32	Bei der Modellierung ähnliche Modelle finden	Reduktion der Anzeige auf Modelle	SeeMe-Editor

6.4.6 Unterstützung des Handlungsfelds „Modellverständnis sichern"

Viele Funktionen, die zur Unterstützung des Verständnisses von Modellen benötigt werden (vgl. Abschnitt 5.2.6), wurden bereits zur Unterstützung des Handlungsfelds „Modelle austauschen" (5.2.2) beschrieben. Zudem wird die zur Sicherung des Verständnisses notwendige Nutzung verschiedener Bezeichner für Elemente (Anforderung 10) durch die Möglichkeiten des Taggings von Elementen (vgl. Abschnitt 6.4.1) umgesetzt. Ebenso wird die Umsetzung von Anforderung 5 zur Verbindung von Modellen und Texten bereits in den Abschnitten 6.4.2 und 6.4.5 beschrieben. Für die verbleibenden Anforderungen (vgl. Tabelle 16 auf Seite 152) wurde eine Möglichkeit der Zuordnung bei der Modellierung genutzter Inhalte zu einem Modell (Anforderung 9) und zu Teilmodellen (Anforderung 33) in WiProM integriert. Abbildung 60 stellt diese Funktion dar.

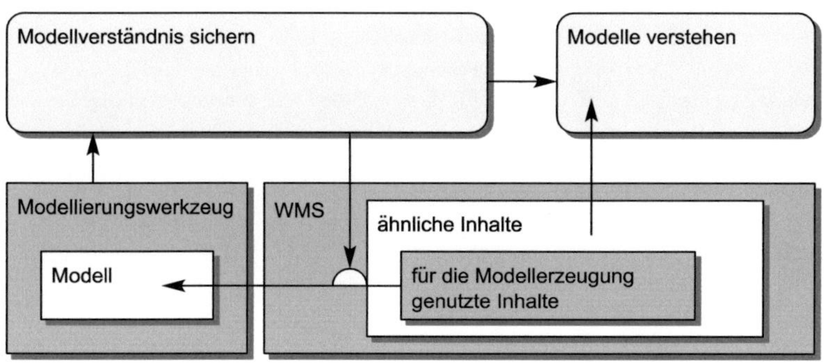

Abbildung 60: Unterstützung des Anwendungsfalls und Handlungsfelds „Modellverständnis sichern".

6.4.6.1 *Nutzung ähnlicher Inhalte zur Unterstützung des Verständnisses von Prozessmodellen*

Nach Anforderung 5 muss das Verständnis von Modellen durch das Angebot bzw. die Verknüpfung weiterer Inhalte zu einem Modell unterstützt werden. Modellierer sollten jedoch nicht alle der hierfür geeigneten Inhalte manuell mit einem Modell verknüpfen müssen. Außerdem sollten auch solche Inhalte, die ein Modellierer nicht kennt, für die Unterstützung des Verständnisses eines Modells verwendet werden können. Hierfür kann die Darstellung von Inhalten und Ansprechpartnern zu einem Modell im SeeMe-Editor verwendet werden (vgl. Abschnitt 6.4.5). Sie hilft so nicht nur Modellierern, sondern stellt auch Modellnutzern Inhalte zur Unterstützung des Verständnisses von Modellen zur Verfügung. Diese erfüllt Anforderung 5.

Der Abruf ähnlicher Inhalte zu einem Modell ist auch in Kolumbus 2 möglich. Hierzu können Nutzer den in Abbildung 36 dargestellten Eintrag „Show similar items" aus dem Kontextmenü von Modellen in Kolumbus 2 verwenden. Dieser Menüeintrag erzeugt eine Suchanfrage (vgl. zur Suche Abschnitt 6.4.1.5), die mit den Tags des Modells ausgeführt wird, für das ähnliche Inhalte gesucht werden. Die Ergebnisse dieser Suche werden wie in Abbildung 41 (Seite 187) dargestellt.

6.4.6.2 *Verbindung recherchierter Inhalte und Ansprechpartner mit Modellen*

Die Darstellung ähnlicher Inhalte und relevanter Ansprechpartner im SeeMe-Editor (vgl. Abschnitt 6.4.5) ermöglicht die Verknüpfung dieser Informationen mit einem Modell (Anforderung 9, Anforderung 33). Hierzu können die in Abbildung 59 auf Seite 210 dargestellten Bedienelemente genutzt werden: Wählt ein Nutzer aus den Listen für Inhalte oder Ansprechpartner (7, 8) einen oder mehrere Einträge aus, so kann er diese mit der dafür zur Verfügung stehenden Schaltfläche mit dem angezeigten Modell oder dessen selektierten Teilen verknüpfen (4). Diese Verknüpfungen verweisen auf die in Kolumbus 2 verfügbaren Dateien und Nutzer-Objekte zu den Einträgen aus der Liste. Diese Zuordnung ist sowohl für das ganze Modell (Anforderung 9) als auch für dessen Teile (Anforderung 33) möglich.

Diese Funktion ist in der beschriebenen Form nicht in Kolumbus 2 verfügbar. Dort können Inhalte jedoch durch Kombination der in Abschnitt 6.4.5 beschriebenen Funktion zur Anzeige ähnlicher Inhalte mit der Verknüpfung von Inhalten in Kolumbus 2 (vgl. Abschnitt 6.4.2.3) ebenso mit einem Modell verbunden werden.

6.4.6.3 *Zusammenfassung*

Zusammenfassend kann festgehalten werden, dass die in den vorherigen Handlungsfeldern und hier beschriebenen Funktionen alle Anforderungen des Handlungsfelds erfüllen. So stehen zu Modellen textuelle Inhalte in Kolumbus 2 zur Verfügung (Anforderung 5) und für die Modellierung verwendete Inhalte und Ansprechpartner können im Modellierungswerkzeug Modellen (Anforderung 9) und ihren Bestandteilen (Anforderung 33) zugeordnet werden. Zudem steht über die in Abschnitt 6.4.1 eine Funktion zur Verwendung alternativer Bezeichner für Modelle zur Verfügung (Anforderung 10). Tabelle 24 fasst diese Funktionen zusammen.

Tabelle 24: Funktionen zur Umsetzung der Anforderungen an das Handlungsfeld „Modellverständnis sichern".

Anforderung	Kurzform der Anforderung	Funktion in WiProM	Verfügbar in
Anforderung 5	Zu Modellen ähnliche Inhalte anbieten	Suche (6.4.1), Verknüpfung (6.4.2) und Abruf von Inhalten (6.4.5)	Kolumbus 2, SeeMe-Editor
Anforderung 9	Zur Modellierung verwendete Inhalte zu Modellen zuordnen	Auswahl aus der Liste und Verknüpfung	SeeMe-Editor, (Kolumbus 2)
Anforderung 10	Namen von Elementen durch Meta-Ebene kontextualisieren	Zuordnung von Tags zu Elementen (6.4.1 und 6.4.4)	Kolumbus 2, SeeMe-Editor
Anforderung 33	Inhalte aus der Recherche mit Teilmodellen verbinden	Auswahl aus der Liste und Verknüpfung	SeeMe-Editor, (Kolumbus 2)

6.4.7 Unterstützung des Handlungsfelds „Modellqualität sichern"

Zur Unterstützung des Handlungsfelds „Modellqualität sichern" steht sowohl in Kolumbus 2 als auch im SeeMe-Editor ein Mechanismus zur Verfügung, mit dem Modellierer anderen Nutzern ein Modell zur Überprüfung seiner Qualität zuweisen können (vgl. Tabelle 17 auf Seite 155). Die entsprechenden Funktionen sind gemeinsam mit Beispielen für unterstützende Funktionen aus anderen Anwendungsfällen in Abbildung 61 dargestellt.

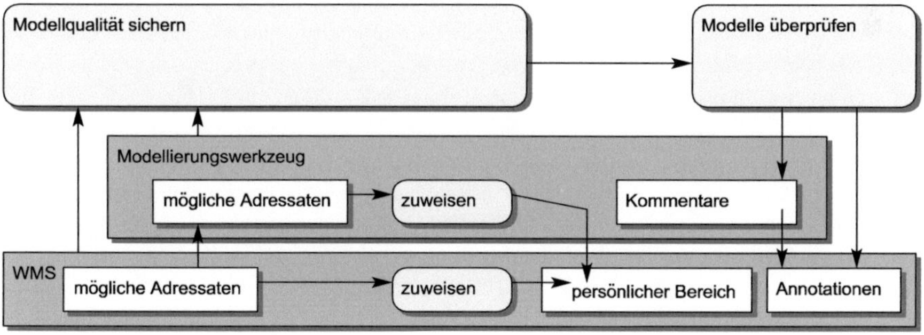

Abbildung 61: Unterstützung des Anwendungsfalls und Handlungsfelds „Modellqualität sichern".

6.4.7.1 *Zuweisung von Modellen zur Überprüfung der Qualität*

Für die Zuweisung von Modellen in Kolumbus 2 können Nutzer die im Funktionsmenü zur Verfügung stehende Funktion `Review` verwenden (vgl. Abbildung 36 auf Seite 183). Diese öffnet den in Abbildung 62 dargestellten Dialog, in dem aus vorgeschlagenen Nutzern des Systems gewählt werden kann.

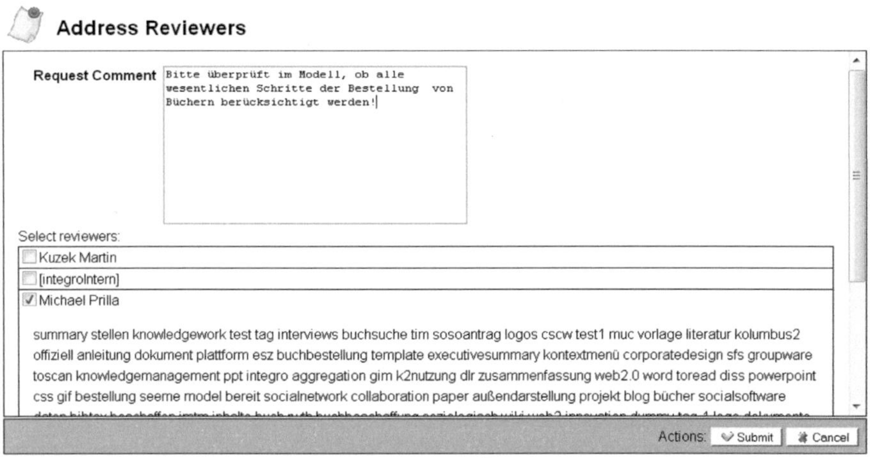

Abbildung 62: Zuweisung von Modellen zur Überprüfung durch Nutzer des WMS.

Alternativ kann die Zuweisung von Modellen zur Durchsicht auch über die in Abbildung 59 auf Seite 210 dargestellte Oberfläche des SeeMe-Editors ausgeführt werden (Nr. 5 in Abbildung 59). Diese öffnet im SeeMe-Editor einen Abbildung 62 entsprechenden Dialog. Benutzer werden sowohl über den Startbereich in Kolumbus 2 (Abbildung 53, Nr. 4 auf Seite 203) als auch im SeeMe-Editor auf ihnen zur Durchsicht zugewiesene Modelle hingewiesen (Abbildung 63). Im SeeMe-Editor werden Hinweise hierzu in die Oberfläche zur Darstellung der Inhalte aus Kolumbus 2 integriert, wie Abbildung 63 zeigt. Zugewiesene Modelle können durch Selektion eines Hinweises (in Abbildung 63 gelb hinterlegt) direkt im Modellierungswerkzeug geöffnet und überprüft werden.

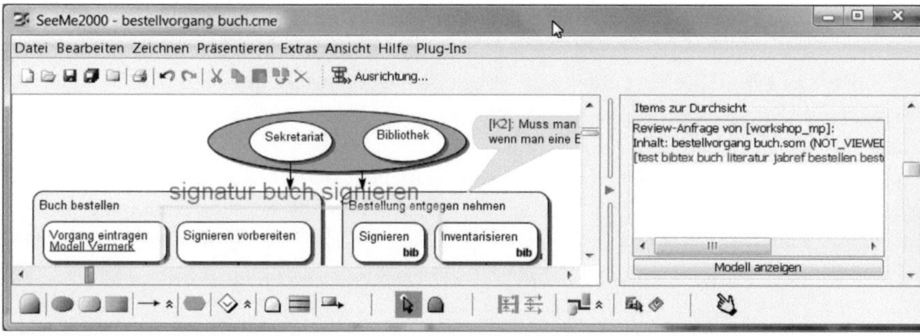

Abbildung 63: Anzeige zur Überprüfung zugewiesener Modelle im SeeMe-Editor.

Die Rückmeldung nach erfolgter Durchsicht eines Modells kann entweder durch Annotationen an einem Modell in Kolumbus 2 oder durch die als Kommunikationsbeiträge markierten Kommentare in einem SeeMe-Modell direkt an dessen Elementen vorgenommen werden (vgl. Abbildung 61 und die Darstellung der entsprechenden Funktion in Abschnitt 6.4.3).

6.4.7.2 *Zusammenfassung*

Die beschriebenen Funktionen der Zuweisung von Modellen zu ihrer Überprüfung im SeeMe-Editor und in Kolumbus 2 entsprechen der in Anforderung 34 beschriebenen Zuweisung von Modellen zur Überprüfung. Diese wird zudem durch den in Anschnitt 6.4.4.3 beschriebenen persönlichen Startbereich eines Nutzers unterstützt, in dem Nutzer auf ihnen zugewiesene Modelle aufmerksam gemacht werden. Die zur Rücksprache nach der Überprüfung notwendige Kommunikation wird durch die in Abschnitt 6.4.3 beschriebenen Funktionen ermöglicht. Tabelle 25 zeigt die Funktion der Zuweisung von Modellen zur Durchsicht.

Tabelle 25: Funktionen zur Umsetzung der Anforderungen an das Handlungsfeld „Modellqualität sichern".

Anforderung	Kurzform der Anforderung	Funktion in WiProM	Verfügbar in
Anforderung 34	Nutzern Modelle zur Überprüfung zuweisen	Zuweisung zur Durchsicht	Kolumbus 2, SeeMe-Editor

6.5 Zusammenfassung und Diskussion

Für das in diesem Abschnitt beschriebene WiProM-System können Merkmale eines soziotechnischen Systems der Nutzung von Modellen als wissensvermittelnde Artefakte festgestellt werden. So werden organisatorische Prozesse durch neue technische Funktionen unterstützt und verändert. Gleichzeitig wirken bestehende Prozesse und neue organisatorische Maßnahmen zur Steigerung der Nutzung von Modellen auf die in WiProM verwendeten Anwendungen ein.

WiProM entstand durch die Umsetzung der identifizierten Anforderungen in einem System, das durch die Verbindung des SeeMe-Editors als Modellierungswerkzeug und Kolumbus 2 als WMS gebildet wird. Hierfür wurden mit XML und Web-Services Standard-Technologien für den Austausch der Anwendungen ausgewählt, die eine Erweiterung von WiProM um weitere Anwendungen erleichtern. Auf dieser Basis wurden zahlreiche Funktionen entwickelt, mit denen die Nutzung von Modellen als wissensvermittelnde Artefakte unterstützt wird. Das so entstandene WiProM-System deckt alle aus den identifizierten Handlungsfeldern und Anwendungsfällen stammenden Anforderungen an die Unterstützung der Verbreitung und Nutzung von Modellen ab (vgl. hierzu die Tabellen zu den einzelnen Handlungsfeldern und die Übersichten der Funktionen in Abschnitt 8.1 und Anhang B). Es ermöglicht so den Umgang mit Modellen auf einer Ebene, die im Wissensmanagement für textuelle Inhalte heute selbstverständlich ist. Zudem wurden Funktionen umgesetzt, die auf Modelle und deren Inhalte hinweisen, Modelle verbreiten und somit Gelegenheiten zur Auseinandersetzung mit Modellen schaffen (vgl. Abschnitt 6.4.4). Es kann für diese Funktionen vermutet werden, dass sie bei Erreichen einer höheren Akzeptanz für Modelle an Bedeutung für das System verlieren

Für das WiProM-System wurde mit Social Tagging ein entsprechend der identifizierten Anforderungen flexibler Mechanismus der Beschreibung von Inhalten ausgewählt, mit dem Modelle und andere Inhalte auf der gleichen semantischen Ebene verwaltet werden können. Dieser Mechanismus kann als adäquate Unterstützung bereits etablierter Prozesse verstanden werden, da er die in der empirischen Studie als etabliert identifizierte Beschreibung (vgl. Abschnitt 5.2.1.2) ermöglicht und im Vergleich verfügbarer semantischer Technologien (Abschnitt 6.2) anhand vorhandener Anforderungen als beste Alternative identifiziert werden konnte.

In WiProM stehen mit dem **Tagging von Prozessmodellen** in Modellierungsanwendungen, der **Verbindung von Modellierungsanwendungen und WMS** zur Unterstützung von Modellierung und Modellnutzung sowie der **Verwaltung und Suche von Modellen in WMS** Mechanismen zur Verfügung, für die keine vergleichbaren Ansätze vorhanden sind und die daher in dieser Form erstmals umgesetzt wurden. Jeder dieser Mechanismen stellt daher ein **Alleinstellungsmerkmal** der vorliegenden Arbeit dar. Dabei ist jedoch darauf hinzuweisen, dass dies nicht allein durch die technische Umsetzung bspw. der Kopplung, sondern vor allem durch die mit diesen Mechanismen erreichte Unterstützung begründet ist. So ermöglicht die Nutzung von Tags in Modellierungswerkzeuge die Auszeichnung von Prozessmodellen für alle Nutzer mit frei wählbaren Begriffen und stellt somit einen Unterschied zu bisher vorhandenen Werkzeugen der Auszeichnung von Modellen dar (vgl. Abschnitt 4.6.2). Ebenso verbindet die in Abschnitt 6.3.3 beschriebene Kopplung Modellierungswerkzeuge und WMS nicht nur zur reinen Dateiablage, sondern unterstützt bspw. gezielt die Verteilung von Modellen (vgl. Abschnitt 6.4.2) und stellt während der Modellierung kontextrelevante Inhalte zur Verfügung (Abschnitt 6.4.5). Zudem stellt die in Abschnitt 6.4.1 beschriebene Unterstützung der Verwaltung und Suche von Modellen und WMS eine Erweiterung des bisherigen Stands der Nutzung von Prozessmodellen in WMS dar (vgl. Abschnitte 4.2 und 4.6).

Auf Basis dieser zentralen Mechanismen setzt WiProM mit vielen Funktionen zur Unterstützung der Nutzung von Modellen als wissensvermittelnde Artefakte die zentralen Anforderungen der Verfügbarkeit von Modellen auf gleicher Ebene von Texten und der Beschreibung von Inhalten auf einer Meta-Ebene um. Zudem wurden weitere, nicht auf diesen Mechanismen basierende Funktionen wie die Integration des Modellierungswerkzeugs in Kolumbus 2 oder die Unterstützung der Rolle eines Modellpaten umgesetzt (vgl. Abschnitte 6.4.4.4 und 6.4.4.5). Ebenso wurden in WiProM analog zur Kategorisierung der Anforderungen (vgl. Abschnitt 5.1) sowohl modellspezifische Funktionen als auch solche Funktionen, die auch für die Nutzung anderer Inhalte hilfreich sein können, umgesetzt. Zusammengenommen beantworten diese für den Prototyp des WiProM-Systems konzipierten und umgesetzten Funktionen einen Teil der in diesem Abschnitt bearbeiteten **Forschungsfragen**.

Viele Funktionen des Systems stehen sowohl im Modellierungswerkzeug als auch im WMS zur Verfügung. Diese Funktionen wurden meist in Kolumbus 2 implementiert und durch die Kopplung der Anwendungen in WiProM an den SeeMe-Editor angebunden. Dies ermöglicht zum einen die Integration dieser Funktionen in Arbeitsabläufe von Nutzern und somit eine bedarfsgerechte Unterstützung (vgl. Abschnitte 2.3.4 und 2.4.7). Zum anderen ermöglicht es auch solchen Nutzern von der Verfügbarkeit von Modellen zu profitieren bzw. auf Modelle in einem WMS aufmerksam zu werden, die Modelle nicht ohnehin als Werkzeug ihrer Arbeit verwenden.

Mit den oben beschriebenen, in der vorliegenden Arbeit erstmals umgesetzten Mechanismen betritt die Arbeit Neuland. Dabei zeigt das zurückliegende Kapitel zwar, dass mit diesen Mechanismen alle im Rahmen der Arbeit identifizierten Anforderungen zur Unterstützung des Umgangs mit Modellen als wissensvermittelnde Artefakte abgedeckt werden. Wie und ob diese Mechanismen und ihre Gestaltung im Praxiseinsatz jedoch angenommen werden, kann das Kapitel nicht klären. Es ist daher zu erwarten, dass im Praxiseinsatz des Systems sowohl **weitere Anforderungen** als auch Änderungswünsche bezüglich der umgesetzten Funktionen auftreten. Analog dazu ist davon auszugehen, dass die in diesem Kapitel beschriebene **Gestaltung** der Mechanismen weiterentwickelt werden muss, da für diese Gestaltung mangels vergleichbarer Ansätze nicht auf Erfahrungswerte oder vorhandene Forschungsergebnisse zurückgegriffen werden konnte. Da jedoch neben der Abdeckung vorhandener Anforderungen mit WiProM auch ein nutzbares und nützliches System erstellt werden sollte, war es zur vollständigen Beantwortung von Forschungsfrage 5 und Forschungsfrage 6 notwendig, die im zurückliegenden Kapitel beschriebenen Mechanismen und Funktionen einer Evaluation mit potentiellen Nutzern zu unterziehen. Hierbei wurde insbesondere Wert auf Aspekte wie Nutzen, Nützlichkeit und Akzeptanz des Systems gelegt (vgl. Abschnitt 2.2.4). Die unter diesen Fragestellungen durchgeführte Evaluation wird im folgenden Kapitel beschrieben.

„However, the best solution is to try to insure that everyone benefits directly from using the application" (Jonathan Grudin)

7 Evaluation und Weiterentwicklung des WiProM-Systems

Der Prototyp des WiProM-Systems setzt die aus der Literaturanalyse und der empirischen Studie gewonnenen Anforderungen zur Nutzung von Modellen als wissensvermittelnde Artefakte um. Gleichwohl enthält er eine Vielzahl neuer und spezifisch für das betrachtete Problemfeld entwickelter Funktionen und Gestaltungselemente. Deren Praxistauglichkeit kann zwar wegen der Rückgriffs auf vorhandene Anwendungen sowie Erkenntnisse und Grundlagen zu kooperationsunterstützenden Systemen und der Nutzung von Modellen in Organisationen angenommen, jedoch nicht als gegeben angesehen werden. Der Prototyp hat daher den Status eines Pilotsystems (vgl. Balzert 1998, S. 115) und musste für eine Beurteilung seiner Praxistauglichkeit nach seiner Umsetzung (vgl. Kapitel 6) in einer Evaluation mit potentiellen Nutzern hinsichtlich seines Nutzens und seiner Nützlichkeit überprüft werden (vgl. Abschnitt 1.4.2 und 2.2.4). Zugleich bietet eine solche Evaluation die Gelegenheit, durch die Diskussion mit potentiellen Nutzern des Systems Erkenntnisse zu dem in der vorliegenden Arbeit betrachteten Problembereich zu gewinnen. Dieses Kapitel beschreibt die Evaluation des WiProM-Systems, deren Ergebnisse und die daraus abgeleiteten Erkenntnisse.

Der Prototyp enthält Mechanismen wie das Tagging für Prozessmodelle, die Kopplung von Modellierungswerkzeugen und WMS und die Integration von Modellen in Inhalte von WMS, die in dieser Form erstmals umgesetzt wurden. Es ist daher zu fragen, ob diese Mechanismen den mit ihnen verbundenen Mehrwert erreichen können. Um dies zu überprüfen, wurde eine Serie von Workshops mit potentiellen Nutzern des Systems durchgeführt. Die Evaluation verfolgte dabei Ziele auf verschiedenen Ebenen:

- **Gestaltung und Weiterentwicklung von Funktionen:** Die Funktionen des WiProM-Systems sollten hinsichtlich Ergänzungs- und Gestaltungsbedarfen sowie ihrer Angemessenheit für die Lösung des betrachteten Problemraums evaluiert werden.
- **Vollständigkeit des Funktionsumfangs:** Um seine Angemessenheit für den betrachteten Problemraum zu überprüfen, sollte die Vollständigkeit des Funktionsumfangs von WiProM überprüft werden. Dabei wurde sowohl nach ergänzenden Funktionen für einzelne Probleme gesucht als auch die Unterstützung von Arbeitsprozessen des Umgangs mit Modellen betrachtet.
- **Akzeptanz des Systems:** Die Akzeptanz von WiProM ist die Voraussetzung zu seiner Nutzung. Daher sollten aus der Analyse von Erwartungen, Kritik und Bewertungen der Nutzer fördernde und hemmende Faktoren der Akzeptanz identifiziert und im System umgesetzt werden.
- **Erkenntnisse zum Problembereich:** Auf einer übergeordneten Ebene sollten aus der Evaluation Erkenntnisse zur Unterstützung des Problembereichs gewonnen werden, mit denen die Ergebnisse der Analysephasen ergänzt werden sollten.

Die beschriebenen Ebenen der Evaluation betrachten die Praxisrelevanz des WiProM-Systems von der Gestaltung einzelner Funktionen bis zu seiner Akzeptanz. Sie ergänzen somit die in Kapitel 6 begonnene Beantwortung von **Forschungsfrage 5** und **Forschungsfrage 6**. Es muss jedoch bemerkt werden, dass es sich bei diesem Vorgehen um einen **formativen**, also auf die Fortentwicklung des Systems und die weitere Erkundung des Problemraums ausgerichteten Ansatz der Evaluation handelt (vgl. Abschnitt 1.4.2). Dies bedeutet, dass die Evaluation keine abschließende Bewertung des Systems leisten kann (vgl. zur Durchführung der Evaluation und weiteren Evaluationsbedarfen Abschnitt 7.5.2). Überdies wurden identifizierte Änderungs- und Weiterentwicklungsbedarfe des Systems nicht als Anforderungen festgehalten, sondern direkt umgesetzt und somit in Form eines weiterentwickelten Prototyps dokumentiert (vgl. Abschnitt 1.4.2).

Die in diesem Kapitel beschriebene Evaluation wurde nach Fertigstellung des in Kapitel 6 beschriebenen Prototyps durchgeführt. In der Folge werden jedoch lediglich solche Erkenntnisse und deren Umsetzung beschrieben, die zu einer bedeutenden Veränderung bei funktionalen oder nicht-funktionalen Aspekten von WiProM geführt haben. Inkrementelle Veränderungen, die bspw. die Gestaltung der Oberfläche des Systems oder kleinere Änderungen an vorhandenen Funktionen betreffen, wurden in die Darstellung des Systems in Kapitel 6 integriert und werden daher im Folgenden nicht mehr aufgeführt. Die im Folgenden dargestellte Analyse wird davon jedoch nicht beeinflusst.

Im weiteren Verlauf dieses Kapitels wird zunächst das Vorgehen in der Evaluation erläutert (Abschnitt 7.1). In der Folge beschreibt Abschnitt 7.2 die Analyse funktionaler und gestalterischer Aspekte des WiProM-Systems, die durch eine Analyse seiner Nutzung in Arbeitsprozessen (Abschnitt 7.3) ergänzt wurden. In Abschnitt 7.4 wird die Analyse akzeptanzrelevanter Beobachtungen aus der Evaluation beschrieben. Das Kapitel schließt mit einer Reflexion der Ergebnisse hinsichtlich daraus abzuleitender Erkenntnisse für das betrachtete Problemfeld und zur Durchführung der Evaluation (Abschnitt 7.5).

7.1 Gestaltung und Ablauf der Evaluation

Zur Evaluation des Systems wurden nach dessen Umsetzung drei halbtägige Workshops durchgeführt, an denen ein fester Kreis von zehn potentiellen Nutzern des Systems teilnahm. Diese Nutzer wurden in den Workshops aktiv in die Gestaltung und Erweiterung des Systems einbezogen. Ziel dieses partizipativen Ansatzes war es, in Interaktion mit potentiellen Nutzern Probleme und Wünsche zu erörtern und ein ihren Anforderungen gerechtes System (vgl. Abschnitt 2.2.4.2) zu erstellen (vgl. zu Vor- und Nachteilen der Vorgehensweise zur Durchführung der Workshops Abschnitt 7.5.2). Die Workshops wurden daher in einem Gesamtzeitraum von drei Monaten durchgeführt, um in einem Workshop erworbene Kenntnisse zu WiProM für folgende Workshops nutzen zu können.

Die Teilnehmer der Workshops wurden aus der Arbeitsgruppe, in der auch der Autor beschäftigt ist, rekrutiert. Alle Teilnehmer nutzen im Rahmen ihrer Tätigkeit Modelle oder sind lesend mit der Notation von SeeMe-Modellen (vgl. Anhang E) vertraut und können daher als potentielle Nutzer des WiProM-Systems aufgefasst werden. Der Umfang ihrer Modellnutzung variiert jedoch intentional. Dies ermöglicht die Betrachtung von Nutzen und Nützlichkeit des Systems aus verschiedenen Perspektiven von Nutzern. In den Workshops wurde das bereits in Kapitel 6 verwendete Modell zur Erläuterung des WiProM-Systems verwendet. Dies war den Teilnehmer bekannt, da es aus der einige Zeit vor den Workshops durchgeführten Reorganisation der Literaturbeschaffung ihrer Arbeitsgruppe stammt.

Da in der Evaluation auch Aspekte wie der Nutzen und die Nützlichkeit von WiProM sowie der Mehrwert der Verwendung von Modellen im Wissensmanagement überprüft werden sollten, wurden Teilnehmer ausgewählt, die zu inhaltlichen Themen der Modellierung und des Wissensmanagement, zur Gebrauchstauglichkeit von Informationssystemen und zur Nutzung von Social Tagging Kenntnisse aufwiesen. Um diese Kenntnisse einzuschätzen zu können, wurden die Teilnehmer zu Beginn des ersten Workshops um eine Selbsteinschätzung hierzu gebeten. Das in Abbildung 64 dargestellte Ergebnis zeigt, dass die Teilnehmer ihre Kenntnisse im Durchschnitt als gut oder besser einschätzen. Insbesondere die Werte der Einschätzung zu Modellierungskenntnissen zeigen dabei ihren Status als potentielle Nutzer des WiProM-Systems. Zudem zeigen sich Abweichungen der Kenntnisse, so dass die Teilnehmer eine heterogene Nutzergruppe darstellen, die nicht ausschließlich aus Experten aller Gebiete besteht. Die Auswahl der Teilnehmer für die Workshops kann daher für den in der Evaluation gewählten Rahmen als geeignet bezeichnet werden (vgl. zur Auswahl der Teilnehmer auch Abschnitt 7.5.2).

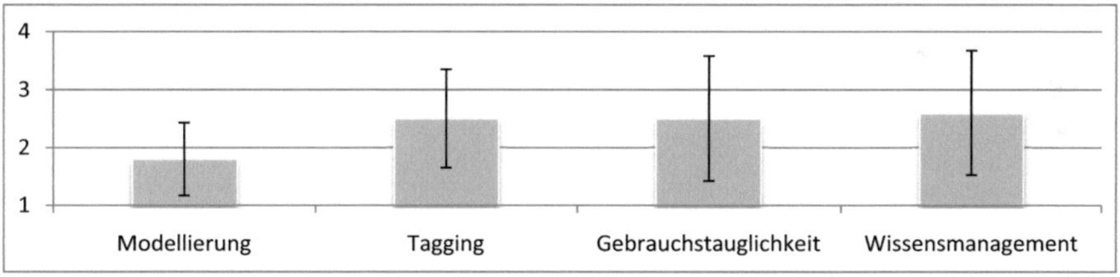

Abbildung 64: Kenntnisse der Teilnehmer aus den Workshops zu Themen der Evaluation (1 = sehr gut, 5 = sehr schlecht).

Um die beschriebenen Ziele der Evaluation sinnvoll miteinander verbinden zu können, wurden in den Workshops verschiedene Methoden miteinander kombiniert (vgl. Abschnitt 1.4.2). Diese Methoden wurden in verschiedene Phasen der Workshops integriert (vgl. Tabelle 26 auf Seite 222). Diese Phasen werden in der Folge kurz beschrieben und ihre Nutzung in den Workshops wird in Tabelle 26 dargestellt. Einzelheiten zum Ablauf der Workshops werden in Anhang D.1 dargestellt.

- **Analyse nach Wants and Needs:** In jeder Durchführung dieser Phasen (vgl. Abschnitt 1.4.2) wurden von den Teilnehmern anhand einer Aufgabenstellung eine zentrale Funktionen von WiProM praktisch erprobt (vgl. Tabelle 26). Sie wurden danach gebeten, in einem Brainstorming ihrer Meinung nach notwendige Funktionen und Gestaltungselemente zu dieser Aufgabe zu nennen. Das Ergebnis jeder dieser Phasen ist eine Sammlung von

Anregungen zur Weiterentwicklung von WiProM, die gleichzeitig Bedarfe der Teilnehmer zur Unterstützung von Arbeitsaufgaben darstellt (vgl. Abschnitt 1.4.2).

- **Evaluation der Gebrauchstauglichkeit:** In diesen Phasen, die jeweils an Phasen des Wants and Needs anschlossen, wurden die erprobten Funktionen auf Probleme überprüft. Die Teilnehmer bewerteten ihren Eindruck anhand von Heuristiken und begründeten ihre Bewertung in Kommentaren (vgl. Anhang D.5). Zur Evaluation wurden die Heuristiken von Nielsen (1994a) verwendet (vgl. Cockton et al. 2003 und Anhang D.5.1).
- **Beurteilung des Systems:** Um eine Gesamtbeurteilung der Nützlichkeit und der Nutzbarkeit des Systems zu erhalten, wurden die Teilnehmer zum Ende der Workshops gebeten, ihre Einschätzungen zu den vorgestellten Funktionen auf einer Skala mit vier Elementen abzugeben, die an die Skalen von Brooke (1996) und Lewis (1991) angelehnt wurde (vgl. Anhang D.2.1).
- **Nutzung von Funktionen in Arbeitsprozessen:** Zur Überprüfung dynamischer Aspekte der Nutzung des Systems modellierten Gruppen der Teilnehmer einen für sie relevanten Arbeitsprozess mit Unterstützung durch Funktionen des Systems (vgl. Abschnitt 7.3 und Anhang D.4). Sie diskutierten diesen Prozess mit den anderen Gruppen und bewerteten die Prozesse gegenseitig.
- **Identifikation zentraler Funktionen:** Zum Abschluss der Workshop-Serie wurden die Teilnehmer gebeten, aus den in den Workshops gesammelten Anregungen jeweils wichtige Einzelfunktionen, Kombinationen von ihnen und innovative Funktionen zu nennen. Ziel war dabei, für die Unterstützung des betrachteten Problems zentrale Funktionen zu identifizieren.

Die Serie der Evaluationsworkshops wurde mit zwei Workshops begonnen, in denen die Kombination aus Brainstormings (Wants and Needs), der Beurteilung der Gebrauchstauglichkeit von Funktionen und deren Diskussion im Vordergrund stand. Im dritten Workshop konnte daher vorausgesetzt werden, dass die Teilnehmer sich ein Bild vom System und dessen möglicher Nutzung gemacht hatten, so dass komplexere Evaluationsaufgaben gestellt werden konnten. Aus dieser Herangehensweise ergab sich die in Tabelle 26 dargestellte Verteilung der Phasen in der Evaluation.

Tabelle 26: Aufteilung der konzipierten Phasen auf die drei Workshops der Evaluation.

	Workshop 1	Workshop 2	Workshop 3
Wants and Needs (mit Brainstorming)	4 Basisfunktionen (Tagging von Modellen)	3 Basisfunktionen (Kopplung von Anwendungen und Verwaltung von Modellen)	1 Basisfunktion (Unterstützung der Modellierung)
Gebrauchstauglichkeit	4 Basisfunktionen	3 Basisfunktionen	1 Basisfunktion
Systembeurteilung	Abschlussbeurteilung	Abschlussbeurteilung	-
Nutzungsprozesse	-	-	4 Gruppen, Bewertung
Zentrale Funktionen	-	-	Abschlussbeurteilung

Aus den in Tabelle 26 dargestellten Phasen entstand das **Material**, das zur Analyse der Workshops verwendet wurde. So entstand aus den Brainstormings (Wants and Needs) eine zusammengefasste Liste mit Funktionswünschen und Unterstützungsbedarfen der Teilnehmer (vgl. Anhang D.3). Die Überprüfung der Gebrauchstauglichkeit beinhaltete kleine Fehler, aber auch übergeordnete Erwartungen an das System (vgl. Abschnitte 7.4.1 und Anhang D.5). Die Abschlussbeurteilungen gaben Aufschluss zu zentralen Funktionen des Systems und deren Nutzen. Die Konstruktion von Arbeitsprozessen hinterließ Modelle und Beschreibungen dieser Prozesse (vgl. Abschnitt D.4).

Um dieses Material nutzen zu können, wurden Bewertungen, Anregungen und Kommentare der Teilnehmer von diesen in einem elektronischen Notizbuch gemacht. Zudem wurden die Ergebnisse der Brainstormings in einem webbasierten Brainstorming-Werkzeug dargestellt. Die Teilnehmer arbeiteten in diesen Werkzeugen unter Pseudonymen, um eventuelle Hemmungen hinsichtlich geäußerter Kritik zu vermeiden. Zudem wurden die Workshops auf Video aufgezeichnet, um in der Auswertung offene Fragen durch Betrachtung der Aufzeichnung beantworten zu können.

Das so gewonnene Material wurde analog zur empirischen Studie (vgl. Abschnitt 1.4.2) in Kategorien eingeteilt. Daraus entstanden für die Phasen des Brainstormings 75 Funktionsgruppen, die in vierzehn disjunkte Kategorien eingeordnet wurden (vgl. Anhang D.3.2). Zudem entstanden aus den Kommentaren der Teilnehmer weitere Kategorien zu Erwartungen bzw. Kritik und somit zu Aspekten der Akzeptanz des Systems durch die Teilnehmer (vgl. Abschnitt 7.4). Diese Menge an Ideen bietet einerseits gute Möglichkeiten der Analyse resultierender Anforderungen, anderseits macht sie eine Verdichtung des Materials notwendig. In der Analyse wurden Beiträge daher hinsichtlich ihres Mehrwerts für Ziele der Arbeit bewertet, gewichtet und ausgewählt. Das Ergebnis dieser Auswertung stellt ein Bild notwendiger Funktionen, akzeptanzrelevanter Faktoren und daraus ableitbarer Erkenntnisse zum Problembereich dar, das in den folgenden Abschnitten beschrieben wird.

7.2 Analyse von Weiterentwicklungs- und Gestaltungsbedarfen für das WiProM-System

Der erste Schritt der Evaluation bestand aus der Analyse der **Vollständigkeit** von Funktionen in WiProM. Hauptgegenstand waren dabei die Ergebnisse der Brainstormings aus den Phasen des Wants and Needs (vgl. Abschnitt 7.1), die durch Hinweise aus anderen Phasen ergänzt wurden. Die Analyse erfolgte sowohl bezüglich bereits vorhandener Funktionen des Systems als auch hinsichtlich der Ableitung von **Weiterentwicklungsbedarfen** auf funktionaler und gestalterischer Ebene. Dabei war zu beachten, dass in Brainstormings genannte Ideen weder als vollständige Beschreibung des Problemraums noch als Determinanten für die Entwicklung verwendet werden können. Vielmehr waren sie ein Ausgangspunkt für eine qualitative Analyse von Anforderungen (vgl. Abschnitt 1.4.2). Die in der Folge beschriebene Auswahl von Ergebnissen basiert daher nicht auf quantitativen Kriterien wie der Häufigkeit genannter Ideen, sondern stellt deren Interpretation dar und bezieht sich auf die Zentralität der Ideen für die hier bearbeitete Problemstellung.

7.2.1 Evaluation vorhandener Funktionen

In den Workshops nannten die Teilnehmer eine Vielzahl von Funktionen zur Unterstützung der jeweils gestellten Aufgabe. Darunter finden sich auch zahlreiche Funktionen, die im Prototyp bereits vorhanden waren, in den Workshops jedoch nicht explizit behandelt wurden. Tabelle 27 zeigt hierzu die in der Analyse identifizierten Kategorien der Teilnehmerwünsche aus den Phasen des Wants and Needs zusammen mit Beispielen für im System bereits vorhandene Funktionen. Der vollständige Katalog der Funktionsgruppen findet sich in Anhang B.

Tabelle 27: Bestätigung der Relevanz von Funktionen des WiProM-Systems durch Funktionswünsche der Teilnehmer an der Evaluation.

Kategorie	Beispiele für Funktionen des Systems
Bearbeitung von Tags	Eingabe, Verändern und Löschen von Tags
Granularität der Zuordnung von Tags	Tags für Modelle, Gruppen und Elemente
Umgang mit Tags in Modellen	Zugriffsrechte für Tags
Differenzierung von Tags	Eigene und fremde, private und öffentliche Tags
Darstellung von Tags	Tag-Cloud, Anzeige von Tags in Modellen
Integration von mit Tags zusammenhängenden Funktionen	Integration in Dialoge und Menüs
Durch Tags ermöglichte Funktionen	Verwaltung von Modellen, Erzeugung von Perspektiven, Wiederverwendung
Unterstützung der Vergabe von Tags	Vervollständigung von Eingaben, Anzeige von Vorschlägen, Nutzung von Bezeichnern als Tags, Normalisierung von Tags
Suchen und Filtern mit Tags	Suche nach Modellen über Tags, Markierung von Tags als Anzeige der Relevanz von Suchergebnissen, Vermittlung von Experten statt Suche
Exploration von Inhalten mit Tags	Navigation durch Inhalte mit Tag-Cloud, Explikation von Inhalten durch Tags als Möglichkeit des Vergleichs von Modellen
Verwaltung von Modellen (mit Tags)	Einstellen und Abruf mit verknüpften Inhalten, strukturierte Ablage von Modellen, Unterstützung bei der Ablage durch Vorschläge, Verwendung von Teilmodellen
Verbindung von Modellen und anderen Inhalten (mit Tags)	Verbindung von Modellen und ähnlichen Inhalten durch Suche und Verknüpfungen
Vorschlag ähnlicher Inhalte	Vorschläge, Abruf und Bereitstellung von Experten, ähnlichen Inhalten und Modellen
Wissensmanagement-Funktionen für Modelle	Versionierung, zentrale Ablagemöglichkeit, Kommunikation an Modellen, Anzeige im WMS, Zustimmung zu Modellen

Die in Tabelle 27 dargestellten Kategorien sind zu einem großen Teil deckungsgleich mit den in Kapitel 6 genannten Funktionen. Zu betonen ist hierbei, dass in den Workshops anfänglich nur Basisfunktionen wie die Eingabe von Tags an Modellen, Elementen und Gruppen, die

Ablage und das Öffnen von Modellen aus dem WMS sowie die Suche nach Modellen im WMS vorgestellt wurden (vgl. Tabelle 26). Weitere Funktionen wurden den Teilnehmern erst später erläutert. Die weiteren in Kapitel 6 beschriebenen und von den Teilnehmern in der Evaluation genannten Funktionen waren nicht bekannt. Zudem wurden Funktionen wie die Nutzung von Tags zur Verwaltung von Modellen in WMS oder die Anzeige ähnlicher Inhalte und Ansprechpartner bereits genannt, bevor die Kopplung von Modellierungswerkzeugen und WMS und die Nutzung von Modellen in WMS vorgestellt wurden. Dies unterstreicht die Notwendigkeit dieser Funktionen. Darüber hinaus kann anhand der Funktionswünsche der Teilnehmer und deren Deckung mit vorhandenen Funktionen für den Funktionsumfang des WiProM-Systems festgehalten werden, dass er ausreichend ist.

7.2.2 Weiterentwicklung: Funktionen und Gestaltung des Systems

Das Ziel der Analyse von Anregungen der Teilnehmer war neben der Überprüfung des Funktionsumfangs von WiProM, Erkenntnisse zur Weiterentwicklung und Gestaltung zu gewinnen. Hierzu lassen sich aus dem gewonnenen Material einige übergeordnete Bereiche für Funktionen und Gestaltungsmerkmale identifizieren, mit denen Nutzbarkeit und Nützlichkeit des Systems deutlich erhöht werden können. Diese werden in der Folge beschrieben.

7.2.2.1 *Verfügbarkeit von Funktionen in beiden Anwendungen: Alternative Zugänge*

In den Beiträgen der Teilnehmer ist auffällig, dass viele der für eine der beiden Basisanwendungen des WiProM-Systems genannten Funktionen auch in Bezug auf die jeweils andere Anwendung genannt wurden. So wurden bspw. Funktionen wie die Verfügbarkeit ähnlicher Inhalte und Ansprechpartner oder die Suche nach Modellen sowohl als Funktion eines WMS als auch für ein Modellierungswerkzeug genannt. Dies ist auch darin begründet, dass unter den Teilnehmern zwei unterschiedliche Benutzergruppen zu identifizieren sind. So nannte eine Gruppe häufig Funktionen aus Sicht eines Modellierers, die andere Gruppe aus der Sicht des Nutzers eines WMS. Für die Gruppen ist eine hohe Überlappung in ihren Funktionswünschen festzustellen. Ein Großteil der genannten Funktionen ist daher ebenso der Modellierung wie Aufgaben der Aneignung und des Transfers von Wissen zuzuordnen.

Die in Kapitel 6 gemachte Beobachtung, dass Funktionen zur Verwaltung von Modellen nicht nur in WMS, sondern auch in Modellierungsanwendungen zur Verfügung stehen müssen, bestätigt sich in diesen Anregungen. Um den Zugriff auf diese Funktionen aus dem Modellierungswerkzeug zu gewährleisten, wurde der SeeMe-Editor entsprechend ergänzt. Abbildung 65 zeigt die Integration der Tag-Cloud aus Kolumbus 2 (vgl. Abbildung 36 auf Seite 183) und entsprechender Suchfunktionen für Inhalte aus Kolumbus 2 als Beispiel der Umsetzung. Weitere Beispiele finden sich im Verlauf dieses Abschnitts (bspw. Abbildung 68 auf Seite 229 oder Abbildung 79 auf Seite 243).

Durch die in Abbildung 65 dargestellte Tag-Cloud wird nicht nur die Verfügbarkeit von Tags aus Kolumbus 2 im SeeMe-Editor hergestellt, sondern auch die Suche nach Inhalten. Diese kann analog zur in Abschnitt 6.4.1 beschriebenen Vorgehensweise durch die Auswahl eines

Tags aus der Tag-Cloud vorgenommen werden. Die Anzeige der Ergebnisse erfolgt entsprechend der in Abschnitt 6.4.5 beschriebenen Anzeige ähnlicher Inhalte in einem seitlichen Fenster.

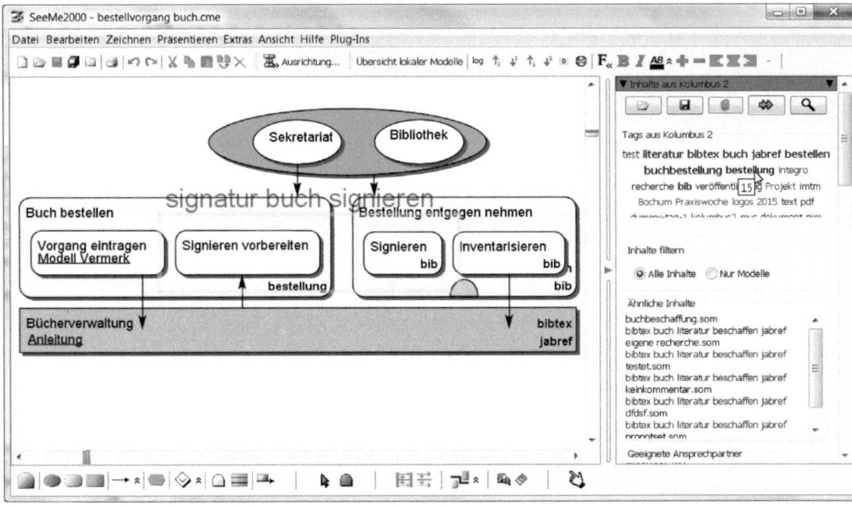

Abbildung 65: Integration von Tags aus Kolumbus 2 in den SeeMe-Editor.

Durch die Anbindung dieser und weiterer Funktionen erhält das WiProM-System neben Kolumbus 2 mit dem SeeMe-Editor einen weiteren **primären Zugang**. Somit stehen mit dem WMS und dem Modellierungswerkzeug zwei zielgruppenspezifische, alternative Zugänge zu WiProM bereit. Zu bemerken ist dabei, dass auch in Kolumbus 2 durch die in Abschnitt 6.4.4.5 beschriebene Nutzung eines integrierten Modellierungswerkzeugs grundlegende Funktionen der Modellierung bereit stehen. Zusammen mit den oben beschriebenen Erweiterungen folgt daraus, dass im Prototyp von WiProM der SeeMe-Editor als Modellierungswerkzeug zu einem leichtgewichtigen Client eines WMS wird, während Kolumbus 2 als WMS Funktionen eines leichtgewichtigen Modellierungswerkzeugs anbietet.

7.2.2.2 *Darstellung und Nutzung von Tags im Modellierungswerkzeug*

Viele Anregungen der Teilnehmer beziehen sich auf die Verwendung von Tags in einem Modellierungswerkzeug. So bewerten sie zwar die Nutzung von Tags im Prototyp als ausreichend, wünschten sich jedoch einen zentralen Zugriff auf Tags und mit ihnen assoziierte Funktionen. Für die Darstellung von Tags in einem Modell wurde hierzu häufig die Nutzung einer Tag-Cloud angeregt, wie sie in Abbildung 65 für Tags aus Kolumbus 2 dargestellt wird. Zudem finden sich viele Anregungen zur Gestaltung dieser Tag-Cloud. Darunter sind Wünsche nach Differenzierung der in dieser Tag-Cloud dargestellten Tags zwischen Tags eines Modells und Tags an dessen Elementen sowie nach Anreicherung von Tags durch Meta-Daten wie der Anzahl ihrer Zuordnungen im Modell (vgl. Tabelle 33 in Anhang D). Weiterhin empfanden die Teilnehmer die Benutzung der Funktionen des Taggings als zu aufwändig.

Hierzu schlugen sie – ohne Kenntnis des in Abbildung 59 (Seite 210) dargestellten seitlichen Fensters – eine von ihnen als *„Seitenleiste"* bezeichnete Oberfläche für die Darstellung und Nutzung von Tags vor. Da der Aufwand zur Nutzung des Taggings von Modellen als kritisch eingeschätzt werden muss (vgl. Abschnitt 2.2.4.1), wurden die zur Verbesserung der Nutzung von Tags genannten Vorschläge wie in Abbildung 66 dargestellt umgesetzt.

Abbildung 66 zeigt den zentralen Zugriff auf Tags im seitlichen Fenster des SeeMe-Editors. Diese Fenster enthält eine Tag-Cloud des Modells (3) mit flexibler Sortierung (1), in der alle Tags des angezeigten Modells dargestellt sind, sowie eine weitere Tag-Cloud, in der die Tags der aktuellen Auswahl[53] im Modell dargestellt werden (4). Darüber hinaus können in dieser Tag-Cloud zum angezeigten Modell oder den in diesem ausgewählten Elemente Tags hinzugefügt werden (2). Zur Umsetzung der Differenzierung von Tags werden Tags, die auch an Elementen des Modells vergeben wurden, blau eingefärbt, während ausschließlich am Modell vergebene Tags rot dargestellt werden (3, 4). Häufiger vergebene Tags werden größer dargestellt und dem Benutzer werden Informationen zur Häufigkeit der Vergabe eines Tags im Modell angezeigt (3). Zudem werden in der Oberfläche die im Modell verfügbaren Perspektiven inklusive einer Darstellungen ihrer Tags (Nr. 5, vgl. Abschnitt 6.4.4.6) sowie die in Abbildung 35 aus Abschnitt 6.4.1 gezeigten Vorschläge für die Vergabe von Tags angezeigt (6).

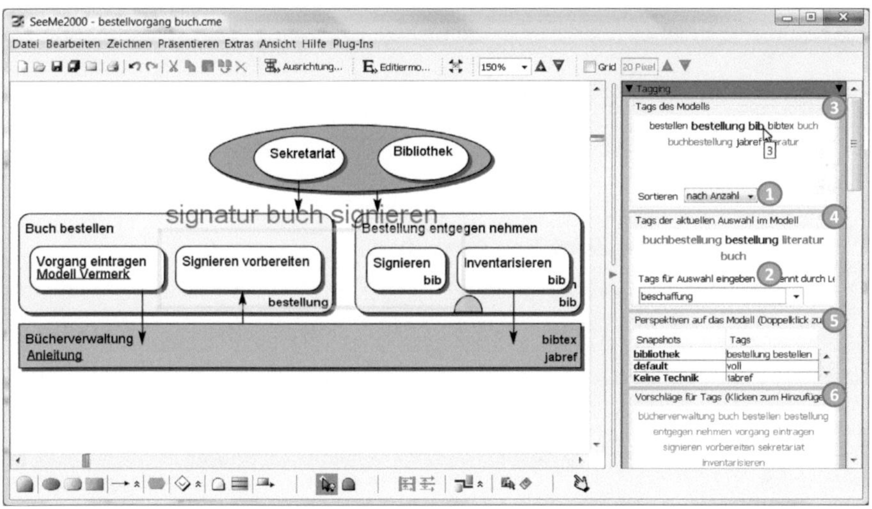

Abbildung 66: Zentraler Zugriff auf Funktionen des Taggings für Prozessmodelle im SeeMe-Editor.

Es ist zu betonen, dass die in Abbildung 66 gezeigte Darstellung der Funktionen des Taggings die in Kapitel 6 beschriebene Integration dieser Funktionen in Menüs und Dialoge des SeeMe-Editors nicht vollständig ersetzen kann. So finden sich viele Aussagen der Teilneh-

[53] Im angezeigten Modell aus Abbildung 66 sind keine Elemente selektiert, die Tag-Cloud (4) zeigt daher nur die am Modell vergebenen Tags.

mer, in denen dieser herkömmliche Zugang zu den Funktionen als zusätzliche Möglichkeit befürwortet wird. Generell ist jedoch festzuhalten, dass die in Abbildung 66 dargestellt Integration von den Teilnehmern vorgezogen wurde.

7.2.2.3 *Explorative Suche nach Inhalten*

Die Suche nach Inhalten und die Anzeige ähnlicher Inhalte zu Modellen wurden von den Teilnehmern befürwortet. Sie äußerten jedoch eine Präferenz für die Suche über die in Kolumbus 2 angebotene Tag-Cloud, da ihnen nach eigener Aussage die iterative Suche von Modellen leichter fiel als die wiederholte Eingabe von Suchbegriffen. In Ergänzung zu der im System vorhandenen Möglichkeit der Auswahl **eines** Tags aus der Tag-Cloud (vgl. Abbildung 41 auf Seite 187) wurde mehrfach vorgeschlagen, für die Suche auch **mehrere Begriffe** verwenden zu können. Dies zeigt die in Abschnitt 2.5.3.5 beschriebenen Vorteile der iterativen Suche mit Tags. Zudem zeigt es, dass die Suche nach Modellen nicht allein durch die Eingabe von Suchbegriffen unterstützt werden kann. Vielmehr ist der Kontext vorhandener Inhalte von Bedeutung (vgl. Abschnitt 2.3) und muss daher durch Angabe vorhandener Tags dargestellt und durch die iterative Suche verwendet werden können. Abbildung 67 zeigt die Umsetzung dieser Anforderungen, die sowohl in Kolumbus 2 als auch im SeeMe-Editor zur Verfügung steht (vgl. Abschnitt 7.2.2.1).

Abbildung 67: Explorative Suche über Tag-Clouds im SeeMe-Editor (links) und in Kolumbus 2 (rechts). Gelb markierte Tags sind für die Suche ausgewählt.

Abbildung 67 zeigt die resultierenden Tag-Clouds im SeeMe-Editor (vgl. Abbildung 65) und in Kolumbus 2 (vgl. Abbildung 41 auf Seite 187), in denen jeweils die Suchbegriffe „buch" und „bestellen" ausgewählt sind. In diesen Tag-Clouds können die für eine Suche verwendeten Tags durch Selektion hinzugefügt oder aus der Suchanfrage entfernt werden. Durch die gelbe Hervorhebung ist Nutzern jederzeit bewusst, welche Suchbegriffe sie aktuell verwenden. Diese Hervorhebung wird ebenfalls angezeigt, wenn zur Unterstützung der Modellierung ähnliche Inhalte zu einem Modell oder selektierten Elementen angezeigt werden (vgl. Abbildung 65). So wird dem Benutzer transparent gemacht, welche Tags zur Suche nach diesen Inhalten verwendet wurden. In beiden Fällen kann der Benutzer die Suche durch Selektion weiterer Begriffe und Deselektion der hervorgehobenen Begriffe anpassen.

Die explorative Suche hat einen weiteren Vorteil: Sie verbindet die in Abschnitt 6.4.1.5 beschriebenen Möglichkeiten der präzisen Suche nach einem bestimmten Modell und der Navigation zu themenbezogenen Inhalten von Kolumbus 2. So können Nutzer durch iterative Selektion oder Deselektion von Tags in der Tag-Cloud die Ergebnismenge direkt beeinflussen und somit zu bestimmten Inhalten navigieren. Die Tag-Cloud übernimmt bei dieser Nutzung die Funktion eines **Filters** für die Suche.

7.2.2.4 *Konfiguration der Suche nach Inhalten im Modellierungswerkzeug*

Obwohl die Teilnehmer die Anzeige zu einem Modell ähnlicher Inhalte und möglicher Ansprechpartner positiv aufnahmen, wünschten sie sich weitere Möglichkeiten zur Konfiguration der hierfür erzeugten Suchanfrage wie die Einschränkung der in einem WMS durchsuchten Bereiche oder die Art der Suche. Der häufig geäußerte Wunsch nach Konfiguration der Bereiche eines WMS, in denen nach Inhalten gesucht wird, drückt sich in der Aussage eines Teilnehmers zur Bewertung der Funktionen im zweiten Workshop der Evaluation aus: *„Das Problem ist nicht das Finden sondern das geeignete Reduzieren auf den jeweiligen Anwendungskontext."* Zudem wünschten sich die Teilnehmer neben exakten Treffern der Suche auch eine Möglichkeit, sich durch periphere, also zu einem Modell **thematisch oder inhaltlich ähnliche** Informationen während der Erzeugung eines Modells inspirieren zu lassen.

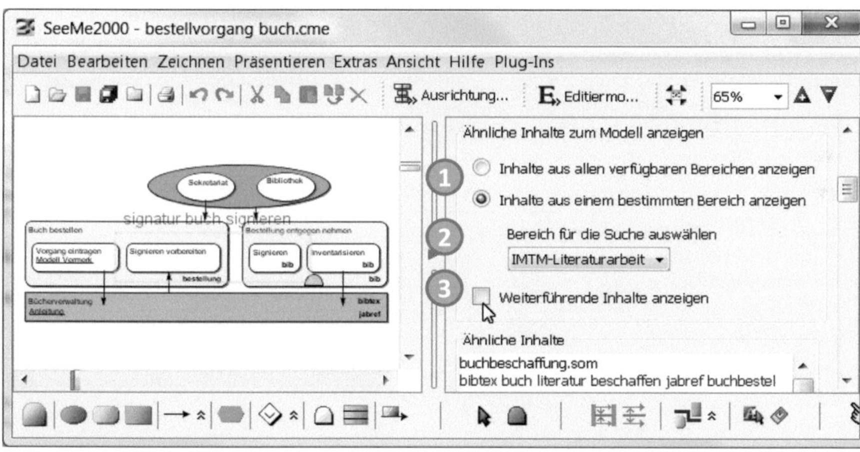

Abbildung 68: Konfiguration der Suche nach Inhalten aus Kolumbus 2 im SeeMe-Editor.

Die genannten Konfigurationen können Nutzern dabei helfen, ihr Metawissen über Inhalte eines WMS (vgl. Abschnitt 2.4.2) in die Suche einzubringen und ihnen daher den Aufwand zur Durchsicht unnötig vieler Suchergebnisse abnehmen. Die Darstellung peripherer Inhalte ist vor dem Hintergrund der verschiedenen in der empirischen Studie genannten Arten der Wiederverwendung von Modellen (vgl. Abschnitt 5.2.5.2) als vorteilhaft zu bewerten. Zudem können periphere Informationen die Erzeugung neuer Ideen unterstützen (vgl. hierzu die Ziele des Wissensmanagements aus Abschnitt 2.4.3). Sie können ermittelt werden, indem in Abänderung zu den in Abbildung 40 auf Seite 186 dargestellten Formeln der Suche Tags aus zu einem Suchbegriff benachbarten Clustern für die Suche verwendet werden. Die in Abschnitt 6.4.5 dargestellte Anzeige von Inhalten zu einem Modell (vgl. Abbildung 59 auf Seite 210) wurde daher um Konfigurationsmöglichkeiten der Suche erweitert (vgl. Abbildung 68).

Die in Abbildung 68 dargestellte Umsetzung dieser Anregungen ermöglicht es Nutzern, ähnliche Inhalte sowohl aus allen ihnen zugänglichen Bereichen eines WMS (1) als auch aus einem bestimmten Bereich (2) anzuzeigen. Für die Wahl eines bestimmten Bereichs stehen die verschiedenen in Kolumbus 2 verfügbaren Inhaltsbereiche zur Verfügung, in Abbildung 68 ist der bereits zur Darstellung des WiProM-Systems in Kapitel 6 verwendete Bereich ausgewählt. Zudem können Nutzer für beide Konfigurationen festlegen, dass nicht exakte Suchergebnisse, sondern weiterführende (periphere) Inhalte aus den gewählten Bereichen angezeigt werden sollen (3).

7.2.2.5 *Virtuelle Ordner*

Für die Verwaltung von Modellen reichte den Teilnehmern die in Abschnitt 6.4.1 beschriebene Suche nicht aus, da sie diese zum Finden relevanter Inhalte stets erneut ausführen mussten. Sie regten daher an, erfolgreiche Suchvorgänge und in ihnen verwendete Kombinationen von Tags wiederverwenden zu können, indem Suchergebnisse solcher Vorgänge gespeichert. Dies stellt eine Ergänzung zu der in Anforderung 17 aus Abschnitt 5.2.2.2 gestellten Forderung nach Verbindung von Modellen und anderen Inhalten ohne deren explizite Verknüpfung dar. Zudem kann eine solche Funktion die in Anforderung O1 beschriebene Aufmerksamkeit bezüglich verfügbarer Modelle in einem WMS unterstützen.

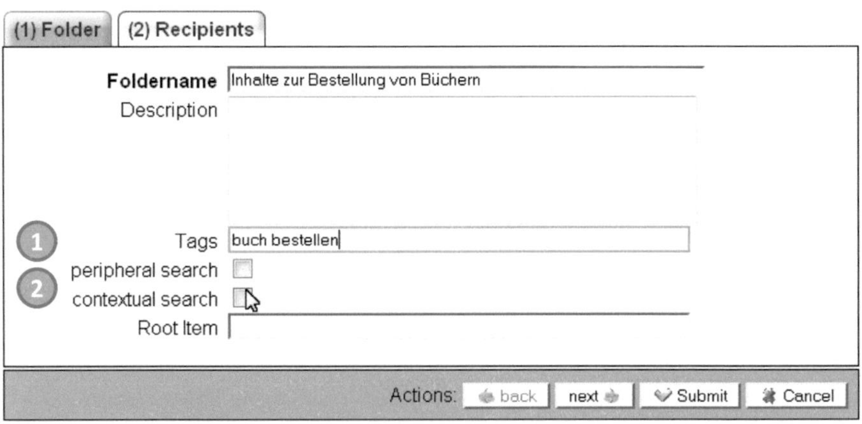

Abbildung 69: Anlegen eines virtuellen Ordners für die Verfügbarkeit von Inhalten zu einer Kombination von Tags in Kolumbus 2.

Aufgrund des Potentials der Verstetigung von Suchvorgängen wurde diese Anregung in Kolumbus 2 umgesetzt, indem beliebige Kombinationen von Tags, die bspw. bei einer Suche verwendet wurden, als **virtueller Ordner** (vgl. Abschnitt 2.5.3.5) gespeichert werden können.

Modelle mit diesen Tags und die mit ihnen verbundenen Inhalte, die für Nutzer relevant sind, stehen diesen so dauerhaft zur Verfügung.

Abbildung 69 zeigt die Konfiguration eines solchen Ordners, der auch aus der Suche (vgl. Abbildung 41 auf Seite 187) heraus angelegt werden kann. In dieser Konfiguration können beliebige Tags angegeben werden (1). Zudem können Benutzer die in Abschnitt 7.2.2.4 beschriebenen Möglichkeiten der Suche nach Tags verwenden (2).

Abbildung 70: Darstellung eines virtuellen, auf der Kombination verschiedener Tags basierenden Ordners in Kolumbus 2.

Ein so erzeugter Ordner erscheint in der Darstellung der Inhalte von Kolumbus 2 und steht somit auch als Ordner zum Öffnen von Modellen aus Kolumbus 2 zur Verfügung. Ein Beispiel der Darstellung des Inhalts eines solches Ordner in Kolumbus 2 zeigt Abbildung 70.

7.2.3 Zusammenfassung und Diskussion

Die Analyse der von den Teilnehmern eingebrachten Wünsche und Unterstützungsbedarfe der Nutzung von Modellen zeigen weitgehend, dass der in Kapitel 6 beschriebenen Funktionsumfang des WiProM-Systems ausreichend ist. So mussten nur wenige Funktionen und Gestaltungselemente als Ergebnis dieser Analyse ergänzt werden. Darüber hinaus zeigt die Analyse, dass die an der Evaluation beteiligten Personen Funktionen des Systems aus zwei Perspektiven betrachteten: Eine Gruppe der Teilnehmer nahm den Blickwinkel von Modellierern ein, die andere betrachtete das WiProM-System eher aus der Sicht von Nutzern eines WMS. Analog ordneten diese Gruppen vorhandene und weitere Funktionen häufig sowohl Modellierungswerkzeugen als auch WMS zu. Dies führte zur Ergänzung des SeeMe-Editors um den Zugriff auf Funktionen, die in Kolumbus 2 implementiert wurden. Somit steht für Modellierer eine Umgebung zur Verfügung, die mit den von ihnen verwendeten Modellierungswerkzeugen genutzt werden kann (vgl. Abschnitt 2.3) und mit der sie die Verbreitung von Modellen unterstützen können (vgl. Abschnitt 6.4.4.4). Insgesamt entstehen so mit Kolumbus 2 und dem SeeMe-Editor **zwei alternative Zugänge zum System**, die Nutzern dessen Verwendung nach ihren persönlichen Präferenzen (vgl. Abschnitt 2.3) ermöglichen.

Die Nutzung von Tag-Clouds in beiden Basisanwendungen und die Integration von Funktionen sowohl des Taggings als auch der Nutzung von Inhalten aus Kolumbus 2 in den SeeMe-Editor stellen für die in den Abschnitten 7.2.2.1 bis 7.2.2.4 beschriebenen Weiterentwicklungen und somit für WiProM zentrale Elemente der Gestaltung dar. Die Umsetzung einer explorativen Suche (7.2.2.3) und der virtuellen Ordner (7.2.2.5) steigern darüber hinaus den Nutzen des Taggings für Prozessmodelle und deren Verwaltung.

Insgesamt tragen die in diesem Abschnitt dargestellten Weiterentwicklungen sowohl zur Nützlichkeit als auch zur Nutzbarkeit des WiProM-Systems bei. Sie stellen jedoch lediglich Ergebnisse der statischen, also auf bestimmte Teilbereiche ausgerichteten Analyse zur Verwendung von WiProM dar. Die Unterstützung der Nutzung von Modellen in der dynamischen, auf Arbeitsprozesse bezogenen Nutzung des Systems musste daher ebenfalls evaluiert werden. Die Ergebnisse der diesbezüglichen Analyse werden im folgenden Abschnitt beschrieben.

7.3 Explorative Analyse von Nutzungsprozessen des WiProM-Systems

Für die Evaluation von Nutzungsprozessen wurden die Teilnehmer gebeten, mit den von ihnen genannten Funktionen einen Prozess aus ihrem Arbeitsumfeld zu modellieren, der ihnen im Umgang mit Modellen als wissensvermittelnde Artefakte helfen würde. Zusätzlich sollten sie textuelle Beschreibungen des Prozesses erstellen. So entstanden vier in Teilen inhaltlich überlappende **Szenarien**, aus denen insgesamt fünf für das System charakteristische Prozesse extrahiert werden konnten. Diese können zwar die Unterstützungsmöglichkeiten des Systems nicht vollständig abdecken, geben aber einen explorativen **Einblick in dynamische Aspekte** seiner möglichen Nutzung. Sie zeigen zudem, welche Funktionen des Systems von den Teilnehmern als hilfreich angesehen wurden und liefern somit Informationen zur **Akzeptanz** des Systems (vgl. Abschnitt 7.4).

In der Folge werden diese Prozesse anhand vereinfachter, aus den Ergebnissen der Teilnehmer entwickelter Modelle dargestellt und analysiert[54]. Die vollständigen als Grundlage der Analyse verwendeten Modelle der Teilnehmer finden sich mit ihren textuellen Beschreibungen in Anhang D.4. Es muss darauf hingewiesen werden, dass die Teilnehmer zum Zeitpunkt dieser Phase der Evaluation bereits einen Überblick über die Funktionsbereiche von WiProM hatten, der durch die Visualisierung ihrer Funktionsvorschläge unterstützt wurde. Da die von ihnen in die Prozesse übernommenen Vorschläge jedoch weitgehend den in WiProM vorhandenen Funktionen entsprechen (vgl. Abschnitt 7.2.1), können die Prozesse als Bewertungsgrundlage des Funktionsangebots von WiProM verwendet werden.

7.3.1 Modelle zur Aneignung von Wissen suchen

Ein charakteristischer Prozess der Nutzung des WiProM-Systems kann in der Aneignung von Wissen aus Modellen identifiziert werden. Dieser Prozess wurde aus dem in Anhang D.4.4

[54] In den dargestellten Modellen sind mit „WiProM" beide der identifizierten Zugänge zum WiProM-System dargestellt, wenn beide Zugänge den Prozess unterstützen.

dargestellten Szenario sowie in Teilen aus dem in D.4.3 dargestellten Szenario extrahiert. Er beschreibt die Nutzung einer Tag-Cloud zur explorativen Suche nach Modellen. In beiden Szenarien sollen dadurch relevante Inhalte für ein bestimmtes Thema gefunden werden. Die gefundenen Inhalte werden während der Suche in einer Zwischenablage gespeichert und in einer Vorschau betrachtet (vgl. Abbildung 71).

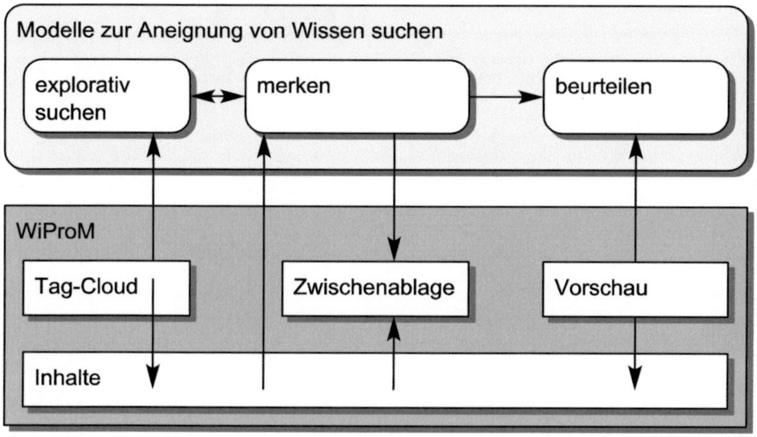

Abbildung 71: Nutzungsprozess „Modelle zur Aneignung von Wissen suchen".

Der Prozess zeigt sowohl das in Abschnitt beschriebene Potential von Modellen zur Wissensaneignung als auch dessen Unterstützung durch das WiProM-System, da mit der explorativen Suche (vgl. Abschnitt 7.2.2.3), der persönlichen Zwischenablage für Nutzer, die in Abschnitt 7.4.2.2 dargestellt wird, und der Darstellung von Modellen in WMS durch das integrierte Modellierungswerkzeug (vgl. Abschnitt 6.4.4.5) als Vorschau alle benötigten Funktionen vorhanden sind. Insgesamt zeigt dies die Bedeutung der Suche nach Modellen und die Zentralität des Zugangs zu Modellen über ein WMS.

7.3.2 Modelle zur Unterstützung von Aufgaben verwenden

Die Unterstützung von Aufgaben in Arbeitsprozessen durch Modelle kann als weiterer zentraler Prozess der Nutzung des WiProM-Systems angesehen werden. Ein Beispiel hierfür findet sich in dem in Anhang D.4.3 dargestellten Szenario. Dieses zeigt den Prozess der Bearbeitung eines Bestellwunsches in einem Unternehmen, in dem jeder Prozessschritt durch Modelle als Informationsquelle unterstützt wird. Hierzu werden Modelle während der Bearbeitung des Prozesses von WiProM für verschiedene Aufgaben bereit gestellt und nach ihrer Nutzung überarbeitet. So entsteht ein Prozess der Nutzung und iterativen Verbesserung von Modellen, der Parallelen zu dem in Abschnitt 2.4.4 beschriebenen Kreislauf des Wissensmanagements aufweist. Voraussetzung für das Szenario ist, dass die Arbeits- und Entscheidungsprozesse des Unternehmens in Form von Modellen vorliegen, durch Tags in einem WMS zur Verfügung gestellt und zu sekundären Zwecken (vgl. Abschnitt 4.1.2) wie der Unterstützung von Arbeitsaufgaben genutzt werden. Abbildung 72 zeigt diesen Prozess vereinfacht.

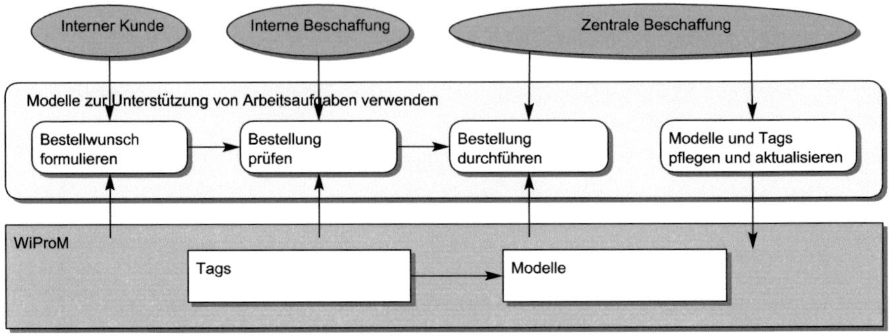

Abbildung 72: Nutzungsprozess „Modelle zur Unterstützung von Aufgaben verwenden".

Der Prozess zeigt das Potential der Verwendung von Modellen zu sekundären Zwecken der Modellnutzung (vgl. Abschnitt 4.1.2). Modelle werden hier handlungsanleitend und damit zur Erzeugung von Wissen (vgl. Abschnitt 2.4.2) verwendet. Dies zeigt, dass sie zur Lösung von Problemen in Arbeitsaufgaben zur Verfügung stehen sollten (vgl. Abschnitte 2.3 und 2.4.3). Ihre Nutzung wird durch Funktionen des WiProM-Systems wie der Suche nach Modellen (vgl. Abschnitte 6.4.1 und 7.2.2.3) unterstützt. Bemerkenswert ist dabei, dass der Prozess aus Sicht von Nutzern dargestellt wird, die in Abschnitt 5.2.4.1 als inaktive Nutzer von Modellen identifiziert wurden. Daraus lässt sich ableiten, dass die Unterstützung dieses Prozesses durch das System gleichzeitig eine Möglichkeit der **Aktivierung von Nutzern** und somit zur **Erreichung der organisationsweiten Nutzung von Modellen** darstellt.

7.3.3 Modellen mit Tags versehen und austauschen

Der Austausch mit Tags versehener Modelle kann als weiterer zentraler Prozess der Nutzung des WiProM-Systems identifiziert werden. Dieser Prozess findet sich in mehreren Szenarien der Teilnehmer (vgl. die Abschnitte D.4.1 und D.4.2) und dem im vorangegangenen Abschnitt beschriebenen Prozess wieder. In diesen Szenarien wird beschrieben, wie Tags zu Modellen und Teilmodellen hinzugefügt werden und die so ausgezeichneten Modelle anderen Nutzern in WMS zur Verfügung gestellt werden (vgl. Abbildung 73). Zur Unterstützung dieses Prozesses enthalten die Szenarien Funktionen wie die Vergabe von Tags an Gruppen (vgl. Abschnitt D.4.1) sowie Vorschläge geeigneter Tags und Benachrichtigungen über eingestellte Modelle (vgl. Abschnitt D.4.2).

Das mehrfache Auftreten des in Abbildung 73 dargestellten Prozesses unterstreicht seine Zentralität und lässt den Schluss zu, dass die Teilnehmer die Auszeichnung von Modellen mit Tags als **adäquate Möglichkeit** der Verwaltung von Modellen beurteilen. Zudem zeigt sich, dass die Auszeichnung und Verwendung von Teilmodellen für die praktische Nutzung von WiProM relevant ist. Alle von den Teilnehmern in den Szenarien zur Unterstützung verwendeten Funktionen sind im WiProM-System vorhanden. Daher kann festgehalten werden, dass das System aus Sicht der Teilnehmer die für das Wissensmanagement wichtigen Aufgaben der Verfügbarkeit und Strukturierung von Inhalten (vgl. Abschnitte 2.4.4 und 5.2.1) für Modelle unterstützt.

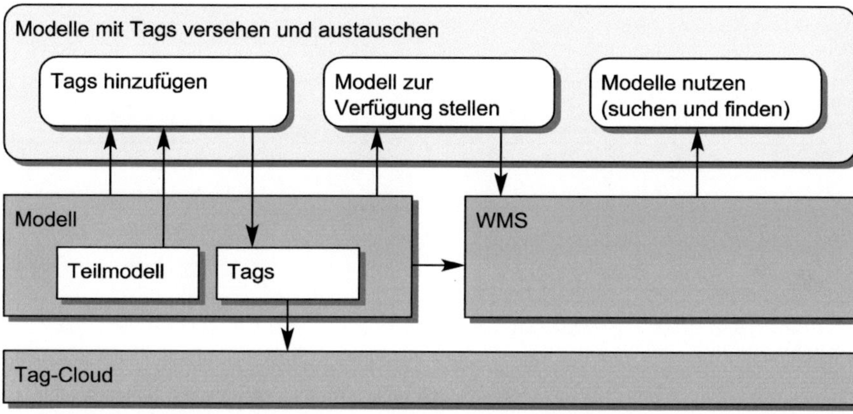

Abbildung 73: Nutzungsprozess „Modelle mit Tags versehen und austauschen".

Auffällig ist, dass der beschriebene Prozess in den Szenarien der Teilnehmer stets am Ende steht. Dies zeigt, dass für die Teilnehmer bei der Auszeichnung von Modellen mit Tags die Verbreitung von Modellen im Vordergrund stand. Daraus wird der Mehrwert der in Kapitel 6 beschriebenen Funktionen zur Unterstützung der Verteilung von Modellen (vgl. Abschnitt 6.4.4.2) deutlich. Zudem zeigt die Positionierung des Prozesses, dass die Teilnehmer einen Mehrwert im Austausch von Modellen sehen und diesen – entsprechende Unterstützung vorausgesetzt – durchführen wollen.

7.3.4 Vorhandene Modelle bei der Modellierung nutzen

Die Unterstützung von Modellierungsaufgaben durch ähnliche Modelle ist Inhalt eines weiteren Nutzungsprozesses des WiProM-Systems, der aus dem in Anhang D.4.2 dargestellten Szenario stammt. In diesem Prozess werden Teile von Modellen aus einem WMS zunächst für die Erstellung eines neuen Modells wiederverwendet und danach zur Überprüfung des Modells auf Korrektheit und Einhaltung von Standards genutzt (vgl. Abbildung 74). Der Prozess zeigt damit zwei der in der empirischen Studie beobachteten Arten der Wiederverwendung von Modellen (vgl. Abschnitt 5.2.5.2).

Der in Abbildung 74 dargestellte Prozess zeigt für die Wiederverwendung von Modellen die Umsetzung der im Wissensmanagement verfolgten Zielen der Transparenz und Nutzung vorhandenen Wissens auf (vgl. Abschnitt 2.4.3). Die zur Unterstützung des Prozesses notwendigen Funktionen der Suche sind in beiden Anwendungen des WiProM-Systems vorhanden. Die Ansicht von Modellen („Vorschau" in Abbildung 74) wird dabei durch die Darstellung von Suchergebnissen im SeeMe-Editor (vgl. Abschnitt 6.4.5) und die Anzeige von Modellen im integrierten Modellierungswerkzeug von Kolumbus 2 (vgl. Abschnitt 6.4.4.5) umgesetzt.

Der Prozess zeigt daher, dass die Teilnehmer das System als Unterstützung für Aufgaben der Wiederverwendung von Wissen in Modellen betrachteten.

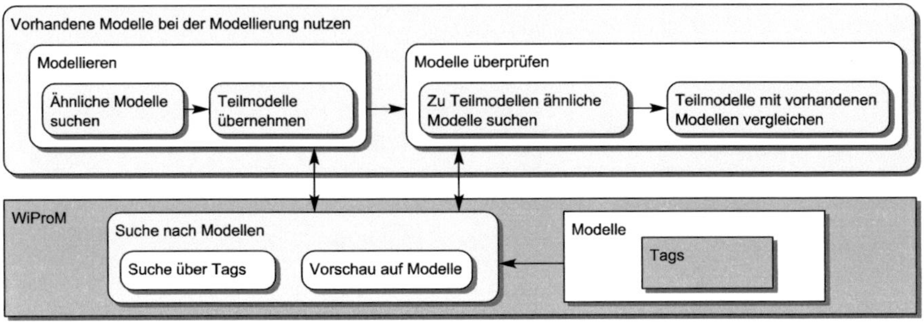

Abbildung 74: Nutzungsprozess „Vorhandene Modelle bei der Modellierung nutzen".

Bemerkenswert ist zudem, dass der hier beschriebene Prozess aus einem Szenario (Anhang D.4.2) entnommen wurde, in dem ein Modellierungsprozess unter Beteiligung verschiedener Teilnehmer (vgl. Abschnitt 3.3.1) beschrieben wird. Für die Unterstützung der Modellierung durch WiProM zeigt sich somit, dass sie nicht nur einzelnen Modellierern helfen kann, sondern auch Einfluss auf die Modellierung mit mehreren Teilnehmern nehmen kann.

7.3.5 Modellierung durch ähnliche Inhalte aus einem WMS unterstützen

Auch die Unterstützung der Bearbeitung eines Modells durch zu diesem Modell ähnliche Inhalte kann als zentraler Prozess der Nutzung identifiziert werden. Er findet sich in dem in Anhang D.4.1 dargestellten Szenario und beschreibt einen Ablauf, in dem zunächst Teile von Modellen mit Tags versehen und zu ihnen danach im Modellierungswerkzeug ähnliche Inhalte angezeigt werden. Diese Inhalte werden betrachtet und mit dem Modell verknüpft (vgl. Abbildung 75).

Der in Abbildung 75 dargestellte Prozess zeigt, dass die Unterstützung von Aufgaben der Modellierung und der Verständnissicherung von Modellen durch WiProM aus Sicht der Teilnehmer ausreichend ist. Im Prozess werden hierzu die Anzeige ähnlicher Inhalte (vgl. Abschnitt 6.4.5) und die Verbindung von Inhalten mit einem Modell und seinen Elementen (vgl. Abschnitt 6.4.6.2) verwendet. Dabei zeigt sich insbesondere der Mehrwert des Taggings von Teilmodellen, da für die Suche nach ähnlichen Inhalten durch Modellierer explizit auch Teilmodelle den Ausgangspunkt darstellen.

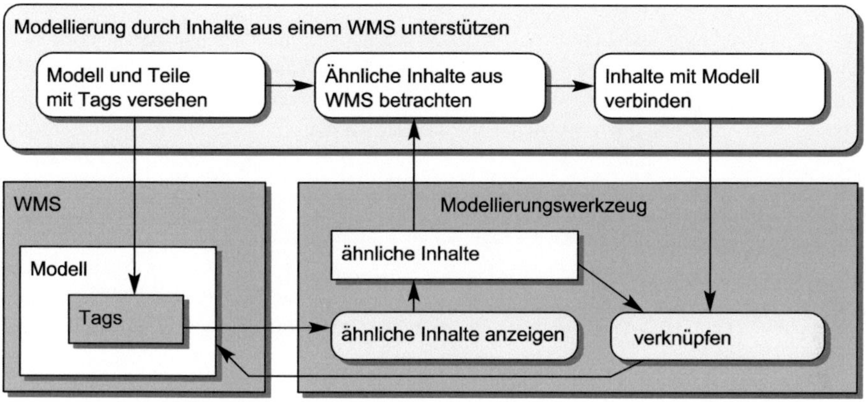

Abbildung 75: Nutzungsprozess „Modellierung durch ähnliche Inhalte aus einem WMS unterstützen".

7.3.6 Zusammenfassung und Diskussion

Die von den Teilnehmern erstellten Szenarien der Nutzung des WiProM-Systems und die daraus extrahierten charakteristischen Prozesse decken einen großen Teil der in Kapitel 5 identifizierten Anforderungen zur Unterstützung der Nutzung von Modellen durch WMS ab. So werden alle der in Abschnitt 6.5 als Neuentwicklungen identifizierten Mechanismen und einige der Funktionen zur Unterstützung spezifischer Aspekte der Nutzung von Modellen verwendet. Dies zeigt, dass die Teilnehmer diese Mechanismen in den verschiedenen von ihnen beschriebenen Szenarien als adäquate Unterstützung wahrnahmen. Daher kann festgehalten werden, dass der Umfang der Unterstützung des WiProM-Systems auch für seine Nutzung für die in diesem Abschnitt analysierten Aufgaben angemessen ist.

Insgesamt zeigt die Bandbreite der aus dem Arbeitskontext der Teilnehmer erstellten Szenarien und der in ihnen verwendeten Funktionen des WiProM-Systems, dass die Teilnehmer in WiProM viele Möglichkeiten zu ihrer Unterstützung sehen. Es kann daher gefolgert werden, dass sie WiProM für die Verwaltung und den Austausch von Modellen in ihrem Arbeitskontext nutzen würden. Gleichwohl fanden sich in den Phasen der Evaluation auch Anmerkungen, die sich mit dem System kritisch auseinandersetzten, Erwartungen an das System beinhalteten oder die mangelnde Transparenz des Mehrwerts der Nutzung des Systems beschrieben. Die Frage nach der Akzeptanz des Systems kann daher nicht allein durch die bis hierhin durchgeführte Evaluation von Erweiterungsbedarfen (Abschnitt 7.2) und Nutzungsprozessen beantwortet werden, sondern benötigt eine Analyse diesbezüglicher Äußerungen der Teilnehmer. Die Ergebnisse dieser Analyse werden im folgenden Abschnitt beschrieben.

7.4 Analyse der Akzeptanz des WiProM-Systems

Bei der Entwicklung und Etablierung neuer Anwendungen und Technologien müssen nicht nur direkt aus den Äußerungen von Nutzern ableitbare funktionale und gestalterische Aspekte berücksichtigt werden, sondern auch aus diesen Äußerungen identifizierbare Aspekte der Akzeptanz von Anwendungen (vgl. Abschnitt 2.2.4.2). In diesem Abschnitt wird eine entsprechende Analyse akzeptanzförderlicher und -hemmender Faktoren des WiProM-Systems beschrieben.

Das in den Workshops erhobene Material enthält zahlreiche Hinweise auf die Akzeptanz des evaluierten Prototyps und kann daher für eine Analyse als Basis dienen. Die Analyse basiert dabei auf den in Abschnitt 2.2.4.2 beschriebenen Faktoren wahrgenommener Nutzbarkeit und Nützlichkeit (vgl. Davis 1993) und der Zufriedenheit der Teilnehmer mit einem System (vgl. DeLone und McLean 1992). Zudem werden Aspekte der Gebrauchstauglichkeit eines Systems und seiner Adoption durch Nutzer einbezogen (vgl. Abschnitt 2.2.4.2). Dabei wurden besonders die von den Evaluationsteilnehmern geäußerten Erwartungen an WiProM berücksichtigt, um Funktionen und Gestaltung des Systems entsprechend anpassen zu können (vgl. Herrmann et al. 1999b). Einen besonderen Stellenwert nimmt dabei explizit geäußerte Kritik am System ein: Gelingt es nicht, vorhandene Kritik durch Änderungen auszuräumen, so muss damit gerechnet werden, dass das System in der Praxis nicht verwendet wird.

7.4.1 Bewertung von Nützlichkeit und Nutzbarkeit der Prototypen

Die Wahrnehmung von Nützlichkeit und Nutzbarkeit eines Informationssystems ist zentral für dessen Akzeptanz (vgl. Abschnitt 2.2.4.2). Die Bewertungen der Prototypen hinsichtlich ihrer Gebrauchstauglichkeit und die Beurteilung des Systems zum Abschluss der ersten Workshops (vgl. Abschnitt 7.1) können als Anhaltspunkte zur Einschätzung dieser Faktoren verwendet werden.

Für die **Beurteilung der Nützlichkeit** der in den Workshops vorgestellten Funktionen des WiProM-Systems wurden die Teilnehmer am Ende der ersten beiden Workshops gebeten, ihre Zufriedenheit mit der Unterstützung der besprochenen Aufgaben, dem Funktionsumfang, der Anordnung der Funktionen und der Bedienbarkeit des Systems anzugeben. In der Bewertung ergab sich ein weitgehend neutrales Meinungsbild (vgl. Anhang D.2.1), bei dem funktionsübergreifend die Bedienbarkeit im Vergleich zu den anderen Kategorien positiver beurteilt wurde. Dies zeigt, dass die Nutzung der vorgestellten Funktionen des Systems keine große Hürde für die Teilnehmer darstellte. Insgesamt kann die ansonsten neutrale Bewertung dieses ersten Prototyps als zufriedenstellend beurteilt werden.

Zur **Beurteilung der Gebrauchstauglichkeit** wurden die Teilnehmer pro erprobter Basisfunktion des Systems um ihre Einschätzung zu jeweils drei aus den in Anhang D.5.1 dargestellten Heuristiken nach Nielsen (1994a) gebeten (vgl. Anhang D.5.2). In der **quantitativen** Bewertung (vgl. Anhang D.5.3) ergab sich dabei lediglich für Aspekte der Rückmeldung an Benutzer eine negative Bewertung. Dies erklärt sich durch den Entwicklungsstand des Prototyps, der zum Zeitpunkt der Workshops noch Unzulänglichkeiten in der Benutzerinteraktion aufwies. Durch die Hinweise und Kommentare der Teilnehmer konnten solche Probleme in der Weiterentwicklung beseitigt werden. Positiv bis neutral beurteilten die Teilnehmer besonders Aspekte wie Flexibilität, Effizienz und Gestaltung der Funktionen. Dies ist vor dem Hintergrund des Entwicklungsstands des Prototyps ein überraschendes Votum und zeigt, dass die Umsetzung der Funktionen und ihre Integration bereits gelungen waren.

Eine Analyse der von Benutzern in ihren Kommentaren zur quantitativen Bewertung gegebenen **qualitativen Beurteilung der Gebrauchstauglichkeit** ergab insgesamt 26 Kategorien identifizierter Probleme. Darunter befinden sich sieben Kategorien wie Benutzerführung, Rückmeldungen und Integration der Funktionen in Menüs (vgl. hierzu Abschnitt 7.2.2.2), die in allen Workshops genannt wurden. Eine weitere Kategorie wird durch aufgetretene Fehler gebildet, die von Teilnehmern in einigen Fällen zu Problemen der Gebrauchstauglichkeit zugeordnet wurden. Die übrigen 18 Problemkategorien beinhalten spezifischere Probleme bspw. der Nutzung von Tags, der Vergabe von Tags an Teilmodellen (siehe hierzu Abschnitt 7.4.3.2) und der Ablage und des Öffnens von Modellen aus Kolumbus 2 im SeeMe-Editor. Die in allen Kategorien enthaltenen Problembeschreibungen wurden analysiert und bei einer Überarbeitung des Prototyps im Rahmen der Weiterentwicklung beseitigt.

Die Anzahl der vorgefundenen Kategorien aus der qualitativen Bewertung erweckt zunächst den Eindruck, dass der Prototyp von den Teilnehmern als nicht gebrauchstauglich eingeschätzt wurde. Sie ist jedoch bei der Beurteilung von acht Funktionen unter Verwendung von drei Heuristiken durch jeweils zehn Personen nicht verwunderlich. Die quantitative Beurteilung zeigt zudem, dass die Gebrauchstauglichkeit für einen großen Teil der Funktionen neutral bis positiv beurteilt wird. Viele der Probleme wurden von den Teilnehmern daher offensichtlich als geringfügig eingeschätzt und verschlechterten den Gesamteindruck bei ihnen nicht. Insgesamt zeigt die Bewertung des Prototyps daher ein für dessen Entwicklungsstand erfreulich gutes Bild zu Nutzbarkeit und Nützlichkeit. Um jedoch fördernde und hemmende Faktoren der Akzeptanz, die angesichts der Bewertungen bei den Teilnehmern vorhanden sein mussten, zu identifizieren, war eine Analyse ihrer Anmerkungen aus der Bewertung und den anderen Phasen der Evaluation notwendig, die in den folgenden Abschnitten beschrieben wird.

7.4.2 Analyse von Erwartungen der Nutzer

Die Erfüllung der Erwartungen von Nutzern ist ein wichtiges Kriterium für die Akzeptanz von Anwendungen und die Entscheidung für oder gegen ihre Nutzung (Herrmann et al. 1999b). Im Folgenden werden daher die in der Evaluation erkannten Erwartungen der Teilnehmer analysiert. Dabei handelt es sich nicht wie in Abschnitt 7.2 um Anregungen zur funktionalen Unterstützung, sondern um qualitative Erwartungen an das System (vgl. Rupp und Sophisten 2007, S. 255ff.).

7.4.2.1 *Reduktion des Aufwands zur Nutzung von Tags in Prozessmodellen*

Eine häufig geäußerte Erwartung an die Prototypen ist ein **geringer Aufwand** ihrer Nutzung. Dies zeigte sich bspw. an Vorbehalten der Teilnehmer gegenüber dem Aufwand zur Vergabe von Tags an Modellelementen. So äußerten sie, dass der hierfür notwendige Prozess aus der Selektion von Elementen und der Eingabe von Tags in einen Dialog zu aufwändig sei. Zudem gaben sie zu bedenken, dass die Vergabe von Tags an mehreren Elementen diesen Aufwand vervielfacht.

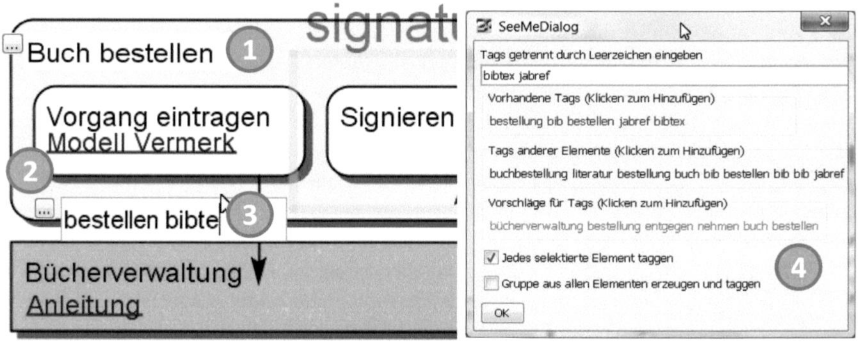

Abbildung 76: Verringerung des Aufwands für das Tagging von Prozessmodellen durch direkte Änderung von Tags an Elementen (links) und Zuweisung eines Tags an mehrere Elemente (rechts).

Die Verfügbarkeit von Tags in Modellelementen ist eine Voraussetzung für viele Funktionen des WiProM-Systems. Die Aussagen der Teilnehmer zeigen, dass sie zwar Tags zu Elementen zuordnen wollen, den Aufwand hierzu jedoch als zu hoch empfinden. Dies ist kritisch zu beurteilen, da ein zu hoher Aufwand häufig in geringer Nutzung von Informationssystemen resultiert (vgl. Abschnitt 2.2.4.1). Um diese Barriere für das Tagging von Modellelementen zu beseitigen, wurde der SeeMe-Editor um Funktionen zur direkten Eingabe von Tags und der Zuweisung von Tags an mehrere Elemente erweitert. Für die Eingabe von Tags steht Nutzern analog zu der im SeeMe-Editor bereits vorhandenen Möglichkeit der Änderung von Namen eines Elements (Abbildung 76, Nr. 1) ein Textfeld zur direkten Änderungen von Tags eines Elements zur Verfügung (2). Selektiert ein Nutzer ein Element, so kann dieses Textfeld zur Eingabe neuer bzw. zur Änderung vorhandener Tags genutzt werden.

Um die Zuweisung von Tags zu mehreren Elementen zu erleichtern, wurde der in Abbildung 35 auf Seite 182 dargestellte Dialog zur Eingabe von Tags um die Funktion zur Zuweisung eines Tags zu mehreren Elementen erweitert (Abbildung 76, Nr. 4). Selektiert ein Benutzer mehrere Elemente in einem Modell, so kann er auswählen, ob er aus den selektierten Elementen eine Gruppe erzeugen und diese mit Tags versehen möchte oder ob er Tags an allen einzelnen Elementen vergeben möchte.

Zusammen mit der in Abbildung 66 (Nr. 2) auf Seite 227 dargestellten zentralen Eingabemöglichkeit für Tags erleichtern die hier beschriebenen Funktionen die Eingabe von Tags an Modellen und ihren Elementen und tragen damit zur Akzeptanz des Systems bei Nutzern bei.

7.4.2.2 *Motivation des Taggings von Modellen: Individueller und kollektiver Mehrwert*

Eine zentrale Erwartung der Teilnehmer bestand in der **Transparenz des Nutzens** von Tagging in Modellen. Vielen der Teilnehmer waren in den Workshops die aus der Vergabe von Tags resultierenden Vorteile des WiProM-Systems nicht deutlich geworden. Sie konnten somit den mit WiProM erreichbaren **individuellen und kollektiven Mehrwert** nicht einschätzen. Dies kann exemplarisch an der Frage *„Für wen tagge ich eigentlich?"* eines Teilnehmers gezeigt werden. Der Wunsch der Teilnehmer nach Transparenz des Mehrwerts bezieht sich sowohl auf die mit Tagging **mittelbar** intendierte Verwaltung von Modellen in WMS als auch auf die **unmittelbare** Arbeit in der jeweiligen Anwendung. So äußerten die Teilnehmer unter Anderem, dass auch Aufgaben der Modellierung unmittelbar von der Verfügbarkeit von Tags in Modellen profitieren sollten.

Diese Aussagen der Teilnehmer sind als erfolgskritisch für das System zu bewerten, da sie auf Vorbehalte gegenüber seiner der Nutzung hinweisen, die den Problemen geringen individuellen Nutzens (Grudin 1988, vgl. Abschnitt 2.2.4.1) und geringer Beteiligung an WMS (vgl. Abschnitt 2.4.7) ähnlich sind. Um die Vergabe von Tags zu motivieren, muss Nutzern der dadurch erreichbare Mehrwert **auf verschiedenen Ebenen** transparent gemacht werden (vgl. Abschnitt 2.3.4). Hierzu wurden Funktionen entwickelt, die für verschiedene Nutzergruppen (vgl. Abschnitt 7.2.2.1) und auf unterschiedlichen Ebenen Mehrwert erzeugen und transparent machen. Als Ebenen des Mehrwerts wurden die oben beschriebenen mittelbaren und unmittelbaren Vorteile der Nutzung von Tags berücksichtigt.

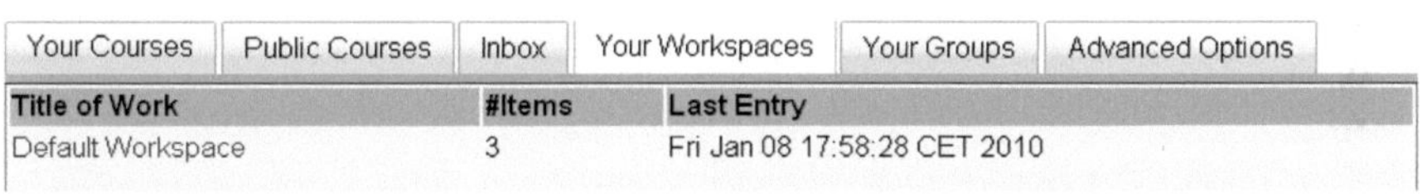

Abbildung 77: Darstellung persönlicher Inhaltsbereiche eines Nutzers im Startbereich von Kolumbus 2.

In der Weiterentwicklung wurden Erkenntnisse zur **Motivation der Nutzung von Tags** wie der durch sie entstehende individuelle und kollektive Mehrwert in die Gestaltung von Funktionen des Systems übernommen (vgl. Abschnitt 2.5.3.3). Um diese Erkenntnisse in WiProM nutzbar zu machen, wurde Kolumbus 2 zur Herstellung unmittelbaren individuellen Mehrwerts für **Nutzer** von Modellen um **persönliche Inhaltsbereiche** für Nutzer erweitert, die über den in Abbildung 53 auf Seite 203 dargestellten Startbereich des Systems erreichbar sind. Nutzern wird in Kolumbus 2 stets ein solcher Bereich zur Verfügung gestellt, sie können zudem beliebig viele weitere Bereiche anlegen. Abbildung 77 zeigt ein Beispiel für die Anzeige eines persönlichen Inhaltsbereichs im Startbereich von Kolumbus 2.

In einem solchen Inhaltsbereich (vgl. Abbildung 78) werden Inhalte abgelegt und angezeigt, die von einem Nutzer mit Tags versehenen wurden. Sie können in diesem Bereich mit einer aus den vom Nutzer vergebenen Tags gebildeten **persönlichen Tag-Cloud** durchsucht werden. Zudem kann der Nutzer für ihn relevante Inhalte aus anderen Bereichen des WMS zur späteren Bearbeitung oder Vergabe von Tags in diesen Bereich kopieren (vgl. den Eintrag „Link to private workspace" im Kontextmenü von Kolumbus 2 in Abbildung 36 auf Seite 183). Diese Funktion stellt somit zudem die in Abschnitt 7.3.1 beschriebene Unterstützung der explorativen Suche durch eine **Zwischenablage** dar.

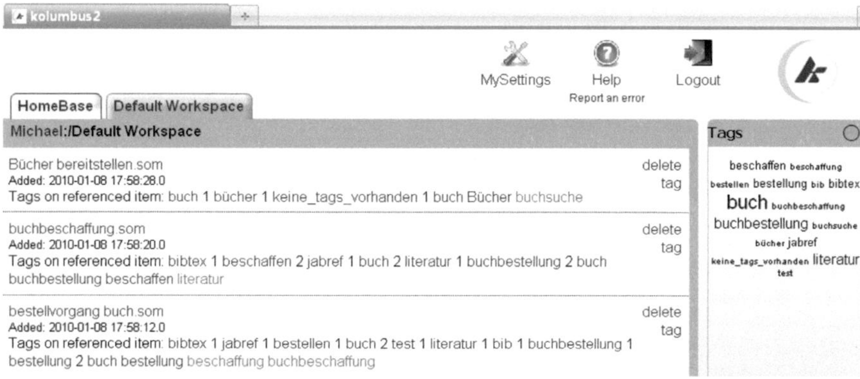

Abbildung 78: Inhalt eines persönlichen Inhaltsbereichs mit persönlicher Tag-Cloud.

Diese Bereiche können ebenso von SeeMe-Editor aus genutzt werden. So werden auch Modelle, die vom SeeMe-Editor in Kolumbus 2 abgelegt werden, Wunsch des Nutzers ebenso in dessen persönlichem Bereich gespeichert (vgl. Abbildung 44, Nr. 2 auf Seite 192).

Die Verfügbarkeit persönlicher Inhaltsbereiche motiviert Nutzer zur Vergabe von Tags an Modellen und anderen Inhalten, da durch die Vergabe eines Tags der mit diesem Tag ausgezeichnete Inhalt in ihrem persönlichen Bereich erscheint und so für sie nachhaltig verfügbar ist. Dieser Mechanismus unterstützt somit das persönliche Informationsmanagement (vgl. Abschnitt 2.4.6.2). Die vergebenen Tags werden zudem auch anderen Nutzern angezeigt, wenn der Nutzer sie nicht als privat kennzeichnet (vgl. Abschnitt 6.4.1.3). So wird der durch die Wiederauffindbarkeit persönlich relevanter Modelle erzeugte **unmittelbare** Mehrwert des Taggings mit dem **mittelbaren** Vorteil des gruppenbezogenen Informationsmanagements kombiniert.

Neben der Vermittlung von Transparenz des Mehrwerts der Verwendung von Tags an Nutzer muss auch Modellierern dieser Mehrwert transparent gemacht werden. Die in Abschnitt 6.4.5 beschriebenen Funktionen der Bereitstellung von Inhalten zu einem Modell und seinen Bestandteilen (vgl. Abbildung 59 auf Seite 210) erzeugen für Modellierer durch die Unterstützung der Modellierung **mittelbaren** Mehrwert. Für die Transparenz des **unmittelbaren** Mehrwerts steht die in Abschnitt 7.2.2.2 beschriebene Oberfläche zur Nutzung von Tags in Modellen zur Verfügung. In dieser Oberfläche können die in Abbildung 66 (Seite 227) dargestellten Tag-Clouds auch für die Suche in einem geöffneten Modell verwendet werden: Nach Selektion eines oder mehrerer Tags aus diesen Tag-Clouds werden im SeeMe-Editor alle mit diesem Tag versehenden Elemente hervorgehoben (vgl. Abbildung 79, Nr. 1 und 2). Dies erzeugt besonders in großen Modellen einen direkten Mehrwert für Modellierer, da es die Übersicht über Modelle erleichtert.

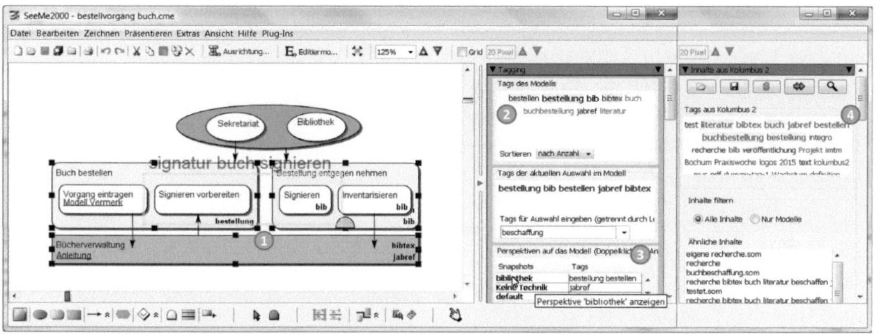

Abbildung 79: Darstellung des Mehrwerts der Eingabe von Tags für Modellierer in der Darstellung von Tags eines Modells (Mitte) und der Tag-Cloud zur Suche nach Inhalten in Kolumbus 2 (rechts). Zusammengesetzte Abbildung zweier seitlicher Fenster des SeeMe-Editors in WiProM-Prototyp.

Zudem enthält die Darstellung der Tagging-Funktionen einen Bereich zur Erzeugung, Anzeige und Beschreibung von Perspektiven eines Modells mit Tags (3), der die zur Verbreitung von Modellen wichtige Nutzung von Perspektiven erleichtert und damit für Modellierer zusätzlichen Mehrwert erzeugt (vgl. Abschnitte 4.4, 5.2.4.4 und 6.4.4.6).

Darüber hinaus wird durch die in Abbildung 79 dargestellten Erweiterungen auch die Transparenz des **mittelbaren Mehrwerts** der Eingabe von Tags durch Modellierer unterstützt, indem eingegebene Tags in der in Abbildung 79 dargestellten Tag-Cloud aus Kolumbus 2 durch Einfärbung (rot, Nr.4) hervorgehoben werden. Sie zeigen dem Modellierer so, welche der von ihm verwendeten Tags ebenfalls an Inhalten in Kolumbus 2 vergeben wurden und diese Inhalte somit erschließen.

Trotz der beschriebenen Erweiterungen erreicht WiProM nicht den Funktionsumfang von Anwendungen des Social Taggings im Internet. Gleichwohl kann festgehalten werden, dass die Anzahl vorhandener Funktionen ausreicht, den Mehrwert von WiProM für verschiedene Nutzer und auf verschiedenen Ebenen aufzuzeigen. Sie stellen somit auch einen weiteren Schritt dar, um die Akzeptanz des Systems bei potentiellen Nutzern zu steigern. Daher scheint die umfangreiche Entwicklung zahlreicher weiterer Funktionen des Taggings hinsichtlich ihres Mehrwerts nicht angemessen.

7.4.2.3 *Reduktion von Tags auf die Meta-Ebene von Modellen*

In verschiedenen Äußerungen der Teilnehmer zeigt sich, dass sie durch die **Nutzung von Tags** in Modellen **irritiert** wurden. So gaben sie an, dass die Darstellung von Tags in Modellen bei einer zu hohen Anzahl von Tags vom Inhalt eines Modells ablenkt. Zudem gaben sie zu bedenken, dass Tags nicht in Konkurrenz zur Syntax der Modellierung oder vorhandenen

Funktionen eines Modellierungswerkzeugs treten sollten. Ein Beispiel hierfür stellt die Äußerung eines Teilnehmers dar, der die Nutzung von Tags zur Auszeichnung von Relationen eines Modells kritisierte: *„eine ähnliche Funktion [zur Typisierung von Relationen]*[55] *gibt es schon"* (vgl. hierzu die Darstellung des in SeeMe genutzten Konstrukts von Entitäten auf Relation in Anhang E.3). Ähnliche Äußerungen finden sich auch zu Typisierungen von Elementen eines Modells durch Tags. Dies ist problematisch: Wenn bspw. bei Benutzern der Eindruck entsteht, dass durch ein Tag wie „dokument" an einem Modellelement dieses Element als Dokument typisiert und daher seine Bedeutung eingeengt wird, so kann dies zu Missverständnissen des im Modell dargestellten Prozesses führen, obwohl das Tag nur als alternativer Bezeichner an dem Element dienen sollte.

Insgesamt zeigt sich, dass durch die **Interpretation von Tags als modellsemantische Typisierungen** von Elementen, Relationen oder Gruppen, die im Sinne von Attributen (vgl. Definition 20 auf Seite 83) bedeutungsverändernde Bestandteile einer Notation sind, **Missverständnisse** und Probleme auftraten. Diese wirken dem Ziel der Ausweitung der Nutzung von Modellen in Organisationen entgegen. Die Beobachtungen zur Nutzung von Tags zeigen somit, dass Tags als Auszeichnung von Modellen und ihren Teilen zwar von Nutzern angenommen wurden, ihre Darstellung und Nutzung im evaluierten Prototyp jedoch zu umfangreich war. Es ist daher wichtig, sie in der weiteren Nutzung lediglich als **Meta-Ebene** von Modellen und somit **nicht als Teil einer Notation** zu verstehen sowie dies in WiProM umzusetzen.

Für die Umsetzung dieser Gestaltungsentscheidung sowie zur Vermeidung von Irritationen und Missverständnissen bei Nutzern wurden **Nutzung und Anzeige von Tags** in Modellen deutlich **reduziert**. In WiProM wurde die Vergabe von Tags auf die Basiselemente von SeeMe (vgl. Abschnitt 3.2.2.2 auf Seite 83), Gruppen dieser Elemente und Modelle **beschränkt**. Die Zuordnung von Tags zu anderen Elementen wie bspw. Relationen ist im resultierenden Prototyp des SeeMe-Editors nicht mehr möglich. Zudem werden in Modellen und ihren Elementen nur noch die **zwei** häufigsten Tags angezeigt, die Anzeige weiterer Tags erfolgt bei Selektion des Elements im seitlichen Fenster des SeeMe-Editors (vgl. Abbildung 79, Nr. 2). Dies trennt Tags und Modellelemente auch räumlich und macht den Charakter von Tags als beschreibende Meta-Ebene deutlich. Für die durch beide der beschriebenen Maßnahmen reduzierte Darstellung von Tags in Modellen kann angenommen werden, dass sie Missverständnisse vermeiden und die Akzeptanz der Nutzung von Tags in Modellen erhöhen können.

7.4.3 Analyse der Kritik am WiProM-System

In den Workshops äußerten die Teilnehmer an verschiedenen Stellen kritische Anmerkungen zu den diskutierten Funktionen und ihrer Umsetzung im WiProM-System. Diese Kritik kann in zwei Gruppen eingeteilt werden. Einerseits kehrte sich anfängliche Kritik später in Akzeptanz um. Andererseits blieben Kritikpunkte auch nach Abschluss der Evaluation bestehen und mussten durch Weiterentwicklung des Systems ausgeräumt werden.

[55] Zusammenfassung der Aussage durch den Autor.

7.4.3.1 *Vorübergehende Kritikpunkte*

Zu Beginn der Workshop-Serie äußerten einige Teilnehmer Ablehnung gegenüber Funktionen. Die dabei hauptsächlich genannten Kritikpunkte werden in der Folge zusammengefasst:

- **Kritik an der Vergabe von Tags an Modellen, Gruppen und Elementen**
  Bei der Erprobung des Taggings für Modelle, Gruppen und Elemente äußerten die Teilnehmer widersprüchliche Kritik wie *„Ist Tagging von ganzen Modellen im Editor überhaupt sinnvoll?"* oder *„Warum nicht nur Taggen des Modells?"*. Im Verlauf der Workshops legte sich die Kritik jedoch, da die Teilnehmer den Mehrwert dieser Funktionen einsahen. Die zeigt auch die intensive Nutzung des Taggings von Modellen und Teilmodellen in Szenarien der Nutzer (vgl. Abschnitt 7.3).

- **Kritik an der Nutzung von Modellen in WMS**
  Anfänglich waren sich die Teilnehmer nicht über den Mehrwert der Integration von Modellen in das WMS klar und äußerten dies: *„Ich konnte mir zu der Arbeit in dem WM(S) keine richtige Aufgabe vorstellen"*. Im weiteren Verlauf zeigte sich jedoch sowohl in den Szenarien der Teilnehmer (vgl. Abschnitt 7.3) als auch in ihren Funktionswünschen für das WMS (bspw. Abschnitte 7.2.2.3 und 7.2.2.5), dass diese Kritik nur anfänglich vorhanden war.

- **Kritik an der Eignung von Tags für Aufgaben des Wissensmanagements**
  In der Evaluation waren die Teilnehmer anfänglich skeptisch, ob Tags in Kombination mit Ordnern und Zugriffsrechten eines WMS einen adäquaten Mechanismus für die Verwaltung von Modellen darstellen würde. Nach einigen Diskussionen legte sich diese Skepsis jedoch. Die Nutzung von Tags und Zugriffsrechten in den Szenarien der Nutzer (vgl. Abschnitt 7.3) unterstreicht dies.

Die beschriebenen Kritikpunkte sind auch vor dem Hintergrund der in Abschnitt 7.2.2.1 identifizierten Gruppen unter den Teilnehmern erklärbar. So ist verständlich, dass durch die Gruppe der Modellierer, die sich vorwiegend Unterstützung für die Modellierung und den Austausch von Modellen erhofften, anfänglich Kritik an der Nutzung von Modellen in einem WMS geäußert wurde. Ebenso ist für Modellnutzer erklärbar, dass ihnen das Tagging von Modellen zunächst nicht sinnvoll schien, da sie vorwiegend an Funktionen zur Unterstützung der Nutzung von Modellen interessiert waren. Da jedoch die beschriebenen Kritikpunkte ausgeräumt werden konnten, erkannten beide Gruppen im Verlauf der Workshops den Mehrwert der von ihnen anfänglich kritisierten Funktionen.

Die oben genannten Beispiele vorübergehender Kritik zeigen jedoch insbesondere, dass für die Nutzung von bisher durch viele Nutzer wenig verwendete Artefakte des Wissensmanagements wie Modelle ein besonderes Augenmerk auf die Transparenz des durch sie erzeugten Mehrwerts zu legen ist.

7.4.3.2 *Kritik an der Abhängigkeit von vorhandenen Tags: Ein Kaltstartproblem*

Die Teilnehmer gaben während der Evaluation mehrfach zu bedenken, dass viele der in WiProM vorhandenen Funktionen und damit der Mehrwert des WiProM-Systems **von der Verfügbarkeit von Tags abhängig** sind. Sie wiesen damit auf ein mögliches Kaltstartproblem hin, das durch anfänglich im System fehlende Tags verursacht werden kann, da so bspw. die auf Tags basierende Suche nach Modellen keine oder nicht ausreichende Ergebnisse erzeugt (vgl. Abschnitt 6.4.1.5). Dieses Problem wird zwar durch die Generierung von Vorschlägen für Tags beim Einstellen von Inhalten in WiProM vermindert (vgl. Abschnitte 6.4.1.2 und 6.4.4.2), jedoch nicht gelöst. In der zur Umgehung des Problems entwickelten Funktion wird der Mechanismus, der in Abschnitt 6.4.1.2 zur Generierung von Vorschlägen für Tags beschrieben wird, in einem an die Strategie des Seedings (Fischer et al. 1994, vgl. Abschnitt 2.2.4) angelehnten eskalativen Modell auch für die initiale Bereitstellung notwendiger Tags für Such- und andere Funktionen genutzt. Dabei werden solche Inhalte, an denen nicht mindestens fünf Tags vorhanden sind, um Tags aus generierten Vorschlägen ergänzt. Diese Tags bleiben nach der Eingabe von Tags durch Nutzer bestehen, werden jedoch in der Anzeige von Tags in WiProM (vgl. Abbildung 36 auf Seite 183) durch die nutzergenerierten Tags verdrängt. Tabelle 28 zeigt ein Beispiel für die Nutzung und Veränderung solcher Tags, das die in Abbildung 35 auf Seite 182 dargestellten Vorschläge verwendet.

Tabelle 28: Nutzung generierter Vorschläge zur Überwindung von Kaltstartproblemen. Nutzergenerierte Tags werden unterstrichen dargestellt, die ersten fünf Tags sind fett gesetzt.

Phase	Tageingabe (Nutzer)	Angezeigte / genutzte Tags
(1) Einstellen des Inhalts	-	**buch bestellen bücherverwaltung bestellung entgegen**
(2) Vergabe erster Tags	<u>jabref bibtex</u>	**<u>jabref bibtex</u> buch bestellen bücherverwaltung** bestellung entgegen
(3) Weitere Tagvergabe	<u>literatur bib bestellen</u>	**<u>literatur bib bestellen jabref bibtex</u>** buch bestellen bücherverwaltung bestellung entgegen

Tabelle 28 zeigt, dass beim Einstellen von Inhalten (1) Tags generiert werden, um eingestellte Artefakte auffindbar zu machen. Diese werden durch Eingabe weiterer Tags (2, 3) schrittweise ersetzt, bis schließlich die generierten Tags durch von Nutzern vergebene Tags ersetzt werden (3). Diese Vorgehensweise garantiert, dass Inhalte und insbesondere Modelle beim Einstellen in das System genutzt werden können und stellt somit einen Mechanismus zur Überwindung des von Nutzern antizipieren Kaltstartproblems dar.

7.4.3.3 *Kritik an der Nutzung von Teilmodellen und Tags*

Die Teilnehmer kritisierten häufig den Umgang mit der Vergabe von Tags an Teilmodellen. Sie bemängelten dabei vor allem, dass vorhandene Teilmodelle nicht transparent dargestellt wurden. Sie forderten zudem Verbesserungen in der Handhabung von Teilmodellen. Daher wurde die in Abbildung 66 auf Seite 227 dargestellte Oberfläche zur Anzeige und Nutzung von Tags durch die in Abbildung 80 gezeigte Liste im Modell vorhandener Gruppen und ihrer Tags erweitert (2). Selektiert ein Nutzer eine Gruppe aus dieser Liste, so wird diese im Modell hervorgehoben und zentriert (1). So können Gruppen auch in umfangreichen Modellen gefunden werden. Diese Funktion greift die Kritik der Nutzer auf und trägt durch die Anzeige von Gruppen zudem zur Transparenz des Mehrwerts der Auszeichnung von Teilmodellen mit Tags bei (vgl. Abschnitt 7.4.2.2).

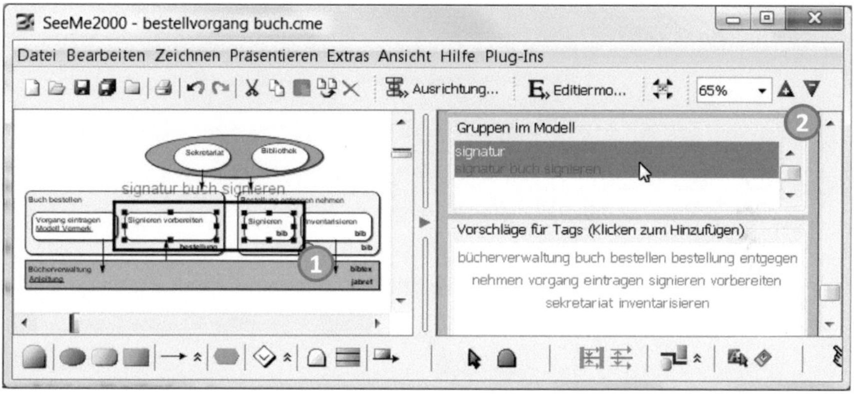

Abbildung 80: Unterstützung der Nutzung getaggter Teilmodelle im SeeMe-Editor.

7.4.3.4 *Kritik an der mangelnden Nutzung von Tags für lokale Modelle*

Ungeachtet ihrer generellen Zustimmung zur Nutzung von Tags für die Verwaltung von Modellen äußerten die Teilnehmer Kritik daran, dass die in Modellen vorhandenen Tags lediglich in Kombination mit einem WMS genutzt werden können, um Modelle zu verwalten. So gaben sie an, dass sie diese Unterstützung auch für auf ihren lokalen Dateisystemen vorhandene Modelle benötigten.

Die Verwaltung lokaler Dateien kann sowohl für die Kombination persönlichen und gruppenbezogenen Informationsmanagements als auch zur Unterstützung der Verfügbarkeit bislang lokal vorhandener Modelle in WMS förderlich sein. Ihre Umsetzung gestaltete sich jedoch problematisch. So bestehen zwar Forschungsprototypen zur Nutzung von Tags in Dateisystemen (vgl. Bloehdorn et al. 2006) und Möglichkeiten der Zuordnung von Metadaten zu Dateien, eine entsprechende Unterstützung der Verwaltung von Dateien und der Suche auf Basis von Tags ist in verfügbaren Betriebssystemen jedoch nicht gegeben. Ein Eingriff in diese Systeme zur Entwicklung entsprechender Suchmechanismen schien trotz des Mehrwerts der Verwaltung lokal gespeicherter Modelle unangemessen aufwändig. Daher wurde für den SeeMe-Editor eine lokale Suche entwickelt, die im Dateisystem eines Nutzers nach Modellen und Tags in ihnen sucht. Abbildung 81 zeigt diese Suche, die nach dem Öffnen des SeeMe-Editors oder auf Wunsch des Benutzers (3) dessen Dateisystem nebenläufig durchsucht (1). Die Ergebnisse dieser Suche (2) werden in einer hierfür entwickelten Datenbank-Komponente des SeeMe-Editors abgelegt, sind für den Nutzer jederzeit aufrufbar und können durch weitere Suchvorgänge aktualisiert werden (4). Aus der in Abbildung 81 dargestellten Anzeige dieser

Ergebnisse kann der Benutzer durch Eingabe von Tags Modelle herausfiltern (2) und diese im SeeMe-Editor öffnen.

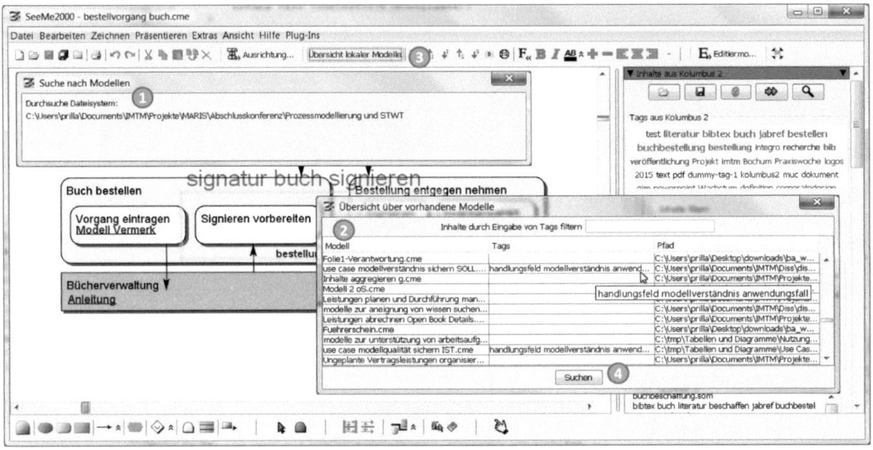

Abbildung 81: Unterstützung der lokalen Nutzung von Tags durch Suche und Verwaltung lokal vorhandener Modelle und Tags.

Durch diese Funktion erzeugen Tags auch für lokal gespeicherte Modelle einen Mehrwert. Sie bietet damit einen weiteren Anreiz zur Nutzung von Tags an Modellen und ihren Bestandteilen. Zudem wird Nutzern in den dargestellten Suchergebnissen auch deutlich, wenn einige ihrer Modelle keine Tags beinhalten. Dies kann Nutzer zusätzlich zur Vergabe von Tags motivieren.

7.4.4 Zusammenfassung und Diskussion: Akzeptanz von WiProM

Aus der Analyse der Akzeptanz des Systems kann ein zufriedenstellendes Fazit gezogen werden. Die Beurteilungen der diskutierten Funktionen sind für einen Prototyp erfreulich gut und für die von den Teilnehmern zum Ausdruck gebrachten Erwartungen und Kritikpunkte konnten Lösungen gefunden werden. Zudem zeigt sich, dass sich die Akzeptanz des Systems bei den Teilnehmern während der Evaluation erhöhte. Es kann daher festgehalten werden, dass die Teilnehmer das System grundsätzlich annahmen. Daher kann für seine Nutzung eine positive Prognose abgegeben werden.

Ein Teil der aus der Analyse resultierenden Veränderungen ist den in den Abschnitten 2.2.4.1 und 2.4.7 beschriebenen Problemen der Gestaltung von Groupware und WMS zuzuordnen. Darunter befinden sich Probleme der Gebrauchstauglichkeit, die identifiziert und ausgeräumt werden konnten. Weitere Probleme entstanden hinsichtlich der Motivation zur Nutzung, des Aufwands der Nutzung und der Transparenz vorhandenen Mehrwerts. Für die Probleme wurden in Abschnitt 7.4.2 Lösungen beschrieben. Diese Probleme zeigen jedoch auch, dass für die Einführung neuer Inhaltstypen wie Prozessmodelle in WMS Probleme des Mehrwerts ihrer Nutzung besonders zu beachten sind.

Aus der Analyse der Akzeptenz von WiProM konnten auch neue Erkenntnisse abgeleitet werden. So wird deutlich, dass nur durch eine Trennung des Taggings von Syntax und Semantik einer Modellierungsnotation sowie einer dosierten Nutzung von Tags in Modellen der durch sie erreichbare Mehrwert umgesetzt werden kann (vgl. Abschnitt 7.4.2.3). Zudem zeigt sich, dass die Funktionen und damit der Mehrwert des Systems auch um Aspekte des persönlichen Informationsmanagements erweitert werden müssen, um potentielle Nutzer ausreichend für die Nutzung eines Systems zu motivieren (vgl. Abschnitte 7.4.2.2 und 7.4.3.4). Außerdem wiederholte sich in der Analyse die Beobachtung verschiedener Zielgruppen eines WMS zur Unterstützung der Nutzung und Entwicklung von Prozessmodellen als wissensvermittelnde Artefakte. Dies weist darauf hin, dass für wenig etablierte Inhaltstypen wie Modelle stets unterschiedliche Gruppen und deren Bedürfnisse berücksichtigt werden müssen.

7.5 Zusammenfassung und Reflexion

Die im zurückliegenden Kapitel beschriebene Evaluation des WiProM-Systems erfüllt mehrere Zwecke. So wurden die Vollständigkeit des Funktionsumfangs ebenso wie seine Gestaltung überprüft sowie notwendige Funktionen und Gestaltungselemente ergänzt (Abschnitt 7.2). Zudem wurde das System hinsichtlich seiner Unterstützung für Arbeitsprozesse analysiert (7.3). In einer weiteren Analyse konnten darüber hinaus Faktoren der Akzeptanz des Systems identifiziert und umgesetzt werden (7.4). Das Resultat dieser Analyse ist ein verbesserter Prototyp. Die aus der Evaluation und der Umsetzung des Prototyps gewonnenen Erkenntnisse ergänzen die in Kapitel 6 begonnene Beantwortung von **Forschungsfrage 5** und **Forschungsfrage 6**.

Im weiteren Verlauf werden die zentralen Ergebnisse der Evaluation zusammengefasst und diskutiert. Darüber hinaus werden die Durchführung der Evaluation und der in ihr erreichte Stand des WiProM-Systems als Ergebnis des in der Arbeit durchgeführten Forschungsprozesses reflektiert.

7.5.1 Ergebnisse und Erkenntnisse aus der Evaluation

Die im WiProM-System erstmalig umgesetzten Funktionen des Taggings für Prozessmodelle, der Kopplung von Modellierungswerkzeugen und WMS und der Verwendung von Prozessmodellen als vollwertige Inhalte in WMS wurden von den Teilnehmern der Evaluation positiv bewertet. Sie zeigten sich mit diesen Mechanismen zufrieden und entdeckten in ihnen Unterstützungspotential für ihre Arbeitsaufgaben. Weiterhin wurde deutlich, dass die Teilnehmer der Evaluation Modelle zur Aneignung und Vermittlung von Wissen nutzen wollen, jedoch hierfür angemessene und nutzbare technische Unterstützung benötigen. Diese Erkenntnisse zeigen die prinzipielle Praxistauglichkeit der in WiProM verfügbaren Funktionen.

Die Analyse der Evaluation ermöglichte die Überprüfung des Funktionsumfangs von WiProM, die Weiterentwicklung vorhandener Funktionen wie Suche oder Verwaltung von Modellen (vgl. Abschnitt 7.2) sowie die Entwicklung zusätzlicher Funktionen des WiProM-Systems (vgl. Abschnitt 7.4). Darüber hinaus konnten auch verschiedene Ergebnisse zu solchen Aspekten von WiProM gewonnen werden, die nicht direkt mit einer einzelnen Funktion verbunden sind, sondern die Konfiguration, Qualität und Gestaltung mehrerer Funktionen oder des gesamten Systems betreffen. Diese werden im Folgenden kurz zusammengefasst, da ihre Kenntnis zur Beantwortung von **Forschungsfrage 6** notwendig ist.

- **Reduktion des Aufwands zur Nutzung von WiProM.** Im Verlauf der Evaluation wurde für verschiedene Funktionen festgestellt, dass der Aufwand zur Nutzung von WiProM reduziert werden musste. Interessant ist dabei, dass auch für die bereits als weitgehend aufwandsarm identifizierte Auszeichnung von Inhalten durch Tags (vgl. Abschnitt 2.5.4) Maßnahmen zur Reduktion des Aufwands ihrer Nutzung getroffen und umgesetzt werden mussten (vgl. Abschnitte 7.2.2.2 und 7.4.2.1). Ein Grund dafür kann darin gefunden werden, dass Wissensmanagement für Nutzer einen Unterstützungsprozess darstellt, für den sie ebenso wenig kognitiven Aufwand wie Zeit bereitstellen können (vgl. Abschnitte 2.3 und 2.4.7). Dies zeigte sich auch in der Evaluation in verschiedenen Wünschen und Äußerungen der Teilnehmer (vgl. Abschnitte 7.2.2.5, 7.4.2.1 und 7.4.3.2). Insgesamt zeigt diese Erkenntnis, dass für die ohnehin problematische Aufgabe der Verbreitung von Modellen als wissensvermittelnde Artefakte besonders auf einen **geringen Aufwand** der Nutzung hierzu verwendeter Funktionen von Informationssystemen zu achten ist.
- **Benutzergruppen und alternative Zugänge als Voraussetzung der Nutzung von Prozessmodellen als wissensvermittelnde Artefakte.** Die bereits in der empirischen Studie festgestellten Unterschiede der Unterstützungsbedarfe verschiedener Gruppen wiederholten sich in der Evaluation des WiProM-Systems. Diese Gruppen mussten sowohl durch die Integration von Funktionen in verschiedene Werkzeuge als auch durch unterschiedliche Maßnahmen zur Steigerung der Transparenz des für sie resultierenden Mehrwerts gezielt unterstützt werden. Dies zeigt, dass eine Lösung zur Unterstützung der Nutzung von Modellen als wissensvermittelnde Artefakte wie WiProM **alternative Zugänge** zu Modellen, Informationen und ihrer gemeinsamen Nutzung bieten muss (vgl. Abschnitt 7.2.2). Zudem zeigt dies die **exponierte Rolle von Modellierern** bei der Verbreitung und Beschreibung von Modellen (vgl. Abschnitte 5.2.4.2 und 6.4.4.4
- **Transparenz des Mehrwerts auf verschiedenen Ebenen als Voraussetzung der Nutzung von Modellen im Wissensmanagement.** Eine weitere Erkenntnis der Evaluation ist, dass der Mehrwert der Nutzung von Prozessmodellen in WMS auf verschiedenen Ebenen transparent gemacht werden muss. Zur Steigerung dieser Transparenz in WiProM umgesetzte Maßnahmen (vgl. bspw. Abschnitt 7.4.2.2) mussten diesen sowohl mittelbar als auch unmittelbar erzeugen. Daher ist festzuhalten, dass die Herstellung der Transparenz des Mehrwerts für die Etablierung im Wissensmanagement wenig genutzter Inhaltstypen eine besondere Bedeutung hat und daher in zu dieser Arbeit ähnlichen Vorhaben besonders beachtet werden muss.
- **Reduktion der Beschreibung von Modellen auf eine Meta-Ebene zur Vermeidung von Verständnisproblemen.** Die Evaluation der Beschreibung von Modellen durch Tags zeigt, dass sie als **störend** bzw. **irritierend** empfunden werden, wenn sie die **Semantik** von Modellen oder ihren Bestandteilen verändern. Dies widerspricht dem in den Abschnitten 2.5.2.6 und 4.6 beschriebenen Stand der Forschung, in dem Ansätze verwendet werden, in denen Modelle und ihre Bestandteile durch Elemente aus Ontologien ausge-

zeichnet und dadurch zusätzlich spezifiziert bzw. typisiert werden. Ein Grund für diesen Widerspruch ist, dass vorhandene Ansätze sich an Experten der Modellierung wenden, wohingegen sich der Ansatz der vorliegenden Arbeit an alle potentiellen Akteure einer Organisation und damit insbesondere auch an Nicht-Experten richtet. Für diese Zielgruppe, zu denen auch einige Teilnehmer der Evaluation gehören, stellen Tags ein Vehikel der Verwaltung von Modellen dar. Syntaktische oder semantische Einflüsse der Beschreibung von Modellen bedeuten daher für sie einen unnötigen und zu hohen kognitiven Aufwand, der in Ablehnung der Nutzung von Modellen resultieren kann (vgl. Abschnitt 7.4.2.3). Es ist daher ein dosierter Einsatz der Darstellung von Tags in Modellen anzuraten.

Zusammenfassend kann festgehalten werden, dass die Evaluation des WiProM-Systems funktionale, gestalterische und akzeptanzbezogene Verbesserungen sowie Erkenntnisse zum Verständnis des betrachteten Problemfelds hervorbringen konnte. Sie deckt dabei ein breites Spektrum der Unterstützung der Nutzung von Modellen in Organisationen ab, bereitet WiProM auf den Praxiseinsatz vor und erweitert das Verständnis des in der vorliegenden Arbeit betrachteten Problemfelds.

7.5.2 Durchführung der Evaluation und weiterer Evaluationsbedarf

Die im zurückliegenden Kapitel beschriebene Evaluation kann den Nutzen der direkt und indirekt evaluierten Funktionen von WiProM nicht zweifelsfrei oder endgültig nachweisen. Zudem umfasst sie nur einen Teil der Funktionen des Systems und beschränkt sich auf eine laborähnliche Vorgehensweise. Gleichwohl zeigen die dargestellten Ergebnisse, dass aus der Evaluation sowohl Erkenntnisse zum in der Arbeit betrachteten Problembereich als auch zur Gestaltung von funktionalen und nicht-funktionalen Aspekten der Unterstützung dieses Problembereichs abgeleitet werden können. Zudem resultiert aus der Evaluation ein benutzbares und nützliches System, das auf die Bedürfnisse verschiedener Nutzer ausgerichtet ist und somit eine gute Ausgangsbasis für weitere Forschungsvorhaben zum hier betrachteten Problemfeld darstellt. Es ist dennoch zu fragen, ob die Durchführung der Evaluation angemessen war und ob mit der durchgeführten Evaluation ein ausreichender Stand bei Erkenntnissen und Entwicklung erreicht werden konnte.

Zur Beantwortung dieser Fragen muss zunächst festgehalten werden, dass die beschriebene Evaluation sich **direkt** mit Basismechanismen von WiProM (vgl. Tabelle 26 auf Seite 222), Ergänzungen zu ihnen (vgl. Tabelle 27 auf Seite 224 und Abschnitt 7.2.2), der Anwendung von Funktionen von WiProM für tägliche Aufgaben (vgl. Abschnitt 7.3) sowie Aspekten der Nützlichkeit, des Nutzens, des Mehrwerts und der Akzeptanz des Systems (vgl. Abschnitt 7.4) auseinandersetzte. Zudem wurden durch die Brainstormings aus der Wants and Needs Phase weitere Funktionen, die in WiProM vorhanden waren und von den Teilnehmern ohne Kenntnis davon genannt wurden, **indirekt** hinsichtlich ihres Nutzens evaluiert. Über diese direkt und indirekt betrachteten Aspekte hinaus **lässt die Evaluation Bereiche von WiProM aus**. So wurden bspw. Funktionen wie die Suche nach Modellen, die Generierung von Vorschlägen und die Rolle der Bildung von Clustern bei den vorgenannten Funktionen nicht eingehend evaluiert. Dies liegt daran, dass im Rahmen der explorativen Ausrichtung der Arbeit zunächst Nützlichkeit und Akzeptanz des in WiProM umgesetzten Ansatzes geprüft werden musste.

Sind diese Faktoren nicht gegeben, so ist auch die Verbesserung einzelner oder spezieller Funktionen nicht sinnvoll. Weitere nicht betrachtete Aspekte wie bspw. Geschwindigkeit und Zuverlässigkeit des Systems wurden vor dem Hintergrund seines Status als Prototyp, dessen Nutzen in der Evaluation formativ beeinflusst werden sollte, nicht überprüft. Eine über die betrachteten Aspekte hinausgehende Evaluation ist zudem ohnehin lediglich in langfristig angelegten Evaluationen möglich (siehe unten).

Die **Teilnehmer** an der Evaluation unterscheiden sich von den in der empirischen Studie der Arbeit (vgl. Kapitel 5) befragten Personen. Dies liegt auch daran, dass die Ziele von Evaluation und Studie unterschiedlich sind: Während in der Studie solche Partner notwendig waren, die wegen ihrer betrieblichen Position einen Überblick über die Nutzung von Modellen durch verschiedene Nutzergruppen hatten (vgl. Abschnitt 5.1), war für die Evaluation eine größere Bandbreite potentieller Nutzer notwendig, um die oben genannten Aspekte der Überprüfung aus verschiedenen Blickwinkeln abzudecken (vgl. Abschnitt 7.1). Daher hinaus schien es nicht sinnvoll, die Evaluation mit den Interviewpartnern durchzuführen, da diese mit den eingesetzten Systemen nicht vertraut waren und in ihren Unternehmen jeweils andere Systeme nutzten (vgl. hierzu auch Abschnitt 6.3.2). Eine solche Evaluation hätte daher eine Einführung in den SeeMe-Editor und Kolumbus 2 erfordert. Somit wäre bei Problemen der Nutzung stets abzuwägen gewesen, ob diese durch mangelnde Kenntnis eines Basissystems oder durch Probleme neu entwickelter Funktionen hervorgerufen worden wären. Die Auswahl der Teilnehmer aus der Arbeitsgruppe des Autors verhindert diese Probleme. Zudem hat der Wechsel des Teilnehmerkreises zwischen Studie und Evaluation den Vorteil, dass die in WiProM umgesetzten Funktionalitäten durch die von Teilnehmern in der Evaluation geäußerten Wünsche zu einem gewissen Grad verifiziert werden konnten (vgl. Abschnitt 7.2.1).

Es kann zudem bezweifelt werden, ob die Durchführung der Workshops in einem Unternehmen andere oder gar bessere Ergebnisse erzeugt hätte, da für Teilnehmer nur aufgrund ihrer praktischen Tätigkeit keine valideren oder längerfristig gültigen Antworten angenommen werden können. Ebenso wären bei der Durchführung in einem Unternehmen erzielte Ergebnisse ebenfalls zunächst nur für dieses Unternehmen, nicht aber pauschal darüber hinaus gültig gewesen. Gleichwohl kann die Beobachtung des praktischen Einsatzes von WiProM über einen längeren Zeitraum, in dem bspw. durch die Auszeichnung vieler Modelle mit Tags die Voraussetzungen für eine Evaluation weiterer Mechanismen geschaffen werden können, weitere Erkenntnisse erzeugen.

Ein weiterer, kritisch zu reflektierender Aspekt der Evaluation ist die **Art ihrer Durchführung**. So beschränkt sie sich in den durchgeführten Workshops auf eine **Laborsituation**, die sich von einem praktischen Einsatz des Systems deutlich unterscheidet. Daher ist der Grad der **Überprüfbarkeit erzielter Ergebnisse** aus der Evaluation kritisch zu betrachten. Die hier beschriebene Vorgehensweise ist explorativ und hinsichtlich der Unterstützung des Problembereichs formativ. Sie gibt starke Hinweise auf die Angemessenheit des Funktionsumfangs von WiProM sowie zu dessen Nutzbarkeit, Nützlichkeit und Akzeptanz und zeigt damit seine prinzipielle Tauglichkeit für den Praxiseinsatz auf. Aus diesen Ergebnissen der Evaluation können jedoch **weder allgemeingültige Aussagen noch endgültige Nachweise** abgeleitet werden. So wurde das System bspw. nicht mit einer großen Menge von verschiedenen Nutzern mit Tags ausgezeichneter Modelle und anderer Inhalte evaluiert. Über die Effekte der Verfügbarkeit solcher Inhalte eines WMS auf Nutzer kann die beschriebene Evaluation daher keine Aussagen treffen.

Dieser Nachweis scheint jedoch die Möglichkeiten einer explorativ angelegten und informatisch orientierten Arbeit zu übersteigen. So musste die vorliegende Arbeit mangels vorhandener empirischer Erkenntnisse oder vergleichbarer Ansätze erst die **Grundlagen** für die Unterstützung der Arbeit mit Modellen als wissensvermittelnde Artefakte erzeugen. Auf Basis dieser Grundlagen stellt sie einen Prototyp zur Verfügung, der eine große Bandbreite analytisch und empirisch abgeleiteter Funktionen zur Verfügung stellt. Dessen Wirksamkeit kann jedoch über die in diesem Kapitel beschriebene Evaluation hinaus nur in **Langzeitevaluationen** überprüft werden. Entsprechende Nachweise der Wirkung sollten jedoch in an die vorliegende Arbeit anschließenden Vorhaben und durch Forscher anderer disziplinarischer Hintergründe durchgeführt werden, um eine methodisch saubere, valide und unabhängige Langzeitevaluation zu gewährleisten. Die vorliegende Arbeit stellt dafür mit einem entlang von Faktoren wie Akzeptanz und Nützlichkeit evaluierten System die notwendigen Voraussetzungen bereit. Ohne diese Basis wäre eine weitere Überprüfung und Vertiefung der in dieser Arbeit beschriebenen Phänomene und ihrer Unterstützung nicht möglich, die hier durchgeführte Evaluation ist daher auch als notwendige Vorbereitung für weitere Forschungsvorhaben im Kontext der vorliegenden Arbeit zu verstehen.

„Processes are the main intellectual property and competitive differentiator manifest in all business activity, and companies must treat them with a great degree of skill and care“ (Howard Smith und Peter Fingar)

8 Zusammenfassung und Diskussion

Die vorliegende Arbeit beschäftigt sich mit der Nutzung von Prozessmodellen als wissensvermittelnde Artefakte und deren Unterstützung durch Wissensmanagementsysteme. Zu diesem Problemfeld stehen jedoch kaum wissenschaftliche Erkenntnisse zur Verfügung. In den vorangegangenen Kapiteln wurde daher ein Forschungsprozess beschrieben, dessen Ziel die Exploration und prototypische Umsetzung entsprechender Unterstützungsmöglichkeiten war. Im Verlauf dieses Prozesses wurden Probleme und Potentiale der Nutzung von Modellen zur Vermittlung und Aneignung von Wissen sowie resultierende Anforderungen an deren organisatorische und technische Unterstützung herausgearbeitet. Zudem wurde mit dem WiProM-System eine prototypische Infrastruktur umgesetzt, mit der Modelle in das Wissensmanagement von Organisationen integriert werden können. Das System wurde hinsichtlich seiner Nützlichkeit, seines Nutzens und seiner Akzeptanz bei potentiellen Nutzern evaluiert, um umgesetzte Konzepte grundlegend abzusichern und das System für seine Nutzung in weiteren Forschungsprojekten vorzubereiten. Dieses Kapitel fasst Ergebnisse zusammen, die aus diesem Forschungsprozess hervorgehen und beschreibt deren wissenschaftlichen Beitrag und Innovationsgehalt, ihre Anschlussfähigkeit und die Nutzung ihrer Ergebnisse in der Praxis.

Im weiteren Verlauf werden in Abschnitt 8.1 die Ergebnisse der vorliegenden Arbeit entlang von Forschungsfragen der Arbeit zusammengefasst. Diese Ergebnisse werden in Abschnitt 8.2 hinsichtlich ihres Innovationsgehalts und ihres wissenschaftlichen Beitrags zu verschiedenen Fachrichtungen analysiert. Abschnitt 8.3 erörtert mit weiteren Forschungs- und Entwicklungsbedarfen sowie Überlegungen zur Generalisierbarkeit der Ergebnisse die Anschlussfähigkeit der Arbeit. Im Anschluss wird die praktische Nutzung dieser Ergebnisse beschrieben (Abschnitt 8.4). Das Kapitel endet mit einem Fazit.

8.1 Ergebnisse der Arbeit

Die vorliegende Arbeit orientiert sich an den in Abschnitt 1.4.1 beschriebenen Forschungsfragen. Zu ihrer Beantwortung beschreibt sie Grundlagen des kooperativen Umgangs mit Informationen und Wissen sowie der Modellierung und Verwaltung von Prozessen, um die Interpretation und die Einschätzung im Forschungsprozess gewonnener Erkenntnisse zu ermöglichen. Auf Basis dieser Grundlagen werden die zentralen Ergebnisse im Verlauf der Arbeit als Antworten auf einzelne Forschungsfragen beschrieben. Diese Ergebnisse werden im Folgenden als Antworten auf die Forschungsfragen 1a und 1b beschrieben. Aus diesen Antworten ergibt sich wie in Abschnitt 1.4.1 beschrieben eine Antwort auf Forschungsfrage 1 (vgl. zur Hierarchie der Forschungsfragen Abbildung 1 auf Seite 12).

Forschungsfrage 1a: Welche Anforderungen müssen bei der Integration von Modellen in Inhalte des Wissensmanagements von Organisationen abgedeckt werden?

Als Grundlage der Beantwortung von Forschungsfrage 1a konnten aus der Literaturanalyse der vorliegenden Arbeit (Kapitel 4) Potentiale der Nutzung von Modellen als Inhalte des Wissensmanagements identifiziert werden. Diese Analyse zeigt den Charakter von Modellen als wissensvermittelnde Artefakte auf und stellt heraus, dass Modelle bei der Vermittlung von Wissen Vorteile haben, wenn es bspw. um die Vermittlung mentaler Modelle oder die Darstellung von Zusammenhängen geht. Gleichzeitig konnte festgestellt werden, dass Modelle und Texte sich hinsichtlich ihrer Vor- und Nachteile ergänzen. Darüber hinaus wurde mit der Nutzung in Modellen darstellbarer Perspektiven im Wissensmanagement ein weiteres Potential der Nutzung von Modellen identifiziert. Zudem durch die Identifikation von Tätigkeiten der Erzeugung und Nutzung von Prozessmodellen als wissensintensive Tätigkeiten der Bedarf ihrer Unterstützung durch Maßnahmen des Wissensmanagements gezeigt.

Parallel zur Betrachtung von Potentialen der Nutzung von Modellen für das Wissensmanagement konnte festgestellt werden, dass das **Problem der Dominanz textueller Inhalte** in WMS hauptsächlich in der mangelnden Erfassung von Modellen durch Informationssysteme und deren Suchmechanismen begründet ist. Das hierfür als zentral identifizierte Konzept der Semantischen Lücke als Diskrepanz zwischen menschlichem Verständnis eines Artefaktes und Möglichkeiten automatischer Informationsextraktion zeigt, dass die Entwicklung verbesserter automatisierter Analyse- und Suchmechanismen für Prozessmodelle zum gegenwärtigen Stand der Forschung nicht sinnvoll ist.

Die Analyse von Potentialen und Problemen der Nutzung von Modellen stellt eines der **zentralen Ergebnisse** dieser Arbeit dar, zu dem **zehn grundlegende Anforderungen** identifiziert wurden. Diese Anforderungen unterstreichen den aus der Literatur nicht direkt zu entnehmenden Bedarf zur Integration von Modellen in Inhalte von WMS. Sie bilden zudem die Basis für die empirische Studie der Arbeit, deren Ziel die Identifikation weiterer Anforderungen war.

Die in Kapitel 5 beschriebene empirische Studie identifizierte eine Vielzahl von **Prozessen der Nutzung von Modellen** als wissensvermittelnde Artefakte. Diese wurden in **sieben Handlungsfelder** eingeteilt, die den Rahmen für eine systematische und umfassende Ableitung und Beschreibung von Anforderungen darstellen. In dieser Einteilung werden wesentliche Erkenntnisse der Arbeit wie die Aspekte der Beschreibung von Modellen auf einer Meta-Ebene, die Unterstützung der Nutzung von Modellen durch dokumentenorientierte und personalisierte Maßnahmen, die Absicherung der Qualität von Modellen sowie Verbesserungen hinsichtlich der Verwendung von Medien und Werkzeugen für den Austausch und die Nutzung von Prozessmodellen beschrieben. Hinzu kommt die Erkenntnis, dass in der Praxis das Bewusstsein für die Verfügbarkeit von Modellen und die Akzeptanz für Modelle hergestellt werden müssen, damit Modelle zur Vermittlung von Wissen genutzt werden.

Die Darstellung der Handlungsfelder ist ein weiteres **zentrales Ergebnis** der vorliegenden Arbeit, aus verschiedene Anforderungen an die Unterstützung der Nutzung von Modellen als wissensvermittelnde Artefakte abgeleitet wurden. Zudem wurden auch die grundlegenden Anforderungen aus der Literaturanalyse zu den Handlungsfeldern zugeordnet. Daraus entstand ein **empirisch gestützter Handlungsrahmen** des Umgangs mit Prozessmodellen im Wissensmanagement, der in der Arbeit als Ausgangspunkt der prototypischen Gestaltung (Kapitel 6) und der Weiterentwicklung (Kapitel 7) des WiProM-Systems genutzt wurde. Aus diesen Aufgaben ergibt sich eine Antwort auf Forschungsfrage 1b.

> **Forschungsfrage 1b:** Wie muss ein Wissensmanagementsystem gestaltet werden, um Modelle in Organisationen allen Nutzern zur Verfügung zu stellen und ihre Nutzung zu unterstützen?

Die Gestaltung eines WMS zur Unterstützung der Entwicklung und Nutzung von Modellen als wissensvermittelnde Artefakte wird durch die in der Arbeit identifizierten Anforderungen geleitet. Zu deren Umsetzung wurden verschiedene funktionale und nicht-funktionale Aspekte gestaltet und in die Basisanwendungen integriert. Das WiProM-System stellt das daraus resultierende Ergebnis dar und dient als Machbarkeitsnachweis der funktionalen Unterstützung sowie als Referenzimplementierung und -gestaltung entsprechender Funktionen und ihres Zusammenspiels. Es ist daher als weiteres **zentrales Ergebnis** der vorliegenden Arbeit anzusehen. Tabelle 29 zeigt als Antwort auf Forschungsfrage 1b die zentralen Funktionen und nicht-funktionalen Aspekte des Systems, eine vollständige Liste findet sich in Anhang B.4.

Tabelle 29: Zentrale Funktionen und nicht-funktionale Aspekte des WiProM-Systems zur Unterstützung der Nutzung von Modellen als wissensvermittelnde Artefakte.

Funktion / Merkmal	Beschreibung
Basismechanismen	
Tagging für Prozessmodelle	Integration von **Tagging-Mechanismen** in ein Modellierungswerkzeug, Umsetzung für **Prozessmodelle, Teilmodelle und Elemente**
Kopplung von Modellierungswerkzeugen und WMS	**Öffnen und Speichern** von Prozessmodellen und Teilmodellen in einem WMS, **Verfügbarkeit** relevanter Inhalte im Modellierungswerkzeug, **Zugriff auf Funktionen** des WMS aus dem Modellierungswerkzeug
Integration von Prozessmodellen in Inhalte von WMS	**Zusammenführung** mit anderen Inhalten und **Explikation** von Modellinhalten durch semantische Ebene der **Tags**, Modell-Parser, einfache Auswertungen von Prozessmodellen
Spezielle Funktionen	
Suche nach Modellen	Erfassung an und in Modellen vergebener Tags ermöglicht Suche auch in **Inhalten** von Modellen, Nutzung über **Stichworte** und **Tag-Clouds** (iterativ/explorativ), implizite Verwendung in weiteren Funktionen, Unterstützung durch **Cluster,** Konfiguration und Verstetigung der Suche
Generierung von Tag-Vorschlägen	Unterstützung der Vergabe von Tags und Überwindung des **Kaltstartproblems** zu Beginn der Nutzung

Explizite und implizite Verbindung von Modellen mit anderen Inhalten und Personen	Explizite **Verknüpfungen**, implizite Verbindung über **Identifikation** relevanter Inhalte und Personen, Verstetigung identifizierter Verbindungen; Bezug auf Modelle, Teilmodelle und Elemente
Kommunikation an Modellen	Bezug auf **Modelle und Modellinhalte**, Identifikation von **Adressaten**, Nutzung vorhandener Funktionen (Kommentare und Annotationen)
Hinweise auf Modelle (Bewusstsein und Akzeptanz)	**Personalisierte Hinweise** im Startbereich des WMS, Umsetzung für relevante, neue, geänderte und zugewiesene Modelle
Unterstützung der Modellablage	Vorschläge für **Tags** und **geeignete Ablageorte** von Modellen in WMS
Unterstützung der Nutzung von Modellen in WMS	Integration eines **Modellierungswerkzeugs** in ein WMS, Verfügbarkeit von Modellen in **Grafik- und Modellformaten**
Nutzung von Perspektiven in Modellen	Unterstützung der Nutzung von **Perspektiven durch Tags** im Modellierungswerkzeug, **Anzeige** und **Zuordnung** im WMS
Intersubjektive Qualitätssicherung	**Identifikation geeigneter Nutzer** eines WMS zur Durchsicht, **Zuweisung** von Modellen zur Überprüfung an diese Nutzer
Nicht-funktionale Merkmale	
Integration Tagging-Funktionen in ein Modellierungswerkzeug	Integration in Dialoge, seitliche Oberfläche zur Darstellung von Tags und verbundenen Funktionen, direkte Manipulation von Tags im Modell
Rolle des Modellpaten	Unterstützung der Rolle durch angepasste Schreibrechte
Alternative Zugänge	Verfügbarkeit von Funktionen über ein Modellierungswerkzeug und das Basis-WMS
Tags als Meta-Ebene von Modellen	**Reduktion der Anzeige** von Tags und **gültiger Elemente** für die Vergabe, Trennung Tags und Modell in der Darstellung
Vermittlung des Mehrwerts	Vermittlung an mehrere **Nutzergruppen** bzw. auf verschiedenen **Ebenen**: Modellierer und Nutzer, mittelbar und unmittelbar

Die Beantwortung der Forschungsfragen 1a und 1b führt entsprechend der in Abschnitt 1.4.1 beschriebenen Struktur zu einer Antwort auf Forschungsfrage 1.

> **Forschungsfrage 1:** Wie kann die Nutzung von Prozessmodellen als wissensvermittelnde Artefakte in Organisationen durch die Unterstützung eines Wissensmanagementsystems gefördert und etabliert werden?

Die Antwort auf diese Frage besteht aus den drei aufeinander aufbauenden **zentralen Ergebnissen**:

1. Ein aus Problemen und Potentialen der Nutzung von Modellen als wissensvermittelnde Artefakte bestehender **Überblick** auf das in der vorliegenden Arbeit betrachtete Problemfeld inklusive der dazu vorhandenen wissenschaftlichen Erkenntnisse.
2. Ein aus Handlungsfeldern und Anforderungen gebildeter, **empirisch gestützter Handlungsrahmen** zur Unterstützung der Nutzung von Modellen als wissensvermittelnde Artefakte.

3. Das **WiProM-System** und dessen funktionale und nicht-funktionale Merkmale als praktische Umsetzung des Handlungsrahmens.

Diese Ergebnisse decken alle Aspekte von Forschungsfrage 1 ab: Sie liefern Hintergrundwissen zur Nutzung von Prozessmodellen als wissensvermittelnde Artefakte, Anforderungen an deren Unterstützung und setzen diese in funktionale und nicht-funktionale Elemente des WiProM-Systems um. Mit dem Handlungsrahmen und WiProM gehen aus der Arbeit somit zwei Ebenen der Orientierung für die Unterstützung der Nutzung von Modellen als wissensvermittelnde Artefakte hervor.

Weiterhin kann aus der Beantwortung von Forschungsfrage 1 festgehalten werden, dass diese **Ziele** dieser Arbeit **erreicht** werden konnten (vgl. Abschnitt 1.3.2). So identifiziert die Arbeit im Rahmen der Beantwortung von Forschungsfrage 1a Probleme, Potentiale und Anforderungen der Nutzung von Prozessmodellen in Wissensmanagementsystemen und setzt diese zur Beantwortung von Forschungsfrage 1b in ein prototypisches Wissensmanagementsystem um.

Abschließend ist darauf hinzuweisen, dass die in der vorliegenden Arbeit gegebenen **Antworten nicht endgültig** sein müssen oder gar können. Vielmehr ist vor dem Hintergrund der explorativen Vorgehensweise der Arbeit und dem daraus resultierenden Stand des Systems damit zu rechnen, dass Funktionen und nicht-funktionale Aspekte entfernt, angepasst oder hinzugefügt werden müssen. Ebenso kann der praktische Nutzen erzielter Ergebnisse in der Arbeit **nicht zweifelsfrei nachgewiesen** werden (vgl. hierzu Abschnitt 7.5.2). Gleichwohl stellen die in der Arbeit identifizierten Probleme, Potentiale und Prozesse, die daraus resultierenden Anforderungen und WiProM als deren Umsetzung fundierte Grundlagen für die Nutzung von Modellen als wissensvermittelnde Artefakte dar und ermöglichen erst eine vertiefende Untersuchung weiterer Aspekte.

8.2 Innovationsgehalt der Arbeit

Der Innovationsgehalt der vorliegenden Arbeit erschließt sich aus ihren zentralen Ergebnissen. In diesem Abschnitt werden diese Ergebnisse daher hinsichtlich innovativer Aspekte und ihres wissenschaftlichen Beitrags zu verschiedenen Fachrichtungen wie Geschäftsprozess- und Wissensmanagement, Wirtschaftsinformatik, Gestaltung von Informationssystemen und CSCW diskutiert.

Der **Überblick** zu Problemen und Potentialen der Nutzung von Prozessmodellen im Wissensmanagement und in WMS beinhaltet verschiedene Aspekte, die zum Innovationsgehalt der Arbeit beitragen:

- Die Rolle von Prozessmodellen in Wissensübergangsprozessen und besonders als Auslöser und Mediatoren von Prozessen der **Sozialisation**.
- Die Identifikation der **Semantischen Lücke** für Modelle als Problem ihrer Nutzung in WMS.
- Die **Vorteile** von Prozessmodellen bei der Vermittlung von Wissen bspw. für die Ausbildung mentaler Modelle oder das Verständnis von Zusammenhängen.

- Die **Integration von Text und Prozessmodellen** als Strategie der Wissensvermittlung.
- Die Elemente eines **Ordnungsrahmens** für den problemorientierten Einsatz von Modellen oder textuellen Inhalten zu Zwecken der Wissensvermittlung.
- Die Nutzung von **Perspektiven** in Modellen zur Personalisierung der Vermittlung von Wissen.
- Die Auffassung und Unterstützung der Nutzung und Erzeugung von Prozessmodellen als **wissensintensive Tätigkeit**.

Die vorliegende Arbeit beschreibt zudem mit dem **empirisch gestützten Handlungsrahmen** erstmals den Zusammenhang von Tätigkeiten und Aufgaben der Nutzung von Modellen als wissensvermittelnde Artefakte. Dieser Handlungsrahmen ermöglicht die problemorientierte Umsetzung entsprechender organisatorischer und technischer Maßnahmen und enthält verschiedene erstmals beschriebene Erkenntnisse und Konzepte. Zwei Probleme wurden dabei als zentral erkannt:

- Das **mangelnde Bewusstsein** für vorhandene Modelle und der daraus resultierende **kleine Nutzerkreis** von Prozessmodellen.
- Die in der Praxis häufig fehlende **Akzeptanz** für Modelle als wissensvermittelnde Artefakte.

Als Abhilfe für diese Probleme wurden neben funktionalen Aspekten des WiProM-Systems auf der organisatorischen Ebene Veränderungen bei der **Rolle von Modellierern** und die Vermittlung von **typbezogenem Metawissen** (vgl. Definition 23 auf Seite 146) identifiziert.

Mit dem **WiProM-System** steht erstmals ein WMS zur Verfügung, das eine umfassende Unterstützung der Integration von Modellen in Aufgaben des Wissensmanagements ermöglicht. Seine **zentrale Neuerung** ist die durchgängige **Nutzung des Taggings** auf den Ebenen eines Modells, seiner Elemente und aus den Elementen gebildeter Teilmodelle. Darüber hinaus beinhaltet das System weitere Funktionen, die Neuerungen darstellen (vgl. Tabelle 29):

- Die **Kopplung** von Modellierungswerkzeugen und WMS für den Austausch von Modellen, die Förderung ihrer Verbreitung und die Unterstützung ihrer Nutzung und Bearbeitung.
- Die Unterstützung der **Verwaltung und Suche** von Prozessmodellen in WMS durch Tags als gemeinsame semantische Ebene von Modellen und Texten.
- Die Unterstützung der **Kommunikation über Prozessmodelle** in WMS.
- Funktionen wie **Hinweise auf Modelle** zur Kommunikation ihrer Verfügbarkeit und Steigerung ihrer Akzeptanz.
- Die Konfiguration, Darstellung und Zuweisung von **Perspektiven** eines Prozessmodells.
- Die Unterstützung von **Modellierung** und **Modellnutzung** durch Inhalte eines WMS.
- Die Unterstützung der Nutzung von Prozessmodellen in WMS durch **Integration eines Modellierungswerkzeugs**.

Vor dem Hintergrund der beschriebenen Neuerungen muss darauf hingewiesen werden, dass der Innovationsgehalt der Arbeit auch in der **Verzahnung** dieser Neuerungen liegt: Unabhängig von einzelnen Erkenntnissen zu Problemen, Potentialen und Anforderungen der Nutzung von Modellen als wissensvermittelnde Artefakte und davon, ob sich jede der in WiProM vorhandenen Funktionen in der Praxis als essentiell notwendig erweisen wird, stellt die aus der Umsetzung aller Anforderungen resultierende Bandbreite verfügbarer Funktionen und deren Einbettung in ein **sozio-technisches System** aus organisatorischen Prozessen und technischer Unterstützung die eigentliche Innovation dieser Arbeit dar.

Die beschriebenen innovativen Aspekte der Arbeit erweitern den Stand der Forschung in verschiedenen Fachrichtungen. So stellen die Ergebnisse zur Nutzung von Modellen außerhalb eines Kreises von Experten für die Gebiete des **Geschäftsprozessmanagements** (vgl. Abschnitt 3.4) und der **Wirtschaftsinformatik** neue Erkenntnisse dar, da diese Perspektive dort bislang vernachlässigt wurde (vgl. Abschnitt 4.1 und Mendling et al. 2010). Sie können in diesen Gebieten somit zu einem besseren Verständnis des Umgangs mit Modellen in Organisationen beitragen und als Anregung für deren Theoriebildung dienen. Sie zeigen zudem durch die Beschreibung und Analyse des kleinen Nutzerkreises von Prozessmodellen, dass hinsichtlich der (Neben-) Effekte von GPM (vgl. Abschnitt 4.1.2) in der Literatur häufig zu optimistische Annahmen gemacht werden (vgl. Abschnitte 5.2.4 und 5.3). Sie forcieren darüber hinaus ein Umdenken in der Forschung zu GPM, da sie Möglichkeiten der Integration von Nutzern außerhalb des Kreises von GPM-Experten in Aufgaben des GPM aufzeigen und darauf aufmerksam machen, dass für diese Nutzer andere Aufgaben wie bspw. der Austausch und das Verständnis von Modellen unterstützt werden müssen. Darüber hinaus zeigt die Arbeit auf, dass entgegen der in der Literatur vorherrschenden Meinung (vgl. Abschnitt 3.3.2) für die Nutzung von Prozessmodellen die Kenntnis von Notationen lediglich als notwendige, erst die Herstellung von Bewusstsein und Akzeptanz jedoch als hinreichende Bedingung anzusehen ist. Einige dieser Erkenntnisse wurden in vorläufiger Form im Bereich des GPM bereits während der Bearbeitung des Themas veröffentlicht (vgl. Prilla 2009, Bruno et al. 2010), um sie in Diskussionen zu prüfen und weiter zu entwickeln. Sie wurden im GPM als Anregung und neuer Blickwinkel aufgenommen. Ihr Einfluss soll daher nach Fertigstellung der vorliegenden Arbeit durch weitere Publikationen ausgebaut werden.

In der wissenschaftlichen Betrachtung des **Wissensmanagements** und der Gestaltung von WMS sind nicht-textuelle Inhalte wie Prozessmodelle und damit die inhaltliche bzw. kooperative Arbeit mit ihnen bisher untergeordnet betrachtet worden (vgl. Abschnitte 4.2 und 4.6.1). Die vorliegende Arbeit zeigt, dass daraus ein **Defizit des Wissensmanagements** in Organisationen mit dem Ergebnis ungenutzten Wissens entsteht. Sie stellt hierfür die Rolle von Modellen für die Aneignung und die Vermittlung von Wissen bspw. in Sozialisationsprozessen dar. Zudem beschreibt sie mit den zentralen organisatorischen, strategischen und technischen Neuerungen dieser Arbeit wie dem Tagging von Prozessmodellen oder dem Konzept des typbezogenen Metawissens, wie Prozessmodelle künftig im Wissensmanagement und in WMS genutzt werden können. Dies unterstützt die **Intention von Wissensmanagementsystemen**, relevante Inhalte einer Organisation bedarfsgerecht zur Verfügung zu stellen und ermöglicht Akteuren einer Organisation die Auseinandersetzung mit Modellen als Inhaltstyp. Die Arbeit identifiziert dabei sowohl Anforderungen, die speziell auf Modelle und deren Unterstützung im Wissensmanagement ausgerichtet sind, als auch Anforderungen, die ebenso für andere Inhalte von WMS gelten. Sie trägt somit auch zum allgemein verwendbaren funktionalen Portfolio des Wissensmanagements bei. Auch in den Bereichen des Wissensmanagements und der Gestaltung von Informationssystemen konnten bereits vorläufige Ergebnisse und Ansätze der Arbeit veröffentlich werden (vgl. Prilla und Herrmann 2007, Prilla 2008). Diese wurden positiv aufgenommen und konnten durch den Diskurs in diesem Bereich weiterentwickelt werden. Dieser Diskurs soll daher in Form weiterer Veröffentlichungen fortgeführt werden.

Die beschriebenen Beiträge der Arbeit zu Wissens- und Geschäftsprozessmanagement zeigen Potentiale für **Synergien** dieser Felder auf (vgl. hierzu die Analyse ihrer Unterschiede in Abschnitt 3.4.3). So wurden Bearbeitung und Nutzung von Modellen als wissensintensive Tätigkeiten identifiziert. Zudem konnte festgestellt werden, dass Modelle in der Praxis bereits zur Aneignung und Vermittlung von Wissen genutzt werden, die hierzu relevanten Tätigkeiten jedoch von denen bereits aktiver Nutzer von Modellen abweichen und zudem unzureichend technisch unterstützt werden. Dies erweitert vorhandene **Nutzungszyklen des Geschäftsprozessmanagements** (vgl. Abbildung 14 auf Seite 89) um Möglichkeiten der Partizipation von Nutzern und der Nutzung individuellen und organisationsweiten Wissens. Analog ergeben sich für das Wissensmanagement Möglichkeiten, Prozessmodelle aktiv in die Bewahrung und den Transfer von Wissen einzubeziehen (vgl. auch Abschnitt 8.4).

Die Arbeit liefert über die oben genannten Beiträge hinaus auch Erkenntnisse zum Bereich des **CSCW**. Hierzu ist zunächst die Nutzung von **Perspektiven** in Modellen zur Unterstützung der Kooperation zu nennen: Sie hilft Akteuren, eine persönlich sinnvolle Sicht auf Modelle zu erhalten und gleichzeitig die Perspektiven Anderer zu verstehen (vgl. Abschnitt 2.2.2.2). Ergänzend hierzu zeigt die Arbeit mit der Umsetzung auf Zielgruppen angepasster **alternativer Zugänge** zu einem System ein neues Konzept der Gestaltung von Groupware auf (vgl. Abschnitt 7.2.2.1). Weiterhin haben die Ergebnisse Einfluss auf Strömungen in der CSCW-Forschung wie bspw. die Unterstützung des **kooperativen Modellierens** (bspw. Baacke et al. 2009), da sie notwendige Maßnahmen zur Herstellung eines gemeinsamen Verständnisses von Modellen aufzeigen und zudem ihren Austausch fördern können. Über diese Erkenntnisse hinaus stellt die in der Arbeit analytisch motivierte und angepasste **Nutzung von Tags** einen weiteren Beitrag zur **CSCW**-Forschung dar, da sie für Social Tagging Möglichkeiten aufzeigt, wie dieser Mechanismus zielgerichtet und zur Lösung praktischer Probleme eingesetzt werden kann. So zeigt sie bspw. durch die Generierung von Tags, wie das bei der Nutzung von Tags bestehende Kaltstartproblem in der Praxis umgangen werden kann (vgl. Abschnitt 7.4.3.2).

8.3 Anschlussfähigkeit der Arbeit

An die Ergebnisse der Arbeit kann in verschiedener Hinsicht angeknüpft werden. So lassen sich neben weiteren Forschungs- und Entwicklungsmöglichkeiten auch Möglichkeiten der Generalisierung erzielter Ergebnisse identifizieren. In diesem Abschnitt werden diese Möglichkeiten des Anschlusses an die Arbeit beschrieben.

8.3.1 Weitere Forschungs- und Entwicklungsbedarfe

Aus der vorliegenden Arbeit lassen sich neben den für Geschäftsprozess- und Wissensmanagement in Abschnitt 8.2 identifizierten Bedarfen weitere Forschungs- und Entwicklungsmöglichkeiten ableiten. Dieser Abschnitt beschreibt eine Auswahl solcher Möglichkeiten.

Nachweis von Mehrwert und Nutzen der vorliegenden Arbeit. Aus der Diskussion zur Evaluation des WiProM-Systems in Abschnitt 7.5.2 wird deutlich, dass für die in WiProM vorhandenen Funktionen und nicht-funktionalen Merkmale im Rahmen der vorliegenden Arbeit trotz eines fundierten Forschungsprozesses kein endgültiger und zweifelsfreier Nachweis des Mehrwerts und Nutzens geführt werden kann. Ebenso wird deutlich, dass es für diesen Nachweis notwendig ist, Langzeitevaluationen in realen Einsatzszenarien durchzuführen. Ein Forschungsbedarf, der direkt aus der vorliegenden Arbeit hervorgeht, ist daher die Untersuchung von Effekten, die mit den Ergebnissen der Arbeit erzielt werden können. Dies richtet sich vornehmlich an Forscher mit nicht-informatischem disziplinarischem Hintergrund, die mit Hilfe der vorliegenden Arbeit mittel- und langfristige Effekte der Nutzung von Prozessmodellen als wissensvermittelnde Artefakte untersuchen können. Dieser Bedarf gilt auch für andere Bereiche wie das Geschäftsprozessmanagement, in dem Einflüsse der Verbreitung von Modellen und der Integration von Nutzern untersucht werden müssen.

Taxonomie von Modellnutzern und Aktivitäten der Modellnutzung. In der vorliegenden Arbeit wird aufgezeigt, dass es unter den potentiellen Nutzern von Prozessmodellen verschiedene Gruppen gibt, die jeweils unterschiedlich unterstützt werden müssen. Ebenso stellt die Arbeit heraus, dass für die Verwendung von Modellen als wissensvermittelnde Artefakte weitere, bisher in der Literatur wenig beachtete Tätigkeiten zu unterstützen sind. Die Kenntnis dieser Gruppen und Tätigkeiten ist zur Unterstützung der Nutzung von Modellen als Inhalte des Wissensmanagements unerlässlich und muss daher ausgebaut werden. Daher sollte in weiteren Forschungsvorhaben eine Taxonomie entwickelt werden, in der die Erkenntnisse der vorliegenden Arbeit ausgebaut und detailliert werden.

Skalierbarkeit der Ergebnisse in der Praxis. Die vorliegende Arbeit macht für Organisationen, in denen ihre Ergebnisse eingesetzt werden können, mit Ausnahme der Voraussetzung, dass in diesen Prozessmodelle und WMS verwendet werden, keine Einschränkungen. Ihre Ergebnisse basieren zudem auf der Befragung von Partnern aus Unternehmen verschiedener Größe (vgl. Tabelle 9 auf Seite 124). Es ist daher zu fragen, ob die Ergebnisse in Unternehmen verschiedener Größen gleichermaßen verwendet werden können oder hinsichtlich welcher Aspekte hierbei ggf. Anpassungen durchzuführen sind. Ziel einer entsprechenden Untersuchung, die nur durch längere Beobachtungen in Praxisfällen durchgeführt werden kann, sollte dabei ein Erklärungsmodell sein, in dem Faktoren der Anpassung für unterschiedliche Unternehmensgrößen aufgeführt werden.

Integration datenschutzrechtlicher Aspekte. In WiProM werden Aspekte des Datenschutzes mit Ausnahme der Vergabe von Zugriffsrechten zu Gunsten eines umfassenden und empirisch fundierten Entwurfs vernachlässigt. Dies soll jedoch weder den Stellenwert der Berücksichtigung dieses Bereichs schmälern noch den daraus entstehenden Weiterentwicklungsbedarf marginalisieren. Die Vernachlässigung dieses Bereichs ist im Gegenteil lediglich Ausdruck der problemzentrierten Vorgehensweise der vorliegenden Arbeit, in der zunächst die zur Unterstützung des Problemfelds notwendigen Aufgaben von Identifikation, Gestaltung und Analyse von Funktionen durchgeführt wurden. Das resultierende System sollte im Hinblick auf datenschutzrechtliche Aspekte ergänzt werden.

Mehrwert auch bei Offline-Betrieb. Aus technischer Hinsicht lässt die Entwicklung des WiProM-Systems intentional einige Bereiche aus. So erzeugt das System mit einigen Ausnahmen wie bspw. der lokalen Suche nach Modellen nur bei Zugang zum Internet den vollen mit seiner Nutzung intendierten Mehrwert, da viele Funktionen und kontextualisierende Informationen durch Kolumbus 2 geliefert werden. Eine Erweiterung um die Verfügbarkeit von Funktionen und Inhalten im Offline-Betrieb könnte diesen Mehrwert auch für bspw. mobile Mitarbeiter eines Unternehmens gewährleisten. Hierzu ist zu ergründen, welche Funktionen auf diese Weise unterstützt werden können und wie entsprechende Daten lokal vorgehalten werden können.

Meta-Modellierung durch Tags und ausgezeichnete Modelle. Die Auszeichnung von Modellen und ihren Teilen mit Tags bietet die Möglichkeit, einen Mechanismus der Meta-Modellierung zu entwickeln. So wäre es denkbar, dass Modellierer oder Gruppen in Modellierungsworkshops bei der Erzeugung neuer Modelle oder der kreativen Ausgestaltung von Prozessen statt Elementen einer Modellierungsnotation Tags angeben, mit denen die von ihnen im Prozess gewünschten Inhalte beschrieben werden. Auf Basis dieser Tags könnte ein Meta-Modellierungssystem Nutzern zu diesen Tags relevante (Teil-) Modelle anbieten, die sie entweder als Bestandteile des Modells verwenden oder sich aus ihnen für die Modellierung des Prozesses inspirieren lassen.

8.3.2 Generalisierbarkeit der Ergebnisse

Die Darstellung der Ergebnisse dieser Arbeit erfolgt durchgehend am Beispiel von Prozessmodellen, die in der Notation SeeMe (vgl. Abschnitt 3.2.2.2 und Anhang E) dargestellt werden. Es ist daher zu fragen, ob diese Ergebnisse nur für die Verwendung solcher Prozessmodelle in WMS oder auch für Prozessmodelle anderer Notationen, allgemeine Modelle oder gar beliebige andere Inhalte gelten. Dieser Abschnitt diskutiert daher die Generalisierbarkeit der Ergebnisse der vorliegenden Arbeit.

Die Ergebnisse der Arbeit können zu einem großen Teil auch für **andere Notationen der Prozessmodellierung** verwendet werden. So basieren sie auf einer empirischen Untersuchung, deren Teilnehmer neben SeeMe auch andere Notationen wie die in Abschnitt 3.2.2.2 beschriebenen UML oder BPMN verwendeten (vgl. Tabelle 9 auf Seite 124). Zudem zeigt die Darstellung verschiedener Notationen zur Modellierung von Prozessen in Abschnitt 3.2.2.2, dass diese einen weitgehend identischen Fundus an Basiselementen und Verbindungen verwenden (vgl. Tabelle 4 auf Seite 85). Bis auf Elemente und Konventionen von Notationen, die wie die Darstellung von Rollen in BPMN und UML von diesem Fundus abweichen (vgl. Abschnitt 3.2.2.2), können die Ergebnisse daher auch für andere Prozessmodellierungsnotationen genutzt werden. Aus technischer Sicht muss für eine Notation lediglich gefordert werden, dass für sie die Verfügbarkeit von Modellierungswerkzeugen gesichert werden kann und ein Exportformat in XML zur Verfügung steht.

Für die Nutzung der Ergebnisse für **allgemeine Modelle** (vgl. Definition 13 auf Seite 80) kann festgehalten werden, dass für sie sowohl Basismechanismen wie das Tagging von Modellen als auch Funktionen wie die Verbindung von Modellen und anderen Inhalten eines WMS sinnvoll sind und genutzt werden können. Lediglich spezielle Funktionen wie bspw. die Zuweisung von Modellen zur Überprüfung ihrer inhaltlichen Qualität (vgl. Abschnitt 6.4.7), sind auf Eigenschaften der Nutzung von Prozessmodellen ausgerichtet, so dass sie nicht zu jedem Modelltyp passen. So kann bspw. für ein Organigramm zur Visualisierung der Hierarchie eines Unternehmens angenommen werden, dass seine Überprüfung und temporäre Änderung durch alle daran interessierten Mitarbeiter nicht sinnvoll ist. Die Frage der Nutzung solcher Ergebnisse sollte daher für jeden Modelltyp fallspezifisch beantwortet werden. Aus technischer Sicht sind lediglich die bereits für andere Notationen genannten Eigenschaften zu erfüllen.

Zur Nutzung der Erkenntnisse für **andere Inhalte** wie Bilder, Präsentationsfolien oder Video- und Audiodateien kann festgehalten werden, dass die Beschreibung durch Tags auch für diese Inhalte bessere Möglichkeiten des Austauschs und der Erfassung in WMS bieten kann. Für speziellere Funktionen muss jedoch festgestellt werden, dass sie eng an Eigenschaften (allgemeiner) Modelle angelehnt sind, so dass sie für andere Inhaltstypen lediglich als Orientierung verwendet werden sollten. So ist bspw. der Bezug von Tags, Kommunikationsbeiträgen und kontextualisierten Informationen auf Bestandteile von Inhalten, wie er in der Arbeit bspw. für Modellelemente entwickelt wurde, insbesondere bei Video- und Audiodateien als problematisch zu beurteilen.

Für andere Ergebnisse der Arbeit wie die Notwendigkeit zur Kommunikation des Mehrwerts von Inhaltstypen, Probleme ihrer Akzeptanz, typbezogenes Metawissen oder die Verfügbarkeit alternativer Zugänge zu einem WMS kann angenommen werden, dass sie auch für andere in WMS bisher wenig genutzte Artefakte eine Rolle spielen. In Vorhaben zur Integration anderer Inhaltstypen in WMS sollten daher stets Fragen nach speziellen Eigenschaften eines Inhaltstyps, seiner Akzeptanz, seines Nutzerkreises und nach Nutzungsbarrieren gestellt werden. Aus den Antworten zu diesen Fragen sollten Funktionen abgeleitet werden, mit denen Nutzern ein bestimmter Inhaltstyp Nutzern näher gebracht wird und somit seine Potentiale für das Wissensmanagement umgesetzt werden können.

8.4 Praktische Anwendung der Ergebnisse

Für die in der vorliegenden Arbeit erzielten Ergebnisse stellt sich die Frage, wie sie in der Praxis angewendet werden können. Dieser Abschnitt beschreibt hierzu ihre Integration in den Kreislauf des Wissensmanagement und einen Prozess ihrer Einführung in Organisationen.

8.4.1 Nutzung von Modellen im Kreislauf des Wissensmanagements

Der aus der Arbeit hervorgehende Handlungsrahmen ermöglicht die Nutzung von Modellen im Zyklus des Wissensmanagements (vgl. Abschnitt 2.4.4). Abbildung 82 beschreibt hierzu die Zuordnung von Anwendungsfällen (vgl. Tabelle 10 auf Seite 127) zu Aufgaben des Wissensmanagements[56]. Die Aufgaben „Wissen strukturieren" und „Wissen suchen und finden" sind dabei als Schlüsselfelder für die Nutzung von Modellen im Wissensmanagement zu bezeichnen, da die in ihnen vorhandenen Funktionen die Voraussetzungen für die Verwaltung von Modellen in WMS bilden.

Das Handlungsfeld **Wissen gewinnen und explizieren** wird durch Funktionen aus den Anwendungsfällen „Modellnutzung zielgruppenspezifisch unterstützen", „Bei der Modellierung Informationen beschaffen", „Modelle wiederverwenden" und „Modellverständnis sichern" unterstützt. Hierzu stellt WiProM sowohl für die Explikation von Wissen mit Modellen und anderen Inhalten (vgl. Abschnitte 6.4.2, 6.4.5 und 7.2.2) als auch für dessen Aneignung aus Modellen (vgl. Abschnitt 6.4.6) und die zielgruppenspezifische Nutzung von Perspektiven in Modellen (vgl. Abschnitt 6.4.4.6) Funktionen bereit. Durch diese Funktionen wird für die bislang textuell dominierte Aufgabe des Gewinnens und Explizierens von Wissen auch die Nutzung von Modellen attraktiv.

Das Handlungsfeld **Wissen strukturieren** wird durch Funktionen der Anwendungsfälle „Modelle benennen und beschreiben", „Modelle zur Verfügung stellen" und „Modelle mit anderen Inhalten verbinden" unterstützt. Diese Funktionen ermöglichen die Beschreibung von Modellen durch Tags (vgl. Abschnitt 6.4.1), die Nutzung eines WMS als Ablage für Modelle und die Einordnung dieser Modelle in dessen Inhaltsstruktur (vgl. Abschnitte 6.3.3, 6.4.2.1 und 6.4.4.2). Zudem stehen Funktionen zur Verbindung von Modellen mit anderen Inhalten (vgl. Abschnitt 6.4.2.3) zur Verfügung, die Modelle zusätzlich in vorhandene Inhalte von WMS integrieren. „Wissen strukturieren" ist somit ein Schlüsselfeld für die Unterstützung der Nutzung von Modellen in Organisationen, da es die Verwaltung und Suche von Modellen in WMS erst ermöglicht.

Im Handlungsfeld **Wissen verteilen und kommunizieren** können Funktionen der Anwendungsfälle „Nutzer erreichen und informieren", „Nutzerkreis von Modellen ausweiten" und „Modellqualität sichern" verwendet werden. Hierfür stehen Funktionen wie Vorschläge für die Adressierung von Modellen (vgl. Abschnitt 6.4.2.4), die Zuordnung von Modellen zu Inhalten, die für adressierte Nutzer relevant sind (vgl. Abschnitt 6.4.4.2) und die Darstellung persönlich relevanter Modelle (vgl. Abschnitt 6.4.4.3) in WiProM zur Verfügung. Die Verteilung in Modellen vorhandenen Wissens wird zudem durch die Qualitätssicherung von Modellen unterstützt (vgl. Abschnitt 6.4.7), die Modelle an Akteure verteilt und sie qualitätsgesichert für Andere zu wertvollen Inhalten macht. Durch dieses Handlungsfeld werden somit ein Bewusstsein für Modelle und Anreize zu ihrer Nutzung geschaffen.

[56] Die in Abbildung 82 dargestellte Zuordnung zeigt die vornehmliche Nutzung der aus den Anwendungsfällen resultierenden Funktionen. Über diese Darstellung hinaus sind diese Funktionen auch für andere Aufgaben nutzbar, dies ist in der Abbildung jedoch nicht dargestellt.

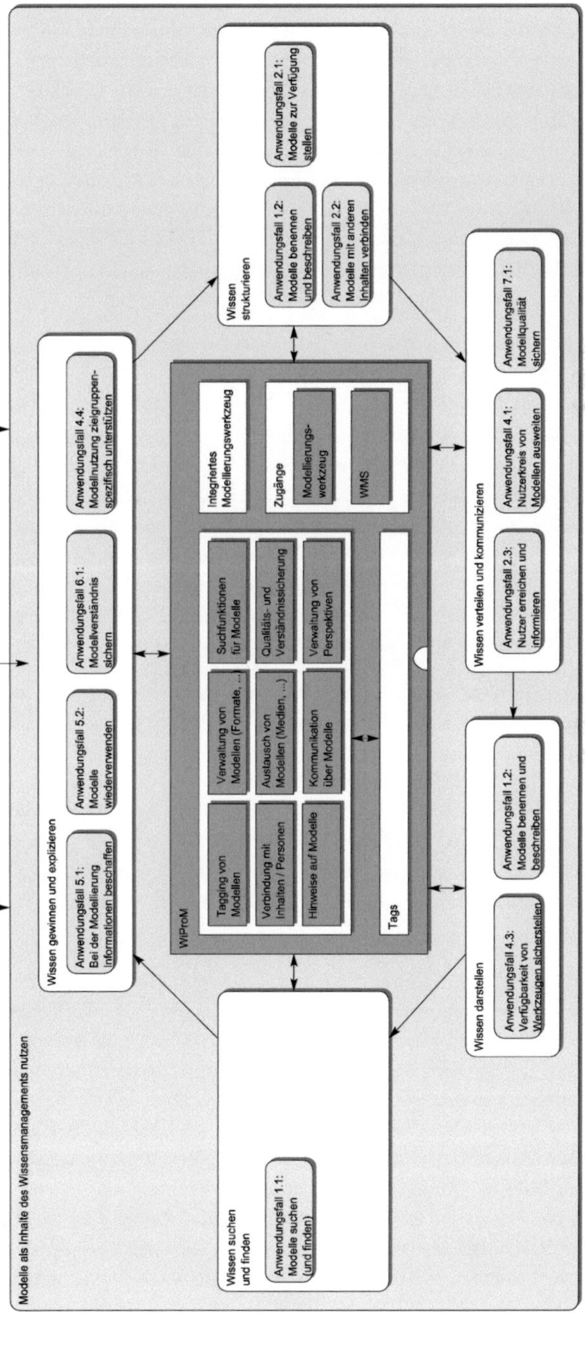

Abbildung 82: Integration von Modellen in den Zyklus des Wissensmanagements mit Anwendungsfeldern der Unterstützung und Funktionen des WiProM-Systems.

Um das in Modellen vorhandene **Wissen darzustellen**, können Funktionen der Anwendungsfälle „Modelle benennen und beschreiben“ und „Verfügbarkeit von Werkzeugen sicherstellen“ genutzt werden. In diesen Funktionen werden die zur Beschreibung von Modellen verwendeten Tags genutzt, um den Inhalt von Modellen zu explizieren (vgl. Abschnitt 6.4.1 und 7.2.2) oder Modelle als Suchergebnisse zu kontextualisieren (vgl. Abschnitte 6.4.1 und 6.4.5). Sie stellen somit das aus Modellen erfahrbare Wissen dar. Zur visuellen und interaktiven Darstellung von Modellen stehen in WiProM die Anbindung an den SeeMe-Editor und das integrierte Modellierungswerkzeug zur Verfügung (vgl. Abschnitte 6.4.2 und 6.4.4.5). Diese Funktionen wecken das Interesse an Modellen, indem sie deren Inhalte zeigen, und dafür sorgen, dass Nutzer Modelle als Inhalte von WMS wahrnehmen.

Das Handlungsfeld **Wissen suchen und finden** wird durch Funktionen des Anwendungsfalls „Modelle suchen“ unterstützt. In WiProM ist die Suche nach Modellen sowohl über Suchbegriffe und Tag-Cluster (vgl. Abschnitt 6.4.1.4) als auch über Tag-Clouds iterativ mit einzelnen Tags (vgl. Abschnitt 6.4.1.5) oder explorativ mit mehreren Tags (7.2.2.3) möglich. Sie erfasst zudem auch Bestandteile von Modellen (vgl. Abschnitt 6.4.1) und kann konfiguriert werden (vgl. Abschnitte 7.2.2.4 und 7.2.2.5). Modelle werden somit in die Suchfunktionen eines WMS integriert und stehen in der Folge Nutzern ebenso wie textuelle Inhalte zur Verfügung. „Wissen suchen und finden“ ist somit ein weiteres Schlüsselfeld der Unterstützung von Modellen als wissensvermittelnde Artefakte, da es den in der Analyse (Kapitel 4) und der empirischen Studie (Kapitel 5) identifizierten Mangel an Suchmechanismen für Modelle beseitigt und diese somit als Inhalte von WMS auffindbar und nutzbar macht.

Der Durchlauf dieses Wissensmanagementkreislaufs wechselt sich mit Phasen der Nutzung von Modellen ab, die durch Funktionen des Anwendungsfalls „Modelle zur Kommunikation und Koordination nutzen“ unterstützt werden. So erzeugen und nutzen Funktionen zur Kommunikation über Modelle (vgl. Abschnitt 6.4.3) bei verschiedenen Akteuren typbezogenes Metawissen (vgl. Abschnitt 5.2.4.2) über Modelle als Artefakte der Wissensvermittlung. Dieses Wissen wird ebenso von Funktionen des Anwendungsfalls „Akzeptanz von Modellen erhöhen“ wie Hinweisen auf Modelle (vgl. Abschnitt 6.4.4.1) genutzt und erzeugt, erhöht so die Akzeptanz von Modellen und beeinflusst die Nutzung von Modellen im dargestellten Kreislauf positiv.

Jeder Durchlauf des in Abbildung 82 dargestellten Zyklus erzeugt so mehr verfügbare Modelle, bessere Beschreibungen dieser Modelle und fördert daher die Verbreitung von Modellen in einer Organisation (vgl. Abbildung 82). Dieser Einfluss kann analog zur Wissensspirale von Nonaka (1994) (vgl. Abschnitt 2.4.2) zu einer fortschreitenden Durchdringung von Inhalten des Wissensmanagements durch Modelle führen. Dies erhöht die als kritisch eingeschätzte Zahl aktiver Nutzer von Prozessmodellen stetig (vgl. Abschnitt 5.2.4.1), macht in Modellen vorhandenes Wissen verfügbar und kann so die Verwendung von Prozessmodellen als wissensvermittelnde Artefakte in Organisationen etablieren. So entsteht durch den mehrfachen Durchlauf des Zyklus ein sozio-technisches System des um die Nutzung von Modellen erweiterten Wissensmanagements einer Organisation. Dies zeigt den Unterschied, den der Einsatz der in der vorliegenden Arbeit erzielten Ergebnisse in der Praxis macht.

8.4.2 Umsetzung der Ergebnisse in der Praxis

Der vorangegangene Abschnitt zeigt, wie die Ergebnisse der vorliegenden Arbeit Modelle im Kreislauf des Wissensmanagements nutzbar machen. Diesbezüglich stellt sich jedoch die Frage, wie diese Potentiale in der Praxis umgesetzt werden können. Dieser Abschnitt schlägt zur Beantwortung dieser Frage einen Prozess vor, der die Umsetzung der Ergebnisse der vorliegenden Arbeit in der Praxis ermöglicht. Dieser Prozess basiert auf Erkenntnissen und Vorgehensweisen der vorliegenden Arbeit und zeigt den Einfluss der Ergebnisse auf methodische Aspekte des Umgangs mit Modellen. Abbildung 83 zeigt eine Übersicht über die Phasen dieses Prozesses, die im weiteren Verlauf beschrieben werden.

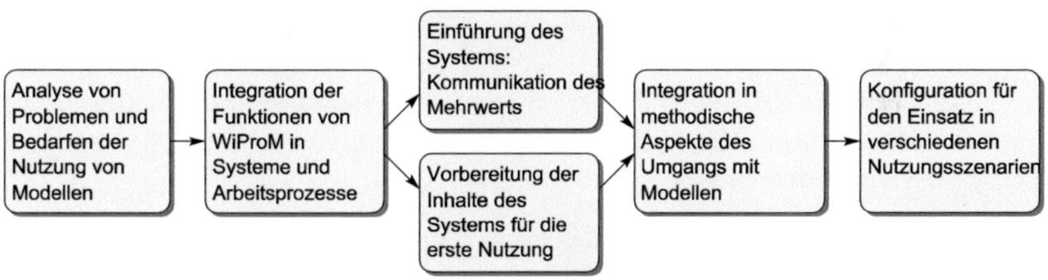

Abbildung 83: Prozess der Integration und Nutzung von Ergebnissen der Arbeit in der Praxis.

Analyse von Problemen und Bedarfen der Nutzung. Es ist für den praktischen Einsatz der Ergebnisse zu erwarten, dass in Organisationen nicht alle Unterstützungsmöglichkeiten des Handlungsrahmens und seiner Umsetzung in WiProM gleichermaßen benötigt werden, da sie eine Zusammenfassung identifizierter Probleme aus Literaturstudie und empirischer Betrachtung darstellen. Daher sollte ihrem Einsatz eine Analyse von Zielen oder vorranging anzugehenden Problemen der Nutzung von Modellen vorausgehen, mit deren Ergebnissen zu unterstützende Anwendungsfälle und entsprechende Funktionen gezielt ausgewählt werden können. Zur Durchführung dieser Analyse eignen sich die in der Arbeit verwendeten Interviews, aber auch andere Methoden wie Mitarbeiterbefragungen.

Integration der Funktionen von WiProM in Systeme und Arbeitsprozesse. Zur praktischen Anwendung der Ergebnisse müssen die umgesetzten Funktionen in einer Organisation verfügbar sein. Hierfür kann der Prototyp des WiProM-Systems genutzt werden. Da in vielen Unternehmen jedoch andere WMS und Modellierungswerkzeuge genutzt werden (vgl. Abschnitt 6.3.2) können entsprechende Funktionen auch auf Basis der oben beschriebenen Analyse in vorhandenen Systemen neu umgesetzt werden. Diese Funktionen müssen dann, damit sie akzeptiert werden und einen Mehrwert erzeugen können, in Arbeitsprozesse von Nutzern integriert werden (vgl. Abschnitt 2.3.4 und 2.4.7). Dies sollte unter Einbezug von Mitarbeitern erfolgen (vgl. Abschnitt 2.2.4).

Einführung des Systems. Als Voraussetzung der Nutzung von Modellen als wissensvermittelnde Artefakte und eines entsprechenden WMS muss ein Bewusstsein für Modelle als Mittel der Aneignung und Explikation von Wissen geschaffen werden (vgl. Abschnitte 5.2.4.1 und

5.2.4.2). Zudem muss der Mehrwert, der durch die Verwendung der entwickelten Funktionen für jeden Akteur entsteht, vermittelt werden (vgl. Abschnitt 7.4.2). Hierfür können in der Einführung des Systems eigene Informationsveranstaltungen oder dedizierte Abschnitte der Systemeinführung genutzt werden.

Vorbereitung der Inhalte des Systems für die erste Nutzung. Nutzer müssen nach der Einführung des Systems bei dessen erster Verwendung für sie relevante Modelle vorfinden, um für die Verwendung von Modellen motiviert zu sein. Dies wird durch WiProM unterstützt (vgl. Abschnitt 6.4.4.3). Zusätzlich verhindert der in Abschnitt 7.4.3.2 beschriebene Mechanismus einen Kaltstart. Es bietet sich jedoch in Ergänzung dieser technischen Lösung an, die Phasen der **Einführung** des Systems und der **Vorbereitung** von Inhalten des Systems zu kombinieren, indem Nutzer während der Einführung des Systems Tags zu Modellen und Inhalten im System vergeben, die für sie relevant sind. Die Tags aller Nutzer aus dieser Einführung können dann die Basis für Hinweise auf vorhandene, neue und relevante Modelle (vgl. Abschnitt 6.4.4.1) bilden. Dies vermittelt gleichzeitig den Nutzen der Vergabe von Tags zur Erschließung relevanter Inhalte (vgl. Abschnitt 7.4.2.2).

Integration in methodische Aspekte des Umgangs mit Modellen. Die zur Unterstützung der Nutzung von Modellen vorhandenen Funktionen können auch zu Änderungen bei methodischen Aspekten des Umgangs mit Modellen führen. So sollten Modelle bei ihrer Bearbeitung stets mit Tags ausgezeichnet und in ein WMS eingestellt werden, um sie zu kontextualisieren und auffindbar zu machen. Andere Anpassungsmöglichkeiten bestehen in der Unterstützung der Recherche nach Informationen, der expliziten Zuweisung von Modellen zur Qualitätssicherung sowie der Verbindung von Modellen mit anderen Inhalten. Um diese Anpassungen in Vorgehensweisen einzelner Modellierer und in Verfahrensweisen wie Modellierungsworkshops integrieren zu können, sollten mit den Mitarbeitern, die für die Erfassung von Prozessen zuständig sind, hierzu Absprachen getroffen werden.

Konfiguration für den Einsatz in verschiedenen Nutzungsszenarien. Für den Einsatz der verfügbaren Funktionen sind verschiedene Szenarien wie bspw. ihre Nutzung zur Bereitstellung von Modellen interner Prozesse für die Unterstützung täglicher interner Aufgaben, zur Rückmeldung für die Verbesserung vorhandener Prozesse oder zur Bereitstellung von Modellen für Kunden oder Partner denkbar. Für alle dieser Zwecke sind in WiProM Funktionen vorhanden, müssen jedoch entsprechend ausgewählter Szenarien für Nutzer verfügbar gemacht werden. Ebenso sind für die Konfiguration auch Anpassungen in einem WMS, wie bspw. die Vergabe von Zugriffsrechten an Modellen, durchzuführen.

Der vorgestellte Prozess orientiert sich an Vorgehensweisen der vorliegenden Arbeit und anderen, in ihrem Kontext erprobten Ansätzen (vgl. Abschnitte 2.1.1.5, 2.2.4 und 2.4.7). Er zeigt einen systematischen Weg zur Etablierung der Nutzung von Modellen in Organisationen, deren Anpassung auf mögliche Einsatzszenarien und Auswirkungen auf methodische Aspekte des Umgangs mit Modellen auf. Er kann somit über die Orientierung im Praxiseinsatz hinaus auch für experimentelle Evaluationen des Systems hilfreich sein. Gleichwohl stellt der Prozess jedoch lediglich eine Orientierung für Organisationen dar. So können fallspezifisch Phasen des Prozesses ausgelassen oder weitere Phasen hinzugefügt werden.

8.5 Ausblick und Fazit

Die Ergebnisse der vorliegenden Arbeit erzeugen die notwendigen Voraussetzungen, um Modelle und das in ihnen dokumentierte Wissen nutzbarer zu machen, als dies momentan in der Praxis möglich ist. So wird aus der Arbeit deutlich, dass die mangelnde Akzeptanz von Modellen, die ihnen entgegen gebrachte Skepsis, Aussagen wie *„Modelle sind nur für ihre Modellierer verständlich"* (Loser 2005, S. 232) und der kleine Kreis aktiver Nutzer von Modellen auch Resultate bisher mangelnder Erkenntnisse zur Unterstützung ihrer Nutzung sind. Die Ergebnisse der vorliegenden Arbeit stellen einen Ansatz dar, mit dem diesen Problemen entgegen gewirkt werden kann. So konnte die Arbeit herausstellen, dass im Gegensatz zu vielen Vorurteilen Modelle bei entsprechender Unterstützung von einer Vielzahl von Akteuren als wissensvermittelnde Artefakte verwendet werden können, die keine Experten für Modelle sind. Zur Umsetzung der daraus entstehenden Potentiale in der Praxis stehen mit den beschriebenen Erkenntnissen zur Unterstützung der Nutzung von Modellen die notwendigen inhaltlichen Grundlagen und mit dem WiProM-System und seinen Funktionen ein darauf basierendes WMS bereit.

Dabei versucht die Arbeit nicht, durch die Nutzung von Prozessmodellen als wissensvermittelnde Artefakte textuelle oder andere Inhalte, die im Wissensmanagement und in WMS genutzt werden, zu ersetzen oder deren Nutzung zu verringern. Vielmehr ist es das Anliegen der Arbeit, den Mehrwert von Modellen für das Wissensmanagement aufzuzeigen, Modelle zu einer weiteren Quelle für die Aneignung, die Vermittlung und die Bewahrung von Wissen zu machen, und diese gemeinsam mit anderen Inhalten für das Wissensmanagement von Organisationen zur Verfügung zu stellen. Ebenso wenig kann die Arbeit eine methodisch saubere und sorgfältige Vorgehensweise bei der Modellierung oder die persönliche Vermittlung von Modellen an Nutzer ersetzen. Gleichwohl kann sie auch für diese Aufgaben jedoch mehr Unterstützung bieten als dies bisher der Fall war. Die in diesem Kapitel beschriebenen Erkenntnisse und Ergebnisse zeigen, dass die Arbeit einen entscheidenden Schritt der Unterstützung für die genannten Aufgaben darstellt und die Voraussetzungen für die aktive Nutzung von Modellen als wissensvermittelnde Artefakte bereitstellt.

Literaturverzeichnis

Abbasi und Staab 2009	Abbasi, R. und Staab, S. (2009): RichVSM: enRiched vector space models for folksonomies. In: HT '09: Proceedings of the 20th ACM conference on Hypertext and hypermedia. ACM, New York, NY, USA, S. 219-228. Verfügbar unter http://doi.acm.org/10.1145/1557914.1557952, zuletzt geprüft am 29.03.2010.
Abecker 2004	Abecker, A. (2004): Business process oriented knowledge management: concepts, methods, and tools. Dissertation, Fakultät fur Wirtschaftswissenschaften, Universität Karlsruhe.
Abel et al. 2009	Abel, F.; Baldoni, M.; Baroglio, C.; Henze, N.; Krause, D. und Patti, V. (2009): Context-based ranking in folksonomies. In: HT '09: Proceedings of the 20th ACM conference on Hypertext and hypermedia. ACM, New York, NY, USA, S. 209-218. Verfügbar unter http://doi.acm.org/ 10.1145/1557914.1557951, zuletzt geprüft am 29.03.2010.
Abramowicz et al. 2007	Abramowicz, W.; Filipowska, A.; Kaczmarek, M. und Kaczmarek, T. (2007): Semantically enhanced Business Process Modelling Notation. In: Proceedings of the Workshop on Semantic Business Process and Product Lifecycle Management (SBPM), Innsbruck, Austria, S. 88-91.
Ahlemann et al. 2006	Ahlemann, F.; Teuteberg, F. und Brune, G. : Ontologiebasierte Attributierung von Informationsmodellen. Grundlagen und Anwendungsgebiete. ISPRI.
Ahn und Dabbish 2004	Ahn, L. von und Dabbish, L. (2004): Labeling Images with a Computer Game. In: Proc. CHI'04, S. 319-326.
Alavi und Leidner 2001	Alavi, M.; Leidner, D. E. (2001): Knowledge management and knowledge management systems: Conceptual foundations and research issues. In: MIS Quarterly, S. 107-136.
Allweyer 1998	Allweyer, T. (1998): Modellbasiertes Wissensmanagement. In: Information Management 1 (13), S. 37-45.

Allweyer 2005 — Allweyer, T. (2005): Geschäftsprozessmanagement: Strategie, Entwurf, Implementierung, Controlling. W3L-Verlag.

Amaravadi und Lee 2005 — Amaravadi, Chandra S.; Lee, I. (2005): The dimensions of process knowledge. In: Knowledge and Process Management 12 (1), S. 65-76, zuletzt geprüft am 29.03.2010.

Ames und Naaman 2007 — Ames, M.; Naaman, M. (2007): Why we tag: motivations for annotation in mobile and online media. In: Proceedings of the SIGCHI conference on Human factors in computing systems, S. 971-980.

Anderson 1978 — Anderson, J. R. (1978): Arguments concerning representations for mental imagery. In: Psychological Review 85 (4), S. 249-277.

Anderson 2006 — Anderson, C. (2006): The long tail. Hyperion.

Aranda et al. 2007 — Aranda, J.; Ernst, N. A.; Horkoff, J. und Easterbrook, S. M. (2007): A Framework for Empirical Evaluation of Model Comprehensibility. In: International Workshop on Modeling in Software Engineering at ICSE, Minneapolis, USA.

Aron 2008 — Aron, D. (2008): Making the Difference: The CIO 2008 Agenda. In: Gartner January 28.

Au Yeung et al. 2009 — Au Yeung, C.-m.; Gibbins, N. und Shadbolt, N. (2009): Contextualising tags in collaborative tagging systems. In: HT '09: Proceedings of the 20th ACM conference on Hypertext and hypermedia. ACM, New York, NY, USA, S. 251-260. Verfügbar unter http://doi.acm.org/10.1145/ 1557914.1557958, zuletzt geprüft am 29.03.2010.

Auer et al. 2006 — Auer, S.; Dietzold, S.; Riechert, T. (2006): OntoWiki-A Tool for Social, Semantic Collaboration. In: Proceedings of ISWC 2006.

Aurnhammer et al. 2006 — Aurnhammer, M.; Hanappe, P. und Steels, L. (2006): Integrating Collaborative Tagging and Emergent Semantics for Image Retrieval. In: Collaborative WebTagging Workshop at WWW2006, Edinburgh.

Baacke et al. 2009	Baacke, L.; Rohner, P.; Winter, R. und Fitterer, R. (2009): Component-Based Distributed Modeling of Collaborative Service Processes - A Methodology for the Identification of Reference Process Building Blocks. In: Forty-Second Annual Hawaii International Conference on System Sciences (HICSS-42).
Back et al. 2008	Back, A.; Gronau, N. und Tochtermann, K. (2008): Web 2.0 in der Unternehmenspraxis: Grundlagen, Fallstudien und Trends zum Einsatz von Social Software. München: Oldenbourg.
Bahrs et al. 2005	Bahrs, J.; Bogen, J. und Schmid, S. (2005): Pattern based Analysis and Redesign of Knowledge Intensive Business Processes. In: Wittig, W. (Hrsg.): 13. Leipziger Informatik-Tage.
Balabko et al. 2005	Balabko, Pavel; Wegmann, Alain; Ruppen, Alain; Clement, Nicolas (2005): Capturing Design Rationale with Functional Decomposition of Roles in Business Processes Modeling. In: Software Process: Improvement and Practice 10 (4), S. 379-392. Verfügbar unter doi:10.1002/spip.241, zuletzt geprüft am 29.03.2010.
Balzert 1998	Balzert, H. (1998): Lehrbuch der Software-Technik. Software-Management, Software-Qualitätssicherung, Unternehmensmodellierung. Spektrum Akademischer Verlag.
Balzert 2001	Balzert, H. (2001): Lehrbuch der Software-Technik. Software-Entwicklung, 2. Auflage. Spektrum Akademischer Verlag.
Basile et al. 2007	Basile; Pierpaolo; Gendarmi; Domenico; Lanubile, F. und Semeraro, G. (2007): Recommending Smart Tags in a Social Bookmarking System. In: Bridging the Gep between Semantic Web and Web 2.0 (SemNet 2007), S. 22-29.
Beaudouin-Lafon und Mackay 2003	Beaudouin-Lafon, M. und Mackay, W. (2003): Prototyping tools and techniques. In: Jacko, J. und Sears, A. (Hrsg.): The human-computer interaction handbook: fundamentals, evolving technologies and emerging applications, S. 1006-1031.

Becker et al. 2001 | Becker, J.; Knackstedt, R.; Kuropka, D. und Delfmann, P. (2001): Subjektivitätsmanagement für die Referenzmodellierung: Vorgehensmodell und Werkzeugkonzept. In: Proceedings zur Tagung IFM, COMTEC, Know-Tech 2001, Dresden.

Becker et al. 2003 | Becker, J.; Delfmann, P.; Falk, T. und Knackstedt, R. (2003): Multiperspektivische ereignisgesteuerte Prozessketten. In: Nüttgens, M. und Rump, F. J. (Hrsg.): EPK. GI-Arbeitskreis Geschäftsprozessmanagement mit Ereignisgesteuerten Prozessketten, S. 45-60.

Becker et al. 2004 | Becker, J.; Algermissen, L.; Delfmann, P.; Niehaves, B. (2004): Prozessorientierte Reorganisation in öffentlichen Verwaltungen - Erfahrungen bei der Anwendung eines Referenzvorgehensmodells. In: Referenzmodellierung - Grundlagen, Techniken und domänenbezogene Anwendungen, Physica Verlag, Berlin, S. 151-176.

Becker und Vossen 1996 | Becker, J. und Vossen, G. (1996): Geschäftsprozessmodellierung und Workflow-Management: Eine Einführung. In: Vossen, G. und Becker, J. (Hrsg.): Geschäftsprozess-modellierung und Workflow-Management: Modelle, Methoden Werkzeuge. Thompson Publishing, Bonn.

Begelman et al. 2006 | Begelman, G.; Keller, P. und Smadja, F. (2006): Automated Tag Clustering: Improving search and exploration in the tag space. In: Proc. of the Collaborative Web Tagging Workshop at WWW.

Bernardi et al. 2006 | Bernardi, A.; Holz, H.; Maus, H. und van Elst, L. (2006): Komplexe Arbeitswelten in der Wissensgesellschaft. In: Pellegrini, T. und Blumauer, A. (Hrsg.): Semantic Web. Wege zur vernetzten Wissensgesellschaft. Springer, S. 27-45.

Berners-Lee et al. 2001 | Berners-Lee, T.; Hendler, J.; Lassila, O. (2001): The semantic web. In: Scientific american 284 (5), S. 28-37.

Bertram 1996 | Bertram, M. (1996): Das Unternehmensmodell als Basis der Wiederverwendung bei der Geschäftsprozeßmodellierung. In: Vossen, G. und Becker, J. (Hrsg.): Geschäftsprozess-modellierung und Workflow-Management: Modelle, Methoden Werkzeuge. Thompson Publishing, Bonn, S. 81-100.

Beverungen et al. 2008	Beverungen, D.; Kaiser, U.; Knackstedt, R.; Krings, R. und Stein, A. (2008): Konfigurative Prozessmodellierung der hybriden Leistungserstellung in Unternehmensnetzwerken des Maschinen-und Anlagenbaus. In: Proceedings of Multikonferenz Wirtschaftsinformatik (MKWI 08).
Bézivin 2005	Bézivin, J. (2005): On the unification power of models. In: Software and Systems Modeling 4 (2), S. 171-188.
Binner 2009	Binner, Hartmut F. (2009): Bei der Umsetzung von BPM gibt es noch wesentliche Lücken. Interview mit Prof. Hartmut Binner. In: Wirtschaftsinformatik & Management 3, S. 74-75.
Bloehdorn et al. 2006	Bloehdorn, S.; Görlitz, O.; Schenk, S. und Völkel, M. (2006): TagFS - Tag Semantics for Hierarchical File Systems. In: Tochtermann, K. und Maurer, H. (Hrsg.): Proceedings of I-KNOW. 6th International Conference on Knowledge Management. Journal of Universal Computer Science (JUCS), S. 304-312.
Blood 2004	Blood, R. (2004): How blogging software reshapes the online community. In: Communications of the ACM 47 (12), S. 53-55.
Blumauer und Fundneider 2006	Blumauer, A. und Fundneider, T. (2006): Semantische Technologien in integrierten Wissensmanagementsystemen. In: Pellegrini, T. und Blumauer, A. (Hrsg.): Semantic Web. Wege zur vernetzten Wissensgesellschaft. Springer, S. 227-240.
Blumauer und Pellegrini 2006	Blumauer, A. und Pellegrini, T. (2006): Semantic Web und semantische Technologien: Zentrale Begriffe und Unterscheidungen. In: Pellegrini, T. und Blumauer, A. (Hrsg.): Semantic Web. Wege zur vernetzten Wissensgesellschaft. Springer, S. 9-25.
Böhm 2000	Böhm, A. (2000): Theoretisches Codieren: Textanalyse in der Grounded Theory. In: Flick, U.; Kardorff, E. von und Steinke, I. (Hrsg.): Qualitative Forschung. Ein Handbuch. rowohlt, S. 475-485.
Böhmann et al. 2010	Böhmann, T.; Burr, W.; Herrmann, T. und Krcmar, H. (2010): Implementing International Services. A tailorable method for market assessment, modularization, and process transfer. Gabler Verlag.

Bondarenko und Janssen 2005	Bondarenko, O. und Janssen, R. (2005): Documents at hand: Learning from paper to improve digital technologies. In: Proceedings of the SIGCHI conference on Human factors in computing systems, S. 121-130.
Boos 2007	Boos, E. (2007): Kreativitäts-Techniken. Compact, München.
Borchers 2001	Borchers, J. O. (2001): A pattern approach to interaction design. In: AI & Society 15 (4), S. 359-376.
Borghoff und Schlichter 2000	Borghoff, U. M. und Schlichter, J. H. (2000): Computer-supported cooperative work: Introduction to distributed applications. Springer Verlag.
Bortz und Döring 1995	Bortz, J. und Döring, N. (1995): Forschungsmethoden und Evaluation, 2. Auflage. Springer, Berlin.
Bowker und Star 2000	Bowker, G. C. und Star, S. L. (2000): Sorting Things Out: Classification and Its Consequences. MIT Press.
Brank et al. 2005	Brank, J.; Grobelnik, M. und Mladenic, D. (2005): A survey of ontology evaluation techniques. In: Proceedings of the Conference on Data Mining and Data Warehouses (SiKDD 2005).
Brooke 1996	Brooke, J. (1996): SUS-A quick and dirty usability scale. In: Jordan, P. W.; Thomas, B. und Weerdmeester, B. A. a. M. I. L. (Hrsg.): Usability evaluation in industry. Taylor & Francis, London, S. 189-194.
Brooks und Montanez 2006	Brooks, C. H.; Montanez, N. (2006): Improved annotation of the blogosphere via autotagging and hierarchical clustering. In: Proceedings of the 15th international conference on World Wide Web, S. 625-632.
Brücher und Endl 2003	Brücher, H. und Endl, R. (2003): Erweiterung von UML zur geschäftsregelorientierten Prozessmodellierung. In: Becker, J. und Knackstedt, R. (Hrsg.): Wissensmanagement mit Referenzmodellen. Physica, S. 145-161.
Bruijn et al. 2005	Bruijn, Jos de; Fensel, Dieter; Keller, Uwe; Lara, Ruveb (2005): Using the Web Service Modelling Ontology to enable Semantic E-Business. In: Communications of the ACM 48 (12), S. 43-47.

Bruno et al. 2010 — Bruno, Giorgio; Dengler, Frank; Jennings, Ben; Khalaf, Rania and Nurcan Selmin; Prilla, Michael; Sarini, Marcello; Schmidt, Rainer; Silva, Rito (2010): Enabling Agile BPM with Social Software. In: Software Process: Improvement and Practice. Special issue for BPM 2009 workshops (eingereicht und akzeptiert).

Burton-Jones et al. 2005 — Burton-Jones, A.; Storey, V. C.; Sugumaran, V.; Ahluwalia, P. (2005): A semiotic metrics suite for assessing the quality of ontologies. In: Data & Knowledge Engineering 55 (1), S. 84-102.

Bush 1945 — Bush, V. (1945): As we may think. In: The Atlantic Monthly July.

Campbell 2006 — Campbell, D. G. (2006): A phenomenological framework for the relationship between the semantic web and user-centered tagging systems. In: Proceedings of the 17th SIG Classification Research Workshop.

Carasik und Grantham 1988 — Carasik, R. P.; Grantham, C. E. (1988): A case study of CSCW in a dispersed organization. In: Proceedings of the SIGCHI conference on Human factors in computing systems, S. 61-66.

Cardoso und Sheth 2003 — Cardoso, J.; Sheth, A. (2003): Semantic E-Workflow Composition. In: Journal of Intelligent Information Systems 21 (3), S. 191-225.

Cattuto et al. 2006 — Cattuto, C. C.; Loreto, V.; Pietronero, L. (2006): Semiotic dynamics in online social communities. In: The European Physical Journal C 46, S. 33-37.

Cattuto et al. 2007 — Cattuto, Ciro; Loreto, Vittorio; Pietronero, Luciano (2007): Collaborative Tagging and Semiotic Dynamics. In: PNAS 104, S. 1461-1464, zuletzt geprüft am 29.03.2010.

Cayzer 2004 — Cayzer, S. (2004): Semantic blogging and decentralized knowledge management. In: Communications of the ACM 47 (12), S. 47-52.

Chandrasekaran et al. 1999 — Chandrasekaran, B.; Josephson, J. R.; Benjamins, V. R. (1999): What are ontologies, and why do we need them? In: Intelligent Systems and Their Applications, IEEE 14 (1), S. 20-26. Verfügbar unter doi:10.1109/5254.747902, zuletzt geprüft am 29.03.2010.

Chi und Mytkowicz 2007	Chi, E. H.; Mytkowicz, T. (2007): Understanding the Navigability of Social Tagging Systems. In: alt.chi 2007.
Chi und Mytkowicz 2008	Chi, E. H. und Mytkowicz, T. (2008): Understanding the efficiency of social tagging systems using information theory. In: HT '08: Proceedings of the nineteenth ACM conference on Hypertext and hypermedia. ACM, New York, NY, USA, S. 81-88. Verfügbar unter http://doi.acm.org/10.1145/ 1379092.1379110, zuletzt geprüft am 29.03.2010.
Chirita et al. 2007	Chirita, P. A.; Costache, S.; Nejdl, W. und Handschuh, S. (2007): P-TAG: large scale automatic generation of personalized annotation tags for the web. In: WWW '07: Proceedings of the 16th International Conference on World Wide Web. ACM, New York, NY, USA, S. 845-854. Verfügbar unter http://doi.acm.org/10.1145/1242572.1242686, zuletzt geprüft am 29.03.2010.
Choi et al. 2007	Choi, Injun; Kim, Kwangmyeong; Jang, Mookyung (2007): An XML-based process repository and process query language for integrated process management. In: Knowledge and Process Management 14 (4), S. 303-316, zuletzt geprüft am 29.03.2010.
Chuang und Chien 2005	Chuang, S. L.; Chien, L. F. (2005): Taxonomy generation for text segments: A practical web-based approach. In: ACM Transactions on Information Systems (TOIS) 23 (4), S. 363-396.
Ciravegna 2001	Ciravegna, F. (2001): Challenges in information extraction from text for knowledge management. In: IEEE Intelligent Systems and Their Applications 16 (6), S. 88-90.
Clark 1996	Clark, H. H. (1996): Using Language. Cambridge Universtiy Press, Cambridge.
Clark und Brennan 1991	Clark, H. H. und Brennan, S. E. (1991): Grounding in Communication. In: Resnick, L. B.; Levine, J. M. und Teasley, S. D. (Hrsg.): Perspectives on Socially Shared Cognition. American Psychological Association, Washington, DC, S. 127-149.

Cockton et al. 2003	Cockton, G.; Lavery, D. und Woolrych, A. (2003): Inspection-based evaluations. In: Jacko, J. A. und Sacks, A. (Hrsg.): The human-computer interaction handbook: Fundamentals, evolving technologies and emerging applications, S. 1118-1138.
Courage und Baxter 2004	Courage, C. und Baxter, K. (2004): Understanding your users: a practical guide to user requirements: methods, tools, and techniques. Morgan Kaufmann.
Cuel und Cristiani 2005	Cuel, R. und Cristiani, M. (2005): Ontologies as Intra-Organizational Coordination Tools. In: Proceedings of I-KNOW 2005.
Dahm 2006	Dahm, M. (2006): Grundlagen der Mensch-Computer-Interaktion. Pearson Studium.
Dalkir 2005	Dalkir, K. (2005): Knowledge Management in Theory and Practice. Elsevier Butterworth Heinemann, Burlington, MA.
Dasiopoulou et al. 2007	Dasiopoulou, S.; Heinecke, J. und Saathoff, C. (2007): Multimedia Reasoning with Natural Language Support. In: IEEE ICSC-2007: Proceedings of 1st IEEE International Conference on Semantic Computing.
Datta et al. 2008	Datta, R.; Joshi, D.; Li, J.; Wang, J. Z. (2008): Image retrieval: Ideas, influences, and trends of the new age. In: ACM Transactions on Computing Surveys 40 (2), S. 1-60. Verfügbar unter http://doi.acm.org/10.1145/1348246.1348248, zuletzt geprüft am 29.03.2010.
Davenport 2005	Davenport, T. H. (2005): Thinking for a living. Harvard Business School Press.
Davenport et al. 1997	Davenport, T. H.; Long, D. W. de; Beers, M. C. (1997): Building Successful Knowledge Management Projects. In: Managing the Knowledge of the Organization, Ernst & Young LLP.
Davenport und Prusak 1998	Davenport, T. H. und Prusak, L. (1998): Working knowledge: How organizations manage what they know. Harvard Business School Press.

Davies et al. 2004	Davies, I.; Green, P.; Rosemann, M.; Gallo, S.; Brisbane, A. und Ipswich, A. (2004): Conceptual Modelling - What and Why in Current Practice. In: Conceptual modeling: ER 2004: 23rd International Conference on Conceptual Modeling, Shanghai, China, November 8-12, 2004. Springer, New York, S. 668-681.
Davis 1993	Davis, F. D. (1993): User acceptance of information technology: system characteristics, user perceptions and behavioral impacts. In: International journal of man-machine studies 38 (3), S. 475-487.
Davis et al. 1989	Davis, F. D.; Bagozzi, R. P.; Warshaw, P. R. (1989): User acceptance of computer technology: a comparison of two theoretical models. In: Management science, S. 982-1003.
Deerwester et al. 1990	Deerwester, S.; Dumais, S. T.; Furnas, G. W.; Landauer, T. K. and Harshman R. (1990): Indexing by latent semantic analysis. In: Journal of the American Society for Information Science 41 (6), S. 391-407.
DeLone und McLean 1992	DeLone, W. H.; McLean, E. R. (1992): Information systems success: the quest for the dependent variable. In: Information Systems Research 3 (1), S. 60-95.
Dengler et al. 2009	Dengler, F.; Lamparter, S.; Hefke, M. und Abecker, A. (2009): Collaborative Process Development using Semantic MediaWiki. In: Hinkelmann, K. und Wache, H. (Hrsg.): Proceedings of the 5th Conference of Professional Knowledge Management. Gesellschaft für Informatik, Solothurn, Schweiz, S. 97-107.
DePaula und Fischer 2004	DePaula, R. und Fischer, G. (2004): Knowledge Management-Why Learning from the Past is not Enough! In: Davis, J.; Subrahmanian, E. und Westerberg, A. (Hrsg.): Knowledge Management: Organizational and Technological Dimensions. Springer, S. 21-54.
Diefenbruch und Herrmann 2002	Diefenbruch, M. und Herrmann, T. (2002): Erfolgsfaktoren des technisch-unterstützten Wissensmanagements. In: Tagung Innovative Arbeitsgestaltung - Zukunft der Arbeit: Für eine menschengerechte Arbeitswelt. BMBF.
Dillenbourg 1999	Dillenbourg, P. (1999): What do you mean by 'collaborative learning'? In: Dillenbourg, P. (Hrsg.): Collaborative learning. Elsevier, S. 1-19.

Dix et al. 2006 — Dix, A.; Levialdi, S. und Malizia, A. (2006): Semantic Halo for Collaboration Tagging Systems. In: Workshop on the Social Navigation and Community based Adaptation Technologies.

Doerr et al. 2003 — Doerr, M.; Hunter, J.; Lagoze, C. (2003): Towards a Core Ontology for Information Integration. In: Journal of Digital Information 4 (1).

Domingue et al. 2001 — Domingue, J.; Motta, E.; Buckingham Shum, S.; Varga-Vera, M. und Kalfoglou, Y. (2001): Supporting Ontology Driven Document Enrichment within Communities of Practice. In: Gil, Y.; Musek, M. und Shavlik, J. (Hrsg.): Proceedings of the 1st international conference on Knowledge capture. ACM New York, NY, USA, S. 30-37.

Dori 2008 — Dori, Dov (2008): Words from pictures for dual-channel processing. In: Communications of the ACM 51 (5), S. 47-52. Verfügbar unter http://doi.acm.org/10.1145/1342327.1342337, zuletzt geprüft am 29.03.2010.

Dostal et al. 2005 — Dostal, W.; Jeckle, M.; Melzer, I. und Zengler, B. (2005): Service-orientierte Architekturen mit Web Services. Elsevier Spektrum Akademischer Verlag, München.

Dourish 2000 — Dourish, P. (2000): Technical and Social Features of Categorisation Schemes. In: Simone, C. und Star, S. L. (Hrsg.): Proceedings of the Workshop on Classification Schemes, CSCW 2000, Philadelphia. Verfügbar unter http://www.dourish.com/publications/2000/cscw00w-categories.pdf, zuletzt geprüft am 29.03.2010.

Dourish 2001 — Dourish, P. (2001): Process descriptions as organisational accounting devices: the dual use of workflow technologies. In: Rodden, T.; Ellis, C. und Zigurs, I. (Hrsg.): Proceedings of the 2001 International ACM SIGGROUP Conference on Supporting Group Work. ACM Press New York, NY, USA, S. 52-60.

Dourish und Bellotti 1992 — Dourish, P. und Bellotti, V. (1992): Awareness and coordination in shared workspaces. In: CSCW '92: Proceedings of the 1992 ACM conference on Computer-supported cooperative work. ACM, New York, NY, USA, S. 107-114. Verfügbar unter http://doi.acm.org/10.1145/143457.143468, zuletzt geprüft am 29.03.2010.

Drucker 1997 — Drucker, P. (1997): The Future that has already happened. In: Harvard Business Review 21, S. 20-24.

Edgington et al. 2004 — Edgington, T.; Choi, B.; Henson, K.; Raghu, T. S.; Vinze, A. (2004): Adopting ontology to facilitate knowledge sharing. In: Communications of the ACM 47 (11), S. 85-90.

Efimova 2004 — Efimova, L. (2004): Discovering the iceberg of knowledge work: A weblog case. In: Proceedings of The Fifth European Conference on Organisational Knowledge Learning and Capabilities (OKLC 2004).

Ehrig et al. 2003 — Ehrig, M.; Tempich, C.; Broekstra, J.; van Harmelen, F. a. S. M.; Siebes, R.; Staab, S. und Stuckenschmidt, H. (2003): SWAP-ontology-based knowledge management with peer-to-peer technology. In: Proceedings of the 1st National Workshop Ontologie-basiertes Wissensmanagement (WOW2003).

Ehrig et al. 2007 — Ehrig, M.; Koschmider, A. und Oberweis, A. (2007): Measuring similarity between semantic business process models. In: Proceedings of the fourth Asia-Pacific conference on Comceptual modelling-Volume 67, S. 71-80.

Ein-Dor 2006 — Ein-Dor, P. (2006): Taxonomies of knowledge. In: Schwartz, D. G. (Hrsg.): Encyclopedia of Knowledge Management. Idea Group, S. 848-854.

Ellis et al. 1991 — Ellis, C. A.; Simon, J.; Rein, G. L. (1991): Groupware: some issues and experiences. In: Communications of the ACM 34 (1), S. 39-58.

Engels und Heckel 2000 — Engels, G.; Heckel, R. (2000): From Trees to Graphs: Defining the Semantics of Diagram Languages with Graph Transformation. In: ICALP Satellite Workshops, S. 373-382.

Erickson 2006 — Erickson, T. (2006): From PIM to GIM: personal information management in group contexts. In: Communications of the ACM 49 (1), S. 74-75.

Ester et al. 1996 — Ester, M.; Kriegel, H. P.; Sander, J. und Xu, X. (1996): A density-based algorithm for discovering clusters in large spatial databases with noise. In: Simoudis, E.; Han, J. und Fayyad, U. (Hrsg.): Procedings of 2nd International Conference on Knowledge Discovery and Data Mining (KDD-96). AAAI Press, S. 226-231.

Farrell et al. 2007 — Farrell, S.; Lau, T.; Wilcox, E.; Nusser, S. und Muller, M. (2007): Socially augmenting employee profiles with people-tagging. In: UIST '07: Proceedings of the 20th annual ACM symposium on User interface software and technology. ACM, New York, NY, USA, S. 91-100. Verfügbar unter http://doi.acm.org/10.1145/1294211.1294228, zuletzt geprüft am 29.03.2010.

Feldkamp et al. 2007 — Feldkamp, D.; Hinkelmann, K. und Thonssen, B. (2007): KISS-Knowledge-Intensive Service Support: An Approach for Agile Process Management. In: Advances in Rule Interchange and Applications: International Symposium RuleML 2007. Springer Verlag, New York, S. 48-51.

Fengel et al. 2008 — Fengel, J.; Rebstock, M. und Nüttgens, M. (2008): Modell-Tagging zur semantischen Verlinkung heterogener Modelle. In: Proceedings of EMISA 2008. Auswirkungen des Web 2.0 auf Dienste und Prozesse. EMISA Fachgruppentreffen 2008.

Fettke et al. 2005 — Fettke, P.; Loos, P.; Zwicker, J. (2005): Business Process Reference Models: Survey and Classification. In: Proceedings of the Workshop on Business Process Reference Models (BPRM 2005).

Fettke und Loos 2002 — Fettke, P. und Loos, P. (2002): Der Referenzmodellkatalog als Instrument des Wissensmanagements-Methodik und Anwendung. In: Becker, J. und Knackstedt, R. (Hrsg.): Wissensmanagement mit Referenzmodellen: Konzepte für die Anwendungssystem- und Organisationsgestaltung. Physica, S. 3-24.

Fischer 2008	Fischer, G. (2008): Democratizing Design: New Challenges and Opportunities for Interactive Systems. In: Proceedings of DIS '08.
Fischer et al. 1994	Fischer, G.; McCall, R.; Ostwald, J.; Reeves, B. und Shipman, F. (1994): Seeding, evolutionary growth and reseeding: supporting the incremental development of design environments. In: Proceedings of the SIGCHI conference on Human factors in computing systems: celebrating interdependence, S. 292-298.
Flick et al. 2000	Flick, U.; Kardorff, E. von und Steinke, I. (2000): Was ist qualitative Forschung? Einleitung und Überblick. In: Flick, U.; Kardorff, E. von und Steinke, I. (Hrsg.): Qualitative Forschung. Ein Handbuch. rowohlt, Hamburg, S. 13-29.
Forte und Bruckman 2005	Forte, A.; Bruckman, A. (2005): Why Do People Write for Wikipedia? Incentives to Contribute to Open-Content Publishing. In: Incentives to contribute to open-content publishing. SIGGROUP 2005 Workshop: Sustaining community.
Fox und Gruninger 1997	Fox, M. S. und Gruninger, M. (1997): On Ontologies and Enterprise Modelling. In: Kosanke, K. und Nell, J. G. (Hrsg.): Enterprise Engineering and Integration: Building International Consensus: Proceedings of the International Conference on Enterprise Integration and Modelling Technology (ICEIMT 1997).
Freund und Goetzer 2008	Freund, J. und Goetzer, K. (2008): Vom Geschäftsprozess zum Workflow: Ein Leitfaden für die Praxis. Hanser Fachbuchverlag.
Fu 2008	Fu, W.-T. (2008): The microstructures of social tagging: a rational model. In: CSCW '08: Proceedings of the ACM 2008 conference on Computer supported cooperative work. ACM, New York, NY, USA, S. 229-238. Verfügbar unter http://doi.acm.org/10.1145/1460563.1460600, zuletzt geprüft am 29.03.2010.
Fuchs-Kittowski 2007	Fuchs-Kittowski, F. (2007): Integrierte IT-Unterstützung der Wissensarbeit. Schriften zu Kooperations- und Mediensystemen14, 1. Aufl. Eul, Lohmar.

Furnas et al. 1987 — Furnas, George W.; Landauer, Thomas K.; Gomez, Louis M.; Dumais, Susan T. (1987): The Vocabulary Problem in Human-System Communication. In: Communications of the ACM 30 (11), S. 964-971.

Galinski 2006 — Galinski, C. (2006): Wozu Normen? Wozu semantische Interoperabilität? In: Pellegrini, T. und Blumauer, A. (Hrsg.): Semantic Web. Wege zur vernetzten Wissensgesellschaft. Springer.

Gangemi et al. 2002 — Gangemi, A.; Guarino, N.; Masolo, C.; Oltramari, A.; Schneider, L. (2002): Sweetening ontologies with DOLCE. In: Lecture Notes In Computer Science, S. 166-181.

Génova et al. 2005 — Génova, G.; Valiente, M. C. und Nubiola, J. (2005): A Semiotic Approach to UML Models. In: Proceedings of First International Workshop on Phil. Found. of Information Systems Engineering-PHISE, S. 547-557.

Glaser und Strauss 1968 — Glaser, B. G. und Strauss, A. L. (1968): The discovery of grounded theory. Aldine Chicago.

Golder und Huberman 2006 — Golder, S.; Huberman, B. A. (2006): The structure of collaborative tagging systems. In: Journal of Information Science, S. 198-208.

Gomez und Lochbaum 1984 — Gomez, L. M.; Lochbaum, C. C. (1984): People can retrieve more objects with enriched keyword vocabularies. But is there a human performance cost. In: Proceedings of Interact 84.

Gomez-Perez et al. 2004 — Gomez-Perez, A.; Fernandez-Lopez, M. und Corcho, O. (2004): Ontological Engineering: With Examples from the Areas of Knowledge Management, E-Commerce and the Semantic Web. Springer.

Grahl et al. 2007 — Grahl, M.; Hotho, A. und Stumme, G. (2007): Conceptual Clustering of Social Bookmarking Sites. In: Tochtermann, K. und Maurer, H. (Hrsg.): I-KNOW ‘07. 7th International Conference on Knowledge Management, Graz, Austria, S. 356-364.

Groener und Staab 2009 — Groener, G. und Staab, S. (2009): Modeling and query pattern for process retrieval in OWL. In: K-CAP '09: Proceedings of the fifth international conference on Knowledge capture. ACM, New York, NY, USA, S. 189-190. Verfügbar unter http://doi.acm.org/10.1145/1597735.1597776, zuletzt geprüft am 29.03.2010.

Gronau und Weber 2004 — Gronau, N. und Weber, E. (2004): Defining an Infrastructure for Knowledge Intensive Business Processes. In: Maurer, H. und Tochtermann, K. (Hrsg.): Proceedings of I-KNOW 2004. Journal of Universal Computer Science, S. 424-431.

Gross und Koch 2007 — Gross, T. und Koch, M. (2007): Computer-supported Cooperative work. Oldenbourg Wissenschaftsverlag.

Gruber 1993 — Gruber, T. R. (1993): A translation approach to portable ontology specifications. In: Knowledge Acquisition 5 (2), S. 199-220.

Gruber 2007 — Gruber, Tom (2007): Ontology of Folksonomy: A Mash-up of Apples and Oranges. In: International Journal on Semantic Web & Information Systems 3 (2), S. 1-11.

Gruber und Olsen 1994 — Gruber, T. R.; Olsen, G. R. (1994): An ontology for engineering mathematics. In: Proceedings of the Fourth International Conference on Principles of Knowledge Representation and Reasoning, S. 258-269.

Grudin 1988 — Grudin, J. (1988): Why CSCW Applications fail: Problems in the Design and Evaluation of organizational Interfaces. In: Proceedings of CSCW 1988, S. 85-93.

Grudin 1994 — Grudin, J. (1994): Computer-Supported Cooperative Work: History and Focus. In: IEEE Computer 27 (5), S. 19-26.

Grudin 2006 — Grudin, J. (2006): Enterprise Knowledge Management and Emerging Technologies. In: Proceedings of the 39th Annual Hawaii International Conference on System Sciences, 2006. HICSS'06. 3, S. 57a.

Gruhn et al. 2006a — Gruhn, V.; Laue, R. und Meyer, F. (2006a) : Berechnung von Komplexitätsmetriken für ereignisgesteuerte Prozessketten. In: Proceedings of the 5th GI Workshop on Business Process Management with Event-Driven Process Chains (EPK 2006), S. 189-202.

Gruhn et al. 2006b — Gruhn, V.; Pieper, D. und Röttgers, C. (2006b): MDA. Springer.

Guarino 1998 — Guarino, N. (1998): Formal ontology in information systems. In: Guarino, N. (Hrsg.): Formal Ontology in Information Systems: Proceedings of the First International Conference (FOIS'98), S. 3-18.

Guarino et al. 2009 — Guarino, N.; Oberle, D. und Staab, S. (2009): What is an Ontology? In: Staab, S. und Studer, R. (Hrsg.): Handbook on Ontologies. 2nd revised edition. Springer.

Guy und Tonkin 2006 — Guy, Marieke; Tonkin, Emma (2006): Folksonomies: Tidying up Tags? In: D-Lib Magazine 12 (1).

Haase et al. 2005 — Haase, P.; Hotho, A.; Schmidt-Thieme, L. und Sure, Y. (2005): Collaborative and usage-driven evolution of personal ontologies. In: 2nd European Semantic Web Conference, Heraklion, Crete. Springer, S. 486-499.

Haase und Stojanovic 2005 — Haase, P. und Stojanovic, L. (2005): Consistent evolution of owl ontologies. In: ESWC. Springer, S. 182-197.

Habermann et al. 2002 — Habermann, F.; Thomas, O. und Botta, C. (2002): Organisational-Memory-System zur Unterstützung informationstechnisch basierter Verbesserungen von Geschäftsprozessen. In: Becker, J. und Knackstedt, R. (Hrsg.): Wissensmanagement mit Referenzmodellen: Konzepte für die Anwendungssystem- und Organisationsgestaltung. Physica, S. 291-322.

Hädrich 2005 — Hädrich, T. (2005): Contrary Positions About Modeling Knowledge Work. In: Althoff, K.-D.; Dengel, A.; Bergmann, R.; Nick, M. und Roth-Berghofer, T. (Hrsg.): Wissensmanagement (LNCS Volume). Springer, S. 248-258.

Hammer und Champy 1994 — Hammer, M. und Champy, J. (1994): Reengineering the corporation. Harper Business New York, NY.

Hammond et al. 2005 — Hammond, Tony; Hannay, Timo; Lund, Ben; Scott, Johanna (2005): Social Bookmarking Tools (I). In: D-Lib Magazine 11 (4).

Hansen et al. 1999 — Hansen, M. T.; Nohria, N.; Tierney, T. (1999): Wie managen Sie das Wissen in Ihrem Unternehmen? In: Harvard Business Manager 21, S. 85-98.

Harel und Rumpe 2004 — Harel, David; Rumpe, Bernhard (2004): Meaningful Modeling: What‘s the Semantics of "Semantics"? In: Computer 37 (10), S. 64-72. Verfügbar unter http://doi.ieeecomputersociety.org/10.1109/MC.2004.172, zuletzt geprüft am 29.03.2010.

Harnischfeger et al. 1999 — Harnischfeger, M.; Kolo, C. und Zoche, P. (1999): Elemente eines Akzeptanzmodells. In: Szyperski, N. (Hrsg.): Perspektiven der Medienwirtschaft. Eul Verlag, Lohmar, S. 199-210.

Heath et al. 2005 — Heath, Barbara P.; McArthur, David J.; McClelland, Marilyn K. and Vetter Ronald J. (2005): Metadata lessons from the iLumina digital library. In: Communications of the ACM 48 (7), S. 68-74. Verfügbar unter http://doi.acm.org/10.1145/1070838.1070839, zuletzt geprüft am 29.03.2010.

Held und Cress 2009 — Held, C. und Cress, U. (2009): Learning by Foraging: The Impact of Social Tags on Knowledge Acquisition. In: Cress, U.; Dimitrova, V. und Specht, M. (Hrsg.): Proceedings of EC-TEL 2009. Springer, S. 254-266.

Hepp 2007 — Hepp, M. (2007): Possible Ontologies: How Reality Constrains the Development of Relevant Ontologies. In: Internet Computing, IEEE 11 (1), S. 90-96. Verfügbar unter doi:10.1109/MIC.2007.20, zuletzt geprüft am 29.03.2010.

Hepp et al. 2005 — Hepp, M.; Leymann, F.; Domingue, J.; Wahler, A. und Fensel, D. (2005): Semantic business process management: a vision towards using semantic Web services for business process management. In: e-Business Engineering, 2005. ICEBE 2005. IEEE International Conference on, S. 535-540. Verfügbar unter doi:10.1109/ICEBE.2005.110, zuletzt geprüft am 29.03.2010.

Hepp et al. 2006 — Hepp, M.; Bachlechner, D.; Siorpaes, K. (2006): OntoWiki: community-driven ontology engineering and ontology usage based on Wikis. In: Proceedings of the international symposium on Symposium on Wikis, S. 143-144.

Hepp und Roman 2007 — Hepp, M. und Roman, D. (2007): An Ontology Framework for Semantic Business Process Management. In: Proceedings of Wirtschaftsinformatik 2007, S. 423-440.

Herbst 2000 — Herbst, D. (2000): Erfolgsfaktor Wissensmanagement. Cornelsen.

Herrmann 2001 — Herrmann, T. (2001): Kommunikation und Kooperation. In: CSCW-Kompendium. Lehr-und Handbuch zum computerunterstützten kooperativen Arbeiten, S. 15-25.

Herrmann 2003 — Herrmann, T. (2003): Learning and Teaching in Socio-Technical Environments. In: van Weert, T. J. und Munro, R. K. (Hrsg.): Informatics and the Digital Society: Social, Ethical and Cognitive Issues, SECIII 2002 - Social, Ethical and Cognitive Issues of Informatics and ICT, July 22 - 26, 2002, Dortmund, Germany. Kluwer Academic Publishers, Boston, S. 59-72.

Herrmann 2006 — Herrmann (2006): SeeMe in a nutshell. Online verfügbar unter: http://www.imtm-iaw.rub.de/imperia/md/content/seeme/seeme_in_a_nutshell.pdf, zuletzt geprüft am 29.03.2010.

Herrmann 2009a — Herrmann, T. (2009): Systems Design with the Socio-Technical Walkthrough. In: Whitworth, B. und Moor, A. de (Hrsg.): Handbook of Research on Socio-Technical Design and Social Networking Systems. Information Science Reference.

Herrmann 2009b — Herrmann, T. (2009): Design Heuristics for Computer Supported Collaborative Creativity. In: Proceedings of the 42nd HICSS, Washington, DC.

Herrmann et al. 1999a — Herrmann, T.; Hoffmann, M.; Loser, K. U. (1999): Modellieren mit SeeMe - Alternativen wider die Trockenlegung feuchter Informationslandschaften. In: Desel; Pohl; Schürr (Hrsg.): Modellierung 99, S. 59-74.

Herrmann et al. 1999b	Herrmann, T.; Misch, A. und Moysich, K. (1999): Methodische Aspekte bei Akzeptanzuntersuchungen. In: Szyperski, N. (Hrsg.): Perspektiven der Medienwirtschaft. Kompetenz-Akzeptanz-Geschäftsfelder. Eul Verlag, Lohmar, S. 227-237.
Herrmann et al. 2001	Herrmann, T.; Hoffmann, M.; Loser, K. U.; Misch, A. und Moysich, K. (2001): Wissensmanagement mitgestalten - Konzepte, Methoden und Anknüpfungspunkte. In: Reihe Arbeit, Gesundheit, Umwelt, Technik. Technologieberatungsstelle beim DGB Landesbezirk NRW e.V.
Herrmann et al. 2002	Herrmann, T.; Hoffmann, M.; Kunau, G. und Loser, K.-U. (2002): Modeling Cooperative Work: Chances and risks of structuring. In: Cooperative System Design. A Challenge for the Mobility Age (Coop 2002). IOS Press, S. 53-70.
Herrmann et al. 2003a	Herrmann, T.; Hoffmann, M.; Jahnke, I.; Kienle, A.; Kunau, G.; Loser, K. U. und Menold, N. (2003): Concepts for usable patterns of groupware applications. In: Proceedings of the 2003 international ACM SIGGROUP conference on Supporting group work. ACM Press New York, NY, USA, S. 349-358.
Herrmann et al. 2003b	Herrmann, T.; Hoffmann, M.; Kienle, A. und Reiband, N. (2003): Metawissen als Voraussetzung kooperativer Wissensarbeit und seine Unterstützung durch Awarenessmechanismen. In: P. Mambrey; V. Pipek und M. Rohde (Hrsg.): Wissen und Lernen in Virtuellen Organisationen. Physica Verlag, Heidelberg, S. 73-96.
Herrmann et al. 2004	Herrmann, T.; Hoffmann, M.; Kunau, G.; Loser, K. U. (2004): A modelling method for the development of groupware applications as socio-technical systems. In: Behaviour & Information Technology 23 (2), S. 119-135.
Herrmann et al. 2007a	Herrmann, T.; Kunau, G. und Loser, K.-U. (2007): Socio-technical Self-Description as a Means for Projects of Introducing Computer Supported Cooperation. In: HICSS 2007, S. 232-241.

Herrmann et al. 2007b — Herrmann, T.; Howaldt, J.; Jahnke, I.; Katenkamp, O.; Rascher, I.; Ritterskamp, C.; Wilkesmann, M.; Wilkesmann, U. und Rascher, I. (2007): Wissensmanagement in kleinen und mittleren Unternehmen und öffentlicher Verwaltung. Ein Leitfaden. Sozialforschungsstelle Dortmund, Zentrale Wissenschaftliche Einrichtung der Universität Dortmund.

Herrmann und Hoffmann 2005 — Herrmann, Thomas; Hoffmann, Marcel (2005): The Metamorphoses of Workflow Projects in their Early Stages. In: Computer Supported Cooperative Work 14 (5), S. 399-432.

Herrmann und Kienle 2004 — Herrmann, T.; Kienle, A. (2004): Kontextberücksichtigung als Kernaufgabe der Wissenskommunikation. In: Wissenskommunikation in Organisationen: Methoden, Instrumente, Theorien. Berlin: Springer, S. 50-68.

Herrmann und Loser 1999 — Herrmann, Thomas; Loser, Kai-Uwe (1999): Vagueness in models of socio-technical systems. In: Behavior & Information Technology: Special Issue on Analysis of Cooperation and Communication 18 (5), S. 313-323.

Herzog et al. 2007 — Herzog, C.; Luger, M. und Herzog, M. (2007): Combining Social and Semantic Metadata for Search in a Document Repository. In: Workshop Bridging the Gap between Semantic Web and Web 2.0 at ESWC 2007, S. 14-21.

Heymann et al. 2008 — Heymann, P.; Ramage, D. und Garcia-Molina, H. (2008): Social tag prediction. In: SIGIR '08: Proceedings of the 31st Annual International ACM SIGIR Conference on Research and Development in Information Retrieval. ACM, New York, NY, USA, S. 531-538. Verfügbar unter http://doi.acm.org/10.1145/1390334.1390425, zuletzt geprüft am 29.03.2010.

Heymann und Garcia-Molina 2006 — Heymann, P. und Garcia-Molina, H. : Collaborative Creation of Communal Hierarchical Taxonomies in Social Tagging Systems.

Hinrichs et al. 2005 — Hinrichs, J.; Pipek, V. und Wulf, V. (2005): Context grabbing: assigning metadata in large document collections. In: Gellersen, H.; Schmidt, K.; Beaudouin-Lafon, M. und Mackay, W. (Hrsg.): Conference on Computer-Supported Cooperative Work. Springer, S. 367-386.

Hoffmann 2004 — Hoffmann, Marcel (2004): Awareness und Adoption kooperativer Wissensmedien im Kontext informeller Zusammenarbeit. Dissertation, Universität Dortmund. Verfügbar unter http://hdl.handle.net/2003/19663, zuletzt geprüft am 29.03.2010.

Hoffmann et al. 2001 — Hoffmann, M.; Loser, K.-U. und Herrmann, T. (2001): Organisatorisches Wissensmanagement. In: Schwabe, G.; Streitz, N. und Unland, R. (Hrsg.): CSCW Kompendium - Lehr- und Handbuch zum computerunterstützte kooperativen Arbeiten. Springer Verlag, Berlin, S. 476-483.

Hoffmann et al. 2002 — Hoffmann, M.; Diefenbruch M.; Goesmann, T. und Herrmann, T. (2002): PRomisE2 - Recording and Displaying Situated Process In-formation in Knowledge Management Applications. In: Proceedings of I-KNOW 2002. Journal of Universal Computing, S. 170-176.

Holzweißig 2009 — Holzweißig, K. (2009): Wikimanagement of New Product Development Process Models: Creating Common Ground between Actors in NPD. In: Tellis, G. und Harmancioglu, N. (Hrsg.): Proceedings of the 33rd International Conference of the Product Development and Management Association, Anaheim, California, S. 53-66.

Hopf 2000 — Hopf, C. (2000): Qualitative Interviews - ein Überblick. In: Flick, U.; Kardorff, E. von und Steinke, I. (Hrsg.): Qualitative Forschung. Ein Handbuch. rowohlt, Hamburg, S. 349-360.

Hoppe et al. 2005 — Hoppe, U.; Pinkwart, N.; Oelinger, M.; Zeini, S.; Verdejo, F.; Barros, B. und Mayorga, J. I. (2005): Building bridges within learning communities through ontologies and thematic objects. In: Proceedings of th 2005 conference on Computer support for collaborative learning: the next 10 years!, S. 211-220.

Horrocks 2008	Horrocks, Ian (2008): Ontologies and the semantic web. In: Commun. ACM 51 (12), S. 58-67. Verfügbar unter http://doi.acm.org/10.1145/1409360.1409377, zuletzt geprüft am 29.03.2010.
Huth et al. 2003	Huth, C.; Tas, N.; Erdmann, I. und Nastansky, L. (2003): GroupProcess: Graphisch interaktives Management von Ad-hoc-Geschäftsprozessen im Web. In: Proceedings of Conference on professional Knowledge Management. Springer.
IDS Scheer 2007	IDS Scheer (2007): Prozesswissen für alle. In: Scheer Magazin (3), S. 26. Verfügbar unter http://www.ids-scheer.com/set/6473/Scheer-Magazin_3-2007_fin.pdf, zuletzt geprüft am 29.03.2010.
Insfran et al. 2002	Insfran, E.; Pelechano, V.; Pastor, O. (2002): Conceptual Modeling in the eXtreme. In: Information and Software Technology 44 (11), S. 659-669.
Jahnke et al. 2008	Jahnke, I.; Herrmann, T. und Prilla, M. (2008): Modellierung statt Interviews? Eine ‚neue' qualitative Erhebungsmethode. In: Herczeg, M. und Kindsmüller, M. C. (Hrsg.): Proceedings of Mensch und Computer 2008, S. 377-386.
Jäschke et al. 2009	Jäschke, R.; Eisterlehner, F.; Hotho, A. und Stumme, G. (2009): Testing and Evaluating Tag Recommenders in a Live System. In: Benz, D. und Janssen, F. (Hrsg.): Workshop on Knowledge Discovery, Data Mining, and Machine Learning, S. 44-51.
Jasper und Uschold 1999	Jasper, R.; Uschold, M. (1999): A Framework for Understanding and Classifying Ontology Applications. In: Proceedings of the IJCAI-99 Workshop on Ontologies and Problem-Solving Methods: Lessons Learned and Future Trends.
Jeckle et al. 2004	Jeckle, M.; Rupp, C.; Hahn, J.; Zengler, B.; Queins und Stefan (2004): UML 2 glasklar. Hanser.
Johansen 1988	Johansen, R. (1988): Groupware: Computer support for business teams. The Free Press New York, NY, USA.
Johnson-Laird 1980	Johnson-Laird, P. N. (1980): Mental models in cognitive science. In: Cognitive Science: A Multidisciplinary Journal 4 (1), S. 71-115.

Jones et al. 2005 — Jones, W.; Phuwanartnurak, A. J.; Gill, R. und Bruce, H. (2005): Don‘t take my folders away!: organizing personal information to get things done. In: CHI ‘05 extended abstracts on Human factors in computing systems. ACM Press, New York, NY, USA, S. 1505-1508, zuletzt geprüft am 29.03.2010.

Jones und Maiden 2004 — Jones, S. und Maiden, N. A. M. (2004): RESCUE: An integrated method for specifying requirements for complex socio-technical systems. In: J. S. Mate und A. Silva (Hrsg.): Requirements Engineering for Sociotechnical Systems. Idea Group, London, S. 245-265.

Jorgensen 2007 — Jorgensen, C. (2007): Image Access, the Semantic Gap, and Social Tagging as a Paradigm Shift. In: Proceedings 18th Workshop of the American Society for Information Science and Technology Special Interest Group in Classification Research, Milwaukee, Wisconsin.

Joseph et al. 2006 — Joseph, S.; Yukawa, J.; Suthers, D. und Harada, V. (2006): Searching Emergent Vocabularies: Exploring Methods to Reduce Cognitive Load during Web Navigation and Resource Contribution. In: Proceedings of the 39th Annual Hawaii International Conference on System Sciences, HICSS‘06, S. 154a.

Jung und Sprenger 2006 — Jung, J. und Sprenger, J. (2006): Muster für die Geschäftsprozessmodellierung. In: Schelp, J.; Winter, R.; Frank, U.; Rieger, B. und Turowski, K. (Hrsg.): Proceedings of DW 2006. Integration, Informationslogistik und Architektur. Köllen, S. 189-204.

Kappel et al. 2006 — Kappel, G.; Kapsammer, E.; Kargl, H.; Kramler, G.; Reiter, T.; Retschitzegger, W.; Schwinger, W.; Wimmer, M. (2006): On Models and Ontologies-A Layered Approach for Model-based Tool Integration. In: Modellierung 2006, S. 11-27.

Karsai et al. 2004 — Karsai, G.; Maroti, M.; Ledeczi, A.; Gray, J.; Sztipanovits, J. (2004): Composition and cloning in modeling and meta-modeling. In: Control Systems Technology, IEEE Transactions on 12 (2), S. 263-278.

Kashyap und Sheth 1996	Kashyap, V.; Sheth, A. (1996): Semantic Heterogeneity in Global Information Systems: The Role of Metadata, Context and Ontologies. In: Cooperative Information Systems: Current Trends and Directions, S. 139-178.
Keane et al. 2007	Keane, John P.; Barber, Kevin D.; Munive-Hernandez, J. Eduardo (2007): Towards a learning organisation: the application of process-based knowledge maps to asset management (a case study). In: Knowledge and Process Management 14 (2), S. 131-143, zuletzt geprüft am 29.03.2010.
Kelle 2000	Kelle, U. (2000): Computergestützte Analyse qualitativer Daten. In: Qualitative Forschung. Ein Handbuch. rowohlt, Hamburg, S. 485-501.
Kensing et al. 1998	Kensing, F.; Simonsen, J.; Bodker, K. (1998): MUST: A Method for Participatory Design. In: Human-Computer Interaction 13 (2), S. 167-198.
Kidd 1994	Kidd, A. (1994): The marks are on the knowledge worker. In: CHI '94: Proceedings of the SIGCHI conference on Human factors in computing systems. ACM, New York, NY, USA, S. 186-191. Verfügbar unter http://doi.acm.org/10.1145/ 191666.191740, zuletzt geprüft am 29.03.2010.
King 2006	King, W. R. (2006): Maybe a" Knowledge Culture" Isn't Always So Important After All! In: Information System Management 23 (1), S. 88-89.
Kittur et al. 2007	Kittur, A.; Chi, E.; Pendleton, B. A.; Suh, B.; Mytkowicz, T. (2007): Power of the Few vs. Wisdom of the Crowd: Wikipedia and the Rise of the Bourgeoisie. In: World Wide Web 1 (2), S. 19.
Ko et al. 2009	Ko, Ryan K. L.; Lee, Stephen S. G.; Lee, Eng Wah (2009): Business Process Management (BPM) standards: A survey. In: Business Process Management journal 15 (5).
Koch 2001	Koch, M. (2001): Kollaboratives Filtern. In: Schwabe, G.; Streitz, N. und Unland, R. (Hrsg.): CSCW Kompendium - Lehr- und Handbuch zum computerunterstützte kooperativen Arbeiten. Springer Verlag, Berlin, S. 351-359.

Kolbitsch (2007)	Kolbitsch, J. (2007): WordFlickr: A Solution to the Vocabulary Problem in Social Tagging Systems. In: Tochtermann, K.; Haas, W.; Kappe, F.; Scharl, A.; Pellegrini, T. und Schaffert, S. (Hrsg.): Proceedings of I-MEDIA and I-SEMANTICS '07 2007, S. 77-84.
Koschmider et al. 2008	Koschmider, A.; Song, M. und Reijers, H. A. (2008): Social Software for Modeling Business Processes. In: First Workshop on Business Process Management and Social Software.
Kowalkiewicz et al. 2008	Kowalkiewicz, M.; Lu, R.; Baeuerle, S.; Kruempelmann, M. und Lippe, S. (2008): Weak Dependencies in Business Process Models. In: Proceedings of the 11th International Conference on Business Information Systems (BIS 2008), S. 177-188.
Krcmar 2005	Krcmar, H. (2005): Informationsmanagement, 4. Auflage. Springer, Berlin.
Krogstie et al. 2005	Krogstie, J.; Carlsen, S.; Jörgensen, H. D. und Sindre, G. (2005): Process Models as an Arena for Knowledge Creation and Cultivation. In: Proceedings of the 3rd International Conference on Action in Language Organisations and Information Systems (ALOIS 2005), S. 198-211.
Krogstie et al. 2006	Krogstie, John; Sindre, Guttorm; Jaavard (2006): Process models representing knowledge for action: a revised quality framework. In: European Journal of Information Systems 15 (1), S. 91-102. Verfügbar unter doi:http://dx.doi.org/10.1057/ palgrave.ejis.3000598, zuletzt geprüft am 29.03.2010.
Kunau 2006	Kunau, G. (2006): Facilitating computer supported cooperative work with socio-technical self-descriptions. Dissertation, Universität Dortmund. Verfügbar unter http://hdl.handle.net/2003/22226, zuletzt geprüft am 29.03.2010.
Kunau et al. 2005a	Kunau, G.; Herrmann, T.; Loser, K. U. (2005): Sociotechnical self-descriptions as a means for appropriation. In: Proceedings of the Workshop Supporting Appropriation Work: Approaches for the reflective" user at ECSCW 2005, S. 14-23.

Kunau et al. 2005b — Kunau, G.; Loser, K.-U. und Herrmann, T. (2005): Im Spannungsfeld zwischen formalen und informellen Aspekten: Modellierung von Dienstleistungsprozessen mit SeeMe. In: Herrmann, T.; Kleinbeck, U. und Krcmar, H. (Hrsg.): Konzepte für das Service Engineering. Physiker-Verlag, S. 149-166.

Kyng 1991 — Kyng, Morten (1991): Designing for cooperation: cooperating in design. In: Commun. ACM 34 (12), S. 65-73. Verfügbar unter http://doi.acm.org/10.1145/125319.125323, zuletzt geprüft am 29.03.2010.

Lambiotte und Ausloos 2005 — Lambiotte, R.; Ausloos, M. (2005): Collaborative tagging as a tripartite network. In: ArXiv Computer Science e-prints.

Lang et al. 1996 — Lang, K.; Taumann, W. und Bodendorf, F. (1996): Business Process Reengineering with Reusable Reference Process Building Blocks. In: Business Process Modelling. Lecture Notes in Computer Science, S. 264-290.

Larkin und Simon 1987 — Larkin, J. H.; Simon, H. A. (1987): Why a Diagram is (Sometimes) Worth Ten Thousand Words. In: Cognitive Science 11 (1), S. 65-100.

Lassila und McGuinness 2001 — Lassila, O.; McGuinness, D. (2001): The role of frame-based representation on the semantic web. Linköping Electronic Articles in Computer and Information Science, 01-005.

Lave und Wenger 1991 — Lave, J. und Wenger, E. (1991): Situated learning: Legitimate periphereal participation. Cambridge University Press, Cambridge.

Lehner 2006 — Lehner, F. (2006): Wissensmanagement. Grundlagen, Methoden und technische Unterstützung. Hanser.

Leuf und Cunningham 2001 — Leuf, B. und Cunningham, W. (2001): The Wiki way. Addison-Wesley.

Lewis 1991 — Lewis, J. R. (1991): Psychometric evaluation of an after-scenario questionnaire for computer usability studies: the ASQ. In: ACM SIGCHI Bulletin 23 (1), S. 78-81.

Loser 2005 — Loser, Kai-Uwe (2005): Unterstützung der Adoption kommerzieller Standardsoftware durch Diagramme. Dissertation, Informatik und Gesellschaft, Universität Dortmund. Verfügbar unter http://hdl.handle.net/2003/21659, zuletzt geprüft am 29.03.2010.

Loser et al. 2010 — Loser, K.-U.; Prilla, M. und Herrmann, T. (2010): Theoretical Foundations of the Socio-Technical Walkthrough. In: Böhmann, T.; Burr, W.; Herrmann, T. und Krcmar, H. (Hrsg.): Implementing International Services. Gabler.

Loser und Herrmann 2002 — Loser, K.-U. und Herrmann, T. (2002): Enabling factors for participatory design of socio-technical systems with diagrams. In: Binder, T.; Gregory, J. und Wagner, I. (Hrsg.): PDC 02 - Proceedings of the Participatory Design Conference, Malmö, Sweden, 23-25 June 2002. CPSR, Palo Alto, CA., S. 114-143.

Loucopoulos und Kavakli 1999 — Loucopoulos, P.; Kavakli, E. V. (1999): Enterprise Knowledge Management and Conceptual Modelling. In: Lecture Notes In Computer Science, S. 123-143.

Lu et al. 2006 — Lu, R.; Sadiq, S. und Governatori, G. (2006): Utilizing Successful Work Practice for Business Process Evolution. In: Abramowicz, W. und Mayr, H. C. (Hrsg.): Business Information Systems. 9th International Conference on Business Information Systems (BIS 2006). Köllen, S. 39-50.

Luhmann 1993 — Luhmann, N. (1993): Soziale Systeme. Grundriß einer allgemeinen Theorie. Suhrkamp Verlag, Frankfurt.

Lynch et al. 1990 — Lynch, K. J.; Snyder, J. M.; Vogel, D. R. und McHenry, W. K. (1990): The Arizona Analyst Information System: Supporting collaborative research on international technological trends. In: Proceedings of the IFIP WG 8.4 conference on Multi-user interfaces and applications, S. 159-174.

Ma et al. 2007 — Ma, Z.; Wetzstein, B.; Anicic, D.; Heymans, S. und Leymann, F. (2007): Semantic Business Process Repository. In: Proceedings of the Workshop on Semantic Business Process and Product Lifecycle Management (SBPM 2007).

Ma und Leymann 2008 — Ma, Z. und Leymann, F. (2008): A Lifecycle Model for Using Process Fragment in Business Process Modeling. In: Proceedings of 9th Workshop on Business Process Modeling, Development and Support (BPMDS '08): Business Process Life-Cycle:Design, Deployment Operation & Evaluation.

Macgregor und McCulloch 2006 — Macgregor, G.; McCulloch, E. (2006): Collaborative tagging as a knowledge organisation and resource discovery tool. In: Library Review 55 (5), S. 291-300.

Maedche 2002 — Maedche, A. (2002): Ontology Learning for the Semantic Web. Kluwer International Series in Engineering an. Kluwer Academic Publishers, Boston, MA, USA.

Maedche et al. 2003 — Maedche, A.; Motik, B.; Stojanovic, L.; Studer, R.; Volz, R. (2003): Ontologies for enterprise knowledge management. In: Intelligent Systems, IEEE 18 (2), S. 26-33, zuletzt geprüft am 29.03.2010.

Maedche und Staab 2001 — Maedche, A.; Staab, S. (2001): Ontology learning for the semantic web. In: IEEE Intelligent systems 16 (2), S. 72-79.

Maicher und Schwotzer 2005 — Maicher, L. und Schwotzer, T. (2005): Distributed Knowledge Management in the Absence of Shared Vocabularies. In: Proceedings of I-KNOW 2005.

Maier 2007 — Maier, R. (2007): Knowledge Management Systems. Springer.

Maier und Remus 2001 — Maier, R. und Remus, U. (2001): Towards a framework for knowledge management strategies: process orientation as strategic starting point. In: Proceedings of the 34th Annual Hawaii International Conference on System Sciences, 2001, S. 4023.

Malone et al. 1999 — Malone, T. W.; Crowston, K.; Lee, Jintae; Pentland, B.; Dellarocas, C.; Wyner, G.; Quimby, J.; Osborn, C. S. and Bernstein A.; Herman, G.; Klein, Mark; O'Donnell, Elissa (1999): Tools for inventing organizations: toward a handbook of organizational processes. In: Management science 45 (3), S. 425-443.

Malone und Crowston 1990 — Malone, T. W. und Crowston, K. (1990): What is Coordination Theory and How Can It Help Design Cooperative Work Systems? In: Proceedings of CSCW 90, S. 357-370.

Maltz und Ehrlich 1995 — Maltz, D. und Ehrlich, K. (1995): Pointing the way: active collaborative filtering. In: Conference on Human Factors in Computing Systems: Proceedings of the SIGCHI conference on Human factors in computing systems. ACM, New York.

Markovic 2008 — Markovic, I. (2008): Advanced Querying and Reasoning on Business Process Models. In: Abramowicz, W. und Fensel, D. (Hrsg.): Proceedings of the 11th International Conference on Business Information Systems (BIS 2008). Springer Verlag, Innsbruck, Austria, S. 189-200. Verfügbar unter doi:10.1007/978-3-540-79396-0_17, zuletzt geprüft am 29.03.2010.

Markus und Keil 1994 — Markus, M. L.; Keil, M. (1994): If we build it, they will come: Designing information systems that people want to use. In: Sloan Management Review 35, S. 11-25.

Marlow et al. 2006 — Marlow, C.; Naaman, M.; Boyd, D.; Davis, M. (2006): HT06, tagging paper, taxonomy, Flickr, academic article, to read. In: Proceedings of the seventeenth conference on Hypertext and hypermedia, S. 31-40.

Mate und Silva 2004 — Mate, J. L. und Silva, A. (2004): Requirements Engineering for Sociotechnical Systems. Infoscl, London.

Mathes 2004 — Mathes, A. (2004): Folksonomies - Cooperative Classification and Communication Through Shared Metadata. In: Proceedings of Computer Mediated Communication, LIS590CMC (Doctoral Seminar), Graduate School of Library and Information Science, University of Illinois Urbana-Champaign, December.

Mattner 2008 — Mattner, Timo (2008): Tag Clustering auf kleinen Datenmengen. Bachelor-Arbeit der Angewandten Informatik, Ruhr-Universität Bochum. Institut für Arbeitswissenschaft. Betreuung durch Michael Prilla.

Maturana 1999 — Maturana, Humberto R. (1999): The Organization of the Living: A Theory of the Living Organization. In: International Journal of Human-Computer Studies 51, S. 149-168. (Im Original veröffentlicht 1975 im Journal of Man-Machine Studies, Volume 7, Issue 3, S. 313-332).

Mayer 2003	Mayer, R. E. (2003): The promise of multimedia learning: using the same instructional design methods across different media. In: Learning and Instruction 13 (2), S. 125-139.
McAfee 2006	McAfee, A. P. (2006): Enterprise 2.0: The Dawn of Emergent Collaboration. In: MIT Sloan Management Review 47 (3), S. 21-28.
McDermid 2003	McDermid, D. C. (2003): Integrated Business Process Management: Using State-Based Business Rules to Communicate between Disparate Stakeholders. In: van der Aalst, W.; ter Hofstede, A. und Weske, M. (Hrsg.): Business Process Management, International Conference, BPM 2003. Springer, Eindhoven, The Netherlands, S. 58-71.
McDonald und Nunno 2007	McDonald, M.; Nunno, T. (2007): Creating Enterprise Leverage: The 2007 CIO Agenda. In: Gartner January.
McGrath 1984	McGrath, J. (1984): Groups and Human Behavior (Excerpt). In: Groupware and Computer-Supported Cooperative Work, S. 113-115 (Im Original veröffentlicht in Groups: Interaction and Performance, S. 12-17).
Mendling et al. 2009	Mendling, J.; Reijers, H. A.; van der Aalst, W. M.P. (2009): Seven process modeling guidelines. In: Information and Software Technology 52 (2), S. 127-136.
Mendling et al. 2010	Mendling, J.; Reijers, H. A.; Recker, J. (2010): Activity labeling in process modeling: Empirical insights and recommendations. In: Information Systems 35 (4), S. 467-482.
Mendling und Strembeck 2008	Mendling, J. und Strembeck, M. (2008): Influence factors of understanding business process models. In: Abramowicz, W. und Fensel, D. (Hrsg.): Proceedings of the 11th International Conference on Business Information Systems (BIS 2008). Springer, S. 142-153.
Mika 2005	Mika, P. (2005): Ontologies Are Us: A Unified Model of Social Networks and Semantics. In: Proceedings of ISWC 2005. Springer, S. 522-536.
Mika und Akkermans 2005	Mika, P.; Akkermans, H. (2005): Towards a new synthesis of ontology technology and knowledge management. In: The Knowledge Engineering Review 19 (04), S. 317-345.

Millen et al. 2006 — Millen, D. R.; Feinberg, J. und Kerr, B. (2006): Dogear: Social bookmarking in the enterprise. In: CHI '06: Proceedings of the SIGCHI conference on Human Factors in computing systems. ACM Press, New York, NY, USA, S. 111-120.

Mishne 2006 — Mishne, G. (2006): AutoTag: a collaborative approach to automated tag assignment for weblog posts. In: Proceedings of the 15th international conference on World Wide Web, S. 953-954.

Molitor et al. 1989 — Molitor, S.; Ballstaedt, S. P. und Mandl, H. (1989): Problems in Knowledge Acquisition from Text and Pictures. In: Mandl, H. und Levin, J. R. (Hrsg.): Knowledge Akquisition from Text and Pictures. Elsevier, S. 3-36.

Moody 1996 — Moody, D. L. (1996): Graphical Entity Relationship Models: Towards a More User Understandable Representation of Data. In: Proceedings of the 15th International Conference on Conceptual Modeling, S. 227-244.

Morrison 2008 — Morrison, P. Jason (2008): Tagging and searching: Search retrieval effectiveness of folksonomies on the World Wide Web. In: Information Processing & Management 44, S. 1397-1648. Verfügbar unter doi:10.1016/j.ipm.2007.12.010, zuletzt geprüft am 29.03.2010.

Morville 2005 — Morville, P. (2005): Ambient findability. O'Reilly.

Motschnig-Pitrik et al. 2005 — Motschnig-Pitrik; Renate; Derntl; Michael (2005): Learning Process Models as Mediators Between Didactical Practice and Web Support. In: Conceptual Modeling – ER 2005, S. 112-127, zuletzt geprüft am 29.03.2010.

Motta et al. 1999 — Motta, Enrico; Buckingham Shum, Simon; Domingue, John (1999): Ontology-Driven Document Enrichment: Principles, Tools and Applications. In: International Journal of Human-Computer Studies.

Murzek et al. 2006 — Murzek, M.; Kramler, G. und Michmayr, E. (2006): Structural Patterns for the Transformation of Business Process Models. In: Proceedings of the 10th IEEE on International Enterprise Distributed Object Computing Conference Workshops. IEEE Computer Society, Washington, DC, USA, S. 18-25.

Nardi et al. 2004 — Nardi, B. A.; Schiano, D. J.; Gumbrecht, M.; Swartz, L. (2004): Why we blog. In: Communications of the ACM 47 (12), S. 41-46.

Neches et al. 1991 — Neches, R.; Fikes, R.; Finin, T.; Gruber, T.; Patil, R.; Senator, T.; Swartout, W. I. (1991): Enabling Technology for Knowledge Sharing. In: AI Magazine 12, S. 36-56.

Neuwirth und Kaufer 1989 — Neuwirth, C. M.; Kaufer, D. S. (1989): The role of external representations in the writing process: Implications for the design of hypertext-based writing tools. In: Proceedings of the second annual ACM conference on Hypertext, S. 319-341.

Nielsen 1994a — Nielsen, J. (1994): Enhancing the explanatory power of usability heuristics. In: CHI '94: Proceedings of the SIGCHI conference on Human factors in computing systems. ACM, New York, NY, USA, S. 152-158. Verfügbar unter http://doi.acm.org/10.1145/191666.191729, zuletzt geprüft am 29.03.2010.

Nielsen 1994b — Nielsen, J. (1994): Heuristic Evaluation. In: Nielsen, J. und Mack, R. L. (Hrsg.): Usability inspection methods. Wiley, S. 25-62.

Nielsen und Mack 1994 — Nielsen, Jakob; Mack, Robert L. (1994): Usability inspection methods. Wiley.

Nilakanta et al. 1990 — Nilakanta, S.; Wemhoff, R. und Prebhu, G. M. (1990): Knowledge-based graph theoretic analysis of data flow diagrams: integrating CASE tools with expert systems. In: SIGBDP '90: Proceedings of the 1990 ACM SIGBDP conference on Trends and directions in expert systems. ACM Press, New York, NY, USA, S. 58-71. Verfügbar unter http://doi.acm.org/10.1145/97709.97715, zuletzt geprüft am 29.03.2010.

Noll und Meinel 2007 — Noll, M. G.; Meinel, C. (2007): Authors vs. readers: a comparative study of document metadata and content in the www. In: Proceedings of the 2007 ACM symposium on Document engineering, S. 177-186.

Nolte 2008 — Nolte, Alexander (2008): Konzept und Prototyp eines usability orientierten webbasierten Editors für semistrukturierte Modellierung, Universität Dortmund. Betreuung durch Michael Prilla.

Nolte und Prilla 2009 — Nolte, A. und Prilla, M. (2009): Transfer komplexer Interaktionen von Desktop- zu Web-Anwendungen. In: Proceedings of Mensch und Computer 2009, S. 373-382.

Nonaka 1994 — Nonaka, I. (1994): A dynamic theory of organizational knowledge creation. In: Organization Science, S. 14-37.

Nonaka und Peltokorpi 2006 — Nonaka, Ikujiro; Peltokorpi, Vesa (2006): Objectivity and subjectivity in knowledge management: a review of 20 top articles. In: Knowledge and Process Management 13 (2), S. 73-82, zuletzt geprüft am 29.03.2010.

Nonaka und Takeuchi 1991 — Nonaka, I.; Takeuchi, H. (1991): The Knowledge Creating Company. In: Harvard Business Review 69 (6), S. 96-104.

Nov 2007 — Nov, Oded (2007): What motivates Wikipedians? In: Commun. ACM 50 (11), S. 60-64. Verfügbar unter http://doi.acm.org/10.1145/1297797.1297798, zuletzt geprüft am 29.03.2010.

Novak 2007 — Novak, J. (2007): Helping Knowledge Cross Boundaries: Using Knowledge Visualization to Support Cross-Community Sensemaking. In: HICSS 2007, S. 38.

Noy und Klein 2004 — Noy, N. F.; Klein, M. (2004): Ontology evolution: Not the same as schema evolution. In: Knowledge and Information Systems 6 (4), S. 428-440.

O'Reilly 2005 — O'Reilly, T. (2005): What is Web 2.0. In: Design Patterns and Business Models for the Next Generation of Software.

Oestereich 2001 — Oestereich, B. (2001): Die UML-Kurzreferenz für die Praxis. Oldenbourg, München.

Oren 2006 — Oren, E. (2006): An Overview of Information Management and Knowledge Work Studies: Lessons for the Semantic Desktop. In: Proceedings of the 2nd Semantic Desktop and Social Semantic Collaboration Workshop at 5th International Semantic Web Conference (ISWC 2006).

Oren et al. 2006 — Oren, E.; Völkel, M.; Breslin, J. G. und Decker, S. (2006): Semantic Wikis for Personal Knowledge Management. In: Database and Expert Systems Applications. Springer Berlin / Heidelberg, S. 509-518.

Page-Jones 1980 — Page-Jones, M. (1980): The practical guide to structured systems design. Yourdon Press.

Paolillo und Penumarthy 2007 — Paolillo, J. C. und Penumarthy, S. (2007): The Social Structure of Tagging Internet Video on del.icio.us. In: Proceedings of HICSS 2007. IEEE Computer Society, Los Alamitos, CA, USA, S. 85b. Verfügbar unter http://csdl2.computer.org/comp/proceedings/hicss/2007/2755/00/27550085b.pdf, zuletzt geprüft am 29.03.2010.

Papavassiliou et al. 2002 — Papavassiliou, G.; Mentzas, G. und Abecker, A. (2002): Integrating Knowledge Modelling in Business Process Management. In: ECIS 2002 conference: The 10th European Conference on Information Systems, S. 851-861.

Patig 2008 — Patig, S. (2008): A practical guide to testing the understandability of notations. In: APCCM '08: Proceedings of the fifth on Asia-Pacific conference on conceptual modelling. Australian Computer Society, Inc., Darlinghurst, Australia, S. 49-58.

Pautasso et al. 2008 — Pautasso, C.; Zimmermann, O. und Leymann, F. (2008): Restful web services vs. "big" web services: making the right architectural decision. In: WWW '08: Proceedings of the 17th international conference on World Wide Web. ACM, New York, NY, USA, S. 805-814. Verfügbar unter http://doi.acm.org/10.1145/1367497.1367606, zuletzt geprüft am 29.03.2010.

Pepper 2000 — Pepper, S. (2000): The TAO of Topic Maps. In: Proceedings of XML Europe.

Persing 1999 — Persing, D. Lynne (1999): Managing in polychronic times: Exploring individual creativity and performance in intellectually intensive venues. In: Journal of Managerial Psychology 14 (5), S. 358-373.

Pfeifer 2000 — Pfeifer, F. P. (2000): Vokabularunterstützung in der Unternehmensmodellierung durch Thesauri. In: Schmidt, H. (Hrsg.): Proceedings der Fachtagung Modellierung betrieblicher Informationssysteme (MobIS 2000), S. 229-250.

Pipek 2005 — Pipek, V. (2005): From Tailoring to Appropriation Support: Negotiating Groupware Usage. Dissertation, University of Oulu. Faculty of Science, Department of Information Processing Science, Oulu, Finland.

Polanyi 1958 — Polanyi, M. (1958): Personal knowledge. Routledge London.

Prilla 2008 — Prilla, M. (2008): Semantic Integration of Process Models into Knowledge Management: A Social Tagging Approach. In: Abramowicz, W. und Fensel, D. (Hrsg.): Proceedings of the 11th International Conference on Business Information Systems (BIS 2008). Springer, S. 130-141.

Prilla 2009 — Prilla, M. (2009): Models, Social Tagging and Knowledge Management – A fruitful Combination for Process Improvement. In: Proceedings of 2nd Workshop on Business Process Management and Social Software in Conjunction with the Business Process Management Conference 2009, S. 67-78.

Prilla et al. 2009 — Prilla, M.; Reuter, U.; Schermann, M.; Herrmann, T. und Krcmar, H. (2009): Model-based conflict resolution in service internationalization: A participatory approach. In: Schmid, S. (Hrsg.): Conference International Management. Jahrestagung der Wissenschaftlichen Kommission Internationales Management im Verband der Hochschullehrer für Betriebswirtschaft.

Prilla et al. 2010a — Prilla, M.; Schermann, M.; Herrmann, T. und Krcmar, H. (2010): Process modeling with SeeMe: a modeling method for service processes. In: Böhmann, T.; Burr, W.; Herrmann, T. und Krcmar, H. (Hrsg.): Implementing International Services. A tailorable method for market assessment, modularization and process transfer. Gabler Verlag, Wiesbaden.

Prilla et al. 2010b — Prilla, M.; Schermann, M. und Böhmann, T. (2010): Balancing flexibility and standards in international facility management with the MARIS method: the Case of M-BETA. In: Böhmann, T.; Burr, W.; Herrmann, T. und Krcmar, H. (Hrsg.): Implementing International Services. Gabler Verlag, Wiesbaden.

Prilla et al. 2010c — Prilla, M.; Reuter, U. und Schermann, M. (2010): The Application of the MARIS method: Lessons learned. In: Böhmann, T.; Burr, W.; Herrmann, T. und Krcmar, H. (Hrsg.): Implementing International Services. Gabler Verlag, Wiesbaden.

Prilla und Herrmann 2007 — Prilla, M. und Herrmann, T. (2007): Semantically Integrating Heterogeneous Content: Applying Social Tagging as a Knowledge Management Tool for Process Model Development and Usage. In: Tochtermann, K. und Maurer, H. (Hrsg.): Proceedings of IKNOW 2007, S. 16-24.

Prilla und Ritterskamp 2005 — Prilla, M. und Ritterskamp, C. (2005): Playfully Assigning Keywords to Content. In: ECSCW Workshop Supplement.

Prilla und Ritterskamp 2006 — Prilla, M. und Ritterskamp, C. (2006): Collaboration Support by Co-Ownership of Documents. In: Hassanaly, P.; Herrmann, T.; Kunau, G. und Zacklad, M. (Hrsg.): Cooperative Systems Design. Seamless Integration of Artifacts and Conversations - Enhanced Concepts of Infrastructure for CommunicationProceedings of COOP 2006. IOS Press, S. 255-269.

Prilla und Ritterskamp 2010 — Prilla, M. und Ritterskamp, C. (2010): The Interplay of Web 2.0 and Collaboration Support Systems: Leveraging Synergies. In: Randall, D. und Salembier, P. (Hrsg.): From CSCW to Web2.0: European Developments in Collaborative Design. Selected Papers from COOP08. Springer.

Prinz 2001 — Prinz, W. (2001): Awareness. In: Schwabe, G.; Streitz, N. und Unland, R. (Hrsg.): CSCW-Kompendium - Lehr- und Handbuch zur computerunterstützten Gruppenarbeit. Springer, Heidelberg, S. 335-350.

Probst et al. 1998 — Probst, G. J. B.; Raub, S. und Romhardt, K. (1998): Wissen managen: Wie Unternehmen ihre wertvollste Ressource optimal nutzen, 2. Auflage. Gabler, Wiesbaden.

Protégé 2009 — Protégé (2009): Protege Ontology Library, Stand: Oktober 2009. Online verfügbar unter: http://protegewiki.stanford.edu/index.php/Protege_Ontology_Library#Other_ontology_formats. Universität Stanford, zuletzt geprüft am 29.03.2010.

Ramesh 2002 — Ramesh, Balasubramaniam (2002): Process Knowledge Management with Traceability. In: IEEE Software 19 (3), S. 50-52, zuletzt geprüft am 29.03.2010.

Recker et al. 2007 — Recker, J.; Indulska, M. und Green, P. (2007): Extending Representational Analysis: BPMN User and Developer Perspectives. In: Business Process Management. 5th International Conference, BPM 2007. Springer, Brisbane, Australia, S. 384-399.

Reich 2008 — Reich, Jochen (2008): Supporting the execution of knowledge intensive processes by means of expert and best- practice mediation. Dissertation, Technische Universität München. Fakultät für Informatik, München.

Reichling 2008 — Reichling, T. (2008): Wissensmanagement in einer Netzwerkorganisation: Entwicklung und Einführung eines Experten-recommender-systems in einem Industrieverband. Schriften zu Kooperations- und Mediensystemen21. Eul, Lohmar.

Reijers et al. 2007 — Reijers, H. A.; Mendling, J. und Cardoso, J. (2007): What makes Process Models Understandable? In: Business Process Management. 5th International Conference, BPM 2007. Springer, Brisbane, Australia, S. 48-63.

Remus 2002 — Remus, U. (2002): Prozeßorientiertes Wissensmanagement. Konzepte und Modellierung. Dissertation, Universität Regensburg.

Resnick und Varian 1997	Resnick, P.; Varian, H. R. (1997): Recommender Systems. In: Communications of the ACM 40 (3), S. 56-59.
Richardson und Ruby 2007	Richardson, L. und Ruby, S. (2007): RESTful Web Services. O'Reilly Media, Inc.
Rittel und Webber 1973	Rittel, H. W. J.; Webber, M. M. (1973): Dilemmas in a general theory of planning. In: Policy Sciences 4 (2), S. 155-169.
Rivadeneira et al. 2007	Rivadeneira, A. W.; Gruen, D. M.; Muller, M. J. und Millen, D. R. (2007): Getting our head in the clouds: toward evaluation studies of tagclouds. In: Rosson, M. B. und Gilmore, D. J. (Hrsg.): Proceedings of CHI 2007. ACM, New York, NY, USA, S. 995-998.
Robinson und Bannon 1991	Robinson, M. und Bannon, L. (1991): Questioning Representations. In: Bannon, L.; Robinson, M. und Schmidt, K. (Hrsg.): Proceedings of the Second European Conference on Computer-Supported Cooperative Work (ECSCW 1991). Kluwer Academic Publishers, Amsterdam, S. 219-233.
Ropohl 2009	Ropohl, G. (2009): Allgemeine Technologie: Eine Systemtheorie der Technik, 3. Auflage. Universitaetsverlag Karlsruhe. Verfügbar unter http://digbib.ubka.uni-karlsruhe.de/volltexte/ 1000011529, zuletzt geprüft am 29.03.2010.
Rosemann 1996	Rosemann, M. (1996): Komplexitätsmanagement in Prozeßmodellen. Methodenspezifische Gestaltungsempfehlungen für die Informationsmodellierung. Gabler, Wiesbaden.
Rosemann et al. 2008	Rosemann, M.; Recker, J.; Flender, C. (2008): Contextualisation of business processes. In: International Journal of Business Process Integration and Management 3 (1), S. 47-60.
Rosenkranz 2006	Rosenkranz, F. (2006): Geschäftsprozesse: Modell- und Computergestützte Planung. Springer.

Rospocher et al. 2009 — Rospocher, M.; Ghidini, C.; Pammer, V.; Serafini, L. und Lindstaedt, S. (2009): Moki: the modelling wiki. In: Lange, C.; Schaffert, S.; Skaf-Molli, H. und Völkel, M. (Hrsg.): Proceedings of the Fourth Workshop on Semantic Wikis (SemWiki 2009) at the 6th European Semantic Web Conference, S. 113-127.

Roumois 2007 — Roumois, U. H. (2007): Studienbuch Wissensmanagement: Grundlagen der Wissensarbeit in Wirtschafts-, Non-Profit- und Public-Organisationen. Orell Fuessli Verlag.

Roure et al. 2008 — Roure, D. de; Goble, C.; Bhagat, J.; Cruickshank, D.; Goderis, A.; Michaelides, D. und Newman, D. (2008): myExperiment: Defining the Social Virtual Research Environment. In: Proceedings of the 2008 Fourth IEEE International Conference on eScience. IEEE Computer Society, Washington, DC, USA, S. 182-189.

Rupp und Sophisten 2007 — Rupp, C. und Sophisten (2007): Requirements-Engineering und -Management. Professionelle, iterative Anforderungsanalyse für die Praxis. Hanser, München.

Santos-Neto et al. 2007 — Santos-Neto, E.; Ripeanu, M. und Iamnitchi, A. (2007): Tracking User Attention in Collaborative Tagging Communities. In: Proceedings of the International ACM/IEEE Workshop on Contextualized Attention Metadata.

Scaife und Rogers 1996 — Scaife, Mike; Rogers, Yvonne (1996): External cognition: how do graphical representations work? In: International Journal of Human-Computer Studies 45 (2), S. 185-213. Verfügbar unter doi:10.1006/ijhc.1996.0048, zuletzt geprüft am 29.03.2010.

Scheer 1998 — Scheer, A. W. (1998): ARIS - Modellierungsmethoden, Metamodelle, Anwendungen. Springer, 3. Auflage. Berlin.

Scheer 1999 — Scheer, A. W. (1999): ARIS - vom Geschäftsprozess zum Anwendungssystem. Springer.

Scheer et al. 2003 — Scheer, A.-W.; Grieble, O. und Klein, R. (2003): Modellbasiertes Dienstleistungsmanagement. In: Bullinger, H.-J. und Scheer, A.-W. (Hrsg.): Service Engineering. Springer, S. 19-50.

Schermann et al. 2008	Schermann, M.; Prilla, M.; Krcmar, H. und Herrmann, T. (2008): Bringing life into references process models: A participatory approach for identifying, discussing, and resolving model adaptations. In: Proceedings of Multikonferenz Wirtschaftsinformatik (MKWI 08).
Schmidt 1991	Schmidt, K. (1991): Riding a tiger, or computer supported cooperative work. In: Proceedings of the second conference on European Conference on Computer-Supported Cooperative Work, S. 1-16.
Schmidt 1997	Schmidt, K. (1997): Of maps and scripts - the status of formal constructs in cooperative work. In: Proceedings of the international ACM SIGGROUP conference on Supporting group work: the integration challenge, S. 138-147.
Schmidt et al. 2007	Schmidt, R.; Bartsch, C. und Oberhauser, R. (2007): Ontology-based representation of compliance requirements for service processes. In: Proceedings of the Workshop on Semantic Business Process and Product Lifecycle Management (SBPM 2007), S. 28-39.
Schmidt und Bannon 1992	Schmidt, K.; Bannon, L. (1992): Taking CSCW seriously. In: Computer Supported Cooperative Work (CSCW) 1 (1), S. 7-40.
Schmitz et al. 2006	Schmitz, C.; Hotho, A.; Jäschke, R. und Stumme, G. (2006): Kollaboratives Wissensmanagement. In: Pellegrini, T. und Blumauer, A. (Hrsg.): Semantic Web. Wege zur vernetzten Wissensgesellschaft. Springer, S. 273-290.
Schreiber et al. 2001	Schreiber, A. T. G.; Dubbeldam, B.; Wielemaker, J.; Wielinga, B. (2001): Ontology-based photo annotation. In: IEEE Intelligent systems, S. 66-74.
Schwabe 2001	Schwabe, G. (2001): Gemeinsames Material und Gruppengedächtnis. In: Schwabe, G.; Streitz, N. und Unland, R. (Hrsg.): CSCW-Kompendium. Springer, Berlin, S. 447-453.
Schwarz 2005	Schwarz, S. (2005): A context model for personal knowledge management. In: Proceedings of the 2nd International Workshop of modeling and Retrieval of Context (MRC 2005).

Seel und Strittmatter 1989	Seel, N. M. und Strittmatter, P. (1989): Presentation of Information by Media and its Effect on Mental Models. In: Mandl, H. und Levin, J. R. (Hrsg.): Knowledge Acquisition from Text and Pictures. Elsevier, Amsterdam, North-Holland, S. 37-57.
Seidlmeier 2006	Seidlmeier, H. (2006): Prozessmodellierung mit ARIS. Eine beispielorientierte Einführung für Studium und Praxis. Vieweg & Sohn Verlag.
Selonen 2007	Selonen, P. (2007): A Review of UML Comparison Approaches. In: Staron, M. (Hrsg.): Proceedings of the 5th Nordic Workshop on Model Driven Engineering, S. 37-51.
Sen et al. 2006	Sen, S.; Lam, S. K.; Rashid, A. M.; Cosley, D.; Frankowski, D.; Osterhouse, J. und F. Harper, M. a. R. J. (2006): tagging, communities, vocabulary, evolution. In: Proceedings of CSCW 2006, S. 181-190. Verfügbar unter http://doi.acm.org/10.1145/1180875.1180904, zuletzt geprüft am 29.03.2010.
Senkowski 2007	Senkowski, Peter (2007): Webservice-Entwicklung für den Informationsaustausch zwischen computergestützen Modellierungstools und webbasierten Wissensplattformen. Bachelor-Arbeit der Angewandten Informatik, Ruhr-Universität Bochum. Institut für Arbeitswissenschaft. Betreuung durch Michael Prilla.
Shannon und Weaver 1949	Shannon, C. E. und Weaver, W. (1949): The mathematical theory of communication. University of Illinois Press Urbana.
Shaw und Gaines 1989	Shaw, M. L. G.; Gaines, B. R. (1989): Comparing conceptual structures: consensus, conflict, correspondence and contrast. In: Knowledge Acquisition 1 (4), S. 341-363.
Sigurbjörnsson und van Zwol 2008	Sigurbjörnsson, B. und van Zwol, R. (2008): Flickr tag recommendation based on collective knowledge. In: WWW '08: Proceeding of the 17th international conference on World Wide Web. ACM, New York, NY, USA, S. 327-336. Verfügbar unter http://doi.acm.org/10.1145/1367497.1367542, zuletzt geprüft am 29.03.2010.

Sinclair und Cardew-Hall 2008 — Sinclair, James; Cardew-Hall, Michael (2008): The folksonomy tag cloud: when is it useful? In: Journal of Information Science 34 (1), S. 15-29. Verfügbar unter http://dx.doi.org/10.1177/0165551506078083, zuletzt geprüft am 29.03.2010.

Smeulders et al. 2000 — meulders, A. W. M.; Worring, M.; Santini, S.; Gupta, A.; Jain, R. (2000): Content-based image retrieval at the end of the early years. In: IEEE Transactions on pattern analysis and machine intelligence, S. 1349-1380.

Smith und Fingar 2007 — Smith, H. und Fingar, P. (2007): Business Process Management: The Third Wave, 4. Auflage. Meghan-Kiffer Press.

Smolnik 2009 — Smolnik, Stefan (2009): Rechnet sich Enterprise Content Management? In: Wirtschaftsinformatik & Management 3, S. 20-25.

Sommerville 2007 — Sommerville, I. (2007): Software Engineering, 8. Auflage. Pearson Studium, München.

Spasic et al. 2005 — Spasic, I.; Ananiadou, S.; McNaught, J.; Kumar, A. (2005): Text mining and ontologies in biomedicine: making sense of raw text. In: Briefings in bioinformatics 6 (3), S. 239-251.

Specia und Motta 2007 — Specia, L. und Motta, E. (2007): Integrating Folksonomies with the Semantic Web. In: Franconi, E.; Kifer, M. und May, W. (Hrsg.): The Semantic Web: Research and Applications. Proceedings of the European Semantic Web Conference (ESWC 2007). Springer, Berlin Heidelberg, S. 624-639.

Specker 2003 — Specker, A. (2003): Modellierung von Informationssystemen. Ein methodischer Leitfaden zur Projektabwicklung. VDF, Zürich.

Srihari et al. 2000 — Srihari, R. K.; Zhang, Z.; Rao, A. (2000): Intelligent Indexing and Semantic Retrieval of Multimodal Documents. In: Information Retrieval 2 (2), S. 245-275.

Staab 2002 — Staab, S. (2002): Wissensmanagement mit Ontologien und Metadaten. In: Informatik-Spektrum 25 (3), S. 194-209.

Staab und Maedche 2001	Staab, Steffen; Maedche, Alexander (2001): Knowledge Portals: Ontologies at Work. In: The AI Magazine 22 (2), S. 63-75.
Staab und Schnurr 1999	Staab, S.; Schnurr, H. P. (1999): Knowledge and Business Processes: Approaching an Integration. In: Proceedings of the International Workshop on Knowledge Management and Organizational Memory (OM99) at the International Joint Conference on Artificial Intelligence.
Stachowiak 1973	Stachowiak, H. (1973): Allgemeine Modelltheorie. Springer.
Star 1989	Star, Susan Leigh (1989): The structure of ill-structured solutions: boundary objects and heterogeneous distributed problem solving, S. 37-54.
Star und Griesemer 1989	Star, S. L.; Griesemer, J. R. (1989): Institutional ecology,'translations' and boundary objects: Amateurs and professionals in Berkeley's Museum of Vertebrate Zoology, 1907-39. In: Social Studies of Science, S. 387-420.
Stenning und Oberlander 1995	Stenning, K.; Oberlander, J. (1995): A cognitive theory of graphical and linguistic reasoning: Logic and implementation. In: Cognitive Science: A Multidisciplinary Journal 19 (1), S. 97-140.
Stojanovic et al. 2002	Stojanovic, L.; Stojanovic, N.; Handschuh, S. (2002): Evolution of the Metadata in the Ontology-based Knowledge Management Systems. In: German Workshop on Experience Management, S. 65-77.
Strauss und Corbin 1998	Strauss, A. L. und Corbin, J. M. (1998): Basics of qualitative research: Techniques and procedures for developing grounded theory, 2. Auflage. Sage Publications.
Strohmaier und Tochtermann 2005	Strohmaier, Markus; Tochtermann, Klaus (2005): B-KIDE: a framework and a tool for business process-oriented knowledge infrastructure development. In: Knowledge and Process Management 12 (3), S. 171-189, zuletzt geprüft am 29.03.2010.
Studer et al. 1998	Studer, Rudi; Benjamins, V. Richard; Fensel, Dieter (1998): Knowledge Engineering: Principles and Methods. In: Data and Knowledge Engineering 25 (1), S. 161-197.

Stumme 2002	Stumme, G. (2002): Using ontologies and formal concept analysis for organizing business knowledge. In: Proceedings Referenzmodellierung 2001. Springer, Heidelberg.
Subrahmanian et al. 2003	Subrahmanian, E.; Monarch, I.; Konda, S.; Granger, H.; Milliken, R.; Westerberg, A. (2003): Boundary objects and prototypes at the interfaces of engineering design. In: Computer Supported Cooperative Work (CSCW) 12 (2), S. 185-203.
Suchman 1987	Suchman, L. A. (1987): Plans and Situated Actions: The Problem of Human-Machine Communication. Cambridge University Press.
Suchman 1994	Suchman, Lucy (1994): Do categories have politics? The action/language perspective reconsidered. In: Computer Supported Cooperative Work (CSCW) 2 (3), S. 177-190.
Suchman 1995	Suchman, L. (1995): Making work visible. In: Communications of the ACM 38 (9).
Suthers 2000	Suthers, D. (2000): Initial evidence for representational guidance of learning discourse. In: International Conference on Computers in Education, Taipei, Taiwan.
Suthers und Hundhausen 2002	Suthers, D. D. und Hundhausen, C. D. (2002): The Effects of Representation on Students‘ Elaborations in Collaborative Inquiry. In: Stahl, G. (Hrsg.): Computer Support for Collaborative Learning: Foundations for a CSCL Community. Proceedings of CSCL 2002, S. 472-480.
Swartout et al. 1997	Swartout, B.; Patil, R.; Knight, K.; Russ, T. (1997): Toward Distributed Use of Large-Scale Ontologies. Ontological Engineering. In: AAAI-97 Spring Symposium Series, S. 138-148.
Teufel et al. 1995	Teufel, S.; Sauter, C.; Mühlherr, T. und Bauknecht, K. (1995): Computerunterstützung für die Gruppenarbeit. Addison-Wesley, Bonn.
Thomas et al. 2001	Thomas, J. C.; Kellogg, W. A.; Erickson, T. (2001): The knowledge management puzzle: Human and social factors in knowledge management. In: IBM SYSTEMS JOURNAL 40 (4), S. 863-884.

Thomas und Fellmann 2006 — Thomas, O. und Fellmann, M. (2006): Semantische Ereignisgesteuerte Prozessketten. In: Schelp, J.; Winter, R.; Frank, U.; Rieger, B. und Turowski, K. (Hrsg.): Proceedings of DW 2006. Integration, Informationslogistik und Architektur. Köllen.

Thomas und Fellmann 2007 — Thomas, O. und Fellmann, M. (2007): Semantic EPC: Enhancing Process Modeling Using Ontology Languages. In: Hepp, M.; Hinkelmann, K.; Karagiannis, D.; Klein, R. und Stojanovic, N. (Hrsg.): Proceedings of the Workshop on Semantic Business Process and Product Lifecycle Management (SBPM), S. 64-75.

Thomas und Scheer 2006 — Thomas, O.; Scheer, A. (2006): Tool Support for the Collaborative Design of Reference Models? A Business Engineering Perspective. In: Proceedings of the 39th Annual Hawaii International Conference on System Sciences (HICSS'06).

Tiwana und Ramesh 2001 — Tiwana, A.; Ramesh, B. (2001): Integrating Knowledge on the Web. In: IEEE Internet Computing 5 (3), S. 32-39.

Tonkin 2006a — Tonkin, E. (2006): Searching the long tail: Hidden structure in social tagging. In: Tennis, J. T. (Hrsg.): Proceedings of the 17th SIG Classification Research Workshop.

Tonkin 2006b — Tonkin, Emma (2006): Folksonomies: The Fall and Rise of Plain-text Tagging. In: Ariadne (47). Verfügbar unter http://www.ariadne.ac.uk/issue47/tonkin/, zuletzt geprüft am 29.03.2010.

Trant 2006 — Trant, J. (2006): Social classification and folksonomy in art museums: Early data from the steve museum tagger prototype. In: Proceedings of the 17th SIG Classification Research Workshop.

Tummarello und Morbidoni 2007 — Tummarello, G.; Morbidoni, C. (2007): Collaboratively building structured knowledge with DBin: from del. icio. us tags to an RDFS Folksonomy. In: Workshop on Social and Collaborative Construction of Structured Knowledge at 16th International World Wide Web Conference (WWW2007).

Uren et al. 2006 — Uren, V.; Cimiano, P.; Iria, J.; Handschuh, S.; Vargas-Vera, M.; Motta, E.; Ciravegna, F. (2006): Semantic annotation for knowledge management: Requirements and a survey of the state of the art. In: Web Semantics: Science, Services and Agents on the World Wide Web 4 (1), S. 14-28.

Uschold und Gruninger 1996 — Uschold, M.; Gruninger, M. (1996): Ontologies: Principles, Methods and Applications. In: Knowledge Engineering Review 11 (2).

Uschold und Gruninger 2004 — Uschold, M.; Gruninger, M. (2004): Ontologies and semantics for seamless connectivity. In: ACM SIGMOD Record 33 (4), S. 58-64.

Utgoff 1987 — Utgoff, P. (1987): Shift of bias for inductive learning. In: Michalski, R.; Carbonell, J. und Mitchel, T. (Hrsg.): Machine Learning. An Intelligent Approach Volume II. Kaufmann, Los Altos, California, USA, S. 107-147.

van Damme et al. 2007 — van Damme, C.; Hepp, M. und Siorpaes, K. (2007): FolksOntology: An Integrated Approach for Turning Folksonomies into Ontologies. In: Bridging the Gep between Semantic Web and Web 2.0 (SemNet 2007), S. 57-70.

van der Aalst et al. 2003 — van der Aalst, W. M. P.; ter Hofstede, A. H. M. und Weske, M. (2003): Business Process Management: A Survey. In: van der Aalst, W.; ter Hofstede, A. und Weske, M. (Hrsg.): Business Process Management, International Conference, BPM 2003. Springer, Eindhoven, The Netherlands, S. 1-12.

Vander Wal 2005 — Vander Wal (2005): Explaining and Showing Broad and Narrow Folksonomies. Online verfügbar unter: http://www.personalinfocloud.com/2005/02/explaining_and_.html, zuletzt geprüft am 29.03.2010.

Vanhoenacker et al. 1999 — Vanhoenacker, J.; Bryant, A. und Dedene, G. (1999): Creating a knowledge management architecture for business process change. In: SIGCPR '99: Proceedings of the 1999 ACM SIGCPR conference on Computer personnel research. ACM Press, New York, NY, USA, S. 231-241. Verfügbar unter http://doi.acm.org/10.1145/299513.299690, zuletzt geprüft am 29.03.2010.

Vara et al. 2008	Vara; Jose Luis De la und Sanchez, J. (2008): Improving Requirements Analysis through Business Process Modelling: a Participative Approach. In: Abramowicz, W. und Fensel, D. (Hrsg.): Proceedings of the 11th International Conference on Business Information Systems (BIS 2008), S. 165-176.
Varela 1981	Varela, F. J. (1981): Autonomy and Autopoiesis. In: Roth, G. und Schwegler, H. (Hrsg.): Self-organizing Systems: an interdisciplinary approach, S. 14-23.
Völkel 2007	Völkel, M. (2007): From Documents to Knowledge Models. In: Proceedings of the 4th Conference on Professional Knowledge Management, S. 209-216.
Vom Brocke 2003	Vom Brocke, Jan (2003): Referenzmodellierung - Gestaltung und Verteilung von Konstruktionsprozessen. Dissertation, Westfälische Wilhelms-Universität Münster, Institut für Wirtschaftsinformatik.
Vom Brocke und Buddendick 2004	Vom Brocke, J.; Buddendick, C. (2004): Organisationsformen in der Referenzmodellierung. Forschungsbedarf und Gestaltungsempfehlungen auf Basis der Transaktionskostentheorie. In: Wirtschaftsinformatik 46 (5), S. 341-352.
Vom Brocke und Thomas 2006	Vom Brocke, J. und Thomas, O. (2006): Designing Infrastructures for Reusing Conceptional Models - A General Framework and its Application for Collaborative Reference Modelling. In: Abramowicz, W. und Mayr, H. C. (Hrsg.): Business Information Systems. 9th International Conference on Business Information Systems (BIS 2006). Köllen, S. 501-514.
Voss 2007	Voss, J. (2007): Tagging, Folksonomy & Co - Renaissance of Manual Indexing? In: Proceedings of the 10th International Symposium of Information Science, S. 234-254.
Wand und Weber 2002	Wand, Y.; Weber, R. (2002): Research Commentary: Information Systems and Conceptual Modeling-A Research Agenda. In: Information Systems Research 13 (4), S. 363-376.
Wenzel und Kelter 2008	Wenzel, S. und Kelter, U. (2008): Analyzing model evolution. In: International Conference on Software Engineering, S. 831-834.

Weske 2007 — Weske, M. (2007): Business Process Management: Concepts, Languages, Architectures. Springer, Berlin.

Wetzstein et al. 2007 — Wetzstein, B.; Ma, Z.; Filipowska, A.; Kaczmarek, M.; Bhiri, S.; Losada, S.; Lopez-Cobo, J.-M. und Cicurel, L. (2007): Semantic Business Process Management: A Lifecycle Based Requirements Analysis. In: Proceedings of the Workshop on Semantic Business Process and Product Lifecycle Management (SBPM 2007), S. 1-11.

White und Miers 2008 — White, S. A. und Miers, D. (2008): BPMN Modeling and Reference Guide: Understanding and Using BPMN. Future Strategies Inc.

Wiig 1993 — Wiig, K. M. (1993): Knowledge Management Foundations: Thinking about Thinking: how people and organizations create, represent, and use knowledge. Schema Press, Arlington, TX.

Willke 1998 — Willke, H. (1998): Organisierte Wissensarbeit. In: Zeitschrift fur Soziologie 27, S. 161-177.

Willke 2001 — Willke, H. (2001): Systemisches Wissensmanagement2. Lucius & Lucius.

Wilson 1991 — Wilson, P. (1991): Computer supported cooperative work: an introduction. Springer.

Wilson 2002 — Wilson, T. D. (2002): The nonsense of knowledge management. In: Information Research 8 (1).

Winn 1989 — Winn, W. (1989): The Design and Use of Instructional Graphics. In: Mandl, H. und Levin, J. R. (Hrsg.): Knowledge Acquisition from Text and Pictures. Elsevier, Amsterdam, North-Holland, S. 125-144.

Winograd 1988 — Winograd, T. (1988): A language/action perspective on the design of cooperative work (Reprint). In: Computer-supported cooperative work: a book of readings table of contents, S. 623-653.

Winograd 1989 — Winograd, T. (1989): Groupware: The next wave or just another advertising slogan? In: COMPCON Spring‘89. Thirty-Fourth IEEE Computer Society International Conference: Intellectual Leverage, Digest of Papers, S. 198-200.

Winograd 1994 — Winograd, Terry (1994): Categories, Disciplines, and Social Coordination. In: Computer Supported Cooperative Work (CSCW) 2, S. 191-197.

Wu et al. 2006 — Wu, H.; Zubair, M. und Maly, K. (2006): Harvesting social knowledge from folksonomies. In: HYPERTEXT '06: Proceedings of the seventeenth conference on Hypertext and hypermedia. ACM Press, New York, NY, USA, S. 111-114. Verfügbar unter http://doi.acm.org/10.1145/1149941.1149962, zuletzt geprüft am 29.03.2010.

Xu et al. 2006 — Xu, Z.; Fu, Y.; Mao, J.; Su, D. (2006): Towards the Semantic Web: Collaborative Tag Suggestions. In: Proceedings of the Collaborative Web Tagging Workshop at WWW2006, Edinburgh, Scotland.

Zhao und Liu 2007 — Zhao, X. und Liu, C. (2007): Version Management in the Business Process Change Context. In: Business Process Management. 5th International Conference, BPM 2007. Springer, Brisbane, Australia, S. 198-213.

Zhdanova et al. 2005 — Zhdanova, A. V.; Krummenacher, R.; Henke, J. und Fensel, D. (2005): Community-driven ontology management: DERI case study. In: Proceedings of the 2005 IEEE/WIC/ACM International Conference on Web Intelligence, S. 73-79.

Zipf 1949 — Zipf, G. K. (1949): Human behavior and the principle of least effort.

Zollers 2007 — Zollers, A. (2007): Emerging Motivations for Tagging: Expression. In: Proceedings of WWW 2007, Banf, Canada, S. 8-12.

Anhang A Definitionsverzeichnis

Definition 23 **Typbezogenes Metawissen** bezeichnet das Wissen über den Nutzen und die Eigenschaften von **Inhaltstypen** für Aufgaben des Wissensmanagements. Es vermittelt den Mehrwert der Nutzung eines Inhaltstyps an potentielle Nutzer. 146

Anhang B Anforderungen und Funktionen

Dieser Anhang enthält eine Übersicht über die im Rahmen der vorliegenden Arbeit identifizierten Anforderungen. Dazu wird zunächst ein Verzeichnis dieser Anforderungen aufgeführt (Abschnitt B.1). Im weiteren Verlauf werden die Handlungsfelder, Anwendungsfälle und Anforderungen, die in Kapitel 5 beschrieben wurden, dargestellt (Abschnitt B.2). Abschnitt B.3 bietet eine Übersicht der verwendeten Kurz- und Langfassungen der Anforderungen. Zudem beinhaltet der Anhang eine Liste mit in WiProM umgesetzten Funktionen und ihrer Zuordnung zu Anforderungen (Abschnitt B.4).

B.1 Verzeichnis der Anforderungen[57]

[57] In diesem Verzeichnis sind der Übersicht halber organisatorische Anforderungen nicht aufgeführt. Diese finden sich in den weiteren Übersichten der Abschnitte B.2 und B.3.

B.2 Handlungsfelder, Anwendungsfälle und zugeordnete Anforderungen

Tabelle 30: Zusammenfassung der Anforderungen

Anwendungsfall	Anforderungen (Literaturanalyse / empirische Studie)
Handlungsfeld „Modelle verwalten“	
Modelle suchen	**Anforderung 1:** Modelle in WMS organisationsweit zur Verfügung stellen (Seite 97). **Anforderung 4:** Modelle und Texte im WMS als gleichwertige Inhalte behandeln (Seite 105).
	Anforderung 11: Nach Modellen und ihren Inhalten suchen (Seite 130).
Modelle benennen und beschreiben	**Anforderung 2:** Modelle und Texte im WMS auf einer Meta-Ebene beschreiben (Seite 101). **Anforderung 3:** Modelle in Modellierungswerkzeugen auf einer Meta-Ebene beschreiben (Seite 101). **Anforderung 10:** Namen von Elementen durch Meta-Ebene kontextualisieren (Seite 111).
	Anforderung 12: Zur Beschreibung von Modellen einen flexiblen Mechanismus nutzen* (Seite 132). **Anforderung 13:** Persönliche Strukturen der Beschreibung in die gemeinsame Ablage übernehmen* (Seite 132).
Handlungsfeld „Modelle austauschen“	
Modelle zur Verfügung stellen	**Anforderung 1:** Modelle in WMS organisationsweit zur Verfügung stellen (Seite 97).

Anwendungsfall	Anforderungen (Literaturanalyse / empirische Studie)
	Anforderung 14: Anbindung von Modellierungswerkzeugen an ein WMS (Seite 134). **Anforderung 15:** Verfügbarkeit von Modell- und Grafikformaten (Seite 135).
Modelle mit anderen Inhalten verbinden	**Anforderung 4:** Modelle und Texte im WMS als gleichwertige Inhalte behandeln (Seite 105). **Anforderung 6:** Modelle und Texte im WMS verbinden (Seite 106).
	Anforderung 16: Verknüpfungen in Modellen im WMS verfügbar machen (Seite 136). **Anforderung 17:** Inhalte ohne manuelle Verbindung verknüpfen* (Seite 136).
Nutzer erreichen und informieren	-
	Anforderung 18: Identifikation von Adressaten unterstützen* (Seite 137). **Anforderung 19:** Versionen beschreiben und nachvollziehbar machen* (Seite 138).
Handlungsfeld „Modelle zur Kommunikation und Koordination nutzen“	
Modelle zur Kommunikation und Koordination nutzen	-
	Anforderung 20: Adressierte Kommunikation an Modellen (Seite 139). **Anforderung 21:** Ansprechpartner zu Modellen finden und hinterlegen(*) (Seite 140).
Handlungsfeld „Modellnutzung erleichtern und ausweiten“	
Nutzerkreis von Modellen ausweiten	**Anforderung 5:** Zu textuellen Inhalten Modelle im WMS anbieten / Zu Modellen ähnliche Inhalte anbieten (Seite 105).
	Anforderung O1: Verfügbarkeit und Nutzen von Modellen kommunizieren(*) (Seite 143). **Anforderung 22:** In WMS auf Modelle aufmerksam machen(*) (Seite 143). **Anforderung 23:** Vorschläge für Tags bei der Ablage von Modellen* (Seite 144). **Anforderung 24:** Vorschläge geeigneter Ablageorte für Modelle* (Seite 144).
Akzeptanz von Modellen erhöhen	-
	Anforderung O2: Mehrwert von Modellen in Veranstaltungen aufzeigen* (Seite 146). **Anforderung 25:** Für Personen relevante Modelle anzeigen* (Seite 146). **Anforderung O3:** Veränderte Rolle von Modellierern (Seite 147). **Anforderung 26:** Unterstützung der Rolle von Modellierern in WMS (Seite 147).
Verfügbarkeit von	-

Anwendungsfall	Anforderungen (Literaturanalyse / empirische Studie)
Werkzeugen sicherstellen	**Anforderung 27:** Integration eines Modellierungswerkzeugs in WMS (Seite 147).
Modellnutzung zielgruppenspezifisch unterstützen	**Anforderung 7:** Perspektiven eines Modells im WMS darstellen (Seite 108).
	Anforderung 28: Zuordnung von Perspektiven zu Nutzergruppen (Seite 148). **Anforderung 29:** Darstellung von Perspektiven im Modellierungswerkzeug (Seite 148).
Handlungsfeld „Modellierung unterstützen“	
Bei der Modellierung Informationen beschaffen	**Anforderung 8:** Ähnliche Inhalte zu Modellen bereitstellen (Seite 110).
	Anforderung 30: Bei der Modellierung Ansprechpartner zu Modellen finden (Seite 151). **Anforderung 31:** Bei der Modellierung auf Informationen eines WMS zugreifen (Seite 151)
Modelle wiederverwenden	**Anforderung 32:** Bei der Modellierung ähnliche Modelle finden (Seite 152).
Handlungsfeld „Modellverständnis sichern“	
Modellverständnis sichern	**Anforderung 5:** Zu textuellen Inhalten Modelle im WMS anbieten (Seite 105). **Anforderung 9:** Zur Modellierung verwendete Inhalte zu Modellen zuordnen (Seite 111). **Anforderung 10:** Namen von Elementen durch Meta-Ebene kontextualisieren (Seite 111).
	Anforderung 33: Inhalte aus der Recherche mit Teilmodellen verbinden (Seite 154).
Handlungsfeld „Modellqualität sichern“	
Modellqualität sichern	-
	Anforderung 34: Nutzern Modelle zur Überprüfung zuweisen (Seite 155).

B.3 Kurz- und Langfassungen der Anforderungen

Tabelle 31: Kurs- und Langfassungen der in der vorliegenden Arbeit erhobenen Anforderungen.

Anforderung	Kurzfassung	Langfassung

Anforderung	Kurzfassung	Langfassung
Anforderung 1	Modelle in WMS organisationsweit zur Verfügung stellen	Um das Potential von Modellen als wissensvermittelnde Artefakte nutzen zu können, muss ein Wissensmanagementsystem Modelle als Inhalte des Wissensmanagements verwalten und organisationsweit zur Verfügung stellen können.
Anforderung 2	Modelle und Texte im WMS auf einer Meta-Ebene beschreiben	Um die strukturelle Heterogenität von Modellen und Texten auszugleichen und so Inhalte von Modellen zu explizieren, muss ein Wissensmanagementsystem eine Meta-Ebene der Beschreibung von Modellen und Texten bereitstellen.
Anforderung 3	Modelle in Modellierungswerkzeugen auf einer Meta-Ebene beschreiben	Um die Nutzung von Modellen in Wissensmanagementsystemen zu ermöglichen, muss ein Prozessmodellierungswerkzeug es Nutzern ermöglichen, Modelle auf einer Meta-Ebene zu beschreiben.
Anforderung 4	Modelle und Texte im WMS als gleichwertige Inhalte behandeln	Ein Wissensmanagementsystem muss Modelle und Texte als gleichwertige Inhalte verwalten und Nutzern zur Verfügung stellen können.
Anforderung 5	Zu textuellen Inhalten Modelle im WMS anbieten / Zu Modellen ähnliche Inhalte anbieten	Um für die Darstellung von Inhalten objektiv und subjektiv optimale Repräsentationsformen bereitzustellen, muss ein Wissensmanagementsystem zu textuell dargestellten Inhalten Darstellungen ähnlicher Inhalte in Modellform anbieten können und umgekehrt.
Anforderung 6	Modelle und Texte im WMS verbinden	Um den Mehrwert der gegenseitigen Ergänzung von Modellen und Texten zur Vermittlung von Wissen nutzen zu können, muss ein Wissensmanagementsystem Modelle und Texte miteinander verbinden können.
Anforderung 7	Perspektiven eines Modells im WMS darstellen	Um die Potentiale von Perspektiven in Modellen zu nutzen, muss ein Wissensmanagementsystem Beschreibungen von Perspektiven darstellen, Perspektiven für Nutzer verfügbar machen und Nutzern die Erzeugung von Perspektiven ermöglichen.
Anforderung 8	Ähnliche Inhalte zu Modellen bereitstellen	Um die Verfügbarkeit von Informationen für die Modellierung und die Nutzung von Modellen zu gewährleisten, muss ein Wissensmanagement-

Anforderung	Kurzfassung	Langfassung
		system Nutzern zu einem Modell oder dessen Teilen relevante Informationen anbieten können.
Anforderung 9	Zur Modellierung verwendete Inhalte zu Modellen zuordnen	Um die Nutzung von Modellen zu unterstützen, muss ein Modellierungswerkzeug Modellierern die Möglichkeit geben, verwendete Informationen explizit mit einem Modell zu verbinden und so für Nutzer verwendbar zu machen.
Anforderung 10	Namen von Elementen durch Meta-Ebene kontextualisieren	Um die Kontextualisierung von Modellen zu unterstützen, müssen für Namen von Elementen alternative Bezeichner durch Beschreibungen auf einer Meta-Ebene angegeben werden können. Dies gilt für Wissensmanagementsysteme und Modellierungswerkzeuge.
Anforderung 11	Nach Modellen und ihren Inhalten suchen	Um Modelle in Organisationen nutzen zu können, muss ein Wissensmanagementsystem einen Suchmechanismus bereitstellen, der ebenso wie nach anderen Inhalten auch nach Modellen und in ihren Inhalten suchen kann.
Anforderung 12	Zur Beschreibung von Modellen einen flexiblen Mechanismus nutzen*	Für die Beschreibung von Modellen mit Metadaten sollte ein Wissensmanagementsystem einen leicht verwendbaren Mechanismus anbieten, der Freiheiten bei der Begriffswahl und die Verwendung verschiedener Begriffe zulässt.*
Anforderung 13	Persönliche Strukturen der Beschreibung in die gemeinsame Ablage übernehmen*	Ein Wissensmanagementsystem sollte Nutzern die Möglichkeit bieten, eigene Strukturen und Beschreibungen von Modellen in seine Inhalte zu übernehmen, ohne dass diese an Vorgaben angepasst werden müssen.*
Anforderung 14	Anbindung von Modellierungswerkzeugen an ein WMS	Um durch ein WMS als zentrale Plattform den Austausch von Modellen fördern zu können, müssen Modellierungswerkzeuge an ein WMS angebunden werden können und aus diesem Modelle öffnen sowie in diesem Modelle ablegen können.
Anforderung 15	Verfügbarkeit von Modell- und Grafikformaten	Ein Wissensmanagementsystem muss für ein Modell sowohl in Modellierungswerkzeugen bearbeitbare Formate als auch ohne solche Werkzeuge darstellbare Grafikformate zur Ansicht des Modells anbieten können.
Anforderung 16	Verknüpfungen in Modellen im WMS verfügbar machen	Um auf mit einem Modell verbundene Inhalte hinzuweisen, muss ein Wissensmanagementsystem in einem Modell verknüpfte Dateien erkennen und diese Dateien Nutzern zur Verfügung stellen.

Anforderung	Kurzfassung	Langfassung
Anforderung 17	Inhalte ohne manuelle Verbindung verknüpfen*	Um textuelle Dokumente und Modelle gemeinsam nutzen zu können, muss ein Wissensmanagementsystem Verbindungen zwischen ähnlichen Inhalten herstellen, ohne dass ein Nutzer sie manuell und explizit verknüpfen oder kopieren muss.*
Anforderung 18	Identifikation von Adressaten unterstützen*	Um Modelle in einer Organisation verbreiten zu können, muss ein Wissensmanagementsystem Nutzer dabei unterstützen, geeignete Adressaten für Modelle zu finden, und alle Adressaten eines Modells über Veränderungen an diesem Modell benachrichtigen können.*
Anforderung 19	Versionen beschreiben und nachvollziehbar machen*	Um Gewärtigkeit für verschiedene Versionen von Modellen zu unterstützen, muss ein Wissensmanagementsystem Versionen von Modellen zur Verfügung stellen und durch Beschreibungen kontextualisieren können.*
Anforderung 20	Adressierte Kommunikation an Modellen	Ein Wissensmanagementsystem muss es Nutzern ermöglichen, Kommunikationsbeiträge direkt auf ein Modell zu beziehen und mit anderen Nutzern durch solche Beiträge Kontakt aufzunehmen.
Anforderung 21	Ansprechpartner zu Modellen finden und hinterlegen(*)	Um Kommunikation zum Inhalt eines Modells zu ermöglichen, sollte es ein Wissensmanagementsystem seinen Nutzern ermöglichen, Ansprechpartner zu Modellen zu identifizieren und explizit an diesen Modellen kenntlich zu machen.(*)
Anforderung O1	Verfügbarkeit und Nutzen von Modellen kommunizieren(*)	Um inaktive Nutzer auf Modelle aufmerksam zu machen, muss die Verfügbarkeit von Wissen in Form von Modellen an diese kommuniziert werden.(*)
Anforderung 22	In WMS auf Modelle aufmerksam machen(*)	Um die Kommunikation der Verfügbarkeit von Wissen in Modellen zu unterstützen, muss ein Wissensmanagementsystem Nutzer auf relevante Modelle und ihre Inhalte aufmerksam machen können. (*)
Anforderung 23	Vorschläge für Tags bei der Ablage von Modellen*	Um die dynamische Zuordnung von Modellen zu relevanten Inhalten anderer Nutzer zu unterstützen, sollte ein Wissensmanagementsystem bei ihrer Ablage Vorschläge für Beschreibungen zu Modellen erzeugen und darstellen können.*

Anforderung	Kurzfassung	Langfassung
Anforderung 24	Vorschläge geeigneter Ablageorte für Modelle*	Um die statische Zuordnung von Modellen zu relevanten Inhalten anderer Nutzern zu unterstützen, sollte ein Wissensmanagementsystem Vorschläge für geeignete Bereiche zur Ablage von Modellen erzeugen und darstellen können. *
Anforderung O2	Mehrwert von Modellen in Veranstaltungen aufzeigen*	Um Mitarbeitern den Mehrwert der Nutzung von Modellen zu vermitteln, muss in Informationsveranstaltungen oder Schulungen typbezogenes Metawissen zum Mehrwert von Modellen vermittelt werden.*
Anforderung 25	Für Personen relevante Modelle anzeigen*	Um die Arbeit mit Modellen nach der Vermittlung ihres Mehrwerts zu unterstützen, muss ein Wissensmanagementsystem Teilnehmern für sie relevante Modelle anzeigen können und auf deren Verfügbarkeit hinweisen. *
Anforderung O3	Veränderte Rolle von Modellierern	Um die Akzeptanz von Modellen zu fördern, müssen Modellierer die Verantwortung für die Verfügbarkeit ihrer Modelle tragen, deren Bearbeitung jedoch auch Nutzern ermöglichen.
Anforderung 26	Unterstützung der Rolle von Modellierern in WMS	Um die Akzeptanz von Modellen zu fördern, müssen Wissensmanagementsysteme die in Anforderung O3 beschriebene Rolle von Modellierern unterstützen.
Anforderung 27	Integration eines Modellierungswerkzeugs in WMS	Ein Wissensmanagementsystem sollte Nutzern die Möglichkeit bieten, ein Modell mit einem im System verfügbaren Modellierungswerkzeug zu öffnen und zu bearbeiten.
Anforderung 28	Zuordnung von Perspektiven zu Nutzergruppen	Um individuell relevante Perspektiven anbieten zu können, sollte ein Wissensmanagementsystem die Möglichkeit bieten, Nutzern geeignete Perspektiven zuzuordnen.
Anforderung 29	Darstellung von Perspektiven im Modellierungswerkzeug	Um Perspektiven nutzbar zu machen, muss ein Modellierungswerkzeug Funktionen anbieten, mit denen Perspektiven in einem Modell durch Nutzer beschrieben, unterschieden und dargestellt werden können.
Anforderung 30	Bei der Modellierung Ansprechpartner zu Modellen finden	Um die Beschaffung von Informationen für die Modellierung zu unterstützen, muss ein Modellierungswerkzeug Nutzern die Möglichkeit bieten, zu Modellen oder Teilen relevante Inhalte zu finden.
Anforderung 31	Bei der Modellierung auf Informationen ei-	Um die Beschaffung von Informationen für die Modellierung zu unterstützen, muss ein Model-

Anforderung	Kurzfassung	Langfassung
	nes WMS zugreifen	lierungswerkzeug Nutzern die Möglichkeit bieten, zu Modellen oder Teilen von ihnen Ansprechpartner zu finden.
Anforderung 32	Bei der Modellierung ähnliche Modelle finden	Um die Wiederverwendung von Modellen zu unterstützen, muss ein Modellierungswerkzeug Nutzern die Möglichkeit bieten, zu einem Modell ähnliche Modelle finden zu können.
Anforderung 33	Inhalte aus der Recherche mit Teilmodellen verbinden	Um Inhalte und Ansprechpartner zur Sicherung des Verständnisses eines Modells nutzen zu können, muss ein Modellierungswerkzeug es Nutzern ermöglichen, gefundene Inhalte mit Teilmodellen und Elementen von Modellen zu verbinden.
Anforderung 34	Nutzern Modelle zur Überprüfung zuweisen	Um die Qualität von Modellen zu sichern, muss ein Wissensmanagementsystem Nutzern die Möglichkeit bieten, fachkundige Nutzer zur Durchsicht von Modellen zu identifizieren und ihnen ein Modell zur Durchsicht zuzuweisen.

B.4 Katalog umgesetzter Funktionen

Tabelle 32: Funktionale Gruppen des WiProM-Systems.

Funktion	Bezug zu AF/ Phase	Bezug zu Anforderungen	Verfügbarkeit im Modellierungs-werkzeug	Verfügbarkeit im WMS	Besonderheiten
Tagging von Modellen					
Beschreibung von Modellen durch Tags	HF 1, AF 1.2	Anforderung 2, Anforderung 3, Anforderung 10, Anforderung 12, Anforderung 13	Bei der Ablage von Modellen und über zentrale Oberfläche	Bei Einfügen und Ändern von Modellen	Integration in Dialoge und eigene Oberfläche
Beschreibung von Elementen und Gruppen durch Tags	HF 1, AF 1.2 HF 6, AF 6.1	Anforderung 2, Anforderung 3, Anforderung 10, Anforderung 12, Anforderung 13	Über zentrale Oberfläche und durch Sofortänderung; Zuweisung von Tags zu mehreren Elementen	Über das integrierte Modellierungs-werkzeug	-
Namen von Elementen als Tags	HF 1, AF 1.2	Zusatz	Anzeige als Vorschläge	Anzeige als Vorschläge	-
Darstellung von Tags in Modellen	HF 1, AF 1.2	Anforderung 2, Anforderung 3, Anforderung 10	Darstellung über Dialoge und zentraler Zugang über eigene Oberfläche	Darstellung am Dateinamen und im integrierten Modellierungswerkzeug	Darstellung der Tags in eigener Oberfläche

Funktion	Bezug zu AF/ Phase	Bezug zu Anforderungen	Verfügbarkeit im Modellierungs-werkzeug	Verfügbarkeit im WMS	Besonderheiten
Darstellung von Tags an Elementen und Gruppen	HF 1, AF 1.2	Anforderung 2, Anforderung 3, Anforderung 10	Über Darstellung in Modellen und eigene Oberfläche, Komfortfunktion zur Eingabe von Tags an mehreren Elementen	Über integriertes Modellierungs-werkzeug	Darstellung der zwei häufigsten Tags an Elementen, alle Tags in eigener Oberfläche
Vorschläge für Tags	HF 1, AF 1.2	Zusatz[58]	In Dialogen zur Eingabe von Tags und für die Anbindung an das WMS	In Dialogen zur Eingabe von Tags und dem Einstellen von Inhalten	Vorschläge aus vorhandenen Tags, Tags Anderer und Namen des Modells / populärer Tags
Vervollständigung von Tag-Eingaben	HF 1, AF 1.2	Zusatz	In Dialogen zur Eingabe von Tags	-	-
Unterstützung der Eingabe	Evaluation		Textfeld im Modell zur schnelleren Eingabe	-	-
Suche nach Modellen					
Suche von Modellen auf Basis von Tags	HF 1, AF 1.1	Anforderung 1, Anforderung 4	Über eigene Oberfläche kontextualisiert zum Modell und Elementen, über Tag-Cloud	Eigene Funktionen für ähnliche Inhalte, Suche über Tag-Cloud und Stichworte	Durch Stichworte und explorativ-iterativ über eine Tag-Cloud
Suche in Modellen	HF 1, AF 1.1	Anforderung 11	Über Suche nach Modellen	Über Suche mit Stichworten und Tag-Cloud	-
Rückmeldung zur Suche	HF 1, AF 1.1		Hervorhebung Suchbegriffe in der Tag-Cloud	Hervorhebung Suchbegriffe in der Tag-Cloud	Hervorhebung für ursprünglichen Suchbegriff und ähnliche Begriffe aus Tag-Clustern
Anzeige der Relevanz von Suchergebnissen	HF 1, AF 1.1		Durch Tags an Suchergebnissen	Durch Hervorhebung relevanter Tags und Trefferbewertung	-
Konfiguration der Suche	Evaluation		Über Konfigurationsmenü und verwendete Tags	Über Auswahl von Inhaltsbereichen und verwendete Tags	Einschränkungen des Suchbereichs **und** weiterführende Inhalte
Bildung von Tag-Clustern	HF 1, AF 1.1	Anforderung 1, Anforderung 4	-	Suche nach Inhalten	Graph-basierter Algorithmus und Tag-spezifische Cluster
Verstetigung der Suche	Evaluation		Zugriff auf virtuelle Ordner	Anlegen von virtuellen Ordnern aus der Suche	-

[58] Die Bezeichnung „Zusatz" bedeutet, dass die beschriebene Funktion nicht direkt aus den identifizierten Anforderungen hervorgeht, sondern zusätzlich zu diesen umgesetzt wurde, um die Ziele der Arbeit zu unterstützen.

Funktion	Bezug zu AF/ Phase	Bezug zu Anforderungen	Verfügbarkeit im Modellierungs-werkzeug	Verfügbarkeit im WMS	Besonderheiten
Nutzung generierter Tags für die Suche	Evaluation		Über Suche	Über Suche	Eskalationsstrategie zur Überwindung des Kaltstartproblems
Verwaltung von Modellen					
Strukturierung von Modellen	HF 1, AF 1.1 HF 2, AF 2.1	Anforderung 1, Anforderung 4	Vorbereitung durch Tag-Vergabe und Ablage, Verwaltung von Teilmodellen	Strukturierung mit Tags und Ordnern, Integration in Inhalte	Verwaltung auf gleicher Ebene mit textuellen Inhalten
Öffnen von Inhalte eines WMS aus einem Modellierungswerkzeug	HF 2, AF 2.1	Anforderung 14	Über Integration in Dateiauswahldialoge des Modellierungswerkzeugs	-	Navigation in Inhalten über Dateistruktur **und** Tag-Cloud
Ablegen von Inhalten aus einem Modellierungswerkzeug im WMS	HF 2, AF 2.1	Anforderung 14	Über Integration in Dateiauswahldialoge des Modellierungswerkzeugs	-	Unterstützung durch Vorschläge
Teilmodelle öffnen und ablegen	HF 2, AF 2.1	Anforderung 14	Über Auswahl und Bedienelemente	-	Vorschau auf resultierendes Modell
Verfügbarkeit von Grafik- und Modellformaten für Modelle	HF 2, AF 2.1	Anforderung 15	-	Bei Download des Modells	-
Explikation von Inhalten durch Tags	HF 2, AF 2.1 HF 2, AF 2.2	Anforderung 1, Anforderung 4	-	Über Darstellung an Dateinamen	-
Tag-Clouds als Anzeige von Tags	HF 2, AF 2.1. HF 2, AF 2.2	Anforderung 1, Anforderung 4	Für Tags des Modells und seiner Elemente, für Tags aus WMS	Für Tags angezeigter Inhalte (bereichsspezifisch) und eigene Tags	Farbliche Kodierung zur Unterscheidung von Tags, Sortierung
Zugriffsrechte für Tags	HF 2, AF 2.2	Anforderung 1, Anforderung 4, Anforderung 13	Private und öffentliche Tags bei Ablage	Private und öffentliche Tags	-
Beschreibung von Modellversionen	HF 2, AF 2.3	Anforderung 19	-	Namen für Versionen	-
PIM und Zwischenablage für Modelle	Evaluation		Zugriff auf persönliche Bereiche	Anlegen und Nutzen persönlicher Bereiche	-
Verbindung von Modellen und anderen Inhalten / Personen					
Explizite Zuordnung von Modellen und anderen Inhalten	HF 2, AF 2.2,	Anforderung 5, Anforderung 6, Anforderung 9, Anforderung 33	Über Verknüpfungen innerhalb des Modells mit Dateien und Suchergebnissen	Über Verknüpfungen von Inhalten im WMS und das integrierte Modellierungswerkzeug	-
Ablegen ver-	HF 2,	Anforderung 16	-	Analyse, Auflösung	-

Funktion	Bezug zu AF/ Phase	Bezug zu Anforderungen	Verfügbarkeit im Modellierungs-werkzeug	Verfügbarkeit im WMS	Besonderheiten
knüpfter Dateien zu einem Modell	AF 2.2			und Einstellen verknüpfter Dateien	
Anzeige ähnlicher Inhalte zu einem Modell	HF 2, AF 2.2 HF 5, AF 5.1	Anforderung 8, Anforderung 17, Anforderung 31	Über eigene Oberfläche	Über Suche und Funktionen an Inhalten	-
Anzeige ähnlicher Modelle zu Texten	HF 2, AF 2.2	Anforderung 5, Anforderung 17	Über Anzeige ähnlicher Inhalte (Texte zu Modellen)	Über Funktionen an Inhalten	-
Anzeige ähnlicher Modelle zu einem Modell	HF 2, AF 2.2 HF 5, AF 5.1 HF 5, AF 5.2	Anforderung 8, Anforderung 17, Anforderung 31, Anforderung 32	Über Filter in eigener Oberfläche	Über Filter der Suche	Filtermechanismus der Suche
Anzeige möglicher Adressaten/ Ansprechpartner zu einem Modell	HF 2, AF 2.3 HF 3, AF 3.1 HF 5, AF 5.1	Anforderung 18, Anforderung 21, Anforderung 30	Über eigene Oberfläche	Über Suche und Funktionen an Inhalten, Integration in Dialoge	-
Zuordnung von Ansprechpartnern/ Adressaten zu Modellen	HF 2, AF 2.3 HF 3, AF 3.1 HF 6, AF 6.1	Anforderung 18, Anforderung 20, Anforderung 21, Anforderung 33	Über Verknüpfung von Suchergebnissen mit Elementen und Adressierung	Über Adressierung	-
Austausch von Modellen					
Adressierung von Modellen	HF 2, AF 2.3 HF 3, AF 3.1	Anforderung 18, Anforderung 20	Bei Ablage in das WMS	Bei Einstellen und über nachträgliche Änderungen	Auch für Kommunikation und Zuweisung zur Durchsicht genutzt
Kommunikation an und über Modelle	HF 3, AF 3.1	Anforderung 20	Über erweiterte Kommentare in einem Modell	Über Annotationsfunktion	-
Benachrichtigungen über veränderte Modelle	HF 3, AF 3.1	Anforderung 20	-	Im Startbereich	-
Unterstützung bei der Ablage von Modellen	HF 4, AF 4.1	Anforderung 23, Anforderung 24	Über Vorschläge von Tags zur Ablage und Hervorhebung geeigneter Bereiche	Indirekt über Navigationsunterstützung mit Tag-Clouds	-
Hinweise auf Modelle	HF 4, AF 4.1	Anforderung 22	-	Über Startbereich	Auch durch Explikation von Inhalten mit Tags; Umsetzung organisatorischer Anforderung

Funktion	Bezug zu AF/ Phase	Bezug zu Anforderungen	Verfügbarkeit im Modellierungs-werkzeug	Verfügbarkeit im WMS	Besonderheiten
Zuordnung persönlich relevanter Modelle	HF 4, AF 4.2	Anforderung 25	-	Über Startbereich	Umsetzung organisatorischer Anforderung
Darstellung von Perspektiven in einem Modell	HF 4, AF 4.4	Anforderung 7, Anforderung 29	Unterstützung der Darstellung durch Tags und eigene Oberfläche	Über Anzeige von Modellen in Inhalten	Tags assistieren bei der Erzeugung von Perspektiven
Zuordnung von Perspektiven zu Nutzern	HF 4, AF 4.4	Anforderung 28	-	Direkte Zuordnung	-
Spezifische Funktionen					
Rolle „Modellpate“	HF 4, AF 4.2	Anforderung 26	-	Über Zugriffsrechte	Umsetzung organisatorischer Anforderung
Bearbeitung von Modellen	HF 4, AF 4.3	Anforderung 27	Mit Funktionen des Modellierungs-werkzeugs	Durch integriertes Modellierungs-werkzeug	-
Zuweisung von Modellen zur Durchsicht/ Überprüfung	HF 7, AF 7.1	Anforderung 34	Über Adressierung	Über Adressierung und Funktion an Modellen	-
Hinweise auf zugewiesene Modelle	HF 7, AF 7.1	Anforderung 34	Anzeige in eigener Oberfläche	Über Startbereich	-
Lokale Suche nach Elementen und Gruppen im geöffneten Modell	Evaluation		Über Tag-Clouds des Modells und Anzeige von Gruppen	-	-
Erweiterung für lokale Modelle					
Nutzung von Tags für lokale Dateien	Evaluation		Nebenläufige Suche und Verwaltung lokaler Dateien über eigene Datenbank	-	-

Anhang C Material zur empirischen Studie

In diesem Anhang wird Material aufgeführt, das in der im Rahmen der vorliegenden Arbeit durchgeführten empirischen Studie verwendet wurde oder entstanden ist. Darunter sind die Leitfäden der durchgeführten Interviews (Abschnitt C.1) und das aus ihrer Auswertung entstandene Kategoriensystem (Abschnitt C.2). Dieser Anhang ergänzt somit die in Kapitel 5 vorgenommene Darstellung der empirischen Studie.

C.1 Leitfäden aus den Interviews

In den Interviews der empirischen Studie wurde ein semi-strukturierter Leitfaden verwendet, der nach den ersten drei Interviews überarbeitet wurde, um Erkenntnisse aus den ersten Interviews aufzunehmen. Im Folgenden wird zunächst der ursprüngliche Leitfaden (Abschnitt C.1.1), danach der angepasste Leitfaden (C.1.2) und abschließend eine Kurzversion (C.1.3), die den Interviewpartnern zur Vorbereitung auf die Interviews zugesendet wurde, aufgeführt.

C.1.1 Leitfaden für die Interviews mit I1, I2 und I3

EINSTIEG: MODELLIERUNG UND WISSENSMANAGEMENT

- Geben Sie bitte ein Beispiel aus Ihrer Praxis, in dem Sie Modelle verwenden.
- Zu welchen Zwecken erstellen und/oder nutzen Sie Modelle?
- Wie werden in Ihrer Organisation Dokumente verwaltet und Informationen ausgetauscht? → Informations- oder Wissensmanagement? Informationsbeschaffung und –suche?
- Welche Zusammenhänge sehen Sie zwischen Modellierung und Wissensmanagement?
  - Bekannte und vermutete Zusammenhänge

UNTERSTÜTZUNG DER MODELLIERUNG DURCH INFORMATIONEN (KURZBESCHREIBUNG)

- Wie gehen Sie bei der Modellierung vor (Vorbereitung, Durchführung, …)? Geben Sie bitte ein oder mehrere Beispiele aus Ihrer Praxis. → erzählen lassen, Details nachfragen.
- Welche Informationen benötigen Sie vor, während und nach dem Modellieren? Wo bekommen Sie diese her? → pro Frage
  - Zu Beginn der Modellierung
  - Werden manchmal weitere Informationen während der Modellierung benötigt (wenn man nicht weiterkommt, bei bestimmten Sachverhalten, Elementen usw.)?
  - Woher erhalten Sie diese Informationen (von wem, auf welchem Weg, in welcher Form usw.) → Personen, Systeme, Anderes
- Wie verwenden Sie Informationen für Modelle? Sichtbarkeit?
  - Brauchen andere diese Informationen später noch?
  - Wie machen Sie diese Informationen (für andere) nutzbar?

    - Schwierigkeiten dabei? Unterstützungsbedarfe?
- Was ist der Kontext eines Modells? Wie beschreiben Sie diesen? → Für sich, für andere.
- Wie wird die Informationsbeschaffung und -nutzung für Modelle bei Ihnen unterstützt?
- Was würde Sie bei der Informationsbeschaffung und -verwendung unterstützen? Idealszenario?
    - Technisch
    - Organisatorisch
    - Während der Modellierung

AUSTAUSCH VON MODELLEN UND INFORMATIONEN (KURZBESCHREIBUNG)

- Wie gehen Sie beim Austausch von Modellen mit anderen vor? → erzählen lassen, Beispiel für Austausch aus Praxis
- Wie bewahren Sie Modelle für sich selbst auf?
    - Wie speichern Sie Modelle? Benennung, Ordner, …?
    - Verbindung zusammengehöriger Modelle? → „Modell-Projekte", …
- Wie tauschen Sie Modelle und zugehörige Informationen mit anderen Personen (Kollegen, Nutzern, Kunden, …) aus? → Medien, Organisation, Zweckbindung, …
    - Wie benennen Sie Modelle? Wie beschreiben Sie Modelle (beim Austausch)?
    - Wie präsentieren sie ein Modell und zugehörige Informationen?
    - Zu welchem Zweck tauschen Sie Modelle aus? Aus welchen Anlass?
    - Wie tauschen Sie zusätzliche Informationen zu einem Modell mit anderen Personen aus?
    - An wen senden Sie die Modelle? Wie ermitteln Sie notwendige Stakeholder?
    - Klappt das?
- Erhalten Sie manchmal Rückfragen/Verständnisfragen zu Ihren Modellen? Wenn ja, welche?
    - Gibt es ergänzende Informationen von anderen?
    - Haben andere unterschiedliche Meinungen zu einem bestimmten Sachverhalt?
- Wie wird der Austausch von Modellen (Informationen) in Ihrer Organisation unterstützt? → Anwendungen, Organisation, Auffinden, …
- Wie kann der Austausch unterstützt werden?
    - Idealszenario, in dem Sie anderen die Modelle zur Nutzung überlassen? Beschreiben, wie.
    - Austausch von Modellen, Austausch von zugehörigen Informationen, Szenarien skizzieren, die diese Unterstützung beschreiben.

NUTZUNG VON MODELLEN (KURZBESCHREIBUNG)

- Wie gehen Sie bei der Nutzung / dem Verstehen von Modellen Anderer vor? → erzählen lassen
- Welche Mitarbeiter in der Organisation nutzen Modelle und wofür?
    - Wie erreichen Modelle diese Mitarbeiter? Welche Mitarbeiter (Vorauswahl, Weitergabe)?

  - Beispiel: Fluss von Modellen zwischen Mitarbeitern skizzieren und Vorgehensweise.
  - Zweck Modelle in der Organisation, Erfahrungen mit der Nutzung von (fremden) Modellen, Erfahrungen von Anderen, Schwierigkeiten im Umgang
  - Was müsste getan werden, um diese Nutzung zu verbessern?
  - Wird Modellierung ausreichend genutzt? Wo liegen förderliche und hemmende Faktoren? Wie kann die Situation verbessert werden?
- Unterstützung der Nutzung von Modellen in der Organisation
  - Wie finden Sie Modelle zu einem bestimmten Sachverhalt? Wie finden Sie es später wieder?
  - Wie finden sie weitere Informationen zu einem Modell?
  - Wie können Sie zu einem Modell Feedback geben?
  - Wie können Sie einem Modell weitere Informationen zuordnen?
- Wie kann die Nutzung von Modellen unterstützt werden?
  - Skizzieren Sie bitte ein Idealszenario, das diese Unterstützung beschreibt.

OPTIONAL: UNTERSTÜTZUNG DER MODELLIERUNG DURCH WIEDERVERWENDUNG (KURZBESCHREIBUNG)

- Haben Sie in Modellen schon einmal Teile aus anderen Modellen wiederverwendet?
  - Wenn ja, was hat Sie dazu bewogen und wie sind Sie vorgegangen? Ist das oft der Fall?
  - Wie haben Sie die Modelle gefunden, die sie wiederverwendet haben?
- Wie wird die Wiederverwendung von Modellen in Ihrer Organisation unterstützt?
- Wie können Sie bei der Wiederverwendung von Modellen unterstützt werden? Skizzieren Sie bitte Szenarien.
  - Während der Modellierung ähnliche Modelle finden

UNTERSTÜTZUNG VON MODELLIERUNG DURCH WISSENSMANAGEMENT

- Bei welcher Aufgabe rund um Modellierung würden Sie sich besonders Unterstützung wünschen?
  - Technisch
  - Organisatorisch
- Welche einzelne Unterstützung würde schon einen großen Teil an Problemen lösen?
- Welche weiteren Themen oder Aspekte zum Thema des Interviews fallen Ihnen ein, die noch nicht besprochen wurden? Haben Sie weitere Anmerkungen?

ANHANG (STATISTIK)

- Erfahrung und Praxis der Modellierung
  - Wie lange und wie intensiv beschäftigen Sie sich (bereits) mit Modellierung?
  - Welche Erfahrungen haben sie mit Modellierung gemacht?
  - Planen Sie, die Nutzung von Modellen für sich und im Unternehmen auszubauen oder zu reduzieren?

C.1.2 Leitfaden für die Interviews mit I4, I5 und I6

EINSTIEG: MODELLIERUNG UND WISSENSMANAGEMENT

- Geben Sie bitte ein Beispiel aus Ihrer Praxis, in dem Sie (Prozess-) Modelle verwenden.
- Zu welchen Zwecken erstellen und/oder nutzen Sie Modelle?
    - Wann werden Modelle erstellt, wann wird etwas textuell beschrieben? Auf Beispiel anwenden.
- Wie werden in Ihrer Organisation Dokumente verwaltet und Informationen ausgetauscht? → Informations- oder Wissensmanagement? Informationsbeschaffung und –suche?
- Welche Zusammenhänge sehen Sie zwischen Modellierung und Wissensmanagement?
    - Bekannte und vermutete Zusammenhänge

UNTERSTÜTZUNG DER MODELLIERUNG DURCH INFORMATIONEN (KURZBESCHREIBUNG)

- Wie gehen Sie bei der Modellierung vor (Vorbereitung, Durchführung, ...)? Geben Sie bitte ein oder mehrere Beispiele aus Ihrer Praxis. → erzählen lassen, Details nachfragen.
- Wie kommt man auf Namen für Modellelemente?
- Für welchen Zweck brauchen Sie weitere Informationen während der Modellierung?
- Welche Informationen benötigen Sie vor, während und nach dem Modellieren? Wo bekommen Sie diese her? → pro Frage. Eher Metawissen oder spezifische Infos (Domäne) ?
    - Zu Beginn der Modellierung
    - Werden manchmal weitere Informationen während der Modellierung benötigt (wenn man nicht weiterkommt, bei bestimmten Sachverhalten, Elementen usw.)?
    - Woher erhalten Sie diese Informationen (von wem, auf welchem Weg, in welcher Form usw.) → Personen, Systeme, Anderes. Warum nutzen Sie diese Quelle und nicht andere Möglichkeiten?
- Wie verwenden Sie Informationen für Modelle? Sichtbarkeit?
    - Brauchen andere diese Informationen später noch? Wenn ja: Wie machen Sie diese Informationen (für andere) nutzbar?
    - Schwierigkeiten dabei? Unterstützungsbedarfe?
- Was ist für Sie der Kontext eines Modells? Wie beschreiben Sie diesen? → Für sich, für andere.
- Wie wird die Informationsbeschaffung und -nutzung für Modelle bei Ihnen unterstützt?
    - Was würde Sie bei der Informationsbeschaffung und -verwendung unterstützen? Idealszenario? Technisch, Organisatorisch: Während der Modellierung

AUSTAUSCH VON MODELLEN UND INFORMATIONEN (KURZBESCHREIBUNG)

- Wie gehen Sie beim Austausch von Modellen mit anderen vor? → erzählen lassen, Beispiel für Austausch aus Praxis: was nutzt man, wie kommuniziert man die Modelle, ...
- Wie bewahren Sie Modelle für sich selbst auf?
    - Wie speichern Sie Modelle? Benennung, Ordner, ...?
    - Verbindung zusammengehöriger Modelle? → „Modell-Projekte", ...

  - Wie tauschen Sie Modelle und zugehörige Informationen mit anderen Personen aus?
  - Wie benennen Sie Modelle? Wie beschreiben / präsentieren Sie Modelle (beim Austausch)? Wie modellübergreifende Aspekte?
  - Zu welchem Zweck tauschen Sie Modelle aus? Aus welchen Anlass?
  - Wie präsentieren zugehörige Informationen und Verbindungen zu anderen Modellen?
  - Wie tauschen Sie zusätzliche Informationen zu einem Modell mit anderen Personen aus?
  - An wen senden Sie die Modelle? Wie ermitteln Sie notwendige Stakeholder?
  - Klappt das? Werden die Modelle kurz- und mittelfristig genutzt?
- Verstehen andere Mitarbeiter Ihre Modelle? Welche ja, welche nein? Warum?
  - Gibt es zum Modell ergänzende Informationen bzw. Rückfragen von anderen?
  - Haben andere unterschiedliche Meinungen zu einem bestimmten Sachverhalt?
- Wie wird der Austausch von Modellen (Informationen) in Ihrer Organisation unterstützt? → Anwendungen, Organisation, Auffinden, … Wo ist dies problematisch?
- Wie kann der Austausch unterstützt werden?
  - Idealszenario, in dem Sie anderen die Modelle zur Nutzung überlassen? Beschreiben, wie.
  - Austausch von Modellen, Austausch von zugehörigen Informationen, Szenarien skizzieren, die diese Unterstützung beschreiben.

NUTZUNG VON MODELLEN (KURZBESCHREIBUNG)

- Wie gehen Sie bei der Nutzung / dem Verstehen von Modellen Anderer vor? → erzählen lassen
- Welche Mitarbeiter in der Organisation nutzen Modelle und wofür?
  - Wie erreichen Modelle diese Mitarbeiter? Welche Mitarbeiter (Vorauswahl, Weitergabe)?
  - Anhand Beispiel den Fluss von Modellen zwischen MA skizzieren und Vorgehensweise.
  - Zweck Modelle in der Organisation, Erfahrungen mit der Nutzung von (fremden) Modellen, Erfahrungen von Anderen, Schwierigkeiten im Umgang
  - Woran liegt ggf. mangelnde Verbreitung? Was müsste getan werden, um die Nutzung zu verbessern / auszuweiten?
  - Wird Modellierung ausreichend genutzt? Wo liegen förderliche und hemmende Faktoren? Wie kann die Situation verbessert werden?
- Unterstützung der Nutzung von Modellen in der Organisation
  - Wie finden Sie Modelle zu einem bestimmten Sachverhalt? Wie finden Sie es später wieder?
  - Wie finden sie weitere Informationen zu einem Modell?
  - Wie können Sie zu einem Modell Feedback geben?
  - Wie können Sie einem Modell weitere Informationen zuordnen?

- Wie kann die Nutzung von Modellen unterstützt werden?
    - Skizzieren Sie bitte ein Idealszenario, das diese Unterstützung beschreibt.

OPTIONAL: UNTERSTÜTZUNG DER MODELLIERUNG DURCH WIEDERVERWENDUNG (KURZBESCHREIBUNG)

- Haben Sie in Modellen schon einmal Teile aus anderen Modellen wiederverwendet?
    - Wenn ja, was hat Sie dazu bewogen und wie sind Sie vorgegangen? Ist das oft der Fall?
    - Wie haben Sie die Modelle gefunden, die sie wiederverwendet haben?
- Wie wird die Wiederverwendung von Modellen in Ihrer Organisation unterstützt?
- Wie können Sie bei der Wiederverwendung von Modellen unterstützt werden? Skizzieren Sie bitte Szenarien.
    - Während der Modellierung ähnliche Modelle finden

UNTERSTÜTZUNG VON MODELLIERUNG DURCH WISSENSMANAGEMENT

- Bei welcher Aufgabe rund um Modellierung würden Sie sich besonders Unterstützung wünschen? Technisch oder organisatorisch? Wie?
- Welche einzelne Unterstützung würde schon einen großen Teil an Problemen lösen?
- Welche weiteren Themen oder Aspekte zum Thema des Interviews fallen Ihnen ein, die noch nicht besprochen wurden? Haben Sie weitere Anmerkungen?

ANHANG (STATISTIK)

- Erfahrung und Praxis der Modellierung
    - Wie lange und wie intensiv beschäftigen Sie sich (bereits) mit Modellierung?
    - Welche Erfahrungen haben sie mit Modellierung gemacht?
    - Planen Sie, die Nutzung von Modellen für sich und im Unternehmen auszubauen oder zu reduzieren?

C.1.3 Kurzversion des Leitfadens zur Vorabinformation für Interviewpartner

MODELLIERUNG UND WISSENSMANAGEMENT

- Zu welchen Zwecken erstellen und/oder nutzen Sie Modelle? Geben Sie bitte ein oder mehrere Beispiele aus Ihrer Praxis.
- Welche Zusammenhänge sehen Sie zwischen Modellierung und Informations- bzw. Wissensmanagement?

UNTERSTÜTZUNG DER MODELLIERUNG

- Wie gehen Sie bei der Modellierung vor? Geben Sie bitte ein oder mehrere Beispiele aus Ihrer Praxis.
- Welche Informationen benötigen Sie vor, während und nach dem Modellieren?
- Wie integrieren Sie Informationen in Modelle?
- Wie wird die Informationsbeschaffung in Ihrer Organisation unterstützt?
- Wie können Sie bei der Informationsbeschaffung und -integration unterstützt werden?

UNTERSTÜTZUNG DER MODELLIERUNG DURCH WIEDERVERWENDUNG

- Haben Sie in Modellen schon einmal Teile aus anderen Modellen wiederverwendet?
- Wie wird die Wiederverwendung von Modellen in Ihrer Organisation unterstützt?
- Wie können Sie bei der Wiederverwendung von Modellen unterstützt werden? Skizzieren Sie bitte Szenarien.

AUSTAUSCH VON MODELLEN UND INFORMATIONEN

- Wie bewahren Sie Modelle auf?
- Wie tauschen Sie Modelle und zugehörige Informationen mit anderen Personen (Kollegen, Nutzern, Kunden, …) aus?
- Erhalten Sie manchmal Rückfragen zu Ihren Modellen? Wenn ja, welche? Wie gehen Sie zur Klärung dieser Fragen vor?
- Wie wird der Austausch von Modellen (Informationen) in Ihrer Organisation unterstützt?
- Wie kann der Austausch unterstützt werden? Skizzieren Sie bitte Szenarien.
- Nutzung von Modellen
- Zu welchem Zweck nutzen Sie und andere in Ihrer Organisation Modelle?
- Welchen Nutzen können Modelle für verschiedene Mitarbeiter im Unternehmen haben?
- Wie wird die Nutzung von Modellen in Ihrer Organisation unterstützt?
- Wie kann die Nutzung von Modellen unterstützt werden? Skizzieren Sie bitte Szenarien.

UNTERSTÜTZUNG VON MODELLIERUNG DURCH WISSENSMANAGEMENT

- Bei welcher Aufgabe rund um Modellierung würden Sie sich besonders Unterstützung wünschen?
- Welche weiteren Themen oder Aspekte zum Thema des Interviews fallen Ihnen ein, die noch nicht besprochen wurden? Haben Sie weitere Anmerkungen?

C.2 Kategoriensystem zur Kodierung des Materials

Durch die Analyse und Kodierung des in den Interviews aufgezeichneten und später transkribierten Materials ergab sich in der Auswertung der Interviews ein Kategoriensystem, mit dem die Aussagen der Interviewpartner eingeteilt und analysiert werden konnten. Dieses Kategoriensystem ist im Folgenden aufgeführt.

META-ANALYSE

- Modelle in Unternehmen in Nutzung bringen und verstetigen
- Modelle erstellen, weitergeben und gemeinsam nutzen
    - Rückfragen stellen

VORAUSWERTUNG

- Modelle als wissensvermittelnde Artefakte
    - Unterstützung bei Tätigkeiten
    - Prozesswissen: Organisation, technische Systeme
    - Organisatorisches Wissen
    - Schulung und Einführung

    - Explikation von Wissen
    - Wissenstransfer
    - Übersicht: Beteiligte, Tätigkeiten, Ressourcen
- Unterschiede Texte und Modelle
    - Wahrnehmung
    - Übersicht
    - Nutzung
- Ziele der Nutzung von Modellen
    - Art der Nutzung
        - begleitend/strukturierend
        - analytisch/anforderungsgenerierend
        - gestaltend/prospektiv
        - abbildend/dokumentarisch
        - spezifizierend/technisch
    - Zweck der Nutzung
        - Begleitung von Prozessen
        - Überblick über Sachverhalte/Prozesse
        - Strukturierung Gedanken: individuell und kollektiv
        - Schulung/Training
        - Spezifikation technischer Systeme
        - Anforderungsanalyse
        - Modelle als Kommunikationsmittel
        - Kommunikation zwischen Akteuren

GLOBALAUSWERTUNG

- Modelle erstellen (kodifizieren)
    - Inhaltliche Unterstützung der Modellierung
        - Informationsbeschaffung, persönlicher Kontakt
        - Wiederverwendung von Modellen
        - Ähnlichkeitsmaße und Vorschläge
        - Rückfragen durch Modellierer
- Modellverständnis und -qualität sichern und unterstützen
    - Verständnis sichern
        - Textuelle Beschreibung von Modellen
        - Vermittlung/Präsentation von Modellen
        - Rückfragen
            - Rückfragen durch Beteiligte
        - Benennen von Elementen
    - Qualitätssicherung
        - Approval (Abnahme, Freigabe)
            - präventiv/kontrollierend
            - intersubjektiv/sozial
            - explizit durch Process Owner
        - Persönliche Rückfragen zur Qualitätssicherung
- Modelle austauschen und gemeinsam nutzen
    - Gemeinsame Arbeit mit Modellen
        - Austausch
            - Anbindung an Editoren
            - Form

            - Medien
        - Adressatenkreis
            - Notifications
        - Versionierung und Locking
    - Bedarf Unterstützung für Wissensmanagement (Tools, Funktionen)
        - Personen miteinander verbinden
        - Metadaten
        - Kollaborationsumgebung
        - Anzeige (Lesbarkeit)
        - Zentraler Zugriff
        - Vorschau auf Modelle
        - Verbindung mit WMS
        - Modelle und anderen Inhalte verbinden
- Modelle zur Kommunikation mit Anderen nutzen
    - Modelle als Kommunikationsartefakt
        - Kommunikationsmittel und -artefakt, Boundary Object
        - Feedback
- Modelle beschreiben und finden
    - Kontext eines Modells
    - Suchen und Finden
        - Persönliche Nachfrage und Vorschläge
        - Wahl des Ablageortes
        - Browsen
        - Katalogisierung
        - Metawissen
        - Stichwortsuche
    - Benennen und Strukturieren
        - Determinanten der Struktur
        - Vorgehen bei der Benennung von Modellen
        - Scope der Struktur
- Modelle mit anderen Inhalten verbinden
    - Verknüpfen
        - Verknüpfung mit anderen Inhalten
        - Verknüpfung mit anderen Modellen
        - Strategien und Implikationen: individuell und kollektiv
- Modellnutzung erleichtern und ausweiten
    - Nutzung und Nutzerkreis von Modellen ausweiten
        - IST-Nutzung bei Kunden (intern/extern)
        - Nutzerkreis
            - Größe des Nutzerkreises
            - Akteure und Aktivitäten
        - Schrankware
        - Akzeptanz und Awareness
    - Nutzung zielgruppenspezifisch unterstützen
        - Zugriff auf Modelle
        - Sichten und Perspektiven
- Meta-Prozess

Anhang D Material zur Evaluation und Weiterentwicklung des WiProM-Systems

Die Evaluation des WiProM-Systems (vgl. Kapitel 7) fand in drei Workshops mit zehn Teilnehmern statt. Dementsprechend entstand eine große Menge an Material, die zur Kontextualisierung der in Kapitel 7 dargestellten Auswertung dieser Workshops im Folgenden dargestellt wird. Dazu werden zunächst die Ablaufpläne der einzelnen Workshops aufgeführt (Abschnitt D.1), danach werden Auszüge aus dem Material, das den Teilnehmern zur Dokumentation ihrer Bewertungen in der Evaluation zur Verfügung stand, dargestellt (Abschnitt D.2). Zudem enthält dieser Anhang eine Liste der von den Teilnehmern in der Evaluation geäußerten Bedarfe (Abschnitt D.3), die Modelle, mit denen die Verwendung von WiProM in Nutzungsprozessen evaluiert wurde (Abschnitt D.4), und Material zur Bewertung der Prototypen (Abschnitt D.2.2) und ihrer Gebrauchstauglichkeit (Abschnitt D.5).

D.1 Ablauf der Workshops

Die Evaluation des WiProM-System wurde, wie in Abschnitt 7.1 beschrieben, in mehrere Phasen der jeweiligen Workshops aufgeteilt. Um einen Eindruck des Ablaufs der einzelnen Workshops und der in ihnen genutzten Phasen zu geben, werden im Folgenden vereinfachte Ablaufpläne dieser Workshops aufgeführt.

D.1.1 Agenda des ersten Workshops

TOP (Ablauf)	Start	Zielsetzung	Inhalt / Fragen	Methode
1. Einführung in die Work-Workshop-Reihe	12:30	Verstehen der Ziele des Workshops, Einführung des Ablaufs in jedem Workshop, Terminfindung		-
2. Einführung in das Szenario des ersten Workshops	12:40	Grounding: Thema des Szenarios einführen, Modell verstehen und Tagging im Editor vor-	Modell „Buch bereitstellen“ Stück für Stück vorstellen	**STWT**-ähnliche Vorstellung des Diagramms, Erläuterung der Motivation von Tagging im Gesamtmodell für den Workshop

TOP (Ablauf)	Start	Zielsetzung	Inhalt / Fragen	Methode
		stellen		
3. Vorbereitende Fragen zum Diagramm	13:00	Entwicklung von Ideen zur weiteren Verwendung des Diagramms, die dann später wieder aufgegriffen werden können	Fragen (nacheinander): Wofür können Du oder Andere das Diagramm oder Teile davon später noch gebrauchen? Wie können Du oder Andere das Diagramm oder Teile davon später wiederfinden? Welche Themen decken das Diagramm oder Teile davon ab?	**Brainstorming**, Dokumentation an der Wand
4. Selbsteinschätzung Vorerfahrung	13:25	Einschätzung der Vorerfahrung für spätere Auswertung	Vorerfahrungen in Modellierung, Tagging, Usability, Wissensmanagement?	**Fragebogen** (One Note)
5. Erster Aufgabenblock: **Tagging von Modellen**	13:30	Vorführen des Taggings von Modellen, Ideengenerierung und Evaluation		
Vorstellen der Funktion		Verstehen der Funktion als Grundlage für die Diskussion und Evaluation	Motivation: Zu welchen Zwecken kann man Tagging für ganze Modelle verwenden.	

TOP (Ablauf)	Start	Zielsetzung	Inhalt / Fragen	Methode
Vorführen der Funktion (1)		Verwendung der Funktion durch einen Nutzer testen lassen, damit sich Teilnehmer einen Eindruck machen	Nutzer testet die Funktion. **Anweisung:** Füge dem gesamten Modell Tags hinzu. Du kannst dies während der Bearbeitung oder beim Speichern des Modells tun. Probiere beide Varianten.	-
Ideengenerierung und -diskussion, -dokumentation		Erhebung, Diskussion und Skizzieren der Umsetzung weiterer Funktionen und Verwendungszwecke. Zusätzlich Klärung aufgabenspezifischer Fragestellungen	Fragen (nacheinander): Welche Funktionen wünschst Du Dir von einem idealen System, um **Modelle** taggen zu können? Wie wünschst Du Dir von einem idealen System die Darstellung von Tags an Modellen? Wo und wann sollten in einem idealen System die eben verwendeten oder geplanten Funktionen zum taggen von Modellen zur Verfügung stehen?	**Wants and Needs Analysis** (Courage and Baxter 2005) Brainstorming, Skizzen
Vorführen der Funktion (2)		Ein Nutzer führt die Funktion aus, damit andere mögliche Nutzungsprobleme evaluieren können.	Der Nutzer führt die Funktion aus, er wird dabei ggf. von den anderen Teilnehmern gebeten, bestimmte Schritte zu wiederholen, damit man sich davon einen Eindruck bilden kann. **Anweisung:** Führe die Funktion wie Dein Vorgänger aus. Beschreibe dabei laut, was Du gerade tust und/oder wo Du Schwierigkeiten hast.	**Thinking Aloud**
Evaluation		Beurteilung der Benutzbarkeit der Funktion	Die Teilnehmer beobachten die Verwendung der Funktion durch den vorführenden Nutzer. Sie beurteilen diese an-	**Heuristische Evaluation**, Beobachtung

TOP (Ablauf)	**Start**	**Zielsetzung**	**Inhalt / Fragen**	**Methode**
			hand von 3 von Aufgabe zur Aufgabe wechselnden Aussagen /Heuristiken.	
6. Zweiter Aufgabenblock: **Tagging von Elementen**				
7. Dritter Aufgabenblock: **Tagging von Gruppen**				
8. Vierter Aufgabenbock: **Verändern und Löschen von Tags**				
9. Abschluss schlussbetrachtung und Diskussion	16:00	Weitere Nutzungs-, Verbesserungs- oder sonstige Anmerkungen erheben	Fragen: Was kannst Du mit dem Tagging von Diagrammen noch anfangen? Welche Funktionen fehlen Dir noch? Wozu könntest Du diese Funktionen benutzen? Welche Tags sollte Dir das System vorschlagen?	
10. Kurzevaluation des Fortschritts	16:20	Einschätzung des IST-Zustands des Prototypens für den Vergleich mit späteren Phasen	Fragebogen ausfüllen	Fragebogen

D.1.2 Agenda des zweiten Workshops

TOP (Ablauf)	**Start**	**Zielsetzung**	**Inhalt / Fragen**	**Methode**
1. **Einführung** in den zweiten Work-Workshop	15:00	Verstehen der Ziele und des Themas des Workshops	Drei Workshops zu verschiedenen Themen, Termine, Thema dieses Workshops	-

TOP (Ablauf)	Start	Zielsetzung	Inhalt / Fragen	Methode
2. **Brainstorming: **Modelle und Wissensmanagement	15:30	Ideengenerierung für Modelle im Wissensmanagement, Kontext herstellen für die Bearbeitung der weiteren Aufgaben (auch für Kontrolle, was erfüllt werden kann).	Fragen (nacheinander): **Zu welchen Zwecken** würdest Du ein Modell als Inhalt in einem WMS **einstellen oder nutzen**? **Wie** würdest Du Modelle in einem WMS gerne **nutzen**? **Was** müsste ein WMS dafür **zur Verfügung stellen**?	**Brainstorming**, Dokumentation an der Wand
3. Erster Aufgabenblock: **Austausch von Modellen mit K2**	16:00	Vorführen des Speicherns und Öffnens von Modellen in K2, Ideengenerierung und Evaluation		
4. Zweiter Aufgabenblock: **Anzeigen und Tagging von Modellen in K2**	16:30	Vorführen des Speicherns und Öffnens von Modellen in K2, Ideengenerierung und Evaluation		
5. Dritter Aufgabenblock: **Suchen und Finden von Modellen in K2**	17:00	Vorführen des Speicherns und Öffnens von Modellen in K2, Ideengenerierung und Evaluation		

TOP (Ablauf)	Start	Zielsetzung	Inhalt / Fragen	Methode
6. Abschluss schluss-betrachtung und Diskussion	17:30	Weitere Nutzungs-, Verbesserungs- oder sonstige Anmerkungen erheben	Fragen: Welche in der heutigen Sitzung vorgeschlagene oder diskutierte Funktion findest Du am interessantesten? Was kannst Du mit dem Öffnen/Speichern und Nutzen von Modellen in K2 noch machen? Welche Funktionen fehlen Dir noch? Wozu könntest Du diese Funktionen benutzen?	
7. Kurzevaluation des Fortschritts	17:50	Einschätzung des IST-Zustands des Prototypens für den Vergleich mit späteren Phasen	Fragebogen ausfüllen	Fragebogen angelehnt an Lewis

D.1.3 Agenda des dritten Workshops

TOP (Ablauf)	Start	Zielsetzung	Inhalt / Fragen	Methode
1. **Einführung** in den dritten Work-Workshop	12:30	Verstehen der Ziele und des Themas des Workshops; Überblick über den Nachmittag	Abschluss der drei Workshops	-
2. Aufgabenblock: **Nutzung getaggter Modelle und Do-**	12:40	Vorführen der Nutzung getaggter Modelle und Inhalte bei der Modellierung,		

TOP (Ablauf)	Start	Zielsetzung	Inhalt / Fragen	Methode
kumente bei der Modellierung		Ideengenerierung und Evaluation		
3. Einführung in die Aufgabe für den zweiten Work-Workshop	13:20	Verständnis der kommenden Aufgabe und der folgenden Schritte	Motivieren, dass heute einzelne Ideen zusammen gebracht werden sollen. Diese sollen in einem durch Gruppen von TN bearbeiteten Szenario eingesetzt werden.	-
4. **Gruppen** für die Bearbeitung der Aufgaben bilden	13:30	Es bilden sich drei/vier Gruppen von Teilnehmern, die in der Folge die vorgestellte Aufgabe vorbereiten und ihre Ergebnisse dann den anderen freigeben	Die Gruppen sollen an einem Rechner die Aufgabe bearbeiten. Dazu ordnen sie sich in OneNote einem der drei/vier Gruppenbereiche zu und notieren dort, welche TN in der Gruppe sind.	-
5. Erstellen des Szenarios	14:15	Im Szenario verschiedene Funktionen und Ideen miteinander kombinieren	Die Teilnehmer erstellen aus den Anregungen der geclusterten Brainstormings ein Szenario. **Wichtig: Teilnehmer sollen annehmen, dass alle Funktionen ihnen in einem idealen System zur Verfügung stehen und dass sie auch weitere dazu erfinden dürfen!**	Scenario-Based Design durch Nutzer

TOP (Ablauf)	**Start**	**Zielsetzung**	**Inhalt / Fragen**	**Methode**
			Die Teilnehmer modellieren dann das Szenario und verwenden dazu die im Baukasten bereit gestellten Funktionen und Ideen. Die Teilnehmer sollen zudem aufschreiben, welches Szenario sie gewählt haben	
6. **Diskussion** der Ergebnisse	15:30	Ergebnisse der anderen Gruppen begutachten		
7. **Abschluss:** Dokumentation von Präferenzen	16:10	Favoriten der Teilnehmer aufnehmen	Die Teilnehmer dokumentieren in OneNote (aus der eigenen Arbeit oder aus der Betrachtung der anderen Szenarien) jeweils • Wichtige oder interessante Funktionen • Gute Kombinationen von Funktionen • Bedarfe für weitere Funktionen	-
8. Feedbackrunde	16:20	Feedback zum Workshop	-	-

D.2 Material der Teilnehmer

In diesem Abschnitt wird das Material dargestellt, das den Teilnehmern während der Evaluation zur Verfügung stand. Darunter sind ein Fragebogen zur Beurteilung des Systems (Abschnitt D.2.1) und eine Tabelle zur Auswahl zentraler Funktionen des Systems (Abschnitt D.2.3).

D.2.1 Einschätzung des Systems

Bitte notiere Deinen **Gesamteindruck zum aktuellen Stand des Prototyps**, der heute besprochen wurde. Orientiere Dich bitte dabei an den folgenden Fragen. Bitte notiere in den Bemerkungen auch, warum Du Deine Bewertung triffst.

Insgesamt bin ich zufrieden mit der Unterstützung des Prototyps bei der Bearbeitung der Aufgaben des heutigen Tages.

stimme stark zu	stimme zu	teil, teils	stimmt nicht zu	stimme gar nicht zu

Bemerkungen:

Insgesamt bin ich zufrieden mit dem Funktionsumfang des Prototyps.

stimme stark zu	stimme zu	teil, teils	stimmt nicht zu	stimme gar nicht zu

Bemerkungen:

Insgesamt sind die Funktionen des Prototyps an den richtigen Stellen verfügbar.

stimme stark zu	stimme zu	teil, teils	stimmt nicht zu	stimme gar nicht zu

Bemerkungen:

Insgesamt ist der Prototyp leicht bedienbar.

stimme stark zu	stimme zu	teil, teils	stimmt nicht zu	stimme gar nicht zu

Bemerkungen:

D.2.2 Bewertungen der Prototypen

Die zum Abschluss der ersten beiden Workshops durchgeführte Bewertung der Prototypen gibt erste Aufschlüsse über die Akzeptanz des Ansatzes bei den Teilnehmern. Sie kann jedoch lediglich ein Stimmungsbild unter den Teilnehmern ausdrücken und hinsichtlich der geringen Zahl von zehn Teilnehmern pro Workshop keine validen Werte hervorbringen. Gleichwohl bildet sie einen guten Ausgangspunkt für die Analyse Exploration der Akzeptanz des Ansatzes.

Die Bewertungen der Teilnehmer zum Prototyp des ersten Workshops fällt neutral aus (siehe Abbildung 84): Die Werte liegen allesamt nah an einer neutralen Bewertung und weichen nur für die beiden letzten Fragen geringfügig davon ab. Für eine nähere Beurteilung dieser Werte müssen die von den Teilnehmern im Rahmen der Beurteilung erbetenen Kommentare herangezogen werden. Aus diesen Kommentaren lassen sich Faktoren entnehmen, die zur in Abbildung 84 dargestellten Bewertung geführt haben. Dabei fällt auf, dass die Teilnehmer den Prototyp überwiegend positiv als *„Grundstock"*, dessen *„Grundfunktionen prima"* sind, beurteilten. Sie wiesen jedoch darauf hin, dass sie erst durch Umsetzung von Teilen der von ihnen eingebrachten Ideen mit dem Prototyp zufrieden wären. Weitere Kommentare weisen darauf hin, dass eine bessere Bewertung des Prototyps an fehlerhaften Funktionen und Problemen der Gebrauchstauglichkeit sowie an der noch nicht vollständig ausgestalteten Benutzeroberfläche lag. Der Ausbau des Funktionsumfangs entlang der Erwartungen von Nutzern und ein besserer Zugang zu diesen Funktionen bieten daher die vordringlichen Verbesserungspotentiale für diesen Prototyp.

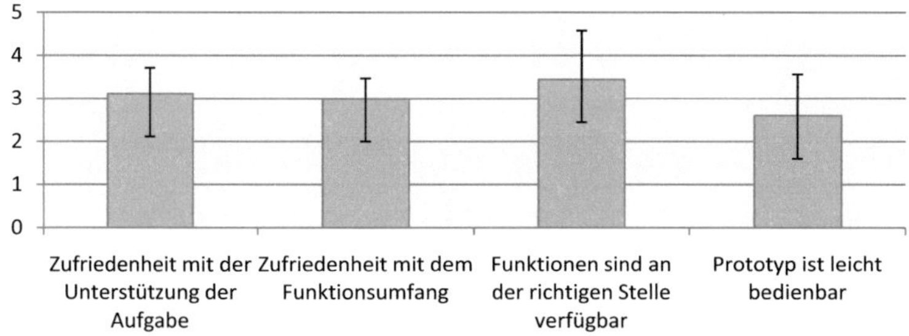

Abbildung 84: Bewertung der Prototypen zum Tagging von Modellen (Workshop 1, n=10, 1= sehr zufrieden, 5 = überhaupt nicht zufrieden).

Für die Anmerkungen zu den Prototypen des zweiten Workshops[59] ergibt sich zunächst ein ähnliches Bild wie bereits für den ersten Workshop beschrieben. So werden die Prototypen als generell *„OK"* befunden und ihre *„Richtung"* wird als gut empfunden. Ebenso finden sich Hinweise darauf, dass die Nutzer zufriedener mit den Prototypen wären, *„wenn einige inte-*

[59] In diesem Workshop wurden sowohl der Prototyp zur Kopplung von Modellierungswerkzeugen mit Wissensmanagementsystemen als auch der Prototyp zur Nutzung von Modellen in Wissensmanagementsystemen vorgestellt und diskutiert.

ressante Aspekte, die heute genannt worden, darin umgesetzt sind". Es finden sich zwar auch Hinweise auf fehlerhafte Funktionen und eine verbesserungswürdige Oberfläche der Prototypen, die jedoch die Bewertung nicht im Maße des ersten Workshops beeinträchtigen. Mögliche Erklärungen hierzu können die Fülle neuer Funktionen der Prototypen im zweiten Workshop oder die Gewöhnung der Teilnehmer an die Verwendung von Tagging im Kontext von Modellen und Wissensmanagement sein. Ebenso ist es jedoch möglich, dass es sich aufgrund der kleinen Anzahl an Teilnehmern um normale Varianzen in der Bewertung handelt, die keine weitere Begründung haben. Festzuhalten bleibt jedoch auch hier, dass die Prototypen vergleichsweise positiv beurteilt werden und ihre Weiterentwicklung aus Sicht der Teilnehmer viel Potential birgt.

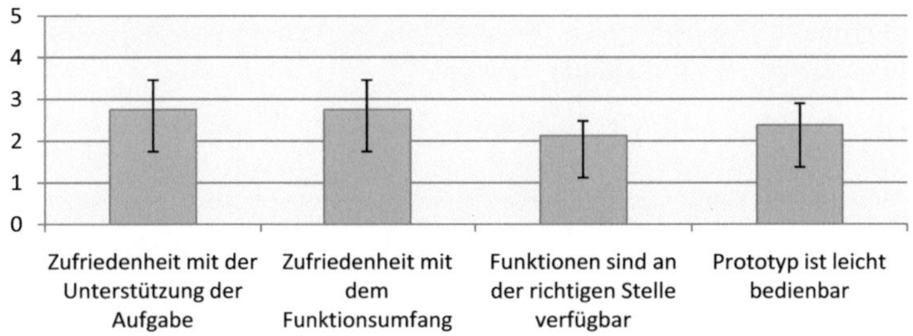

Abbildung 85: Bewertung der Prototypen zur Kopplung von Wissensmanagement mit Modellen und Modellierung (Workshop2, n=8, 1= sehr zufrieden, 5 = überhaupt nicht zufrieden).

Aus den Bewertungen ergibt sich zwar ein weitgehend neutrales, aber dennoch nicht aussagekräftiges Bild hinsichtlich der Akzeptanz des durch die Themen und Prototypen in den Workshops demonstrierten Ansatzes. Auffällig ist jedoch, dass die Teilnehmer in beiden Bewertungen mehrfach äußerten, dass die im Verlauf der Workshops identifizierten Funktionen ihnen sinnvoll und hilfreich erschienen und dass sie in deren Umsetzung großes Potential sähen.

D.2.3 Auswahl zentraler Funktionen

Trage bitte unten in der Tabelle Deinen Gesamteindruck aus Deiner Arbeit in der Gruppe und der Betrachtung der einzelnen Szenarien ein. Nenne dabei bitte **bis zu drei**

- **einzelne** Funktionen oder Ideen aus den Szenarien, die Dir besonders wichtig für die Unterstützung erscheinen
- **Kombinationen** von Funktionen oder Ideen, die in den Szenarien besonders hilfreich sind oder sein könnten
- **neue** Ideen, die Du bei der bisherigen Bearbeitung der Szenarien gehabt hast (inkl. Betrachtung)

Begründe Deine Auswahl kurz.

Kategorie	**1**	**2**	**3**
Wichtige Funktionen			
Gut miteinander kombinierte Funktionen			
Neue Ideen in/aus den Szenarien			

D.3 Ergebnisse der Wants and Needs Analyse

Dieser Abschnitt enthält die von den Teilnehmern in den Phasen des Wants and Needs genannten Ideen und Bedarfe zur Weiterentwicklung von WiProM. Darunter sind das aus diesen Bedarfen extrahierte Kategoriensystem (Abschnitt D.3.1) und Katalog genannter Funktionen (Abschnitt D.3.2).

D.3.1 Kategorien von den Teilnehmern genannter Funktionen

Tabelle 33: Katalog von Funktionswünschen aus der Evaluation.

Kategorie	Elemente
Bearbeitung von Tags	Eingabe von Tags Veränderung und Löschen von Tags Refaktorierung von Tags Verfügbarkeit von Bearbeiten und Löschen (lokal/global) Herüberziehen (Drag and Drop) von Tags
Granularität der Zuordnung von Tags	Tags für Modelle Tags für Teile von Modellen Tags für Elemente
Umgang mit Tags in Modellen	Gültige Elementtypen von Tags Sichtbarkeit von Tags (intern/extern) Vererbung und Gewichtung von Tags Import und Export von Tags Kopieren und Einfügen von Tags Versionierung von Tags
Differenzierung von Tags	Differenzierung nach Inhaltstypen Differenzierung nach freien und vorgegebenen Tags Differenzierung nach geheimen und öffentlichen Tags Differenzierung nach eigenen und anderen Tags
Darstellung von Tags	Tag-Cloud mit vergebenen Tags Auswahl von Tags und resultierende Funktionen Modell-Cloud für Tags an Modellen Statistische Werte für Tags Anzeige von Tags Hinweise auf und Markierungen für vorhandene Tags
Integration von mit Tags zusammenhängenden Funktionen	Seitliche Leiste zur Anzeige von Tags und Funktionen Integration in Dialoge eines Werkzeugs Integration in Menüs eines Werkzeugs

Kategorie	Elemente
Durch Tags ermöglichte Funktionen	Hervorhebung von Inhalten Wiederverwendung von Inhalten Verwaltung von Modellen über Tags Erzeugung von Perspektiven auf Modelle Awarenessfunktionen für Tags
Unterstützung der Vergabe von Tags	Vervollständigung von Tags Normalisierung von Tags Extraktion von Tags aus Bezeichnern von Inhalten (Modellen) Vorschläge für Tags Automatisierte Vergabe von Tags
Suchen und Filtern mit Tags	Suchen mit Tags Filtern von Inhalten mit Tags Transparenz der Suchanfrage Angabe der Relevanz für Suchergebnisse Logische Verknüpfung von Tags Iterative Suche Konfiguration des Suchraums Multiselektion von Tags für Suchanfragen Kombination von Tags und Volltextsuche Suche über Vermittlung von Experten Suche mit Metadaten
Exploration von Inhalten mit Tags	Exploration von Inhalten Navigation durch Inhalte Grafische Exploration Manueller Vergleich von Inhalten (Modellen)
Verwaltung von Modellen (mit Tags)	Einstellen und Abruf mit verknüpften Inhalten Strukturierte Ablage von Modellen Virtuelle Ordner auf Basis von Tags Unterstützung bei der Ablage durch Tags Zwischenablage für Modelle und ihre Teile Verwendung von Teilmodellen
Verbindung von Modellen und anderen Inhalten (mit Tags)	Automatisierte Verbindung mit Inhalten Herüberziehen und Verbinden (Drag and Drop) von Inhalten Erzeugung von Modellelementen zur Verbindung
Vorschlag ähnlicher Inhalte	Vorschlag von Experten Vorschlag ähnlicher Inhalte (allgemein) Vorschlag ähnlicher Modelle (spezifisch) Abruf und automatische Bereitstellung (Push und Pull) ähnlicher Inhalte Darstellung des Ähnlichkeitsmaßes
Wissensmanagement-Funktionen für Modelle	Versionierung von Modellen Analyse von Modellen Semantische Ablage von Modellen Metadaten für Modelle Manuelle Strukturierung von Modellen Zentrale Ablage von Modellen Steigerung der Aufmerksamkeit für Modelle Awarenessfunktionen für die Änderung von Modellen Kommunikation an Modellen Filtern nach Inhaltstypen Berechtigungen für Modelle und Tags Darstellung von Modellen in Wissensmanagementsystemen Zustimmung zu Modellen

D.3.2 Katalog genannter Funktionen

D.3.2.1 Bearbeitung von Tags

Die von den Teilnehmern genannten Funktionen und Ideen zur Bearbeitung von Tags stellen hauptsächlich Basisfunktionen dar, gehen jedoch auch in Teilen darüber hinaus. Wichtig war den Teilnehmern, dass für die grundlegenden Aufgaben von Eingabe, Veränderung und Löschen von Tags textuelle Eingabemöglichkeiten zur Verfügung stehen. Zudem schlugen sie vor, bestimmte Tags auswählen und dann verändern zu können. Als Alternative zur textbasierten Eingabe von Tags schlugen einige Teilnehmer vor, Tags aus einer Darstellung auf Elemente zu ziehen, um sie an diesen zu vergeben. Ein solches „Drag and Drop" von Tags schlugen sie auch in die andere Richtung vor, also durch Ziehen eines Modellelements auf ein Tag. Nicht alle Teilnehmer waren von diesem Vorschlag überzeugt und dieser wurde hinsichtlich seiner Benutzerfreundlichkeit intensiv diskutiert.

Für die Bearbeitung von Tags kann festgehalten werden, dass für die *Basisfunktionen* Eingabe, Veränderung und Entfernen von Tags auf textueller Basis der Vergabe per Drag and Drop vorzuziehen sind. Diese ist nicht nur inkonsistent zu anderen, in späteren Gruppen genannten Ideen, sondern Nutzer sind die textuelle Eingabe von Tags auch aus anderen Anwendungen gewohnt.

Für die *Bearbeitung von Tags* können die Ideen der Teilnehmer in fünf verschiedene Funktionen bzw. Merkmale unterteilt werden. In diesen finden sich sowohl Basisfunktionen als auch weiterführende Ideen:

- **Eingabe von Tags**

  Für die Eingabe von Tags wünschen sich die Teilnehmer *textuelle* Eingabemöglichkeiten, die ihnen schnell und unkompliziert erlauben, Tags zu ausgewählten Inhalten hinzuzufügen.

- **Veränderung und Löschen von Tags**

  Die Teilnehmer sehen die Bearbeitung und das Löschen von Tags als unverzichtbar an und wünschen sich Funktionen, mit denen Tags zur Bearbeitung oder zum Löschen ausgewählt und mit Hilfe *textueller* Eingabe verändert werden können.

- **Refaktorierung[60] von Tags**

  Im Zusammenhang mit der Bearbeitung und dem Löschen von Tags sollen nach Wunsch der Teilnehmer Funktionen zur Verfügung stehen, mit denen bspw. zur Rechtschreibkorrektur über Instanzen eines Tags hinaus alle gleichlautenden Tags gelöscht oder verändert werden können.

- **Kopieren und Einfügen von Tags**

[60] Mit dem Begriff „Refaktorierung" wird hier der im englischen Sprachraum als „refactoring" bezeichnete Vorgang der übergreifenden Änderung von Strukturen ohne Veränderung deren Funktion bezeichnet.

Um eines oder mehrere Tags leichter nacheinander an verschiedenen Elementen vergeben zu können, schlugen die Teilnehmer vor, Tags kopieren und an Elementen, Teilmodellen und Modellen einfügen zu können.

- **Ziehen und Verbinden von Tags mit Elementen**

  Als Alternative zur textuellen Eingabe von Tags schlugen die Teilnehmer vor, Tags per Ziehen und Verbinden (Drag and Drop) von einer Darstellung möglicher Tags hin zu Inhalten zu vergeben.

D.3.2.2 Granularität der Zuordnung von Tags

Bezüglich der *Granularität der Zuordnung von Tags* entwickelten die Teilnehmer eine Vorstellung davon, auf welchen Ebenen eines Modells Tags verwendet werden können. Dabei waren sie sich nach einiger Diskussionszeit einig, dass Modelle und auch einzelne Elemente sinnvolle Einsatzmöglichkeiten für Tags darstellen. Für die Zuordnung zu Elementen gaben sie jedoch zu bedenken, dass hierbei die potentiell hohe Anzahl einzelner Elemente zeitaufwändig sein könnte und wünschten sich daher möglichst schnelle Möglichkeiten, Tags zu einem oder gar zu mehreren Elementen gleichzeitig zuordnen zu können.

Darüber hinaus konzentrierte sich die Diskussion der Teilnehmer in erster Linie auf die Zuordnung von Tags zu Teilen von Modellen, zu der sie unterschiedliche Meinungen hatten. So war zu Beginn Skepsis hinsichtlich der Nutzung für Tags an Gruppen in Modellen vorhanden, die sich im Verlauf der Diskussion jedoch zerstreute. Wichtig war den Teilnehmern jedoch eine Vereinfachung der Nutzung von Gruppen, für die sie als Verbesserungspotentiale Veränderungen an Gruppen, Transparenz hinsichtlich einer Gruppe zugeordneter Elemente und eine Vereinfachung der Auswahl von Elementen einer Gruppe nannten. Sie regten an, dass Gruppen neben der Zuordnung von Tags auch benannt werden können.

Die Diskussion der Teilnehmer zeigt, dass sie sich die Gestaltung des Taggings für Modelle so wünschen, dass sie in jeder Funktion einen Mehrwert erkennen – als Beispiel hierfür ist der Wunsch nach Benennung von Gruppen zu nennen, der für die Teilnehmer die Verwaltung der Gruppen erleichtert. Zudem zeigt die Diskussion, dass die Teilnehmer Tagging in Prozessmodellen als generell sinnvolle Funktion ansehen.

Für den Bereich der Granularität von Tags an Modellen kann festgehalten werden, dass die Teilnehmer Tags für alle drei Ebenen von Modellen, Gruppen und Elementen für sinnvoll halten und nutzen wollen. Neue Ideen für Funktionen entstanden hierzu mit Ausnahme des Wunsches nach Vergabe von Tags an mehrere Elemente ausschließlich als *Erweiterungen* der Verwendung von Gruppen in Modellen. Diese Ideen geben einen Einblick in Potentiale der Nutzung von Gruppen und erleichtern die Gestaltung eines Mechanismus zum Umgang mit diesen in Modellen.

Dabei entstanden gemeinsame Ideen, wie solche Gruppen erzeugt und wie mit ihnen umgegangen werden kann:

- **Tags für Modelle**

Die Teilnehmer waren sich schnell einig, dass Tags für Modelle eine sinnvolle und Gewinn bringende Funktion darstellen – weitere Ideen zur funktionalen Umsetzung finden sich in anderen Kategorien.

- **Tags für Teile von Modellen**

  Trotz anfänglicher Uneinigkeit einigten sich die Teilnehmer darauf, dass Tags an Gruppen von Elementen sinnvoll sein können. Solche Gruppen sollten nach ihren Wünschen jederzeit veränderbar und Elemente der Gruppe leicht auswählbar sein – die hierzu geäußerten Ideen gehen von einer Freihandselektion bis zu iterativer Einzelselektion. Gruppen sollten nach den Ideen der Teilnehmer durch Nutzer zu benennen und auswählbar sein, um die in ihnen enthaltenen Elemente hervorheben und so wahrnehmen zu können. Zur Darstellung von Gruppen wurden Verbindungen zwischen Elementen und grafische Rahmen als Ideen genannt.

- **Tags für Elemente**

  Hinsichtlich der Zuordnung von Tags zu Modellen waren sich die Teilnehmer einig, dass diese sinnvoll ist. Nach ihren Wünschen sollten Tags möglichst einfach zu einzelnen Elementen zuzuordnen sein, um den Aufwand des Taggings vieler einzelner Elemente gering zu halten.

D.3.2.3 Umgang mit Tags in Modellen

Eine umfangreiche Gruppe beschreibt Ideen der Teilnehmer hinsichtlich des *Umgangs mit Tags in Modellen.* Diese Ideen lassen sich in die Aspekte für Tags gültiger Elementtypen, der Versionierung von Tags, dem Umgang mit Tags in der hierarchischen Struktur von Modellen sowie der Bindung von Tags an Anwendungen unterteilen.

Die Teilnehmer schlugen schnell vor, über die im Prototyp mit Tags auszuzeichnenden Basis-Elemente der verwendeten Modellierungsnotation hinaus auch Verbindungen zwischen ihnen mit Tags versehen zu können. Dies war jedoch nicht Konsens, da einige Teilnehmer darin keinen Mehrwert sahen. Weitere Vorschläge beinhalteten Bedingungen in Modellen und Kommentare an ihnen.

Interessant gestaltete sich die Diskussion zum Umgang mit den in Modellen vorhandenen Hierarchien von Elementen und den mit ihnen verbundenen Inhalten. Ein Vorschlag der Teilnehmer sieht vor, Tags zu vererben, in dem diese von einem übergeordneten an ein untergeordnetes Element oder von einem Element zu einem mit ihm verbundenem Dokument weiter gegeben werden. Eine andere Idee mit der Gewichtung von Tags geäußert, die es ermöglichen soll, dass auch Tags an Elementen eines Modells bei einer Suche berücksichtigt werden können.

Weitere Ideen der Teilnehmer sahen vor, Tags nicht nur an die Nutzung in Modellierungswerkzeugen oder Wissensmanagementsystemen zu binden, sondern diese auch im Dateisystem sichtbar zu machen oder dort deren Eingabe zu ermöglichen.

- **Gültige Elementtypen für Tags**

Neben den in den ersten Prototypen mit Tags zu versehenden Basiselementen aus SeeMe schlugen einige Teilnehmer Relationen sowie Kommentare an Modellen für die Vergabe von Tags vor. Tags an Relationen werden jedoch von anderen Teilnehmern abgelehnt.

- **Versionierung von Tags**

  Bei der Versionierung von Modellen sollen nach Wunsch der Teilnehmer auch die zu den einzelnen Versionen vergebenen Tags Teil der Versionierung sein.

- **Vererbung von Tags**

  Um Tags auch für die Verbindung von Modellen und Inhalten nutzen zu können, schlugen die Teilnehmer vor, Tags eines Modell-Elements auch auf mit diesem Element verknüpfte Inhalte zu übertragen.

- **Gewichtung von Tags**

  Für die Verwendung von Tags an Modellen, Modellteilen und einzelnen Elementen brachten die Teilnehmer die Idee ein, Tags aus Modellen bei ihrer Darstellung und Nutzung hinsichtlich der Granularität ihrer Zuordnung zu gewichten und so den Ebenen eines Modells gerecht zu werden.

- **Sichtbarkeit von Tags (intern/extern)**

  Die Teilnehmer regten an, dass an Modellen vergebene Tags auch außerhalb eines Modellierungswerkzeugs, also etwa auf Ebene des Dateisystems verwendet werden sollen.

- **Verfügbarkeit von Eingabe, Bearbeitung und Löschen von Tags**

  Einige Teilnehmer sprachen sich dafür aus, dass Eingabe, Bearbeitung und Löschen von Tags nicht an Anwendungen gebunden, sondern auch im Dateisystem möglich sein soll.

- **Import und Export von Tags**

  Zur Personalisierung des Taggings wünschten sich die Teilnehmer eine Möglichkeit des Imports von durch sie häufig verwendeten Tags aus anderen Anwendungen sowie des Exports an Modellen vergebener Tags in andere Anwendungen.

D.3.2.4 Differenzierung von Tags

In den Workshops gelang es den Teilnehmern schnell, sich die Nutzung von Tags für Modelle und deren Verwendung in Wissensmanagementsystemen vorzustellen. Daraus entstanden verschiedene Ideen zur *Differenzierung von Tags* nach verschiedenen Gesichtspunkten. Als eine mögliche Differenzierung schlugen die Teilnehmer die Unterscheidung zwischen mit den Tags ausgezeichneten Inhaltstypen vor, so dass ausschließlich an Modellen vergebene Tags von solchen, die auch an anderen Inhaltstypen vergeben wurden, unterschieden werden könnten. Zudem wünschten sie sich, auch vorgegebene oder durch den Nutzer definierbare Tags zu verwenden und diese von frei wählbaren Tags zu unterscheiden. Weitere, für die Verwendung von Tags im Kontext des Austauschs von Modellen relevante Vorschläge der Differenzierung beinhalteten die Unterscheidung von privaten, nur für einen Nutzer bestimmten, und öffentlichen Tags sowie zwischen durch einen Nutzer und von Anderen vergebenen Tags.

Jede der genannten Ideen zur Differenzierung von Tags kann Vorteile für die Lösung der hier bearbeiteten Problemstellung erzeugen. Die Differenzierung nach Inhaltstypen kann die Aufmerksamkeit von Modellen steigern, wobei fraglich ist, ob es bei mehreren Nutzern Tags geben kann, die nur an Modellen und nicht an anderen Inhalten vergeben werden. Die Unterscheidung zwischen freien und vorgegebenen Tags trägt zur konsistenten Nutzung von Tags bei und kann daher für bestimmte Aufgaben wie der Erzeugung von Sichten (siehe Abschnitt D.3.2.14) Vorteile bringen. Die Frage der Verfügbarkeit privater Tags entscheidet sich an der Verfügbarkeit einer aus Wissensmanagementsystemen zur Verfügung stehenden Rechteverwaltung. Durch die Unterscheidung eigener und von Anderen verwendeter Tags wird ein Nutzer in die Lage versetzt, eigene Inhalte zu finden und die Perspektiven anderer mit seiner Perspektive abzugleichen.

- **Differenzierung nach Inhaltstypen**

  Zur Nutzung von Modellen in Wissensmanagementsystemen schlugen die Teilnehmer vor, Tags hinsichtlich des mit ihnen ausgezeichneten Inhaltstyps zu differenzieren, um so anzeigen zu können, ob ein Tag an einem Modell oder einem anderen Inhaltstyp vergeben wurde.

- **Differenzierung nach freien und vorgegebenen Tags**

  Um Tags leichter wiederverwenden zu können, regten die Teilnehmer an, auch eine Auswahl festgelegter Tags zur Verfügung zu haben. In der Differenzierung von Tags sollte daher zwischen frei zu vergebenden und festgelegten oder vorgegebenen Tags unterschieden werden.

- **Differenzierung nach geheimen und öffentlichen Tags**

  Um auch solche Tags vergeben zu können, die für andere nicht sichtbar sind und nur der persönlichen Inhaltsstrukturierung dienen, regten die Teilnehmer an, öffentliche und private bzw. geheime Tags zu unterscheiden.

- **Differenzierung nach eigenen und anderen Tags**

  Die Teilnehmer schlugen vor, zwischen von ihnen und von Anderen vergebenen Tags zu differenzieren, um so leichter eigene Inhalte finden und persönliche Perspektiven auf Inhalte rekonstruieren zu können.

D.3.2.5 Darstellung von Tags

In der Frage, wie Tags an Modellen und Elementen dargestellt werden sollen, konzentrierten sich die Ideen der Teilnehmer mehrheitlich auf die Nutzung der aus Anwendungen des Taggings bekannten Tag-Clouds (siehe Abschnitt „Tagging“). Neben Tag-Clouds und Erweiterungen an ihnen äußerten die Teilnehmer auch Ideen zur Darstellung von Tags an einzelnen Inhalten sowie deren Darstellung an Elementen von Modellen.

Für die Teilnehmer war das zentrale zur Darstellung von Tags zu verwendende Gestaltungselement eine Tag-Cloud. Dies spiegelt sich auch darin wider, dass die Teilnehmer sie themen- und applikationsübergreifend immer wieder nannten. Zudem regten sie an, Tag-Clouds durch farbliche Codierungen etwa für die in Abschnitt D.3.2.4 beschriebene Differenzierung von Tags oder weitere typographische Hervorhebungen wie Fettdruck oder Änderungen der Schriftgröße für häufig vergebene Tags anzureichern. Weitere Ideen zur Darstellung von Tags in Tag-Clouds beinhaltenen die Anzeige statistischer Werte wie die Häufigkeit der Vergabe eines Tags oder die Sortierung von Tags nach verschiedenen Kriterien wie lexikographischer Reihenfolge, Häufigkeit oder Inhaltstypen – hiermit verbanden die Teilnehmer auch die Idee einer von ihnen „Modell-Cloud“ genannten Tag-Cloud, die nur mit Modellen verbundene Tags anzeigt. Für die Nutzung von Tag-Clouds über die Darstellung von Tags hinaus schlugen die Teilnehmer vor, Funktionen wie die Hervorhebung von mit einem Tag ausgezeichneten Elementen in einem Modell mit der Selektion von Tags zu verbinden.

Die Darstellung von Tags muss auf begrenzt vorhandenem Platz erfolgen. Hierfür nannten die Teilnehmer weitere Ideen zur Darstellung von Tags. So schlugen sie vor, Tags nicht direkt an Elementen darzustellen. Stattdessen regten die an, an mit Tags ausgezeichneten Elementen ein Symbol einzufügen, an dem Nutzer bei Bedarf die Tag-Cloud des Elements abrufen können. Eine weitere Idee zur Darstellung von Tags beinhaltete den Vorschlag, bei Platzproblemen zunächst nur einige häufig verwendete Tags anzuzeigen und erst auf Wunsch des Nutzers alle Tags anzuzeigen.

- **Tag-Cloud mit vergebenen Tags**

  Für die Darstellung von Tags sprachen sich die Teilnehmer für die Verwendung so genannter Tag-Clouds (siehe Abschnitt „Tagging") aus, die ihnen aus Anwendungen des Social Taggings bekannt waren und in denen Tags für Modelle, Elemente, Arbeitsbereiche in einer Wissensmanagementanwendung und deren Inhalten angezeigt werden sollen.

- **Farbliche Kodierungen in Tag-Clouds**

  Zur Kennzeichnung der von den Teilnehmern vorgeschlagenen Differenzierungsmerkmale für Tags schlugen sie vor, farbliche Kodierungen in Tag-Clouds zu verwenden und diese durch weitere typografische Merkmale wie Fettdruck zu ergänzen.

- **Statistische Werte für Tags**

  Um aus der Darstellung von Tags in einer Tag-Cloud genauere Informationen entnehmen zu können, regten die Teilnehmer das Einblenden statistischer Werte wie der Anzahl der Vergaben eines Tags im betrachteten Modell oder Dokument in der Tag-Cloud an.

- **Sortierung und Konfiguration der Darstellung von Tags**

  Hinsichtlich der Anpassung einer Tag-Cloud regten die Teilnehmer an, diese nach Kriterien wie lexikografischer Reihenfolge oder Anzahl der Zuordnungen sortieren zu können. Zudem sollten Tags hinsichtlich Kriterien wie mit ihnen verbundener Dateitypen ausgefiltert werden können.

- **Auswahl von Tags und resultierende Funktionen**

  Die Teilnehmer schlugen vor, über die Darstellung von Tags hinaus eine Tag-Cloud mit Funktionen zu verbinden, die an Tags gebunden sind. So können die unten beschriebenen durch Tags ermöglichten Funktionen mit einer Tag-Cloud gekoppelt werden.

- **Modell-Cloud für Tags an Modellen**

  Zusätzlich zu einer Tag-Cloud schlagen die Teilnehmer für Wissensmanagementsysteme eine von ihnen „Modell-Cloud" genannte Darstellung vor, in der nur an Modellen vergebene Tags enthalten sind.

- **Anzeige von Tags an Inhalten**

  Für Situationen, in denen aus Platzgründen zu Inhalten keine vollständige Tag-Cloud angezeigt werden kann, schlugen die Teilnehmer vor, einige wichtige Tags direkt und alle weiteren Tags nach Aufforderung durch den Nutzer anzuzeigen.

- **Hinweise auf und Markierungen für vorhandene Tags**

  Die Teilnehmer sprachen sich gegen die permanent sichtbare Darstellung von Tags an Modell-Elementen aus und schlugen stattdessen vor, an Elementen eine Markierung einzufügen, wenn an ihnen Tags vergeben sind, mit der Tags ein- und ausgeblendet werden können.

D.3.2.6 Integration von mit Tags zusammenhängenden Funktionen

- **Seitliche Leiste zur Anzeige von Tags und Funktionen**

  Häufig gaben die Teilnehmer an, dass von ihnen eingebrachte Funktionen und Darstellungen in einer Seitenleiste eines Modellierungswerkzeugs oder Wissensmanagementsystems dargestellt werden soll. Diese Seitenleiste soll ihrem Wunsch nach durch den Benutzer angezeigt und ausgeblendet werden können und Zugang zu möglichst allen Funktionen bieten.

- **Integration in Dialoge eines Werkzeugs**

  Für einige Funktionen schlugen die Teilnehmer vor, sie in Dialoge eines Zielsystems zu integrieren. Als Beispiel nannten sie die Eingabe von Tags, die in Dialoge bspw. zur Eingabe von Namen eines Elements integriert werden kann.

- **Integration in Menüs eines Werkzeugs**

  Für den schnellen Zugriff auf kontextualisierte Funktionen wie der Suche nach zu einem Element ähnlichen Inhalten äußerten die Teilnehmer den Bedarf der Integration in Kontextmenüs eines Zielsystems.

D.3.2.7 Durch Tags ermöglichte Funktionen

Im Verlauf der Diskussion zur Nutzung von Tags in Modellen und ihrem Einsatz in Verbindung mit Funktionen und Inhalten von Wissensmanagementsystemen äußerten die Teilnehmer verschiedene Ideen zu *Funktionen, die durch Tags ermöglicht werden* bzw. an ihnen aufgerufen werden können:

- **Hervorhebung von Inhalten**

  Um mit Tags versehene Teile eines Modells schnell erfassen zu können, schlugen die Teilnehmer vor, bei Auswahl eines Tags alle Teile eines Modells hervorzuheben. Tags können so auch für die Auszeichnung inhaltlicher Aspekte in Modellen verwendet werden. Die Funktion wurde von den Teilnehmern auch für Inhalte in Wissensmanagementsystemen gewünscht.

- **Verwaltung von Modellen über Tags**

  Tags können nach einer Idee der Teilnehmer dazu verwendet werden, lokale[61] Modelle zu verwalten und mit ähnlichen Tags versehene Modelle zu verbinden. Ein Modellierungswerkzeug kann so als Werkzeug zur Verwaltung lokal vorhandener Modelle verwendet werden.

[61] Mit „lokal" ist hier das lokale Dateisystem gemeint, in dem ein Benutzer arbeitet.

- **Erzeugung von Perspektiven auf Modelle**

  Die Teilnehmer regten an, Tags auch zur Erzeugung verschiedener Sichten auf Modelle zu verwenden, indem mit bestimmten Tags versehene Teile der Modelle ein- oder ausgeblendet werden.

- **Awarenessfunktionen für Tags**

  Die Teilnehmer schlagen vor, Nutzer auf neue und veränderte Tags durch besondere Darstellung dieser Tags aufmerksam zu machen.

D.3.2.8 Unterstützung der Vergabe von Tags

In den Workshops diskutierten die Teilnehmer verschiedene Ideen zur *Unterstützung der Vergabe von Tags*, um die Bearbeitung von Tags zu unterstützen und auf Tags Anderer aufmerksam zu werden:

- **Vervollständigung von Tags**

  Zur Vermeidung von Rechtschreibfehlern und zur Beschleunigung der Eingabe von Tags äußerten die Teilnehmer die Idee, bereits während der Eingabe eines Tags mögliche Vervollständigungen anzubieten und diese durch den eingebenden Benutzer auswählen zu lassen.

- **Normalisierung von Tags**

  Um eine konsistente Darstellung zu erhalten und um bei Tags keine Unterschiedene zwischen Groß- und Kleinschreibung machen zu müssen, sprachen sich die Teilnehmer für eine Normalisierung angezeigter Tags aus, indem Tags nur kleingeschrieben dargestellt werden.

- **Automatisierte Vergabe von Tags**

  Zur Kontextualisierung von Tags wurde vorgeschlagen, Tags hinsichtlich ihrer Vergabe zu koppeln, also entweder bei der Vergabe oder nachgelagert ein bestimmtes Tag für alle seiner Zuordnungen durch ein anderes Tags zu ergänzen.

- **Extraktion von Tags aus Bezeichnern von Inhalten (Modellen)**

  Damit für ein Modell bereits zu Beginn Tags zur Verfügung stehen, regten die Teilnehmer an, aus den Namen von Elementen und des zugehörigen Modells mögliche Tags zu extrahieren und dem Nutzer anzubieten oder diese sogar automatisch an einem Modell zu vergeben.

- **Vorschläge für Tags**

  Zur Unterstützung bei der Vergabe von Tags wünschten sich die Teilnehmer Vorschläge geeigneter oder zu bereits vergebenen Tags ähnlicher Begriffe. Sie schlugen vor, diese aus Kontexten wie dem Speicherort oder wie oben beschrieben aus dem Modell zu generieren.

Auch diese Ideen sind mit potentiellem Mehrwert wie erleichterter Nutzung des Tagging-Mechanismus und verbesserter Konvergenz der Tags verbunden und sollen daher in der Umsetzung beachtet werden.

D.3.2.9 Suchen und Filtern mit Tags

- **Suchen mit Tags**

  Die Teilnehmer sahen in Tags eine gute Möglichkeit zur Suche und regten an, aus der Darstellung von Tags direkt Suchanfragen an verbundenen Wissensmanagementanwendungen oder das lokale Dateisystem stellen zu können.

- **Filtern von Inhalten mit Tags**

  Für dargestellte Inhalte aus der Suche oder einem Bereich eines Wissensmanagementsystems wünschten sich die Teilnehmer eine Möglichkeit, Tags als Filterkriterien verwenden zu können, indem mit entsprechenden Tags versehene Inhalte ein- oder ausgeblendet werden können.

- **Transparenz der Suchanfrage**

  Den Teilnehmern war es wichtig, bei aus Tags generierten Suchanfragen stets die resultierende Anfrage zu sehen, um diese ggf. ändern zu können.

- **Angabe der Relevanz für Suchergebnisse**

  Für die Anzeige von Suchergebnissen wünschten sich die Teilnehmer die Angabe der Relevanz gefundener Inhalte. Eine Idee hierzu sieht vor, relevante Tags der Ergebnisse hervorzuheben.

- **Logische Verknüpfung von Tags**

  Die Teilnehmer gaben an, dass sie zur Suche mit Tags diese durch logische Operatoren wie „UND“ oder „ODER“ verbinden können möchten.

- **Konfiguration des Suchraums**

  Für die Suche mit Tags wünschen sich die Teilnehmer die Möglichkeit der Konfiguration des Suchraums, also der Angabe, in welchen Inhalten gesucht werden soll.

- **Gespeicherte Suche**

  Die Teilnehmer äußerten die Idee, sich Suchanfragen merken zu können, um diese bei Bedarf erneut ausführen zu können.

- **Multiselektion von Tags für Suchanfragen**

  Für die Verwendung einer Tag-Cloud zur Erzeugung von Suchanfragen schlugen die Teilnehmer vor, mehrere in der Tag-Cloud dargestellte Tags nacheinander selektieren und so eine Anfrage mit mehreren Tags erzeugen zu können.

- **Kombination von Tags und Volltextsuche**

  Um Tags auch über die direkt aus ihnen generierte Suche nutzen zu können, schlugen die Teilnehmer vor, sie auch in den Index von Begriffen einer eventuell vorhandenen Volltextsuche zu übernehmen.

D.3.2.10 Exploration von Inhalten mit Tags

- **Exploration von Inhalten**

  Als Alternative zur Suche mit Tags wünschten die Teilnehmer sich eine Exploration der durch Tags erreichbaren Inhalte aus einer Tag-Cloud heraus, in der mehrere Tags miteinander kombiniert werden können und bei der durch iterative An- oder Abwahl eines Tags die Veränderung der Ergebnisse direkt angezeigt werden.

- **Navigation durch Inhalte**

  Im Zusammenhang mit der Exploration von Inhalten schlugen die Teilnehmer vor, dem Benutzer eine Navigation durch Inhalte anzubieten, indem zu allen Inhalten weiterführende Tags angezeigt werden, die durch Anwahl zu weiteren Inhalten führen.

- **Grafische Exploration**

  Die Teilnehmer schlugen vor, die Exploration mit Tags durch eine grafische Exploration zu erweitern. In dieser soll eine Galerie vorhandener Modelle angezeigt und durchsucht werden. Die Inhalte der Galerie sollen mit Tags zu konfigurieren sein.

- **Manueller Vergleich von Inhalten (Modellen)**

  Um Modelle miteinander vergleichen zu können, regten die Teilnehmer an, ergänzend zur Darstellung der Inhalte mehrerer Modelle diese Modelle grafisch gegenüber zu stellen, um einen manuellen Vergleich durch einen Benutzer zu ermöglichen.

D.3.2.11 Verwaltung von Modellen

Bei der Diskussion der *Verwaltung von Modellen* in Wissensmanagementsystemen und insbesondere deren Kopplung mit Modellierungswerkzeugen äußerten die Teilnehmer verschiedene Ideen, wie Tags dabei berücksichtigt werden oder aktiv helfen können:

- **Herauf- und Herunterladen von verknüpften Inhalten**

  Um Modelle aus Modellierungswerkzeugen in Wissensmanagementsystemen ablegen und von dort öffnen zu können regen die Teilnehmer an, dass Tags an Modellen sowie mit diesen verknüpfte Dateien in das Wissensmanagementsystem übertragen und dort verfügbar sein sollen. Zudem regten sie an, Tags für die Suche zu öffnender Inhalte zu verwenden.

- **Strukturierte Ablage von Modellen**

  Um Modelle strukturiert in einem Wissensmanagementsystem ablegen zu können wünschten sich die Teilnehmer, dass Inhaltsstrukturen solcher Systeme in der Modellierungsanwendung angezeigt werden. Zudem sollen aus dem System Vorschläge für weitere Tags generiert werden.

- **Virtuelle Ordner auf Basis von Tags**

  Im Zusammenhang mit gespeicherten Suchen (siehe oben) brachten die Teilnehmer die Idee ein, dass diese nicht nur zur Wiederverwendung gespeichert, sondern als Basis für einen virtuellen Ordner in einem Wissensmanagementsystem verwendet werden können, der alle mit einer Kombination von Tags ausgezeichneten Inhalte dynamisch zusammenfasst.

- **Unterstützung bei der Ablage durch Tags**

  Für die Ablage von Modellen regten die Teilnehmer an, dass anhand der an einem Modell vorhandenen Tags ein Wissensmanagementsystem Vorschläge für geeignete Ablageorte macht.

- **Zwischenablage für Modelle und ihre Teile**

  Um sich etwa bei der Exploration von Inhalten interessante Modelle für die spätere Verwendung merken zu können, schlugen die Teilnehmer vor, eine Zwischenablage zu verwenden, die auch bei der Exploration von Inhalten aus einem Modellierungswerkzeug zur Verfügung stehen soll.

- **Verwendung von Teilmodellen**

  Die Teilnehmer sahen es als wichtig an, Teile von Modellen als eigenständiges, neues Modell in einem Wissensmanagementsystem ablegen zu können und die am Teilmodell vergebenen Tags wie oben beschrieben zur Unterstützung der Ablage nutzen zu können.

D.3.2.12 Unterstützung der Verbindung von Modellen und Inhalten

Die Teilnehmer hielten es für wichtig, Modelle untereinander sowie mit anderen Inhalten verbinden zu können. Hinsichtlich der *Verbindung von Modellen und anderen Inhalten* äußerten die Teilnehmer drei verschiedene Ideen zur funktionalen Umsetzung der Verbindung gefundener Inhalte mit einem Modell:

- **Automatisierte Verbindung mit Inhalten**

  Eine Idee der Teilnehmer zur Verbindung von Modellen mit gefundenen Inhalten bestand darin, Inhalte auf Nutzerwunsch direkt mit dem Teil des Modells zu verbinden, von dem aus gesucht wurde. Gefundene Modelle könnten dann in das aktuelle Modell eingebettet werden.

- **Herüberziehen und Verbinden (Drag and Drop) von Inhalten**

  Als Alternative zur direkten Verbindung von gefundenen Inhalten mit Modellen schlagen die Teilnehmer vor, Einträge aus der Darstellung gefundener Inhalte auf ein Element oder ein Teilmodell zu ziehen und sie so manuell mit dem Modell zu verbinden.

- **Erzeugung von Modellelementen zur Verbindung**

  Um gefundene Inhalte auch grafisch in ein Modell einzubinden, schlagen die Teilnehmer vor, für gefundene Inhalte auf Wunsch des Benutzers Modell-Elemente zu erzeugen, diese mit dem Inhalt zu verbinden und in das Modell einzufügen.

D.3.2.13 Vorschlag ähnlicher Inhalte

- **Vorschlag ähnlicher Inhalte (allgemein)**

  Die Teilnehmer wünschten sich, dass sowohl in der Arbeit mit einem Modellierungswerkzeug als auch in einem Wissensmanagementsystem auf Basis von Tags zu ausgewählten Inhalten weitere, mit diesen thematisch verwandte Inhalte gesucht und gefunden werden können.

- **Vorschlag ähnlicher Modelle (spezifisch)**

  Insbesondere für die Arbeit mit Modellen, aber auch für die Exploration von Inhalten in Wissensmanagementsystemen schlugen die Teilnehmer vor, die Suche nach verwandten Inhalten auf Modelle zu begrenzen und diese dem Nutzer während der Modellierung anzubieten.

- **Vorschlag von Experten**

  Unter verwandten Inhalten verstanden die Teilnehmer auch die Suche nach Personen, die eine thematische Nähe zu Modellen und anderen Inhalten haben und so bei Problemen bspw. des Verständnisses von Modellen gesucht und um Rat gebeten werden können.

- **Abruf und automatische Bereitstellung (Push und Pull) ähnlicher Inhalte**

  Für die Bereitstellung verwandter Informationen schlugen die Teilnehmer sowohl den Abruf durch Nutzer (Pull) als auch die automatische Bereitstellung (Push) vor. Letztere wird – eine dezente und nicht dominante Darstellung vorausgesetzt – von den Teilnehmern favorisiert.

- **Darstellung ähnlicher Inhalte**

  Für die Darstellung ähnlicher Inhalte stellten sich die Teilnehmer eine jederzeit greifbare, aber nicht dominante Anzeige vor. In dieser soll eine Liste der relevantesten Inhalte, die durch den Benutzer erweiterbar ist, inklusive einer Vorschau auf die Inhalte angezeigt werden.

- **Darstellung des Ähnlichkeitsmaßes**

  Für die Beurteilung verwandter Inhalte wünschten sich die Teilnehmer eine Darstellung der Ähnlichkeit dieser Inhalte zum Ausgangsinhalt der Suche, für die sie eine Hervorhebung ähnlicher Tags an den gefundenen Inhalten vorschlugen.

D.3.2.14 Wissensmanagementfunktionen für Modelle

In den Workshops diskutierten die Teilnehmer für eine Reihe ihnen bekannter oder neuer Wissensmanagement-Funktionen, inwiefern diese für Modelle verwendbar sind oder angepasst werden können. Viele der dabei genannten Ideen wie eine einfache Versionierung lassen sich durch bereits vorhandene Funktionen von Wissensmanagementsystemen und leichten Anpassungen daran realisieren. Andere Funktionen wie Rechte für die Änderung von Modellen sind spezifischer und müssen daher für die Umsetzung gesondert abgewogen werden.

- **Versionierung von Modellen**

  Für den Umgang mit Modellen in Wissensmanagementsystemen wünschten sich die Teilnehmer, dass Versionen von Modellen erzeugt werden, wenn diese verändert werden.

- **Analyse von Modellen**

  Zur Integration von Modellen in Wissensmanagementsysteme gehört für die Teilnehmern auch, dass Modelle in solchen Systemen hinsichtlich ihrer Ähnlichkeit zu anderen Inhalten analysiert und mit diesen verbunden werden. Dies wünschten sich die Teilnehmer auch für Teile von Modellen.

- **Semantische Ablage von Modellen**

  Als Idee zur weiteren Verarbeitung von mit Tags versehenen Inhalten brachten die Teilnehmer ein, aus Tags semantische Strukturen wie Ontologien oder Topic Maps (siehe Abschnitt „Semantik“) zu generieren und diese Nutzern als Ablagestruktur zur Verfügung zu stellen.

- **Metadaten für Modelle**

  Für die Kopplung von Modellierung und Wissensmanagement schlugen die Teilnehmer vor, aus einer Wissensmanagementanwendung verfügbare Metadaten wie Autoren eines Modells oder dessen Erstellungsdatum in einem Modellierungswerkzeug anzuzeigen.

- **Manuelle Strukturierung von Modellen**

  Eine alternative Idee zur Verwaltung von Modellen sieht die Verwendung von Listen vor, in die Modelle manuell eingetragen und mit denen sie von Nutzern gefunden werden können.

- **Zentrale Ablage von Modellen**

  Die Teilnehmer sprachen sich dafür aus, Modelle in *einer* zentralen Ablage gemeinsam mit anderen Inhalten vorzuhalten, um etwa bei der Suche nach Modellen und Inhalten nicht als Vorbereitung geeignete Orte für die Suche identifizieren zu müssen.

- **Steigerung der Aufmerksamkeit für Modelle**

  Um Modelle prominenter darzustellen hatten die Teilnehmer die Idee, diese in Wissensmanagementanwendungen an entsprechenden Stellen auch ohne Wunsch des Nutzers anzuzeigen und ihm so vor Augen zu führen, dass er auch auf Modelle zugreifen kann.

- **Gewärtigkeitsfunktionen für die Änderung von Modellen**

  Für den Austausch und die gemeinsame Nutzung von Modellen ist es den Teilnehmern wichtig, dass bei Änderungen an Modellen mit diesen Modellen befasste Nutzer benachrichtigt werden.

- **Kommunikation an Modellen**

  Für die Teilnehmer muss die Integration von Modellen in Wissensmanagementsysteme auch beinhalten, dass sie durch solche Systeme darin unterstützt werden, über Modelle miteinander zu kommunizieren.

- **Filtern nach Inhaltstypen**

  Ähnlich wie bei der Anzeige von Suchergebnissen hatten die Teilnehmer die Idee, dass in einem Wissensmanagementsystem dargestellte Inhalte mittels verschiedener Kriterien gefiltert werden können.

- **Berechtigungen für Modelle und Tags**

  Die Verwendung von in Wissensmanagementanwendungen implementierten Rechteverwaltungen für Tags und Modelle sowie deren Überführung und Nutzung in Modellierungswerkzeugen stellte für die Teilnehmer eine sinnvolle Funktion dar.

- **Darstellung von Modellen in Wissensmanagementsystemen**

  Die Teilnehmer lehnten die Darstellung durch den Dateinamen des Modells ab und schlugen vor, mindestens eine Vorschau und auf Benutzerwunsch auch eine veränderbare Darstellung des Modells zu verwenden. Zudem wurde die Idee eingebracht, Modelle nach ihrer Auswahl direkt in einem Modellierungswerkzeug öffnen zu können.

- **Zustimmung zu Modellen**

  Für die Teilnehmer war es wichtig, eine Funktion zu haben, mit der sie Zustimmung zu Modellen einholen können, um diese hinsichtlich Qualität und Verständnis absichern zu können.

D.4 Modelle der Nutzungsprozesse

In der Evaluation des WiProM-Systems wurde neben der praktischen Erprobung des WiProM-Systems und der Sammlung von Ideen zu dessen Weiterentwicklung auch die Passung des Systems auf Nutzungsprozesse der Teilnehmer an der Evaluation analysiert (vgl. Abschnitt 7.3). Hierzu erstellten Gruppen der Teilnehmer Modelle, die einen Prozess der Nutzung von Prozessmodellen aus ihrem Alltag darstellen sollten. Zudem erstellten drei der vier Gruppen textuelle Beschreibungen der Prozesse. In diesem Abschnitt werden die dabei entstandenen Modelle und deren Beschreibung aufgeführt. Sie wurden durch den Autor optisch nachbearbeitet, inhaltlich fand keine Veränderung statt[62].

D.4.1 Modell und Beschreibung von Gruppe 1

Das Modell von Gruppe 1 zeigt die Nutzung von Prozessmodellen als wissensvermittelnde Artefakte zur Unterstützung eines Entwicklungsprozesses (Abbildung 86).

Die Mitglieder von Gruppe 1 beschrieben diesen Prozess wie folgt:

*„**Hintergrund:** IT-Entwicklungsprozesse; weil der Kunde speziell ist und deshalb keine bereits existierende Lösung in Frage kommt, wird ein System zur Literaturverwaltung (Bibliothek, incl. Ausleihe) entwickelt.*

***Rollen:** Entwickler, Ausleiher, Bib-Mitarbeiter, Auftraggeber*

***Dokumente:** Prozessbeschreibungen (Text und Modell); Modell aus erstem STWT-Workshop (ästhetisiert); Interview-Transkripte (Interviewt wurden die Stakeholder); Bilder / Fotodokumentation a) der Location und b) der relevanten Artefakte; Spezifikationen: Signaturschema, notwendige Metadaten und Nutzerdaten, Regeln für die Ausleihe, Datenschutz- und Sicherheitsbestimmungen;*

[62] Unter optischer Nachbearbeitung sind hier Veränderungen in der Anordnung von Elementen und Relationen wie bspw. deren Ausrichtung aneinander oder die Begradigung von Relationen zu verstehen. Diese helfen, durch Erzeugung von Symmetrie und leichterer Nachvollziehbarkeit von Zusammenhängen das Modell besser zu verstehen. Inhaltliche Veränderungen, also bspw. neue Elemente, die Entfernung von Elementen oder Relationen oder die Umbenennung von Elementen werden bei dieser Nachbearbeitung nicht vorgenommen.

Dokumente liegen an verschiedenen Stellen vor: Rechner des Entwicklers; Projektarbeitsbereich beim Dienstleister; DB bei der Bib; Prozessdokumentation bei der Bib; DMS bei der Bib mit Regeln für Ausleihe; Spezifikationen (z.B. DC Metadaten, etc. in der Public Domain).

Ausgangslage: *Der Entwickler hat den ersten Workshop einer STWT-Workshop-Serie abgeschlossen. Ziel der Workshops ist es, Grundlegende Anforderungen an ein System zur Literaturverwaltung zu bestimmen. An dem Workshop waren außer dem Entwickler ein Vertreter der Bib-Mitarbeiter, der Auftraggeber und ein Ausleiher beteiligt. Weitere Bib-Mitarbeiter wurden vom Entwickler vor dem Workshop interviewt: die Ergebnisse dieser Interviews liegen als Transkripte vor.*

Aufgabe: *Der Entwickler ästhetisiert das Modell für den nächsten Workshop. Dabei will er weitere, für den Entwicklungsprozess relevante Dokumente über das Diagramm zugreifbar machen. Zusätzlich sollen noch strittige Bereiche bzw. Bestandteile des Modells durch das Tag ‚strittig' kenntlich gemacht werden.*

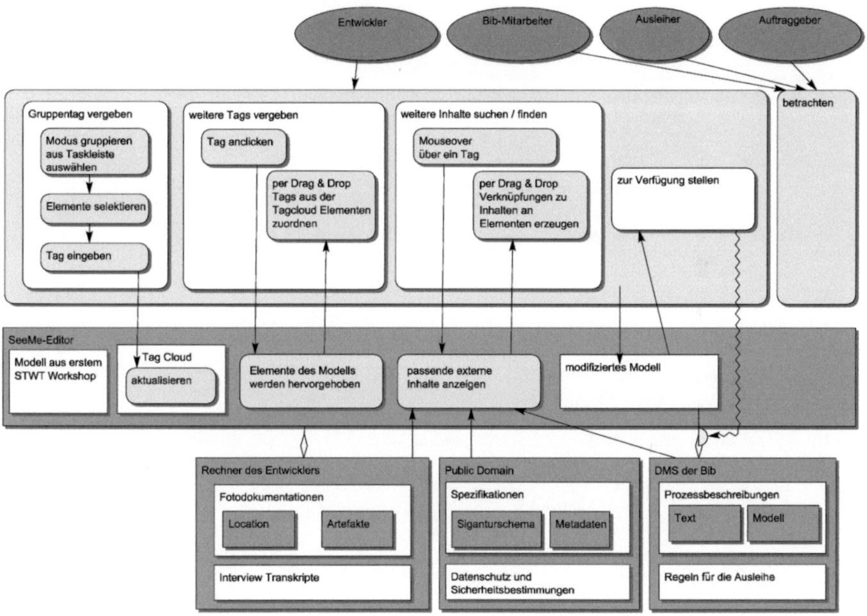

Abbildung 86: Modell der Gruppe 1 aus der Evaluation (optisch nachbearbeitet durch den Autor).

Vorgehen: *Der Entwickler wählt den Modus ‚gruppieren' aus der Taskleiste des Editors. Er klickt der Reihe nach Elemente des Modells an und erstellt so eine Gruppe. In einer Entry Box in der Tag-Seitenleiste des Editors vergibt der Entwickler das Tag ‚strittig' für die selektierten Elemente. Das Tag wird durch betätigen der Enter-Taste bzw. des Buttons ‚Tags zuwei-*

sen' den Elementen zugewiesen. Der Gruppieren-Modus wird automatisch beendet, in der Tag Cloud in der Seitenleiste erscheint das Tag ‚strittig'. Der E. klickt das Tag ‚strittig' in der TC an. Daraufhin werden im Modell alle Elemente hervorgehoben, die mit diesem Tag ausgezeichnet wurden. Diese Elemente sollen nun mit weiteren Tags und Links zu ergänzenden Dokumenten versehen werden. Per Drag and Drop können Tags aus der Cloud aufgenommen werden und Elementen zugeordnet werden. Es sollen nun Dokumente zugewiesen werden: Der Mouse-Over-Event über einem Tag zeigt ein Icon für weitere Inhalte an. Der Entwickler klickt dieses Icon an. Es erscheint eine Liste (externer) Inhalte mit diesem Tag. Per Drag and Drop wird ein Eintrag aus dieser Liste auf ein Element gezogen, das Element ist daraufhin mit der entsprechenden Datei verknüpft."

D.4.2 Modell und Beschreibung von Gruppe 2

Das Modell der Gruppe 2 zeigt einen Prozess, in dem ein Backup-Prozess unter Nutzung vorhandener Modelle erzeugt und mit anderen Modellen verglichen wird (Abbildung 88).

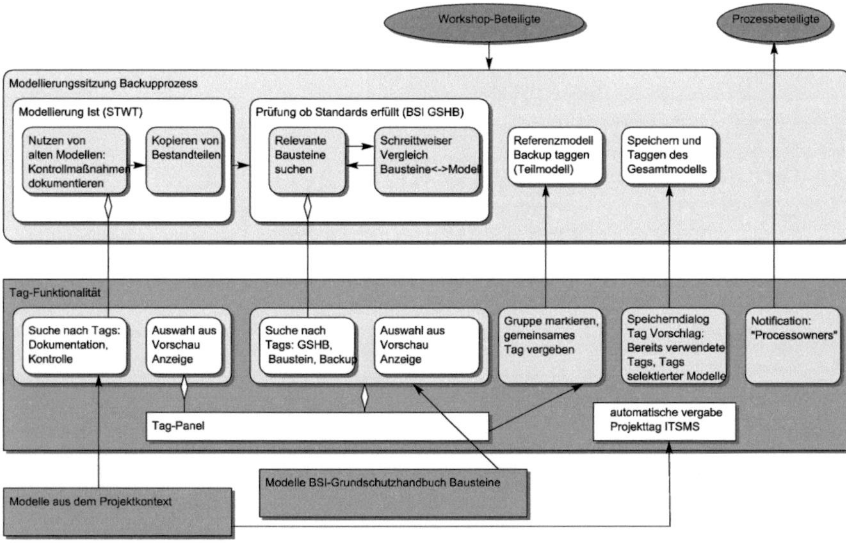

Abbildung 87: Modell der Gruppe 2 aus der Evaluation (optisch nachbearbeitet durch den Autor).

Die Mitglieder der Gruppe beschrieben den Prozess wie in der Folge dargestellt:

„Ein Projekt für ein IT-Sicherheitsmanagement greift auf ein getagtes Modellrepository zurück.

In der 10. Sitzung werden Modelle erstellt, die den Prozess der Backups beschreiben.

Zunächst wird die existierende Praxis als SeeMe-Modell dokumentiert. Als Teil des Backupprozesses wird dokumentiert welche Kontrollschritte durchgeführt wurden (wer, wann, Ergebnis). Für die Dokumentation von Kontrollmaßnahmen gab es in früheren Veranstaltungen bereits Vereinbarungen, die durch Modelle dokumentiert sind. In der Sitzung werden die entsprechenden aufgesucht und Inhalte werden kopiert.

Als nächster Schritt findet ein Abgleich des erweiterten Ist-Zustandes mit Bausteinen (Modellen) aus dem BSI Grundschutzhandbuch, die wiederum in Form von Modellen vorliegen. Bezeichnungen aus dem GS-Handbuch werden in das Modell übernommen.

Zum Abschluss wird a) ein Baustein erzeugt für das Backup unabhängig von einem konkreten Anwendungsfall. Die Spezialisierung für den aktuellen Anwendungsfall

Einsatz für Schulungen. Notification bei Änderungen bei Prozessownern von ‚Backupprozessen'.

Projekttags!

Alle Elemente, die zu einem Projekt gehören sind mit bestimmten Tags versehen."

D.4.3 Modell und Beschreibung von Gruppe 3

Das Modell der Gruppe 3 beschreibt einen Prozess, in dem Waren in einem Unternehmen bestellt werden und Modelle zur Unterstützung dieses Prozesses verwendet werden.

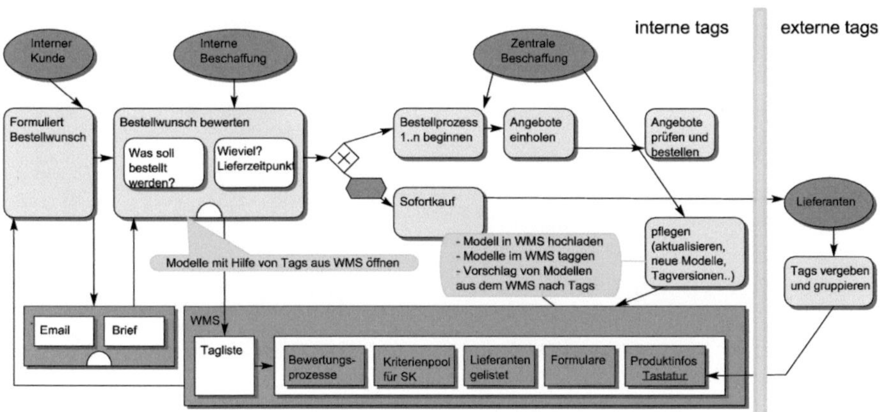

Abbildung 88: Modell der Gruppe 3 aus der Evaluation (optisch nachbearbeitet durch den Autor).

Die Mitglieder von Gruppe 3 beschrieben den Prozess wie unten dargestellt:

„Scenario:

Ein Beschaffungsprozess in einem Wirtschaftsunternehmen soll modelliert werden und als Referenzmodell für Materialbeschaffung dienen. In einem WMS sind mögliche Lieferanten für Verbrauchsmaterial vorhanden. Sowohl das Referenz- als auch daraus abgeleitete Modelle werden im WMS mit Hilfe von Tags verwaltet.

Ausgangspunkt:

Ein interner Kunde möchte ein externes verbrauchtes Material (z.B. eine MS Tastatur) bestellen.

Mit Hilfe von Tags werden im WMS die Modelle, die die Prozesse zu speziellen Bestellvorgängen (bspw. Bestellung Logitech Tastatur) modellieren, für alle Mitarbeiter verfügbar gemacht.“

D.4.4 Modell von Gruppe 4

Das Modell von Gruppe 4 zeigt die Recherche nach Informationen über den Prozess der Recherche für eine Dissertation (Abbildung 89). Zu diesem Modell ist keine weitere textuelle Beschreibung vorhanden, die Kommentare im Modell geben jedoch weitere Informationen zum Modell.

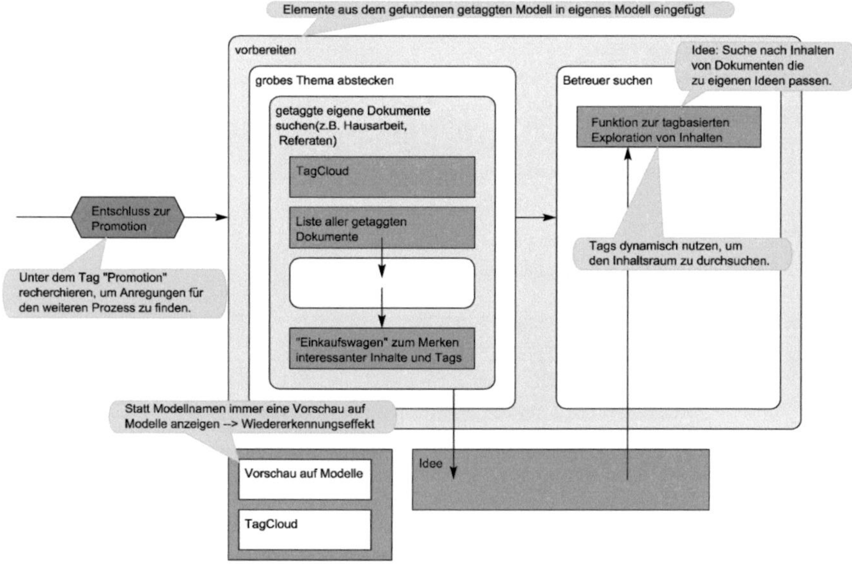

Abbildung 89: Modell der Gruppe 4 aus der Evaluation (optisch nachbearbeitet durch den Autor).

D.5 Evaluation der Gebrauchstauglichkeit

D.5.1 Heuristiken der Evaluation

Für die Evaluation der Gebrauchstauglichkeit von Software haben sich Heuristiken durchgesetzt, mit denen Experten Anwendungen bewerten können (vgl. Cockton et al. 2003). Für den Einsatz einer heuristischen Evaluation gibt es verschiedene Zusammenstellungen von Heuristiken. Nielsen (1994b) hat aus diesen verschiedenen Ansätzen zehn Heuristiken entwickelt, die einen Großteil der auf Gebrauchstauglichkeit von Software bezogenen Probleme abdecken und erläutern. Sie finden breite Anerkennung in Wissenschaft und Praxis und werden daher auch im Rahmen dieser Arbeit verwendet. In der Folge werden sie mitsamt ihrem englischen Originaltitel, der durch den Autor für die Evaluation vorgenommenen Übersetzung ins Deutsche und zusätzlichen Anweisungen für die Teilnehmer der Evaluation aufgeführt.

1. **Sichtbarkeit des Sysemstatus (Visibility of system status)**
   Der Nutzer konnte jederzeit sehen, was im System vorging oder was das Ergebnis seiner Interaktion mit dem System war. Wo gibt es Probleme? Was würdest Du vorschlagen, um diese zu lösen?
2. **Übereinstimmung zwischen System und realer Welt (Match between system and the real world)**
   Die Anweisungen und Beschreibungen in Menüs und Dialogen waren verständlich und klar formuliert. Wo gibt es Probleme? Was würdest Du vorschlagen, um diese zu lösen?
3. **Nutzerkontrolle und Freiheit (User control and freedom)**
   Es war jederzeit möglich, die Funktionen und Dialoge abzubrechen. Durchgeführte Aktionen konnten immer rückgängig gemacht und/oder wiederholt werden. Wo gibt es Probleme? Was würdest Du vorschlagen, um diese zu lösen?
4. **Bewahrung von Konsistenz und Standards (Consistency and standards)**
   Die Gestaltung der Dialoge und deren Beschreibung sind an andere Dialoge und/oder die Gestaltung des SeeMe-Editors / von Kolumbus 2 angepasst. Wo gibt es Probleme? Was würdest Du vorschlagen, um diese zu lösen?
5. **Vermeidung von Fehlern (Error prevention)**
   Das System hat den Nutzer dabei unterstützt, keine fehlerhaften Eingaben oder ungewollten Aktionen durchzuführen. Wo gibt es Probleme? Was würdest Du vorschlagen, um diese zu lösen?
6. **Wiedererkennung (Recognition and recall)**
   Der Nutzer konnte auch nach einer längeren Nutzungspause erkennen, wie er die Funktion nutzen kann und in welchem Teil der Aufgabe er war. Das System hat ihn dabei unterstützt.
   Wo gibt es Probleme? Was würdest Du vorschlagen, um diese zu lösen?
7. **Flexibilität und Effizienz der Nutzung (Flexibility and efficiency of use)**
   Der Benutzer konnte Funktionen schnell und auf unterschiedliche Arten erreichen, um die Aufgabe effizient zu lösen. Wo gibt es Probleme? Was würdest Du vorschlagen, um diese zu lösen?
8. **Ästhetische und minimalistische Gestaltung (Aesthetic and minimalist design)**
   Die Dialoge enthielten ausschließlich aufgabenbezogene und sinnvolle Elemente und Hinweise. Wo gibt es Probleme? Was würdest Du vorschlagen, um diese zu lösen?

9. **Fehlererkennung und -behebung (Help users recognize, diagnose and recover from errors)**
   Der Benutzer erhielt bei Fehlern verständliche Hinweise zu den aufgetretenen Fehlern und einen Vorschlag zur Lösung. Wo gibt es Probleme? Was würdest Du vorschlagen, um diese zu lösen?
10. **Hilfe und Dokumentation (Help and documentation)**
    Der Benutzer konnte für die Verwendung der Funktionen in der Hilfe nachlesen.
    Wo gibt es Probleme? Was würdest Du vorschlagen, um diese zu lösen? (nicht verwendet)

Für die Evaluation finden nur die ersten neun der von Nielsen beschriebenen Heuristiken Anwendung. Der Grund hierfür ist, dass sich die zehnte Heuristiken mit Themen der „Hilfe und Dokumentation“ befasst, die in den Prototypen nicht vorhanden ist. Wie die Auswertung zeigt, finden sich dennoch Bemerkungen zur Notwendigkeit einer Hilfe, so dass der Verzicht auf den Einsatz dieser Heuristik keinen qualitativen Verlust mit sich bringt.

In der Analyse wurde jeder Evaluator gebeten, die Prototypen bezüglich jeweils dreier Heuristiken pro inhaltliche Aufgabe zu bewerten (vgl. D.5.2). Als Ergebnis entstanden Bewertungen zu allen drei Prototypen mit vielen Kommentaren der Nutzer. Diese sollen in der Folge als Basis zur Analyse der Gebrauchstauglichkeit dienen.

D.5.2 Bogen der Teilnehmer zur Bewertung der Gebrauchstauglichkeit

Bitte bewerte Deinen Eindruck aus der Beobachtung des vorführenden Teilnehmers, der die aktuell diskutierte Aufgabe bearbeitet. Bewerte hierzu die folgenden **drei Aussagen**. Bitte notiere in den Bemerkungen auch, warum Du Deine Bewertung triffst. Dazu solltest Du kurz Probleme und Lösungsansätze aufschreiben.

Der Nutzer konnte jederzeit sehen, was im System vorging oder was das Ergebnis seiner Interaktion mit dem System war.

stimme stark zu	stimme zu	teil, teils	stimmt nicht zu	stimme gar nicht zu

Wo gibt es Probleme? Was würdest Du vorschlagen, um diese zu lösen?

Die Anweisungen und Beschreibungen in Menüs und Dialogen waren verständlich und klar formuliert.

stimme stark zu	stimme zu	teil, teils	stimmt nicht zu	stimme gar nicht zu

Wo gibt es Probleme? Was würdest Du vorschlagen, um diese zu lösen?

Der Benutzer konnte Funktionen schnell und auf unterschiedliche Arten erreichen, um die Aufgabe effizient zu lösen.

stimme stark zu	stimme zu	teil, teils	stimmt nicht zu	stimme gar nicht zu

Wo gibt es Probleme? Was würdest Du vorschlagen, um diese zu lösen?

D.5.3 Bewertungen der Gebrauchstauglichkeit

Für die in Abbildung 90 dargestellte Bewertung des Prototyps zur Nutzung von Social Tagging in Prozessmodellen ist eine Tendenz in Richtung einer negativen Bewertung festzustellen. Zwar bewerten die Teilnehmer die Teilnehmer die Heuristiken 4 und 7 zur Bewahrung von Konsistenz und Standards sowie zur Flexibilität der Nutzung positiv, für die Heuristiken 2, 4, 6 und 90 jedoch fällt die Bewertung jedoch teilweise deutlich negativ aus. Es kann daher festgehalten werden, dass die Teilnehmer den Prototyp zwar als standardkonform und flexibel zu bedienen einschätzen, mit seiner Benutzerführung und Fehlertoleranz jedoch nicht zufrieden sind.

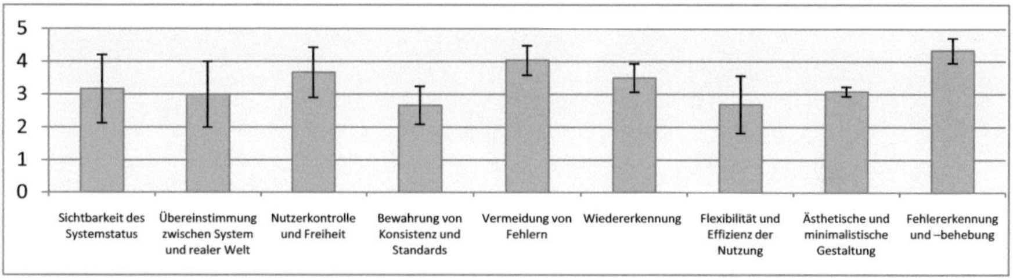

Abbildung 90: Heuristische Bewertung der Gebrauchstauglichkeit des Prototyps „Tagging für Prozessmodelle" aus Workshop 1 (n=10, 1= sehr gut, 5= sehr schlecht).

Eine positivere Tendenz lässt sich in der Bewertung des Prototyps zur Kopplung des Modellierungswerkzeugs mit einem Wissensmanagementsystem feststellen (Abbildung 91). Hier finden sich nur in den Heuristiken 1 zur Sichtbarkeit des Sysemstatus und 3 zur Nutzerkontrolle und Freiheit deutlich negative Bewertungen, wohingegen zu den Heuristiken 2, 4, 6 und 7 positive Bewertungen vorzufinden sind. Insbesondere sind dabei die positiven Werte zur Wiedererkennung und zur Gestaltung der Prototypen hervorzuheben. Daher kann festgehalten werden, dass für die Prototypen zur Kopplung der Systeme zwar Verbesserungsbedarf bezüglich Kontrolle und Sichtbarkeit vorhanden sind, der Prototyp ansonsten jedoch positiv aufgenommen wird.

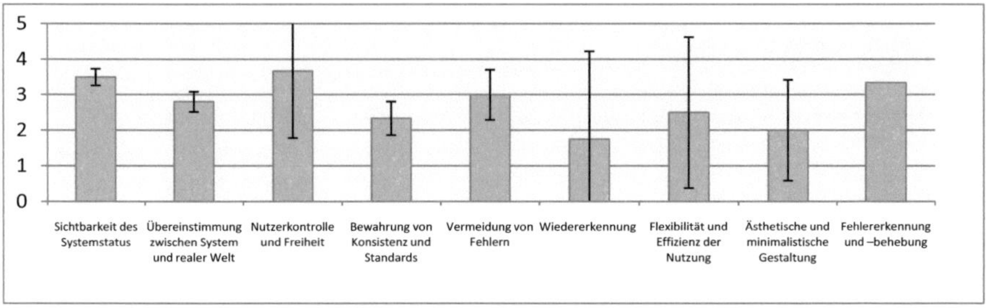

Abbildung 91: Heuristische Bewertung des Prototyps zur Nutzung von Modellen in Wissenmanagementsystemen aus Workshop 2 (n=8, 1= sehr gut, 5= sehr schlecht).

In der Bewertung des Prototyps zur Nutzung von Modellen in Wissensmanagementsystemen (Abbildung 92) zeigt sich ein ausgeglichenes Bild, in dem sich die meisten Werte sich in der Nähe einer neutralen Bewertung befinden. Eine negative Ausnahme stellt die Heuristiken 1 zur Sichtbarkeit des Sysemstatus dar, bezüglich der die Teilnehmer den Prototyp negativ bewerten. Positiv hingehen wird der Prototyp bezüglich der Heuristiken 2, 4 und 7 beurteilt. Insgesamt lassen die von den Teilnehmern zu diesem Prototyp abgegebenen Bewertungen wegen ihrer homogenen Werte keine Rückschlüsse zu.

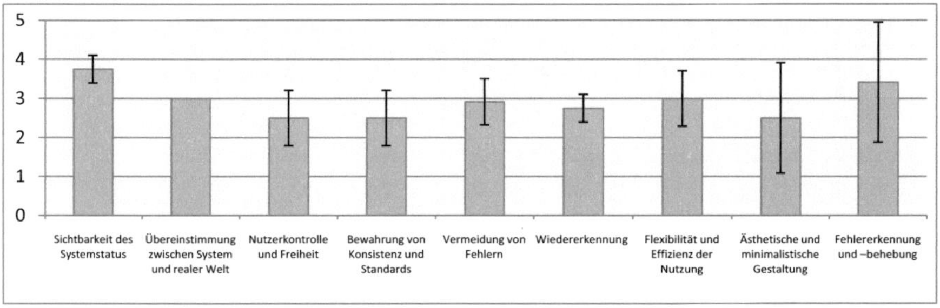

Abbildung 92: Heuristische Bewertung der Teilnehmern zum Prototyp der Kopplung von Modellierungsanwendungen und Wissensmanagementsystemen (n=8/10, 1= sehr gut, 5= sehr schlecht).

Anhang E Kurzreferenz zur Modellierung mit SeeMe

In der vorliegenden Arbeit wird die Notation SeeMe zur Darstellung von Anwendungsfällen aus der empirischen Analyse und der Umsetzung des WiProM-Systems verwendet (vgl. Kapitel 5 und 6). Zudem werden SeeMe-Modelle an anderen Stellen der Arbeit eingesetzt, um bspw. die in der Evaluation identifizierten Arbeitsprozesse (vgl. Abschnitt 7.3) oder die Integration der Ergebnisse aus der Arbeit in den Kreislauf des Wissensmanagements zu illustrieren (vgl. Abschnitt 8.4.1).

Um ein grundlegendes Verständnis der Notation herzustellen und Missverständnisse der in der vorliegenden Arbeit dargestellten SeeMe-Modelle zu vermeiden, wird in der Folge ein Überblick über Elemente und ihre Verbindungen in SeeMe gegeben. Für eine vollständige Dokumentation der Notation wird auf Herrmann (2006) verwiesen.

E.1 Basiselemente in SeeMe

SeeMe besteht aus drei Basiselementen, die als Rolle, Aktivität und Entität bezeichnet werden (vgl. auch Tabelle 4 in Abschnitt 3.2.2.2). Abbildung 93 zeigt ein Beispiel der Nutzung und Verbindung dieser Elemente in einem mit SeeMe erstellten Prozessmodell.

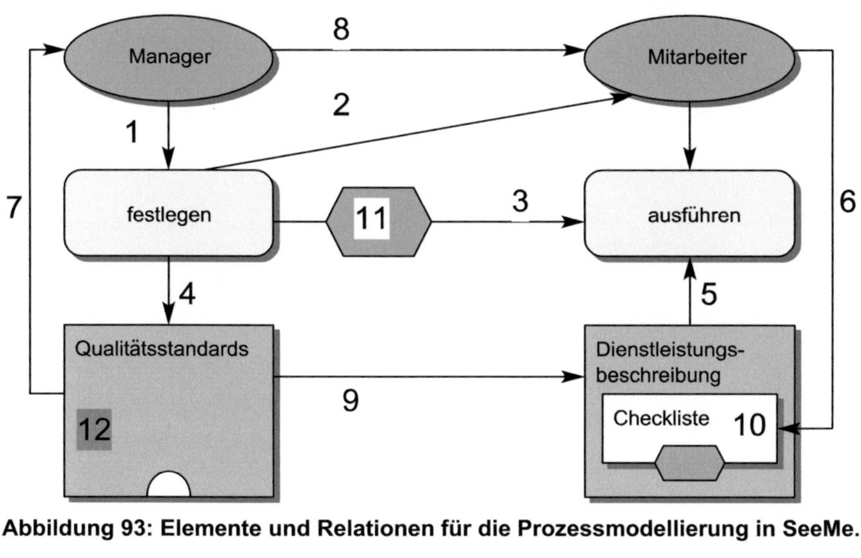

Abbildung 93: Elemente und Relationen für die Prozessmodellierung in SeeMe.

Die Bedeutung der Basiselemente in SeeMe ist in Tabelle 34 aufgeführt.

Tabelle 34: Basiselemente der SeeMe-Notation.

Basiselement	Darstellung	Bedeutung
Rolle		Rollen beschreiben Rechte bzw. Pflichten, die einer Person, einer Gruppe oder einer organisatorischen Einheit zugeordnet sind. Rollen repräsentieren die handelnden Teile eines Prozesses.
Aktivität		Aktivitäten stellen Prozessschritte dar. Sie repräsentieren Verhalten in einem Prozess und nutzen bzw. verändert Entitäten.
Entität		Entitäten sind passive Bestandteile eines Prozesses und stellen dessen Ressourcen dar. Technische Systeme werden als Entitäten dargestellt.

E.2 Relationen zwischen Elementen

Zwischen den Basiselementen von SeeMe ergeben sich insgesamt neun Basisrelationen, denen jeweils eine Bedeutung zugeordnet ist. Tabelle 35 beschreibt die Bedeutung dieser Relationen.

Tabelle 35: Basisrelationen in SeeMe.

Nummer in Abbildung 93	Basisrelation	Bedeutung
1	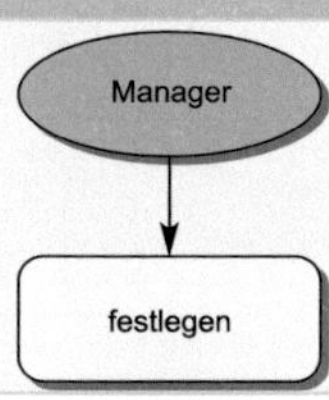	Die Rolle „Manager“ führt die Aktivität „festlegen“ aus.
2	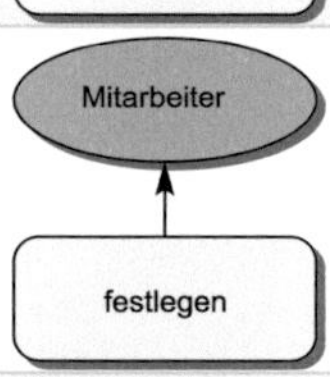	Die Rolle „Mitarbeiter“ wird durch die Aktivität „festlegen“ beeinflusst.
3		Die Aktivität „festlegen“ folgt auf die Aktivität „ausführen“.

Nummer in Abbildung 93	Basisrelation	Bedeutung
4	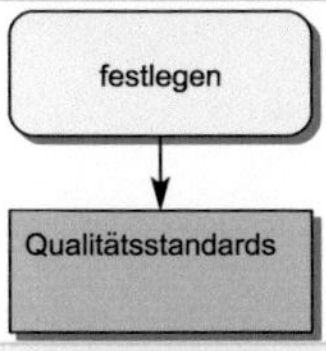	Die Aktivität „festlegen“ verändert oder erzeugt die Entität „Qualitätsstandards“.
5	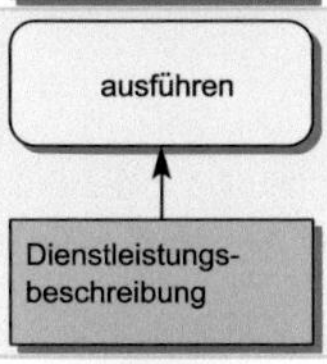	Die Aktivität „ausführen“ nutzt die Entität „Dienstleistungsbeschreibung“
6	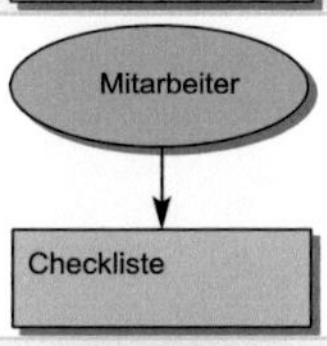	Die Rolle „Mitarbeiter“ wird durch die Entität „Checkliste“ beschrieben.
7	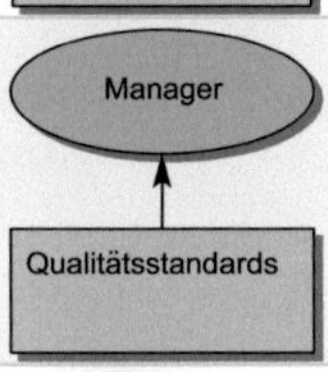	Die Entität „Qualitätsstandards“ gehört der Rolle „Manager“.
8	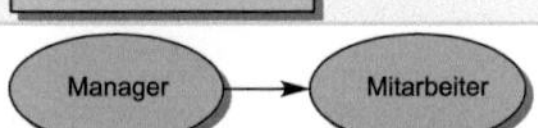	Die Rolle „Manager“ hat Erwartungen an die Rolle „Mitarbeiter“.
9	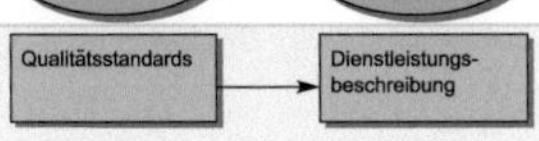	Die Entität „Qualitätsstandards“ enthält Beziehungen zur Entität „Dienstleistungsbeschreibung“.

E.3 Besonderheiten und weitere Elemente von SeeMe

SeeMe enthält weitere Elemente und einige Besonderheiten zur Modellierung von Arbeitsprozessen. Als weitere Elemente der Notation werden im Folgenden Konnektoren zur Darstellung von Verzweigungen, Modifikatoren als Bedingungen und die Retypisierung von Relationen beschrieben. Zudem wird die Möglichkeit, in SeeMe Elemente ineinander einzubetten, dargestellt. Als Besonderheiten der Notation werden Möglichkeiten der vagen Modellierung wie Unvollständigkeit, schneidende Relationen und unspezifizierte Elemente beschrieben. Diese Konstrukte werden in Tabelle 36 dargestellt.

Tabelle 36: Weitere Elemente in SeeMe.

Element / Konstrukt	Darstellung	Bedeutung
Einbettung (10)	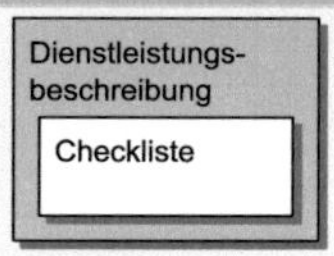	Die Entität „Checkliste" ist Teil der Entität „Dienstleistungsbeschreibung". Teil-Ganzes-Relationen durch Einbettung sind für alle Basiselemente unabhängig von deren Typ erlaubt.
Modifikator (11)	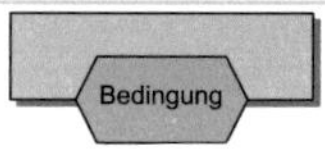	Der durch ein grünes Hexagon dargestellte Modifikator formuliert eine Bedingung für die Existenz eines Elements. Modifikatoren dürfen für Basiselemente und Relationen verwendet werden.
Konnektoren	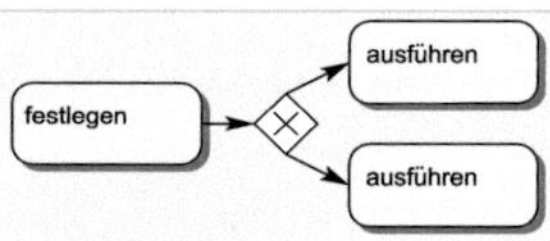	Konnektoren, die durch eine Raute dargestellt werden, stellen Verzweigungen in Prozessabläufen dar. Sie werden mit logischen Bedingungen wie UND (^), ODER (v) oder Exklusiv-ODER (x) dargestellt.
Retypisierung von Relationen („Entity on Relation")		Eine graue Entität, die an einer Relation vorhanden ist, spezifiziert die Bedeutung dieser Relation.
Meta-Relationen	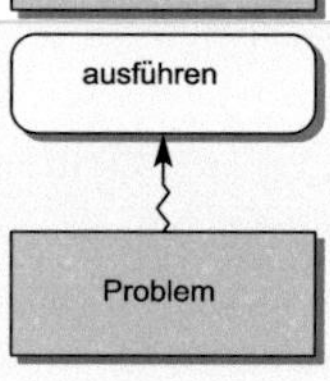	Die Entität „Problem" beeinflusst die Aktivität „ausführen". Meta-Relationen werden als gezackte Relationen dargestellt und drücken aus, dass ein Element die strukturellen Eigenschaften des anderen verändert. Sie können auch auf Relationen bezogen werden.

Über diese weiteren Elemente hinaus verfügt SeeMe über Möglichkeiten der vagen Darstellung von Prozessen. Kernelemente dieser Darstellung werden in Tabelle 37 erläutert.

Tabelle 37: Vage Modellierung mit SeeMe.

Konstrukt	Darstellung	Bedeutung
Unvollständigkeit (12)		Unvollständigkeit in Basiselementen wird durch einen Halbkreis an der unteren Kante des Elements symbolisiert. Dieser Halbkreis kann weiter spezifiziert werden und so Zweifel des Modellierers („?“), Hinweise auf fehlende Informationen zum modellierten Element („…“) zu geben oder auf weitere, beim Modellierer vorhandene Informationen zu verweisen. Bleibt der Halbkreis ohne Spezifikation, so weist er darauf hin, dass weitere Elemente hinzugefügt werden können, die aber für das Modell nicht relevant sind.
Schneidende Relationen	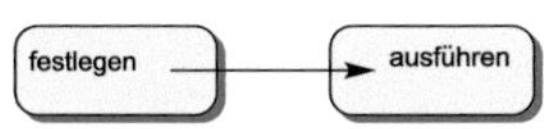	Schneidende Relationen drücken aus, dass das Element, das sie schneiden, nicht vollständig genutzt wird. Für die links abgebildeten Aktivitäten drückt dies aus, dass die Aktivität „festlegen“ nicht vollständig ausgeführt sein muss, um Teile der Aktivität „ausführen“ zu beginnen. Für Entitäten oder Rollen drücken schneidende Relationen aus, dass ein unspezifizierter Teil dieser Elemente in den Prozess involviert ist.
Unspezifizierte Elemente	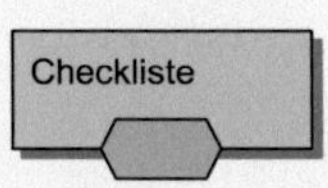	Bezeichnungen von Elementen können frei bleiben. Bei einem Modifikator drückt dies bspw. aus, dass eine Bedingung vorhanden ist, aber nicht spezifiziert wird.